Die Autorinnen und Autoren

Mark Benecke, Jahrgang 1970. Studium der Zoologie, Genetik und Psychologie bis 1995 in Köln; ab 1996 Promotionsstudium zum Doctor rerum medicinalis am Institut für Rechtsmedizin der Universität Köln. Zahlreiche Beiträge für Fachzeitschriften, Tages- und Wochenzeitungen (u. a. «Die Zeit», «Süddeutsche Zeitung», «Mikrokosmos»), Mitherausgeber der «Annals of Improbable Research» (Cambridge).

Sabine Hasenbach, Jahrgang 1960. Studium der Naturwissenschaften (anorganische Chemie, Physik) und Geowissenschaften (Mineralogie, Geologie) an der Universität Köln. Wissenschaftliche sowie freie Autor- und Lektortätigkeiten seit 1993.

Camilla van Heumen, Jahrgang 1962. Studium der Germanistik, Musikwissenschaft und Völkerkunde in Münster und Köln (bis 1990). Abschluß: Magister Artium. Kulturkritikerin für verschiedene Tageszeitungen und Zeitschriften. Mehrere Buchpublikationen seit 1990.

Joachim Kurtz, Jahrgang 1968. Studium der Biologie in Göttingen und Köln (Diplom 1995); ab 1996 Promotion an der Universität Bonn über eine evolutionsbiologische Fragestellung (Evolution kannibalistischer Verhaltensweisen bei Insekten). Mehrere Fachpublikationen seit 1992.

Stefan Meier, Jahrgang 1953. Studium der Chemie und Agrarwissenschaften in Dortmund und Bonn (Diplom 1985). Tätigkeiten in der Landwirtschaft und im Naturschutz sowie seit 1989 als freier Journalist für Zeitschriften im Umwelt- und Energiebereich.

René Zey, Jahrgang 1955. Studium der Germanistik und Philosophie in Essen, Bonn und Münster. Verantwortlicher Lektor der «Bibliophilen Taschenbücher» und der «DuMont Taschenbücher» (1985–1990). Inhaber eines Medienbüros in Frechen-Königsdorf seit 1991. Autor und Herausgeber zahlreicher Sachbücher und Lexika seit 1980. Auszeichnungen: Kulturpreis der Stadt Essen (1982), Autorenstipendium des Landes NRW (1991).

René Zey (Hg.)

Lexikon der Forscher und Erfinder

rororo

Rowohlt

Originalausgabe
Veröffentlicht im Rowohlt Taschenbuch Verlag GmbH,
Reinbek bei Hamburg, Januar 1997

Umschlaggestaltung Guido Klütsch
(Portraits: Archiv für Kunst und Geschichte, Berlin)
Satz Minion und Syntax Postscript, QuarkXPress 3.32
Satz und Umbruch Königsdorfer Verlagsbüro, Frechen
Druck und Bindung Clausen & Bosse, Leck
Printed in Germany
2990-ISBN 3 499 16516 3

Einleitung

Das vorliegende Lexikon beschreibt in fast 600 biographischen Artikeln das Leben und Werk der wichtigsten Forscher und Erfinder aus allen Epochen der Menschheitsgeschichte. In alphabetischer Reihenfolge werden Persönlichkeiten von der Antike bis zur Gegenwart vorgestellt, die entweder durch ihre unmittelbar technisch wirksamen Erfindungen oder aber durch bedeutende theoretische Erkenntnisse zum Fortschritt beigetragen haben. Darüber hinaus wurden Forscher und Naturwissenschaftler aus den Bereichen der Astronomie, Chemie, Physik, Biologie und Medizin aufgenommen, die neue Gesetzmäßigkeiten aufgestellt oder in ihren Disziplinen Maßstäbe für nachfolgende Forschergenerationen gesetzt haben. Bei der Auswahl zurückgedrängt wurden lediglich Mathematiker, da ihre Erkenntnisse vornehmlich wissenschaftstheoretischer Natur sind.

Da die Grundlagen der modernen Naturwissenschaft in der griechischen Antike (zwischen 600. v. Chr. und 100 v. Chr.) und in der Zeit zwischen 1600 und 1800 ihre Wurzeln haben, wird dieser Phase ebenso umfassend Rechnung getragen wie der Periode nach 1800 und insbesondere nach 1900, in der die Verflechtung der Einzeldisziplinen bedeutend zunahm und das Wissen und die Wissenschaft immer komplexer wurden. Im 20. Jahrhundert wird deutlich, daß wissenschaftlich-technische Innovationen nicht nur das Werk einzelner sind, sondern Arbeitsgruppen und große Institute Voraussetzungen für Leistungen und Erkenntnisse geworden sind.

Die Zahl der gegenwärtig lebenden Naturwissenschaftler und Erfinder sowie die Zahl ihrer wissenschaftlichen Abhandlungen und Patente machten vor allem die Namensauswahl seit 1960 schwer. Der Herausgeber ist sich bewußt, daß die Auswahlkriterien hier subjektiv sind, gleichwohl hat er versucht, keinen der ganz Großen zu vergessen und keinen völlig Unbedeutenden aufzunehmen.

Die einzelnen Artikel sind so aufgebaut, daß sie Benutzern, die lediglich eine biographische Auskunft suchen, wie auch solchen Lesern, die sich für die Leistungen einer Forscherpersönlichkeit interessieren, Auskunft geben. Neben Geburts- und Sterbedaten werden – sofern es die Quellenlage zuließ – die Vita und der berufliche Werdegang sowie wissenschaftliche Ehrungen und Mitgliedschaften in nationalen und internationalen wissenschaftlichen Vereinigungen genannt.

Den Hauptteil jeden Artikels bildet die Beschreibung der wissenschaftlichen Leistungen, ihrer Voraussetzungen und Folgen. Im Anhang des Bu-

ches ordnet ein Register jede Erfindung und wissenschaftliche Erkenntnis dem jeweiligen Forscher und Erfinder zu.
Das Lexikon wendet sich in Aufbau und Sprache an einen breiten Leserkreis, vor allem aber an Schüler und Studenten sowie Lehrer der verschiedensten Fachrichtungen. Wer immer danach fragt, was wo und wann von wem erfunden und entdeckt wurde, soll in diesem Buch eine kompetente Antwort erhalten.

René Zey

A

Abbe, Ernst

*** 23. 1. 1840, † 14. 1. 1905, Jena; deutscher Physiker**

Nach einem Studium der Mathematik und Physik promovierte Abbe 1861 in Göttingen und habilitierte sich 1863 in Jena. Von 1870 bis 1896 war er Professor für Physik in Jena, von 1877 bis 1891 auch Direktor der Jenaer Sternwarte. Bereits ab 1866 wirkte Abbe als wissenschaftlicher Mitarbeiter und ab 1875 als Teilhaber der Optischen Werke Carl Zeiss. Nach dem Tod von Carl Zeiss wurde Abbe 1889 der Alleininhaber der Firma und gründete noch im selben Jahr die Carl-Zeiss-Stiftung. Diese wurde 1891 Inhaber des Zeiss-Werks sowie der Firma Jenaer Glaswerk Schott & Gen., die Abbe 1884 mit Friedrich Otto Schott und anderen ins Leben gerufen hatte. 1903 wurde Abbe zum Bevollmächtigen und einem der drei Geschäftsführer der Carl-Zeiss-Stiftung ernannt.

Im Bestreben, den Bau wissenschaftlicher Mikroskope voranzutreiben, entwickelte sich ab 1866 eine fruchtbare Zusammenarbeit zwischen Abbe und Carl Zeiss. Abbe erfand zahlreiche neue optische Meß- und Prüfinstrumente – wie den Komparator (ein mikroskopisches Längen-Feinmeßgerät), das Fokometer (zum Messen der Brennweite), das Refraktometer (zur Messung der Lichtbrechung und Zerstreuung in Flüssigkeiten und in festen Körpern) oder das Sphärometer (zur Bestimmung der Wellenlänge von Spektrallinien) – und schuf 1873 mit seinen «Beiträgen zur Theorie des Mikroskops und der mikroskopischen Wahrnehmung» (auch «Abbesche Theorie» genannt) die theoretischen Grundlagen für den Mikroskopbau. Die Fertigung von Mikroskopobjektiven erfolgte ab 1871/72 in den Zeiss-Werkstätten. 1878 konnte Abbe mit Hilfe des von ihm konstruierten Kondensors das Problem der homogenen Immersion lösen, 1881 begann eine intensive Zusammenarbeit mit Friedrich Otto Schott, die zu einer Reihe von neuen optischen Spezialgläsern führte. Auf der Grundlage dieser

Abbe-Fokometer

Gerät zur Messung der Brennweite. Zwei in einem bekannten Abstand voneinander befindliche Teilungen werden durch das zu prüfende optische System hindurch mit einem – parallel zur optischen Achse orientierten und verschiebbaren – Mikroskop abgelesen. Die jeweilige Einfallshöhe der Strahlen wird dabei durch meßbare Parallelverschiebung festgelegt.

Abbe-Refraktometer

Meßgerät zur Bestimmung der Brechzahl von Stoffen (insbesondere Flüssigkeiten) unter Ausnutzung der Totalreflexion. Als vereinfachte Formen gelten das Butterrefraktometer (Kontrolle der Zusammensetzung von Fetten und Ölen) sowie das Zuckerrefraktometer (Messung der Trokkensubstanzmenge während der Zuckerfabrikation).

Gläser entwickelte Abbe 1886 die Apochromate – Mikroskopobjektive mit gesteigerter Abbildungsleistung vor allem in bezug auf die Farbwiedergabe. Einen großen Fortschritt stellten auch seine Prismenfeldstecher dar.
Bis Ende des 19. Jahrhunderts schuf Abbe mit seiner Theorie des Mikroskops und den von ihm entwickelten Gläsern wichtige Voraussetzungen auch für den allgemeinen wissenschaftlichen Gerätebau.

Abel, Niels Henrik

*** 5. 8. 1802, Findø (bei Stavanger), † 6. 4. 1829, Eisenwerk Froland (bei Arendal); norwegischer Mathematiker**

Abels mathematisches Talent wurde bereits während seiner Schulzeit gefördert, als ihn sein Lehrer Bernt Holmboe zum Studium der Werke von → Leonhard Euler, Joseph Louis Lagrange und einzelner Arbeiten von → Carl Friedrich Gauß und Sylvestre François Lacroix anregte und ihn verschiedenen Professoren der Universität Kristiania (Oslo) empfahl. Dank einer Freistelle an der Universität, die Abel 1820 erhielt, konnte er schon bald eigene Forschungsergebnisse vorweisen. Ein Reisestipendium führte ihn von 1825 bis 1826 nach Paris und Berlin, wo er sich mit August Leopold Crelle und Jakob Steiner anfreundete. Nach Norwegen zurückgekehrt, fand Abel in Forschung und Lehre nur bedingt Arbeitsmöglichkeiten. 1829 starb er im Alter von 26 Jahren an Tuberkulose.
Bedeutung gewann Abel durch den 1826 erbrachten Beweis der Nichtauflösbarkeit algebraischer Gleichungen 5. und höheren Grades durch elementare Operationen (einschließlich Wurzelausdrükke). In Anknüpfung an Euler und an Adrien-Marie Legendre untersuchte er die elliptischen Funktionen und gelangte – im Wettstreit mit Carl Gustav Jacob Jacobi – zur Idee der Inversion der elliptischen Integrale. Er erkannte die doppelte Periodizität und weitere zentrale Eigenschaften der dadurch erzeugten neuen Funktionen.
Abel, den man oft als Begründer der modernen Algebra bezeichnet, ersetzte in seinen Arbeiten Intuition durch präzise Begrifflichkeit und erbrachte Beweise auch für bis dahin als selbstverständlich angesehene Zusammenhänge. Er schuf dadurch eine neue Grundlage für die Lehrbarkeit der Mathematik.

Abelscher Satz
Mathematischer Lehrsatz über die Lösbarkeit von algebraischen Gleichungen einer Veränderlichen. Algebraische Gleichungen 5. und höheren Grades sind weder durch rationale Ausdrücke noch durch Radikale auflösbar.

Achard, Franz Carl

*** 28. 4. 1753, Berlin, † 20. 4. 1821, Kunern (Schlesien); deutscher Physiker und Chemiker**

Über Achard, der aus einer Pastorenfamilie stammte, ist biographisch wenig bekannt. Er war Schüler des Chemikers und Apothekers Andreas Sigismund Marggraf und wurde Mitglied der Preußischen Akademie der Wissenschaften in Berlin, später Direktor der dort eingerichteten physikalischen Klasse. Achard gehörte 17 weiteren Akademien und Gelehrtengesellschaften an und war als Dozent und Autor (vor allem auf dem Gebiet der Chemie) tätig.

In seinen physikalischen Forschungen beschäftigte sich Achard mit elektrischen Phänomenen. Er entwickelte einen Elektromotor und arbeitete später über die chemischen und physikalischen Eigenschaften von Gasen. Darüber hinaus arbeitete er vor allem auf den Gebieten Chemie, Biologie (Landwirtschaft), Physiologie und Hygiene.

1788 veröffentlichte Achard eine grundlegende Monographie über korrosionsbedingte Stoffe, 1798 gewann er den ersten vollwertigen Rübenzucker. 1801 gründete Achard in Kunern die erste Zuckerfabrik und konnte durch ständig verbesserte industrielle Verfahren zur Zuckergewinnung schon bald das Monopol der Rohrzucker verarbeitenden Raffinerien brechen.

Agassiz, Jean Louis Rodolphe

*** 28. 5. 1807, Môtier (Kanton Freiburg/ Schweiz), † 14. 12. 1873, Cambridge (Massachusetts); schweizerisch-amerikanischer Anatom, Zoologe und Paläontologe**

Nach einem Studium der Medizin und Naturwissenschaften (ab 1824) in Zürich, Heidelberg und München promovierte Agassiz 1829 an der Universität Erlangen zum Dr. phil. und 1830 an der Universität München zum Dr. med. 1832 wurde er zum Professor ernannt und lehrte in Neuenburg (Neuchâtel). Nach seiner Übersiedlung nach Amerika 1846 lehrte er an der Harvard University und begründete 1860 in Cambridge mit dem Museum of Comparative Zoology das erste amerikanische Museum für vergleichende Zoologie.

Ab 1836 machte Agassiz mit Veröffentlichungen zur Gletscherforschung auf sich aufmerksam. Er publizierte erstmals Daten über die Beschaffenheit des Gletschereises, die Dicke des Eises, die Temperaturen, die Wasserzirkulation und die Bewegung des Eises. Seine mit Karl Friedrich Schimper entwickelte Theorie der allgemeinen Vereisung Europas war bahnbrechend für die Eiszeitforschung. Noch größere Bedeutung erlangten jedoch Agassiz' Arbeiten zur Ichthyologie (Wissenschaft von den Fischen). Eine 16monatige Expedition nach Brasilien, die er ab 1865 unternahm, führte zur Entdeckung von fast 1800 neuen Fischarten. Als Erforscher fossiler Fische besuchte er wichtige Sammlungen und beschrieb in seinem Werk «Recherches sur les poissons fossiles» («Forschungen über fossile Fische») mehr als 1700 fossile Fischarten. In seinen theoretischen Schriften stellte er allgemeine Phänomene und Gesetzmäßigkeiten in der Fossilabfolge fest, leugnete jedoch die verschiedene Gruppen verbindenden «Zwischenformen», wie die Evolutionstheorie sie beschreibt. Wie → Georges Baron de Cuvier war er ein Anhänger einer Katastrophentheorie und zeitlebens ein Gegner des Darwinismus.

Agricola, Georgius

*** 24. 3. 1494, Glauchau, † 21. 11. 1555, Chemnitz; deutscher Humanist, Arzt und Mineraloge**

1514 schrieb sich Agricola, noch unter seinem nicht latinisierten Namen Georg Bauer, in die Leipziger Universität ein, wo er Philosophie, Geschichte und Theologie studierte. Vor seiner Promotion 1518 arbeitete er als Griechischlehrer in Leipzig, wurde später Rektor in Zwickau und brachte wesentliche Neuerungen in das dortige Schulsystem ein. 1522 ging er nach Italien, um Medizin und Sprachen zu studieren. Nach Deutschland zurückgekehrt, ließ er sich 1527 in Sankt Joachimsthal und 1531 in Chemnitz als Stadtarzt und Apotheker nieder. Hier schrieb er seine wichtigsten Werke.

Agricola war ein engagierter und begeisterter Mediziner und sah einen engen Bezug zwischen seinem Berufszweig und der Mineralogie. Während seines Italienaufenthalts arbeitete er in der Bibliothek der Officina Manutiana, einem berühmten Verlagshaus in Venedig, um die Herausgabe der Werke der Ärzte → Galen und → Hippokrates mit vorzubereiten. Hierbei eignete er sich großes Wissen über Minerale in der Heilkunde der Antike sowie über die Arzneimittelherstellung an.

In Sankt Joachimsthal und Chemnitz, beide stark vom Bergbau beeinflußt, beschäftigte er sich zudem mit geologisch-mineralogischen Fragestellungen. Er suchte den Kontakt zu Bergleuten, die ihm wertvolles praktisches Wissen und Einblick in den berg- und hüttenmännischen Produktionsprozeß übermittelten. Den herrschenden Anschauungen der Gelehrten stellte er seine eigenen zur Seite. Auf der Grundlage seiner Forschungen entstanden später die Unterdisziplinen Geologie, Kristallographie und Petrographie (Aufbau und Entstehung der Gesteine).

Von seinen Schriften gilt «De re metallica» als sein Hauptwerk. In diesem 1556 postum erschienenen Buch gibt Agricola in zwölf Kapiteln mit fast 300 Abbildungen Ausführungen zum Bergbau- und Hüttenwesen. Es war zwei Jahrhunderte lang maßgebliches Lehrbuch und leitete eine neue Ära in der Montanwissenschaft ein. Es brachte seinem Verfasser den Ruf als «Vater der Mineralogie» ein.

al-Battani, Mohammed ibn Djabir; lat: Albategnius, Albatenius

*** vor 859, † 929, bei Samarra; islamischer Astronom**

al-Battani stammt aus einer Handwerkerfamilie, die astronomische Geräte (Astrolabien und Himmelsgloben) herstellte. Sein genauer Geburtsort und Geburtsjahr sind nicht bekannt, allerdings ist überliefert, daß er ab 877/78 erste astronomische Beobachtungen machte. al-Battani lebte und arbeitete in Raqqa (nahe der Stadt Harran); er starb 929 auf der Rückreise von Bagdad.

Als einer der bedeutendsten muslimischen Astronomen hatten die Werke al-Battanis einen nachhaltigen Einfluß auf die abendländische Astronomie. Vor allem die lateinische Version seines astronomischen Tafelwerks (bekannt als «al-Zidj») wurde von → Nikolaus Kopernikus und → Regiomontanus rezipiert.

al-Battani konnte aufgrund seiner präzisen Beobachtungsinstrumente (wozu ihm sein Vater Djabir ibn Sinar verhalf) die Elemente der Sonnen- und Erdbahn (insbesondere Schiefe der Ekliptik, Präzession der Äquinoktien [Zeit der Tagundnachtgleiche], Länge des Jahres) und anderer Planetenbahnen bestimmen. Zu seinen bedeutendsten Entdeckungen gehören die Drehung der Apsidenlinie und die Schwankung der Sonnenparallaxe. Messungen des scheinbaren Drehmoments von Sonne und Mond dienten ihm als Grundlage für die Erklärung ringförmiger Sonnenfinsternisse. Durch neue Methoden mathematischer Berechnungen, die al-Battani in die Astronomie einführte, beeinflußte er entscheidend die sphärische Trigonometrie.

al-Chayyabi → Omar Chajjam

al-Haitham → Haitham

Albategnius → al-Battani, Mohammed ibn Djabir

Albertus Magnus

*** um 1200, Lauingen (Donau), † 15. 11. 1280, Köln; deutscher Naturforscher, Philosoph und Theologe**

Albertus Magnus absolvierte sein theologisches Studium an der Universität Padua. Als Magister lehrte er von 1228 bis 1245 am Bischofssitz in Köln und von 1245 bis 1248 an der Universität Paris, ehe er ab 1248 eine Ordensschule (Studium generale) in Köln leitete. 1229 (1223?) war er in den dominikanischen Orden eingetreten und vertrat diesen als Provinzialoberer für das deutschsprachige Gebiet in den Jahren 1253 bis 1256. Nachdem man ihm 1260 für zwei Jahre das Amt des Bischofs in Regensburg anvertraut hatte, war Albertus Magnus als päpstlicher Legat und Kreuzzugsprediger tätig. Er unternahm umfangreiche Reisen durch Süd- und Norddeutschland, aber auch Italien, wobei er naturwissenschaftliche Studien trieb. Ab 1270 blieb Köln sein Wohnsitz und Wirkungskreis. 1931 wurde er durch Papst Pius XI. heiliggesprochen; Papst Pius XII. ernannte ihn zehn Jahre später zum Schutzherrn der Naturforscher.
Albertus Magnus war einer der bedeutendsten Universalgelehrten des Mittelalters; seine Bildung umfaßte wichtige philosophische und naturwissenschaftliche Erkenntnisse des 13. Jahrhunderts. Sein Versuch, eine Rangordnung für die Pflanzenwelt herzustellen, sowie seine Schrift «De animalibus libri XXVI» markierten den Beginn einer neuen Naturrezeption. Neben den zoologischen Untersuchungen des → Aristoteles, die Albertus Magnus in den ersten 19 Büchern von »De animalibus libri» versammelte, beschrieb er seine eigenen Vorstellungen über Tierkörper und Formkräfte. In den Büchern 22 bis 26 teilte er die Tiere – entsprechend ihrer Fortbewegungsweise – in Gruppen ein und führte erstmalig zahlreiche europäische Vogel- und Fischarten in alphabetischer Reihenfolge auf. In seinem botanischen Werk »De vegetabilibus libri VII» beschrieb er etwa 390 Pflanzenarten und stellte detailliert ihre Gestalt, Blätter, Blüten und Früchte dar. Albertus Magnus machte auch eine Vielzahl chemischer Experimente, blieb allerdings noch alchimistischen Anschauungen verhaftet. Immerhin konnte er Arsen in reiner Form nachweisen. Seine ungewöhnlichen Forschungen ließen ihn gegen Mitte des 13. Jahrhunderts in den Verdacht der Hexerei geraten; fälschlicherweise hielt man ihn auch für den Autor einiger Zauberbücher. Im 16. und 17. Jahrhundert gehörten seine wissenschaftlichen Werke jedoch zum Lehrplan an den europäischen Universitäten.

Alembert, Jean Le Rond d'

*** 16. 11. 1717, Paris, † 29. 10. 1783, Paris; französischer Mathematiker, Physiker und Philosoph**

d'Alembert, unehelicher Sohn der Marquise de Tencin und des Grafen Destouches-Canon, wurde nach seiner Geburt ausgesetzt und wuchs als Findelkind in einer Handwerkerfamilie auf. Durch Vermittlung seines Vaters durfte er jedoch das anerkannte Collège des Quatre Nations besuchen. Er studierte Theologie, Jura und Medizin, ehe er sich 1738/39 der Mathematik und Mechanik zuwandte. Seine Arbeiten zur Dynamik fester Bestandteile in flüssigen Substanzen und über die Möglichkeiten der Integration von Differentialgleichungen erregten das Interesse der Wissenschaft, und so nahm man ihn 1741 in die Académie Royale des Sciences auf. 1754 wurde er Mitglied der Académie Française, 1772 zu deren ständigem Sekretär ernannt. Von 1751 bis 1759 gab er zusammen mit Denis Diderot die 33 Bände umfassende französische «Encyclopédie» heraus. Hier betreute er bis zum achten Band vor allem mathematische, physikalische und zu einem Großteil philosophische Artikel. Er schrieb die Einleitung («Discours préliminaire»), die zu einer der bedeutendsten Schriften der Aufklärung wurde und ihm Weltgeltung verschaffte.

Als d'Alemberts Hauptwerk gilt der 1743 erschienene «Traité de dynamique», in dem er die Gesetzmäßigkeiten der Bewegung materieller Körper unter dem Einfluß äußerer Kräfte untersuchte.

Als bahnbrechende Leistung in der theoretischen Mechanik gilt zudem das später nach ihm benannte d'Alembertsche Prinzip, das die Dynamik starrer Körper auf die Behandlung von Gleichgewichtsproblemen reduziert und erstmalig die als äußerst schwierig geltende Berechnung der Bewegung von Systemen gekoppelter Körper möglich machte. Darüber hinaus befaßte sich Alembert mit der Akustik, der Himmelsmechanik (speziell mit dem Dreikörperproblem) und der Theorie der Winde. Er entwickelte eine Theorie der schwingenden Saite und der Wellenausbreitung und gilt – gemeinsam mit → Leonard Euler und Daniel Bernoulli – als Begründer der Theorie der partiellen Differentialgleichungen. Seine mathematische Analyse der Nutation (Schwankung) der Erdachse hatte in der Wissenschaft fast ein Jahrzehnt lang Gültigkeit. Als Mathematiker legte d'Alembert einen Großteil seiner Gedanken in den «Opuscules mathématiques» (1761–1780) nieder. 1746 bemühte er sich, den Beweis für den algebraischen Fundamentalsatz zu geben; sein wichtigster Beitrag für die Mathematik war die exakte Bestimmung des Grenzwertbegriffs.

Seit den 50er Jahren beschäftige sich d'Alembert zunehmend mit philosophischen, historischen, literarischen und ästhetischen Problemen. Zu seinen wichtigsten Werken aus dieser Zeit zählen die Schrift «Éléments de musique théoretique et pratique suivants les principes de M. Rameau» (1752) und der 1759 verfaßte «Essai sur les éléments de philosophie», in dem er sich als früher Vertreter des Positivismus zeigt.

d'Alembertsches Prinzip

Grundsatz der Mechanik, nach dem sich die Dynamik starrer Körper aus den Regeln der Statik herleiten läßt. Die Beschreibung des statischen Gleichgewichts fester Massen dient dabei als Erklärungsmuster für die Umsetzung in Bewegung. Mit der anhand dieses Prinzips entwickelten «Altwoodschen Fallmaschine» kann der freie Fall fester Körper deutlich gemacht werden.

Alhazen → Haitham, Abu Ali al-Hasan ibn al-Haitham

Alvarez, Luis Walter

*** 13. 6. 1911, San Francisco (Kalifornien); amerikanischer Physiker**

Alvarez promovierte 1937 an der Universität Chicago und wurde 1945 zum Professor für Kernphysik an die University of California in Berkeley berufen. Als einer der ersten wurde er in dem dort ansässigen Radiation Laboratory Mitarbeiter von Ernest Orlando Lawrence. Nach dessen Tod wurde er 1959 mit der Leitung dieses Instituts beauftragt. Während des Zweiten Weltkriegs gehörte er zu einem Team, das sich neben der Radarforschung auch mit der Entwicklung der Atombombe beschäftigte.

Alvarez wies 1937 den Elektroneneinfang nach – die Kernumwandlung, bei der ein instabiler Atomkern ein Elektron seiner Atomhülle absorbiert und ein Proton unter Emission eines Neutrinos in ein Neutron verwandelt wird. In seinen Arbeiten über die kosmische Strahlung entdeckte er den Ost-West-Effekt. Nach Ende des Zweiten Weltkriegs verantwortete er den Bau des ersten Protonen-Linearbeschleunigers. Die von → Donald Arthur Glaser seit 1952 entwickelte «Blasenkammer», die zum Auffinden von Atomkernen und Elementarteilchen dient, setzte Alvarez in größere Dimensionen um und verbesserte dadurch die Voraussetzungen, energiereiche Teilchen nachweisen zu können. Er identifizierte eine Vielzahl neuer, sehr kurzlebiger Elementarteilchen, die «Resonanzen», und machte 1961 das Omegameson aus, ein zu den Mesonenresonanzen zählendes instabiles und ungeladenes Elementarteilchen. Für diese Entdeckung, die zu neuen Erkenntnissen in der Theorie der Elementarteilchen führte, erhielt er 1968 den Nobelpreis für Physik.

In den 70er Jahren trug Alvarez dazu bei, mit Hilfe der Kernphysik die Geschichte der Antike zu erhellen. So entwickelte er ein Verfahren, das es möglich machte, unter Verwendung von Röntgenstrahlen unerforschte Grabkammern der Großen Pyramide von Giseh aufzufinden.

Ambarzumjan, Wiktor Amaspowitsch

*** 18. 9. 1908, Tiflis; russischer Astrophysiker**

Ambarzumjan studierte von 1925 bis 1928 Physik, Mathematik und Astronomie in Leningrad. 1931 ging er als Observator für drei Jahre an die Sternwarte von Pulkowo, ehe er an die Leningrader Universität zurückkehrte, um bis 1944 als Professor für Astronomie tätig zu sein. Ambarzumjan baute 1946 das Observatorium Bjurakan in Eriwan, Armenien, auf, dessen Direktor er später wurde. Er ist Präsident der russischen und armenischen Akademie der Wissenschaften; von 1961 bis 1964 war er Präsident der Internationalen Astronomischen Union. 1967 wurde ihm der Leninpreis überreicht.

Ambarzumjan befaßte sich mit der statistischen Verteilung von Sternsystemen, der Lichtstreuung in interplanetarischer Materie, mit planetarischen und galaktischen Nebeln sowie mit der Dynamik von Sternsystemen. Seine bedeutendste wissenschaftliche Leistung ist die Entdeckung der Sternassoziationen (1947) – Gruppen bestimmter Sterntypen an bestimmten Stellen der Galaxis. Er konnte belegen, daß die Sternassoziationen nur wenige Millionen Jahre alte Erscheinungen sind und ihre Lebenserwartung etwa 10 bis 20 Millionen Jahre beträgt.

Bedeutsam ist auch Ambarzumjans Theorie über die Entstehung der Sterne und ihren inneren Aufbau. So nimmt er an, daß es eine noch nicht entdeckte Materie geben muß, die durch Abspaltungen neue Sterne bildet – eine Hypothese, die im Gegensatz zu der von der Astrophysik favorisierten Theorie von der Sternentstehung durch Kondensationsprozesse in Gaswolken steht. Katastrophen in der Entwicklungsgeschichte von Sternen und Galaxien erklärte Ambarzumjan durch Explosionen im Kern der Galaxien und falsifizierte Theorien (etwa von → Walter Baade und → Hermann Minkowski), die von einem Zusammenstoß zweier Galaxien ausgingen.

Amontons, Guillaume

*** 31. 8. 1663, Paris, † 11. 10. 1705, Paris; französischer Forscher**

Über den bereits im jugendlichen Alter ertaubten Amontons ist biographisch wenig bekannt. 1697 wurde er Mitglied der Académie des Sciences.

Amontons war Experimentalphysiker und Konstrukteur, der den Schwerpunkt seiner Arbeit vor allem auf die Verbesserung von Meßinstrumenten legte. 1687 erfand er ein neues Hygrometer (Gerät zur Messung der Luftfeuchtigkeit), später verbesserte er ein von → Galileo Galilei entwickeltes Gasthermometer. Hierbei ersetzte er die bis dahin übliche wassergefüllte Röhre durch Quecksilber und glich Schwankungen des Luftdrucks durch verschiedene Quecksilbersäulen aus. Darüber hinaus entwickelte Amontons verschiedene Barometer, einen optischen Telegraphen, eine Rotationspumpe und eine Heißluft-Kaltmaschine. 1699 erbrachte er den Beweis, daß die Reibung von der Größe der Reibungsfläche unabhängig ist.

Zu Amontons bedeutendsten Leistungen gehörten die Ausführungen über den Zusammenhang zwischen Temperatur und Gasvolumen. Er konnte zeigen, daß sich Gase proportional zur Temperatur ausdehnen. Daraus leitete er die Existenz eines absoluten Temperaturnullpunkts ab, da sich Gase nicht beliebig komprimieren lassen. Seine Forschungsergebnisse hatten so lange Bestand, bis → Sir William Thomson Mitte des 19. Jahrhunderts den absoluten Nullpunkt der Temperaturskala fand.

Ampère, André-Marie

*** 20. 1. 1775, Lyon, † 10. 6. 1836, Marseille; französischer Mathematiker und Physiker**

Ampère, Sohn eines wohlhabenden Lyoner Seidenhändlers, genoß durch seinen Vater eine Erziehung im Sinne der französischen Aufklärung. Privatlehrer unterrichteten ihn in verschiedenen Disziplinen; eine Schule besuchte er nie. Ampères Jugend wurde durch die Französische Revolution geprägt; 1793 wurde Ampères Vater während des Aufstands der Stadt Lyon hingerichtet. Mittellos geworden, nahm Ampère 1802 eine Stelle als Lehrer an der Schule in Bourg und ab 1803 als Mathematiklehrer in Lyon an. 1804 ging er nach Paris, wo er später zum Professor an der École Polytechnique ernannt wurde. 1814 wählte man ihn zum Mitglied der Französischen Akademie der Wissenschaften, 1826 wurde er auf

den Lehrstuhl für Physik am Collège de France berufen. Fast 30 Jahre lang war er Generalinspekteur der französischen Universitäten.
Bedeutende Forschungsergebnisse erzielte Ampère auf dem Gebiet der von ihm so benannten Elektrodynamik, der er sich 1820 zuwandte – nach Bekanntwerden der Entdeckung des Elektromagnetismus durch → Hans Christian Ørsted. Er fand heraus, daß sich parallele und gleichgerichtete elektrische Ströme anziehen und sich parallele, aber entgegengesetzt gerichtete Ströme abstoßen («Ampèresches Gesetz»). Das für diese Erkenntnis entwickelte «Ampèresche Gestell», eine Anordnung zweier rechteckiger Drahtschleifen, wird noch heute zur Definition der Stromstärkeeinheit Ampere eingesetzt.
Für die Ablenkung einer Magnetnadel durch den Strom stellte Ampère die sog. Schwimmerregel oder «Ampèresche Regel» auf. 1825/26 formulierte er das «Grundgesetz der Elektrodynamik», das später den Ausgangspunkt für die von → Wilhelm Eduard Weber und anderen Forschern entwickelte Fernwirkungstheorie der Elektrophysik bildete. In seinem «Exposé des nouvelles découvertes sur le magnétisme et l'électricité» machte Ampère den Vorschlag eines elektromagnetischen Telegrafen.
Ab 1827 beschäftigte sich Ampère mit biologischen und philosophischen Fragestellungen. Er vertrat Ansichten, die im Vorfeld des Darwinismus einzuordnen sind, und unternahm den Versuch einer allgemeinen Klassifikation der Wissenschaften. Unter anderem forderte er die Kybernetik als neu zu schaffende Disziplin.

Ampere
Einheit der elektrischen Stromstärke. Stärke eines unveränderlichen Stromes, der in einer aus zwei parallelen, geradlinigen, unendlich langen Leitern (im Abstand von 1 m) von vernachlässigbar kleinem, kreisförmigem Querschnitt fließt, wenn die zwischen beiden Leitern durch den Strom hervorgerufene Kraft im Vakuum 2×10^{-7} Newton je Meter Länge der Doppelleitung beträgt.

Ampèresche Regel
Auch: Schwimmerregel. Regel, welche die Richtung des von einem elektrischen Strom auf eine Magnetnadel ausgeübten Drehmoments bestimmt. Im Jahre 1820 konnte Ampère zeigen, daß die Ablenkung durch die «Rechte-Hand-Regel» beschrieben werden konnte. Zeigt der gespreizte Daumen der rechten Hand in Stromrichtung, so weisen die Finger in die Richtung, in die der Nordpol der Magnetnadel abgelenkt wird.

Anderson, Carl David

*** 3. 9. 1905, New York, † 11. 1. 1991, San Marino (Kalifornien); amerikanischer Physiker**

Anderson, Sohn schwedischer Einwanderer, studierte Physik am California Institute of Technology in Pasadena, wo er 1930 promovierte und 1933 eine Professur erhielt. Während des Zweiten Weltkriegs arbeitete er an militärischen Forschungsprojekten, ab 1945 (bis zu seiner Emeritierung 1976) blieb seine Arbeit weitgehend auf die Lehrtätigkeit am California Institute beschränkt.
Zusammen mit seinem Lehrer → Robert Andrews Millikan erforschte Anderson ab 1930 die kosmische Strahlung. Zu diesem Zweck versah er eine Nebelkammer mit einer Bleiplatte, durch die die energiereichen Partikel abgebremst wurden.

Beim Auswerten von fotografischen Nebelkammer-Aufnahmen wies Anderson 1932 positiv geladene Elektronen (Positronen) nach, die der britische Physiker → Paul Dirac bereits Anfang der 30er Jahre in seiner «Löchertheorie» vorausgesagt hatte. Hierfür erhielt Anderson 1936 (zusammen mit dem österreichischen Physiker → Victor Franz Hess) den Nobelpreis für Physik.

Anderson entdeckte im Laufe seiner Untersuchungen noch weitere neue Teilchen. So wies er 1937 ein Elementarteilchen nach, dessen Masse zwischen der des Elektrons und der des Protons lag. Hierbei handelte es sich jedoch nicht um das 1935 von Hideki Jukawa vorausgesagte π-Meson (Pion), sondern um das kurzlebige μ-Meson (Myon).

Ångström, Anders Jonas

*** 13. 8. 1814, Lögdo (Västernorrland), † 21. 6. 1874, Uppsala; schwedischer Astronom und Physiker**

Nach seiner Schulzeit in Härnösand studierte Ångström ab 1833 an der Universität Uppsala Mathematik und Physik. Er promovierte 1839 und arbeitete bis 1841 als Privatdozent. Nach einem einjährigen Aufenthalt am Observatorium in Stockholm wurde er 1843 Observator an der Sternwarte Uppsala. Von 1858 bis zu seinem Tode war er Professor für Physik an der Universität Uppsala.

In seinen frühen wissenschaftlichen Arbeiten verglich Ångström unter anderem die Linien irdischer Emissionsspektren mit den Fraunhoferschen Linien im Sonnenspektrum und konnte die Deckung von Linien im Emissionsspektrum eines Gases mit denen des Absorptionsspektrums nachweisen. Dadurch wurde er zum Wegbereiter der wissenschaftlichen Spektralanalyse, die später von → Robert Bunsen und → Gustav Kirchhoff erarbeitet wurde.

1861 begann Ångström mit Untersuchungen des Sonnenspektrums, in dem er Wasserstoff, Aluminium und andere Elemente nachweisen konnte; 1867 nahm er als erster Messungen des Polarlichts vor. 1868 veröffentlichte Ångström seine «Recherches sur le spectre solaire» mit einer genauen Karte von fast 1000 Linien des Sonnenspektrums. Aufgrund dieser Messungen (in Einheiten von 10^{-10} Metern) wurde nach ihm die in der Spektroskopie verwendete Längeneinheit «Ångström» genannt.

Ångström (auch: Ångström-Einheit)
Einheitszeichen Å (früher auch A, ÅE, AE). Längeneinheit (1 Å = 10^{-10} m = 0,1 nm [Nanometer]), die ursprünglich (seit 1907) als der 6438,4696te Teil der Wellenlänge der roten Cadmiumlinie in trockener Luft bei einem Druck von 1 atm, einer Temperatur von 15° C und einem CO_2-Volumenanteil der Luft von 0,03 Prozent definiert wurde.

Anschütz, Ottomar

*** 16. 5. 1845, Lissa (heute Leszno, Polen), † 30. 5. 1907, Berlin; deutsch-polnischer Fotograf und Erfinder**

Anschütz absolvierte eine Lehre als Dekorationsmaler, ehe er bei Franz Hanfstaengl zum Fotografen ausgebildet wurde und 1868 in Lissa ein eigenes Fotoatelier eröffnete.

Als Pionier von Momentaufnahmen mit Bromsilber-Gelatineplatten und Schlitzverschluß machte er sich ab 1870 einen Namen. 1880 verbesserte er den Schlitzverschluß und erfand 1884 den

«Anschütz-Schnellseher» (später «Elektro-Tachyskop» genannt), der es ermöglichte, Einzel- beziehungsweise Reihenaufnahmen von Bewegungsphasen zu einem schnellen Bewegungsablauf zu verschmelzen. 1886 fanden seine Darstellungen schneller Bewegungsabläufe die finanzielle Unterstützung durch das Preußische Abgeordnetenhaus. Ab 1895 wurde der «Schnellseher» , der heute als unmittelbarer Vorläufer des Kinematographen gilt, in zahlreichen deutschen Städten aufgestellt.

Apollonios von Perge

*** um 260 v. Chr., † um 190 v. Chr.; griechischer Mathematiker und Astronom**

Über Apollonios ist biographisch wenig bekannt. Aus seinen Werken läßt sich schließen, daß er eine Zeitlang in Alexandria lebte und Reisen nach Pergamon und Ephesos unternahm. Er lehrte unter Ptolemaios Euergetes und hatte mindestens einen Sohn (Apollonios). Er gilt als einer der bedeutendsten Mathematiker in der hellenistischen Periode.

Apollonios' Hauptwerk sind die acht Bücher «Conica», ein Werk über die Kegelschnittlehre. Die ersten vier Bücher (die in griechischer Sprache überliefert sind) enthalten Fakten, die auch Apollonios' Zeigenossen bekannt gewesen sein dürften. In den Büchern V bis VII (als arabische Übersetzung erhalten) faßt Apollonios eigene Forschungsergebnisse zusammen; Buch VIII ging verloren.

Bedeutender als die Leistung der umfassenden Darstellung der Kegelschnittlehre ist die neue Art, durch die Apollonios sie herleitete. So stellte er in den «Conica» Parabel, Ellipse und Hyperbel erstmals als Schnitte an einem einzigen schiefen Kreiskegel dar und zeigte, daß sich die verschiedenen Kegelschnitte in Abhängigkeit von dem Winkel ergeben, mit dem die Schnittebene die Mantelfläche schneidet.

Andere Schriften des Apollonios sind verschollen oder lassen sich aus Fragmenten bei Pappos von Alexandria rekonstruieren. Hier findet man Ausführungen über Dodekaeder und Ikosaeder, die Kreismessung (Berechnung des Wertes von π), das Zahlensystem und über optische Fragen.

Für die Astronomie stellte Apollonios Erklärungsmodelle im Sinne des damals nicht-heliozentrischen Weltbildes auf. So entwickelte er die mathematische Epizykeltheorie, die unter Annahme einer ruhenden, im Zentrum stehenden Erde die scheinbaren Bewegungen der Planeten, vor allem der Rückläufigkeit (Schleifenbewegung) erklärte. Apollonios studierte darüber hinaus die Bewegung des Mondes und berechnete die Entfernung zwischen Erde und Mond.

Appert, Nicolas (François)

*** 23. 10. 1752, Châlons-sur-Marne, † 3. 6. 1841, Massy (Essone); französischer Süßwarenhersteller und Erfinder**

Über Apperts Jugend ist nichts bekannt. Er war Koch und Konditor und arbeitete zunächst im Geschäft seines Vaters. Sein besonderes Interesse galt dabei der Konservierung von Lebensmitteln.

14 Jahre lang arbeitete er an einer Konservierungsmethode durch Abkochen und anschließendes Einfüllen der Nahrungsmittel in Weißblechdosen, die dann verlötet wurden («Appertisieren»). 1809 erhielt Appert von Napoleon 12000

Francs für seine Erfindung. Er veröffentlichte seine Konservierungsmethoden in Buchform und gründete 1812 die erste Einmachfabrik der Welt. Sie bestand bis 1833.

Apperts Konservierungsmethode gilt als Vorläufer der Pasteurisierung, wie sie → Louis Pasteur 50 Jahre später unabhängig davon entwickelt hatte.

Appleton, Sir Edwar Victor

*** 6. 9. 1892, Bradford, † 21. 4. 1965, Edinburgh; britischer Physiker**

Appleton, Sohn eines Mühlenarbeiters, studierte an der Universität Cambridge Naturwissenschaften, unter anderem bei → Joseph John Thomson und → Ernest Rutherford. 1924 wurde er Professor für Physik an der Universität London. 1936 übernahm er als Professor für Naturphilosophie den Lehrstuhl von → Charles Thomson Rees Wilson in Cambridge. 1939 wurde er als Staatssekretär an das Department of Scientific and Industrial Research (DSIR) berufen. 1941 wurde er geadelt, 1947 erhielt er den Nobelpreis für Physik.

Bei Versuchen mit Funksignalen, die Appleton 1924 durchführte, entdeckte er, daß sehr kurze elektromagnetische Wellen die Kennelly-Heaviside-Schicht (auch F-Schicht genannt) in einer Höhe von knapp 100 Kilometern durchdringen können und erst von einer höherliegenden ionisierten Shicht, der «Appletonschicht» (heute auch F_2-Schicht genannt), reflektiert werden.

Weitere Experimente in den 30er Jahren zeigten einen Zusammenhang dieser Schichten mit dem Sonnenstand und dem Sonnenfleckenzyklus. Appleton verfeinerte die Verfahren zum Studium dieser Ionensphärenschichten und konnte ihre Bedeutung für astronomische, meteorologische und funktechnische Probleme nachweisen. Für die späteren Untersuchungen der Stratosphäre (→ Robert Alexander Watson-Watt) bildeten die Forschungsergebnisse Appletons eine wichtige Grundlage.

Während des Zweiten Weltkriegs war Appleton an der Entwicklung des Radars und der Radarortung beteiligt.

Arago, Dominique François Jean

*** 26. 2. 1786, Estagel bei Perpignan, † 2. 10. 1853, Paris; französischer Astronom und Physiker**

Arago studierte an der École Polytechnique in Paris. 1804 bis 1806 war er an der Pariser Sternwarte sowie als Assistent des Astronomen → Jean Baptiste Biot tätig. 1809 wurde Arago Mitglied der Pariser Akademie, im selben Jahr erhielt er ein Amt beim «Bureau des longitudes» für Astronomie und eine Professur für darstellende Geometrie an der École Polytechnique. 1830 wurde er zum Sekretär an die Akademie der Wissenschaften berufen, außerdem übernahm er die Leitung der Pariser Sternwarte. 1831 legte er seine Professur nieder und betätigte sich politisch. Er wurde Mitglied der Deputiertenkammer und übernahm 1848 in der französischen Übergangsregierung das Kriegs- und Marineministerium.

Arago war ein vielseitiger Wissenschaftler. In den Jahren 1806 bis 1808 setzte er – anfangs mit Biot, dann allein – die von den Geodäten Pierre François André Méchain und Jean Baptiste Joseph Delambre begonnene Meridianmessung von Barcelona bis Formentera fort. Ab

Arago-Versuch
1824 von Arago erstmals ausgeführter Versuch, die Wirkung der elektromagnetischen Induktion nachzuweisen. Eine rotierende Kupferscheibe versetzte dabei eine Magnetnadel, die über ihr aufgehängt war, in Drehung.

1811 widmete er sich der Optik. Er entdeckte die chromatische Polarisation, die ihn zusammen mit →Augustin Jean Fresnel zu weiteren optischen Experimenten animierte. 1816 konnten sie mit dem Fresnelschen Spiegelversuch feststellen, daß Licht transversale Wellenbewegungen ausführt, womit einer der ersten Beweise für die Wellenbewegung des Lichts geliefert war. Mit der Anregung, die Geschwindigkeit des Lichts in verschiedenen Medien zu messen, trug Arago entscheidend zum Beweis der Wellennatur des Lichts bei. 1820 begann Arago – angeregt durch die Arbeiten Hans Christian Ørstedts – mit der Erforschung elektromagnetischer Phänomene. Er beobachtete, daß Eisen in einem elektrischen Feld magnetisiert wird, außerdem entdeckte er durch Beobachtung des Einflusses einer ruhenden oder rotierenden Metallscheibe auf eine schwingende beziehungsweise ruhende Magnetnadel (Arago-Versuch, 1824) den Rotationsmagnetismus. Auf dieser Grundlage konnte → Michael Faraday 1831 das Induktionsgesetz formulieren.

Archimedes

*** um 285 v. Chr., Syrakus, † 212 v. Chr., Syrakus; griechischer Mathematiker und Physiker**

Über das Leben des Archimedes ist nur wenig bekannt. Sein Vater war der Astronom Phidias, von dem er in die Wissenschaften eingeführt wurde. Seine Studien absolvierte Archimedes in Alexandria bei Conon, einem Schüler → Euklids. Mit ihm und den Mathematikern Eratosthenes und Dositheos unterhielt Archimedes eine rege Korrespondenz. Von Archimedes sind elf Werke erhalten, die drei Hauptgruppen zugeordnet werden können: Arbeiten über den Inhalt krummliniger Flächen und Körper, Arbeiten zur Statik und Hydrostatik sowie arithmetische und andere Arbeiten.
Archimedes berechnete die Oberfläche und den Inhalt von Kugel, Kugelsegment und Kugelsektor sowie Segmente von Rotationsparaboloiden, Rotationshyperboloiden und Rotationsellipsoiden. Für die Quadratur des Kreises konnte er eine Näherungslösung vorlegen, außerdem berechnete er die Zahl π. Die Hydrostatik bereicherte er um das «Archimedische Prinzip» und die Gesetze des Auftriebs. Aufgrund der mathematischen Ableitung statischer und hydrostatischer Sätze gilt Archimedes als einer der Begründer der mathematischen Physik. Archimedes' Überlegungen über die Anzahl der Sandkörner, mit der das Weltall aufgefüllt werden kann, führten zur Erweiterung von Begriffen und Notationen für das Zahlensystem.
Darüber hinaus erweiterte Archimedes die mathematische Beweistechnik, so führte er neue Axiome ein («Eudoxos-Archimedes-Axiom»). Auf der Grundlage der Arbeiten von Straton formulierte Archimedes die Hebelgesetze und führte den Schwerpunkt ein («Archimedischer Punkt»: «Gib mir einen Punkt, wo ich stehen kann, und ich werde die Erde in Bewegung setzen»). Bedeutende

Das Archimedische Prinzip
Satz der Hydrostatik, der das gesetzmäßige Verhalten von Körpern beschreibt, die in eine Flüssigkeit eintauchen. Es besagt, daß jeder Körper eine nach oben gerichtete Auftriebskraft erfährt, die gleich der Gewichtskraft der vom Körper verdrängten Flüssigkeit ist.

Entwürfe und Konstruktionen waren der Flaschenzug, die Wasserpumpe («Archimedische Schraube») und ein hydraulisch bewegtes Planetarium. Daneben widmete sich Archimedes auch der Konstruktion von Kriegsgerät; so schuf er Hebelwerke, die Steinschleuder und ein System von Konvexlinsen, das durch die Bündelung von Sonnenlicht Brände auslösen konnte.

Ardenne, Manfred von

*** 20. 1. 1907, Hamburg; deutscher Physiker**

Ardenne besuchte bis Anfang der 20er Jahre ein Realgymnasium in Berlin und absolvierte ab 1923 eine Feinmechanikerlehre. Durch Fürsprache von → Walter Hermann Nernst wurde Ardenne 1925 zum Studium der Physik, Chemie und Mathematik zugelassen, das er bis 1927 wahrnahm. Seine frühe technische Begabung (er erhielt bereits 1923 sein erstes Patent) vertiefte Ardenne danach als Autodidakt. 1928 gründete er ein Institut für Elektronenphysik in Berlin-Charlottenburg, das er bis 1945 leitete. Von 1945 bis 1955 war er in Suchumi (ehemalige UdSSR) als Direktor des Instituts für Verfahren zur industriellen Isotopentrennung tätig. 1955 wurde er zum Professor und Leiter des Forschungsinstituts Manfred von Ardenne in Dresden ernannt. 1961 gründete er die Gesellschaft für Bio-Medizinische Technik in der ehemaligen DDR. Ardenne erhielt zahlreiche Auszeichungen, unter anderen den Leninpreis der UdSSR sowie die Dieselmedaille in Gold (BRD).

In den ersten Jahren seiner Forschertätigkeit machte Ardenne zahlreiche Erfindungen auf dem Gebiet der elektronischen Technik und Elektronenphysik. Bereits 1926 gelang ihm die Entwicklung der Dreifachradioröhre, 1930 revolutionierte er die Fernsehtechnik mit der Elektronenstrahlröhre (mit Glühkathode und Lichtsteuerelektrode). Sein Flying Spot Scanner findet noch heute Verwendung. 1934 entwickelte Ardenne einen elektronisch-optischen Bildwandler, mit dessen Hilfe die Wahrnehmungen im Infrarotbereich und Röntgenbilder verstärkt werden konnten. Sein 1937 vorgestelltes Raster-Elektronen-Mikroskop und das 1939/40 entwickelte Elektronen-Stereo-Mikroskop machten ihn zum Pionier der Elektronenmikroskopie.

Während seiner Forschungstätigkeit in der ehemaligen Sowjetunion beschäftigte sich Ardenne mit der angewandten Kernphysik (1942/43 Bau eines 1-MeV-Bandgenerators und eines 60-t-Zyklotrons; 1945 Entwicklung eines magnetischen Isotopentrenners).

Bis Ende der 50er Jahre stellte Ardenne einen Präzisions-Elektronenstrahloszillographen, verschiedene Elektronenstrahl-Mehrkammeröfen sowie Plasmafeinstrahlbrenner vor. Ab 1955 widmete er sich der medizinischen Technik und erfand 1958 die (verschluckbare) Endoradiosonde, die den Druck, die Temperatur und den pH-Wert im Magen-Darm-Trakt messen kann. Seit 1965 führte er

Forschungen zur Krebsbehandlung und Zellregulation durch (Sauerstoff-Mehrschritt-Therapie, Krebs-Mehrschritt-Therapie mit Hyperthermie und Hyperglykämie).

Argelander, Friedrich Wilhelm August

*** 22. 3. 1799, Memel, † 17. 2. 1875, Bonn; deutscher Astronom**

Der in einer wohlhabenden Kaufmannsfamilie aufgewachsene Argelander studierte ab 1817 Staatswissenschaften, bevor er – angeregt durch Vorlesungen von → Friedrich Wilhelm Bessel – zur Astronomie wechselte. Schon während des Studiums arbeitete Argelander als Bessels Assistent, 1822 promovierte er bei ihm über Methoden zur Positionsbestimmung von Sternen. 1823 habilitierte sich Argelander und übernahm die Leitung der Sternwarte von Turku, die unter seiner Ägide (1823–1836) ausgebaut und nach Helsinki verlegt wurde. 1837 übernahm er den Lehrstuhl für Astronomie an der Universität Bonn. Seine Beziehungen zu König Friedrich Wilhelm IV. ermöglichten ihm den Bau der dortigen Universitätssternwarte. 1863 gründete Argelander die Astronomische Gesellschaft, deren Vorsitzender er in den Jahren 1864 bis 1871 war. Argelander erhielt neben vielen anderen wissenschaftlichen Ehrungen den Dimidow-Preis der Russischen Akademie der Wissenschaften sowie die Goldmedaille der British Royal Astronomical Society.

Argelander gilt als Pionier auf dem Gebiet der Erforschung von Fixsternen. Seine frühen Arbeiten galten der Eigenbewegung dieser Sterne. 1828 führte er Positionsmessungen und deren mathematische Interpretation durch, 1837 präsentierte er in seinem Werk «Über die eigene Bewegung des Sonnensystems» eine Methode, den Zielpunkt von Eigenbewegungen zu bestimmen. 1842 erschien seine Sternkartensammlung «De fide Uranometriae Bayeri», 1843 veröffentlichte er den 17 Karten umfassenden Himmelsatlas «Uranometria nova».

Dieser Atlas war die Grundlage für die photometrische Untersuchung der Fixsterne. Im Zuge dieser Studien entwickelte Argelander die Stufenschätzmethode zur visuellen Helligkeitsbestimmung der Fixsterne und publizierte zusammen mit Eduard Schönfeld die ersten wichtigen Nomenklaturen. In den Jahren 1852 bis 1859 beobachtete Argelander zusammen mit Schönfeld und Adalbert Krüger 39 000 Sterne hinsichtlich ihrer Photometrie und Position. Die Ergebnisse veröffentlichte Argelander später in dem Katalog «Bonner Durchmusterung» (1859–1862), der in Verbindung mit einem umfangreichen Kartenwerk erschien. Diese später von Schönfeld erweiterte Arbeit war die Grundlage für weiterführende Untersuchungen der Fixsterne.

Argelandersche Stufenschätzmethode
Methode zur visuellen Helligkeitsbestimmung von Fixsternen. Die unterschiedlichen Helligkeiten eines Fixsterns werden mit den verschiedenen Helligkeiten der nach Lichtstärke geordneten nichtveränderlichen Nachbarsterne verglichen. Aus den verschiedenen Helligkeitsstufen kann die jeweilige Helligkeit während des Helligkeitswechsels abgeleitet werden.

Aristarch → Aristarchos von Samos

Aristarchos von Samos

*** um 310 v. Chr., Samos, † um 230, Samos; griechischer Astronom**

Über die Vita des Aristarchos ist wenig bekannt, außer daß er in seiner Jugend nach Alexandria kam und dort wahrscheinlich ein Schüler des Straton von Lampsakos war. Von seinen Schriften ist die Abhandlung «Über die Größen und Entfernungen von Sonne und Mond» erhalten.

Aristarchos nahm als erster an, daß nicht die Erde, sondern die Sonne und der Fixsternhimmel ruhen und die Erde (mit den Planeten) in einer schiefen Bahn die Sonne umkreist. Diese Hypothese, durch die er als Begründer des heliozentrischen Weltbildes gilt, wurde erst von → Nikolaus Kopernikus wiederaufgenommen und stand zu Aristarchos' Zeit im Gegensatz zu den auf geozentrischer Basis entwickelten Modellen (etwa von → Hipparchos von Nikaia oder → Claudius Ptolemäus).

Aristarchos gab darüber hinaus als erster eine Methode zur Bestimmung kosmischer Entfernungen und Größen an. Er kam zu dem Ergebnis, daß die Sonne etwa 20mal so weit von der Erde entfernt ist wie der Mond und daß der Durchmesser der Sonne zur Erde in einem Verhältnis steht, das größer als 38:6, aber kleiner als 43:6 ist.

Da Aristarchos jedoch keine präzisen Meßinstrumente zur Verfügung hatte, war seine Methode, die sich eines geometrischen Näherungsverfahrens bediente, für die Praxis zu ungenau. Es war Jahrhunderte später erst dem Astronomen → Johannes Kepler vorbehalten, die Neubestimmung des astronomischen Grundmaßes anzuregen.

Aristoteles

*** 384 v. Chr., Stagira (Thrakien), † 322 v. Chr., bei Chalkis (auf Euböa); griechischer Philosoph**

Aristoteles, Sohn des Nikomachos, kam 367 v. Chr. nach Athen, wo er in die Akademie Platons eintrat. Nach einem dreijährigen Aufenthalt in Assos (347–344) und einem Zwischenaufenthalt in Mytilene folgte er 342 dem Ruf an den makedonischen Hof und wurde Erzieher von Alexander dem Großen. 335 kehrte er nach Athen zurück und lehrte am Gymnasium Lykeion. Wenige Jahre später gründete er seine eigene Schule, den Peripatos, und errichtete ein Museum für Naturgeschichte sowie eine Bibliothek. Nach dem Tod Alexanders des Großen verließ Aristoteles Athen, da er der Gottlosigkeit angeklagt wurde, und ging nach Chalkis ins Exil.

Für die abendländische Geistesgeschichte wurden vor allem seine logischen Schriften (später «Organon» genannt) bedeutsam. Aristoteles wies darin die sprachlichen Gesetzmäßigkeiten nach, die den Ansprüchen wissenschaftlicher Erkenntnis genügen. So thematisierte er in der «Ersten Analytik» das Verhältnis von Urteilen und Schlüssen und gelangte zum Syllogismus als Verknüpfung zweier Urteile zu einem dritten. In der «Zweiten Analytik» und in der «Topik» widmete er sich den Methoden des Beweisens und Definierens (Induktion, Deduktion).

In seinen zahlreichen naturwissenschaftlichen Schriften entwickelte Aristoteles eine an Empedokles angelehnte Elementenlehre. Er unterschied zwischen dem spezifischen Stoff eines Dings und den Elementen, aus denen er zusammenge-

setzt und in die er zerlegbar ist: Erde, Wasser, Luft und Feuer. Das Universum verstand er als eine kontinuierlich mit Stoff ausgefüllte Kugel, die vom Erdmittelpunkt bis zur Sphäre des Mondes aus einer Mischung der vier Elemente bestand. Als fünftes Element benannte Aristoteles den Äther, aus dem sich die Himmelssphäre, der Bereich vom Mond bis zu den Fixsternen (der äußeren Begrenzung der Welt) zusammensetzte.
In den acht Büchern der «Physik» nahm Aristoteles am Begriff der Bewegung eine Bestimmung des Gegenstandsbereichs der Naturwissenschaften vor und unterschied im wesentlichen nach Bewegungen, die den Grund der Bewegung in sich selbst tragen, und solchen, die ihren Grund durch Fremdeinwirkung haben. Seine Theorie des Kontinuums geht davon aus, daß Ausgedehntes aus unendlich Teilbarem zusammengesetzt ist.
In seinen Schriften über Naturgeschichte und Morphologie der Tiere («Über die Entstehung der Lebewesen», «Über die Teile der Lebewesen») erwies er sich als genauer Beobachter der Natur; er befaßte sich mit über 500 Tierarten und gliederte sie zum Teil im modernen Sinn.
Für die Philosophiegeschichte wurde die «Metaphysik» des Aristoteles bedeutsam, in der er unter anderem die Begriffe Substanz und Akzidens prägte und seine Lehre von Stoff und Form zu einer Synthese des Werdens verband.
Bis in die Neuzeit hinein wirkten zudem Aristoteles' psychologische Schrift «De anima», seine Ausführungen zur Ethik und Politik («Nicomachische Ethik», «Politik») sowie seine ästhetische Schrift «De arte poetica» («Über die Dichtkunst»).

Arkwright, Sir Richard

*** 23. 12. 1732, Preston (Lancashire), † 3. 8. 1792, Cromford (Derby); britischer Techniker und Erfinder**

Über Arkwright, der aus einer wenig betuchten Familie mit 13 Kindern stammt, ist biographisch wenig bekannt. Nach einer Lehre als Barbier hat er sich um 1750 in Bolton selbständig gemacht. Durch seine zweite Heirat (1761) wurde er vermögend und konnte sein Geschäft erweitern. Als Perückenmacher und Hersteller von Haarfärbemitteln arbeitete er bis 1767/68, ehe er 1769 eine Baumwollspinnmaschine entwickelte, die seinen Ruf als Erfinder begründete.
Das Garn der Arkwright-Maschine durchlief mehrere Walzenpaare, die sich mit unterschiedlicher Geschwindigkeit drehten; es war dadurch fester und stärker. Da das Vorgarn auf einer Spule aufgewickelt wurde, konnte die Spinnmaschine kontinuierlich arbeiten und mit Wasserkraft, später durch Pferdekraft und ab 1790 durch Einsatz von Dampfmaschinen betrieben werden. Arkwright schuf damit die Grundlagen zur Massenfertigung in der Baumwollindustrie und gründete selber mehrere Fabriken.
Obwohl ihm ab 1780 zahlreiche Patentrechte abgesprochen wurden, da er fremde Erfindungen als seine eigenen ausgegeben hatte, war sein geschäftlicher Erfolg als Fabrikant bis zu seinem Tod ungebrochen.

Arrhenius, Svante August

*** 19. 2. 1859, Wijk bei Uppsala, † 2. 10. 1927, Stockholm; schwedischer Physikochemiker**

Arrhenius begann seine Laufbahn mit einem Studium der Physik in Uppsala.

Aufgrund ungünstiger Studienbedingungen wechselte er 1881 an die Universität Stockholm, wo er sein Studium 1884 mit der Promotion abschloß. Ein Reisestipendium, das ihm 1886 von der Schwedischen Akademie der Wissenschaften zugesprochen worden war, führte ihn zu den renommiertesten Forschern seiner Zeit, unter anderem zu Friedrich Wilhelm Georg Kohlrausch, → Jacobus Hendricus van't Hoff, → Ludwig Boltzmann und → Max Planck. 1891 übernahm er die Leitung eines physikalischen Labors in Stockholm, 1895 erhielt er eine Professur. Von 1896 bis 1902 war er Rektor der Stockholmer Universität. 1903 erhielt er aufgrund seiner Forschung über die Dissoziation der Elektrolyte den Nobelpreis für Chemie. 1905 wurde er Direktor des Nobelinstituts für Physikalische Chemie in Stockholm.

Arrhenius hat sich vor allem auf dem Gebiet der Elektrochemie verdient gemacht. In seiner Dissertation «Recherches sur la conductibilité galvanique des électrolytes» (1884) bewies er die Existenz der Elektrolyte, indem er zeigte, daß es sich dabei um positiv und negativ geladene Teilchen (Ionen) handelt, die in einer wäßrigen Lösung zerfallen und aufgrund ihrer Ladungen elektrischen Strom leiten können. Diese Arbeit wurde zu ihrer Zeit sehr schlecht bewertet, heute ist sie jedoch die Grundlage der Elektrolytchemie. Bis 1887 beschäftigte sich Arrhenius mit der Elektrolytdissoziation. Durch seine Forschungen konnte er heute noch gültige quantitative Angaben über den Zerfall machen und zeigen, daß die Säurestärke in Abhängigkeit zu ihrer elektrischen Leitfähigkeit steht. Er stellte damit die erste allgemeingültige Säure-Base-Theorie auf. Die Ergebnisse dieser Arbeiten veröffentlichte er 1887 in seinem Werk «Über die Dissoziation der in Wasser gelösten Stoffe». Durch seine Arbeiten über Elektrochemie gehörte Arrhenius zu den Mitbegründern der Physikalischen Chemie. Ab 1888 untersuchte Arrhenius Reaktionsmechanismen. Er entdeckte den Zusammenhang zwischen Reaktionsgeschwindigkeit und Temperatur. Darüber hinaus erkannte er, daß die Reaktionsfähigkeit der Moleküle von deren Aktivierungsenergie abhängt und daß diese durch die Temperatur beeinflußt werden kann. Er formulierte diesen Zusammenhang 1889 in der Arrhenius-Gleichung. Seit Ende der 90er Jahre beschäftigte sich Arrhenius auch mit Problemen der Immunchemie, der kosmischen Physik und Astronomie. Im Tierversuch studierte er das Verhalten von toxischen und antitoxischen Stoffen, was den Immunologen zu wertvollen Anregungen verhalf («Immunochemie», 1907).

1908 veröffentlichte Arrhenius sein Werk «Das Werden der Welten», in dem er sich mit der Genese der Planeten und Kometen befaßte. Er vertrat die Ansicht, daß überall im Universum Leben möglich

Arrhenius-Gleichung
Gleichung der Reaktionskinetik. Wird eine Reaktion durch den Stoß von zwei oder mehr Molekülen ausgelöst, dann führen nur die Stöße zu einer chemischen Umsetzung, in denen die Summe der kinetischen Energien gleich ist dem Quotienten aus Aktivierungsenergie der Reaktion und der Anzahl der Teilchen in einer genau definierten Stoffmenge. Je höher die Temparatur, desto mehr Zusammenstöße führen zu einer Reaktion.

sei; vehement widersprach er der Theorie des Physikers → Rudolf Julius Emanuel Clausius, daß die Planeten aufgrund maximaler Wärmeaufnahme verglühen würden.

Aston, Francis William

*** 1. 9. 1877, Harborne bei Birmingham, † 20. 11. 1945, Cambridge; britischer Chemiker und Physiker**

Aston studierte bei William Augustus Tilden und Percy Faraday Frankland Chemie und bei John Henry Poynting Physik. 1898 gewann Aston ein Stipendium, das ihm bei Frankland Studien auf dem Gebiet der Stereochemie ermöglichte. 1900 bis 1903 arbeitete Aston als Chemiker in einer Brauerei, um anschließend als Forschungsstudent zu Poynting zu gehen, bei dem er von 1903 bis 1908 tätig war. 1909 wurde Aston Assistent an der Universität Birmingham, wo ihn ein Ruf von → Joseph John Thomson erreichte. In den Jahren 1910 bis 1919 wirkte er als dessen Assistent am Cavendish Laboratorium in Cambridge. Während des Ersten Weltkriegs arbeitete er als technischer Assistent bei der Luftwaffe, 1920 wurde er Fellow am Trinity College in Cambridge. 1921 erhob man ihn zum Mitglied der Royal Society, 1922 wurde er in die Russische Akademie der Wissenschaften aufgenommen. Im selben Jahr erhielt Aston für seine Entdeckung der stabilen Isotope den Nobelpreis für Chemie.

Aston gilt als einer der Wegbereiter der Kernforschung. In seinen ersten Studien widmete er sich dem Transport elektrischer Ladung in gasgefüllten Röhren. Bei der Arbeit mit diesen Röhren entdeckte er 1908 den nach ihm benannten Dunkelraum. Ab 1910 untersuchte er gemeinsam mit Thomson die Natur der Teilchenstrahlen (Ionenstrahlen). In einer von Thomson aufgestellten Versuchsanordnung schickten sie Teilchenstrahlung durch ein elektrisches und magnetisches Feld, um sie dann auf einer Fotoplatte aufzufangen. Aston registrierte unterschiedlich starke Schwärzungen auf der Fotoplatte und folgerte daraus, daß die Atome unterschiedliche Massen haben müssen (Isotypie). Als Beweis für seine Vermutung stellte Aston 1913 die beiden Isotope des Edelgases Neon vor. Seine Entdeckung stand im Widerspruch zu der Hypothese von → Frederick Soddy, nach der nur instabile, radioaktive Elemente als Isotope vorliegen können. Um seine Theorie zu untermauern, modifizierte Aston die Thomsonsche Versuchsanordnung, was zur Entwicklung des Massenspektrographen führte (1919). Mit ihm untersuchte Aston ab 1920 weitere stabile Elemente. Im Verlauf seiner Analysen stellte er fest, daß die Atommassen ganzzahlige Vielfache der Masse des Wasserstoffs sind. Abweichungen davon erklärte er damit, daß die betreffenden Elemente aus einer Atommischung mit unterschiedlichen ganzzahligen Atomgewichten bestehen (Gesetz der Ganzzahligkeit, 1920). Damit bewies er die Existenz stabiler Isotope und so die 1815 aufgestellte Hypothese von William Prout, der die Existenz der Isotope formuliert hatte. Durch weitere Analysen entdeckte Aston 212 der 287 stabilen Isotope (aufgezeichnet in seinem Werk «Isotopes», 1922). Mit einem verfeinerten Massenspektrographen konnte Aston ab 1925 eine präzise Bestimmung der Massenzahlen von Isotopen vornehmen.

Er stellte fest, daß sie geringfügig von der Ganzzahligkeit abweichen (Massendefekt). Aston folgerte daraus, daß im Inneren eines Atoms Kernreaktionen ablaufen müssen, die Kernenergie freisetzen, vorausgesetzt, eine genügend große Anzahl von Kernreaktionen läuft ab. Mit diesen Ergebnissen wurde der Weg in die Kernforschung geebnet, vor deren Risiken Aston eindringlich gewarnt hat.

Avicenna (arab.: Ibn Sina, Abu Ali al-Hussain Ibn Abdallah)

*** 980, Afschana (bei Buchara), † 1037, Hamadan; persischer Philosoph und Arzt**

Avicenna stammte aus einer islamischen Beamtenfamilie und wurde von Privatlehrern umfassend ausgebildet. Ab 997 hatte er Zugang zur Bibliothek des Regenten von Buchara und bildete sich als Autodidakt weiter. Nachhaltigen Einfluß übten → Aristoteles, Al-Biruni, Al-Farabi und Plotin auf ihn aus. 999 ging er nach Dshurdshanija, später in andere Städte. Er arbeitete als Hofrat, Arzt, Astronom und Minister und schrieb zahlreiche philosophische, medizinische und naturkundliche Bücher, ehe er 1037 als Arzt auf einem Feldzug starb.

Avicennas Metaphysik gründete sich auf die Unterscheidung zwischen dem Sein, das notwendig an sich ist (Gott), und dem Sein, das notwendig durch anderes ist. Da das eine notwendige Wesen auch nur Eines hervorbringen kann (weil es keine Vielheit in sich hat), schafft Gott ein Geisteswesen (die erste Intelligenz), und zwar notwendig und von Ewigkeit her. Mit seiner rationalistischen Philosophie, in der Avicenna den Aristotelismus in seiner neuplatonischen Fassung weiterentwickelte, stand er oft im Gegensatz zur islamischen Orthodoxie und gelegentlich sogar im Einklang mit der orientalischen Mystik. Als sein philosophisches Hauptwerk gilt das 18bändige «Buch der Genesung».

Noch größere Bedeutung hatte Avicenna jedoch als Arzt und Mediziner. Sein fünfbändiges, in Isfahan beendetes medizinisches Handbuch «Kanon der Medizin» umfaßte die gesamte damalige griechisch-römische Heilkunde, einschließlich der Chirurgie, und galt bis ins 16. Jahrhundert hinein als wichtigstes medizinisches Lehrbuch an den europäischen Universitäten (lateinische Übersetzung von Gerhard von Cremona im 12. Jahrhundert). Avicenna orientierte sich mit seinem medizinischen System dabei weitgehend an → Galen; als eigenständige Leistung gilt jedoch die umfassende Darstellung des medizinischen Wissens sowie dessen Systematisierung.

Avogadro, Amadeo, Graf von Quaregna und Ceretto

*** 9. 8. 1776, Turin, † 9. 7. 1856, Turin; italienischer Physiker und Chemiker**

Der Sohn des Grafen Filippo Avogadro studierte bis 1796 Rechtswissenschaften, betätigte sich dann als Armenadvokat und wurde durch die Entdeckungen Alessandro Voltas 1800 zu einem Studium der Mathematik und Physik angeregt. 1806 erlangte er eine Assistentenstelle an der Turiner Akademie, ab 1809 hatte er eine Professur für Philosophie an der Hochschule von Vercelli (Oberitalien) inne. Die Turiner Akademie wählte Avogadro 1819 zu ihrem ordentlichen Mitglied (seit 1804 war er dort korrespondierendes Mitglied) und berief ihn

1820 bis 1822 und 1834 bis 1850 als Professor auf den neugeschaffenen Lehrstuhl für Mathematische Physik.
In Anlehnung an die Entdeckung → Louis Joseph Gay-Lussacs, daß sich alle Gase bei Erwärmung um den gleichen Betrag ausdehnen, entwickelte Avogadro 1811 die Hypothese, daß alle Gase bei gleicher Temperatur und gleichem Volumen gleich viele Teilchen enthalten müssen. Damit legte er in der klassischen Chemie und in eigenen Experimenten die Grundlage für eine quantitative Bestimmung der relativen Atommassen gasförmiger Elemente sowie der Atomanzahl und des Verhältnisses von Elementen in chemischen Verbindungen.
Als Teilchen unterschied Avogadro Doppelatome in Gasen («molécules constituantes»), Atomverbindungen («molécules integrantes») und Atome («molécules élémentaires») und prägte so den Begriff der Moleküle.
Avogadros weitere Forschungen betrafen unter anderem die elektrochemische Spannungsreihe, deren Zusammenhang mit der Verwandtschaft (Affinität) chemischer Elemente und die Ermittlung der spezifischen Wärme zahlreicher Einzelstoffe.
Seine Erkenntnisse hinterließen bei Chemikern bis zu seinem Tod wenig Beachtung. Der prominenteste unter ihnen, → Jöns Jakob Berzelius, ignorierte sie, nur → André-Marie Ampère gehörte zu den wenigen, die sie für richtig hielten. Erst 1860 fand er auf einem internationalen Chemikerkongreß in Karlsruhe offizielle Anerkennung, wo seine Ideen als wichtige Voraussetzung für die Definition der Begriffe Atom, Molekül und Äquivalent erkannt wurden.

Avogadrosches Gesetz (auch: Avogadrosche Regel)
Physikalische Gesetzmäßigkeit über das Verhalten von Gasen: Gleiche Volumina aller (idealen) Gase enthalten bei gleicher Temperatur und gleichem Druck die gleiche Anzahl von Molekülen.

Avogadro-Konstante
Physikalische Konstante, deren reiner Zahlenwert ($N_A = 6{,}023 \times 10^{23}$) auch als Avogadro-Zahl bezeichnet wird. Sie gibt die Anzahl der Atome oder Moleküle an, die in einem Mol eines Stoffes enthalten sind.

B

Baade, Walter
*** 24. 3. 1893, Schröttinghausen (Westfalen), † 25. 6. 1960, Göttingen; deutscher Astronom**

Der Sohn eines Lehrers besuchte bis 1912 das Gymnasium, wo er sich früh für Astronomie interessierte. Ein anschließendes Studium in Göttingen und eine dreijährige Assistenzzeit bei Felix Klein schloß er 1919 ab. Unter der Leitung von Johannes Hartmann verfaßte er bis 1921 seine Dissertation an der Universität Hamburg, wo er bis 1931 als Assistent von Richard Schorr tätig war. 1920 begegnete er → Harlow Shapley, ein einjähriger Aufenthalt in Kalifornien schloß sich 1926 an. Wieder in Deutschland (Jena, Hamburg), ging Baade 1931 endgültig nach Kalifornien, um an den Observatorien von Mount Wilson und Mount Palomar mit den besten Teleskopen der damaligen Zeit zu arbeiten. Seine bahnbrechenden Entdeckungen verschafften ihm zahlreiche hohe Auszeichnungen (unter anderem Goldmedaille der Royal Astronomical Society, Bruce-Medaille der Astronomical Society of Pacific) und Mitgliedschaften in zahlreichen Akademien, bevor er 1958 nach Göttingen zurückkehrte.

1925 entdeckte Baade den Planetoiden (kleiner Planet) «Hidalgo» mit dem größten Bahnradius um die Sonne von allen bekannten Planetoiden. Die Entdeckung des Planetoiden «Icarus» mit dem kleinsten Bahnradius gelang ihm im Jahr 1948. Folgenreich war 1944 seine erstmalige Beobachtung von Einzelsternen in den Kerngebieten des Andromedanebels, die er mit dem 254-cm-Spiegelteleskop von Mount Wilson machte. Gegenüber den zuvor von → Edwin Powell Hubble in den Spiralarmen dieser Galaxis beobachteten hellen bläulichen «Weißen Riesen» erschienen die hellsten von Baade beobachteten Sterne rötlich. Diese Entdeckung gab ihm den Anstoß zur Begriffsdefinition der Sternenpopulationen.

Mit Hilfe des 1948 auf Mount Palomar eingeweihten 510-cm-Spiegelteleskops entdeckte Baade über 300 ∂-Cephei-Sterne im Andromedanebel, die sowohl der Sternenpopulation I als auch II angehörten. Baade wies nach, daß die Cepheiden der Population I eine andere Perioden-Helligkeitsbeziehung befolgen, und konnte 1952 belegen, daß Sterne der Population I jünger sind als solche der Population II, was für das Verständnis der Sternenentwicklung von größter Bedeutung war. Diese Entdeckungen gaben eine neue Grundlage für die kosmische Entfernungsskala, die zu einer Vergrößerung der vorher berechneten Entfernungen und Ausdehnungen extragalaktischer Objekte führte und eine Zunahme des Alters des Weltalls gegenüber den Berechnungen von Hubble bedeutete. Die Größe unserer eigenen Galaxis wurde im kosmischen Maßstab verringert, sie verlor mit nur durchschnittlicher Größe ihre vorher angenommene Sonderstellung.

Babbage, Charles

*** 26. 12. 1792, Teignmouth (Devonshire), † 18. 10. 1871, London; britischer Mathematiker und Ökonom**

Die wohlhabenden Eltern ermöglichten Babbage eine fundierte Privatausbildung und ab 1810 ein Studium in Cambridge. 1815 gründete er dort zusammen mit → John Frederick William Herschel die Analytical Society. Babbage wurde 1816 Mitglied der Royal Society und 1820 Mitbegründer der Astronomical Society. 1827/28 berief man ihn in Cambridge als Professor an denselben Lehrstuhl (Lucasion Chair), den auch → Isaac Newton innehatte; er hielt dort jedoch niemals Vorlesungen. So unternahm er 1828 eine Europareise, auf der er unter anderem → Alexander von Humboldt und den Mathematiker → Johann Peter Gustav Dirichlet kennenlernte. Babbage befürwortete schon früh eine staatliche Förderung der Wissenschaften und zählte 1831 zu den Gründern der British Association for the Advancement of Science, die 1835 unter seiner Mitwirkung die Gründung der Statistical Society of London anregte. Schon als Student hatte Babbage die Idee, monotone Berechnungen von Tafeln und astronomischen Tabellen fehlerfrei durch eine Rechenmaschine ausführen zu lassen, die bei weitem leistungsfähiger sein sollte als die ersten seit dem 17. Jahrhundert bekannten Maschinen (→ Gottfried Wilhelm Leibniz). Etwa ab 1822 bemühte er sich darum – abgesichert durch die finanzielle Unterstützung der britischen Regierung und sein Privatvermögen –, ein funktionstüchtiges Gerät zu entwickeln.

Bis 1834 arbeitete er an einer Rechenmaschine, die die Differenzenmethode verwendete. Diverse technische Schwierigkeiten veranlaßten ihn aber die Entwicklung der «difference engine» abzubrechen und ein neu erdachtes Prinzip auf ein leistungsfähigeres, schnelleres Gerät anzuwenden, das er «analytical engine» nannte. Hierbei wollte er Lochkarten benutzen, die Zwischenergebnisse bis zur Verwendung in weiteren Rechenoperationen speichern konnten. Mit dem Ausdruck von Ergebnissen, einem Speicherwerk und der Steuerung durch ein Programm entwickelte Babbage fast sämtliche Grundideen einer modernen Rechenanlage, wobei er das Dezimalsystem zugrunde legte und rein mechanische Verfahren anwendete. Zu Recht gilt er deshalb als «Vater der programmgesteuerten Rechenmaschine». 1840 stellte er auf einer Italienreise seine Pläne zum Bau der «analytical engine» vor. Sie warf aber noch kompliziertere technische Probleme auf, die er bis zu seinem Tode nicht zu lösen vermochte. Das unvollendete Modell seiner Rechenmaschine steht heute im Science Museum in London.

Babbages rein mathematische Abhandlungen, die sich von 1813 bis 1815 und 1827 bis 1830 erstrecken, behandeln Fragen der Analysis, den Funktionenkalkül und angewandte Probleme, worin er sich als genialer Vorläufer erst später vollendeter Entwicklungen erwies. Babbage unternahm darüber hinaus ökonomische Untersuchungen und veröffentlichte 1832 in London darüber sein Werk «On the Economy of Machinery and

Manufactures». Dieses veranlaßte die englische Regierung 1840, das erste moderne Postsystem einzuführen, da Babbage nachweisen konnte, daß eine Gebührenerhebung für Briefe, die unabhängig von der Entfernung erfolgte, wirtschaftlicher war als eine Gebührenstaffelung nach der Entfernung.

Als Erfinder trat Babbage durch den ersten Tachometer und sein 1847 entwickeltes Ophtalmoskop (Augenspiegel) hervor.

Bacon, Francis

*** 22. 1. 1561, London, † 9. 4. 1626, London; britischer Philosoph**

Als Sohn eines hohen Staatsbeamten folgte der junge Bacon dem Vorbild seines Vaters und studierte in Cambridge Jura. 1579 ließ er sich als Anwalt in London nieder, 1584 wurde er Mitglied im Parlament. 1591 begann er mit ersten naturwissenschaftlichen und philosophischen Studien. Durch sein opportunistisches Verhalten errang Bacon das Vertrauen Elisabeths I. und auch das ihres Nachfolgers, Jakob I., der ihn 1603 adelte und zum Zweiten Anwalt der Krone erhob. 1613 stieg er zum Generalstaatsanwalt auf, 1618 berief man ihn zum Lordkanzler. Im selben Jahr erlangte er die Peerswürde, 1621 verlieh ihm der König den Titel eines Viscount von St. Alban. Der Korruption überführt, verlor Bacon jedoch 1621 alle Staatsämter und widmete sich fortan philosophischen Betrachtungen der Natur und ihrer Wissenschaften.

Mit seinen theoretischen Überlegungen wies Bacon den Naturwissenschaften neue Wege. In seinem Werk «De dignitate et augmentis scientiarum» von 1605 plädierte Bacon für den Fortschritt der wissenschaftlichen Bildung, die sich von religiösen Traditionen lösen müsse.

1620 erschien sein «Novum organum scientiarum», in dem er eine neue naturwissenschaftliche Erkenntnismethode vorstellte – die Induktivität: Durch das Sammeln von Informationen und anschließendes logisches Verknüpfen sollen allgemeingültige Gesetzmäßigkeiten erschlossen werden. Eine wichtige Rolle spielt dabei das Experiment. Sehr klar erkannte Bacon die Rolle des Naturwissenschaftlers in Staat und Gesellschaft. In seinem Buch «Nova Atlantis» von 1627 formulierte Bacon, wie die Naturwissenschaften in dem wirtschaftlichen Produktionsprozeß eingesetzt werden können und daß auf der Grundlage des naturwissenschaftlich-technischen Fortschritts eine moderne Gesellschaft wachsen könne («Wissen ist Macht»). In seinen Büchern setzte er die Sprache der Naturwissenschaftler in die der Philosophen um, wodurch Bacon auch die bisher Uninteressierten erreichte, die sehr aufgeschlossen reagierten und große zeitgenössische Forscher wie → Galileo Galilei und → William Gilbert angemessen zu bewerten lernten. Bacons Ideen führten 1662 zur Gründung der Royal Society, in der sich Naturwissenschaftler und Philosophen zusammenschlossen.

Baekeland, Leo Hendrik

*** 14. 11. 1863, Gent, † 23. 2. 1944, Beacon (New York); belgischer Chemiker**

Nach seinem 1879 abgelegten Abitur gewährte die Universität Gent Baekeland ein Stipendium, das er 1884 mit einer Promotion abschloß. 1887 habilitierte sich Baekeland an der Universität Brügge, 1889 trat er eine Studienreise in die USA an. Da ihm dort eine gute Stellung angeboten wurde, kehrte er nicht nach Europa zurück. 1924 erhob die Amerikanische Chemische Gesellschaft Baekeland zu ihrem Präsidenten.

Baekeland arbeitete auf dem Gebiet der Fotochemie und der Kunststoffherstellung. 1891 entwickelte er ein Fotopapier, das unter Kunstlicht entwickelt werden konnte. Er ließ das Verfahren patentieren und verkaufte es der Firma Kodak.

Ab 1900 arbeitete Baekeland an einem synthetischen Ersatz für Schellack. Ihm gelang die Synthese einer unlöslichen Masse (aus Phenol und Formaldehyd). Durch Überführung dieser Masse in den flüssigen Zustand und abschließende Abkühlung erhielt Baekeland die Phenoplaste, die ihm zu Ehren Bakelite genannt werden.

Mit der Entwicklung der Phenoplaste ebnete Baekeland den Weg in die großtechnische Entwicklung und Verwendung der Kunststoffe und Lacke.

Baer, Karl Ernst von

*** 29. 2. 1792, Gut Piep (Estland), † 28. 11. 1876, Dorpat; deutscher Naturforscher**

Nachdem Baer, Sohn eines Rittergutsbesitzers, die meiste Zeit seiner Kindheit durch Hauslehrer auf dem elterlichen Gut unterrichtet worden war, studierte er ab 1810 Medizin in Dorpat (Estland). 1812 beteiligte er sich als ärztlicher Helfer in Riga an der Bekämpfung der nach dem Krieg gegen Napoleon ausgebrochenen Flecktyphusepidemie. Im Anschluß an seine Promotion im Jahr 1814 reiste er nach Wien, Berlin und Würzburg und begann mit ersten embryologischen Studien. 1817 wechselte Baer an die Universität Königsberg, wo er 1819 Professor der Anatomie und 1822 Professor für Naturgeschichte und Zoologie wurde. Ab 1834 war er Mitglied der Petersburger Akademie der Wissenschaften und von 1841 bis 1852 Professor für Vergleichende Anatomie und Physiologie an der Medizinisch-chirurgischen Akademie in St. Petersburg. Er unternahm zahlreiche Forschungsreisen, unter anderem nach Finnland, Lappland, an das Kaspische und Asowsche Meer und in das Wolgagebiet.

Baer gilt als Begründer der modernen vergleichenden Entwicklungsgeschichte. Indem er die Embryonalentwicklung verschiedener Wirbeltiere miteinander verglich, konnte er die zugrundeliegenden Gemeinsamkeiten aufzeigen. Er entdeckte 1827 im Eierstock einer Hündin die Eizelle als winzigen Punkt innerhalb des Graafschen Follikels und konnte so zeigen, daß sich der Eireifungsvorgang der Säugetiere prinzipiell nicht von dem anderer Tiere unterscheidet. Er veröffentlichte diese Befunde unter dem Titel «De ovi mammalium et hominis genesi». Die Grundzüge der embryonalen Entwicklung faßte Baer dann in dem zweibändigen Werk «Ueber die Entwicklungsgeschichte der Thiere» zusammen. Demnach werden zunächst undifferenzierte («germinative») Gewebsschichten

Baersches Gesetz
Geographischer Lehrsatz, der das hohe rechte und das niedrige linke Ufer von Flüssen der Nordhemisphäre auf die Ablenkung der Wassermassen aufgrund der Erdrotation zurückführt (Coriolis-Kraft).

angelegt, aus denen später bestimmte Organe hervorgehen.
Baer konnte außerdem zeigen, daß es in der Embryonalentwicklung von Wirbeltieren eine Chorda dorsalis («Rückensaite») gibt, die von einfacheren Vorfahren der Wirbeltiere bekannt war, bei Wirbeltieren jedoch im Verlauf der Embryonalentwicklung durch die Wirbelsäule ersetzt wird. Als ein allgemeines Grundgesetz leitete Baer ab, daß die Entwicklung vom homogenen Allgemeinen zum heterogenen Besonderen verläuft. Baer lehnte dennoch die später von → Ernst Haeckel berühmt gemachte biogenetische Grundregel ab, die in der Embryonalentwicklung (Ontogenese) eine kurze Rekapitulation der evolutiven Stammesgeschichte (Phylogenese) sah. Überhaupt stand er dem Darwinismus kritisch gegenüber und bestand auf der Notwendigkeit eines teleologischen Prinzips bei der Entstehung der Arten.
Auf seinen Forschungsreisen widmete sich Baer vermehrt auch geographischen Fragestellungen und stellte das «Baersche Gesetz» (1860) auf. Mit der Zielsetzung, die Ursachen des Fischrückgangs an der Ostseeküste zu untersuchen, entwickelte er außerdem Ansätze zu einer ökologischen Forschung. Später forschte er auf ethnographischen und anthropologischen Gebieten.

Baeyer, Adolf Ritter von

*** 31. 10. 1835, Berlin, † 20. 8. 1917, Starnberg; deutscher Chemiker**

Von Baeyer studierte an der Berliner Universität Physik und Mathematik, ehe er sich der Chemie zuwandte. 1856 begann er das Studium bei → Robert Bunsen und → August Kekulé von Stradonitz in Heidelberg. 1858 promovierte er an der Universität Berlin über organische Arsenverbindungen, um dann Kekulé nach Gent zu folgen. Nach seiner Rückkehr 1860 habilitierte sich von Baeyer und übernahm den Lehrstuhl für Organische Chemie an der Berliner Universität. 1872 ging er an die Universität Straßburg, 1875 trat er die Nachfolge → Justus von Liebigs in München an. Wegen seiner Verdienste um Forschung und Lehre wurde von Baeyer 1885 geadelt. 1905 erhielt er aufgrund seiner Arbeiten über organische Farbstoffe und hydroaromatische Verbindungen den Nobelpreis für Chemie. Von Baeyer gehörte zu den Gründungsmitgliedern der Deutschen Chemischen Gesellschaft.
Zu Beginn seiner Forschungen (1863) widmete er sich der Untersuchung der Harnsäureabkömmlinge und stieß dabei auf die Barbitursäure, die Grundlage der Barbiturate. Durch die Ermittlung der Strukturen konnte von Baeyer eine erste Systematik der Harnsäurederivate vorlegen. Er arbeitete weiter an der Lösung biochemischer Prozesse und entschlüsselte den Mechanismus der Kohlendioxidfixierung bei Pflanzen. Ab 1864 widmete er sich verstärkt der Farbstoffchemie. Er entdeckte die ersten Phthaleinfarbstoffe, von denen das Fluorescin in Form des Eosin technische Bedeutung erlangte. Ausgehend von den Phthaleinen begann von Baeyer mit Untersuchungen über das Benzol und seine Derivate. Aufgrund seiner Forschungen konnte er eine alternative Benzol-Formel vorschlagen, die die Unstimmigkeit zwischen der Formel von Kekulé und dem chemischen Verhalten beseitigen sollte. 1865 begann von Baeyer mit seinen Ar-

Baeyersche Spannungstheorie
Erklärung für die unterschiedliche Stabilität der Cycloalkane (Ringverbindungen mit Kohlenstoff als Ringglied). Bei der Verknüpfung der einzelnen Kohlenstoffatome zu mehrgliedrigen Ringen kommt es zu einer Deformation des ursprünglichen Bindungswinkels. Diese Deformation bewirkt eine Ringspannung. Ein Cycloalkan mit drei und vier Gliedern besitzt durch die Deformation eine erhebliche Spannung, was sie sehr reaktiv macht.

beiten über die synthetische Farbstoffherstellung. Er entwickelte die Methode der Zinkstaubdestillation, mit der er Indigo (und seine Schüler Graebe und Liebermann später Alizarin) synthetisieren konnte. Ab 1878 führte von Baeyer eine Reihe von Indigosynthesen durch, die sich nach 1890 durch die verfahrenstechnische Ausarbeitung von Karl Heumann etablieren konnten. Zwischen 1893 und 1901 beschäftigte sich von Baeyer mit Mehrfachbindungen, der unterschiedlichen Stabilität von Cycloalkanen – was zur Entwicklung seiner Spannungstheorie führte – und mit den Terpenen (Kohlenwasserstoffe, Hauptbestandteile in Pflanzenölen), zu deren Strukturaufklärung er wesentlich beitragen konnte. Ab 1900 forschte er auch über das Verhalten vierwertigen Sauerstoffs und über den Zusammenhang zwischen Struktur und Farbe von Carboniumverbindungen.

Baird, John Logic

*** 13. 8. 1888, Helensburgh (Schottland), † 14. 6. 1946, Bexhill-on-Sea (Sussex); britischer Ingenieur und Fernsehtechniker**

Über Bairds Vita ist wenig bekannt. 1926 führte er in London die erste Fernsehübertragung eines Halbtonbildes vor, das mit Hilfe der Nipkow-Scheibe in ein Raster von 30 Zeilen (bei fünf Bildwechseln pro Sekunde) zerlegt wurde. 1927 gründete er die Baird Television Development Company. 1928 gelang ihm die erste transatlantische Fernsehübertragung von London nach New York. 1929 begann die British Broadcasting Corporation (BBC) mit regelmäßigen Übertragungen von Schwarzweißbildern nach dem System von Baird.
Baird führte darüber hinaus Experimente mit stereoskopischen und farbigen Fernsehbildern durch und entwickelte ein mit Infrarotstrahlen arbeitendes Fernsehgerät zum Sehen bei Nacht («Noctovisor»). In seinem Glauben, das mechanische Fernsehen – das auf dem Bildfeldzerleger von Paul Nipkow beruhte – weiterentwickeln zu können, hielt er an diesem Prinzip fest, als sich Mitte der 30er Jahre das elektronische Fernsehen längst als das bessere und zukunftsträchtigere Medium erwiesen hatte.

Banting, Sir Frederick Grant

*** 14. 11. 1891, Alliston (Ontario, Kanada), † 22. 2. 1941, Musgrave Harbour (Neufundland); kanadischer Mediziner und Physiologe**

Banting, der aus einer Farmersfamilie stammte, studierte bis 1916 Medizin und arbeitete nach seiner Approbation als Militärchirurg der kanadischen Armee in Frankreich. Nach einer schweren Verletzung ging er nach Kanada zurück und war von 1918 bis 1922 an der Universitätsklinik in Toronto tätig, zuletzt als Repetitor für Anatomie, Physiologie und Chirurgie. 1923 wurde er zum Professor ernannt. Für die Entdeckung der Insulintherapie erhielt er im selben Jahr zusammen mit John James Richard Macleod den Nobelpreis für Medizin. 1930 wurde Banting zum Direktor des Banting Institute in Toronto ernannt und erhielt 1934 den Adelstitel.

Zu Beginn seiner Tätigkeit an der Universität Toronto (um 1920) arbeitete Banting über Diabetes mellitus (Zuckerkrankheit infolge von Insulinmangel). Da ihm keine ausreichenden Möglichkeiten für Experimente zu Verfügung standen, überredete er den Physiologieprofessor Macleod, ihm einen Laboratoriumsplatz einzurichten. In Zusammenarbeit mit dem Studenten Charles Herbert Best führte er an zuckerkranken Hunden eine Versuchsreihe über die innere Sekretion der Bauchspeicheldrüse durch. 1921 gelang es den beiden Forschern, durch Abbindung der Pankreasausgänge das Hormon Insulin aus den abgetrennten Langerhans-Inseln zu isolieren. Nachdem Banting und Best die Substanz an sich selbst ausgetestet hatten, verabreichten sie das Präparat Anfang 1922 mit Erfolg einem jugendlichen Patienten. Durch ihre Forschung war es möglich, 1923 zum ersten Mal größere Mengen Insulin für die klinische Anwendung aus der Bauchspeicheldrüse eines Schweins zu gewinnen.

Bardeen, John

*** 23. 5. 1908, Madison (Wisconsin), † 30. 1. 1991, Boston; amerikanischer Physiker**

Bardeen studierte in den 20er Jahren an der Universität Wisconsin Elektrotechnik, Physik und Mathematik. Seine Diplomprüfungen absolvierte er 1928. Er blieb an der Hochschule, bis er 1930 eine Anstellung als Elektroingenieur im Forschungslabor des Ölkonzerns Gulf bekam. 1933 ging Bardeen an die Universität Princeton, wo er sich mit Problemen der Festkörperphysik befaßte. 1936 promovierte er bei → Eugene Paul Wigner, zwei Jahre später habilitierte er sich und lehrte an der Universität Minnesota. Während des Zweiten Weltkriegs arbeitete er in einem Forschungslabor der Navy, 1945 ging er zu den Bell Telephone Laboratories, wo er eng mit Walter H. Brattain und → William Bradford Shockley zusammenarbeitete. 1951 folgte Bardeen einem Ruf der Universität Illinois, wo er bis 1975 Physik und Elektrotechnik lehrte und wo sich mit den Physikern Leon N. Cooper und John Robert Schrieffer eine fruchtbare Zusammenarbeit ergab. Bardeen wurde zweimal mit dem Nobelpreis für Physik ausgezeichnet. 1956 erhielt er ihn zusammen mit Brattain und Shockley für die Entdeckung des Transistoreffekts. 1972 wurde er ihm zusammen mit Cooper und Schrieffer aufgrund ihrer Theorie der Supraleitung zugesprochen.

Bardeen war ein Wissenschaftler mit vielen Fähigkeiten. Zusammen mit Brattain und Shockley entdeckte er 1947 den Transistoreffekt (Gleichrichtung und Verstärkung elektrischer Ströme). Zum Jahreswechsel 1948/49 präsentierten die Wissenschaftler den ersten Transistor, der wegen seiner Handlichkeit und dem besseren Wirkungsgrad die Elektronenröhren in den Radios ersetzte und der durch seine Weiterentwicklung zum Mikroschaltkreis führte, einem wesentlichen Baustein von Computern. Ab 1951 widmete sich Bardeen dem 1911 von

Bardeen-Cooper-Schrieffer-Theorie
Auch: BCS-Theorie. Theorie zur Erklärung der Supraleitung bei Metallen. Bei einer Temperatur nahe des absoluten Nullpunkts (0 K, –273 °C) entsteht durch die Gitterschwingung eine anziehende Kraft, die zur Elektronenpaarbildung führt. Diese Elektronenpaare befinden sich in einem quantenmechanisch stabilen Zustand, der sie ohne Widerstand durch das Metall laufen läßt.

Heike Kammerlingh Onnes entdeckten Phänomen der Supraleitfähikeit (kein elektrischer Widerstand von Metallen bei –273 °C). Die zusammen mit Cooper und Schrieffer 1955 bis 1957 ausgeführten Untersuchungen führten zur BCS-Theorie, die eine Deutung der Supraleitfähigkeit mit quantenmechanischen Gesetzen ermöglichte. Diese Theorie war für die Werkstoffwissenschaften von großer Bedeutung; so konnten supraleitfähige Magnete hergestellt werden, die für die Energiegewinnung durch kontrollierte Kernschmelze in einem Fusionsreaktor benötigt werden. Bardeen beschäftigte sich weiter mit der Supraleitung, so daß er 1961 ein Modell zum Tunneleffekt (keine Unterbrechung des Stromflusses an Isolatorschichten) vorstellen konnte. Dieses Modell fand 1963 durch Brian Josephson experimentelle Bestätigung und wurde die Grundlage für die Konstruktion von Schalt- und Speicherelementen in Computern.

Barkhausen, Heinrich Georg

*** 2. 12. 1881, Bremen, † 20. 2. 1956, Dresden; deutscher Physiker**

Von 1901 bis 1906 studierte Barkhausen an den Universitäten in München, Berlin und Göttingen Physik. 1907 promovierte er am Göttinger Institut für angewandte Elektrizität über Schwingungserzeugung. Aufgrund seiner Leistungen wurde er vom Siemens-Konzern angeworben, wo er bis 1911 arbeitete. Einer kurzen Tätigkeit an der TH Berlin-Charlottenburg folgte ein Ruf auf den ersten Lehrstuhl für Schwachstromtechnik an der TH Dresden (1911). Dort gründete und leitete Barkhausen das erste Institut für Schwachstromtechnik, das er nach der Zerstörung im Zweiten Weltkrieg ab 1945 wieder aufbaute.

Barkhausen gilt als Begründer der wissenschaftlichen Erforschung schwacher Ströme, aus der die Elektrotechnik hervorgegangen ist. Zu Beginn seiner Forschungen beschäftigte er sich mit elektrischen Schwingungen und Elektronenröhren (Dioden und Trioden). Durch die Aufstellung der Barkhausen-Gleichung schuf er die mathematische Grundlage für die Dimensionierung elektronischer Schaltungen. 1920 entdeckte er zusammen mit Karl Kurz die Bremsfeldschwingungen. Die Klärung ihrer Genese führte zur Ausnutzung der geschwindigkeitsmodulierten Elektronenstrahlen als das Wirkprinzip von Spezialröhren in der Höchstfrequenz- und Mikrowellentechnik. Barkhausens bekannteste Untersuchungen sind die der Magnetisierung des Eisens. Er entdeckte, daß Eisen diskontinuierlich, in kleinen Sprüngen («Barkhausen-Sprünge») magnetisiert wird. Er stellte fest, daß ferromagnetische Stoffe Bereiche unterschiedlicher Magnetisierungsrichtung haben und daß diese Bereiche in einem Magnetfeld umklappen und gleich ausgerichtet werden. Diese Umklappvorgänge ergeben ein Geräusch, das Barkhausen durch

Verstärkung mit einem Lautsprecher hörbar machte. Barkhausen arbeitete auch auf dem Gebiet der Akustik, wo er die Maßeinheit «Phon» zur subjektiven Schallempfindung einführte.

Barkla, Charles Glover

*** 7. 6. 1877, Widness (Lancashire), † 23. 10. 1944, Edinburgh; britischer Physiker**

Über Barkla gibt es nur wenige biographische Daten. Sein Studium der Physik nahm er bei Oliver Lodge an der Universität in Liverpool auf. 1902 wurde er Professor, 1909 bis 1913 lehrte er in London, um dann nach Cambridge zu gehen. 1917 erhielt Barkla für seine Arbeiten über Röntgenstrahlen den Nobelpreis für Physik.

Wie viele andere Wissenschaftler der Jahrhundertwende interessierte sich Barkla für die 1895 entdeckten Röntgenstrahlen. In seinen ersten Untersuchungen fand er heraus, daß die Strahlen in Gasen eine Streuung erfahren und daß die Streuung proportional zum Molekülgewicht der Gase ist. Barkla folgerte daraus, daß schwere Atome mehr geladene Teilchen enthalten. Dies war das erste Indiz für den Zusammenhang zwischen der Anzahl der Elektronen in einem Atom und seiner Stellung im Periodensystem der Elemente. Durch seine Streuexperimente konnte Barkla außerdem nachweisen, daß Röntgenstrahlen Transversalwellen sind.

1906 begann Barkla mit seinen wichtigsten Arbeiten. Zur Erzeugung von Röntgenstrahlung beschoß er Metalle mit beschleunigten Elektronen und stellte fest, daß die entstandene Strahlung aus zwei Anteilen besteht – aus der Bremsstrahlung (L-Strahlen) und der für das beschossene Element charakteristischen Eigenstrahlung (K-Strahlung). Barkla fand heraus, daß die Eigenstrahlung eines Elements aus Anteilen verschiedener Wellenlängen besteht und daß man von diesen Wellenlängen auf die Anordnung der Elektronen in einem Atom schließen kann. 1913 formulierte Henry Gwyn Moseley den Zusammenhang zwischen der Ordnungszahl der Elemente und der Frequenz von Röntgenlinien («Moseley-Gesetz»). Aufgrund dieser Forschungen gilt Barkla – zusammen mit Moseley – als Begründer der Röntgenspektroskopie.

Bassow, Nikolai Gennadijewitsch

*** 14. 12. 1922, Usman (Woronesch); sowjetischer Physiker**

Bassow hatte sich schon früh für ein Physikstudium entschieden, doch der Ausbruch des Zweiten Weltkriegs verzögerte den Studienbeginn. So ließ er sich an der Militärakademie zum Offizier ausbilden, um dann an die ukrainische Front zu gehen. 1946 begann Bassow das Studium der Physik am Moskauer Ingenieur-Physikalischen Institut. Bereits während des Studiums arbeitete er im Moskauer Physikalischen Institut der Russischen Akademie der Wissenschaften unter Michail Aleksandrowitsch Leontowitsch, dessen Assistent er nach Studienende (1950) wurde. 1953 ging er zu Aleksandr Michailowitsch Prochorow, bei dem er 1956 promovierte. 1962 wurde Bassow zum Laborleiter berufen, ein Jahr später erhielt er eine Professur am Ingenieur-Physikalischen Institut. Ende der 50er Jahre wirkte Bassow als stellver-

tretender Direktor des Physikalischen Instituts der Akademie der Wissenschaften, 1964 wurde ihm zusammen mit Prochorow und → Charles Hard Townes der Nobelpreis für Physik zugesprochen. 1966 erhob man ihn zum Mitglied der Russischen Akademie der Wissenschaften, seit 1973 ist er Direktor des Physikalischen Instituts der Akademie der Wissenschaften.
Bassow gilt als der Pionier der Quantenelektronik. Zusammen mit Prochorow arbeitete Bassow ab 1950 an den Grundlagen für die Erzeugung und Verstärkung elektromagnetischer Schwingungen in Quantensystemen. 1954 stellten sie der Öffentlichkeit den ersten Maser vor (Mikrowave Amplification by Stimulated Emmission of Radiation), ein Instrument zur Verstärkung von Mikrowellen durch Ausnutzung von Resonanzeigenschaften innermolekularer oder innerkristalliner Eigenschwingungen.
1958 entwarf Bassow einen Laser (Light Amplification by Stimulated Emmission of Radiation; Lichtverstärker). 1962 realisierte er den Injektionslaser, ein Jahr später den Hochleistungslaser. Seit Anfang der 60er Jahre forschte Bassow an der lasergesteuerten Kernfusion, außerdem arbeitete er an chemischen Lasern. Bassow war unter anderem Herausgeber der Zeitschrift «Kwantowaja Elektronika» (Quantenelektronik).

Baur, Erwin
*** 16. 4. 1875, Ichenheim (Baden),**
† 2. 12. 1933, Müncheberg (bei Berlin); deutscher Genetiker

Baur studierte von 1894 bis 1900 Medizin in Heidelberg, Straßburg und Kiel. Nach seiner Promotion zum Dr. med. war er im psychiatrischen Bereich tätig, wandte sich dann aber der Botanik zu, worin er 1903 zum Dr. phil. promovierte und sich 1905 habilitierte. 1908 erschien unter seiner Chefredaktion die erste regelmäßig herausgegebene genetische Fachzeitschrift («Zeitschrift für induktive Abstammungs- und Vererbungslehre»). 1911 wurde Baur Professor für Botanik an der Landwirtschaftlichen Hochschule Berlin. 1914 übernahm er die Leitung des neu gegründeten Instituts für Vererbungswissenschaft. Baur war 1921 an der Gründung der «Deutschen Gesellschaft für Vererbungswissenschaft» beteiligt. 1927 wurde er Direktor des Kaiser-Wilhelm-Instituts für Züchtungsforschung in Müncheberg bei Berlin. Dieses Institut wurde von Baur bis zu seinem Tod geleitet und 1938 nach ihm «Erwin-Baur-Institut» benannt.
Baur war wesentlich an der Entwicklung der Genetik (Vererbungswissenschaft) beteiligt. Einen großen Teil seiner Forschung führte er am Löwenmaul durch, wodurch diese Pflanze zu einem klassischen Objekt der Pflanzengenetik wurde. Durch seine Arbeiten zur Vererbung der Blütenfarben des Löwenmauls trug Baur zum Verständnis der Wirkungsweise von Genen bei. So klärte er die Bedeutung von Kopplung und Interaktion mehrerer Gene und die Folgen des Vorliegens vieler verschiedener Zustände eines Gens (multiple Allelie). Baur leitete erste Experimente zur künstlichen Mutagenese (Erzeugung von Mutationen zum Beispiel durch Radiumstrahlen) und bewies die Bedeutung von Kleinmutationen für die Evolution. An der Pelargonie, einem Storchschnabelgewächs, konnte Baur zeigen, daß die Musterung

der Blätter (Panaschierung) auf die selbständige, vom Zellkern unabhängige Vererbung der Plastiden zurückzuführen ist («Entmischungshypothese»).
Neben der Forschung spielte für Baur die Lehre eine große Rolle. Er hielt Vorlesungen über Vererbung und verfaßte auf dieser Grundlage das für lange Zeit gültige Lehrbuch «Einführung in die experimentelle Vererbungs- und Artbildungslehre» (1911).
Die Anwendung seiner wissenschaftlichen Erkenntnisse führte zu bedeutenden Fortschritten in der Züchtung landwirtschaftlicher Nutzpflanzen. Unter der Zielsetzung, die bisher betriebene Auslesezüchtung durch eine Kreuzungszüchtung zu ersetzen, wurden vom Kaiser-Wilhelm-Institut für Züchtungsforschung unter Leitung von Baur neue Getreide- und Obstsorten, resistentere Kartoffeln und Lupinen ohne Bitterstoffe gezüchtet.
Auch für die Heilung bestimmter Krankheiten des Menschen wollte Baur seine Erkenntnisse nutzbar machen. Er war an dem zweibändigen Werk «Grundlagen der menschlichen Erblichkeitslehre und Rassenhygiene» (1921) beteiligt. Mit seinen auch soziale Zusammenhänge betreffenden humangenetischen Thesen lieferte er jedoch eine Grundlage zum Mißbrauch der Genetik durch den Nationalsozialismus.

Bayer, Johann

*** 1572, Rain (Bayern), † 7. 3. 1625, Augsburg; deutscher Astronom**

Bayer, der hauptberuflich als Rechtsanwalt in Augsburg tätig war, beschrieb Anfang des 17. Jahrhunderts Sternbilder auf der Basis eigener Messungen und der Sternkarten Tycho Brahes. In den über 50 Sternkarten des 1603 erschienenen Werkes «Uranometria» stellte er erstmals auch den südlichen Sternhimmel positionsgerecht dar. Von größerer Bedeutung war jedoch, daß er die Sterne jedes Sternbildes in der Reihenfolge ihrer Helligkeit mit griechischen (und wenn erforderlich auch mit lateinischen) Buchstaben kennzeichnete. Beteigeuze, den hellsten Stern im Orion, nannte er beispielsweise Alpha Orionis, Rigel wurde zu Beta Orionis, Bellatrix zu Gamma Orionis und so fort. Diese Bezeichnungen wurden bis heute beibehalten.

Becquerel, Antoine Henri

*** 15. 12. 1852, Paris, † 25. 8. 1908, Le Croisic (Bretagne); französischer Physiker**

Becquerel, Sohn des Physikers Alexandre Edmond Bequerel, studierte von 1872 bis 1874 an der École Polytechnique und von 1874 bis 1877 an der École des Ponts et Chaussees. 1878 erhielt er eine Assistentenstelle am Musée d'histoire naturelle in Paris. 1888 promovierte er an der Pariser Sorbonne über die Lichtabsorption in Kristallen, ein Jahr später wählte man ihn zum Mitglied der Académie des sciences. 1891 übernahm Becquerel den Lehrstuhl für Physik am Musée d'histoire, den zuvor sein Vater und Großvater (Antoine Cesar Bequerel) innegehabt hatten. 1903 erhielt Becquerel zusammen mit → Marie und → Pierre Curie für die Entdeckung und Erforschung der Radioaktivität den Nobelpreis für Physik. 1907 wurde Becquerel Präsident der Académie des sciences.
Becquerels erste Forschungen waren optischer und kristallographischer Natur.

1873 entdeckte er die Infrarotstrahlung des Sonnenlichts. In den Jahren 1878 bis 1880 wies er nach, daß die Polarisationsebene des Lichts in Gasen gedreht wird. In den 80er Jahren widmete er sich der Lichtabsorption in Kristallen, wobei er feststellte, daß es sich dabei um eine monomolekulare Reaktion handelt. Zu Beginn der 90er Jahre beschäftigte sich Becquerel mit Fluoreszenz- und Phosphoreszenzerscheinungen bei Kristallen. Angeregt durch die Entdeckung der Röntgenstrahlen (1895), begann er 1896 mit Untersuchungen, die sich damit beschäftigten, ob diese Strahlen auch von fluoreszierender Materie emittiert werden. Zu diesem Zweck provozierte er bei Kaliumuranylsulfatkristallen Fluoreszenzstrahlung, die er auf einer Fotoplatte auffing. Beim Entwickeln der Fotoplatten entdeckte er – wie vorhergesehen – Schwärzungen. Schwärzungen fand er aber auch auf den Fotoplatten, die keine Fluoreszenz aufgefangen hatten. Becquerel schloß daraus, daß es eine weitere Strahlenart geben müsse, und machte sich an deren Untersuchung, was zur Entdeckung der Radioaktivität führte. Becquerel fand heraus, daß die radioaktive Strahlung ebenso wie Röntgenstrahlung Materie durchdringt und Luft ionisiert. 1900 konnte Becquerel die Existenz von Elektronen in der Strahlung nachweisen (ß-Strahlen).

Seine Forschungsergebnisse veröffentlichte Becquerel in seinen Werken «Recherches sur une proprieté nouvelle de la matière» (1903) und «On Radioactivity, a new property of matter» (1901–1921). Aufgrund seiner Forschungen sollte die neue Strahlung seinen Namen tragen, doch der von Marie Curie vorgeschlagene Name «Radioaktivität» setzte sich durch.

In den folgenden Jahren forschte Becquerel nicht mehr mit der gleichen Intensität, sondern verfolgte die Bemühungen anderer Wissenschaftler auf diesem Gebiet, vor allem die epochalen Arbeiten der Curies.

Behring, Emil Adolph von

*** 15. 3. 1854, Hansdorf (Westpreußen),**
† 31. 3. 1917, Marburg;
deutscher Bakteriologe

Behring, Sohn eines Lehrers, studierte von 1874 bis 1880 Medizin in Berlin. Nach seiner Promotion diente er mehrere Jahre als Militärarzt in Niederschlesien. 1887 wurde er als Stabsarzt an das Bonner pharmakologische Institut versetzt, wo er mit Arbeiten zur Immunität begann. 1888 lehrte er an der militärärztlichen Bildungsanstalt in Berlin. 1889 schied er aus dem Militärdienst aus und wurde Assistent von → Robert Koch am Institut für Infektionskrankheiten. Nach seiner Ernennung zum Professor wechselte Behring 1894 nach Halle und erhielt bereits ein Jahr später einen Lehrstuhl in Marburg. Für seine bedeutenden Erfolge in der Behandlung der Diphtherie wurde Behring 1901 geadelt und erhielt im gleichen Jahr den (ersten) Nobelpreis für Medizin.

Behring ist der Begründer der Serumheilkunde (Serologie) und Mitbegründer der Immunitätslehre. Er entdeckte 1890 gemeinsam mit Schibasaburo Kitasato die Fähigkeit des Organismus zur Bildung von Antikörpern («Antitoxinen») bei der Infektion durch Diphtherie- und Tetanuserreger. Das Blutserum infizierter Tiere (Behring verwendete vor allem Schafe) enthält Antitoxine und hilft so nach Übertragung auch infizierten Menschen. Dieses von Behring erfundene Verfahren der Serumtherapie war vor allem bei der Diphtherie für lange Zeit die einzig wirksame Behandlungsmethode. Gemeinsam mit → Paul Ehrlich schaffte Behring die Voraussetzungen für die industrielle Produktion des Diphtherieserums in den Farbwerken Meister Lucius und Brüning (heute Hoechst AG) und in den 1904 gegründeten Behringwerken.

Behring bemühte sich auch um die Entwicklung eines Heilserums gegen Tuberkulose, hatte dabei jedoch keinen großen Erfolg. Er wandte sich 1913 erneut der Diphtherie zu, um ein ungefährliches aktives Immunisierungsverfahren zu entwickeln. Im Gegensatz zur passiven Serumtherapie wird hier der menschliche Körper zur Bildung von Antikörpern angeregt. Behrings Toxin-Antitoxin-Impfstoff wurde zum Ausgangspunkt für die weitgehende Beseitigung der Diphtherie und zur Grundlage für die Bekämpfung vieler weiterer Infektionskrankheiten. Durch die Entwicklung dieser aktiven Immunisierung verlor die passive Immunisierung durch Heilsera an Bedeutung.

Da Behring den Zusammenhang zwischen bakteriellen Toxinen und Immunität experimentell beweisen konnte, lieferte er die Voraussetzungen für die Diagnose von Krankheiten durch den Nachweis von Antikörpern.

Behring-Gesetz
Immunologisches Gesetz, wonach Blut oder Blutserum, das von einem gegen bestimmte Infektionskrankheiten immunisierten Menschen oder Tier stammt, bei Übertragung auch den Empfänger immunisiert.

Beijerinck, Martinus Willem

*** 1851, Amsterdam, † 1. 1. 1931, Gorssel; niederländischer Botaniker**

Beijerinck besuchte von 1869 bis 1872 die Polytechnische Schule in Delft, die er mit einem Diplom in Chemie abschloß. 1873 begann er ein zweites Studium an der Universität Leiden; 1877 promovierte er. Nach einer Lehrtätigkeit an der Höheren Landbauschule in Wageningen (ab 1876) arbeitete er ab 1885 als Bakteriologe in einer Delfter Fabrik und wurde 1895 Professor an der Polytechnischen Schule in Delft. Hier lehrte er bis 1924.

Beijerinck machte seine bedeutendsten Entdeckungen im Zuge der praxisbezogenen Forschungen an der Delfter Hefe- und Spiritusfabrik. In seinen Experimenten mit von der Mosaikkrankheit befallenen Tabakpflanzen fand er heraus, daß der Preßsaft der Blätter auch dann andere Tabakpflanzen infizierte, wenn er zuvor mit bakteriendichten Porzellankerzen gefiltert worden war. Die Blätter einer vorher gesunden Tabakpflanze entwickelten daraufhin die typischen Symptome, ein Mosaik brauner Nekroseflecken (abgestorbene Blattzellen), und wurden ihrerseits auch infektiös. Da man keine andere Erklärung hatte, nahm man bisher bei ähnlichen Beobachtungen an, daß die verwendeten Filter einfach nicht dicht genug seien oder aber, daß die kranke Pflanze ein Gift ausscheide, das auch die Blätter einer gesunden Pflanze schädigt. Mit dieser Ansicht gab sich Beijerinck jedoch nicht zufrie-

den und veröffentlichte 1898 seine Erkenntnisse mit der Behauptung, daß man es weder mit Bakterien noch mit einem Toxin, sondern mit einer neuen Klasse von Erregern zu tun habe. Damit war der Grundstein zur Erforschung dieser zwischen lebender und unbelebter Materie stehenden Erreger gelegt, die unter dem Namen «Viren» (virus, lateinisch = Gift) Berühmtheit erlangten.
Eine andere wichtige Entdeckung Beijerincks waren morphologische Änderungen in Bakterienkulturen, für die er den Begriff der «Mutation» verwendete. Dieser Begriff für einen «erblichen Merkmalssprung» war erstmalig von → Hugo de Vries aufgrund von Untersuchungen über die Variation und Genetik der Pflanzen verwendet worden. Die Untersuchung von Mutationen in Bakterienkulturen stellte dann viel später (in den 50er Jahren) die wichtigste Methode in der Genetik dar. Im Zuge seiner Arbeiten über den Ursprung der Kultursorten des Weizens, die zu umfangreichen Kreuzungsversuchen führten, entdeckte Beijerinck 1888 die Knöllchenbakterien; 1901/08 konnte er das Bakterium Azotobacter nachweisen.

Békésy, Georg von

*** 3. 6. 1899, Budapest, † 13. 6. 1972, Honolulu; amerikanischer Biophysiker (ungarischer Herkunft)**

Békésy, Sohn eines Diplomaten, studierte bis 1920 an der Universität Bern und wechselte dann nach Budapest. Nach seiner Promotion arbeitete er von 1924 bis 1946 als Spezialist für Akustik und Nachrichtenübertragung beim Ungarischen Telefondienst. Von 1929 bis 1946 lehrte er als Professor an der Universität Budapest. Aufgrund der sowjetischen Besetzung Ungarns wanderte Békésy 1946 nach Schweden aus und wirkte am Karolinska Institut in Stockholm. Ein Jahr später übersiedelte er in die USA und hatte an der Harvard University mit seinen Forschungen über die Biophysik des Hörprozesses großen Erfolg. Daraufhin wurde er 1961 (als erster Physiker) mit dem Nobelpreis für Medizin geehrt. 1966 erhielt er eine Professur an der Universität von Hawaii.
Békésy erforschte durch die Anwendung genau durchdachter, feinster Meßmethoden die Funktionsweise des Hörvorganges. Er untersuchte die Übertragung des Schalls vom Trommelfell (das er als gleichmäßig elastisch erkannte) über die Gehörknöchelchenkette auf die Lymphflüssigkeit in der Schnecke (Cochlea) des Innenohrs. Békésy baute ein experimentelles System, mit dem die grundlegenden Funktionen der Schnecke nachgeahmt werden konnten. In seinen Experimenten fand er heraus, daß sich die Lymphflüssigkeit bei Schallreizung längs der Basilarmembran in der Cochlea bewegt – wie ein Seil, das an einem Ende befestigt ist und am anderen Ende geschüttelt wird. Für diese Bewegung prägte Békésy den Begriff der «Wanderwelle» («travelling wave»). Er konnte zeigen, daß die Wanderwellen dieselbe Frequenz haben wie die auf das Ohr wirkenden Schallwellen in der Luft, aber eine viel geringere Geschwindigkeit. Békésy widerlegte damit die auf → Hermann von Helmholtz zurückgehende Resonanztheorie (die auf «stehenden Wellen» basierte). Die Ergebnisse der von Békésy durchgeführten Experimente machen verständlich, wie das Ohr Tonhöhen un-

terscheiden kann: Töne verschiedener Höhe lenken die Basilarmembran an unterschiedlicher Stelle maximal aus und reizen dort die Sinneszellen am stärksten. Auch zur Untersuchung von Hörstörungen trug Békésy bei, indem er ein Audiometer konstruierte, mit dem sich die Hörfähigkeit testen ließ.

Bell, Alexander Graham

*** 3. 3. 1847, Edinburgh, † 1. 8. 1922, Beein Bhreagh bei Baddeck (Neuschottland/Kanada); britisch-amerikanischer Physiologe und Techniker**

Bell arbeitete nach seiner Schulzeit in London zunächst als Taubstummenlehrer und ab 1867 als wissenschaftlicher Mitarbeiter bei seinem Vater, dem Sprachwissenschaftler Alexander Melville Bell (der mit seinem Buch «Visible Speech: The Science of Universal Alphabetics» die Grundlage für internationale phonetische Alphabete schuf). Als Autodidakt beschäftigte sich Bell mit Anatomie und Physiologie, aber auch mit der Akustik. 1870 siedelte die Familie nach Kanada über, um eine Lungenerkrankung Bells auszuheilen. Nach einer erneuten Lehrtätigkeit als Taubstummenlehrer wurde Bell 1877 zum Professor für Stimmenphysiologie und Sprechtechnik an der Universität Boston ernannt.
Neben seiner Lehr- und Forschungstätigkeit an der Universität beschäftigte sich Bell ab 1875 mit der Entwicklung und dem Bau von Telegrafen sowie mit der Übertraung menschlicher Sprache durch Umwandlung von Schallschwingungen in elektrische Strom- oder Spannungsschwankungen, die durch elektrische Leitungen übertragen und wieder in Schallschwingungen zurückverwandelt werden konnten. Den dazu benötigten Apparat, das «Telephon», ließ er am 7. 3. 1876 patentieren und arbeitete in der Folgezeit an Verbesserungen seiner Erfindung. Am 9. 10. 1876 konnte Bell die Übertragung des ersten Ferngesprächs der Welt zwischen Boston und Cambridge (USA) demonstrieren, 1877 reagierte er auf die weiterentwickelten Mikrofone, die von → Thomas Alva Edison und → Emil Berliner vorgestellt wurden. 1879 gründete er die New England Telephone Company, die 1855 in American Telephone and Telegraph Company umbenannt wurde.
Zu weiteren Erfindungen Bells gehörten das Photophon (ein Apparat zur Übertragung der menschlichen Stimme mit Hilfe eines Lichtstrahls) und die Entwicklung eines Phonographen.

Benz, Carl Friedrich

*** 25. 11. 1844, Karlsruhe, † 4. 4. 1929, Ladenburg; deutscher Ingenieur und Industrieller**

Benz, Sohn eines Lokomotivführers, studierte ab 1860 Maschinenbau an der damaligen Polytechnischen Schule in Karlsruhe (heute TH). Ab 1865 erwarb er sich praktische Kenntnisse in der Karlsruher Maschinenfabrik sowie in Metallverarbeitungsbetrieben in Mannheim und Pforzheim. 1871 gründete er in Mannheim eine Eisengießerei, die er bis 1877 mit einem Teilhaber betrieb. Nach dem Konkurs der Firma beschäftigte sich Benz mit der Konstruktion stationärer Zweitaktgasmotoren, die er bis 1882 zur Produktionsreife entwickelte. 1883 gründete er mit Hilfe diverser Kapitalgeber die Benz & Cie. Rheinische Gasmotorenfabrik Mannheim, die bis 1900 zum größten Automobilhersteller Deutschlands wurde (die Jahresproduktion lag 1900 bei 605 Fahrzeugen). 1903 schied Benz aus dem Vorstand der Firma aus und gründete 1906, zusammen mit seinen beiden Söhnen, die Firma C. Benz Söhne (die bis 1925 bestand). 1926 fusionierte die Benz & Cie. Rheinische Gasmotorenfabrik mit der Daimler-Motoren-Gesellschaft zur Daimler-Benz AG.

Benz' größte Erfinderleistung war die 1885 realisierte Konstruktion eines motorisch angetriebenen Straßenwagens: ein dreirädriges Fahrzeug, das durch einen elektrisch gezündeten Einzylinder-Viertaktmotor von 1 PS Leistung (maximale Geschwindigkeit: 12 km/h) angetrieben wurde. Dieses «mit Lingroingas zu treibende Veloziped» besaß bereits Vollgummireifen, einen Kühler sowie ein Differential-Ausgleichsgetriebe. Es entstand unabhängig von den Konstruktionen Wilhelm Maybachs und → Gottlieb Daimlers und unterschied sich von deren Fahrzeugen vor allem durch den leichteren Motor und eine automobilgerechte Karosserie. Am 29. 1. 1886 erhielt Benz ein Patent auf sein Fahrzeug; am 3. 7. 1886 stellte er es der Öffentlichkeit in Mannheim vor. 1888 zeigte Benz weiterentwickelte Modelle und löste bis 1890 noch weitere Probleme (Kraftübertragung, Lenkung). 1981 konstruierte er den ersten Vierradwagen.

Berger, Hans

*** 21. 5. 1873, Neuses an der Eichen (bei Coburg), † 1. 6. 1941, Jena; deutscher Neurologe und Psychiater**

Berger studierte ab 1892 Astronomie an der Universität Jena, wechselte aber 1893 zur Medizin über (Abschluß 1896). 1897 nahm er eine Stelle als Arzt an der Psychiatrischen Universitätsklinik Jena auf, wo er 1912 Oberarzt wurde. 1919 wurde er Professor für Neurologie und Psychiatrie sowie Direktor der Psychiatrischen Universitätsklinik. 1927 und 1928 war er Rektor der Universität Jena, 1938 wurde er zwangseremitiert.

Berger befaßte sich seit der Jahrhundertwende mit den physiologischen Vorgängen im Gehirn und ihren Körperreaktionen. Er untersuchte die Hirntemperatur in Abhängigkeit von der psychischen Belastung und befaßte sich ab 1902 – als erster Forscher in Deutschland – mit Tierversuchen zur Ableitung elektrischer Hirnströme. Mit seiner 1921 erschienenen Abhandlung «Psychophysiologie in zwölf Vorlesungen» begründete er die Forschungsrichtung der Psychophysiologie.

Bergers Hauptleistung bestand jedoch in der Entwicklung der Elektroenzephalographie als Methode zur Diagnose verschiedener Gehirnkrankheiten (Lokalisation von Hirngeschwülsten und Herderkrankungen). 1924 gelang ihm die erste Aufzeichnung eines Elektroenzephalogramms (EEG) mit Hilfe eines Saitengalvanometers. Durch das später benutzte Siemens-Spulengalvanometer wurde es möglich, die Elektroenzephalographie zu einem klinisch-diagnostischen Routineverfahren zu entwickeln.

Bergius, Friedrich

*** 11. 10. 1884, Goldschmieden bei Breslau, † 30. 3. 1949, Buenos Aires; deutscher Chemiker**

Als Sohn des leitenden Direktors einer chemischen Fabrik kam Bergius schon sehr früh mit der Chemie in Berührung.

Nach dem Abitur begann er ein Studium der Chemie und Technischen Chemie in Breslau und Leipzig, das er 1907 mit einer Promotion abschloß. Anschließend arbeitete er als Assistent bei renommierten Wissenschaftlern, so bei → Walther Hermann Nernst in Berlin und → Fritz Haber in Karlsruhe. Mit Haber verband ihn das Interesse für druckinduzierte Reaktionen. 1909 habilitierte sich Bergius mit einer Arbeit über die Wirkung hoher Drucke und die künstliche Genese der Kohle. 1914 übernahm er die Leitung des Forschungslabors der Firma Goldschmidt AG in Essen, wo er auf dem Gebiet der Kohlechemie tätig war. 1926 kaufte die I.G. Farbenindustrie AG sein Patent zur Benzingewinnung, so daß sich Bergius von der kommerziellen Forschung zurückziehen konnte. Außerdem wirkte er als Berater für die I.G. Farben. 1931 erhielt Bergius zusammen mit → Carl Bosch in Anerkennung für die Entdeckung und Entwicklung chemischer Hochdruckverfahren den Nobelpreis für Chemie. 1945 übersiedelte Bergius nach Argentinien, wo er als wissenschaftlich-technischer Berater für die dortige Regierung tätig war.

Erste wissenschaftliche Meriten errang Bergius auf dem Gebiet der Kohlehydrierung (Kohleverflüssigung). Bereits während seiner Zusammenarbeit mit Nernst und Haber hatte Bergius auf der Grundlage der Ammoniaksynthese eigene hochdruckinduzierte Experimente durchgeführt. Diese Versuche setzte er in seinem eigenen Labor fort.

Durch die gewonnenen Erkenntnisse und durch grundlegende Überlegungen über das Hydrierungs-Dehydrierungsgleichgewicht der Kohle sowie der Funktion des Wasserstoffs bei diesen Reaktionen kam er zu dem Schluß, daß sich durch eine gezielte Verschiebung des Gleichgewichts eine Verflüssigung der Kohlenwasserstoffe erreichen läßt. Mit den gewonnenen Kenntnissen entwickelte er 1911 das «Bergius-Verfahren zur Gewinnung von flüssigen Kohlenwasserstoffen aus Kohle», mit dem man in der Lage war, Benzin aus Kohle zu gewinnen. 1926 entwickelte er mit dem Techniker → Matthias Pier ein modifiziertes Verfahren, mit dem die großtechnische Anwendung seiner Forschungen möglich wurde («Bergius-Pier-Verfahren»). Dies war besonders während des Zweiten Weltkriegs von Bedeutung, da das Deutsche Reich dadurch seinen Treibstoffbedarf sichern konnte. Auch das zweite Bergius-Verfahren war für die deutsche Kriegswirtschaft von Nutzen: die Gewinnung von Glukose, die als Rohstoff für die Alkoholgewinnung und Futtermittel eingesetzt werden konnte und das als «Bergius-Rheinau-Verfahren» Anwen-

Bergius-Pier-Verfahren
Verfahren zur direkten Gewinnung flüssiger Kohlenwasserstoffe aus Kohle. Zermahlene Kohle wird zusammen mit Scheröl oder Teer in Hochdrucköfen mit eingepreßtem Sauerstoff bei 500 °C und 1000 bar umgesetzt. Nach anschließender fraktionierter Destillation und Umsetzung mit Wasserstoff an geeigneten Katalysatoren erhält man Benzin mit hoher Oktanzahl.

Bergius-Rheinau-Verfahren
Lebensmitteltechnisches Verfahren zur Glukosegewinnung aus Holz. Holzmehl wird mit 40prozentiger Salzsäure bei 20 °C behandelt. Durch die Salzsäure wird die Cellulose in vergärbaren Zucker überführt.

dung fand. Sie war das Ergebnis der Holzhydrolyse, mit der sich Bergius seit 1926 beschäftigt hatte.

Berliner, Emil (Emile)
*** 20. 5. 1851, Hannover, † 3. 8. 1929, Washington; amerikanischer Elektroingenieur deutscher Abstammung**

Berliner besuchte als Sohn eines Kaufmannes die Schule in Wolfenbüttel; im Anschluß an eine Lehre als Drucker arbeitete er in einem Kurzwarengeschäft. 1870 wanderte Berliner in die Vereinigten Staaten von Amerika aus, wo er unter anderem als Laufbursche, Glaswäscher und Buchhalter arbeitete. Daneben bildete er sich autodidaktisch fort, vor allem in den physikalischen Teilgebieten Akustik und Elektrotechnik. 1878 wurde Berliner von der Bell Telephone Company eingestellt; 1881 reiste er nach Deutschland und wurde danach Assistent am Massachusetts Institute of Technology (MIT).

Berliner leistete grundlegende Arbeiten auf dem Gebiet der Fernsprechtechnik. Seine Popularität verdankt er der Erfindung des Grammophons samt eines dazugehörigen Schallplattenaufnahmegerätes (1887).

Die Konstruktion des (von Berliner so benannten) Grammophons basierte auf dem 1878 von → Thomas Alva Edison erfundenen «Phonographen», dessen Kernstück in Stanniol- oder Wachswalzen eingravierte Tonspuren waren. Im Gegensatz dazu bestanden die Grammophonplatten aus Zink. Die Rillen wurden zunächst von einer Aufnahmenadel in eine dünne, auf der Zinkscheibe befindliche Wachsschicht eingraviert und dann durch Eintauchen in eine chromhaltige Ätzlösung im Zink festgehalten. Die Tonwiedergabe von den Grammophonplatten war wesentlich verzerrungsfreier als von den Tonspuren der Phonographenwalzen. Berliner gelang es in den folgenden Jahren, die Tonaufnahmetechnik zu verbessern und Kopien von den Originalplatten herzustellen.

Am 16. Mai 1887 führte Berliner das Grammophon erstmal öffentlich vor, 1889 demonstrierte er es auch der Elektrotechnischen Gesellschaft in Berlin. Ab 1897 wurden die Grammophonschallplatten nicht mehr aus Metall, sondern auf Harzbasis hergestellt. Noch heute ist die von Berliner erdachte Aufzeichnungsmethode («Berlinerschrift») die Grundidee der Herstellung von Vinylschallplattenmatritzen.

Arbeiten von → Alexander Graham Bell zur Entwicklung des Telefons brachten Berliner 1877 dazu, ein Kontaktmikrofon mit veränderlichem Übertragungswiderstand zu entwickeln. Dies erlaubte – zusammen mit der Signalverstärkung mittels einer Induktionsspule – erstmals eine ausreichende Qualität der Sprachübertragung; die Patentanmeldung Berliners für das Kontaktmikrofon erfolgte zwei Wochen vor einem ähnlichen Patentantrag Edisons.

Bei seiner Deutschlandreise 1881 gründete Berliner in Hannover eine Firma, die Kontaktmikrofone und Fernsprechapparate baute. Auf diese Weise gelang es ihm, seine Erfindungen gewinnbringend zu vermarkten und zugleich, die neue Technik in Europa zu verbreiten.

Neben seiner Tätigkeit als Erfinder beschäftigte sich Berliner auch mit Fragen der Raumakustik und engagierte sich in der Gesundheits- und Kinderpflege.

Bernard, Claude

*** 12. 7. 1813, Saint-Julien (Rhône), † 10. 2. 1878, Paris; französischer Physiologe**

Claude Bernard, dessen Vater noch während seiner Kindheit starb, wurde sehr religiös erzogen. Er erhielt Unterricht von dem Pfarrer seines Heimatortes und besuchte zwischen 1827 und 1831 verschiedene Stiftsschulen. 1832 wurde er Apothekerlehrling in Lyon; sein Kindheitstraum war es jedoch, Schriftsteller zu werden. Auf den guten Rat eines Literaturkritikers hin verwarf er diesen Plan aber schließlich und studierte Medizin, worin er 1843 promovierte. Nachdem er zuvor bereits als Präparator bei → François Magendie gearbeitet hatte, wurde er 1848 dessen Assistent und Stellvertreter am Collège de France. 1854 wurde für Bernard ein Lehrstuhl für allgemeine Physiologie an der Sorbonne geschaffen, nach Magendies Tod übernahm er 1855 dessen Lehrstuhl für Medizin. Bernard war in Frankreich ein sehr geachteter Wissenschaftler: Er wurde von Napoleon III. bei Hofe empfangen und war Mitglied der Académie française. Für Émile Zola diente Bernard als Vorbild für die Figur des «Doktor Pascal» in dem gleichnamigen Roman.

Anstelle der bislang eher üblichen beschreibend-anatomischen Studien führte Bernard sorgfältig geplante Versuchsreihen durch. Er experimentierte auch an lebenden Tieren, legte zum Beispiel Darmfisteln (Verbindungen zwischen Darm und Außenwelt), um die Orte der Verdauungsvorgänge zu studieren. Unumstritten ist heute die große Bedeutung seiner Erkenntnisse für die moderne Physiologie. So klärte er wichtige Sachverhalte des Stoffwechsels auf. Unter anderem zeigte er, daß im Dünndarm mittels der Fermente der Bauchspeicheldrüse die wesentliche Verdauungsarbeit geleistet wird. Er entdeckte das Glycogen als tierischen Kohlenhydratspeicher in der Leber.

Indem Bernard zeigte, daß Blutzucker zu Glycogen synthetisiert wird, widerlegte er die Annahme, daß der Tierkörper nicht zur Synthese komplizierter chemischer Substanzen aus einfachen Vorstufen (Anabolismus) in der Lage ist. Darüber hinaus erkannte er die große Bedeutung von Regelmechanismen zur Konstanthaltung des inneren Milieus wie zum Beispiel des Blutzuckerspiegels. Einen weiteren wichtigen Regelmechanismus entdeckte er in der Regulierung der Wärmeabgabe durch Erweiterung oder Zusammenziehen der peripheren Blutgefäße (vasomotorische Reaktion). Die zur Aufrechterhaltung eines konstanten Innenmilieus notwendige zentrale Kontrolle stieß zu Bernards Zeiten auf Widerspruch, da man an die Autonomie der Organe des Körpers glaubte.

Bernard verdeutlichte auch die möglichen Folgen von äußeren Eingriffen in Stoffwechselgleichgewichte, indem er die Giftwirkung des Kohlenmonoxids auf die Verdrängung des Sauerstoffs aus seiner Bindung an Hämoglobin zurück-

Bernard-Zuckerstich (Piqûre)

Ein von Claude Bernard durchgeführter Versuch zur Ursache der Zuckerkrankheit (Diabetes): Ein Einstich in den Boden des 4. Gehirnventrikels bewirkt eine erhöhte Zuckerausschüttung der Leber und führt zur Erhöhung des Blutzuckerspiegels und zur Zuckerausscheidung über den Harn.

führte. Damit hatte er erstmalig das Wesen einer Vergiftung physiologisch exakt erklärt.

Bernoulli, Daniel

*** 8. 2. 1700, Groningen, † 17. 3. 1782, Basel; Schweizer Mathematiker, Physiker und Mediziner**

Bernoulli war der Sohn des renommierten Mathematikers Johann Bernoulli. Obwohl dieser keinen Zweifel an der mathematischen Begabung seines Sohnes hatte, zwang er ihm eine kaufmännische Ausbildung auf, die Bernoulli aber abbrach. Statt dessen begann er ein Medizinstudium, das er später in Basel, Straßburg und Heidelberg fortführte. 1723 ging Bernoulli nach Venedig, um dort als Arzt tätig zu sein. 1725 rief ihn Christian Goldbach an die Akademie in St. Petersburg, wo Bernoulli eine Professur für Mathematik bekam und wohin ihm später → Leonard Euler folgte. 1733 kehrte Bernoulli nach Basel zurück, wo er an der dortigen Universität Professuren für Anatomie und Botanik übernahm und (ab 1750) Physik lehrte. Für seine wissenschaftlichen Leistungen wurde Bernoulli mehrfach ausgezeichnet und als Mitglied der großen europäischen Akademien aufgenommen. Seine ersten Arbeiten galten Schwingungsproblemen. Er formulierte das Superpositionsprinzip der schwingenden Saite (Überlagerung von Schwingungen). Als Spezialist für Schwingungsprobleme anerkannt und mehrfach ausgezeichnet, beschäftigte sich Bernoulli fortan mit der Physik von Flüssigkeiten und Gasen. 1738 erschien sein Werk «Hydrodynamica sive de viribus et motibus fluidorum commentarii», in dem er das Strömungsverhalten von Flüssigkeiten beschrieb und mit dem er den Grundstein der modernen Hydrodynamik legte. Mit seiner Kontinuitätsbedingung legte er dar, daß in einer stationären Strömung die Querschnittsverringerung eines Stromfadens immer mit einer Erhöhung der Fließgeschwindigkeit verbunden ist. Aus diesem Prinzip leitete er die Bernoulli-Gleichung in differentieller und integraler Form ab. Ebenfalls 1738 studierte Bernoulli das Verhalten von Gasen bei Änderung der Parameter Druck und Temperatur. Auf der Grundlage der Arbeiten von → Robert Boyle, Edme Mariotte und → Guillaume Amontons postulierte Bernoulli die Gaspartikel. Die Partikel seien in permanenter Bewegung und reagierten bei Stoß und Aufprall elastisch. Diese Hypothese wurde 1850 die Grundlage der kinetischen Gastheorie. Zur mathematischen Beschreibung des Verhaltens der Gase bediente sich Bernoulli der Wahrscheinlichkeitsrechnung von → Blaise Pascal und Pierre de Fermat. Diese Methode wurde später von → James Prescott Joule sowie von James Clerk Maxwell und → Ludwig Boltzmann vollendet. Auf medizinischem Gebiet befaßte sich Bernoulli mit Atemphysiolo-

Bernoulli-Gleichung
Gleichung zur Beschreibung des Strömungsverhaltens von Flüssigkeiten. In ihrer differentiellen Form besagt sie, daß Veränderungen der Strömungsgeschwindigkeit, des Drucks und der Höhenlage nicht unabhängig voneinander erfolgen können. In der integralen Form sagt sie aus, daß längs eines Stromfadens die Summe dreier Terme konstant ist, die alle die Dimension eines Drucks haben.

gie und Muskelbewegungen. Außerdem arbeitete er am therapeutischen Einsatz elektrischer und magnetischer Felder.

Berthelot, Pierre Eugène Marcelin

*** 25. 10. 1827, Paris, † 18. 3. 1907, Paris; französischer Chemiker**

Über Berthelot ist biographisch nur wenig bekannt. Er besuchte das Collège de France und studierte bei → Jean Baptiste André Dumas, Henri Victor Regnault und Antoine Jérôme Balard Chemie. 1854 promovierte er über die synthetische Herstellung natürlicher Fette. 1859 übernahm er eine Professur für Organische Chemie an der École Supérieure de Pharmacie, 1865 wechselte er zum Collège de France. Mitte der 80er Jahre berief man Berthelot zum Unterrichtsminister, 1889 wurde er Sekretär der Académie des sciences. Mitte der 90er Jahre übertrug man ihm das Amt des Außenministers.

Berthelot ist der Begründer der Kohlenstoffchemie und gilt als einer der Väter der Thermochemie. Zu Beginn seiner Forschungsarbeit synthetisierte er natürliche organische Verbindungen wie Alkohole, um dann Verbindungen herzustellen, die in keinem Organismus existieren. Der Terminus «Organische Chemie» wurde daher zu ungenau, so daß man die von → Friedrich August Kekulé von Stradonitz vorgeschlagene Formulierung «Chemie der Kohlenstoffverbindungen» einführte. Um 1860 beschäftigte sich Berthelot mit Thermochemie. Um den Wärmeaustausch zwischen Reaktion und Reaktionsumgebung messen zu können, konstruierte er das Kalorimeter (ein wärmeisoliertes Gefäß zur Bestimmung erzeugter oder verbrauchter Wärmemengen und zur Ermittlung der spezifischen Wärme eines Stoffes), mit dem er umfangreiche Untersuchungen machte und zu deren Beschreibung er die Begriffe «exotherm» für eine Wärmeabgabe und «endotherm» für Wärmeaufnahme einführte. Seine Ergebnisse veröffentlichte er 1897 in seinen Werken «Essai de mécanique chimique fondée sur la thermochimie» und «Thermochimie. Données et lois numériques».

Berthollet, Claude Louis (Graf von)

*** 9. 12. 1748, Talloires (bei Annecy), † 6. 11. 1822, Arcueil (bei Paris); französischer Arzt und Chemiker**

Berthollet absolvierte zunächst an der Universität Turin ein Studium der Medizin, bevor er sich 1772 der Chemie zuwandte und zu Pierre Joseph Macquer nach Paris ging. Durch Beziehungen zum Herzog von Orléans konnte Berthollet im Privatlabor des Palais Royal arbeiten, wo er → Laurent Lavoisier kennenlernte, der ihn sehr beeindruckte und in seinen weiteren Forschungen beeinflußte. 1778 ging Berthollet als Mediziner an die Universität Paris, wo er seine chemischen Untersuchungen weiterbetrieb. 1781 wurde er Mitglied der Französischen Akademie der Wissenschaften, 1784 Inspektor der Staatlichen Färbereien und Direktor der staatlichen Gobelinmanufaktur. Ab 1792 übernahm Berthollet auch politische Ämter, so wurde er Mitglied der Kommission zur Reform des Geldsystems und ein Jahr später Mitglied des Wohlfahrtsauschusses unter Maximilien de Robespierre, der ihn mit der Aufgabe betraute, die Stahl- und Salpeterproduktion voranzutreiben. 1794 erhielt Berthollet eine Professur an der École Normale. Als Protegé Napoleons I. entwickelte er chemische Methoden zur Restauration von Gemälden, die ihm 1804 einen Grafentitel einbrachten. Im selben Jahr wurde er zum Senator von Montpellier ernannt, zum Administrator der Münze und zum Offizier der Ehrenlegion.

Berthollet hat sich vor allem um die anorganische Chemie verdient gemacht. Zusammen mit Lavoisier arbeitete er 1785 an einer neuen chemischen Nomenklatur, die 1787 mit seinem Werk «Méthode de nomenclature chimique» erschien und die veraltete alchimistische Ausdrucksweise ablöste. Gleichzeitig führte Berthollet die Untersuchungen Karl Wilhelm Scheeles am Chlor weiter und auch die Joseph Priestleys am Ammoniak, dessen Zusammensetzung Berthollet klärte. Bei seinen Forschungen über Chlor entdeckte er die Chloride, Hypochlorite und Hypochlorate und schließlich die Bleichwirkung des Chlors (1785–1787). In einer Fabrik in Javel ließ er nach seinen Angaben Kaliumhypochlorit (Eau de Javelle) herstellen, mit dem er das herkömmliche Bleichverfahren ablöste und so den Anfang der industriellen Chlorchemie machte. Ein Einsatz des Kaliumchlorats als Basis von Schießpulver wurde nach mehreren Unfällen verworfen. Ab 1803 befaßte sich Berthollet mit Reaktionsmechanismen. Dabei stellte er fest, daß der von Torbern Olaf Bergman eingeführte Begriff der Affinität nicht ausreicht, um die Reaktion zweier Stoffe ausreichend zu beschreiben. In seiner Schrift «Essai de statique chimique» von 1803 wies Berthollet auf die Funktion der Konzentration hin und lieferte damit die Vorlage zum 1867 aufgestellten Massenwirkungsgesetz. Über die Rolle der Mengen der Reaktionspartner täuschte sich Berthollet. Er war im Gegensatz zu → Joseph Louis Proust der Überzeugung, daß die Massenverhältnisse der Reaktionspartner nicht konstant sein müssen. 1805 aber mußte er das von Louis aufgestellte «Gesetz der konstanten Proportionen» anerkennen. 1807 gründete Berthollet zusammen mit → Pierre Simon Laplace die «Societé», eine Gesellschaft, in der sich führende Wissenschaftler trafen. Ihre Schriften gab Berthollet bis 1817 heraus.

Bertsch, Heinrich

*** 11. 1. 1897, Rosenfeld (Württemberg), † 19. 3. 1981, Berlin; deutscher Chemiker**

Nach Absolvierung seiner Militärdienstzeit begann Heinrich Bertsch 1919 ein Studium der Chemie an der Technischen Hochschule Stuttgart. Er promovierte und ging dann nach Chemnitz, wo er ein Forschungslabor aufbaute und später in Rodleben neue Produktionsstätten errichtete. Nach dem Zweiten Weltkrieg war Bertsch als Treuhänder tätig. 1953 wurde er als ordentliches Mitglied in die Deutsche Akademie der Wissenschaften zu Berlin aufgenommen und erhielt durch sie ein eigenes Institut. Bertsch gründete die Chemische Gesellschaft der ehemaligen DDR, war als Herausgeber des «Chemischen Zentralblattes» tätig und machte sich beim Aufbau der Dokumentation der Akademie verdient.

Bertsch ist der Erfinder des neutralen, synthetisch hergestellten Feinwaschmittels (Fewa). Gezielt untersuchte er die

Reaktion von Ölen mit Schwefelsäure und versuchte, säure- und hartwasserbeständige Türkischrotöle sowie hochwirksame Netzmittel zu gewinnen. Dabei stellte er das gesamte Fettsäuremolekül in den Mittelpunkt seines Forschungsinteresses. Nachdem er als erster die Carboxylgruppe eliminiert hatte, die Reaktionen mit den Härtebildnern des Wassers auslöste, fand er eine Methode zur Sulfatierung von Fettalkanolen. 1928 erhielt er ein Patent für die Herstellung und Verwendung von Alkylsulfaten, die als alkali-, säure- und temperaturbeständige, hocheffektive Waschmittel die moderne Tensidchemie begründeten. 1930 konnte die H. Th. Böhme AG mit der industriellen Produktion des Feinwaschmittels beginnen.

Berzelius, Jöns Jakob, Freiherr von

*** 20. 8. 1779, Väversunda Sörgård (bei Linköping), † 7. 8. 1848, Stockholm; schwedischer Arzt und Chemiker**

Berzelius verlor früh seine Eltern und wuchs bei seinem Stiefvater auf. 1792 begann er ein Studium der Medizin in Uppsala, das er trotz schwieriger Bedingungen 1802 beendete. Anschließend trat er eine Stelle als Assistent am Chirurgischen Institut in Stockholm an. Ebenfalls 1802 machte er die Bekanntschaft des Mineralogen und Chemikers Wilhelm Hisinger, mit dem er chemische Forschungen betrieb. 1806 wurde Berzelius Professor für Chemie an der Kriegsakademie zu Karlsberg, ein Jahr später Professor für Medizin und Pharmazie am Medizinisch-Chirurgischen Institut in Stockholm. Er gründete ein Unterrichtslaboratorium, aus dem Wissenschaftler wie → Eilhard Mitscherlich, Christian Gottlieb Gmelin, Gustav und Heinrich Rose und Friedrich Wöhler hervorgingen. 1808 wurde Berzelius zum Mitglied der Schwedischen Akademie der Wissenschaften gewählt. 1810 wurde er Präsident und 1818 Sekretär der Schwedischen Akademie der Wissenschaften, 1811 berief man ihn zum Geschäftsführer der landwirtschaftlichen Akademie. 1817 erhielt er einen Ruf der Universität Berlin (den er jedoch ablehnte). 1818 erhielt er den Titel eines Freiherrn.

Berzelius hat einen wesentlichen Beitrag auf dem Gebiet der Chemie von Verbindungen geleistet. 1802 betrieb er das Studium der Salzbildung und der elektrolytischen Dissoziation von Alkalisalzen, woraus er später schloß, daß es sich dabei um polare Teilchen handelt. Anfang des 19. Jahrhunderts begann Berzelius mit Untersuchungen der Zusammensetzung chemischer Verbindungen. Er machte rund 2000 Analysen, mit denen er das «Gesetz der konstanten Proportionen» von → Joseph Louis Proust eindrucksvoll bestätigte. Im Zuge dieser Untersuchungen entdeckte Berzelius zusammen mit dem Mineralogen und Chemiker Wilhelm Hisinger das Cer (1803), mit Johan August Arfvedson 1817 das Lithium, allein das Selen (1817) und das Thorium (1828). Auf der Grundlage der Arbeiten von Pierre Louis Dulong, Alexis Thérèse Petit und Mitscherlich in Verbindung mit dem «Gesetz des konstanten Volumen» von → Louis Joseph Gay-Lussac berechnete Berzelius ab etwa 1825 Atomgewichte. Mit diesen Bestimmungen konnte er seine Vermutung bestätigen, daß das Molekulargewicht gleich der Summe der Atomgewichte ist. Ein Nebenprodukt, aber von großer Bedeutung, war die Einführung neuer Symbole für die chemischen Elemente. Zu Berzelius' wichtigsten Büchern gehört sein vielgerühmtes «Lehrbuch der Chemie» (6 Bände, 1808–1830). Berzelius war bis kurz vor seinem Tode Herausgeber der «Fortschrittsberichte» für Physik und Chemie.

Bessel, Friedrich Wilhelm

*** 22. 7. 1784, Minden, † 17. 3. 1846, Königsberg; deutscher Astronom und Mathematiker**

Während seiner Lehrzeit als Handelskaufmann eignete sich Bessel mathematische Kenntnisse an und betrieb autodidaktisch das Studium der Astronomie. Eine astronomische Arbeit verschaffte ihm 1804 die Bekanntschaft von → Heinrich Wilhelm Matthias Olbers, der ihn Johann Hieronymus Schroeter empfahl, an dessen in Lilienthal gelegenem Observatorium Bessel ab 1806 als Inspektor wirkte. 1810 ging er auf Einladung König Friedrich Wilhelms III. nach Königsberg, wo er als Direktor mit dem Aufbau der Universitätssternwarte betraut wurde. An der Universität Königsberg erhielt er zudem einen Lehrauftrag für Astronomie. Beide Funktionen hatte er bis zu seinem Tod inne. Bessel wurde in zahlreiche wissenschaftliche Gesellschaften aufgenommen, unter anderem war er Mitglied der Berliner Akademie der Wissenschaften.

Bessels erste größere Arbeit war die Berechnung der Umlaufbahn des Halleyschen Kometen (1804). Mit den sich anschließenden Arbeiten schuf er die Grundlagen der exakten Positionsastronomie. 1807 bearbeitete er das Beobachtungsmaterial von → James Bradley, auf dessen Grundlage er präzisere Bestimmungen der Parameter Refraktion, Nutation, Präzession und Aberration vornehmen konnte. Er arbeitete eine Theorie der Instrumentenfehler aus und zeigte, wie sie durch geeignete mathematische Funktionen («Bessel-Funktionen») eliminiert werden können. Anhand dieser Verbesserungen wurden präzisere Beobachtungen möglich, die Bessel in seinem Werk «Fundamenta Astronomiae» (1818) veröffentlichte. Neben den Tafeln für astronomische Konstanten enthielt diese Publikation einen Sternkatalog, der bald zu einem Fundamentalkatalog wurde, da die Sternpositionen mit größter Exaktheit bestimmt worden waren. 1821 durchmusterte Bessel die Sterne der Deklinationszone +15° bis –15°, wobei er 32 000 Sterne beobachtete. Anhand seiner Ergebnisse fertigte er eine Sternkarte an, die er an die Berliner Akademie der Wissenschaften sandte – die Geburtsstunde der forschungsrelevanten «Akademischen Sternkarten». In den 20er bis Anfang der 30er Jahre befaßte sich Bessel mit Geodäsie. Gemeinsam mit Johann Jakob Baeyer führte er in Ostpreußen eine Gradmessung aus, die eine Lücke im europäischen Vermessungsnetz schloß. Aus weiteren Gradmessungen leitete er die Erdgestalt ab. Einen klassischen Wert haben seine «Untersuchungen über die Länge des einfachen Sekundenpendels für Königsberg» (1828) und die «Bestimmung der Länge des einfachen Sekundenpendels in Berlin» (1837).

Mitte der 30er Jahre entwickelte Bessel eine Theorie über die Schweifbildung von Kometen, für die er magnetische Felder verantwortlich machte. Zum Jahreswechsel 1837/38 begann Bessel mit seiner berühmten Arbeit der Parallaxenbestimmung von 61 Cygnus im Sternbild Schwan. Mit einem von → Joseph von Fraunhofer entwickelten Heliometer berechnete er eine Parallaxe von 0'',3136 (+/– 0'',0202), was einer Entfernung von 10,28 Lichtjahren entsprach. (Spätere, moderne Messungen ergaben einen Wert von 11 Lichtjahren. 1 Lichtjahr entspricht 9,5 Billionen Kilometer.) Bessel hat damit als erster Astronom kosmische Dimensionen messend erfaßt. Eine weitere bedeutende Leistung war die Theorie der Doppelsternsysteme.1844 beobachtete er, daß die Koordinaten von Sirius und Prokyon periodisch wechselten. Er bezog dies auf eine Umdrehung durch nicht bekannte Begleitsterne, was später bestätigt wurde. Seine letzten Arbeiten galten den anomalen Bewegungen des Uranus und den Massenberechnungen von Jupiter und Saturn.

Bessemer, Sir Henry

*** 19. 1. 1813, Charlton (Hertfordshire), † 15. 3. 1898, London; britischer Ingenieur**

Bessemer wuchs als Sohn eines Schriftgießers auf. Nach Abschluß der Schule beschäftigte er sich in einer eigens für ihn eingerichteten Werkstatt mit Metallguß und Metallverarbeitung. 1830 übersiedelte die Familie nach London, wo Bessemer vielfältige Anregungen erhielt und zahlreiche Erfindungen machte. 1871 ernannte man ihn zum Präsidenten des Nationalen Britischen Eisen- und Stahlinstituts. 1879 wurde er geadelt und in die Royal Society aufgenommen.

Bessemer-Verfahren
Verfahren zur Herstellung hochwertigen Stahls. Flüssiges Roheisen wird in ein birnenförmiges Kippgerät (Bessemerbirne, Bessemer-Konverter) gefüllt, in Senkrechtstellung gebracht und mit Luft durchgeblasen. Durch die Oxidationswirkung des Sauerstoffs wird das als Verunreinigung enthaltene Silizium und später der Kohlenstoff gebunden. Diese Verbrennungsprozesse setzen eine so große Wärmemenge frei, daß eine Wärmezufuhr von außen überflüssig ist. Der so gewonnene Stahl ist vollkommen homogen.

Schon als Jugendlicher war Bessemer erfinderisch tätig. Unter anderem entwickelte er das bis heute übliche Verfahren zur Herstellung von Bleistiftminen, einen Glasofen, eine Brikettpresse sowie eine verbesserte Zuckerrohrpresse, für die er vom Königshaus ausgezeichnet wurde. Insgesamt entwickelte Bessemer 117 verwertbare Patente. Anläßlich des Krimkriegs 1853 arbeitete er an der Entwicklung eines Kanonenrohrs. Auf der Suche nach geeignetem und billigem Stahl stellte er 1855 ein verbessertes Herdschmelzverfahren vor, mit man sehr festen, feinkörnigen Stahl herstellen konnte. Napoleon III. bot ihm dafür eine Auszeichnung und günstigere Arbeitsbedingungen in Frankreich an, was jedoch am Veto des britischen Botschafters scheiterte. Bessemer arbeitete in England weiter, wo er das Verfahren modifizierte und so zum «Bessemer-Verfahren» kam, mit dem man schnell und billig hochwertigen Stahl herstellen konnte. 1856 präsentierte Bessemer das Verfahren der Öffentlichkeit, 1860 gründete er mit Freunden das Stahlwerk «Bessemer & Co». Sein Verfahren zur Stahlherstellung wurde weltweit übernommen und wird heute noch angewendet. Eine 1887 als Zentrum des Bergbaugebiets in Alabama gegründete Stadt erhielt seinen Namen.

Bethe, Hans Albrecht
*** 2. 7. 1906, Straßburg; deutsch-amerikanischer Physiker**

Bethe studierte an den Universitäten Frankfurt a. M. und München, wo er 1928 bei → Arnold Sommerfeld promovierte. Im Anschluß daran arbeitete er bei → Ernest Rutherford in Cambridge und bei → Enrico Fermi in Rom. Bis 1933 lehrte Bethe an den Universitäten München und Tübingen Physik. Als Hitler zur Macht kam, zog er es vor, nach England zu emigrieren, wo er bis 1935 lehrte. 1935 ging er in die USA, wo er eine Professur für Theoretische Physik an der Cornell Universität in Ithaca (New York) erhielt. Von 1943 bis 1946 war er als Direktor der Abteilung für Theoretische Physik in den Los Alamos-Laboratorien maßgeblich an der Entwicklung der Atombombe beteiligt. Nach dem Zweiten Weltkrieg gehörte Bethe zur amerikanischen Delegation, die in Genf mit der Sowjetunion ein Übereinkommen zur Kontrolle der Atombombentests aushandelte. In den 50er Jahren beteiligte sich Bethe an der Entwicklung der Wasserstoffbombe. 1961 erhielt er den Fermi-Preis, 1967 wurde er für seine Arbeiten über die Grundlagen der Kernenergie und deren Nutzung mit dem Nobelpreis für Physik ausgezeichnet.

Bethe zählt zu den bedeutendsten Physikern des 20. Jahrhunderts und lieferte wichtige Beiträge zur theoretischen Festkörperphysik, zur Quantenelektrodynamik und zur theoretischen Kernphysik. Von 1933 bis 1935 erforschte Bethe Strahlung, die durch Ablenkung hochenergetischer Teilchen in einem elektromagnetischen Feld entstand. Damit leistete er einen wichtigen Beitrag zur Analyse der kosmischen Strahlung. Einen Namen machte sich Bethe durch die Lösung des Energieproblems der Sterne. Ausgehend von der Frage, wie Sterne ihre Energie gewinnen, begann er Mitte der 30er Jahre mit der Forschung über den Kohlenstoffzyklus. 1938 konnte Bethe unabhängig von Carl Friedrich Freiherr von Weizsäcker zeigen, daß unter der katalytischen Wirkung von Kohlenstoff aus Wasserstoffatomen Heliumatome entstehen («Bethe-Weizsäcker-Zyklus»). Ebenfalls 1938 erarbeitete Bethe das Modell eines Prozesses, mit dem er die Umwandlung von Wasserstoff in Helium ohne Katalysator beschrieb (Proton-Proton-Kette). Seine Forschungsergebnisse publizierte Bethe 1928 in seinem Werk «Energy Production in Stars». Außerdem arbeitete Bethe an einer Elektronentheorie der Metalle, über Absorptionsspektren von Kristallen, über Atomspektren sowie über Quantenelektrodynamik.

Bichat, Marie François Xavier
*** 11. 11. 1771, Thoirette (Jura), † 22. 7. 1802, Paris; französischer Mediziner**

Bichat, dessen Vater Arzt war, studierte in Montpellier und Lyon Medizin. Zwischen 1791 und 1793 arbeitete er als Chirurg am Hôtel-Dieu in Lyon. 1793 zog er nach Paris, wo er, von dem Chirurgen Pierre Joseph Desault protegiert, die Leitung des «Journal de Chirurgie»

übernahm. Zusammen mit anderen fortschrittlich gesinnten Ärzten gründete Bichat 1796 die Société médicale d'émulation. Ab 1797 war er als Dozent für Anatomie, Physiologie und Chirurgie tätig. Da seine Bewerbung für den vakanten Lehrstuhl für Anatomie und Physiologie an der École de santé ohne Erfolg war, setzte er den Unterricht in eigenen Räumlichkeiten fort. Ab 1800 war er am Hôtel-Dieu in Paris als Arzt tätig.
Bichat gilt als Begründer der makroskopischen Gewebelehre und der Gewebepathologie. In einer Vielzahl von Tierexperimenten und Obduktionen an Leichen gewann er wichtige Erkenntnisse über den Aufbau der Organe. Er erkannte, daß diese sich aus verschiedenen Geweben (Membranen) zusammensetzen, und untersuchte in Anknüpfung an die Lehre Philippe Pinels die morphologische Bedeutung der Gewebe und ihren Einfluß auf Krankheiten. Damit begründete er sowohl die experimentelle Physiologie wie die pathologische Histologie. Seine Gewebepathologie war von zentraler Bedeutung für die weiterführenden Arbeiten Rudolf Virchows.
Von Bichats publizierten Forschungsergebnissen sind besonders «Traité des membranes» und «Recherches physiologiques sur la vie et la mort» (beide von 1800) sowie die «Anatomie générale» (1801) zu erwähnen.

Biot, Jean-Baptiste

*** 21. 4. 1774, Paris, † 3. 2. 1862, Paris; französischer Physiker**

Nach einem Militärdienst bei der Artillerie nahm Biot 1794 das Studium der Mathematik, Physik und Chemie auf. Durch Empfehlung von → Pierre Simon Marquis de Laplace erhielt er 1800 eine Physik-Professur am Collège de France. Er wurde Mitglied des Bureau des Longitudes und lehrte ab 1809 als Professor zusätzlich Astronomie an der Universität Paris.
Biot stand in der Gunst von Laplace, da er beweiskräftige mathematische Abhandlungen über dessen «Himmelsmechanik» und die Teilchentheorie des Lichts verfaßte. Zweifelnden Wissenschaftlern wies er 1803 die Existenz von Meteoriten an entsprechenden Gesteinsproben nach. 1804 stieg er zusammen mit → Louis Joseph Gay-Lussac in einem Ballon bis auf 5400 Meter Höhe, um neben anderen Experimenten die Stärke des Erdmagnetfeldes zu untersuchen. Biot und → Dominique François Jean Arago beschäftigten sich 1805 gemeinsam mit der Lichtbrechung in Gasen und führten 1807 und 1808 und von 1817 bis 1818 die französische Meridianvermessung fort. 1815 konnte Biot zeigen, daß in Lösung befindliche organische Moleküle die Schwingungsebene polarisierten Lichts rechts- beziehungsweise linksläufig drehen. Als Ursache erkannte er den asymmetrischen Aufbau der Moleküle. 1835 beobachtete er die Hydrolyse von Zucker anhand der Drehung der Polarisationsebene und konstruierte das erste Polarimeter. Mit diesen Entdekkungen begründete er die Polarimetrie. Zusätzlich beschäftigte er sich mit der Doppelbrechung des Lichts, war aber lange ein Verfechter der Teilchentheorie und akzeptierte erst sehr spät die Wellentheorie des Lichts.
Biot bestimmte darüber hinaus die Ausbreitungsgeschwindigkeit des Schalls in festen Körpern und war 1820 an der Ab-

fassung des Biot-Savartschen Gesetzes beteiligt, einem grundlegenden Gesetz der Elektrodynamik, das die Stärke des Magnetfeldes um einen elektrischen Leiter beschreibt.
Biot verfaßte bedeutende Physiklehrbücher («Lehrbuch der Experimental-Physik», 1816; übersetzt und ergänzt von → Gustav Theodor Fechner) und war Namensgeber des Minerals Biotit.

Bjerknes, Vilhelm
*** 14. 3. 1862, Oslo, † 9. 4. 1951, Oslo; norwegischer Physiker und Meteorologe**

Bjerknes wuchs als Sohn des Hydrodynamikers und Mathematikers Carl Anton Bjerknes auf. Von 1880 bis 1888 absolvierte er ein Studium der Mathematik und Physik an der Universität Oslo, wo er auch Assistent seines Vaters war. 1889 legte er das Magisterexamen ab und ging anschließend nach Paris, um bei → Jules Henri Poincaré Vorlesungen über Elektrodynamik zu hören. 1890 wechselte Bjerknes an das Physikalische Institut der Universität Bonn, wo er als Assistent bei → Heinrich Hertz tätig war. 1891/92 kehrte er nach Oslo zurück, wo er 1892 mit einer Arbeit über Elektrizitätsbewegung in primären Hertzschen Leitern promovierte. 1895 wurde er Professor für Mechanik und Mathematische Physik an der Universität Stockholm. Nach Gastvorlesungen in den USA (1905) erhielt er ein Stipendium der Carnegie-Institution, das er zur Ausbildung des meteorologischen Nachwuchses einsetzte. 1907 erhielt er eine Professur für Mechanik und Mathematik an der Universität Oslo, 1912 übernahm er neben einem Lehrauftrag für Geophysik die Leitung des neugegründeten Geophysikalischen Instituts der Universität Leipzig. 1917 kehrte er nach Norwegen zurück, wo er in Bergen das Geophysikalische Institut in eine Wetterdienstzentrale umbaute. 1926 übernahm Bjerknes die Professur für Theoretische Physik an der Universität Oslo, wo er bis 1937 auch Institutsleiter war.
Als Mitarbeiter von Heinrich Hertz untersuchte Bjerknes von 1891 bis 1895 das Resonanzverhalten elektrischer Wellen, außerdem führte er die Arbeit seines Vaters über hydrodynamische Fernkräfte weiter. Mit den Ergebnissen seines Vaters und den Forschungen über Wirbel- und Zirkulationsbildung von → Hermann Helmholtz und → Sir William Thomson (Lord Kelvin of Large) konnte Bjerknes die Theoreme für die kinetische und die dynamische Zirkulation verallgemeinern und auf die Atmosphäre und Ozeane anwenden (1910/11).
Bjerknes gehört damit zu den Begründern der Dynamischen Meteorologie und Hydrographie. Ab 1912 beschäftigte er sich mit der Rationalisierung meteorologischer Einheiten, zu deren Zweck er das Millibar und das Dynamische Meter einführte. 1917 begann er in Norwegen mit der systematischen Errichtung von Wetterstationen.
Aus den gewonnenen Daten konnte er zusammen mit seinem Sohn Jacob Bjerknes sowie Tor Bergeron und Halvor Skappel Solberg die Entwicklung der Zyklone mit den Warm- und Kaltfronten sowie der Okklusion der unterschiedlich warmen Luftmassen nachvollziehen und 1920 als «Polarfronttheorie» darstellen. Diese Theorie war für die Wetteranalyse und Wettervorhersage von entscheidender Bedeutung.

Black, Joseph

*** 16. 4. 1728, Bordeaux, † 10. 11. 1799, Edinburgh; britischer Chemiker**

Black, Sohn eines in Bordeaux lebenden britischen Weinhändlers, studierte ab 1740 Medizin an den Universitäten Edinburgh und Glasgow, wo er 1756 mit einer Arbeit über Karbonate promovierte. Ebenfalls 1756 erhielt er eine Professur für Chemie an der Universität Glasgow, dann in Edinburgh.

Während seiner Arbeit mit erhitzten Karbonaten der Erdalkalimetalle stellte Black fest, daß saure Karbonate bei starkem Erhitzen in die Oxide umgewandelt wurden und daß bei diesem Prozeß Kohlendioxid freigesetzt wurde. Damit konnte Black als erster zeigen, daß sich Kohlendioxid sowohl bei der Zersetzung von Mineralen als auch bei der Verbrennung und Gärung bildete. Black beobachtete weiter, daß die Oxide zusammen mit Luft wieder zum Karbonat reagierten. Aus dieser Reaktionsumkehr schloß er, daß Kohlendioxid ein Bestandteil der Luft sein müsse, was er nachweisen konnte. Bei weiteren Untersuchungen des Kohlendioxids erkannte Black die erstickende Wirkung. Im Zuge seiner Forschungen nahm er quantitative Messungen vor, mit denen er die Basis für die späteren Arbeiten Antoine-Laurent Lavoisiers schuf.

Ab 1764 beschäftigte sich Black mit Wärmephänomenen. Er bemerkte, daß Eis beim Schmelzen seine Temperatur beibehält, was er auf die Absorption von «latenter Wärme» zurückführte, mit der Eis seinen Wärmeinhalt erhöht. Außerdem erkannte er, daß die bei einer Phasenumwandlung aufgenommene Wärmemenge bei der Prozeßumkehr wieder freigesetzt wird, was zur allgemeinen Form des Satzes von der Erhaltung der Energie führte. Black entdeckte auch die spezifischen Wärmen (charakteristische Temperaturänderung von Stoffen). Mit seinen Arbeiten über Wärme schuf er die Grundlagen für die später entwickelte kinetische Gastheorie und auch für die Konstruktion der ersten Dampfmaschine durch → James Watt.

Bloch, Felix

*** 23. 10. 1905, Zürich, † 10. 9. 1983, Zürich; schweizerisch-amerikanischer Physiker Schweizer Herkunft**

Blochs wissenschaftliche Laufbahn begann 1924 mit dem Studium der Mathematik und Physik an der ETH Zürich. 1927 ging er an die Universität Leipzig, um Vorlesungen bei → Werner Heisenberg zu hören. Nach seiner Promotion 1928 führten ihn Stipendien zu → Wolfgang Pauli nach Zürich, zu → Niels Bohr nach Kopenhagen und zu → Lew Dawidowitsch Landau in die UdSSR. 1931 habilierte sich Bloch, um 1932 Assistent von Heisenberg zu werden, doch schon 1933 mußte er Deutschland seiner Abstammung wegen verlassen. Über die Schweiz, Frankreich und Italien gelangte er 1934 in die USA, wo er an der Universität Stanford eine Professur für Theoretische Physik erhielt. Von 1941 bis 1943 war er Mitarbeiter Julius Robert Oppenheimers beim «Manhattan Project» in Los Alamos, 1944 bis 1946 wirkte er am Radio Research Laboratorium in Cambridge (USA). 1952 erhielt Bloch zusammen mit Edward Mills Purcell wegen ihrer unabhängig voneinander erfolgten Arbeiten über die magnetische Kernresonanz den Nobelpreis für Physik.

1954 berief man Bloch zum Direktor des Europäischen Kernforschungsinstituts (CERN) in Genf.
Bloch war einer der exponiertesten Physiker des 20. Jahrhunderts. Seine frühesten Arbeiten (ab 1928) galten dem Verhalten von Elektronen unter dem Einfluß eines periodischen Gitterpotentials. Als Ergebnis seiner Untersuchungen leitete er die Eigenfunktion von Elektronen im Kristallgitter ab (Bloch-Funktion). Ebenfalls 1928 konnte Bloch die nach ihm benannte Summe angeben, die eine Linearkombination von Atomorbitalen darstellt und die zur Berechnung der Bandstruktur und der Energiespektren von Elektronen in einem Idealkristall verwendet wird. Ab 1930 beschäftigte sich Bloch mit Ferromagnetismus. Er stellte fest, daß ferromagnetische Stoffe schon unterhalb ihrer Curie-Temperatur die magnetischen Eigenschaften verlieren. Im Zuge weiterer Forschungen analysierte er Bereiche von Atomen, in denen nach Pierre Weiß spontane Magnetisierung stattfinden sollte. 1932 entdeckte Bloch, daß diese «Weiß'schen Bezirke» durch Grenzflächen getrennt werden (Bloch-Wände) und daß in diesen Grenzflächen die Magnetisierungsrichtung kontinuierlich von einem Bezirk in den anderen übergeht. 1936 untersuchte Bloch das Verhalten von Neutronen beim Durchgang von Ferromagnetika. Er stieß dabei auf die Neutronenpolarisation (Ausrichtung der Neutroneneigendrehung in eine Vorzugsrichtung). 1940 maß er zusammen mit → Luis Walter Alvarez das magnetische Moment des Neutrons. Ab 1943 befaßte sich Bloch mit magnetischen Eigenschaften flüssiger und fester Materie. Auf der Grundlage der Arbeiten von Isidor Isaac Rabi, der festgestellt hatte, daß durch Resonanz mit magnetischen Wechselfeldern meßbare Bewegungen erzeugt werden können, konnte Bloch die magnetische Feldstärke bestimmen und selbst kleinste Feldstörungen nachweisen. 1946 stellte er zusammen mit William Webster Hansen und Martin Everett Packard die magnetische Kernresonanz (nuclear magnetic resonance) zur genauen Messung der magnetischen Momente von Atomkernen vor.
Ebenfalls 1946 konnte Bloch ein Gleichungssystem angeben, mit dem eine mathematische Interpretation der atomaren Abläufe möglich wurde (Blochsche Gleichungen). Diese Arbeit führte zur Entwicklung der Kernresonanz als Methode zur Bestimmung von Struktur und Verhalten der Flüssigkeiten und Festkörper. Ende der 40er Jahre widmete sich Bloch der Hochenergiephysik. Er untersuchte das Bremsvermögen schwerer Teilchen und beschrieb deren mittleren Energieverlust mit der Bethe-Bloch-Formel. Mit der Bloch-Nordsieck-Methode führte Bloch die Photonenmasse ein, um Divergenzen bei quantenelektrodynamischen Berechnungen zu vermeiden.

Blumenbach, Johann Friedrich
*** 11. 5. 1752, Gotha, † 22. 1. 1840, Göttingen; deutscher Naturforscher**

Blumenbach, Sohn eines Gymnasialdirektors, studierte von 1769 bis 1772 Medizin in Jena. Er interessierte sich für Versteinerungskunde und erhielt später in Göttingen erste Anregungen in Naturgeschichte. Blumenbach promovierte 1775 über ein anthropologisches Thema.

1776 wurde er Kurator der naturgeschichtlichen Sammlung und außerordentlicher Professor in Göttingen. Von 1778 bis 1835 war er ordentlicher Professor der Medizin (Anatomie) an der Universität Göttingen.

Durch Förderung der vergleichenden Anatomie als Hochschuldisziplin trug Blumenbach wesentlich zur Bedeutung der Zoologie in Deutschland bei. Basierend auf den naturgeschichtlichen Arbeiten von → Georges Buffon und → Carl von Linné arbeitete Blumenbach an der Weiterentwicklung der zoologischen Systematik durch das vergleichende Studium umfangreicher Naturaliensammlungen. Er grenzte grundlegende systematische Kategorien gegeneinander ab (etwa Spezies, Rassen, Spielarten, Bastarde, Blendlinge). Blumenbach hielt die erste Vorlesung über vergleichende Anatomie in Deutschland. Sein «Handbuch der Naturgeschichte» (zwei Teile, 1779) war ein Standardwerk für das Universitätsstudium. Das «Handbuch der vergleichenden Anatomie und Physiologie» (1804) wurde in fast alle europäischen Sprachen übersetzt.

Indem Blumenbach auch den Menschen in seine vergleichend-anatomischen Studien einbezog, wurde er zu einem der Begründer der Anthropologie. Er untersuchte die menschlichen Varietäten nach geographischer Verbreitung, Hautfarbe und Gestalt. Dabei legte er eine Schädelsammlung zum Vergleich menschlicher Rassen aufgrund von Schädelmaßen an und teilte die Menschheit in vier bis fünf Großrassen ein. Zur Entstehung der Menschenrassen und Tierarten nahm er lange Zeiträume an. Auf dieser Grundlage versuchte er, eine geologische Zeitskala nach fossilen Tieren und Pflanzen zu entwerfen.

Blumenbach war einer der führenden Vertreter des Vitalismus (demzufolge chemisch-physikalische Prozessse allein nicht zur Deutung des organischen Lebens ausreichen). Als Epigenetiker erklärte er Entwicklungs- und Regenerationsprozesse durch das Wirken eines «Bildungstriebes». Darunter verstand er eine Kraft, die zur zweckmäßigen Bildung und Modifizierung der Organismen führt.

Die Aufgabe der wissenschaftlichen Naturgeschichte sah Blumenbach in der Suche nach den Bedingungen, unter denen der Bildungstrieb wirkt. Blumenbach suchte sie in der Erdgeschichte, die seiner Theorie zufolge die transzendente Ordnung eines allmächtigen Schöpfers offenbart.

Boerhaave, Hermann

*** 31. 12. 1668, Voorhout bei Leiden, † 23. 9. 1738, Leiden; niederländischer Arzt**

Boerhaave studierte in Leiden Theologie und Philosophie. Er promovierte 1681, wechselte dann aber zur Medizin über. Nach seiner Approbation im Jahre 1684 wurde er praktischer Arzt in Leiden, ab 1701 war er als Lektor der theoretischen Medizin in Leiden tätig, wo er 1709 eine Professur für Medizin und Botanik annahm. 1714 erhielt er einen Lehrstuhl für praktische Medizin und 1718 für Chemie. Da Boerhaave an Gicht litt, konnte er ab 1728 nur noch das Lehramt der praktischen Medizin wahrnehmen. 1725 wurde er Mitglied der Académie des sciences und 1730 in den Kreis der Royal Society aufgenommen.

Boerhaaves Hauptverdienst liegt in der Zusammenfassung der medizinisch vorherrschenden Fachrichtungen seiner Zeit (Iatrochemie, Iatrophysik und Visalismus) in einem universellen System. Mit seinen Publikationen wirkte er bis Anfang des 19. Jahrhunderts auf die Schulmedizin. Seine Hauptwerke «Institutiones medicae» (1708) und die «Aphorismi de cognescendis et curandis morbis» (1709) waren geschätzte Lehrbücher an den europäischen Universitäten.
Als einer der wichtigsten medizinischen Systematiker des 18. Jahrhunderts betrachtete Boerhaave neben der Physiologie und Botanik auch die Chemie als eigenständige Disziplin, er faßte die bis dahin bekannten Forschungsergebnisse in seinem Lehrbuch «Elementa chemiae» (1732) zusammen. Von → Andreas Vesalius, → William Harvey, Thomas Sydenham und vor allem den Schriften → Hippokrates von Kos beeinflußt, arbeitete Boerhaave an der Vervollkommnung der klinischen Diagnostik und stellte die seit 1636 praktizierte Unterweisung von Studenten am Krankenbett in einen akademischen Rahmen.

Bohr, Niels Hendrick David

*** 7. 10. 1885, Kopenhagen,**
† 18. 11. 1962, Kopenhagen; dänischer Physiker

Bohr begann 1903 an der Universität Kopenhagen mit dem Studium der Physik, das er 1911 mit seiner Promotion über die Elektronentheorie der Metalle abschloß. Ein Stipendium ermöglichte ihm 1911 und 1912 Forschungsaufenthalte bei → Joseph John Thomson in Cambridge und → Ernest Rutherford in Manchester. Ab Herbst 1912 war Bohr als Assistent an der Universität Kopenhagen tätig, 1913 nahm er dort eine Dozententätigkeit auf, um 1914 an die Universität Manchester zu wechseln. 1916 kehrte er an die Universität Kopenhagen zurück, wo ihm 1920 ein Lehrstuhl für Theoretische Physik eingerichtet wurde. 1921 erhielt er ein neues Institut, das sich schnell zum Mekka der Atomphysik entwickelte. Im Sommer 1922 hielt er in Göttingen Vorträge über moderne Physik, die unter der Bezeichnung «Bohr-Festspiele» in die Wissenschaftsgeschichte eingegangen sind. Ebenfalls 1922 wurde Bohr aufgrund seiner Arbeiten über den Atombau mit dem Nobelpreis für Physik ausgezeichnet. Nach der Machtübernahme Hitlers 1933 bemühte sich Bohr um die Sicherheit der in Deutschland lebenden jüdischen Wissenschaftler. 1943 mußte er selbst fliehen und gelangte über Schweden und England in die USA, wo er in Los Alamos am «Manhattan Project» zum Bau der Atombombe bei → Julius Robert Oppenheimer mitarbeitete. 1945 kehrte er nach Kopenhagen zurück, wo er wieder am Institut für Theoretische Physik lehrte. Schon 1950 warnte er vor den Gefahren des atomaren Wettrüstens. 1955 gründete er die Dänische Atomenergiekommission, deren Leitung er übernahm, außerdem organisierte er in Genf die erste Konferenz für die friedliche Nutzung der Atomenergie. Bohr war Mitglied zahlreicher wissenschaftlicher Gremien und Gesellschaften. Neben zahlreichen Ehrendoktortiteln erhielt er 1961 eine Ehrenprofessur der Lomonossow-Universität Moskau.
Bohr schuf mit seinen Arbeiten wesentliche Grundlagen für das Verständnis der

modernen Physik. Zu seinen bedeutendsten Arbeiten gehört sein auf der Grundlage des Rutherfordschen Atommodells und der Quantentheorie von → Max Planck entwickeltes Atommodell, das er 1913 in der Schrift «On the Constitution of Atoms and Molecules» vorstellte. In seinen berühmten Bohrschen Postulaten formulierte er, daß sich die Elektronen auf bestimmten Kreisbahnen bewegen und bei einem Sprung von einer Bahn auf die andere eine entsprechende Energiedifferenz aufnehmen oder abgeben. Zur Beschreibung der Energiezustände von Elektronen führte er die Quantenzahl ein. Als Modell für seine Theorie wählte Bohr den einatomigen Wasserstoff.

Um die Differenz zwischen quantenphysikalischem Atommodell und der klassischen Physik auszugleichen, entwickelte er 1918 das Korrespondenzprinzip, das eine mathematische Ähnlichkeit zwischen den Gesetzen der klassischen Mechanik und der Quantenmechanik behauptete. Ab 1922 beschäftigte sich Bohr mit dem Aufbau der Atome, die über mehrere Elektronen verfügen. Er bediente sich dabei seines von → Arnold Sommerfeld erweiterten Atommodells, das auch elliptische Elektronenbahnen zuließ. Bohr gelangte zu dem Schluß, daß Elektronen in Schalen angeordnet sind und daß die Elektronen auf den äußeren Schalen die chemischen Eigenschaften der Atome bestimmen. Damit hatte er eine Erklärung für das Periodensystem der Elemente gefunden, nach der die Anzahl der Elektronenschalen die Anzahl der Perioden bestimmt. 1927 entwickelte Bohr in Zusammenarbeit mit → Werner Heisenberg sein Komplementaritätsprinzip, nach dem ein Elektron sowohl Teilchen- als auch Wellencharakter besitzt (Kopenhagener Deutung). Ab 1930 beschäftigte sich Bohr wieder mit der Kernphysik; er führte den Begriff des «Compoundkerns» zur Erklärung der Kernreaktion bei Teilchenüberschuß ein und entwickelte das Sandsackmodell sowie das Tröpfchenmodell des Atomkerns. 1939 konnte er ein Modell der Kernspaltung des Urans vorstellen.

Boltzmann, Ludwig

*** 20. 2. 1844, Wien, † 5. 9. 1906, Duino (bei Triest); österreichischer Physiker**

Nach dem Besuch der Linzer Mittelschule studierte Boltzmann Physik an den Universitäten Wien, Heidelberg und Berlin. Zu seinen Wiener Professoren gehörten Joseph Petzval, Albert von Ettinghausen und Josef Stefan. 1866 beendete Boltzmann sein Studium in Wien, promovierte dort und habilitierte sich 1867. Zwei Jahre wirkte er als Assistent Stefans, ehe er 1869 einen Ruf als ordentlicher Professor für Mathematische Physik an der Universität Graz erhielt. 1873 wechselte er auf den Lehrstuhl für Mathematik an der Universität Wien, 1876 übernahm er den Lehrstuhl für Experimentelle Physik an der Universität Graz sowie die Leitung des physikalischen Instituts. 1889 folgte Boltzmann einem Ruf der Universität München, wo er eine Professur für Theoretische Physik übernahm. 1894 ging er als Nachfolger Stefans nach Wien, um nach einem Intermezzo an der Universität Leipzig (1900 bis 1902) nach Wien zurückzukehren. Er übernahm einen Lehrauftrag für Physik, außerdem las er über die Allgemeine

Theorie der Naturwissenschaften und über Methodologie. 1906 nahm Boltzmann sich aufgrund massiver Anfeindungen hinsichtlich seiner Forschungen das Leben.
Boltzmann begann sein wissenschaftliches Werk mit Arbeiten über die Theorie der Wärme. 1866 veröffentlichte er den Artikel «Über die mechanische Bedeutung des Zweiten Hauptsatzes der Wärmetheorie», in dem er sich um eine analytische Auslegung und um die Formulierung eines mechanischen Äquivalents bemühte. In seiner 1868 publizierten Schrift «Studien über das Gleichgewicht der lebendigen Kraft zwischen bewegten materiellen Punkten» verallgemeinerte er James Clerk Maxwells Ableitung der Geschwindigkeitsverteilung von Molekülen idealer Gase und erweiterte sie für Gase, die sich in einem Kraftfeld mit koordinatenabhängiger potentieller Energie befinden. Das Ergebnis dieser Arbeit war die «Maxwell-Boltzmann-Gleichung» zur theoretischen Behandlung und Lösung von Problemen der kinetischen Gastheorie. 1871 verallgemeinerte Boltzmann die Lösung für mehratomige Moleküle. 1872 bestätigte er Maxwells elektrodynamische Theorie durch den experimentellen Nachweis des Zusammenhangs zwischen dem optischem Brechungsindex und der Dielektrizitätskonstante eines Stoffes. Ebenfalls 1872 arbeitete Boltzmann an der Lösung für die zeitliche Entwicklung eines Gasmolekülsystems im Ungleichgewicht. Für die zeitliche Änderung der Verteilungsdichte der Gasmoleküle leitete er die «Boltzmannsche kinetische Transportgleichung» ab, deren Näherungslösung er bestimmte. Zur Bestimmung der zeitlichen Entwicklung einer beliebigen Anfangsverteilung von Gasmolekülen formulierte Boltzmann das «H-Theorem». Im Zuge dieser Arbeit erkannte Boltzmann den statistischen Charakter des Zweiten Hauptsatzes der Thermodynamik. Er entwickelte daraufhin eine statistische Mechanik auf der Grundlage des «Boltzmann-Postulats» und der «Boltzmann-Statistik».
Die «Boltzmann-Beziehung» führte Maxwell und Boltzmann zur Aufstellung der Ergodenhypothese, nach der ein Makrosystem sukzessive alle Mikrozustände durchläuft. 1884 formulierte Boltzmann die theoretischen Grundlagen des von Stefan empirisch gefundenen Gesetzes über die Gesamtstrahlung eines schwarzen Strahlers («Stefan-Boltzmann-Gesetz»).
1909 veröffentlichte Boltzmann sein dreibändiges Werk «Wissenschaftliche Abhandlungen». Durch seine Arbeiten gehört Boltzmann zu den Begründern der klassischen statistischen Physik.

Bonnet, Charles

*** 13. 3. 1720, Genf, † 20. 6. 1793, Gut Genthod bei Genf; Schweizer Naturforscher und Philosoph**

Bonnet stammte aus einer wohlhabenden Genfer Partizierfamilie. 1743 schloß er sein Studium der Rechtswissenschaften mit einer Promotion ab, widmete sich anschließend jedoch biologisch-philosophischen Themen, wobei ihn besonders die naturwissenschaftlichen Schriften von → René-Antoine-Ferchault de Réaumur und → Jan Swammerdam beeinflußten. Als Privatgelehrter machte er schon bald durch an Insekten durchgeführte Forschungen auf sich aufmerksam und wurde 1743 zum Mitglied der Pariser Académie des sciences gewählt. Da ihn ab 1750 ein schweres Augenleiden an der Fortführung mikroskopischer Arbeiten hinderte, widmete er sich nun verstärkt theoretischen und philosophischen Fragen. Seine Theorien hatten große Bedeutung für die zeitgenössische Naturanschauung und beeinflußten auch Gotthold Ephraim Lessing, Johann Kaspar Lavater und → Johann Wolfgang von Goethe.

Die interessanteste Entdeckung Bonnets war, daß sich Eier von Blattläusen ohne Befruchtung durch männliche Spermien entwickeln können. Mit dem Nachweis dieser parthenogenetischen Fortpflanzung konnte Bonnet ein überzeugendes Argument für die Theorie der Ovolisten liefern (sie nahmen an, daß sich in der Eizelle bereits ein vorgeformter Organismus befindet, während die Animaculisten diesen im Spermium vermuteten). Um zu untersuchen, wie sich die Präformation eines Organismus in der Eizelle mit Regenerationsprozessen vereinbaren läßt, führte Bonnet Regenerationsversuche vor allem mit dem Süßwasserpolypen Hydra durch. Er erklärte die Fähigkeit, aus Einzelteilen ganze Tiere zu regenerieren, mit der Existenz von «Anlagen» für jeden Teil und einer selbständigen «Seele» für jede Anlage. Auf der Grundlage dieser Vorstellungen und unter dem Einfluß von → Albrecht von Haller entwickelte Bonnet eine Theorie, wonach alle psychischen Vorgänge durch physiologische Prozesse in Nervenfasern verursacht werden («Fibernpsychologie»), die physiologischen Vorgänge insgesamt aber Ausdruck einer unsterblichen Seele sind. Auch eines weiteren sich aus der Theorie der Ovisten ergebenden Problems nahm Bonnet sich an: Wenn jedes Lebewesen im Ei vorgeformt ist, dann muß eine Tierart von Anfang an unveränderlich existiert haben. Fossilien, die heute lebenden Organismen nicht ähnlich sind, lassen sich so nicht erklären. Bonnet sah eine Lösung in der Annahme immer wiederkehrender weltweiter Katastrophen. Der Geologe → Georges Baron de Cuvier machte diese Auffassung später als «Katastrophentheorie» bekannt. Bonnet ging davon aus, daß alle Lebensformen nach jeder Katastrophe eine höhere Stufe erreichen. In Weiterführung philosophischer Gedanken von → Gottfried Wilhelm Leibniz stellte Bonnet eine Stufenleiter der Natur («Scala naturae») auf. Diese noch streng linear gedachte Stufenfolge von anorganischen Dingen über Pflanzen und Tiere bis hin zum Menschen war jedoch noch rein statischer Natur. Die evolutive Vorstellung einer historischen Abfolge der einzelnen Stufen wurde erst später entwickelt (→ Jean-Baptiste de Lamarck, → Charles Robert Darwin).

Born, Max

*** 11. 12. 1882, Breslau, † 5. 1. 1970, Göttingen; deutscher Physiker**

Born begann 1901 ein Studium der Mathematik und Physik in Breslau. Über Heidelberg und Zürich kam er nach Göttingen, wo er Vorlesungen bei David Hilbert, Felix Klein und → Hermann Minkowski hörte. 1907 promovierte er, anschließend ging er zu → Joseph John Thomson und Joseph Larmor nach Cambridge, um dann nach Breslau zu Otto Richard Lummer und Peter Pringsheim zu wechseln. 1908 erhielt er ein Angebot von Minkowski, mit ihm in Göttingen über die Relativitätstheorie zu arbeiten. Born folgte dieser Einladung, habilitierte sich dort und wurde Privatdozent. 1915 erhielt er in Berlin eine Professur. Der Erste Weltkrieg unterbrach seine Lehrtätigkeit, da Born mit der Entwicklung eines Ortungsververfahrens für Geschütze betraut wurde. 1919 ernannte man ihn zum Nachfolger Max von Laues in Frankfurt a. M., ein Jahr später erhielt er einen Ruf der Universität Göttingen, wo er zusammen mit → James Franck und Robert Wiechard Pohl die Theoretische Physik etablierte und dem Institut zu Weltruhm verhalf. 1933 mußte Born den Lehrstuhl seiner jüdischen Abstammung wegen aufgeben. Er ging zunächst nach Südtirol, dann nach England, wo er am Convill and Cains College las. Auf Einladung von → Sir Chandrasekhara Venkata Raman wirkte Born ein halbes Jahr am Indian Institute of Science in Bangalore. 1936 übernahm er eine Professur in Edinburgh. 1953 wurde Born emeritiert und kehrte nach Deutschland zurück. Er war Mitglied verschiedener akademischer Gesellschaften und Inhaber zahlreicher Ehrendoktortitel. 1954 erhielt er zusammen mit → Walther Bothe für seine statistische Interpretation der Quantenmechanik und seine Arbeiten über Kristallbau den Nobelpreis für Physik.

Born nahm seine Forschertätigkeit 1908 mit einer Arbeit über das Verhalten eines Elektrons bei relativistischen Geschwindigkeiten auf. 1912 untersuchte er gemeinsam mit Theodor von Kármán die Gitterstruktur der Kristalle. Die Veröffentlichung seiner Ergebnisse erfolgte 1915 in seinem Werk «Dynamik der Kristallgitter». Born arbeitete weiter an Problemen der Festkörperphysik, so untersuchte er auf Anregung → Fritz Habers die energetischen Verhältnisse bei der Genese von Alkalichloriden in kristalliner Form. Ein wichtiges Ergebnis dieser Forschung war der «Born-Habersche Kreisprozeß», mit dem experimentell schwer bestimmbare Größen bei chemischen Reaktionen berechnet werden konnten.

Ab 1924 widmete sich Born der Theoretischen Physik. Zusammen mit → Wolfgang Pauli und → Werner Heisenberg arbeitete er an der mathematischen Formulierung der Atomtheorie von → Niels Bohr und → Arnold Sommerfeld. Zunächst konnte er zeigen, daß das Bohr-Sommerfeld-Modell nur für Atome mit einem Elektron gilt. Um die Struktur aller Atome beschreiben zu können, führte er gemeinsam mit Heisenberg und Pauli die Matrizenmechanik ein. Auf der Grundlage der Wellenmechanik von → Erwin Schrödinger modifizierte Born seine Methode, um Intensitäten und die räumliche Verteilung von Teilchenstrahlen zu berechnen. Seine Arbeiten veröffentlichte er 1926 in seinem umfangreichen Werk «Probleme der Atomdynamik». 1926 entwickelte er auch die berühmte statistische Interpretation der Quantenmechanik, die zur Grundlage zum Verständnis der Quantenprozesse wurde. Born legte dar, daß die einzelnen Koordinaten des Vektors, der den Zustand eines Atoms beschreibt, Amplituden der Wellenfunktionen sind und daß deren Quadrat der Aufenthaltswahrscheinlichkeit eines Elektrons an einem Raumpunkt entspricht. Seine Kenntnisse formulierte er in seinem zusammen mit Pascual Ernst Wilhelm Jordan verfaßten Buch «Elementare Quantenmechanik» von 1930. In den folgenden Jahren beschäftigte sich Born mit Optik, mit der Stabilität von Kristallgittern («Dynamical Theory of Crytal Lattices», 1953) und der Theorie der Flüssigkeiten.

Seinem Selbstverständnis als Wissenschaftler gab er 1965 in seinem Werk «Von der Verantwortung des Naturwissenschaftlers» Ausdruck.

Bosch, Carl

*** 27. 8. 1874, Köln, † 26. 4. 1940, Heidelberg; deutscher Chemiker und Industrieller**

Carl Bosch war ein Neffe des Großindustriellen Robert Bosch. Nach Abschluß der Oberrealschule absolvierte Bosch eine Ausbildung als Maschinenschlosser, 1894 bis 1896 studierte er Hüttenkunde und Maschinenbau an der Königlich-Technischen Hochschule in Berlin-Charlottenburg. 1897 nahm er zusätzlich ein Chemiestudium an der Universität Leipzig auf, wo er 1898 promovierte und für ein Jahr als Assistent von Johannes Wislicenus tätig war. 1899 ging Bosch zur Badischen Anilin- und Soda-Fabrik A. G. (BASF) nach Ludwigshafen, wo er 1911 zum Prokuristen und 1914 zum Direktor ernannt wurde. In den folgenden Jahren errichtete er in Oppau und Leuna Dependancen der BASF. 1916 wurde er ordentliches Vorstandsmitglied, 1919 Vorstandsvorsitzender. 1926 wählte man ihn zum Vorstandsvorsitzenden des I.G.-Farben-Konzerns, zu dem sich die größten deutschen Chemiefirmen zusammengeschlossen hatten. 1931 erhielt Bosch zusammen mit → Friedrich Karl Rudolf Bergius den Nobelpreis für Chemie. 1935 berief man ihn zum Vorsitzenden des Verwaltungs- und Aufsichtsrats der I. G. Farben. Carl Bosch war Mitglied zahlreicher wissenschaftlicher, technischer und wissenschaftsfördernder Einrichtungen, so wurde er 1937 Nachfolger von → Max Planck als Präsident der Kaiser-Wilhelm-Gesellschaft.

Bosch war ein hervorragender Chemiker und Wirtschaftsorganisator, der bereits mit seinem ersten wissenschaftlichen Projekt zu Nobelpreisehren kam. Zum Zweck der Düngemittelherstellung führte er, ausgehend von den Überlegungen → Fritz Habers zum Gleichgewicht des Ammoniaks, mit Paul Alwin Mittasch und Franz Lappe die hochdruckinduzierte Ammoniaksynthese durch (1903 bis 1913). Bosch brachte dieses Verfahren («Haber-Bosch-Verfahren») zur großtechnischen Reife, so daß 1913 mit der Produktion der Ammoniakfabrik Oppau begonnen werden konnte.

Gleichzeitig sorgte er für die Verbesserung der Mischdünger und entwickelte die Grundlagenforschung über Düngerverwertung von Nutzpflanzen. Boschs Hochdruckverfahren ermöglichte ferner die Benzingewinnung und die Kautschuksynthese.

Um die BASF auszubauen, förderte Bosch technische Innovationen wie die Anlage zur Methanolsynthese. 1914 machte er aus der BASF ein Rüstungsunternehmen, indem er den deutschen Militärs ein Projekt zur Sprengstoffherstellung versprach. Zu diesem Zweck forcierte er den Aufbau des Ammoniakwerks Merseburg (Leuna), das zusammen mit dem Werk Oppau 75 000 t Sprengstoff produzierte.

Bosch, Robert

*** 23. 9. 1861, Albeck (bei Ulm), † 12. 3. 1942, Stuttgart; deutscher Ingenieur und Industrieller**

Bosch war eines von zwölf Kindern einer Landwirtsfamilie. Nach einer Ausbildung zum Feinmechaniker studierte er Ingenieurwissenschaften an der Technischen Hochschule Stuttgart. 1884 ging er in die USA, wo er unter anderem bei → Thomas Alva Edison arbeitete, anschließend reiste er nach Großbritannien. Nach seiner Rückkehr 1867 gründete Bosch in Stuttgart die Robert-Bosch-Werkstätte für Feinmechanik und Elektrotechnik. Bis 1914 folgten Zweigwerke in Großbritannien, Frankreich und den USA.

Während des Ersten Weltkriegs machte Bosch große Gewinne, die er zum Teil in den Bau des Neckarkanals investierte. 1916 wandelte er seine Firma in eine Aktiengesellschaft um. Ab 1918 finanzierte Bosch Forschungsprojekte und baute sein Unternehmen weiter aus. 1927 gründete er die «Bosch-Hilfe», mit der langjährige Mitarbeiter im Ruhestand finanzielle Unterstützung erhielten. 1937 wurde sein Unternehmen in Robert Bosch GmbH umbenannt.

Mit der Entwicklung des Magnetzünders für Gasmotoren (1887) schuf Bosch die Grundlagen seines Unternehmens. 1897 erlangte dieser Zünder die technische Reife, so daß er in Kraftfahrzeuge eingebaut werden konnte (zunächst in ein Dion-Bouton-Dreirad). 1902 gelangen ihm und Gottlob Honold mit der Konstruktion einer Hochspannungsmagnetzündung die Verbesserung der Magnetzündung von Nicolaus August Otto. Außerdem war Bosch bei der Entwicklung einer Diesel-Einspritzpumpe (→ Rudolf Diesel) erfolgreich. Bosch konnte als erster Unternehmer Kraftfahrzeuge mit einer einheitlichen elektrischen Ausrüstung ausstatten.

Bothe, Walther Wilhelm Georg

*** 8. 1. 1891, Oranienburg, † 8. 2. 1957, Heidelberg; deutscher Physiker**

Bothe studierte von 1908 bis 1912 Physik, Mathematik und Chemie in Berlin. 1914 promovierte er bei → Max Planck, dessen Assistent er wurde. Nach dem Ersten Weltkrieg erhielt er eine Anstellung an der Physikalisch-Technischen Reichsanstalt in Berlin unter → Hans Geiger. 1931 folgte Bothe einem Ruf der Universität Gießen, 1932 ging er an die Universität Heidelberg. 1934 wurde er Leiter des Instituts für Physik am Kaiser-Wilhelm-Institut für medizinische Forschung in Heidelberg. 1939 übernahm er zusammen mit → Werner Heisenberg die Leitung des deutschen Atombombenprojekts. 1954 erhielt Bothe zusammen mit → Max Born aufgrund seiner Arbeit über die künstliche Kernanregung den Nobelpreis für Physik.

In seinen ersten Forschungsarbeiten beschäftigte sich Bothe mit der Radioaktivität. Zusammen mit Hans Geiger entwickelte er 1924 die Koinzidenzmethode (Koinzidenz: Zusammenfall zweier Ereignisse). Mit Hilfe zweier kombinierter Geigerzähler untersuchten sie die Streuung elektromagnetischer Wellen an Elektronen. Bothe und Geiger konnten bestätigen, daß die Zusammenstöße Einzelereignisse sind. Außerdem festigten sie die Quantentheorie. Gegen Ende der 20er Jahre widmete sich Bothe der Höhenstrahlung. Gemeinsam mit Werner Kohlhörster bewies Bothe die Teilchenatur der Strahlung. Dazu verfeinerte er die Koinzidenzmethode, indem er zwei Geigerzähler übereinander anordnete und so koppelte, daß lediglich dann ein Ereignis registriert wurde, wenn es bei beiden Zählern gleichzeitig auftrat. Ein Partikel der Strahlung konnte also nur dann registriert werden, wenn es senkrechte Inzidenz hatte und beide Zählrohre durchflog («Koinzidenzzähler»).

Ab 1930 widmete sich Bothe intensiv der Kernumwandlung und war der erste, der die bei der Kernumwandlung auftretenden Protonen nachwies. Im Zuge seiner Forschungen beschoß er Beryllium mit Alphateilchen, wodurch er eine Strahlung provozierte, deren Dauer mit der Beschußdauer identisch war und die eine starke Durchdringungsfähigkeit besaß. Bothe glaubte, daß es sich um Gammastrahlung handelte, und nannte diese «Kern-Gamma-Strahlung». Seine Ergebnisse publizierte er 1930 unter dem Titel «Künstliche Erregung von Kern-Gamma-Strahlen». 1932 identifizierte → James Chadwick die Strahlen als Neutronenstrahlung.

Als Leiter des «Uranvereins» zur Konstruktion der Atombombe wurde Bothe ab 1939 mit der Konzipierung eines Kernreaktors zur Plutoniumproduktion betraut. Der Bau des Reaktors scheiterte jedoch, weil Bothe irrtümlich Graphit als Moderatormaterial zur Neutronenbremsung ablehnte. Seit Ende der 30er Jahre befaßte sich Bothe außerdem mit dem Bau eines Zyklotrons (Teilchenbeschleuniger) zur Erzeugung von Neutronenstrahlen. Den Einmarsch der deutschen Truppen in Paris 1940 nutzte er zum Studium am Zyklotron der Physiker → Frédéric und → Irène Joliot-Curie. 1944 konnte Bothe in Heidelberg das erste deutsche Zyklotron vorstellen.

Böttger, Johann Friedrich (auch: Böttiger)

*** 4. 2. 1682, Schleiz, † 13. 3. 1719, Dresden; deutscher Alchimist**

Böttger erhielt durch seinen Stiefvater eine solide mathematische und geometrische Ausbildung. 1696 ging er nach Berlin, um sich zum Apotheker ausbilden zu lassen. Während seiner Lehrzeit eignete er sich mineralogische Grundkenntnisse an, die er bei dem Glasmacher Johann Kunckel Ritter von Löwenstjern vertiefte und anzuwenden übte. Er brachte es darin zu solcher Perfektion, daß ihm zu Beginn des 18. Jahrhunderts die Fähigkeit zur Goldherstellung nachgesagt wurde, woraufhin Böttger vor den Nachstellungen des sich in Finanznöten befindenden preußischen Königs nach Wittenberg floh. Dort wurde er auf Befehl August des Starken interniert. Auch der sächsische Kurfürst hatte finanzielle Probleme, deshalb wurde Böttger mit der Goldherstellung beauftragt, wofür ihm ein Labor eingerichtet und mit G. Pabst von Ohain ein Berater und zugleich eine Aufsicht zugeteilt wurde. Im Jahre 1704 kam Ehrenfried Walter von Tschirnhaus hinzu, der dem Fürsten die Idee der Porzellanherstellung vortrug. August griff den Gedanken auf, so daß sich Böttger ab 1706 mit der Porzellanherstellung befassen mußte. Aufgrund seiner Erfolge gründete er 1708 in Dresden die erste Porzellanmanufaktur, die 1710 nach Meißen verlegt wurde. 1714 wurde er aus der Internierung entlassen, doch 1719 verlor er erneut die Feiheit, da er entgegen allen Absprachen das Verfahren zur Porzellanherstellung weitergegeben hatte. Seine ersten Untersuchungen galten Mischungen verschiedener mineralogischer Rohstoffe bei unterschiedlichen Temperaturen und Aggregatzuständen. Ab 1701 arbeitete er an Mischungen, aus denen Gold hervorgehen sollte, ab 1706 galten seine Bemühungen der Porzellanherstellung. 1707 konnte Böttger das rote, aus Tonmineralen gefertigte Porzellan herstellen (Böttger-Steingut), 1708 folgte das weiße Porzellan, wofür er eine Kaolin-Feldspat-Mischung verwendete. 1710 stellte er eine Glasur her, durch die das Porzellan den beabsichtigten Gebrauchswert erhielt. Mit der Errichtung der Manufaktur in Dresden (1708) leitete Böttger die Großherstellung von Porzellan ein.

Boveri, Theodor

*** 12. 10. 1862, Bamberg, † 15. 10. 1915, Würzburg; deutscher Zoologe und Zytogenetiker**

Der Arztsohn Theodor Boveri besuchte von 1875 bis 1881 das Realgymnasium in Nürnberg. Anschließend studierte er Medizin und Zoologie in München, wo er 1885 promovierte. Von 1886 an widmete er sich embryologischen und zytologischen Forschungen am Zoologischen Institut in München. Zudem verbrachte er mehrere Winter an der zoologischen Station in Neapel. Er habilitierte sich 1887 für Zoologie und vergleichende Anatomie. Von 1893 bis zu seinem Tod war Boveri Professor für Zoologie an der Universität Würzburg. Er war mit der amerikanischen Biologin M. O'Grady verheiratet. Seine Tochter war die Schriftstellerin und Journalistin Margret Boveri (1900–1975).

Boveri gilt als Begründer der Chromosomentheorie der Vererbung. Grundlage dafür war die Theorie der Chromosomenindividualität, die Boveri 1888 als Verallgemeinerung seiner Befunde an Eizellen des Pferdespulwurms Ascaris aufstellte: Boveri gelang der Nachweis, daß sich bei Zellteilungen stets die gleiche Chromosomenstellung wiederholt, daß Chromosomen also individuelle, kontinuierlich wiederkehrende und sich in Form und Größe unterscheidende Elemente des Zellkerns sind. Er stellte daraufhin die These auf, daß diese Individualität der Chromosomen auch zwischen den Zellteilungen (im Interphase-Kern), wenn die Chromosomen nicht sichtbar sind, erhalten bleibt. Er bewies durch seine Dispermieversuche an Seeigeleiern, daß die Chromosomen jeweils nur einen Teil des gesamten Erbgutes besitzen und daher qualitativ verschieden sind. Weiterhin zeigte er durch die Entwicklung besamter Seeigel-Eifragmente mit und ohne Zellkern die entwicklungsphysiologische Gleichwertigkeit des mütterlichen und väterlichen Zellkerns. Mit diesen Erkenntnissen wurde die Kluft zwischen Genetik und Zytologie überwunden, indem gezeigt wurde, daß die Mendelschen Gesetze (→ Gregor Mendel) sich aus dem Verhalten der Chromosomen in Meiose und Befruchtung widerspruchsfrei und vollständig ergeben.

Weitere Forschungsarbeiten Boveris betrafen den Anteil von Kern und Plasma an der Vererbung. Er erkannte die Rolle der Zentrosomen bei der Spindelbildung vor der Zellteilung, schätzte jedoch die Bedeutung des bei der Befruchtung eingebrachten Spermazentrosoms zu hoch ein. In vergleichend-anatomischen Studien entdeckte er das Exkretionsorgan des Lanzettfischchens. Eine wichtige Leistung Boveris ist außerdem die Erklärung der Entstehung bösartiger Tumore aufgrund von atypischen Chromosomenverhältnissen.

Bovet, Daniel

*** 23. 3. 1907, Neuenburg (Schweiz), † 8. 4. 1992, Rom; italienischer Pharmakologe (schweizerischer Herkunft)**

Bovet, Sohn eines Professors der Pädagogik, studierte in Genf, wo er 1929 auch promovierte. 1936 wurde Bovet Direktor des Pasteur-Instituts in Paris. 1947 übernahm er die Leitung des Chemotherapeutischen Laboratoriums am Staatlichen Gesundheitsamt in Rom.

Bovet war an der Klärung des Wirkungsmechanismus der Sulfonamide beteiligt. Er baute dabei auf der Entdeckung des deutschen Bakteriologen → Gerhard Domagk auf, daß der Sulfonamid-Farbstoff Prontosil bei einer Streptokokken-Infektion zur Genesung führt, auf einem Nährboden wachsende Bakterien jedoch nicht schädigt. Bovet konnte nachweisen, daß nicht Prontosil selber das Wachstum der Bakterien hemmt, sondern das daraus im Organismus gebildete Spaltprodukt Sulfanilamid. Aufgrund der Strukturähnlichkeit mit einem Bestandteil des Coenzyms Tetrahydrofolat wird Sulfanilamid von Bakterien zur Synthese dieses Coenzyms verwendet. Das dabei entstehende Produkt ist jedoch nicht funktionsfähig und hemmt so das Wachstum der Bakterien.

Bovet ist Mitentdecker der Antihistaminika. Diese Substanzen mindern die auf einer Ausschüttung des Gewebshormons Histamin beruhenden Symptome von allergischen Reaktionen wie zum Beispiel Heuschnupfen.

Bedeutend für die Anästhesie sind Bovets Arbeiten über die Mutterkornalkaloide und Curare. Das von südamerikanischen Indianern als Pfeilgift verwendete Alkaloid Curare führt bei geeigneter Dosierung nicht zur vollständigen Lähmung, sondern lediglich zur Erschlaffung der Muskulatur und wurde daher häufig bei Operationen eingesetzt. Bovet wirkte mit an der Synthese künstlicher Ganglienblocker, die später wegen ihrer geringeren Nebenwirkungen anstelle von Curare eingesetzt wurden. Für seine Entdeckungen über die hemmende Wirkung synthetischer Verbindungen auf die Funktion speziell der Skelettmuskulatur und des Gefäßsystems erhielt Bovet 1957 den Nobelpreis für Medizin.

Boyle, Robert

*** 25. 1. 1627, Lismore, † 30. 12. 1691, London; britischer Chemiker**

Boyle war das 14. Kind des Earls of Cork; zusammen mit seinen Geschwistern genoß er eine sorgfältige Erziehung und Ausbildung.1637 konnte er eine sieben Jahre währende Bildungsreise antreten, die ihn nach Frankreich, Italien und in die Schweiz führte. 1645 richtete er sich auf seinem Gut ein chemisches Labor ein, wo er seinen Untersuchungen nachging. 1654 siedelte er nach Oxford über, wo er zusammen mit → Robert Hooke am Wadham College wirkte. In Oxford gründete Boyle das Invisible College, aus dem 1663 die Royal Society hervorging.

Angeregt durch die Theorien des → Nikolaus Kopernikus und → Johannes

Boyle-Mariottsches Gesetz
Eine von Boyle und Edme Mariotte entdeckte Gesetzmäßigkeit der Zustandsänderung idealer Gase: bei konstanter Temperatur ist das Produkt aus Volumen und Druck konstant. Die realen Gase Wasserstoff, Sauerstoff und Stickstoff erfüllen dieses Gesetz näherungsweise.

Keplers, vollzog Boyle eine kritische Sichtung der Elementarlehre des Empedokles und → Aristoteles sowie der Prinzipienlehre des Paracelsus. 1661 erschien seine Schrift «The Sceptical Chymist», in der er diese klassischen Lehren verwarf. An ihre Stelle setzte er eine korpuskularmechanische Theorie, außerdem definierte er den Begriff Element neu. Durch die ausgeführten Experimente entdeckte Boyle viele für die quantitative Analyse geeignete Reaktionen und Indikatoren, wodurch er zum Mitbegründer der Analytischen Chemie wurde.
Anfang 1660 befaßte sich Boyle mit physikalischen Problemen, die 1662 zur Formulierung des «Boyle-Mariottschen Gesetzes» führten. Seine Untersuchungen erstreckten sich auch auf Medizin und Pharmazie. Er beschrieb Reflexbewegungen, führte den Terminus «Pharmakologie» ein und entwickelte einen ersten Standard für Medikamente.

Bradley, James

*** März 1693, Sherborne, † 13. 7. 1762, Chalford; britischer Astronom**

Bradley erhielt zunächst eine theologische Ausbildung. Sein Onkel wußte jedoch sein Interesse für Astronomie zu wecken, in die er seine mathematischen Fähigkeiten einbringen konnte und die ihm die Freundschaft mit → Isaac Newton und → Edmund Halley sicherten. 1718 wurde Bradley in die Royal Society aufgenommen, 1721 erhielt er eine Professur für Astronomie in Oxford. 1742 wurde er zum Dritten Königlichen Astronom berufen, außerdem übernahm er die Leitung der Sternwarte Greenwich, die er mit neuen Instrumenten ausstatten ließ. 1748 erhielt Bradley für seine Verdienste die Copley-Medaille.
Zusammen mit Samuel Molyneaux untersuchte Bradley 1725 Änderungen der Deklination (Winkelabstand eines Gestirns vom Himmelsäquator) von Sternen. Er beobachtete eine geringe Verschiebung der Sterne in Form einer Ellipse (Bradley-Effekt) und erklärte dies mit einer Aberration des von den Sternen ausgesandten Lichts, verursacht durch die Drehung der Erde um die Sonne und die Dauer, die das Licht zum Erreichen des Beobachters braucht. Aus dem Aberrationswinkel konnte Bradley 1728 das Verhältnis von Bahngeschwindigkeit der Erde zur Lichtgeschwindigkeit ableiten. Damit hatte Bradley eine zweite Möglichkeit zur Berechnung der Lichtgeschwindigkeit gefunden. 1733 maß Bradley den Durchmesser des Jupiters, womit er als erster Astronom einen Einblick in kosmische Größenverhältnisse geben konnte. 1748 begab sich Bradley an eine präzise Ortsbestimmung von über 3200 Sternen, in deren Verlauf er eine geringe periodische Verschiebung der Erdachse feststellte. Er nannte dieses Phänomen «Nutation». Ab 1750 widmete sich Bradley der Meridianbeobachtung der Himmelskörper, in deren Verlauf er durch Berücksichtigung der Beobachtungsbedingungen wie Temperatur, Luftdruck und atmosphärische

Unruhe außergewöhnlich genaue Meßergebnisse erzielte. Durch → Friedrich Wilhelm Bessel erfuhren seine Arbeiten die verdiente Würdigung. Er aktualisierte sie und veröffentlichte sie 1818 unter dem Titel «Fundamenta Astronomiae, ex observationibus viri incomparabilis James Bradley». Sie gelten als die Grundlage der modernen Positionsastronomie.

Brahe, Tycho (eigentlich: Tyge Brahe)

*** 14. 12. 1546, Knudstrup (Schonen), † 24. 10. 1601, Prag; dänischer Astronom**

Brahe war adeliger Herkunft. Sein Onkel (Jörgen Brahe) vermittelte ihm früh eine Ausbildung durch Privatlehrer, die er 1559 durch ein Studium der Philosophie und Rhetorik in Kopenhagen erweiterte. 1562 ging er nach Leipzig, um Jura zu studieren. In diesen Jahren befaßte er sich auch mit Mathematik und Astronomie. Nach dem Tod seines Onkels 1565 kehrte Brahe nach Dänemark zurück, um sein Erbe anzutreten, das ihm eine sorgenfreie Beschäftigung mit der Astronomie ermöglichte.

Um seine Kenntnisse zu vervollkommnen, trat er 1569 eine Reise nach Deutschland an, die ihn nach Wittenberg, Rostock und Augsburg führte. Als er 1571 nach Dänemark zurückkehrte, war er ein bekannter Mann. Eine zweite Reise führte ihn in die Schweiz, nach Norditalien und wieder nach Deutschland. In Regensburg lernte er den Naturforscher und Arzt Tadeás Hajek z Hajku kennen, dem er freundschaftlich verbunden blieb. Aufgrund der guten Arbeitsbedingungen in Deutschland wollte sich Brahe in Kassel niederlassen, doch der dänische König Frederik II. konnte ihn 1575 zur Rückkehr bewegen. Er überließ Brahe die Insel Ven, auf der er zwei Sternwarten errichten ließ, «Uranienborg» (1576) und «Sternenborg» (1584), die nach ihrer Fertigstellung von führenden europäischen Astronomen aufgesucht wurden. Der Nachfolger Frederiks II., Kristian IV., war weniger generös, so daß Brahe ab 1588 schlechtere Arbeitsbedingungen vorfand. 1597 zog er dic Konsequenzen und emigrierte nach Deutschland. 1599 folgte er wieder einer Einladung Rudolfs II. und wurde Kaiserlicher Mathematiker und Astronom in Prag, wo er → Johannes Kepler als Assistenten einstellte. Rudolf II. stellte ihm das Schloß Benátky nad Jizeron bei Prag zur Verfügung, in dem ein Observatorium eingerichtet wurde. 1601 kehrte Brahe nach Prag zurück, wo er an einem Nierenleiden starb.

Die Grundlagen seiner exakten wissenschaftlichen Beobachtungen schuf Brahe 1563 mit der Anschaffung neuer Instrumente. 1572 konnte er im Sternbild Cassiopeia das Aufleuchten eines sonst lichtschwachen Sterns beobachten (Tychonischer Stern). Er hielt dieses Phänomen für eine Sterngenese und nannte es «Nova», eine Bezeichnung, die heute noch gebräuchlich ist (allerdings für eine Sternexplosion). Das Ereignis beschrieb er in seiner Schrift «De stella nova», mit der er sich einen Namen machte. 1575 widmete sich Brahe der Fertigung astronomischer Instrumente mit exakter Skalierung, die ein sehr genaues Arbeiten ermöglichten. 1577 beobachtete er Kometen, wobei er feststellte, daß ihre Bahnen nicht rotationssymmetrisch um die Erde laufen. Brahe stieß mit dieser Beobachtung an die Grenzen seines geozentrischen Weltbildes. Um einen Kompromiß zwischen Geozentrismus und Heliozentrismus bemüht, entwickelte er das «Tychonische Weltsystem», wonach Merkur, Venus, Mars, Jupiter und Saturn um die Sonne kreisen, die Sonne und der Mond sich aber um eine fixierte Erde bewegen. In den folgenden Jahren beobachtete Brahe die Planetenbewegung und verfaßte einen Fixsternkatalog mit fast 1000 Sternen. 1599 begann er neue Tabellen über die Planetenbewegungen zu errechnen (vor allem des Mars), die von Kepler später vollendet und zur Ableitung der ersten beiden Keplerschen Gesetze zur Planetenbewegung benutzt wurden.

Braid, James

*** 1795, Rylaw House (Fife, Schottland), † 25. 3. 1860, Manchester; britischer Chirurg**

Über Braids Vita gibt es kaum gesicherte Daten. Nach dem Studium der Medizin an der Universität Edinburgh ging er nach Manchester, wo er den Beruf des praktischen Arztes ausübte.

1841 nahm Braid an der Vorführung einer von Franz Mesmer entwickelten Methode teil, bei der Menschen in einen tranceähnlichen Zustand versetzt werden konnten, während die geistigen Kräfte für Suggestionen offenblieben. Während Mesmer dieses Phänomen als «animalen Magnetismus» deutete, ging Braid davon aus, daß die Ausschaltung des wachen Bewußtseins durch stereotype Wiederholungsmuster von Außenreizen hervorgerufen würde. Nach dem griechischen Wort «hypnos» (Schlaf) bezeichnete er das Verfahren als «Hypnose». Wie Mesmer, der seine Lehre als Heilmethode verstand und um die wissenschaftliche Anerkennung kämpfte, versuchte auch Braid, die therapeutische Anwendung der Hypnose trotz Vorbehalte von Kollegen in der Medizin durchzusetzen. 1843 wurde seine Schrift «Neurypnology, or the Rationale of Sleep» publiziert, in der er auch die Anwendung der Hypnose zur Schmerzbehandlung beschrieb.

Braille, Louis

*** 4. 1. 1809, Coupvray (Seine-et-Marne), † 6. 1. 1852, Paris; französischer Blindenlehrer**

Braille wurde 1812 halbblind, als er sich in der Sattlerwerkstatt seines Vaters mit einem Messer ins Auge stach. Durch eine Infektion erblindete er später auch auf dem anderen Auge. 1819 erhielt Braille ein Stipendium für das Institut national des jeunes aveugles in Paris, wo er mit Hilfe gestanzter Buchstaben das Lesen lernte.

An diesem Institut arbeitete er ab 1825 als Hilfslehrer und entwickelte die nach ihm genannte Blindenschrift (Brailleschrift). Als Grundlage für die Entwicklung der Brailleschrift diente ein System aus zwölf erhabenen Punkten, das der französische Armeehauptmann Charles Barbier 1819 als Nachrichtenschrift erfunden hatte. Braille reduzierte die zwölf Punkte auf sechs, ordnete sie in zwei Reihen an und kombinierte sie so, daß sie unverwechselbar Buchstaben und Zahlen entsprachen. Die Brailleschrift wurde 1829 veröffentlicht und 1837 in einer verbesserten Form vorgestellt. Erst 1932 wurde sie international als Blindenschrift anerkannt.

Braun, Karl Ferdinand

*** 6. 6. 1850, Fulda, † 20. 4. 1918, New York; deutscher Physiker**

Nach dem Studium der Naturwissenschaften in Marburg und Berlin wurde Braun 1870 Assistent Georg Hermann Quinckes am Physikalischen Labor der Berliner Gewerbeakademie. 1872 promovierte er bei → Hermann von Helmholtz über Saitenschwingung, anschließend folgte er Quincke nach Würzburg. Ab 1874 mußte Braun seinen Lebensunterhalt als Lehrer für Physik und Mathematik am der Thomas-Schule zu Leipzig verdienen, wo er sich durch populärwissenschaftliche Arbeiten einen Namen machte, so daß er 1877 eine außerordentliche Professur für Physik an der Universität Marburg erhielt. 1880 übernahm er eine Professur in Straßburg, 1883 wechselte er nach Tübingen, wo er die Planung und Leitung eines neuen physikalischen Instituts übernahm.

1898 beteiligte sich Braun an der Gründung einer funktechnischen Firma (Telebraun), die 1900 mit Siemens & Halske fusionierte. 1903 entstand die Telefunken-Gesellschaft, die auf der Grundlage der Braunschen Patente arbeitete. 1909 erhielt Braun zusammen mit → Guglielmo Marconi aufgrund ihrer Verdienste um die Funktechnik den Nobelpreis für Physik. Im Auftrag von Telefunken trat Braun 1915 eine Reise nach Amerika an, wo er wegen des Kriegseintritts der USA interniert wurde und an den Folgen eines Unfalls starb.

Brauns frühe Forschungen galten der elektrischen Leitfähigkeit von Elektrolyten, Salzschmelzen und Mineralen auf der Grundlage der Arbeiten von → Michael Faraday. Er entdeckte dabei den Gleichrichtereffekt der Sulfide (1874). 1878 untersuchte er die Thermodynamik galvanischer Prozesse und trug damit zur Aufklärung elektrochemischer Stromentstehung bei. Forschungen über die druckabhängige Löslichkeit von Salzen in Flüssigkeiten führten ihn 1887 zur Erweiterung des «Prinzips des kleinsten Zwangs» von → Henri Louis Le Chatelier zum «Le Chatelier-Braunschen Prinzip», bei dem die Rolle des Drucks bei Lösungsprozessen berücksichtigt wurde. In den folgenden Jahren konstruierte Braun mehrere Instrumente, beispielsweise das «Braunsche Elektrometer» zur Messung von Ladungen und Spannungen (1891) und die «Braunsche Röhre» (Elektronenstrahlröhre), die zur Grundlage der Kathodenstrahloszillographen, des Fernsehens und von Radargeräten (1897) wurde. 1898 entwickelte er den gekoppelten, aus zwei Schwingkreisen bestehenden Sender, mit dem sich die Dämpfung der Schwingungen vermeiden ließ und der dadurch zur Verbesserung der von Marconi konzipierten Sender beitrug. 1899 konstruierte er den Kristalldetektorempfänger. 1913 konstruierte Braun die Rahmenantenne zur Richtungsbestimmung elektromagnetischer Wellen. Durch diese Arbeiten konnte er der drahtlosen Telegrafie entscheidende Impulse versetzen.

Braun, Wernher von

*** 23. 3. 1912, Wirsitz bei Bromberg (heute Wyrzysk), † 16. 6. 1977, Alexandria (Virginia); deutsch-amerikanischer Raketenkonstrukteur**

Nach einer Maschinenbaulehre bei den Borsig-Werken studierte Braun in Zürich und Berlin Physik. 1930 wurde er

Assistent des Raketenforschers Hermann Oberth, 1932 Mitarbeiter des Heereswaffenamtes. 1934 erwarb er mit einer Arbeit über Flüssigkeitsraketen den Doktortitel und wurde 1937 zum technischen Direktor der Heeresversuchsanstalt in Peenemünde berufen. Er war an der Entwicklung der V1 und der ersten automatisch gesteuerten Flüssigkeitsrakete, der V2, die 1944 zum Kriegseinsatz gegen England kam, maßgeblich beteiligt.

1945 ging Braun mit seinem Mitarbeiterstab in die USA (er nahm 1955 die amerikanische Staatsbürgerschaft an) und arbeitete ab 1950 an der Entwicklung von Fernlenk- und ballistischen Raketen. Ab 1959 war er Mitarbeiter der NASA. 1960 wurde Braun Direktor des George C. Marshall Space Flight Center in Huntsville (Alabama), wo unter seiner Leitung die Trägerrakete «Saturn» konstruiert und das amerikanische Raumfahrtprogramm (vor allem Apollo-Programm) vorangetrieben wurde. Braun leitete auch jene Forschungsgruppe, die am 31. 1. 1958 den ersten amerikanischen Satelliten («Explorer 1») in eine Umlaufbahn brachte. 1970 wurde Braun stellvertretender Direktor der NASA und Leiter ihrer Planungsabteilung. Darüber hinaus arbeitete er an Plänen für eine Weltraumstation und einen Raumtransporter sowie an Plänen für die Erforschung des Mars.

Broglie, Louis Victor de

*** 15. 8. 1892, Dieppe, † 19. 3. 1987, Louveciennes (bei Paris); französischer Chemiker**

Broglie, der aus einer alten französischen Adelsfamilie stammte, studierte Philosophie und Geschichte an der Pariser Sorbonne, wechselte jedoch 1911 zur Mathematik und Physik. Nach dem Ersten Weltkrieg, in dem er Nachrichtenoffizier war, wurde er Mitarbeiter seines Bruders in dessen physikalischem Labor. 1924 schloß er seine Studien mit der Promotion ab. 1927 gehörte Broglie zu den Teilnehmern des 5. Solvay-Kongresses in Brüssel, 1929 erhielt er eine Professur für Theoretische Physik am Institut Henri Poincaré. Ebenfalls 1929 erhielt er – zusammen mit Owen Williams Richardson – für die Entdeckung der Wellennatur der Elektronen den Nobelpreis für Physik. 1932 folgte Broglie einem Ruf an die Sorbonne, wo er 30 Jahre lehrte. Nach dem Zweiten Weltkrieg war er Berater der französischen Atomenergiekommission.

Broglies frühe Forschungsarbeiten (ab 1919) thematisierten den lichtelektrischen Effekt von Röntgenstrahlen. Zu Beginn der 20er Jahre beschäftigte er sich mit der Quantentheorie, wobei es ihm gelang, die Quantenformel Max Plancks aus der Teilchentheorie des Lichts abzuleiten. Broglie versuchte im folgenden nachzuweisen, daß der Welle-Teilchen-Dualismus auch auf feste Materie anzuwenden ist. Zu diesem Zweck verknüpfte er die Formel Plancks mit der Masse-Energie-Beziehung Albert Einsteins und zeigte, daß jedem Teilchen eine Welle zugeordnet werden kann. Er wies nach, daß die Wellenlänge umgekehrt proportional zum Impuls des Teilchens ist (de-Broglie-Beziehung) und berechnete die Wellenlänge eines Elektrons. Seine Ergebnisse veröffentlichte er 1924 in seiner berühmten Dissertation «Recherches sur la théorie des Quanta». In den folgenden Jahren setzte Broglie seine Ergebnisse mit der Atomtheorie von → Niels Bohr in Beziehung. Jedem Materieteilchen ordnete er eine sogenannte Materiewelle zu, die sich auf den Bohrschen Bahnen ausbreitet, wobei es eine Beziehung zwischen Bahnstabilität und Bahnumfang gibt. 1926 begab sich Broglie an die Formulierung einer Differentialgleichung, mit der das Verhalten der Teilchen beschrieben werden konnte. Durch seine Ansätze lieferte er wertvolle Anregungen für → Erwin Schrödinger, der noch im selben Jahr seine partielle Differentialgleichung (Schrödinger-Gleichung) aufstellte, mit der das Verhalten der Elektronen in den stationären Energiezuständen dargestellt werden kann. 1927 wurde die Theorie Broglies experimentell nachgewiesen. Weitere Arbeiten Broglies betrafen die Quantenfeldtheorie der Elementarteilchen und Wellengleichungen für Teilchen mit höherem Spin.

Brønsted, Johannes Nicolaus

*** 22. 2. 1879, Varde (Jütland), † 17. 12. 1947, Kopenhagen; dänischer Chemiker**

Brønsted wuchs als Sohn eines Bauingenieurs auf. Mit der Absicht, den Beruf des Vaters zu erlernen, besuchte er eine Ingenieurschule, wechselte 1897 jedoch zur Technischen Universität Dänemark, wo er sich zum Chemieingenieur ausbilden ließ. 1899 schloß er seine Prüfungen ab und ging an die Naturwissenschaftliche Fakultät der Universität Kopenhagen, wo er 1902 den Magistertitel verliehen bekam. 1905 berief man ihn zum Angestellten des chemischen Laboratoriums der Universität Kopenhagen. Er promovierte dort 1908 und übernahm eine Professur für Physikalische Chemie. 1921 wurde er zum Vorsitzenden des Ramsey-Komitees gewählt, 1926 ging er als Gastprofessor in die USA. Nach seiner Rückkehr 1828 wurde er mit der Ørsted-Medaille ausgezeichnet, 1929 wählte man ihn zum Mitglied der American Academy of Arts and Sciences. 1930 übernahm er die Leitung des physikalisch-chemischen Instituts der TH Kopenhagen. Nach dem Zweiten Weltkrieg wurde Brønsted in das dänische Parlament gewählt, zu einer politischen Arbeit ist es durch seinen frühen Tod aber nicht mehr gekommen.

Brønsteds frühe Arbeiten waren der Thermochemie gewidmet. Er befaßte sich mit Untersuchungen zur chemischen Affinität (angestrebte Reaktionen zwischen Atomen und Molekülen), zu deren Zweck er sich elektrochemischer Methoden bediente, die im Gegensatz zu den kalometrischen Messungen auch bei Raumtemperatur exakte Ergebnisse lieferten und durch die er die Theorie der Ionenlösungen von → Peter Joseph Wilhelm Debye beweisen konnte. In den Jahren 1906 bis 1921 veröffentlichte Brønsted 13 Monographien über Affinität, außerdem verfaßte er ein Werk über die Grundzüge der anorganischen Chemie. In den 20er Jahren begann Brønsted mit Untersuchungen chemischer Reaktionen, in denen Säuren oder Basen als Katalysatoren wirken. Um die Katalysatorreaktionen nachzuvollziehen, ergründete er die Natur der Säuren und Basen. Dies führte 1923 zu einem neuen, grundlegenden Konzept der modernen Chemie, zur Säure-Base-Theorie nach Brønstedt. Um die antagonistischen Eigenschaften der Säuren und Basen darzustellen, definierte er Säuren als Liefe-

Säure-Base-Theorie nach Brønstedt
Eine 1923 von Brønsted entwickelte Theorie, nach der Säuren und Basen Moleküle oder Ionen sind, die Protonen abspalten oder aufnehmen. Da freie Protonen (Wasserstoffatome) in Lösung instabil sind, können sie nur in Anwesenheit eines Akzeptors abgespalten werden, womit jede Säurereaktion mit einer Basereaktion gekoppelt ist.

ranten von Protonen (Protonendonatoren, gleichbedeutend mit der Aufnahme eines Hydroxidions) und Basen als Protonenempfänger (Protonenakzeptoren, gleichbedeutend mit der Abgabe eines Hydroxidions). Damit konnte man das klassische Säure-Base-Konzept nach → Svante August Arrhenius auch auf Stoffe anwenden, die keine Hydroxidionen bilden können. Brønsted publizierte seine Theorie 1923 unter dem Titel «Einige Bemerkungen über den Begriff der Säuren und Basen». Seine späteren Arbeiten widmete er der Chemie der Kunststoffe.

Brown, Robert

*** 21. 12. 1773, Montrose (Schottland), † 10. 6. 1858, London; britischer Botaniker**

Brown studierte an der Universität Edinburgh Medizin und Botanik. 1795 wurde er als Militärarzt in Irland stationiert. Er sammelte dort zahlreiche Pflanzen und begegnete dem Londoner Botaniker Sir Joseph Banks, der ihm die Teilnahme an einer Reise nach Australien auf einem Vermessungsschiff ermöglichte. Brown sammelte und studierte dort von 1801 bis 1805 fast 4000 weitgehend unbekannte Pflanzenarten. Nach seiner Rückkehr war er bis 1810 mit der Bearbeitung dieser Sammlung beschäftigt, veröffentlichte seine Ergebnisse schließlich und verwaltete dann als Bibliothekar bei der Linnaean Society auch Joseph Banks' umfangreiche Sammlungen an Büchern und Pflanzen. Nach Banks' Tod gingen dessen Sammlungen an das British Museum, und Brown erhielt dort eine Stelle als Bibliothekar und Kurator der Botanischen Sammlungen. Von 1849 bis 1853 war Brown Präsident der Linnean Society und veröffentlichte zahlreiche Schriften.

Browns erste floristische Arbeiten bestanden in der Untersuchung der Moose, die damals noch sehr unzureichend erforscht waren. Dabei wurde ihm klar, daß auch für die systematische Einordnung von Pflanzen nach dem natürlichen System von → Augustin Pyrame de Candolle genaue histologisch-anatomische Studien mit Hilfe des Mikroskops sehr erfolgversprechend waren. So gelangen ihm entscheidende Entdeckungen zur Pflanzenmorphologie. Er erkannte die grundsätzlichen Unterschiede im Bau der Samenanlagen von Nadelhölzern und Zykadeen im Vergleich zu anderen höheren Pflanzen und grenzte sie als Nacktsamer (Gymnospermen) von den Bedecktsamern (Angiospermen) ab. Er untersuchte auch die Entwicklung von Samenanlagen und unterschied so erstmalig Integumente, Nucellus und Embryosack sowie Endosperm und Perisperm.

Beim Studium des Befruchtungsprozesses bei Orchideen bemerkte er in den Zellen immer wieder einen kleinen Körper, den zwar andere vor ihm schon gesehen hatten, dessen Bedeutung sie jedoch verkannten. 1831 gab Brown ihm

Brownsche Bewegung
1827 von Robert Brown beschriebene, mit einem Mikroskop zu beobachtende regellose Bewegung kleinster, in einer Flüssigkeit oder einem Gas suspendierter Teilchen. Die Bewegung wird durch Zusammenstöße der Teilchen mit Molekülen in unregelmäßiger Wärmebewegung verursacht.

den Namen «Nucleus» und maß ihm eine wichtige Rolle bei der Embryonalentwicklung zu. Mit dieser Entdeckung des Zellkerns beeinflußte Brown unter anderem den Botaniker → Matthias Jakob Schleiden und nahm so Einfluß auf die Entstehung der Zelltheorie.
Die Grundlagen für die bekannteste Entdeckung Browns, die «Brownsche Bewegung», liegen außerhalb des Gebietes der Botanik und wurden erst 1905 durch → Albert Einstein und 1906 durch Marian von Smoluchowski aufgeklärt.

Buffon, Georges Louis Leclerc Comte de

*** 7. 9. 1707, Montbard (bei Dijon), † 16. 4. 1788, Paris; französischer Naturforscher**

Der aus einer wohlhabenden Familie stammende Buffon studierte zunächst Rechtswissenschaften und Medizin. Auf einer Bildungsreise durch Frankreich und Italien (um 1728) erhielt er erste Anregungen zu naturhistorischen Forschungen, woraufhin er sich dem Studium der Mathematik, Physik und Botanik in London widmete. Dort wurde er durch Schriften von → Isaac Newton beeinflußt, die er nach seiner Rückkehr nach Frankreich ins Französische übersetzte. Als Privatgelehrter in Paris (etwa ab 1730) beschäftigte sich Buffon zunächst vorrangig mit Physik und Wahrscheinlichkeitsrechnung («Buffonsches Nadelproblem»), wandte sich dann aber ganz der Naturgeschichte zu. Er wurde 1739 Direktor des Königlichen Botanischen Gartens (Jardin des Plantes) in Paris.
Durch die Herausgabe einer umfangreichen Naturgeschichte verschaffte sich Buffon große wissenschaftliche Anerkennung und Popularität. Er wurde Mitglied zahlreicher Akademien, unter anderem 1733 der Académie des sciences und 1753 auch der Académie française.
Das naturwissenschaftliche Werk Buffons basiert auf den Methoden von Beobachtung und Experiment. Er versuchte, die Entstehung der Lebewesen durch Urzeugung aus kleinsten Teilchen und ihre Entwicklung als Folge klimatischer Änderungen zu erklären, und setzte dem hierarchischen System → Carl von Linnés die Idee einer evolutiven Stufenleiter entgegen.
Seine Theorie stützte Buffon durch vergleichend-anatomische Studien. So erklärte er nutzlose Körperteile durch die Rückbildung ehemals nützlicher Teile eines Vorfahren. Buffon vertrat die Ansicht, daß alle Mitglieder einer «Familie» von Arten vom gleichen Vorfahren abstammen, von dem ausgehend sich einige vervollkommnet, andere jedoch zurückgebildet haben. Buffon sah zum Beispiel in einem Affen einen unvollständigen oder rückgebildeten Menschen.
Buffons Stufenleiteridee hatte einen sehr großen Einfluß auf die Naturwissenschaft seiner Zeit und wirkte bis ins 19. Jahrhundert hinein.Von großer Bedeutung ist dabei auch, daß Buffon für die stufenweise Entwicklung der Lebewesen

lange Zeiträume annahm. Er teilte die Entwicklung der Erde in sieben Epochen ein. Ausgehend von der Entstehung der Erde (durch Zusammenstoß eines Kometen mit der Sonne) über die Entwicklung des Lebens im Meer bis zum heutigen Zustand gab Buffon das Alter der Erde mit 75 000 Jahren an. Damit wagte er es als erster, die aufgrund biblischer Angaben berechnete Grenze von 6000 Jahren zu überschreiten. Buffon versuchte, dem durch solche Thesen hervorgerufenen Widerstand durch Abänderung besonders umstrittener Ansichten zu entgehen.

Seine Theorien sowie methodische Angaben zur Naturforschung erläuterte Buffon ausführlich in den ersten drei Bänden seines in Zusammenarbeit mit Louis Jean-Marie Daubenton (1716 bis 1800) verfaßten umfangreichen Werkes zur Naturgeschichte «Histoire naturelle générale et particulière». Den Hauptteil dieses 44bändigen, in viele Sprachen übersetzten Werkes bilden spezielle Artbeschreibungen. Hierin wurde erstmalig auch die Skelettanatomie der Tiere dargestellt. Dies wurde später zu einer in der vergleichenden Anatomie sehr wichtigen Methode. (→ Georges Baron de Cuvier)

Bunsen, Robert Wilhelm

*** 30. 3. 1811, Göttingen, † 16. 8. 1899, Heidelberg; deutscher Chemiker**

Bunsen war der Sohn eines Göttinger Bibliothekars und Professors für Philologie. 1828 begann er in Göttingen ein Studium der Chemie, außerdem hörte er Vorlesungen über Physik, Mathematik, Mineralogie, Geologie, Botanik und Anatomie. 1831 promovierte er und trat 1832 eine einjährige Studienreise an. 1834 wurde er Privatdozent in Göttingen, 1835 lehrte er als Nachfolger Friedrich Wöhlers an der Höheren Gewerbeschule Kassel Chemie. 1839 erhielt er eine außerordentliche Professur an der Universität Marburg, die 1842 in eine ordentliche umgewandelt wurde. 1846 lehnte Bunsen einen Ruf der Universität Berlin aus politischen Gründen ab, statt dessen begab er sich auf eine Exkursion zu den Geysiren Islands. Aufgrund der restriktiven Politik in Hessen ging er 1846 nach Breslau, wo er → Gustav Robert Kirchhoff kennenlernte, mit dem ihn eine gelungene Zusammenarbeit verband. 1852 übernahm Bunsen den Lehrstuhl von Leopold Gmelin in Heidelberg, wo → Adolf von Baeyer, Theodor Curtius, → Carl Graebe und Jacob Volhard zu seinen Schülern gehörten. Bunsen zu Ehren wurde die «Gesellschaft für Elektrochemie und Physikalische Chemie» 1901 in «Deutsche Bunsengesellschaft für Elektrochemie und Physikalische Chemie umbenannt.

Zu Beginn seiner wissenschaftlichen Laufbahn widmete sich Bunsen der anorganischen Chemie. 1834 entdeckte er, daß Eisenhydroxid als Fällungsreagens für arsenige Säure eingesetzt werden und so die toxische Wirkung des Arsens aufgefangen werden kann. Auf dieser Grundlage entwickelte er Mittel gegen Arsenvergiftungen («Antidotum arsenicum»). Mit der organischen Chemie beschäftigte er sich ab 1836. Er isolierte die Arsenverbindung Kakodyloxid (stinkendes Oxid), dem die Herstellung von Kakodyl folgte. 1837 konnte er die Verbindungen charakterisieren und so die Theorie der Radikalverbindungen untermauern. In den folgenden Jahren beschäftigte er sich mit chemischen Problemen von ökonomischer Bedeutung; so untersuchte er die Verbrennungsabläufe in Hochöfen und schlug Techniken zur Verminderung des Wärmeverlustes vor, zugleich führten ihn diese Forschungen zur Verbesserung von Gasanalysen. Durch seine Erkenntnisse gelang es ihm, das absorbierte Gasvolumen bei standardisierten Druck- und Temperaturbedingungen zu messen («Bunsenscher Absorptionskoeffizient»). Seine Forschungen publizierte Bunsen 1857 in seinem «Lehrbuch der Gasanalyse». Zu Beginn der 1840er Jahre befaßte er sich mit elektrochemischen Untersuchungen. Er ersetzte die teure Platin-Elektrode der von William Robert Grove konstruierten Batterie durch eine Kohle-Elektrode. Damit hatte er ein neues galvanisches Element entwickelt, das auf Kohle-Zink-Basis funktionierte («Bunsen-Element») und mit dem eine wirtschaftliche Herstellung von Magnesium, Aluminium und anderen Gebrauchsmetallen möglich wurde (1851/52). In diesem Zeitraum entwickelte er auch ein neues maßanalytisches Verfahren für quantitative Messungen (Jodometrie).

Ab 1856 beschäftigte sich Bunsen mit der Photometrie. Zusammen mit Sir Henry Eufield Roscoe untersuchte er die lichtinduzierte Reaktion von Chlor und Wasserstoff zu Chlorwasserstoff. Anhand ihrer Ergebnisse formulierten sie das «Bunsen - Roscoesche - Lichtmengengesetz» von 1857, nach dem der Umsatz bei einer photometrischen Reaktion nur vom Produkt der Lichtintensität und der Dauer der Lichteinwirkung abhängt.

Zusammen mit Kirchhoff und einem «Bunsenbrenner» als Hilfsmittel entwickelte Bunsen die Spektralanalyse. In der Brennerflamme erhitzten beide Forscher eine Vielzahl chemischer Elemente, um das emittierte Licht mit einem Prisma in seine spektralen Anteile zu zerlegen. Sie erkannten, daß jedes Element im Gaszustand Licht bestimmter Wellenlängen aussendet, durch die es identifiziert werden kann. Mit dieser Methode entdeckten sie die Elemente Caesium (1860) und Rubidium (1861). Im Jahr 1866 publizierte Bunsen seine Forschungsergbnisse unter dem Titel «Flammenreaktionen».

Bunsenbrenner
Ein von Bunsen konstruierter Brenner, der aus den Komponenten Düse, Luftregler und Brennerrohr besteht. Das aus der Düse in das Brennerrohr einströmende brennbare Gas saugt über eine Öffnung mit verstellbarem Querschnitt Luft an. Bei großem Öffnungsquerschnitt entsteht eine sehr heiße Flamme; aus einem kleinen Öffnungsquerschnitt resultiert eine helle, kühle Flamme.

Ab 1870 widmete er sich der Konzeption und Herstellung von Geräten zur Wärmemessung, was zur Konstruktion des Eiskalorimeters (1870) und des Dampfkalorimeters (1887) führte. Das Photometer, die Wasserstrahlpumpe und das Bunsenventil gehörten ebenfalls zu seinen Erfindungen.

Burnet, Sir Frank MacFarlane

*** 3. 9. 1899, Traralgon (Victoria), † 31. 8. 1985, Melbourne; australischer Virologe und Serologe**

Burnet studierte bis 1923 Medizin in Melbourne. Nach seinem Abschluß wechselte er nach London, wo er 1927 promovierte. 1928 kehrte er nach Australien zurück und arbeitete als Assistent am Institute of Medical Research in Melbourne. 1944 wurde Burnet Professor für experimentelle Medizin an der Universität Melbourne und Direktor des Walter-und-Eliza-Hall-Instituts für Medizinische Forschung. In dieser Zeit gelangen ihm bahnbrechende Erkenntnisse zur Immunologie. Dafür wurde er 1951 vom britischen König in den Adelsstand erhoben, erhielt 1954 den Emil-von-Behring-Preis und 1960 zusammen mit dem Biologen Peter Brian Medawar den Nobelpreis für Medizin. Nach seiner Emeritierung 1965 war Burnet fünf Jahre lang Präsident der Australischen Akademie der Wissenschaften.

Burnet beschäftigte sich ab 1930 mit der Erforschung der Erreger von Infektionskrankheiten. Dabei entdeckte er 1937 den später nach ihm «Rickettsia burnetii» benannten Erreger des Q-Fiebers (einer atypischen Lungenentzündung mit Fieber).

Burnets besonderes Interesse galt darüber hinaus den Reaktionen des Körpers auf Infektionen. Seine Untersuchungen weckten Zweifel an der herrschenden Lehrmeinung, daß die Immunitätsreaktion angeboren sei. Burnet hatte festgestellt, daß es erst nach der Infektion durch Krankheitserreger zur Bildung von spezifischen, gegen fremde Proteine gerichteten Antikörpern kommt. Auch Allergien (die auf einer Überreaktion des Immunsystems beruhen) treten häufig erst nach Sensibilisierung durch ein bestimmtes Protein auf. Auf der Grundlage dieser Befunde veröffentlichte Burnet 1949 eine Theorie, wonach die Spezifität der Immunreaktion nicht vererbt wird. Statt dessen erwirbt das Immunsystem in einem frühen Entwicklungsstadium die Fähigkeit, zwischen körpereigenen und körperfremden Stoffen zu unterscheiden. Nach der 1959 von Burnet aufgestellten «Theorie der klonalen Selektion» geschieht dies, indem im embryonalen Stadium diejenigen Zellen des Immunsystems eliminiert werden, die Antikörper gegen körpereigene Stoffe produzieren. Burnet folgerte daraus, daß die immunologische Toleranz im embryonalen Stadium auf körperfremde Substanzen ausgedehnt werden kann, was Medawar 1960 durch Transplantationsexperimente beweisen konnte.

Die von Burnet aufgestellten Theorien sind grundlegend für das moderne Verständnis der Immunabwehr. Seine Forschungsergebnisse ermöglichten die Entwicklung spezifischer Medikamente gegen die Abstoßung von Transplantaten. Seine Theorie der klonalen Selektion, die inzwischen auch molekularbiologisch bestätigt wurde, bildet heute die Basis für die Erforschung von Störungen des Immunsystems bei Allergien und Autoimmunkrankheiten.

Butenandt, Adolf Friedrich Johann

*** 24. 3. 1903, Lehe (heute zu Bremerhaven), † 18. 1. 1995 München; deutscher Biochemiker**

Der Kaufmannssohn Butenandt studierte zuerst in Marburg, ab 1924 in Göttingen Biologie und Chemie. Er arbeitete dort bei → Adolf Otto Reinhold Windaus, promovierte 1927 und begann seine Arbeiten zur Isolierung von Geschlechtshormonen. Nach seiner Habilitation 1931 wurde Butenandt Leiter der Organischen und Biochemischen Abteilung des Chemischen Instituts in Göttingen. 1933 erhielt er eine Berufung auf den Lehrstuhl für organische Chemie an die TH Danzig. Von 1936 bis1956 war Butenandt Direktor des Kaiser-Wilhelm-Instituts für Biochemie, das 1944 von Berlin-Dahlem nach Tübingen verlegt wurde. Den Nobelpreis für Chemie, der Butenandt 1939 zusammen mit dem Chemiker Leopold Stephen Ružička zuerkannt wurde, mußte Butenandt zunächst unter dem Einfluß der Nationalsozialisten ablehnen; erst 1949 konnte er ihn entgegennehmen. 1956 übernahm Butenandt die Leitung des Max-Planck-Instituts für Biochemie in München. Von 1960 bis 1972 setzte er sich als Präsident der Max-Planck-Gesellschaft für die Förderung der Grundlagenforschung in Deutschland ein. Unter seiner Führung entstanden zahlreiche Max-Planck-Institute. Die bedeutendsten Arbeiten Butenandts befaßten sich mit der Isolierung und Strukturaufklärung der Geschlechtshormone sowie mit der Erforschung ihrer Wirkungsweise. 1929 gelang ihm die Isolierung des weiblichen Sexualhormons Östron (heutige internationale Bezeichnung Estron), einem Östrogen, das für die Ausbildung der sekundären weiblichen Geschlechtsmerkmale und den Aufbau der Gebärmutterschleimhaut in der ersten Hälfte des Menstruationszyklus verantwortlich ist. Zwei Jahre später isolierte Butenandt das männliche Sexualhormon Androsteron. Er nutzte für den Isolierungsprozeß die Tatsache, daß die genannten Geschlechtshormone mit dem Harn ausgeschieden werden. Da die Konzentrationen jedoch außerordentlich gering sind, waren viele Tausend Liter Urin (zunächst von Pferden, später von Menschen) erforderlich, um einige Milligramm kristallisierten Hormons für die Strukturaufklärung zu gewinnen. Mit Hilfe der von → Fritz Pregl entwickelten Methoden zur Analyse kleinster Mengen gelang die Aufklärung der Strukturformel des Androsterons. Im Jahr 1934 isolierte Butenandt ein weiteres weibliches Geschlechtshormon, das Progesteron. Die Konstitution des männlichen Geschlechtshormons Testosteron konnte er zusammen mit Ružička ermitteln.

Durch Synthese der Geschlechtshormone konnte Butenandt zeigen, daß es sich um chemisch sehr ähnliche Steroide handelt. In Verbindung mit der Aufklärung der sehr unterschiedlichen biologischen Funktionen war so unter anderem auch die Grundlage für die Entwicklung der Anti-Baby-Pille geschaffen. Butenandts Untersuchungen zum Aminosäure-Stoffwechsel von Insekten führten zur Entdeckung der Ommochrome (Farbstoffe, die zum Beispiel in den Ommatidien des Insektenauges vorkommen). In den 50er Jahren isolierte er Ecdyson und Bombykol. Die damit erzielten Erkenntnisse zur Entwicklungs- und Verhaltenssteuerung von Insekten werden heute in der Schädlingsbekämpfung eingesetzt.

Butlerow, Alexandr Michailowitsch

*** 15. 9. 1828, Tschistopol,**
† 17. 8. 1886, Butlerowka; russischer Chemiker

Butlerow, Sohn eines Offiziers, studierte ab 1844 an der Universität Kasan Botanik und Zoologie, später ausschließlich Chemie. Er beendete das Studium 1850, hielt ab 1851 Vorlesungen und arbeitete nach seiner Dissertation (1854) ab 1857 als Chemieprofessor in Kasan. Noch im selben Jahr brachte ihn ein Studienaufenthalt nach Westeuropa, wo er mit den bedeutendsten Chemikern seiner Zeit zusammentraf. 1868 wurde Butlerow zum Professor der Universität St. Petersburg und 1874 zum Mitglied der Petersburger Kaiserlichen Akademie der Wissenschaften ernannt. Butlerow war Ehrenmitglied in zahlreichen in- und ausländischenWissenschaftsgesellschaften; von 1878 bis 1883 war er Vorsitzender der Russischen Chemischen Gesellschaft.

Butlerows Arbeitsgebiet war die organische Chemie, insbesondere die Klärung der Eigenschaften organischer Verbindungen. Hierzu stellte er 1861 den Begriff und die Theorie der chemischen Struktur auf. Sie beschrieb den spezifischen Aufbau von Molekülen und machte das chemische Verhalten damit vorhersehbar. Die Strukturtheorie ermöglichte 1863 genaue Aussagen über Tautomerie und Isomerie, deren Isomere Butlerow als gleiche Elementverbindungen mit unterschiedlicher Struktur definierte. Er postulierte die Existenz von Isomeren gesättigter Kohlenwasserstoffe, und zwischen 1864 und 1867 gelang ihm die Entdeckung mehrerer sekundärer und tertiärer Alkohole. In einem Lehrbuch der organischen Chemie glich Butlerow die vorhandenen chemischen Kenntnisse der Strukturtheorie an und förderte damit ihre Verbreitung und Anerkennung. In weiteren Arbeiten beschäftigte er sich mit Polymerisationsreaktionen, Synthesen von Zuckern und später auch mit einer wissenschaftlichen Analyse des Spiritismus.

C

Calmette, Albert Léon Charles
*** 12. 7. 1863, Nizza, † 29. 10. 1933, Paris; französischer Bakteriologe**

Im Anschluß an ein Medizinstudium (1881–1883) nahm Calmette als Hilfsarzt der Marine an der französischen Eroberung Tongkings (heute Vietnam) teil. Er promovierte über die durch einen Fadenwurm verursachte Tropenkrankheit Filariasis (Elefantiasis) und beschäftigte sich während seiner Tätigkeit als Militärarzt in den französischen Kolonien in Afrika (1886–1888) erstmalig mit bakteriologischen Problemen. Ab 1890 wirkte er für das Institut Pasteur und erhielt 1891 auf Empfehlung von → Louis Pasteur den Auftrag zur Einrichtung einer Impfanstalt mit Forschungslabor in Saigon (wo Calmette seit 1886 als Professor für Hygiene lehrte). Er begann dort mit der Entwicklung von Impfstoffen und Schlangengiftseren, setzte diese Bemühungen 1893 mit großem Erfolg in Frankreich fort und übernahm 1895 die Leitung der neugegründeten Zweigstelle des Institut Pasteur in Lille. 1919 wurde Calmette Abteilungsleiter des Institut Pasteur in Paris und Vorsitzender der Société de Pathologie exotique. 1920 gründete er ein Pasteur-Institut in Athen.

Die größte Leistung Calmettes ist die Entwicklung einer wirksamen Schutzimpfung gegen Tuberkulose. Calmette hatte bereits vor den Ergebnissen → Robert Kochs mit teilweise beachtlichem Erfolg an der Gewinnung von Impfstoffen gegen Pest, Pocken, Cholera und Tollwut gearbeitet und die Tuberkulose in sozialhygienischer und bakteriologischer Hinsicht erforscht. Trotz dieser günstigen Voraussetzungen war etwa ein Jahrzehnt intensiver Forschungsarbeiten nötig, bis 1921 die erfolgreiche Anwendung der Impfung beginnen konnte. Calmette war es zusammen mit dem Serologen Camillo Guérin gelungen, eine apathogene (nicht krankheitserregende) Variante des Rinder-Tuberkulosebakteriums auf gallenhaltigen Kartoffelnährböden zu züchten. Dieses «Bacillus Calmette-Guérin» (BCG) wurde für die aktive Schutzimpfung der Neugeborenen verwendet. Der BCG-Impfstoff wurde ursprünglich durch den Mund (peroral), später jedoch in die Haut (intrakutan) verabreicht. Calmette und Guérin entwickelten darüber hinaus den «BCG-Test» zur Identifikation tuberkuloseinfizierter Personen.

Ein weiterer bedeutender Erfolg Calmettes ist die Herstellung von mehreren Schlangengiftseren. Das «Calmettesche Serum» ist ein 1896 entwickeltes Serum mit breitem Wirkungsspektrum.

Calvin, Melvin
*** 8. 4. 1911, Saint Paul (Minnesota); amerikanischer Biochemiker**

Calvin, Sohn russischer Einwanderer, studierte bis 1931 Chemie am Michigan

College of Mining and Technology. Er wechselte anschließend an die staatliche Universität von Minnesota und promovierte 1935 in Chemie. Von 1935 bis 1937 arbeitete er an der Universität Manchester in England. Er kehrte dann in die USA zurück und bekam an der University of California in Berkeley zunächst eine Stelle als Privatdozent und ab 1947 als ordentlicher Professsor. 1946 wurde er zudem Direktor der Abteilung für chemische Biodynamik am dortigen Lawrence Radiation Laboratory. Für seine großen Erfolge auf dem Gebiet der Photosynthese erhielt er 1961 den Nobelpreis für Chemie. 1967 wurde er zum Leiter des Lawrence Berkeley Laboratoriums für chemische Biodynamik ernannt. Nach seiner Emeritierung 1980 befaßte sich Calvin vor allem mit Fragen der chemischen Evolution und der Entstehung des Lebens.

Calvins wissenschaftliche Hauptleistung ist die Aufklärung des chemischen Ablaufs der Dunkelreaktion der Photosynthese, in der aus Kohlendioxid energiereicher Zucker gebildet wird. (Die Energie dazu stammt aus der Lichtreaktion der Photosynthese.)

Calvin machte sich zwei neuartige Techniken zunutze: Er verwendete radioaktiv markierten Kohlenstoff als sogenannten Tracer oder Indikator und trennte Substanzgemische mit der 1944 von → Archer John Porter Martin entwickelten Papierchromatographie. Calvins Grundidee bestand darin, einer Kultur von einzelligen Grünalgen kurzzeitig radioaktives Kohlendioxid zuzusetzen und die Algen anschließend in Alkohol zu überführen, wodurch die enzymatischen Reaktionen gestoppt werden. In Abhängigkeit von der dazwischenliegenden Zeit findet sich die Radioaktivität in früheren oder späteren Zwischenprodukten der Dunkelreaktion. Die langwierigste Arbeit bestand dann darin, die so entdeckten Zwischenprodukte zu identifizieren. Nach weiteren Versuchen, in denen auch radioaktiver Phosphor und Ionenaustauscher verwendet wurden, identifizierte Calvin auch das Primärprodukt der Kohlendioxidfixierung. Auf dieser Grundlage entwarf Calvin einen Reaktionszyklus, der den Mechanismus der Regeneration des Kohlendioxids erklärt, den sogenannten Calvinzyklus.

Calvin-Zyklus
Auch: reduktiver Pentosephosphatzyklus. Eine in den Chloroplasten der grünen Pflanzen lokalisierte Abfolge von Stoffwechselreaktionen, die aus Kohlendioxid (unter Energieverbrauch) Zucker aufbaut. Die Schlüsselreaktion ist die Bildung des Kohlendioxid-Akzeptors Ribulosedisphosphat. Nach Bindung des Kohlendioxids zerfällt diese Substanz, und die Produkte werden für die Zuckerherstellung und die Regeneration des Kohlendioxid-Akzeptors verwendet.

Candolle, Augustin Pyrame de

*** 4. 2. 1778, Genf, † 9. 9. 1841, Genf; Schweizer Botaniker**

Candolle, Sohn eines Genfer Buchdruckers und Verlegers, übersiedelte 1796 nach Paris. Während seines Medizinstudiums dort erwachte sein Interesse für Botanik. 1804 promovierte Candolle mit einer Arbeit über die Heileigenschaften von Pflanzen. Im folgenden Jahr erschien unter seiner Mitarbeit die dritte Auflage der von → Jean Baptiste de Lamarck herausgegebenen «Flora von Frankreich». Von 1808 bis 1816 war Candolle Professor der Botanik und Direktor des Botanischen Gartens der Universität Montpellier. Er kehrte nach Genf zurück, wo er 1817 den Botanischen Garten gründete und 1819 Professor für Botanik wurde. Seinen Lehrstuhl und die Leitung des Botanischen Gartens gab er 1835 an seinen Sohn Alphonse de Candolle ab.

Durch die Entwicklung eines «natürlichen» Systems der Pflanzen führte Candolle die botanische Systematik auf ein neues Niveau. Im Gegensatz zu dem «künstlichen» System, das → Carl von Linné zur Klassifizierung der Pfanzen begründet hatte, bemühte sich Candolle um die Einbeziehung möglichst vieler Merkmale. Analog zu der Vorgehensweise von → Georges Baron de Cuvier in der Zoologie führte Candolle vergleichend-anatomische Studien in die Botanik ein. So kam er zu einer Klassifizierung der Pflanzen nach abgestuften Ähnlichkeiten. Für diese neue Wissenschaftsrichtung prägte er den Begriff «Taxonomie», um sie gegen die bloße Pflanzenbeschreibung theoretisch abzugrenzen. Zur Erleichterung der umfassenden Analyse von Pflanzengruppen verfaßte er anatomische und physiologische Beschreibungen der Pflanzenorgane.

1824 begann er den Versuch, seine Methodik auf die Pflanzenwelt anzuwenden, und arbeitete an einer großen Enzyklopädie der Pflanzen mit dem Titel «Prodromus systematis naturalis regni vegetabilis» («Vorläufer des natürlichen Systems des Pflanzenreichs»). In 7 Bänden beschrieb und klassifizierte er über 100 Familien von Blütenpflanzen. Sein Sohn Alphonse vervollständigte das Werk bis 1874 mit weiteren 14 Bänden.

Die von Candolle entwickelte Methode der Taxonomie behielt im Prinzip bis heute ihre Gültigkeit. Allerdings vollzog man inzwischen den Wechsel zu einer stammesgeschichtlichen Interpretation. Auf dem von Candolle entworfenen System der Blütenpflanzen bauen auch die Systeme von George Bentham und Adolf Engler auf.

Cannon, Walter Bradford

*** 29. 10. 1871, Prairie du Chien (Wisconsin), † 1. 10. 1945, Franklin (New Hampshire); amerikanischer Physiologe**

Cannon studierte bis 1899 Medizin an der Harvard University, anschließend war er dort mehrere Jahre in Lehre und Forschung tätig.

Cannon trug wesentlich zur Entwicklung der Röntgenologie bei. Er benutzte als erster Röntgenstrahlen zur Darstellung physiologischer Funktionen und zu diagnostischen Zwecken. Durch Verabreichung eines für Röntgenstrahlen undurchdringlichen Wismutbreies gelang ihm erstmalig die Abbildung des Magen-Darm-Traktes im Röntgenbild (Röntgenkontrastdarstellung).

Im Ersten Weltkrieg behandelte Cannon verwundete Soldaten und erforschte dabei die physiologischen Reaktionen des Körpers bei Blutverlusten und Verletzungen (hämorrhagischer und traumatischer Schock). Daraufhin formulierte er das Konzept der Homöostase, nach dem jeder Körper bei äußeren Störeinflüssen bestrebt ist, ein inneres Gleichgewicht aufrechtzuerhalten. Dies wird unter anderem durch verschiedene Hormone bewirkt, von denen Cannon vor allem das Adrenalin untersuchte. In Belastungssituationen führt die Ausschüttung von

Cannon-Reaktion
Auch: Cannon-Reflex oder Notfallreaktion. Sofortreaktion des Organismus auf plötzliche, extreme äußere Reize (schwere physische oder psychische Belastungen wie Schmerz, Kälte, Blutung, Streß). Durch Sympathikus-Erregung kommt es zur Ausschüttung von Adrenalin aus dem Nebennierenmark, Pulsbeschleunigung, Blutdruck- und Blutzuckeranstieg und damit zur Mobilisierung von Leistungsreserven. Über den Hypothalamus verändert sich das emotionale Verhalten.

Adrenalin aus Endigungen des sympathischen Nervengeflechts zu einer Vielzahl physiologischer Reaktionen. Cannon fand heraus, daß die unter Adrenalineinfluß stehenden Nervenenden auch unter Normalbedingungen eine adrenalinähnliche Verbindung abgeben, die er «Sympathin» nannte. Durch die Untersuchung des Zusammenhangs zwischen physiologischen Funktionen und psychischen Affekten förderte Cannon die Entwicklung der psychosomatischen Medizin. Ein wichtiges Ergebnis dieser Untersuchungen ist die Theorie der «Cannon-Reaktion».

Carnot, Nicolas Léonard Sadi

*** 1. 6. 1796, Paris, † 24. 8. 1832, Paris; französischer Ingenieur**

Durch seinen Vater, einen naturwissenschaftlich ausgebildeten Offizier, wurde Carnot in die exakten Wissenschaften eingeführt. Nach einem kurzen Besuch des Lycée Charlemagne ging Carnot 1812 an die Pariser École Polytechnique, wo Siméon Denis Poisson, → Louis Joseph Gay-Lussac, → André-Marie Ampère und → Dominique François Jean Arago zu seinen Professoren gehörten. 1814 trat Carnot in die Armee ein und besuchte die École du Génie in Metz, um sich zum Ingenieuroffizier ausbilden zu lassen. 1819 ließ er sich beurlauben, um seine naturwissenschaftliche und mathematische Ausbildung zu vertiefen, wozu er entsprechende Vorlesungen an der Sorbonne, am Collège de France, an der École des Mines und am Conservatoire des Arts et Métiers hörte. 1821 ging Carnot aus politischen Gründen nach Magdeburg, 1826 kehrte er nach Frankreich zurück, um erneut zum Militär zu gehen. Bereits 1828 nahm er jedoch seinen endgültigen Abschied, um ausschließlich wissenschaftlich zu arbeiten. 1832 wurde er ein Opfer der Cholera.

Carnot gilt als Begründer der Thermodynamik. Er begann seine wissenschaftliche Arbeit mit der Publikation der Schrift «Betrachtungen über die bewegende Kraft des Feuers und die zur Entwicklung dieser Kraft geeignete Maschinen» (1824), worin er Überlegungen zur Konstruktion einer Wärmekraftmaschine formulierte. Zur Bestimmung des

Carnotscher Kreisprozeß
Ein von 1824 von Carnot erdachter Zyklus für eine Carnot-Maschine (Wärmekraftmaschine), die Wärmeenergie in mechanische Arbeit umwandelt. Der Zyklus besteht aus der isothermen Expansion eines idealen Gases, aus einer Expansion des Gases ohne Wärmeaustausch mit der Umgebung (adiabatisch), einer isothermen Kompression sowie einer adiabatischen Kompression des Gases (positiver Verlauf). Dieser Prozeß läuft reversibel und reibungsfrei ab. Der Wirkungsgrad hängt vom Temperaturunterschied ab. Der negative Verlauf des Kreisprozesses beschreibt den Zyklus einer idealen Kältemaschine.

maximalen Wirkungsgrades entwickelte er ein Modell, mit dem er zeigen konnte, daß der Wirkungsgrad allein vom Temperaturunterschied in der Anlage abhängt («Carnotscher Kreisprozeß»). Carnot stellte eine Formel zur Berechnung des thermischen Wirkungsgrades auf (Carnotsche Formel), aus der der Zweite Hauptsatz der Thermodynamik abgeleitet werden konnte. Carnot begann diese Arbeit neben einer Bestimmung des mechanischen Wärmeäquivalents auf der Basis der kinetischen Wärmetheorie. Beide Projekte konnten durch seinen frühen Tod nicht abgeschlossen werden.

Carothers, Wallace Hume

*** 27. 4. 1896, Burlington (Iowa), † 29. 4. 1937, Philadelphia; amerikanischer Chemiker**

Als Sohn eines Lehrers besuchte Carothers bis 1915 das Tarkio College und studierte im Anschluß daran Chemie an der Universität Illinois, wo er 1921 den Master of Arts erhielt. 1921/22 war er als Dozent für analytische und physikalische Chemie an der Universität von Süddakota angestellt, ging dann aber wieder nach Illinois, wo er von 1922 bis 1924 an seiner Dissertation arbeitete. 1926 wurde er Professor für organische Chemie an der Havard University, 1928 dann Direktor des neugegründeten Forschungszentrums beim Chemiekonzern Du Pont in Wilmington, Delaware. Carothers war der erste Industriechemiker, der 1936 Mitglied der National Academy of Science wurde. Seit 1929 an der Herausgabe wichtiger Fachzeitschriften beteiligt, war er ab 1930 der Hauptherausgeber der «Organic Syntheses». 1937 beging er Selbstmord.

Carothers ist der Erfinder des Chloroprens, das er bei Untersuchungen an synthetischem Kautschuk entdeckte, und des Nylons. In Experimenten mit Diaminen und Dicarbonsäuren stellte er 1931 in den Bindungseigenschaften eine große Analogie zur Seide fest, womit er der Theorie Hermann Staudingers über polymere Strukturen einen weiteren Nachweis lieferte. Durch Kaltverstreckung erzeugte Carothers 1935 aus dem Kondensationsprodukt Hexamethylendiamin und Adipinsäure den Kunststoff Nylon. Sein Verfahren zur Herstellung dieser Textilfasern, die sich durch eine hohe Festigkeit auszeichneten, ließ er sich noch im selben Jahr patentieren.

Carrel, Alexis

*** 28. 6. 1873, Sainte-Foy-lès-Lyon (Rhône), † 5. 11. 1944, Paris; französischer Chirurg und Physiologe**

Carrel studierte Medizin in Lyon und war dort von 1900 bis 1902 als Prosektor tätig. Er entwickelte sich zu einem geschickten Chirurgen, wechselte 1904 an das physiologische Institut in Chicago und 1906 an das Rockefeller-Institut für medizinische Forschung in New York. 1912 erhielt er den Nobelpreis für Medizin, im gleichen Jahr wurde er ordentliches Mitglied des Rockefeller-Institutes, wo er bis zu seiner Pensionierung 1939 arbeitete.

Carrels Hauptanliegen war die Transplantation von Organen. Zur Aufrechterhaltung einer ausreichenden Blutversorgung nach einem solchen Eingriff entwickelte er 1902 eine neue Gefäßnahtmethode, mit der Blutgefäße mit wenigen Stichen zusammengenäht werden konnten (Gefäßanastomose). Da-

durch wurden Organtransplantationen ermöglicht, die Carrel 1908 zunächst an Tieren durchführte. Carrels Verfahren des Gefäßvernähens ist für viele chirurgische Eingriffe auch heute noch von Bedeutung. Kurz nach der Erfindung war die Methode außerdem bei Blutübertragungen sehr hilfreich, die nach Karl Landsteiners Entdeckung der Blutgruppen möglich geworden waren. Die Entwicklung von Antikoagulantien (gerinnungshemmende Mittel wie Citrat oder Heparin) ermöglichte später jedoch die Konservierung von Spenderblut, wodurch das Vernähen von Gefäßen bei Bluttransfusionen überflüssig wurde.
Als eine weitere wesentliche Voraussetzung für Transplantationen entwickelte Carrel Verfahren, mit denen Organe und Blutgefäße außerhalb des Körpers (in vitro) in geeigneter Blutersatzlösung lebensfähig gehalten werden konnten. Mit einem Stück Herz eines Hühnerembryos gelang ihm dies 34 Jahre lang.
Während des Ersten Weltkriegs verbesserte Carrel die Wundbehandlung durch Entwicklung einer Natriumhypochloritlösung als Antiseptikum. In den 30er Jahren arbeitete er an der Erfindung einer keimfreien Perfusionspumpe als künstliches Herz.

Cartwright, Edmund

*** 24. 4. 1743, Marnham (Nottinghamshire), † 30. 10. 1823, Hastings; britischer Erfinder**

Cartwright studierte Theologie in Oxford. Als Landpfarrer arbeitete er in der Nähe von Wakefield, von 1779 bis 1808 dann in Goadby Marwood in Leicestershire. Ab 1786 war er als Domherr an der Kathedrale in Lincoln tätig.
Cartwright begründete die mechanische Weberei, indem er eine effektive Weiterverwendung der inzwischen maschinell von der Arkwrightschen (→ Sir Richard Arkwright) Spinnmaschine erzeugten Garnmengen ermöglichte. Bis 1786 konstruierte Cartwright den ersten brauchbaren mechanischen Webstuhl («power loom»). Eine Verbesserung dieses Prototyps fand auch in der Industrie Verwendung. 1786 baute Cartwright in Doncaster eine eigene Fabrik, die 1788 bereits 20 mechanische Webstühle produzierte, 1793 jedoch in Konkurs ging. Zu weiteren Erfindungen Cartwrights gehören eine Wollkämmaschine (1789/90), eine Seilwickelmaschine (1792), eine spezielle Dampfmaschine (1797) und ein Dreifurchenpflug.

Cavendish, Henry

*** 10. 10. 1731, Nizza, † 24. 2. 1810, London; britischer Chemiker und Physiker**

Cavendish studierte nach seinem Schulbesuch in Hackney (1742–1749) Naturwissenschaften an der Universität Cambridge. 1753 zog er nach London, wo er Privatstudien in einem eigenen Labor betrieb. Bis zu seinem Tod wirkte Cavendish als Privatgelehrter. Ihm zu Ehren erhielt das physikalische Laboratorium der Universität Cambridge den Namen Cavendish Physical Laboratory. 1760 wurde er in die Royal Society aufgenommen.
Cavendish war vor allem auf den Gebieten der Chemie, Physik, Astronomie und Meteorologie tätig. 1772 konnte er den zuvor von Daniel Rutherford beschriebenen Stickstoff nachweisen. 1776 lieferte er auf der Grundlage der Arbeiten von → Johann Baptista von Helmont, →

Robert Boyle, → Karl Wilhelm Scheele und John Mayow den experimentellen Nachweis von Wasserstoff und Kohlendioxid, deren Dichte er außerdem bestimmte. Er analysierte auch die chemische Zusammensetzung der Luft, wobei er den Sauerstoffanteil berechnen konnte. Zur Untersuchung der chemischen Eigenschaften der Gase führte Cavendish mit der Massenbestimmung gleicher Volumina unterschiedlicher Gase eine neue quantitative Analysemethode ein. Ab 1781 erforschte Cavendish Verbrennungsvorgänge, wobei er entdeckte, daß sie unter Bindung von Sauerstoff ablaufen. Mit seinem 1784 ausgeführten Experiment, Wasserstoff und Sauerstoff zu Wasser reagieren zu lassen, konnte er nachweisen, daß Wasser kein Element ist. Damit bestätigte er die Oxidations- und Elementarlehre von → Antoine Laurent Lavoisier. 1784 stellte Cavendish neben verschiedenen Stickstoffoxiden Salpetersäure her. 1798 leistete er mit der Messung der Gravitationskonstanten einen fundamentalen Beitrag zur Physik.

Celsius, Anders

*** 27. 11. 1701, Uppsala, † 25. 4. 1744, Uppsala; schwedischer Astronom**

Celsius, Sohn eines Astronomieprofessors, begann 1717 ein Studium der Rechtswissenschaften, das er jedoch zugunsten einer naturwissenschaftlichen und mathematischen Ausbildung aufgab. 1730 wurde er Professor für Astronomie an der Universität Uppsala. Um seine Kenntnisse zu verfeinern, reiste er ab 1732 zu den Sternwarten in Nürnberg, Rom und Paris. 1736 gehörte er zu den Teilnehmern der von → Pierre Louis Moreau de Maupertuis geleiteten Expedition nach Lappland. 1740 wurde Celsius zum Direktor der Sternwarte Uppsala ernannt.

Celsius beschäftigte sich vor allem mit der Astronomie, aber auch mit Problemen des Erdmagnetismus und der Meteorologie. 1736 bewies er zusammen mit Maupertuis durch die in Lappland ausgeführten Gradmessungen die Abplattung des Erdkörpers. 1740 beschäftigte er sich mit geophysikalischen Problemen, wobei er den Zusammenhang zwischen dem Polarlicht und der Änderung des Erdmagnetfeldes erkannte. Im Anschluß daran widmete er sich der Temperaturmessung. Unter Berücksichtigung der Arbeiten von → René-Antoine Ferchault de Réaumur und → Daniel Gabriel Fahrenheit eichte Celsius 1742 sein Thermometer nach dem Gefrier- und Siedepunkt des Wassers bei definiertem Luftdruck und legte den Schmelzpunkt mit 0 Grad und den Gefrierpunkt mit 100 Grad fest. 1750 wurde die Celsius-Skala in die heutige Form überführt. Wegen ihrer Handlichkeit löste sie (außer in den angelsächsischen Ländern) die Fahrenheit- und Réaumur-Skala ab. Celsius arbeitete außerdem an einer instrumentellen Messung der Leuchtkraft von Sternen, um sie einer definierten Größenklasse zuordnen zu können.

Chadwick, Sir James

*** 20. 10. 1891, Manchester, † 24. 7. 1974, Pinehurst; britischer Physiker**

Chadwick absolvierte ein Physikstudium an der Universität Manchester (1908 bis 1912). Ab 1911 arbeitete er bei → Ernest Rutherford an der Universität Manchester, 1913 wechselte er an die Physikalisch-Technische Reichsanstalt zu Berlin. Zunächst forschte er bei → Hans Geiger über elektromagnetische Wellen, dann über radioaktive Emissionen. Während des Ersten Weltkriegs wurde Chadwick in Deutschland interniert. Nach seiner Entlassung ging er an das renommierte Cavendish-Laboratorium in Cambridge, dessen stellvertretender Direktor er 1925 wurde. 1935 folgte Chadwick einem Ruf der Universität Liverpool, wo er eine Professur für Physik übernahm. Ebenfalls 1935 erhielt Chadwick für seine Entdeckung des Neutrons den Nobelpreis für Physik. Während des Zweiten Weltkriegs beteiligte sich Chadwick in den USA an der Entwicklung der Atombombe. Nach Kriegsende wirkte Chadwick wieder in Liverpool, wo er ein Institut für Nuklearphysik gründete. Von 1948 bis 1959 war er Rektor des Gonville und Caius College in Cambridge.

Während seiner Internierung in Berlin arbeitete Chadwick über den photochemischen Reaktionsmechanismus bei der Verbindung von Kohlenstoff mit Chlor. Sein bevorzugtes Arbeitsgebiet war jedoch die Kernphysik, so analysierte er ab 1918 die Alphastrahlung. Ab 1921 arbeitete er gemeinsam mit Ernest Rutherford über Radioaktivität und künstliche Kernumwandlungen. Die Ergebnisse dieser Forschungen veröffentlichte er 1921 in seinem Werk «Radioactivity and Radioactive Substances». 1930 folgte die Publikation «Radiations from Radioactive Substances», die er gemeinsam mit Ernest Rutherford und C. D. Ellis verfaßte. Bei einem Experiment auf der Grundlage vorausgehender Forschungen von → Irène und → Frédéric Joliot-Curie entdeckte Chadwick 1932 das Neutron. Das Ehepaar Joliot-Curie hatte bei dem Beschuß von Beryllium mit Alphateilchen eine harte Strahlung konstatiert und als Gammastrahlung interpretiert. Chadwick konnte jedoch nachweisen, daß es sich um Neutronenstrahlung handelt. In der Folgezeit widmete sich Chadwick dem radioaktiven Zerfall leichter Elemente. 1934 entwickelte er eine Methode zur Massebestimmung des Neutrons. Mit seinen Kenntnissen der Physik des Neutrons konnte Chadwick zur Deutung des zuvor von → Fredrick Soddy und → Francis William Aston entwickelten Isotopiekonzepts beitragen. Eine schon politische Relevanz hatten diese Kenntnisse bei der Konstruktion der Atombombe.

Chevreul, Michel Eugène

*** 31. 8. 1786, Angers (Maine-et-Loire), † 8. 4. 1889, Paris; französischer Chemiker**

Chevreul, dessen Vater Direktor an der medizinischen Schule in Angers war, ging 1803 zu Studien nach Paris und erhielt 1810 eine Assistentenstelle im Musée d'histoire naturelle. Von 1813 bis 1828 arbeitete er als Professor für Physik am Lycée Charlemagne. Ab 1824 war er Direktor der Königlichen Gobelinmanufakturen, wo ihm die Färbereien unterstanden. Nachdem er 1826 Mitglied der Akademie der Wissenschaften geworden war, nahm er 1830 eine Lehrtätigkeit für Chemie – erneut am Musée d'histoire naturelle – auf. Von 1864 bis 1879 war er hier als Direktor tätig.

Chevreuls wichtigstes Verdienst für die Chemie waren seine Untersuchungen über die Zusammensetzung von Fetten, die er zwischen 1811 und 1823 in Weiterentwicklung der Arbeiten Karl Wilhelm Scheeles durchführte. Bei Verseifungsexperimenten gelang es ihm, die drei wichtigsten Fett- und Ölkomponenten – Stearin-, Palmitin- und Ölsäure, zu isolieren. Die von ihm entwickelte Methode der fraktionierten Lösung von Gemischen sowie Schmelzpunktbestimmungen und sorgfältige Elementaranalysen halfen ihm bei der Bestimmung weiterer Fettsäuren und dem Nachweis von Cholesterol und Cetylalkohol. Aufgrund seiner Forschungsergebnisse erreichten sowohl die Seifenproduktion wie auch die Herstellung von Glycerol und Stearinkerzen eine neue Qualität. Als Direktor der Färbereien der Königlichen Gobelinmanufakturen konzentrierte er sich auf die Fabrikation von Farben, untersuchte ihre optische Wirkung und führte verschiedene Verbesserungen beim Färbeprozeß ein. Er erarbeitete eine Farbtheorie, die die Maler Seurat, Signac und Delaunay beeinflußten, und stellte eine reproduzierbare Farbskala auf.

Chladni, Ernst Florens Friedrich

*** 30. 11. 1756, Wittenberg, † 3. 4. 1827, Breslau; deutscher Physiker**

Chladni hatte Jura und Philosophie studiert, sein Interesse galt jedoch den Naturwissenschaften und der Musik, so daß er sich der Akustik zuwandte und Privatforschungen betrieb. Er untersuchte die mechanischen Schwingungen zahlreicher Körper und zeigte, daß bei schwingenden Saiten und Stäben außer Transversalwellen auch Longitudinalwellen auftreten. Er bestimmte die Schallgeschwindigkeit in festen Körpern, Gasen und Flüssigkeiten.

Chladni-Figuren

Auch: Chladnische Klangfiguren. Hierbei handelt es sich um Muster, die sich auf mit Korkpulver bestreuten schwingenden Platten herausbilden. Bringt man die fixierte Platte zum Schwingen, so bilden sich stehende Wellen. Einige Stellen auf der Platte schwingen ständig, andere Stellen bleiben während des Schwingungsvorgangs in Ruhe. An diesen Stellen (Knotenlinien) sammelt sich das Korkpulver an und bildet zumeist regelmäßige Figuren.

1787 entdeckte Chladni die nach ihm benannten Klangfiguren; 1792 entwickelte er mit dem Euphonium sein erstes Musikinstrument, dem 1800 das Clavizylinder folgte. 1802 veröffentlichte er das «Lehrbuch der Akustik», das einen nachhaltigen Einfluß hatte. Mit «Neue Beiträge zur Akustik» (1817) und «Beiträge zur praktischen Akustik und zur Lehre vom Instrumentenbau» (1821) veröffentlichte Chladni weitere wichtige Werke. Darüber hinaus beschäftigte sich Chladni mit Meteoriten, deren kosmischen Ursprung er erkannte. Aufgrund seiner Forschungen auf dem Gebiet der Akustik nannte man Chladni den «Vater der Akustik».

Cierva, Juan de la (Cierva y Codorniu)

*** 21. 9. 1895, Murcia, † 9. 12. 1935, London; spanischer Ingenieur**

Über die Vita Ciervas ist wenig bekannt. Er starb 1936 bei einem Flugzeugunfall, als beim Abflug die Motoren einer nach seinen Plänen gebauten Passagiermaschine ausfielen.

Cierva arbeitete seit Anfang der 20er Jahre an der Konstruktion eines Drehflügelflugzeugs, das er 1923 fertigstellte.

Seinen Tragschrauber, ein ohne eigenen Antrieb funktionierender Rotor (auch «Autogiro» genannt) setzte er neben dem üblichen Propeller auf den damaligen Fluzeugen ein, um zusätzliche Sicherheit in Notfällen zu schaffen. Mit dieser Vorstufe des Hubschraubers führte Cierva 1924 einen ersten Testflug von 12 Kilometern im Royal Air Force Establishment in Farnborough durch. Nachdem er 1927 mit seinem Tragschrauber «C. & L.» den Ärmelkanal überflogen hatte, wurde das Modell in amerikanischen und englischen Fabriken gebaut und anschließend in der Forschung und für Vermessungsarbeiten eingesetzt.

Clausius, Rudolf Julius Emanuel

*** 2. 1. 1822, Köslin, † 24. 8. 1888, Bonn; deutscher Physiker**

Clausius absolvierte sein Physikstudium an der Universität Berlin, wo → Johann Peter Gustav Dirichlet, → Georg Simon Ohm und Gustav Heinrich Magnus zu seinen Lehrern gehörten. Ab 1844 unterrichtete Clausius am Berliner Friedrich-Werderschen Gymnasium. 1848 promovierte er, 1850 ging er als Privatdozent an die Artillerie- und Ingenieurschule zu Berlin. Noch im selben Jahr habilitierte sich Clausius und lehrte zusätzlich an der Berliner Universität. 1855 folgte er einem Ruf der ETH Zürich, wo er eine Professur für Physik übernahm. 1867 wechselte er an die Universität Würzburg, 1869 ging er an die Universität Bonn, die durch sein Wirken zu einer renommierten Lehr- und Forschungsstätte für Physik wurde.

1876 wurde Clausius Mitglied der Berliner Akademie der Wissenschaften. Clausius erhielt Ehrungen und Auszeichnungen zahlreicher wissenschaftlicher Vereinigungen und Gremien.

Clausius leistete Grundlagenforschungen auf den Gebieten Thermodynamik und kinetische Gastheorie. Er begann sein Werk 1850 mit der Anwendung des Energieprinzips auf den von → Nicolas Léonhard Carnot entwickelten Kreisprozeß. Mit dem Postulat, daß Wärme nur von einem warmen auf einen kalten Körper übergehen kann, formulierte Clausius 1850 den Zweiten Hauptsatz der Thermodynamik und die Richtungsabhängigkeit eines ablaufenden Wärmeprozesses. 1854 publizierte Clausius die integrale Form des Zweiten Hauptsatzes (Clausiussche Gleichung). Zusammen mit → Hermann von Helmholtz und → Sir William Thomson betrieb Clausius die Anwendung thermodynamischer Abläufe auf chemische und physikalische Prozesse. 1856 wurde er durch die Übertragung der thermodynamischen Gesetze auf Dampfmaschinen zu einem der Initiatoren der Technischen Thermodynamik. 1857 begann Clausius auf der Grundlage der Forschungen von August Karl Krönig mit der Ausarbeitung der kinetischen Gastheorie, deren Schöpfer er schließlich wurde. Er entwickelte das Modell eines Gases, dessen Moleküle ständig in Bewegung sind und kollidieren. Außer den Termini der «mittleren freien Weglänge» und des «Virial» führte er den Begriff der mittleren kinetischen Energie ein, den er mit der absoluten Temperatur verknüpfte (Äquipartitionstheorem). Parallel zu diesen Arbeiten führte er seine Forschungen über Thermodynamik fort. Bei entsprechenden Experimenten erkannte er, daß in einem Kreisprozeß die Transformation einer bestimmten Wärmemenge in mechanische Energie stets mit einer Temperaturminderung verbunden ist. 1865 führte er mit der Entropie eine fundamentale thermodynamische Zustandsvariable ein. (Entropie: Maß für die Unordnung in einem abgeschlossenen gasförmigen oder fluiden System.) Damit schuf Clausius die Grundlagen für die späteren thermodynamischen Forschungen von → Josiah Willard Gibbs und → Max Planck. Clausius beschäftigte sich außerdem mit der Diffusion, Wärmeleitung und der Ausbreitung von Schallwellen.

Cockerell, Sir Christopher

*** 4. 6. 1910, Cambridge; britischer Schiffsbauer und Konstrukteur**

Cockerell war von 1935 bis 1950 bei der Marconi Wireless Telegraph Company angestellt, 1958 wurde er Direktor der Hovercraft Development Ltd. in Southampton (bis 1965).

Um an Verbesserungen seiner Schiffe arbeiten zu können, erwarb Cockerell 1950 an der Küste von Norfolk eine Bootswerft. Nach Ausmerzung technischer Schwierigkeiten erfand er 1954 das Luftkissenfahrzeug, wofür er den Namen «Hovercraft» prägte. Die Reibung zwischen Schiffskörper und Wasser wurde dabei durch ein Luftkissen vermindert, das durch ein Ringstrahlgerät erzeugt wurde, bei dem der von einer Luftschraube erzeugte Luftstrahl durch einen Schlitz am Umfang des Gerätebodens ausgeblasen wird. 1959 wurde das erste Versuchsmodell eines Luftkissenfahrzeugs («SR. N 1») in Cowes auf der Isle of Wight fertiggestellt und noch im selben Jahr zur Überquerung des Ärmelkanals zwischen Dover und Calais eingesetzt.

Cockerell beschäftigte sich darüber hinaus auch mit Plänen für ein Wellenkraftwerk.

Cockroft, Sir John Douglas

*** 27. 5. 1897, Todmorden, † 18. 9. 1967, Cambridge; britischer Physiker**

Cockroft war der Sohn eines Baumwollfabrikanten. 1914 begann er am Manchester College of Technology ein Studium der Elektrotechnik. Während des Ersten Weltkriegs diente er bei einer Artillerieeinheit. 1920 ging Cockroft an die Universität Cambridge, wo er neben Elektrotechnik auch Physik und Mathematik studierte. Nach seiner Promotion (1928) arbeitete er bei → Ernest Rutherford im Cavendish-Laboratorium der Universität Cambridge. 1941 übernahm er die Leitung der Versuchs- und Entwicklungsabteilung für die Luftverteidigung im britischen Versorgungsministerium. 1944 wechselte Cockroft an das Atomforschungslabor in Montreal, wo er den Bau von Atomreaktoren überwachte. Von 1946 bis 1959 wirkte er als Direktor des britischen Atomforschungszentrums (AERE) in Harwell. 1948 wurde Cockroft geadelt. 1951 erhielt er zusammen mit Ernest Thomas Sinton Walton für die Entwicklung des Linearbeschleunigers den Nobelpreis für Physik. Cockroft war ein Gegner der militärischen Nutzung von Kernenergie. Sein pazifistisches Engagement wurde 1961 mit der Verleihung des Preises «Atome für den Frieden» gewürdigt. 1967 wurde er von der «Pugwash-Vereinigung» zu deren Präsidenten gewählt.

Cockroft begann sein wissenschaftliches Werk mit Arbeiten über Magnetfelder. 1928 konzipierte er zusammen mit →

Pjotr Leonidowitsch Kapiza Spulen für starke Magnetfelder sowie Elektro- und Permanentmagnete. 1929 wandte er sich der Teilchenphysik zu. Gemeinsam mit Walton entwickelte er den ersten Linearbeschleuniger für Protonen (Cockroft-Walton-Generator, auch Kaskadengenerator). 1932 erzeugten Cockroft und Walton durch den Beschuß von Lithium mit Protonen (Kernteilchen des leichten Wasserstoffatoms) Helium. Damit waren sie die ersten Wissenschaftler, die eine Kernreaktion mit künstlich beschleunigten Teilchen ausgelöst hatten. In einer weiteren Versuchsreihe beschossen sie erstmals Fluor- und Boratome mit Deuteronen (Kernteilchen des schweren Wasserstoffatoms). Von 1941 bis 1944 trug Cockroft maßgebend zur Entwicklung des Radars bei. Seinen Einsatz für die zivile Nutzung der Kernenergie unterstrich er mit seiner Publikation «Die friedliche Anwendung der Atomenergie» (1956). 1964 publizierte er mit «Die wissenschaftlichen und technischen Leistungen von Hochflußforschungsreaktoren» ein Resümee seiner Arbeit.

Coignet, François

*** 1814, Lyon, † 1888, St. Denis; französischer Bautechniker**

Coignet, Sohn eines Chemiefabrikanten, wurde schon früh durch die familieneigene Firma mit Produktionsabläufen und chemischem Wissen vertraut gemacht. Im Rahmen seiner Tätigkeit als Juniorpartner widmete er sich insbesondere der Bautechnik und suchte nach Einsatzmöglichkeiten von Beton- und Stahlbeton. 1861 gründete Coignet eine eigene Baufirma, nach dem deutsch-französischen Krieg 1870/71 und nachfolgender Wirtschaftkrise mußte er jedoch Konkurs anmelden.

Neben W. B. Wilkinson, Thaddaus Hyatt und J. L. Lambot war Coignet maßgeblich an der Erfindung des Stahlbetons beteiligt. Er erkannte als erster die Eigenschaften dieses Verbundbaustoffes und seine Vorteile, die Verbindung von Druckfestigkeit (Beton) mit Zugfestigkeit (Stahl). Dank seiner chemischen Kenntnisse machte er bedeutende Fortschritte bei Experimenten mit Beton und Bindemitteln.

Ab 1847 realisierte Coignet erste Bauten aus Beton, mechanisierte und rationalisierte das Verfahren der Betonherstellung, verbesserte die Schalungstechnik und führte darüber hinaus neue Verarbeitungsmethoden ein. 1855 meldete er zwei Patente für seine Erfindungen an und beschrieb in einem Zusatzpatent auch die verschiedenen Anwendungsmöglichkeiten des Stahlbetons. 1858 stattete er sein Privathaus in St. Denis mit einer begehbaren Flachdachkonstruktion aus, die 50 Jahre später noch als gut funktionsfähig bezeichnet wurde. Unter den Bauten, die Coignet in Stahlbetonweise ausführen ließ, war unter anderem ein mit einem flachen Stahlbetongewölbe überspannter Pavillon auf der Weltausstellung 1867 in Paris.

Colt, Samuel

*** 19. 7. 1814, Hartford (Connecticut), † 10. 1. 1862, Hartford; amerikanischer Waffenkonstrukteur und Fabrikant**

Colt arbeitete ab 1824 – noch während seiner Schulzeit – in der Färberei seines Vaters, eines angesehenen und wohlhabenden Tuchfabrikanten. 1830 nahm ihn sein Vater jedoch aufgrund schlechten

Benehmens von der Schule und schickte ihn für ein Jahr auf See. Ab 1831 arbeitete Colt wieder in der Färberei und hielt zwischen 1832 und 1835 unter dem Namen «Dr. Coult» Vorträge über Chemie. Nach kurzen Aufenthalten in England und Frankreich gründete er 1836 in Paterson (New Jersey) eine Waffenfabrik, die jedoch schon 1842 Konkurs anmelden mußte. Ab 1845 erhielt Colt staatliche Unterstützung für die Entwicklung von Unterseeboot-Geschützen und 1847 einen Regierungsauftrag über 1000 Revolver. Er gründete daraufhin in Whitneyville bei New Haven erneut eine Waffenfabrik, die er 1848 nach Paterson verlegte. Noch im selben Jahr kaufte er auch seine durch den Konkurs verlorengegangenen Patentrechte zurück. Nach großem Geschäftserfolg wurde die Colt's Patent Fire Arms Manufacturing Company 1855 in Hartford eröffnet, die heute zu den größten der Welt zählt.

Colt, der sich schon als Jugendlicher für Schußwaffen und Sprengstoffe interessierte, entwarf während seiner einjährigen Seereise nach Indien das Holzmodell eines Revolvers, den er zwischen 1831 und 1833 zur Funktionsreife brachte. Er verwendete zum ersten Mal eine Patronenwalze, die sich durch die Spannbewegung des Hammers weiterdrehte und so die Patrone vor den Revolverlauf brachte. Der «Colt» erhielt Patente in England und Frankreich und wurde in den folgenden Jahren weiter verbessert (Patente 1839 und 1850). Colt entwickelte ebenfalls Unterwasser-Sprengsätze, die elektrisch gezündet wurden, sowie ein System der Unterwasser-Telegrafie, das er 1843 zwischen New York und Coney Island installierte.

Compton, Arthur Holly

*** 10. 9. 1892, Wooster (Ohio),**
† 15. 3. 1962, Berkeley (Kalifornien);
amerikanischer Physiker

Nach dem Besuch des College in Wooster absolvierte Compton ein Physikstudium an der Universität Princeton. 1916 promovierte er, von 1917 bis 1919 arbeitete er an industriellen Forschungsprojekten. Ein Graduiertenstipendium ermöglichte Compton einen Studienaufenthalt bei → Ernest Rutherford in Cambridge. 1920 übernahm er die Leitung der physikalischen Abteilung der Washington-Universität St. Louis. 1923 ging Compton an die Universität Chicago, wo er als Nachfolger von → Robert Andrews Millikan Physik lehrte. 1927 wurde Compton zusammen mit → Charles Thomson Rees Wilson für die Entdeckung des «Compton-Effekts» mit dem Nobelpreis für Chemie ausgezeichnet. Als Mitglied der Nationalen Akademie der Wissenschaften und Vorsitzender des Uran-Komitees verfaßte Compton 1941 einen Bericht über die militärische Anwendung der Kernenergie. 1942 wurde er Direktor des metallurgischen Labors der Universität Chicago. In dieser Eigenschaft war er am Bau der amerikanischen Atombombe beteiligt. 1945 übernahm er das Amt des Kanzlers der Universität St. Louis.

Compton legte die Grundlage für sein wissenschaftliches Werk bereits 1919 mit

Compton-Spektrometer
Von Compton entwickeltes Betaspektrometer zur Messung der Rückstoßelektronen, die durch Gammaquanten (aufgrund des Compton-Effekts) ausgelöst werden.

der Forschung über Beugung und Streuung von elektromagnetischen Wellen, explizit Röntgenwellen. Im Zuge seiner Experimente beobachtete er 1923, daß sich die Wellenlängen der gestreuten Röntgenstrahlen vergrößern, was gleichbedeutend mit einem Übergang zu kleineren Energien ist. Dieses Phänomen wurde nach seinem Entdecker «Compton-Effekt» genannt. Zur Formulierung der theoretischen Grundlagen führte Compton das «Photon» ein und beschrieb den Compton-Effekt als Konsequenz einer Kollision zwischen Photon und Elektron, bei dem das Photon einen Teil seiner Energie verliert. Diese Theorie implizierte den Teilchen- und Wellencharakter der elektromagnetischen Wellen, womit Compton wissenschaftliches Neuland betrat. Seine Ergebnisse publizierte er 1935 in seinem Werk «X-rays in Theory and Experiment».
Seine Forschungen auf dem Gebiet der Teichenphysik führten Compton in den 30er Jahren zur Untersuchung der kosmischen Höhenstrahlung. In verschiedenen Kontinenten ausgeführte Messungen der Strahlung in Abhängigkeit von der geographischen Breite und Höhe führten ihn 1938 zu der Erkenntnis, daß Höhenstrahlung Teilchencharakter besitzt. Als Mitarbeiter des «Manhattan Project» (das amerikanische Programm zum Bau der Atombombe) arbeitete er an der Produktion spaltbaren Plutoniums. Außerdem leitete er den Bau des ersten von → Enrico Fermi konzipierten Forschungsreaktors in Chicago sowie des Reaktors in Hanford/Washington. Nach 1945 zog sich Compton von der Forschung zurück und widmete sich philosophischen Fragen. 1956 publizierte er mit «Atomic Quest» ein Buch, im dem er seine Mitarbeit beim «Manhattan Project» schilderte.

Copernicus, Nicolaus → Kopernikus, Nikolaus

Cort, Henry

*** 1740, Lancaster, † 23. 5. 1800, Hampstead; britischer Eisenindustrieller**

Von seinem Vater, der den Beruf des Ziegelmachers und -händlers ausübte, erwarb sich Cort das Wissen um die Konstruktion und Handhabung von Brennöfen. Nach Abschluß einer kaufmännischen Ausbildung wurde er 1765 mit großem finanziellen Erfolg Schiffsmakler. Ab 1775 widmete sich Cort der Metallurgie und erwarb ein Hammer- und Walzwerk. 1784 erhielt er ein Patent für die Verbesserung des durch die Brüder Carnegie beschriebenen Puddel-Verfahrens zur Entfernung von Kohlenstoff, Silicium und Mangan aus dem Roheisen. Sein gesamtes Vermögen verbrauchte Cort bis Ende der 80er Jahre für Weiterentwicklungen, so daß ihm zum Aufbau einer größeren Fabrik das Geld fehlte. Ab 1794 erhielt er jedoch durch die Regierung eine Jahrespension von 200 Pfund für seine Verdienste um den Aufschwung der englischen Stahlproduktion.
Corts Überarbeitung des Puddel-Verfahrens stellte hinsichtlich Qualität und Produktivität eine Verbesserung dar, indem er den Schornstein vergrößerte und durch Zufügung eines zweiten kleinen Schornsteins über der Feuerung ein Regulat für die Hitzeentwicklung fand. Nachdem Cort 1784 das Puddel-Verfahren auf eine industriell verwertbare Grundlage gestellt hatte, wurde die Mas-

senproduktion von Schmiedeeisen bzw. Schmiedestahl möglich. Der durch Frischen von Roheisen in einem Brennofen hergestellte Puddelstahl wurde anschließend in seinem Walzwerk zur Weiterverarbeitung benutzt.
Darüber hinaus hatte Cort 1783 bereits ein patentiertes Walzverfahren entwickelt, wonach der geschmiedete Stahl geformt werden konnte.

Coulomb, Charles Augustin de

*** 14. 6. 1736, Angoulême, † 23. 8. 1806, Paris; französischer Physiker**

Coulomb studierte in Paris Mathematik und Naturwissenschaften, außerdem besuchte er die École de génie militaire in Mézières. Nach dem Beitritt zum Königlichen Ingenieurkorps der Armee leitete er in den Jahren 1764 bis 1776 den Bau militärischer Anlagen auf Martinique. Nach seiner Rückkehr nach Paris arbeitete er im Staatsdienst, 1784 wurde er Intendant für das französische Wasserwesen. Ab 1786 wirkte er im Rang eines Ingenieur-Oberstleutnants als Konservator des französischen Kartenwesens. Neben seinem Beruf befaßte sich Coulomb mit wissenschaftlichen Problemen. In den Jahren 1777 und 1781 wurde er von der Académie des sciences ausgezeichnet, ebenfalls 1781 wurde er Ritter des Saint-Louis-Ordens und Mitglied der Académie des sciences. Bei Ausbruch der Französischen Revolution 1789 verlor Coulomb alle Staatsämter. Durch Napoleon I. rehabilitiert, übernahm er die Aufsicht über das Unterrichtswesen.
Coulomb begann seine wissenschaftliche Arbeit 1777 mit einer Abhandlung über die Konstruktion eines Kompasses, der sich 1781 eine Theorie einfacher Maschinen anschloß. 1784 publizierte er eine Arbeit über die Torsion und die Elastizität feiner Drähte. In dieser Schrift formulierte er auch das Prinzip der Torsionswaage. Ebenfalls 1784 entdeckte Coulomb bei der Tordierung (Verdrillung) eines Fadens die Proportionalität des Drehmoments zum Drehwinkel und der 4. Potenz des Fadenhalbmessers. Ab 1785 veröffentlichte Coulomb seine sieben Abhandlungen «Sur l'électricité et le magnétisme», in denen er unter anderem die Experimente zur Messung der Kräfte zwischen elektrischen Ladungen und der Kräfte zwischen zwei magnetischen Polen darstellte. Mit Hilfe der Torsionswaage bewies er, daß sich elektrische Kugelladungen gleichen (unglei-

Coulomb
Einheitszeichen: C. Nach Coulomb benannte SI-Einheit der Elektrizitätsmenge oder elektrischen Ladung. 1 C ist gleich der Menge der Elektrizität, die während der Zeit 1s bei einem zeitlich unveränderlichen elektrischen Strom der Stärke 1 Ampere durch einen Leiterquerschnitt fließt: 1 C = 1 A · s.

Das Erste Coulombsche Gesetz
Auch: Elektrostatisches Gesetz. Ein 1785 von Coulomb formuliertes Gesetz der Elektrostatik. Es besagt, daß die zwischen zwei elektrischen Ladungen wirkende Kraft dem Produkt der Einzelladungen direkt und dem Quadrat des Ladungsabstands umgekehrt proportional ist.

Das Zweite Coulombsche Gesetz
Auch: Magnetisches Gesetz. Das Zweite Coulombsche Gesetz, das 1785 von Coulomb aufgestellt wurde, besagt, daß die Kraft zwischen zwei Magnetpolen dem Produkt der beiden Polstärken direkt und dem Quadrat des Abstandes der Pole umgekehrt proportional ist.

chen) Vorzeiches abstoßen (anziehen). Durch Substituierung der Kugelladungen durch Punktladungen konnte Coulomb seinen Beweis mathematisch formulieren (Erstes Coulombsches Gesetz, 1785). Analoge Beziehungen fand er für Kräfte in Magnetfeldern (Zweites Coulombsches Gesetz, ebenfalls 1785). Nachfolgende Untersuchungen galten der Verteilung und dem Verlust von Ladungen bei isolierten Leitern.
Coulomb wirkte außerdem auf dem Gebiet der Baustatik. Zur Berechnung des Erddrucks auf Wände konzipierte er die «Coulombsche Fließbedingung», die heute noch angewendet wird. Seinen Ruhm verdankte Coulomb vor allem seinen Arbeiten auf den Gebieten der Elektrizitätslehre und des Magnetismus, die er um die Elektro- und Magnetostatik bereicherte. Ihm zu Ehren wird die elektrische Ladung in der Einheit «Coulomb» gemessen.

Cousteau, Jacques Yves

*** 11. 6. 1910, Saint-André-de-Cubzac (Gironde); französischer Meeresforscher**

Cousteau absolvierte die Marineakademie in Brest und war im Zweiten Weltkrieg Leutnant in der französischen Marine. Während der deutschen Besetzung Frankreichs gehörte Cousteau der französischen Widerstandsbewegung an. 1944 begründete Cousteau die Unterwasserforschungsgruppe der französischen Marine (Office français des recherches sousmarines, OFRS). Nach dem Krieg war er noch bis 1956 Marineoffizier und wurde 1957 Leiter des Ozeanographischen Museums in Monaco. Die auf seinen zahlreichen meeresbiologischen Expeditionen gedrehten Unterwasserfilme machten Cousteau weltberühmt. Heute ist er ein engagierter Vertreter des Umweltschutzes.
Cousteau gilt als der Erfinder des Schwimmtauchgeräts (sogenannte Aqualunge). Dieses erste Preßlufttauchgerät versorgt den Taucher schlauchlos mit Atemluft. Der Druck wird automatisch dosiert, der schwere Panzeranzug früherer Ausrüstungen ist überflüssig. Taucher können sich mit dem Gerät frei im Wasser bewegen und größere Tiefen erreichen. Cousteau konstruierte später noch weitere Tauchfahrzeuge sowie Laboratorien, in denen Forscher mehrere Wochen unter Wasser verbringen konnten. Seine Erfindungen trugen wesentlich zu den technischen Voraussetzungen der modernen Unterwasserforschung bei. Er testete seine Geräte selbst und nutzte sie für eigene Forschungen, aus denen zahlreiche Publikationen hervorgingen. Seine Werke (zum Beispiel «Die schweigende Welt», 1953 und «Das lebende Meer», 1964) fanden breiten Zuspruch in der Öffentlichkeit. Besonders seine Unterwasserfilme (unter anderem «Welt ohne Sonne», 1964 und die Fernsehserie «Geheimnisse des Meeres») weckten durch eine gelungene Mischung von Information und Spannung das Interesse zahlreicher Menschen an der Unterwasserwelt.

Crick, Francis Harry Compton

*** 8. 6. 1916, Northampton; britischer Biochemiker**

Crick, der einer Unternehmerfamilie entstammte, studierte von 1934 bis 1937 Physik in London. Während des Zweiten Weltkriegs arbeitete er bei der britischen Marine an der Entwicklung von Seeminen und Radarsystemen. Nach dem Krieg wandte sich Crick der Biochemie zu. Im Rahmen einer 1949 am Molekularbiologischen Institut in Cambridge begonnenen Doktorarbeit untersuchte er die Struktur von Proteinen mit Hilfe der neuen Methode der Röntgenstrukturanalyse. 1951 begann er mit dem Molekularbiologen → James Dewey Watson Untersuchungen zum Aufbau der DNS, die 1953 zum Erfolg führten. 1962 erhielt er dafür zusammen mit Watson und Maurice Hugh Frederick Wilkins den Nobelpreis für Medizin. Im gleichen Jahr wurde er Leiter des Molekularbiologischen Instituts in Cambridge. 1977 zog er nach Kalifornien, wo er eine Professur am Salk Institute in La Jolla erhielt.

Crick ist einer der Begründer der Molekulargenetik. Für die Aufklärung der Struktur des Trägers der genetischen Information, der Desoxyribonukleinsäure (DNS oder englisch DNA) verwendeten Crick und Watson verschiedene kurz zuvor erbrachte Forschungsergebnisse. So war die chemische Zusammensetzung der DNS aus dem Zucker Desoxyribose, Phosphat und stickstoffhaltigen Basen sowie das Mengenverhältnis der Komponenten bekannt. Wilkins konnte Ergebnisse der Röntgenstrukturanalyse der DNS einbringen. Außerdem hatte → Linus Pauling kurz zuvor an Proteinen die Möglichkeit einer spiraligen Raumstruktur (Helix) aufgezeigt. Auf dieser Grundlage formulierten Crick und Watson ein logisch einwandfreies räumliches Strukturmodell der DNS, das sogenannte Watson-Crick-Modell. Das DNS-Molekül besteht demzufolge aus einer Doppelhelix, gebildet von zwei umeinander geschlungenen Zucker-Phosphat- Strängen mit im Inneren liegenden Basen. Durch Ausbildung von Wasserstoffbrükken-Bindungen zwischen den Basen Thymin und Adenin sowie Guanin und Cytosin werden die beiden Stränge zusammengehalten. Mit diesem Modell war auch die verlustfreie Weitergabe der in der Abfolge der Basen enthaltenen genetischen Information bei der Reduplikation (identischen Verdopplung) der DNS vor der Zellteilung schlüssig erklärt. Im Gegensatz zu einem kurz zuvor ebenfalls von Crick und Watson vorgeschlagenen Modell eines Einzelstranges wurde das Doppelhelix-Modell sofort allgemein anerkannt und konnte später durch zahlreiche Experimente bestätigt werden.

Crick war in der Folgezeit an der Lösung weiterer genetischer Probleme beteiligt. So arbeitete er an der Aufklärung des genetischen Codes und der Übertragung der genetischen Information über Messenger-RNA auf Proteine. Auch neurobiologischen Problemen und der Frage nach der Herkunft des Lebens nahm Crick sich an. Dabei wurde er zu einem Verfechter einer Theorie, nach der das Leben auf der Erde auf einen kosmischen Ursprung zurückzuführen ist.

Crookes, Sir William

*** 17. 6. 1832, London, † 4. 4. 1919, London; britischer Physiker und Chemiker**

Crookes studierte bei August Wilhelm von Hofmann an der Universität London Chemie, wechselte aber später zur Physik über. Von 1854 bis 1856 wirkte er am Radcliffe Observatorium in Oxford, ab 1859 publizierte er das Fachorgan «Chemical News». 1863 wurde Crookes

Mitglied der Royal Society, 1897 erhielt er ein Adelsprädikat. Von 1913 bis 1915 wirkte er als Präsident der Royal Society. Crookes begann seine wissenschaftliche Laufbahn mit spektroskopischen Untersuchungen. 1861 entdeckte er auf spektralanalytischem Weg das Element Thallium. Ein anschließendes Projekt widmete sich der Erforschung des Verhaltens von Objekten im Vakuum. Zu diesem Zweck konstruierte Crookes 1874 das Radiometer, mit dem er auch den Beweis für die Richtigkeit der kinetischen Gastheorie von → Ludwig Boltzmann und James Clerk Maxwell lieferte. Weitere Forschungen über das Vakuum führten Crookes zur Untersuchung der elektrischen Leitung in verdünnten Gasen. Er verbesserte die Evakuierung der Entladungsröhren (Crookesche Röhre), womit er die Grundlage für die Massenproduktion von Glühlampen schuf. Nachfolgende Forschungen über Kathodenstrahlen veranlaßten Crookes 1879 zu dem Postulat, daß diese Strahlung aus geladenen Partikeln bestehen muß, was später bestätigt wurde.

Um die Jahrhundertwende widmete sich Crookes der Radioaktivität. 1900 entdeckte er mit dem Uran X1 (ein Isotop des radioaktiven Elements Thorium) das zweite Glied der Uran-Radium-Zerfallsreihe. Damit lieferte Crookes einen ersten Hinweis darauf, daß Radioaktivität die Umwandlung von einem Element in ein anderes impliziert. 1903 konstatierte Crookes die durch Alphastrahlung angeregte Lumineszenz von Zinksulfid. Unabhängig von Julius Elster und Hans Friedrich Geitel erkannte er, daß es sich dabei um eine Szintillationswirkung (Aufblitzen von Materie beim Auftreffen radioaktiver Strahlen) der Alphateilchen handelte. Zum Zweck der präzisen Beobachtung konstruierte Crookes das Spinthariskop.

Culmann, Carl

*** 10. 7. 1821, Bergzabern,**
† 9. 12. 1881, Zürich; deutscher Ingenieur und Statiker

Culmann, der aus einer Pfarrersfamilie stammte, besuchte ab 1837 eine Militärschule in Metz, wo Vorlesungen von Jean Victor Poncelet sein Interesse für die Mathematik und die Ingenieurwissenschaften weckten. Aufgrund einer schweren Krankheit konnte er seinen Wunsch, an der École Polytechnique zu studieren, nicht verwirklichen und kehrte in seine Heimat zurück. Nach einer dreijährigen Ingenieurausbildung am Polytechnikum in Karlsruhe wurde er 1841 Brückenbauingenieur im bayerischen Staatsdienst. Zwischen 1849 und 1851 unternahm er Studienreisen nach England und Nordamerika, um dort den Brükkenbau kennenzulernen. 1855 erhielt Culmann einen Ruf auf einen Lehrstuhl für Ingenieurwissenschaften am Eidgenössischen Polytechnikum in Zürich, wo er von 1872 bis 1875 auch als Rektor tätig war und sich verstärkt der wissenschaftlichen Arbeit widmete.

Culmanns Forschungsergebnisse hatten große Auswirkungen auf die Bautechnik in der zweiten Hälfte des 19. Jahrhunderts und sind teilweise noch heute für Bauingenieure von Bedeutung. Die Erfahrungen seiner Reisen legte er in der Theorie der gegliederten Konstruktion nieder, in der er auch Berechnungen auflistete. Wie andere Ingenieure neben ihm suchte er nach einer wissenschaftlich

fundierten Bearbeitung des Fachwerktypus, der im Eisenbau des 19. Jahrhunderts besonders wichtig geworden war. In einem Modell führte er das idealisierte Fachwerk vor, worin er das Tragverhalten gegliederter Konstruktionen genau darlegen konnte. Seine Fachwerktheorie, die eine enge Korrelation von Wissenschaft und praxisorientierter Produktion bedingte, war wegweisend für die Konstruktion und den Bau von Eisenbrücken.
Weitere Studien baustatischer Probleme führten 1866 zu Culmanns Hauptwerk «Die graphische Statik», die er als Unterdisziplin der Baumechanik einführte. Anknüpfend an die von Gaspard Monge und Jean Victor Poncelet sowie von deutschen Mathematikern entworfene projektive Geometrie, begründete er eine systematische Darstellung graphischer Methoden, die in der Fachwerktheorie die Berechnung von Tragwerken vereinfachte. Die graphische Statik, die unter anderem bei der Berechnung des Eiffelturms angewendet wurde, fand über die Bautechnik hinaus auch in der Medizin als graphostatische Erforschung des menschlichen Skeletts Anklang.
Darüber hinaus arbeitete Culmann an dem Ausbau der Gewölbe- und Erddrucktheorie, die neben Untersuchungen Schweizer Wildbäche und des Einflusses der Wälder auf die Wasserressourcen der Schweiz sein über technische Fragen hinausgehendes wissenschaftliches Interesse bezeugten.

Culmann-Verfahren
Dieses auch als «Vierkräfteverfahren» bezeichnete Verfahren gründet sich auf der «Culmannschen Geraden», einer Hilfslinie, die es graphisch möglich macht, eine nach Größe und Richtung gegebene Kraft entweder in drei Kräfte, von denen nur die Wirkungslinien bekannt sind, zu zerlegen oder diese mit drei Kräften ins Gleichgewicht zu bringen.

Curie, Marie

*** 7. 11. 1867, Warschau, † 4. 7. 1934, Sancellemoz (Dep. Haute-Savoie); polnisch-französische Chemikerin und Physikerin**

Marie Curie (geborene Maria Skłodowska) war das fünfte Kind des Physiklehrers Wladislaw Sklodowski. Nach Abschluß des Gymnasiums in Warschau (1883) studierte sie Naturwissenschaften. 1890/91 erlernte sie im Industrie- und Landwirtschaftsmuseum Warschau die Grundlagen der chemischen Analyse. 1891 übersiedelte sie nach Paris, wo sie an der Sorbonne Phyik und Chemie studierte. Nach den Abschlußprüfungen 1893 nahm sie ein von der Alexandrowitsch-Stiftung finanziertes Mathematikstudium auf, das sie bereits 1894 abschloß. 1903 promovierte Curie, ebenfalls 1903 wurde ihr zusammen mit ihrem Mann Pierre Curie sowie → Antoine-Henri Becquerel für die Entdeckung der Radioaktivität der Nobelpreis für Physik zugesprochen. Im selben Jahr erhielt sie zusammen mit Pierre Curie die Humphrey-Davy-Medaille der Royal Society. 1904 übernahm sie eine Physikprofessur an der École Municipale de physique et de chimie industrielle in Paris. 1906 wurde sie Nachfolgerin ihres Mannes auf dem Lehrstuhl für Physik an der Sorbonne, zunächst als außerordentliche, ab 1908 als ordentliche Professorin. 1911 erhielt sie für die von ihr ausgeführte Reindarstellung des Radiums und die Bestimmung seiner Eigenschaften den Nobelpreis für Chemie. 1913 wurde Curie Ehrendirektor des Warschauer Instituts für Radiochemie, 1914 übernahm sie die Leitung der physikalischen und chemischen Abteilung des Curie-Instituts in Paris. Während des Ersten Weltkriegs trug Curie neben der Ausbildung von Radiologen zur Entwicklung mobiler Röntgenstationen bei («Les petits Curies»). Zusammen mit ihrer Tochter Irène Curie (später → Joliot-Curie) leitete Marie Curie den Einsatz der Röntgenstationen an der Front von Creil. 1918 richtete sie den ersten französischen Radium-Therapie-Dienst ein, womit sie die soziale Radiologie begründete. Außerdem ermöglichte sie die radiologische Analyse von Gemälden, indem sie nicht mehr benötigte Röntgenapparate dem Pariser Louvre überließ. Nach dem Krieg setzte sie ihre Forschungen in ihrem Pariser Institut fort. Marie Curie starb an einer von der radioaktiven Strahlung verursachten Leukämie.

Curie begann ihre wissenschaftliche Arbeit 1896 mit der Erforschung der von Becquerel entdeckten radioaktiven Strahlung des Urans. 1897 publizierte sie mit «Sur une substance nouvelle radioactive, contenue dans la pechblende» ihre erste wissenschaftliche Abhandlung. Im Zuge ihrer Forschungen erkannte Curie, daß die Strahlung, der sie den Namen «Radioaktivität» gab, auch von Thorium emittiert wird. Bei der Analyse des Minerals Pechblende entdeckte sie gemeinsam mit Pierre Curie 1898 die Elemente Polonium und Radium. 1902 gelang die Isolierung von Radiumchlorid, in deren Verlauf die Curies die «induzierte Radioaktivität» entdeckten. Marie Curie stellte dar, daß die Radioaktivität eine atomare Eigenschaft ist, womit sie die Grundlage für die von → Ernest Rutherford und → Fredrick Soddy formulierte Umwandlungstheorie radioaktiver Elemente schuf. Die Ergebnisse ihrer Arbeit formulierte sie in ihrer Dissertation von 1903, «Recherches sur les substances radioactives».

Als Spezialistin für Radiochemie ausgewiesen, stellte Curie 1910 gemeinsam mit André Louis Debierne reines Radium dar und untersuchte seine physikalischen und chemischen Eigenschaften. Außerdem erarbeitete sie Methoden zur Aktivitätsmessung, zur Isolierung und Reinigung sowie Bestimmung radioaktiver Elemente. 1910 veröffentlichte sie das zweibändige Werk «Traité de radioactivité», 1911 ermittelte sie den bis 1977 in der Einheit «Curie» gemessenen internationalen Radiumstandard (heute: reziproke Sekunde). In den 20er Jahren widmete sie sich der Isolierung von Polonium, außerdem untersuchte sie das optische Spektrum des Actiniums. 1921 erschien ihr Buch «La radiologie et la guerre». 1935 folgte ihr Hauptwerk «Radioactivité».

Curie, Pierre

*** 15. 5. 1859, Paris, † 19. 4. 1906, Paris; französischer Physiker**

Pierre Curie, Sohn eines Arztes, wurde von Privatlehrern unterrichtet. Nach dem Physikstudium an der Pariser Sorbonne wurde er 1878 Assistent am dortigen physikalischen Labor. 1882 wechselte er an die École Municipale de physique et de chimie industrielle in Paris. 1895 schloß er seine Dissertation ab und erhielt im selben Jahr an der École Municipale eine Professur für Physik. 1903 wurde Curie gemeinsam mit seiner Frau Marie Curie und → Antoine-Henri Becquerel für die Entdeckung der Radioaktivität mit dem Nobelpreis für Physik ausgezeichnet. Ebenfalls 1903 erhielt er zusammen mit seiner Frau die Humphrey-Davy-Medaille der Royal Society. 1904 übernahm Curie einen eigens für ihn eingerichteten Physiklehrstuhl an der Sorbonne, 1905 wurde er in die Académie des sciences aufgenommen. 1906 verunglückte Curie tödlich. Curie war ein unorthodoxer, liberaler Mensch, dem die Servilität des Wissenschaftsbetriebes zuwider war. Aus diesem Grund wurde er vom wissenschaftlichen Establishment lange ignoriert.

Curies erste Arbeiten galten der Kristallphysik. Zusammen mit seinem Bruder Jacques Curie entdeckte er 1880 den piezoelektrischen Effekt (Auftreten elektrischer Ladungen an den polaren Achsen eines Kristalls nach einer Druckeinwirkung auf die Achsen). Außerdem konnten beide Forscher die von Gabriel Lippmann postulierte Deformation piezoelektrischer Kristalle durch ein elektrisches Feld nachweisen. Damit zeigten sie, daß der piezoelektrische Effekt umkehrbar ist.

Auf der Grundlage dieser Forschungen entwickelte Curie gemeinsam mit seinem Bruder Präzisionsmeßgeräte. Weitere kristallographische Arbeiten führten Curie 1884/85 zur Formulierung einer Theorie der Kristallbildung sowie zu umfangreichen Untersuchungen über Kristallsymmetrien. Bei diesen Untersuchungen entdeckte Curie den Zusammenhang zwischen Kristallsymmetrie und physikalischer Eigenschaft. Im Zuge seiner Promotion beschäftigte sich Curie mit der Temperaturabhängigkeit magnetischer Eigenschaften. Mit seinem «Curieschen Gesetz» stellte er 1895 die Abhängigkeit der magnetischen Suszeptibilität von der absoluten Temperatur dar. Für Ferromagnetika wies Curie eine charakteristische Sprungtemperatur nach, bei der sich die magnetischen Eigenschaften verändern (Curie-Temperatur). Ebenfalls 1895 formulierte Curie das Symmetrieprinzip, nach dem Ursache und Wirkung dieselbe Symmetrie besitzen müssen.

Ab 1897 widmete sich Curie der Radioaktivität. Zusammen mit Marie Curie entdeckte er 1898 die Elemente Polonium und Radium, außerdem entwickelte er Methoden zur Analyse radioaktiver Strahlung und bestimmte die von der Strahlung freigesetzte Wärmemenge. 1903 führte Curie den Terminus «Halbwertszeit» ein und stellte ein Zerfallsgesetz auf. Mit einem Selbstversuch demonstrierte er den pathogenen Charakter der radioaktiven Strahlung, den er bei der Fortführung seiner Arbeit jedoch selbst ignorierte.

Cuvier, Georges Baron de

*** 23. 8. 1769, Montbéliard, † 13. 5. 1832, Paris; französischer Naturforscher**

Der einer Hugenottenfamilie im damals württembergischen Montbéliard entstammende Cuvier studierte an der Karlsschule in Stuttgart von 1784 bis 1788 Kameralwissenschaft (Lehre von Staatsverwaltung und Finanzen). Angeregt durch → Georges Buffons «Histoire naturelle» befaßte er sich vor allem während seiner Tätigkeit als Hauslehrer in der Normandie (von 1788 bis 1795) mit Pflanzen, Insekten und Tieren der Meeresküste. Auf Vermittlung des Zoologen Étienne Geoffroy Saint-Hilaire erhielt Cuvier 1795 eine Stelle als Professor für Naturgeschichte an der École centrale in Paris und im gleichen Jahr als Professor für Vergleichende Anatomie am Musée d'Histoire Naturelle. 1796 wurde er an das neu gegründete Institut National berufen, wo ihm bedeutende zoologische Sammlungen offenstanden.

Als berühmter Wissenschaftler, der zugleich in administrativen Tätigkeiten ausgebildet war, hatte Cuvier auch Zugang zu zahlreichen öffentlichen Ämtern. Napoleon berief ihn 1802 zum ständigen Sekretär für Naturwissenschaften. 1814 wurde Cuvier Staatsrat und Kanzler der Pariser Universität, 1818 Mitglied der Académie française. 1819 erhielt er den Titel eines Barons, 1832 wurde er Präsident des Staatsrates.

Cuvier ist der Begründer der wissenschaftlichen Paläontologie (Lehre von der erdgeschichtlichen Entwicklung der Lebewesen) und der vergleichenden Anatomie. Er war ein entschiedener Vertreter des Klassifikationssystems von → Carl von Linné, das er durch Zusammenfassung verwandter Klassen in umfassendere Gruppen zu erweitern versuchte. Da er ein natürliches System schaffen wollte, verglich er vor allem den inneren Aufbau der Tiere. In den 1800 bis 1805 erschienen «Leçons d'anatomie comparée» stellte Cuvier diese Grundidee dar und formulierte das bedeutende «Gesetz der Korrelation der Organe». Durch Übertragung der Kenntnisse von den Beziehungen der Skelett-Teile zueinander auf Fossilfunde konnten fossile Skelette rekonstruiert werden und Fossilien in die Systematik mit einbezogen werden, was Cuvier 1796 erstmalig mit dem Mammut und später mit vielen weiteren Arten gelang.

Cuviers geologisch-paläontologische Forschungen im Pariser Becken führten ihn aufgrund des Fehlens von Übergangsformen zu der Katastrophentheorie, die → Charles Bonnet bereits vor ihm formuliert hatte, die aber erst durch Cuvier berühmt wurde. Demnach sind die Arten konstant und gehen nicht etwa auseinander hervor, sondern werden nach der Auslöschung durch immer wiederkehrende Katastrophen neu erschaffen. Diese Theorie stand im Einklang mit der biblischen Darstellung, wobei die Sintflut als die jüngste Katastrophe zu deuten ist. Mit dem Aktualitätsprinzip des Geologen → Charles Lyell und der allmählichen Anerkennung der evolutionistischen Deszendenztheorie verlor die Katastrophentheorie später jedoch an Bedeutung.

Cuviers Forschungen gipfelten in seinem Hauptwerk zur Systematik «Le règne animal» (4 Bände, 1817). Darin teilt er das Tierreich in vier Stämme ein: in Wirbeltiere, Weichtiere, Gliedertiere und in Strahlentiere. Diese Grundeinteilung war wegweisend für die weitere systematische Forschung. Als Gegner der Deszendenztheorie ging Cuvier jedoch von einer scharfen Trennung der vier Bauplan-Typen aus, was zu einer wissenschaftlichen Auseinandersetzung mit Saint-Hilaire führte, die durch das Eingreifen von → Johann Wolfgang von Goethe als «Pariser Akademiestreit» berühmt wurde.

D

Daguerre, Louis Jacques Mandé

*** 18. 11. 1787, Cormeilles-en-Parisis, † 10. 7. 1851, Bry-sur-Marne; französischer Fotograf und Maler**

Daguerre, Sohn eines Verwaltungsbeamten, absolvierte von 1801 bis 1804 eine Lehre bei einem Architekten. In Paris arbeitete er drei Jahre als Dekorationsmaler an der Oper, bis 1816 als Panoramamaler und ab 1819 wieder als Maler und Ausstatter an der Oper. 1822 entwickelte er dort unter geschickter Ausnutzung von Beleuchtung und Bemalung ein «Diorama», das als Publikumserfolg auch in England und den USA gezeigt wurde.

Im Rahmen seiner Bilderproduktion bediente sich Daguerre ab 1824 der Camera obscura – ein Gerät, das aus einem dunklen Kasten bestand, in den durch ein Loch Licht fiel und ein auf dem Kopf stehendes Bild projizierte. Dieser Effekt wurde durch eine Linse verbessert und bereits vor 1800 für exakte zeichnerische Darstellungen verbreitet angewendet. Daguerres Wunsch, ein solches Bild dauerhaft festzuhalten, brachte ihn 1826 in Kontakt mit → Joseph Nicéphore Niépce. Diesem waren die ersten fotografischen Bilder gelungen, indem er eine Metall- bzw. Glasplatte mit einer lichtempfindlichen Beschichtung (Asphaltfirnis) versah und in einer Lochkamera mehrere Stunden lang «belichtete».

1829 schloß Daguerre mit ihm einen Vertrag zur Verbesserung des Verfahrens. Mit Joddämpfen wurde jetzt eine Silberjodidschicht auf versilberten Kupferplatten erzeugt, die je nach Lichtmenge in Minuten bis zu einer halben Stunde belichtet werden konnte. Quecksilberdämpfe «entwickelten» die von Licht getroffenen Stellen, und heißes Salzwasser (Natriumchlorid) bzw. das ab 1839 benutzte Natriumthiosulfat «fixierte» das nichtbelichtete Silberjodid. In einem weiteren Vertrag mit Niépce erhielten das Verfahren sowie die damit gewonnenen Bilder 1837 den Namen «Daguerrotypie».

Daguerreotypie
Ein 1837 entwickeltes fotografisches Verfahren, bei dem eine Silber- oder versilberte Kupferplatte, auf der zuvor eine lichtempfindliche Silberjodidschicht aufgebracht wurde, in einer Camera obscura belichtet und das Bild durch Quecksilberdämpfe sichtbar gemacht wurde. Auf diese Weise erhielt man ein positives, seitenverkehrtes Bild (Unikat).

Daimler, Gottlieb Wilhelm

*** 17. 3. 1834, Schorndorf (Württemberg), † 6. 3. 1900, Stuttgart-Bad Cannstatt; deutscher Ingenieur und Erfinder**

Nach der Gesellenprüfung als Büchsenmacher (1852) besuchte Daimler die Landesgewerbeschule Stuttgart. Ein Stipendium für das Studium der elsässischen Kleinschmiedewarenindustrie und ein Studium an der Polytechnischen Schule in Stuttgart (ab 1857) vertieften seine technischen Kenntnisse. Mit dem internationalen Stand des Maschinen- und Motorenbaus machte er sich 1860 in Paris (Gasmotor von Jean Joseph Étienne Lenoir) und während eines zweijährigen Englandaufenthalts vertraut. Wieder in Deutschland, war er technischer Leiter in verschiedenen Maschinenfabriken und lernte Wilhelm Maybach kennen, dessen zukünftige Mitarbeit und hervorragenden konstruktiven Fähigkeiten Daimlers Entwicklungen ab 1869 deutlich mitprägten. In der von → Nikolaus August Otto mitbegründeten Gasmotorenfabrik Deutz verbesserten beide – Daimler als technischer Direktor und Maybach als Chefkonstrukteur – ab 1872 Ottos Gasmotor und den Viertaktmotor. Mit der Idee eines leichteren, schneller laufenden und für Fahrzeuge geeigneten Motors machten sie sich 1882 in Bad Cannstatt bei Stuttgart selbständig. 1890 gründete Daimler zur gewinnbringenden Verwertung von Patenten die Daimler-Motoren-Gesellschaft in Stuttgart-Untertürckheim.

Daimlers Sohn Paul trat ihr 1897 bei; er leitete ab 1907 die Konstruktionsabteilung und entwickelte später den Allradantrieb. Durch die Vereinigung mit der Benz & Cie., Rheinische Gasmotorenfabrik Mannheim, entstand 1926 die Daimler-Benz AG.

1883 meldete Daimler für einen mit Glührohrzündung und bei rascher Verbrennung laufenden Einzylinder-Viertaktmotor ein Patent an. Er stellte den Leichtmotor, der ortsunabhängig und vielseitig einsetzbar sein sollte, auf Benzin um und baute ihn in ein Zweirad ein. Dieses erste Motorrad der Welt wurde 1885 patentiert. Der Einbau in ein Boot und 1886 in eine Kutsche, die damit 18 km/h fuhr, schloß sich an. 1889 folgte er mit einem Stahlradwagen dem Motorwagenkonzept von → Carl Friedrich Benz, das dieser vier Jahre zuvor entworfen hatte. Daimlers weiterer Beitrag zur Entwicklung des Automobils war 1892 der erste Zweizylinder-Reihenmotor (der 1897 vor dem Fahrersitz untergebracht wurde) und ab 1899 der Bau von Vierzylindermotoren. Nach seinem Tod begannen die Daimler-Werke 1902 den Bau einer Wagenserie unter der Bezeichnung «Mercedes», dem Namen der Tochter des Auftraggebers.

Dale, Sir Henry Hallet

*** 5. 6. 1875, London, † 22. 7. 1968, Cambridge; britischer Physiologe und Pharmakologe**

Nach der Ausbildung an verschiedenen Privatschulen begann Dale, Sohn eines Geschäftsmanns, 1894 ein Medizinstudium an der Universität Cambridge. Bereits in seiner Studienzeit widmete er sich physiologischen Studien und traf 1900 den deutschen Pharmakologen → Otto Loewi. Danach arbeitete Dale einige Monate bei → Paul Ehrlich in Frankfurt a. M. 1904 übernahm Dale eine Stelle beim Pharma-Unternehmen Wellcome und leitete dort von 1906 bis 1914 das physiologische Forschungslabor. Die in dieser Zeit begonnenen Arbeiten setzte Dale am Medical Research Committee mit großem Erfolg fort. Von 1928 bis 1942 war er Direktor des Nachfolgers dieser Institution, des National Institute for Medical Research. Danach

wurde er Professor für Chemie und Direktor des Davy-Faraday-Laboratoriums der Royal Institution (bis 1946).
Dale nutzte seine international geachtete Position auch, um vor der Vereinnahmung der Naturwissenschaften durch die Politik und die militärisch ausgerichtete Atomforschung zu warnen.
Seine größten wissenschaftlichen Erfolge verdankte Dale den Untersuchungen der Inhaltsstoffe des Mutterkornpilzes. Aus diesem Getreideparasiten isolierte er eine Reihe physiologisch bedeutender Substanzen. Das Alkaloid Ergotoxin ist, wie Dale zeigen konnte, für die durch Verzehr von mutterkornhaltigem Getreide ausgelösten Krankheitssymptome verantwortlich (Ergotismus mit Schwindel, Erbrechen und Muskelkrämpfen). Dale erforschte auch die Wirkungsweise des chemisch sehr ähnlichen Mutterkornalkaloids Ergotamin, das u.a. in der Gynäkologie verwendet wird. Durch Experimente mit dem aus Mutterkornextrakten isolierten Gewebshormon Histamin konnte Dale dessen Rolle bei dem von → Charles Robert Richet entdeckten anaphylaktischen Schock aufklären.
Dale fand bei seinen Untersuchungen des Mutterkorns auch einen die Muskeltätigkeit stimulierenden Stoff, den er Acetylcholin nannte. 1933 konnte er zeigen, daß es sich bei dem von Loewi entdeckten «Vagusstoff» ebenfalls um Acetylcholin handelt. Es wirkt als chemischer Überträgerstoff (Transmitter) an Nervenendplatten (Synapsen). Da das Acetylcholin dort nur in sehr geringen Mengen gebildet und rasch wieder abgebaut wird, war der durch Dale geführte Nachweis ausgesprochen schwierig. 1936 erhielten Dale und Loewi für ihre auch pharmakologisch sehr wichtigen Forschungen den Nobelpreis für Medizin.

Dale-Prinzip
Von Henry Dale erkannte Gesetzmäßigkeit, wonach eine Nervenzelle an ihren Endigungen nur jeweils einen Überträgerstoff ausschüttet. Inzwischen kennt man jedoch einige Ausnahmen zumindest in embryonalen Zellen des vegetativen Nervensystems.

Dalton, John

*** 5. oder 6. 9. 1766, Eaglesfield (bei Workington), † 27. 7. 1844, Manchester; britischer Physiker und Chemiker**

Dalton, der sich als Sohn eines Webers seine naturwissenschaftlichen Kenntnisse zunächst autodidaktisch angeeignet hatte, war bereits ab 1781 Hilfslehrer der Quäkerschule in Kendal, deren Vorsteher er 1785 wurde. Von 1793 bis 1800 arbeitete er am New College in Manchester, anschließend als Privatgelehrter. Ab 1817 wirkte Dalton als Präsident der Manchester Literary and Philosophical Society, 1822 wurde er in die Londoner Royal Society gewählt, und 1831 war er einer der Gründer der British Association for the Advancement of Science.
Ursprünglich hatte sich Dalton für Meteorologie interessiert; er untersuchte dabei auch das Verhalten von Gasgemischen und deren Druckverhältnisse. So formulierte er 1801 zusammen mit William Henry das «Daltonsche Gesetz».
Daltons bedeutendste Entdeckung war, daß alle Atome eines Elements chemisch und physikalisch gleich sind, sich aber in ihrer Atommasse (heute: relative Atommasse) unterscheiden. Dies erklärte die bereits bekannte Tatsache, daß die Ele-

Dalton
Eine heute nicht mehr offiziell verwendete Einheit, welche die Atommasse angibt. Ein Atom von einem Dalton hat die relative Atommasse 1, was $1{,}66018 \times 10^{-24}$ Gramm entspricht.

Daltonsche Gesetze
1801 formulierte Dalton etwa zeitgleich mit William Henry die Regel, nach der in einem Gemisch chemisch nicht miteinander reagierender, idealer Gase der herrschende Gesamtdruck gleich der Summe der Drücke der einzelnen Gase ist. In realen Gasen und bei hohen Drücken gelten die Daltonschen Regeln nicht exakt.
Daneben werden auch die stöchiometrischen Gesetze der konstanten und multiplen Verhältnisse als Daltonsche Gesetze bezeichnet.

mente in chemischen Verbindungen in einfachen Gewichtsverhältnissen zueinander stehen – in Wasser zum Beispiel 2 Wasserstoffatome : 1 Sauerstoffatom. 1803 faßte Dalton zahlreiche experimentell ermittelte Atommassen in einer Tabelle zusammen; die daraus entwickelte Rechenmethode (Stöchiometrie) erlaubt Aussagen über die Mengenverhältnisse in Stoffen.
Daltons physikalische Atomtheorie stellte die Chemie auf eine neue Basis; in seinem dreibändigen Werk «A New System of Chemical Philosophy» (1808–1827), durch das er zum Begründer der chemischen Atomistik wurde, veröffentlichte er die dazugehörigen experimentellen Daten und die daraus gewonnen Schlußfolgerungen. Über seine chemisch-physikalischen Beobachtungen hinaus beschrieb Dalton im Jahr 1798 als erster – an sich selbst – die erbliche Rotgrünblindheit.

Dam, Henrik Carl Peter

*** 21. 2. 1895, Kopenhagen,**
† 17. 4. 1976, Kopenhagen; dänischer Biochemiker

Dam, ab 1923 Universitätsmitarbeiter in Kopenhagen, studierte ab 1925 in Österreich bei Fritz Pregel und Anfang der 30er Jahre in Deutschland. 1929 erhielt er in Kopenhagen einen Lehrstuhl, wo er 1934 auch promovierte. Kriegsbedingt arbeitete er seit 1940 in den USA, unter anderem am Rockefeller-Institut in New York. Von 1946 bis 1965 war er Professor für Biochemie und Ernährung an der Technischen Hochschule Kopenhagen.
Im Mittelpunkt seiner Forschungsarbeiten standen die Vitamine, Sterine und Cholesterin, Fette sowie Probleme des Stoffwechsels und der Ernährung. Seit 1929 beschäftigte sich Dam mit der Cholesterinsynthese. Als seine Versuchstiere (Hühner) skorbutähnliche Symptome zeigten und eine entsprechende Behandlung erfolglos blieb, setzte er ihrer Nahrung essentielle Vitamine zu. Als sich auch hier keine Wirkung zeigte und die Tiere weiterhin kleine Blutungen unter der Haut und im Muskel hatten, vermutete er ein bisher unbekanntes Vitamin, das bei der Blutgerinnung eine Rolle spielte, und nannte es Vitamin K (K für Koagulation). 1934 wurde Vitamin K von ihm und anderen Biochemikern isoliert und analysiert. 1943 erhielt Dam und der maßgeblich beteiligte Biochemiker Edward Doisy den Nobelpreis für Medizin. Die Zufuhr von Vitamin K verringert bei Operationen die Blutungsgefahr, ebenso bei Neugeborenen, wenn sich in ihrem Darmtrakt noch keine ausreichende Anzahl von Vitamin K produzierenden Bakterien angesiedelt hat.

Daniell, John Frederic

*** 12. 3. 1790, London, † 13. 3. 1845, London; britischer Chemiker und Physiker**

Über die Vita Daniells ist nur sehr wenig bekannt. Nach Arbeiten in einer Zuckerraffinerie widmete er sich wissenschaftlichen Forschungen, deren Qualität 1813 zur Aufnahme in die Royal Society führten. 1831 wurde er der erste Professor für Chemie am King's College der Universität London.

Daniell beschäftigte sich zunächst mit meteorologischen Fragen, die ihn 1820 zur Konzeption eines Taupunkthygrometers führten. 1823 veröffentlichte er mit «Meteorological Essays and Observations» sein erstes Hauptwerk. Ab 1835 widmete er sich auf Anregung durch → Michael Faraday der Elektrochemie. Ausgehend von den eigenen Forschungen über die Säule von → Alessandro Comte Volta entwickelte Daniell 1836 mit dem «Daniell-Element» ein galvanisches Element, das über einen langen Zeitraum einen konstanten Strom abgibt. Außerdem arbeitete Daniell auf dem Gebiet der Elektrolyse. Mit seinen Experimenten über die Abscheidung von Kupfer an der Kathode legte er zusammen mit August Arthur de la Rive die Grundlagen für die Galvanoplastik (Verfahren zur Herstellung von Druckstöcken). 1839 veröffentlichte Daniell mit «An Introduction to the Study of Chemical Philosophy» sein letztes Hauptwerk.

Daniell-Element
Ein 1836 von Daniell entwickeltes elektrochemisches Element zur Erzeugung von elektrischem Strom. Das Element besteht aus zwei Reaktionsräumen, die durch ein Diaphragma getrennt sind. Im ersten Reaktionsraum befindet sich eine in Zinksulfatlösung eingetauchte Zink-Elektrode (Anode), im zweiten Reaktionsraum befindet sich eine Kupfer-Elektrode (Kathode), die in eine Kupfersulfatlösung eintaucht. Verbindet man die Elektroden durch einen elektrischen Leiter, so tritt eine elektrische Spannung auf; ein Strom fließt.

Darwin, Charles Robert

*** 12. 2. 1809, The Mount (bei Shrewsbury), † 19. 4. 1882, Down (heute zu London-Bromley); britischer Naturforscher**

Darwin war ein Enkel des Arztes und Naturforschers Erasmus Darwin, der gegen Ende des 18. Jahrhunderts bereits Spekulationen zur Entwicklung der Lebewesen angestellt hatte. Nach dem Besuch einer auf klassische Sprachen spezialisierten Internatsschule ging Darwin 1825 zum Studium der Medizin an die Universität Edinburgh. Abgestoßen von der in jener Zeit ohne Narkose praktizierten Chirurgie begann er 1828 in Cambridge ein Theologiestudium, beschäftigte sich jedoch darüber hinaus mit Geologie und Biologie. Nach dem Examen in Theologie erhielt Darwin 1831 die Möglichkeit, als unbezahlter Naturforscher an einer Weltreise auf dem Vermessungsschiff «Beagle» teilzunehmen. Die fünfjährige Reise (1831 bis 1836) führte ihn über die Kapverdischen Inseln an die Ost- und Westküste Südamerikas, von dort über die Galapagosinseln und Tahiti nach Neuseeland, schließlich über Mauritius und Südafrika zurück nach England. Darwin ließ sich danach in Cambridge nieder und zog 1837 nach London. Von 1838 bis 1844 war er Sekretär der Geological Society. 1842 zog er auf einen Landsitz nahe Down (bei London), auf dem er ab 1860 auch (vorwiegend botanische) Versuche durchführte.

Darwin hat sich vor allem durch seine Evolutionstheorie einen Namen gemacht. Darüber hinaus verfaßte er aber auch bedeutende Arbeiten zur Geologie und Biologie. Unter anderem erklärte er die Entstehung von Korallenriffen, erarbeitete eine Monographie der Rankenfüßer-Krebse (Cirripedia), untersuchte die Wirkung von Fremdbefruchtung bei Pflanzen und entwickelte die «Pangenesis-Hypothese» über das materielle Substrat der Vererbung.

In seiner Evolutionstheorie suchte er nach einer Erklärung für die während seiner Reise auf der «Beagle» immer wieder beobachtete Artenfülle. Insbesondere die Artendifferenzierung von Inselfaunen und deren Ähnlichkeit mit Arten des Festlandes lieferten die Grundlage für Darwins Überzeugung von einer Abstammung der Arten von einem gemeinsamen Urahnen (Deszendenztheorie). Darwin ersetzte bisherige Auffassungen von einem Vervollkommnungstrieb und einer Vererbung erworbener Merkmale (→ Jean-Baptiste de Lamarck) durch eine Theorie der Anpassung durch «natürliche Selektion»: Wie ein Züchter, der durch künstliche Auswahl die Eigenschaften einer Art verändern kann, so wirkt die Natur durch natürliche Auslese, indem die Bestangepaßten überleben und sich fortpflanzen. Darwin prägte dafür die Bezeichnung «struggle for existence». Er erkannte in der (vom Nationalökonomen Thomas Robert Malthus beschriebenen) Überproduktion an Nachkommen eine Grundvoraussetzung für den Selektionsprozeß. Infolge von erblicher Merkmalsvariation der Individuen können durch unterschiedliche Anpassung und Divergenz verschiedene Arten entstehen.

Obwohl Darwin seine Theorie bereits bei der Bearbeitung seiner Sammlungsobjekte und Reisetagebücher zwischen 1837 und 1844 entwickelte, veröffentlichte er sie erst 1859 auf Drängen von → Charles Lyell, da der Biologe → Alfred Russel Wallace die Publikation weitgehend identischer Ideen beabsichtigte. Die erste Auflage von Darwins Buch «On the Origin of Species by Means of Natural Selection ...» (1859) war bereits am Erscheinungstag vergriffen und sorgte für weltweites Aufsehen.

In der Folgezeit lieferte Darwin zahlreiche weitere Beiträge zum Ausbau seiner Theorie. Er weitete sie in dem Buch «The Descent of Man, and Selection in Relation to Sex» (2 Bände, 1871) auf den Menschen aus. Die darin vor allem durch

Darwinismus
Auch: Selektionstheorie. Die von Darwin entwickelte Evolutionstheorie zur Erklärung der Entstehung von Arten durch Selektion. Durch teilweise unangebrachte Übertragung des Darwinismus auf die menschliche Gesellschaft entstand der Sozialdarwinismus als ein Element der Ideologie des Nationalsozialismus.

Darwin-Finken
Auch: Galapagos-Finken. 1835 von Darwin entdeckte Gruppe der Ammern, die mit 14 Arten auf den Galapagos- und Kokosinseln vertreten sind und wahrscheinlich von einer Ausgangsart des südamerikanischen Festlands abstammen.

Deutung rudimentärer Organe begründete These der Abstammung von Mensch und Affe von gemeinsamen Vorfahren stieß auf heftige Kritik insbesondere in Theologenkreisen. Die Entstehung der menschlichen Rassen erklärte Darwin durch «sexuelle Selektion» aufgrund von Partnerwahl.
Darwins Theorien trugen wesentlich zur Entstehung der Biologie als eigenständiger Disziplin bei, hatten jedoch auch Auswirkungen auf viele andere Wissenschaftsbereiche bis hin zur Soziologie und Philosophie.

Davisson, Clinton Joseph

*** 22. 10. 1881, Bloomington (Illinois), † 1. 2. 1958, Charlottesville (Virginia); amerikanischer Physiker**

Davisson absolvierte ein Studium der Physik in Chicago. Nach Abschluß der Diplomprüfungen erhielt er auf Empfehlung von → Robert Andrew Millikan einen Studienplatz in Princeton, wo er 1911 bei Owen Williams Richardson über die Elektronenemission erhitzter Materialien promovierte. In den Jahren 1911 bis 1917 arbeitete er am Carnegie Institute of Technology, um dann zur Bell Telephone Company zu gehen, wo er mit Charles Henry Kunsmann und Lester Halbert Germer zusammenarbeitete. 1937 erhielt er für seine Arbeit über Elektronenbeugung zusammen mit George Paget Thomson den Nobelpreis für Chemie. 1954 wirkte Davisson als Gastprofessor an der Universität Virginia.
Zu Beginn seiner wissenschaftlichen Laufbahn beschäftigte sich Davisson mit der thermoionischen Emission von reinen und oxidbeschichteten Kathoden. Ab 1925 galten seine Bemühungen der Sekundärstrahlung von Elektronen. Zusammen mit Kunsmann und Germer entdeckte er, daß Elektronen an einem Kristallgitter gebeugt (abgelenkt) werden. 1926 erfuhr Davisson von der Theorie Louis Victor de Broglies, daß Elektronen sowohl Teilchen als auch Welle sein können. Da Beugung eine typische Welleneigenschaft ist, wollte Davisson mit seiner Methode die Brogliesche Theorie experimentell bestätigen, was ihm 1927 gelang. Mit seinen Arbeiten hat Davisson nicht nur Broglies Theorie bewiesen, sondern auch ein Mittel zur Strukturaufklärung entwickelt.

Davy, Sir Humphrey

*** 17. 12. 1778, Penzance (Cornwall), † 29. 5. 1829, Genf; britischer Chemiker und Physiker**

Der Autodidakt Davy, Sohn eines Holzschnitzers, besaß nur eine sehr einfache Schulbildung. Ab 1798 forschte er an der Pneumatic Institution in Bristol, 1801 wechselte er als Assistent Lecturer an die Royal Institution in London, wo er schon 1802 Professor wurde. Dieses Amt legte er 1812 nieder, um eine ausgedehnte Europareise mit seinem Assistenten → Michael Faraday zu unternehmen. 1812 wurde Davy zum Sir und 1818 zum Baron ernannt; von 1820 bis 1827 war er Präsident der Royal Society.
Davy beschäftigte sich seit etwa 1799 mit der Natur der Wärme sowie mit Gasen, die er – wie alle Substanzen, mit denen er arbeitete – probehalber einatmete. Dabei entdeckte er unter anderem die Wirkung des von ihm so benannten «Lachgases» Distickstoffmonoxid.
Ab 1806 führte Davy verstärkt elektrochemische Experimente durch; heute

gilt er als Begründer dieser Forschungsrichtung. Davy entdeckte mit Hilfe der Schmelzflußelektrolyse mehrere Alkali- und Erdalkalimetalle, darunter Kalzium, Natrium und Magnesium.
Durch die elektrische Zerlegung reinen Wassers konnte er zeigen, daß dieses aus Wasserstoff und Sauerstoff besteht. Weiterhin konnte Davy 1809/10 Chlor als elementaren Bestandteil der Salzsäure und Wasserstoff als Charakteristikum der Säuren allgemein nachweisen. Die Namensgebung des Chlors (von griechisch chloros = grün) stammt ebenso von Davy wie der Nachweis, daß Diamanten aus reinem Kohlenstoff bestehen. Bei Arbeiten über Flammen entdeckte Davy 1812 den Lichtbogen und konstruierte 1815 die Grubenlampe. Zur Verhinderung von Korrosion, etwa an Schiffen, schlug er den Einsatz von sogenannten Opferanoden vor.
Davy gilt durch seine experimentellen Entdeckungen als einer der bedeutendsten Chemiker des 19. Jahrhunderts; aber auch die systematische Neuordnung der Chemie durch → Jöns Jacob Berzelius fußt auf Davys Versuchen.

Davy-Lampe
Auch: Davysche Sicherheitslampe. Die Flamme der Davyschen Sicherheits- oder Grubenlampe wird von einem engmaschigen Drahtzylinder umschlossen. Dieser nimmt die bei der Verbrennung entstehende Wärme auf, bevor sie das Grubengas Methan entzünden und zur Schlagwetterexplosion führen kann. Steigt der Methananteil in der Grubenluft auf 14%, erlischt die von Davy erdachte benzingetriebene «Wetter»lampe komplett. Heute verwendet man – im Prinzip baugleiche – elektrische Grubenlampen.

Debye, Peter Joseph Wilhelm

*** 24. 3. 1884, Maastricht (Niederlande), † 2. 11. 1966, Ithaca (New York); niederländisch-amerikanischer Physiker**

Debye absolvierte ein Studium der Elektrotechnik an der TH Aachen, das er 1905 mit dem Diplom abschloß. 1906 ging er als Assistent des Physikers → Arnold Sommerfeld an die Universität München, wo er 1908 promovierte. 1911 übernahm Debye den Lehrstuhl für Theoretische Physik an der Universität Zürich als Nachfolger Albert Einsteins. 1912 folgte er einem Ruf nach Utrecht, wo er bis 1914 lehrte, um dann in Göttingen (1914–1920) und an der ETH Zürich (1920–1927) zu unterrichten. 1927 wurde Debye auf den Lehrstuhl für Experimentalphysik an der Universität Leipzig berufen, 1935 wurde er Direktor des neuen Kaiser-Wilhelm-Instituts für Physik in Berlin. 1936 übernahm er den Lehrstuhl für Experimentalphysik als Nachfolger von → Walter Friedrich Hermann Nernst an der Universität Berlin. Ebenfalls 1936 bekam Debye für seine Strukturbestimmung von Stoffen aller Aggregatzustände und die Ermittlung der molekularen Dipolmomente den Nobelpreis für Chemie. Auf Druck der Nationalsozialisten emigrierte Debye 1940 in die USA, wo er an der Cornell University eine Professur für Chemie erhielt und Direktor der Abteilung für Chemie wurde (1940–1952).
Die frühen Arbeiten Debyes galten Wärmephänomenen. 1912 beschäftigte er sich mit der Erklärung der Temperaturabhängigkeit der Dielektrizitätskonstanten (Materialkonstante eines Isolators in einem elektrischen Feld). Er stellte die These auf, daß Moleküle elektrische Di-

pole sind, womit er die Theorie der polaren Moleküle begründete. Aufgrund seiner Arbeit wurde die Einheit des elektrischen Dipolmoments «Debye» genannt. Ebenfalls 1912 führte Debye das Einsteinsche Konzept der spezifischen Wärmen fort. In seiner «Debyeschen Theorie» übertrug er das Problem auf feste Körper und legte dar, daß thermische Gitterschwingungen Eigenschwingungen sind und daß der atomare Bau durch eine Maximalschwingung erfaßt wird. Mit der Debye-Temperatur führte er eine Kennung ein.

Nach → Max von Laues Entwicklung der Röntgenbeugung als Methode zur Kristallstrukturbestimmung stellte Debye den Einfluß der wärmeinduzierten Atomschwingung bei der Röntgenbeugung dar, indem er zeigte, daß dadurch die resultierende Amplitude geschwächt wird. Als Korrekturfaktor führte er 1915 den Debyeschen Wärmefaktor ein (auch «Debyescher Temperaturfaktor» oder «Debye-Waller-Faktor» genannt). Einmal mit kristallographisch-mineralogischen Problemen befaßt, entwickelte er zusammen mit Paul Scherrer eine weitere Methode zur Strukturbestimmung, bei der Kristallpulver verwendet werden können. Dieses «Debye-Scherrer-Verfahren» von 1915 gehört heute zu den Standardmethoden der Kristallstrukturanalyse. Ab 1920 widmete sich Debye zusammen mit Erich Hückel den Ionenlösungen. 1923 formulierten sie die «Debye-Hückel-Theorie», nach der das abweichende Verhalten verdünnter Elektrolytlösungen von dem idealer Lösungen mit interionischen Wechselwirkungen erklärt wird. Ebenfalls 1923 veröffentlichte Debye das Konzept der adiabatischen Magnetisierung zur Erzeugung von Tiefsttemperaturen. Einer Anregung von Léon Nicolas Brillouin folgend, untersuchte Debye die Ausbreitung von Ultraschallwellen in Flüssigkeiten. Diese Forschungen führten 1932 zum «Debye-Sears-Effekt», mit dem Debye darstellte, daß die Ausbreitung der Ultraschallwellen in einem fluiden Medium den Effekt eines optischen Gitters bewirkt, wobei die entsprechende Wellenlänge der Gitterkonstanten entspricht. In den 30er und 40er Jahren befaßte sich Debye mit der Struktur und dem Verhalten von Polymeren, wobei er seine Kenntnisse der Lichtstreuung gezielt einsetzen konnte.

De Forest, Lee

*** 26. 8. 1873, Council Bluffs (Iowa), † 30. 6. 1961, Hollywood; amerikanischer Ingenieur**

Schon als Schüler beschäftigte sich De Forest mit der drahtlosen Telgrafie Guglielmo Marconis. Nach seiner Schulzeit studierte er an der Yale-Universität in New Haven, wo er 1899 promovierte. Ab 1900 war er mit der Errichtung von Funkstationen betraut. In seiner Freizeit tüftelte er an der Verbesserung von Sende- und Empfangsanlagen, wobei er viele technische Neuerungen einbrachte und 300 Patente anmeldete. Für seine Leistungen wurden ihm zahlreiche Ehrungen des In- und Auslands zuteil. 1950 verfaßte De Forest unter dem Titel «Father of Radio» seine Autobiographie.

Zum Zweck der Optimierung von Funkanlagen entwickelte De Forest 1901 eine Methode zur Beschleunigung der Übertragung von Funksignalen. In den Jahren 1901 bis 1905 gelang ihm die Herstellung der Diode zur Gleichrichtung von Wechselstrom. Er brachte, unter Berücksichtigung der Arbeiten → Thomas Alva Edisons und Owen Williams Richardsons, Elektroden in ein mit Gas gefülltes Glasröhrchen ein, das über eine Kathode verfügte. Später benutzte er Vakuumröhren. 1906 löste De Forest mit der Triode das Problem der Verstärkung, indem er zwischen die Elektroden der Diode eine weitere Elektrode einbrachte, die durch eine externe Spannungsquelle gesteuert werden konnte. Mit der Triode hatte De Forest ein Verstärkerelement entwickelt, das den Bau von Funkanlagen und Rundfunkgeräten revolutionierte. Er selbst nannte seine Schöpfung «Audion», ließ sie 1907 patentieren, um sie an die American Telephon and Telegraph Company zu verkaufen. 1916 präsentierte De Forest einen modernen Rundfunksender. 1923 entwickelte er ein Verfahren zur Anfertigung einer Tonspur, so daß er noch im selben Jahr den ersten Tonfilm vorführen konnte.

Delbrück, Max

*** 4. 9. 1906, Berlin, † 9. 3. 1981, Pasadena (Kalifornien); amerikanischer Biophysiker und Molekularbiologe deutscher Herkunft**

Als Sohn des Berliner Historikers Hans Delbrück hatte Max Delbrück bereits in seiner Jugend Kontakt zu vielen intellektuellen Persönlichkeiten. Er studierte von 1924 bis 1929 theoretische Physik und Mathematik in Tübingen, Bonn, Berlin und Göttingen. Nach seiner Promotion (1930 bei → Max Born) beschäftigte er sich in Bristol, Kopenhagen und Zürich mit theoretischer Physik. Sein Interesse für die Biologie wurde von dem Physiker → Niels Bohr bestärkt. So organisierte Delbrück während seiner Zeit als Assistent von → Lise Meitner am Kaiser-Wilhelm-Institut für Chemie in Berlin (1932–1937) eine Diskussionsgruppe, der neben Physikern auch Biochemiker und Genetiker angehörten. Von 1937 bis 1940 ging Delbrück als Stipendiat der Rockefeller-Stiftung an das California Institute of Technology (Caltech) in Pasadena und arbeitete sich bei → Thomas Hunt Morgan in die genetische Forschung an der Taufliege Drosophila ein. An der Vanderbilt University in Nashville (1940–1947) wechselte er jedoch auf Bakteriophagen als Versuchsobjekte und hatte damit seine größten wissenschaftlichen Erfolge, für die er mit Alfred Day Hershey und Salvador Edward Luria 1969 den Nobelpreis für Medizin erhielt. Delbrück gilt als einer der Begründer der modernen Phagenforschung und Molekularbiologie. Sein Interesse an der Genetik resultierte aus der Idee, daß Gene eine molekulare Struktur besitzen und daher physikalischen Einflüssen unterliegen. Als ein geeignetes Modell zum Studium der Genstruktur führte Delbrück Bakteriophagen in die Molekularbiologie ein. Er erkannte, daß diese auf Bakterien spezialisierten Viren aufgrund ihres einfachen Aufbaus und ihrer raschen Vermehrung ausgezeichnete Objekte sind, um Experimente zum Nachweis von genetischen Veränderungen durchzuführen. Indem er das Auftreten von Resistenz der Bakterien gegen Phagenbefall untersuchte, konnte Delbrück 1943 zusammen mit Luria nachweisen, daß Veränderungen des Erbgutes (Mutationen) spontan entstehen. 1946 war Delbrück an dem Nachweis genetischer Rekombination beteiligt. Es konnte gezeigt werden, daß Phagen bei gemeinsamer Infektion von Bakterien genetisches Material untereinander austauschen. Besondere Bedeutung hat die Tatsache, daß Delbrück durch die Organisation internationaler Kongresse und Kurse seine Erkenntnisse anderen Wissenschaftlern zugänglich machte und so die Verwendung von Bakterien und Phagen für die Aufklärung vieler genetischer Probleme ermöglichte. Somit hat Delbrück indirekt wesentlich zu den Erfolgen in der modernen Mikrobiologie, Immunologie, Virologie, Neurobiologie und Krebsforschung beigetragen. Delbrück selbst beschäftigte sich seit den 50er Jahren mit der Erforschung der Umwandlung von Reizen in physiologische Aktivität. Das dazu ausgesuchte Untersuchungsobjekt, Phycomycetes (niedere Pilze), erlangte jedoch in der Sinnesphysiologie bei weitem nicht so große Bedeutung wie die Phagen in der Genetik.

Demokrit (griech.: Demokritos)

*** um 460 v. Chr., Abdera (Thrakien), † zwischen 380 und 370 v. Chr.; griechischer Naturphilosoph**

Über die Vita des Demokrit ist wenig bekannt. Von Abdera aus hat er wahrscheinlich ausgedehnte Reisen durch Ägypten und den Nahen Osten unternommen, ehe er sich in Griechenland als Philosoph niederließ. Durch seinen Lehrer Leukipp lernte Demokrit das rationalistische Weltbild Kleinasiens kennen. Von seinen zahlreichen Schriften (zur Ethik, Physik, Mathematik, Astronomie und Physiologie) sind nur Fragmente erhalten geblieben. Über ihren Inhalt weiß man vor allem durch Erörterungen von → Aristoteles und Theophrast.

Demokrit vertrat die von ihm metaphysisch begründete Lehre des Atomismus. Danach werden alle Eigenschaften der Dinge auf Form, Lage und Größe nicht zerteilbarer, undurchdringlicher, unsichtbarer und unveränderlicher, unendlich vieler Atome zurückgeführt, die sich im leeren Raum bewegen. Das Werden und Vergehen ist demnach ein bloßes Umordnen von Atomen; Materie und Bewegung sind aber an sich unvergänglich. Demokrit sah das Verhalten der Atome durch bestimmte, bindende Naturgesetze auferlegt und nicht als Ergebnis von Launen der Götter. Als extremer Materialist glaubte er, daß das Wirken des Universums so unbeseelt und determiniert sei wie eine Maschine. Selbst die Schöpfung war für ihn das Ergebnis «wabernder Bewegungen».

Nach Demokrit besteht auch die Seele aus Atomen, die in den verschiedenen Organen des menschlichen Körpers verschiedene Wirkungen wie Vernunft und Gefühl hervorrufen. Auch die Wahrnehmung führte er auf Atome zurück, wobei er als erster eine konsequente Erklärung von Farberscheinungen versuchte.

Demokrits Ansichten haben sich bis ins 19. Jahrhundert erhalten; das mechanistische Moment seiner Lehre konnte erst durch die moderne Atomtheorie des 20. Jahrhunderts überwunden werden.

Descartes, René

*** 31. 3. 1596, La Haye, † 11. 2. 1650, Stockholm; französischer Philosoph und Mathematiker**

Descartes, der aus einer Amtsadelsfamilie stammte, besuchte von 1604 bis 1614 das Jesuitenkolleg in La Flèche und studierte anschließend Rechtswissenschaften an der Universität Poitiers. Von 1618 bis 1621 stand er in Kriegsdiensten in den Armeen Moritz' von Nassau und des Kurfürsten Maximilian von Bayern. 1629 ging er in die Niederlande, wo er sich naturwissenschaftlichen und philosophischen Fragestellungen widmete. Als er hier ab 1634 in Konflikt mit konservativen Kirchenkreisen geriet, folgte er 1649 einer Einladung der schwedischen Königin Christina als deren geistiger Mentor an den Hof nach Stockholm, wo er wenige Monate später starb.

Descartes schuf die Grundlagen der neueren Erkenntnistheorie. Dies trifft sowohl für seinen Begriff der Wahrheit zu, die er als reine, durch Intuition gewonnene Evidenz und klare Anschauung (wahr ist, was sich «clare et distincte» erkennen läßt) definiert als auch für seine Unterscheidung von res cogitans (denkende Substanz) und res extensa (ausgedehnte Substanz), die der Reduktion der Körperwelt auf reine Ausdehnung (extensio) in physikalischen Zusammenhängen folgt. Vom Standpunkt der philosophischen Methode des Zweifelns gelangte Descartes zu einer sicheren, idealistischen Ausgangsposition (cogito ergo sum; ich denke, also bin ich), von der aus er induktiv Existenzaussagen bis hin zum Gottesbeweis traf. Die Annahme angeborener Ideen führte ihn zum Begriff angeborener Wahrheiten.

Zu den wichtigsten philosophischen Werken Descartes' gehören der «Discours de la méthode pour bien conduire sa raison et chercher la verité» («Abhandlung über die Methode»), seine erst 1931 publizierten «Meditationes» sowie «Principia philosophiae» («Die Prinzipen der Philosophie») von 1644.

Auf naturwissenschaftlichem Gebiet fand Descartes durch logisches Folgern den Hauptsatz der Energie und die Theorie der Korpuskularbewegung (Bewegung der Teilchen) aller Materie. In diesem Zusammenhang stellte er einen der ersten Erhaltungssätze der Physik überhaupt auf. Auf dem Gebiet der Optik gilt Descartes als Mitentdecker des Brechungsgesetzes. Auf dem Gebiet der Mathematik entwickelte er eine graphische Methode zur Lösung von Gleichungen und stellte ihre Kurven im Koordinatensystem dar.

Dewar, Sir James

*** 20. 9. 1842, Kinkardine on Forth, † 27. 3. 1923, London; britischer Chemiker und Physiker**

Nach Studienzeiten in Edinburgh und bei Friedrich August Kekulé in Deutschland wurde Dewar 1875 Professor in Cambridge und 1877 Chemieprofessor an der Royal Institution in London. 1897 war er Präsident der Chemical Society. 1904 erhielt er seinen Adelstitel.

Dewars Arbeiten betrafen unter anderem die organische Chemie (Dewar-Benzol), Spektralanalyse, Vakuumtechnik und Tiefsttemperaturen, im besonderen zur Verflüssigung permanenter Gase. 1891 entwickelte er eine Luftverflüssigungsanlage zur Herstellung grö-

Dewar-Gefäß

Eine doppelwandige Flasche enthält zwischen den Wänden ein Vakuum, das die Wärmeleitung unterbricht. Die Konstruktionsidee des deutschen Physikers Weinhold verbesserte Dewar durch einen silbernen Wandinnenbelag, der Wärme zusätzlich reflektiert.

ßerer Mengen flüssigen Sauerstoffs, dessen magnetische Eigenschaften er entdeckte. 1893 konstruierte er ein Gefäß zur Temperaturerhaltung vor allem tiefgekühlter, flüssiger Gase. Das «Dewar-Gefäß» fand als Thermosflasche eine erweiterte Nutzung. Seine Untersuchungen des Joule-Thomson-Effekts führten zu einer größeren Verflüssigungsanlage, mit der Dewar Temperaturen bis zu 14 °C über dem absoluten Nullpunkt erreichte. 1898 konnte er damit Wasserstoff verflüssigen und 1899 auch verfestigen. Zusammen mit Frederick Abel erfand er 1899 den für militärische Zwecke interessanten raucharmen Sprengstoff Kordit.

Diels, Otto Paul Hermann

*** 23. 1. 1876, Hamburg, † 7. 3. 1954, Kiel; deutscher Chemiker**

Otto Diels, Sohn des Philologen Hermann Diels, studierte ab 1895 unter anderem bei → Emil Hermann Fischer in Berlin Chemie, wo er 1899 promovierte. Diels habilitierte sich 1904 und war von 1906 bis 1916 Professor in Berlin, danach bis 1948 in Kiel.

Er baute nach Ende des Zweiten Weltkrieges als Direktor das völlig zerstörte Chemische Institut der Universität Kiel wieder auf, nachdem er schon ein Jahr im Ruhestand gewesen war. 1950 wurden ihm und Kurt Alder der Nobelpreis für Chemie verliehen.

Diels' herausragende Forschungsleistung war die Entdeckung der Diensynthese (1928). Zusammen mit seinem Schüler Alder entwickelte Diels diese grundlegende chemische Reaktion, die neue Einsichten in den Ablauf organischer Reaktionen erlaubte. In den darauffolgenden Jahren konnte mittels der Diels-Alder-Reaktion die Struktur zahlreicher Moleküle durch Synthese aufgeklärt werden.

1906 hatte Diels bereits das Kohlensuboxid entdeckt beziehungsweise hergestellt. Im selben Jahr begann er mit intensiven Untersuchungen an Cholesterol, dessen chemische Zerlegung zur Aufklärung des Grundgerüstes der Steroide führte. Auch die Einführung des Elementes Selen als mildes Dehydrierungsmittel in der präparativen organischen Chemie geht auf Diels zurück.

Im Laufe seines wissenschaftlichen Lebens veröffentlichte Diels etwa 180 Bücher und Fachaufsätze. Sein 1907 erstmals erschienenes «Lehrbuch der organischen Chemie» wurde über seinen Tod hinaus fortgeführt und erlebte zahlreiche Auflagen.

Diels-Alder-Synthese

Bei dieser chemischen Reaktion lagern sich ungesättigte Verbindungen (Diene) an Kohlenwasserstoffe mit konjugierten Doppelbindungen (Dienophile) an. Der praktische Nutzen dieser Entdeckung liegt in der Herstellung von zum Beispiel Alkaloiden und Polymeren. Die Diels-Alder-Reaktion erlaubt eine schnelle Duftstoff- und Insektizidherstellung oder die Synthese von Arzneimittelbestandteilen wie Cortison.

Diesel, Rudolf Christian Karl

*** 18. 3. 1858, Paris, † 29. 9. 1913 (ertrunken); deutscher Ingenieur und Motorenbauer**

Unter ärmlichen Verhältnissen wuchs Diesel, dessen Eltern aus Süddeutschland emigriert waren, in Paris auf. Verwandte ermöglichten ihm nach Ausbruch des Deutsch-Französischen Krieges 1870 in Augsburg eine technische Ausbildung, die er 1875 mit Auszeichnung beendete. An der TH München schloß er 1880 als Stipendiat sein Maschinenbaustudium bei → Karl von Linde als Examensbester aller bisherigen Jahrgänge ab. Karl von Linde vermittelte ihm anschließend die Leitung einer Eisfabrik in Paris und ab 1890 eines technischen Büros für Eismaschinen in Berlin. Mit zahlreichen Patenten und hohen Lizenzeinnahmen erwarb Diesel ein Vermögen, das er aber durch Börsenspekulationen und finanzielle Fehlschläge wieder verlor. Gerichtliche Verfahren zur Anfechtung seiner Patente führten 1907 zu einem Nervenzusammenbruch. Auf einer Geschäftsreise nach England verschwand Diesel während der Überfahrt vom Schiff; er beging vermutlich Selbstmord. Ab 1881 meldete Diesel eine Reihe von Patenten im Zusammenhang mit der Eisfabrikation an. Erfolglos experimentierte er in den Pariser Jahren an einer Art Dampfmaschine, die er mit dem für Kältemaschinen verwendeten Ammoniak betreiben wollte. In Weiterführung von → Nicolas Carnots Theorie vom Kreisprozeß hielt es Diesel für praktisch möglich, den Wirkungsgrad von Wärmekraftmaschinen zu erhöhen. Auf der Grundlage von Nikolaus August Ottos Verbrennungsmotor entwarf er daher eine Kraftmaschine, in der geringe Mengen eines Kraftstoffs aus minderwertigen Ölen sich in einer hochverdichteten Verbrennungsluft von selbst entzünden konnten. Die adiabatische Erhitzung des Gasgemischs führte zu einem verbesserten thermischen Wirkungsgrad. 1892 wurde der «Dieselmotor» patentiert und 1893 bis 1897 mit Unterstützung der Maschinenfabrik Augsburg und des Stahlwerks Krupp zur Fertigungsreife entwickelt. Geringe Kraftstoffkosten (Dieselkraftstoff), ein Wirkungsgrad von 26 Prozent (heute liegt er bei 45 Prozent) und die schwere Bauweise machten Dieselmotoren unter anderem für Lastkraftwagen, Lokomotiven und Schiffe geeignet. Neben diesen Motoren baute Diesel auch den ersten Kleindieselmotor.

Dieselmotor
Angesaugte Luft wird so stark verdichtet und dadurch erwärmt, daß ihre Temperatur (700–900 °C) über der Selbstentzündungstemperatur des Kraftstoffs liegt. Im Brennraum wird der Kraftstoff optimal mit der Verbrennungsluft gemischt (verschiedene Einspritzungsverfahren) und entzündet sich ohne den beim Otto-Motor notwendigen elektrischen Zündfunken von selbst. Den gesamten thermodynamisch idealen Ablauf nennt man Dieselprozeß. Befindet sich der Dieselmotor als Antrieb und Bauteil in einer Arbeitsmaschine, bezeichnet man sie als Dieselaggregat.

Dieselkraftstoff
Bei der Erdöldestillation werden bei 170 bis 360 °C schwer entflammbare Kohlenwasserstoffe abgeschieden (Dieselöle), die auch aus Kohle gewonnen werden können. Das Kohlenwasserstoffgemisch besitzt eine charakteristische Zündwilligkeit, die mit der Cetan-Zahl angegeben wird. Autoabgase aus Dieselkraftstoff enthalten weniger Schadstoffe.

Dioscurides, Pedanios

*** 1. Jahrhundert n. Chr., Anazarbos (bei Tarsus; Türkei), † unbekannt; griechischer Arzt und Pharmakologe**

Über die Vita des Dioskurides ist wenig überliefert, außer daß er unter den Kai-

sern Claudius und Nero Arzt in der römischen Armee war.
Bekannt wurde Dioskurides durch seine in fünf Büchern gegliederte Schrift «De materia medica». Darin beschreibt er exakt und, was für die damalige Zeit besonders hervorzuheben ist, ohne Übertreibungen mehr als 600 Pflanzen sowie 35 Tierprodukte und 30 Mineralien mit ihrer jeweiligen Anwendung als Arzneimittel. Das auf griechisch abgefaßte Werk erfuhr im Mittelmeerraum zahlreiche Übersetzungen und fand auch in Umarbeitungen und Auszügen weite Verbreitung. Es ist Bestandteil der in der Österreichischen Nationalbibliothek aufbewahrten Dioscurides-Handschrift aus dem 6. Jahrhundert n. Chr. Bis in die Renaissance hinein galt es als Grundlagenwerk der abendländischen Medizin und lag ab 1499 auch gedruckt vor.

Dirac, Paul Adrien Maurice

*** 8. 8. 1902, Bristol (England),**
† 20. 10. 1984, Tallahassee (Florida);
britischer Physiker

Dirac, Sohn eines Schweizers und einer Engländerin, studierte ab 1918 Elektrotechnik in Bristol und ab 1921 Mathematik und Naturwissenschaften am St. John's College in Cambridge, wo er 1926 promovierte. Von 1927 bis 1968 gehörte er in Cambridge zum Lehrkörper, seit 1932 als Lucasian-Professor für Mathematik auf dem Lehrstuhl → Isaac Newtons. 1930 wurde Dirac Mitglied der Royal Society; im selben Jahr erschien sein Hauptwerk «The Principles of Quantum Mechanics» («Die Prinzipien der Quantenmechanik»). Für seine Antiteilchen-Theorie und seine Arbeit auf dem Gebiet der Wellenmechanik erhielt er 1933 gemeinsam mit → Erwin Schrödinger den Nobelpreis für Physik. Nach seiner Emeritierung wurde Dirac 1971 Professor für Physik an der Florida State University in Tallahassee.
Ausgehend von den theoretischen Ansätzen → Werner Heisenbergs entwickelte Dirac eine verallgemeinerte Quantenmechanik, die sich von der Version der deutschen Physiker → Max Born und Ernst Pascual Jordan durch logische Klarheit und Allgemeingültigkeit abhob. Gleichzeitig mit dem italienischen Physiker → Enrico Fermi, aber unabhängig von ihm, gelangte er 1926 zu einer wellenmechanischen Behandlung gleichartiger Teilchen (Elektronen, Protonen, Neutronen), die zur «Fermi-Dirac-Statistik» führte. Ausgehend von der Wellengleichung Erwin Schrödingers gelang ihm 1928 mit der «Dirac-Gleichung» eine Vereinigung der Quanten- und der Relativitätstheorie, aus der sich die Eigenrotation des Elektrons, der Spin, ganz natürlich ergab. Die Dirac-Gleichung, eine partielle Differentialgleichung erster Ordnung, die – im Gegensatz zu Schrödingers Gleichung – gegenüber Lorentz-Transformationen invariant ist, hat auch Lösungen mit negativen Energiewerten. Um das zu erklären, nahm Dirac 1931 an, daß normalerweise (solange kein externes elektrisches Feld auf sie einwirkt) alle möglichen negativen Energiezustände der Elektronen besetzt sind, so daß sie nicht in Erscheinung treten («Dirac-See»).
Unter Einwirkung bestimmter Felder können ein- zelne Elektronen in einen nicht besetzten positiven Zustand springen, wodurch im Dirac-See ein Loch entsteht, das sich im elektrischen Feld wie

ein positives Elektron bewegt («Diracsche Löchertheorie»). Dieses «Positron» wurde 1932 von → Carl David Anderson in der Nebelkammer entdeckt.
Mit Diracs Löchertheorie war ein Grundstein für die Hochenergiephysik gelegt, die sich mit der Erzeugung und Vernichtung von Elementarteilchenpaaren beschäftigt. In den folgenden Jahren beschäftigte sich Dirac mit kosmologischen Problemen und stellte 1937 die «Dirac-Hypothese» auf, derzufolge sich die Gravitationskonstante aufgrund der Ausdehnung des Weltalls langfristig verkleinere, was zu einer allmählichen Ausdehnung der Erde führen müßte.

Dirichlet, Johann Peter Gustav (eigentlich: Johann Peter Gustav Lejeune-Dirichlet)

*** 13. 2. 1805, Düren, † 5. 5. 1859, Göttingen; deutscher Mathematiker französischer Abstammung**

Dirichlet arbeitete von 1822 bis 1827 als Privatlehrer in Paris. Während dieser Zeit vervollkommnete er sein Wissen, indem er bei Jean-Baptiste-Joseph de Fourier, Adrien-Marie Legendre, Siméon Denis Poisson und Sylvestre François Lacroix mathematische Studien trieb. Von → Alexander von Humboldt protegiert, kehrte Dirichlet nach Deutschland zurück und promovierte 1827 an der Universität Bonn. Von 1817 bis 1829 lehrte er als Privatdozent und außerordentlicher Professor an der Universität Breslau Mathematik. Ab 1829 arbeitete er an der Universität Berlin, wo er 1831 zum Professor ernannt und 1832 Mitglied der Berliner Akademie der Wissenschaften wurde. 1855 ging er als Nachfolger von → Carl Friedrich Gauß nach Göttingen.

Dirichletsche Reihe
Eine allgemeine Dirichletsche Reihe bezeichnet eine Reihe, deren Glieder die Form $a_n e^{-\lambda ns}$ aufweisen. Die Zahlen λn sind dabei reell und streben monoton gegen unendlich.

Dirichletscher Satz
Dieser Satz besagt, daß, unter der Voraussetzung, daß k eine natürliche Zahl ist und a eine zu k teilerfremde ganze Zahl, jede arithmetische Folge {kn + a} (n = 0, 1, 2, ...) unendlich viele Primzahlen enthält.

Dirichletsches Prinzip
Beschreibt eine Methode, nach der aus der eindeutigen Lösbarkeit einfacher Minimumprobleme der Variationsrechnung die Existenzsätze der geometrischen Funktionentheorie ableitbar sind. Das Dirichletsche Prinzip erbringt unter Zuhilfenahme weiterer Voraussetzungen den Nachweis für die Existenz der Funktion f(x,y).

Auf der Grundlage von Gauß' «Disquisitiones arithmeticae» sowie in Anlehnung an die französischen Vertreter der Analysis und der mathematischen Physik erarbeitete Dirichlet eine allgemeine Theorie der algebraischen Zahlen, in der er analytische Methoden einführte. Neben grundlegenden Untersuchungen der Primzahlverteilung in arithmetischen Folgen (Dirichletscher Satz) befaßte er sich mit der Variationsrechnung. Im Rahmen der Potentialtheorie verfaßte er bedeutende Aufsätze über Randwertprobleme der Potentialgleichung («Dirichletsches Prinzip»). Darüber hinaus waren die geometrische Funktionentheorie, die Theorie der Fourier-Reihen wie der unendlichen Reihen und die Integralrechnung weitere Forschungsthemen Dirichlets. Er war der erste, der einen strengen Beweis für die Konvergenz von periodischen, stückweise stetigen und stückweise monotonen Funktionen einer reellen Variablen nach Fourier erbrachte.

Dirichlet führte den modernen Funktionsbegriff in die Mathematik ein, gab Aufschluß über die Einheiten in algebraischen Zahlkörpern endlichen Grades und kam darüber hinaus zu wichtigen Erkenntnissen auf dem Gebiet der Hydrodynamik.

Döbereiner, Johann Wolfgang

*** 13. 12. 1780, Bug (Kreis Hof), † 24. 3. 1849, Jena; deutscher Chemiker**

Döbereiner, der in armen Verhältnissen und ohne gute Schulbildung aufwuchs, eignete sich während einer Apothekerlehre und seiner Wanderjahre von 1797 bis 1802 naturwissenschaftliche und philosophische Kenntnisse an. Ab 1803 arbeitete er freischaffend als Forscher, bis er 1810 – ohne je eine Universität besucht zu haben – als Professor an die Universität Jena berufen wurde. Dort richtete er das erste chemische Unterrichtslaboratorium ein und forschte bis zu seinem Lebensende.

Um 1820 entdeckte Döbereiner, daß Platin, besonders in pulverisierter Form, Reaktionen beschleunigen kann; → Jöns Jacob Berzelius führte den dafür noch heute üblichen Begriff «Katalyse» ein. So gelangen Döbereiner katalytische Oxidationen zum Beispiel von Alkohol zu Essigsäure, von Knallgas zu Wasser und von Schwefeldioxid zu Schwefeltrioxid. Praktische Anwendung erfuhren diese Arbeiten unter anderem in einem Verfahren zur schnellen Schwefelsaure- und Essigproduktion sowie in der Entwicklung eines selbstzündenden Feuerzeugs («Döbereiner-Feuerzeug»).

Döbereiners Beobachtung, daß das Element Brom den Elementen Chlor und Jod in vielen Eigenschaften (zum Beispiel in Farbe, Atomgewicht und Reaktionsvermögen) ähnelte, brachte ihn ab 1817 dazu, chemisch-physikalische Dreiergruppen zu postulieren: die «Triaden». Er veröffentlichte diese Idee 1829 in seinem «Versuch einer Gruppierung der elementaren Stoffe nach ihrer Analogie». Obwohl solche Dreiergruppen nicht das grundlegende Ordnungsprinzip der chemischen Elemente darstellen, half die Triadenhypothese → Dimitri Iwanowitsch Mendelejew und → Lothar Julius Meyer bei der Aufstellung des Periodensystems der chemischen Elemente im Jahr 1871.

Döbereiner-Feuerzeug

Das Döbereinersche Feuerzeug kam ohne Zündfunken aus: Der Wasserstoff strömte über eine die Oxidation fördernde Platinfläche und entzündete sich dabei selbst. Wegen des Platins war das Feuerzeug aber recht teuer; zudem hielt es nicht lange, da das Metall durch Verunreinigungen im Wasserstoff schnell verschmutzte.

Dokutschajew, Wassilij Wassiljewitsch

*** 1. 3. 1846, Miljukowo (Gebiet Smolensk), † 8. 11. 1903, St. Petersburg; russischer Naturforscher**

Nach einem naturwissenschaftlichen Studium mit den Schwerpunkten Mineralogie und Geologie an der Universität St. Petersburg arbeitete Dokutschajew 1872 als Kustos des Geologischen Kabinetts. 1874 bis 1877 folgte eine Vorlesungstätigkeit an der St. Petersburger

Bauingenieurschule und 1880 ein Lehrauftrag für Mineralogie und Kristallographie an der Universität St. Petersburg. Dort erhielt er 1883 mit seiner Abhandlung über «Russische Schwarzerde» die Berufung zum Professor. 1895 übernahm er die Leitung des Instituts für Land- und Forstwirtschaft in Nowoalexandrisk in der Ukraine. Er erarbeitete dort mit seinen Schülern die Grundlagen der naturwissenschaftlichen Bodenkunde (Pedologie).

Dokutschajew untersuchte die Böden Rußlands, ihre Bildung, Fruchtbarkeit, Physik und Mikroorganismen. Als erster definierte er den Boden als natürlichen, lebendigen Komplex, dessen Eigenschaften durch zahlreiche Faktoren wie Klima, Bewuchs und Ausgangsgestein bestimmt sind. Er führte Kartierungen und Klassifikationen von Böden durch und beschäftigte sich mit den praktischen Fragen der Wirkung von Düngemitteln und Bewässerungsmaßnahmen. So gab er die erste Bodenkarte der Nordhalbkugel heraus und entwarf 1892 Pläne zur Dürrebekämpfung in Südrußland.

Doliwo-Dobrowolski, Michael Ossipowitsch

*** 2. 1. 1862, St. Petersburg, † 15. 11. 1919, Heidelberg; russischer Maschinenbauingenieur**

Doliwo-Dobrowolski entstammte einer russischen Adelsfamilie. 1880 begann er am Polytechnikum Riga ein Maschinenbaustudium. Der besseren Studienbedingungen wegen wechselte er 1881 nach Darmstadt, wo er 1885 Assistent von Erasmus Kittler wurde. 1887 ging Doliwo-Dobrowolski zur Deutschen Edison Gesellschaft (später AEG); 1901 lehnte er einen Ruf des Polytechnikums St. Petersburg ab. Nach seinem Ausscheiden aus der Edison-Gesellschaft ging Doliwo-Dobrowolski nach Lausanne, 1909 kehrte er jedoch als stellvertretendes Vorstandsmitglied und technischer Direktor zur Edison-Gesellschaft zurück.

Doliwo-Dobrowolski gehört zu den Pionieren der Elektrotechnik. Er arbeitete ab 1889 auf dem Gebiet der Mehrphasenströme, wo er den Drehstrom einführte, für dessen Bezeichnung er ebenfalls verantwortlich war. Weiter mit Wechselstrom befaßt und die Arbeiten von Galileo Ferraris und → Nicola Tesla berücksichtigend, entwickelte er den Drehstromasynchronmotor mit Kurzschlußläufer, der auch heute noch verwendet wird. 1890 konstruierte Doliwo-Dobrowolski eine erste Drehstromübertragung, die von Lauffen am Neckar bis Frankfurt a. M. führte. Mit diesem Projekt hatte er den Weg zum rationellen Transport elektrischer Energie über große Entfernungen geebnet.

Ab 1910 beschäftigte sich Doliwo-Dobrowolski mit der Hochspannungsgleichstromübertragung, nachdem er erkannt hatte, daß der Energieübertragung durch Wechsel- und Drehstrom Grenzen gesetzt waren.

Domagk, Gerhard

*** 30. 10. 1895, Lagow (Brandenburg), † 24. 4. 1964, Burgberg (im Schwarzwald); deutscher Pathologe und Bakteriologe**

Domagk studierte von 1914 bis 1921 (mit Unterbrechung durch den Ersten Weltkrieg) in Kiel Medizin. Im Anschluß an seine Habilitation 1924 lehrte er als Privatdozent für Pathologie an der Universität Greifswald und wechselte 1925 an die Universität Münster, wo er drei Jahre später eine außerordentliche Professur für Allgemeine Pathologie und Pathologische Anatomie erhielt. Von 1927 bis 1929 führte er Forschungsarbeiten bei der Farbenindustrie der Bayer-Werke in Wuppertal durch. 1929 übernahm er die Leitung des neugegründeten Instituts für experimentelle Pathologie und Bakteriologie dieses Unternehmens in Wuppertal. Für seine Erfolge bei der Entwicklung von Antibiotika verlieh man ihm 1939 den Nobelpreis für Medizin. Die Entgegennahme wurde jedoch von den Nationalsozialisten wegen der Verleihung des Friedensnobelpreises an Carl von Ossietzky (1935) verboten. Da Domagk daran öffentlich Kritik übte, wurde er kurzzeitig inhaftiert. Erst 1947 erfolgte die Ehrung nachträglich. 1958 wurde Domagk Professor an der medizinischen Fakultät der Universität Münster.

Domagk ermöglichte mit dem erstmaligen Nachweis der bakteriziden Wirkung von Sulfonamiden die Entwicklung vieler wirkungsvoller Chemotherapeutika. Er stützte sich auf die Erfolge, die → Paul Ehrlich mit Azofarbstoffen gegen Protozoen erzielt hatte, und auf eigene Erfahrungen bei der Bekämpfung von Kokken mit Ammoniumverbindungen. In langwierigen Untersuchungen testete er die in den 20er Jahren synthetisierten Farbstoffe aus der Gruppe der Sulfonamide auf ihre bakterientötende Wirkung. 1932 stellte er fest, daß streptokokkeninfizierte Mäuse nach Injektion von Prontosil innerhalb kurzer Zeit genasen und keine Folgeschäden durch das Sulfonamid davontrugen. Nach einer erfolgreicher Prüfung der Substanz an infizierten Menschen (unter anderem auch Domagks Tochter) wurde sie 1935 als erstes Chemotherapeutikum aus der Stoffklasse der Sulfonamide auf den Markt gebracht. → Daniel Bovet konnte wenig später nachweisen, daß das im Organismus aus Prontosil gebildete Spaltprodukt Sulfonilamid die schadigende Wirkung auf Bakterien ausübt.

Domagk stellte in der Folgezeit die therapeutische Wirkung zahlreicher weiterer Sulfonamide fest, die daraufhin gegen viele bisher schwer bekämpfbare Infektionen wie Lungenentzündung, Meningitis, Gonorrhoe und Sepsis eingesetzt wurden. 1940 begann Domagk mit Forschungen zur Chemotherapie der Tuberkulose und entwickelte den Thiosemicarbazon-Wirkstoff «Conteben» als erstes wirkungsvolles Mittel. In den 50er Jahren arbeitete Domagk an der Immuntherapie und an der Chemotherapie von Krebserkrankungen, hatte dabei jedoch nicht den erwünschten Erfolg.

Dove, Heinrich Wilhelm

*** 6. 10. 1803, Liegnitz, † 4. 4. 1879, Berlin; deutscher Physiker und Meteorologe**

Dove machte 1821 in Liegnitz sein Abitur und studierte bis 1824 geisteswissenschaftliche Fächer in Breslau und in Berlin. Auf Anregung der Physiker Heinrich Wilhelm Brandes und Paul Erman befaßte er sich ab 1824 mit Physik und Meteorologie, worin er 1826 promovierte. 1828 wurde er zum außerordentlichen Professor für Physik an der Universität Königsberg und 1829 an der Universität Berlin ernannt; dort erhielt er ab 1844 eine ordentliche Professur. 1849 übernahm Dove die Leitung des 1847 in Berlin neugegründeten Meteorologischen Instituts.

Unter Doves zahlreichen wissenschaftlichen Arbeiten befinden sich mehr als 100 mit physikalischen Themen, unter anderem über die optischen Eigenschaften von Kristallen, über Akustik und elektromagnetische Induktion. Von 1837 bis 1848 war er Mitherausgeber des «Repertoriums der Physik», in dem Physiker und Mathematiker neueste Forschungsergebnisse diskutierten. Er konstruierte physikalische Meßgeräte und zwei Reversions- und Polarisationsprismen.

Die meisten seiner Arbeiten galten jedoch meteorologisch-klimatologischen Untersuchungen. So formulierte er 1826 erstmals gesetzmäßige Wetterabläufe in einem Winddrehungsgesetz (Dovesches Gesetz). Da er laufend meteorologische Beobachtungen sammelte und statistisch auswertete, konnte er 1849 als erster Karten der Monatsisothermen und 1851 der thermischen Isanomalen herausgeben. Dove erweiterte das meteorologische Beobachtungsnetz in Preußen, arbeitete über allgemeine atmosphärische Zirkulation und entwickelte 1840 in seiner bahnbrechenden Arbeit «Das Gesetz der Stürme» dynamische Modelle der Wetteranalyse und -prognose. Seine Entdeckungen förderten die Entstehung der synoptischen Meteorologie.

Drais, Karl Friedrich (Christian Ludwig), Freiherr von Sauerbronn

*** 29. 4. 1785, Karlsruhe, † 10. 12. 1851, Karlsruhe; deutscher Erfinder**

Drais studierte in Heidelberg Physik und Mechanik und wurde trotz seines ausgeprägten technischen Interesses zunächst (1810) staatlich beamteter Forstmeister im badischen Gengenbach. Bald ließ er sich jedoch beurlauben, um sich Erfindungen zu widmen. Er bereiste Europa und die USA, um auf seine Maschinen – insbesondere die «Laufmaschine», einen Vorläufer des Fahrrades – aufmerksam zu machen. Sein «Dandy horse» oder «Pferd des kleinen Mannes» fand im Ausland viel Beachtung.

1813 erfand Drais eine «Fahrmaschine», einen vierrädrigen Wagen, den der Fahrer mit den Füßen antrieb. Als er sie 1814 auf einem Kongreß in Wien vorstellte, entzog ihm der Großherzog von Baden den Forstmeistertitel, bewilligte ihm ein zehnjähriges Patent auf seine Erfindung und ernannte ihn zum Professor für Mechanik.

Vor allem in den folgenden vier Jahren entwickelte Drais zahlreiche Geräte, so einen Dampfkochtopf, eine Typenhebel-Schreibmaschine mit binärer Zeichenkodierung (1820), ein Spiegelperiskop und eine Diamantschätzskala. 1817 erfand er – wegen des schlechten Straßenzustandes, der das Fahren in zweispurigen Wagen unangenehm machte – eine einspurige «Laufmaschine» mit gefedertem Sitz («Draisine»), für die er 1818 ein Patent erhielt. Besonders in England und Frankreich erfreute sie sich großer Beliebtheit.

Draisine
Hölzerner Vorläufer des Fahrrades. Neu gegenüber älteren Versuchen war das bewegliche Vorderrad mit Lenkstange. Der Benutzer stieß sich mit den Füßen vom Boden ab; erst das «Veloziped» des Franzosen E. Michaux (1867) hatte Tretkurbel und Bremse.

Driesch, Hans Adolf Eduard
*** 28. 10. 1867, Bad Kreuznach,**
† 16. 4. 1941, Leipzig; deutscher Biologe und Philosoph

Driesch, der aus einer Kaufmannsfamilie stammte, studierte Zoologie in Freiburg i. Br., München und Jena. Er promovierte 1889 bei → Ernst Haeckel und forschte anschließend in Zürich, Plymouth, Triest und zwischen 1891 und 1902 vor allem an der Zoologischen Station in Neapel. Ab 1902 wirkte er in Heidelberg als Privatgelehrter. Nachdem er sich 1905 der Philosophie zugewandt hatte, hielt er von 1907 bis 1909 Vorlesungen an der Universität Aberdeen und habilitierte sich 1909 für Naturphilosophie an der Universität Heidelberg, wo er 1911 außerordentlicher Professor an der Philosophischen Fakultät wurde. 1920 erhielt er eine Professur in Köln, wechselte jedoch bereits 1921 an die Universität Leipzig. Da er sich für die Völkerverständigung einsetzte und gegen den Antisemitismus wandte, wurde er 1933 zwangsweise emeritiert.

Als Schüler Haeckels beschäftigte sich Driesch mit der Keimesentwicklung der Lebewesen. Er versuchte, die auseinanderstrebenden Theorien der Genetik, Abstammungslehre und Entwicklungsmechanik zu vereinen, und führte die Bezeichnung «Entwicklungsphysiologie» ein. Er kam jedoch zu Schlußfolgerungen, die von den Theorien Haeckels abwichen. Haeckels kausalmechanische Interpretation des Entwicklungsgeschehens wurde durch Versuche von → Wilhelm Roux gestützt, der aus halbierten Froschkeimen halbe Embryonen erhalten hatte. Driesch führte ähnliche Versuche vor allem mit Seeigelkeimen durch: Er trennte die Blastomeren (Embryonalzellen in einem frühen Entwicklungsstadium) beschädigungsfrei im Zweizellenstadium und erhielt daraus im Gegensatz zu Roux zwei vollständig ausgebildete Seeigel, also eineiige Zwillinge. Wenig später wurde vor allem durch die Experimente Hans Spemanns gezeigt, daß die scheinbar widersprüchlichen Ergebnisse von Roux und Driesch auf der Existenz unterschiedlicher Eitypen beruhen (sogenannte Mosaikeier beziehungsweise Regulationseier).

Driesch verallgemeinerte jedoch seine Ergebnisse zu einer Ganzheitstheorie, konnte in weiteren Experimenten aber keine Aufschlüsse über die Faktoren erhalten, die aus dem Teil eines Keimes einen ganzen Organismus hervorbringen. So verwarf er die zunächst angenommenen richtenden Kräfte in Form elektrischer oder magnetischer Ströme und postulierte statt dessen einen nichtmateriellen «ganzmachenden Faktor».

In Anlehnung an → Aristoteles nannte er diesen teleologisch wirkenden Ordnungs- und Naturfaktor «Entelechie» und wurde so zum Begründer des Neovitalismus. Er betrachtete die Lebensvorgänge und die Entwicklung eines Organismus als einen ganzheitlichen Prozeß, der nicht allein durch physikalisch-chemische Faktoren erklärbar ist, und enthob seine Theorie somit der naturwissenschaftlichen Falsifizierbarkeit.

Driesch versuchte, seinen Begriff der Ganzheit auch auf den Menschen und die Gesellschaft anzuwenden. Daher ist menschliches Handeln nach Driesch nicht nur durch äußere Reize, sondern organisch aus der Summe der früheren Erfahrungen konstituiert. Driesch baute seine Ansichten im Sinne eines philosophischen Humanismus weiter aus und leitete ethische Konsequenzen daraus ab. In den 30er Jahren widmete sich Driesch der wissenschaftlichen Erforschung parapsychologischer Phänomene, die er als einer der ersten systematisch erfaßte und kritisch beurteilte.

Du Bois-Reymond, Emil

*** 7. 11. 1818, Berlin, † 26. 12. 1896, Berlin; deutscher Physiologe**

Du Bois-Reymond studierte ab 1837 in Berlin zunächst Philosophie und Geschichte sowie Experimentalchemie und -physik, ab 1839 dann Medizin, insbesondere Physiologie. Sein Lehrer → Johannes Peter Müller motivierte ihn ab 1841 zu Forschungen über tierische Elektrizität, worüber er 1843 promovierte. 1848 bis 1853 war Du Bois-Reymond in Berlin Dozent für Anatomie an der Akademie der Künste; 1855 wurde er außerordentlicher Professor für Physiologie. Von 1858 bis 1896 besetzte er als Müllers Nachfolger den Lehrstuhl am Physiologischen Institut der Universität Berlin.

Du Bois-Reymonds Forschungen fußten auf Erkenntnissen über elektrische Phänomene in Organismen, die seit Ende des 18. Jahrhunderts unter anderem von → Alexander von Humboldt und dem italienischen Physiker Carlo Matteucci gewonnen wurden. Du Bois-Reymond prüfte ihre Ergebnisse ab 1841 mit wesentlich verfeinerten Versuchsanordnungen und Meßmethoden nach und entwickelte zur Verstärkung und Messung der schwachen elektrischen Ströme in Nerven und Muskulatur zahlreiche neue Instrumente. Seine Methoden und Ergebnisse beschrieb er in mehreren Publikationen, die ihn zum Begründer der Elektrophysiologie machten. Berühmt wurde vor allem sein zweibändiges Werk «Gesammelte Abhandlungen zur allgemeinen Muskel- und Nervenphysik» (1875–1877).

Für die medizinische Diagnostik war seine erstmalige Beobachtung des «Verletzungsstroms» von Bedeutung. Seine exakten naturwissenschaftlichen Methoden und Ergebnisse entkräfteten die metaphysischen Vorstellungen von «Lebenskräften», die der Vitalismus postulierte. Diesen lehnte er in seinen frühen Jahren zusammen mit Studienkollegen wie → Matthias Jakob Schleiden, → Theodor Schwann und → Hermann von Helmholtz entschieden ab. In seinen späteren Jahren wandte er sich aber gegen einen einseitigen Materialismus und geriet dadurch in Kontroversen mit → Ernst Haeckel, da er in Bereichen wie Religion und Bewußtsein Grenzen für die naturwissenschaftlichen Erklärungsformen sah. Weiterhin zählte er zu den wichtigsten Befürwortern der Darwinschen Evolutionstheorie.

Dumas, Jean Baptiste André

*** 15. 7. 1800, Alès, † 11. 4. 1884, Cannes; französischer Chemiker und Politiker**

Nach dem Besuch einer Lateinschule begann Dumas 1815 eine Apothekerlehre in Alès, wechselte aber schon 1816 nach Genf. Dort beschäftigte er sich zunächst intensiv mit Botanik, dann zunehmend mit Chemie, bis er 1823 unter dem Einfluß → Alexander von Humboldts nach Paris ging. 1835 wurde Dumas als Professor an die dortige École Polytechnique, 1839 an die École de Médicine und 1841 an die Sorbonne berufen. Dumas war von 1849 bis 1851 Minister für Landwirtschaft, Handel und Erziehung. Als Präsident des Pariser Munizipalrates wirkte Dumas von 1859 bis 1870 unter anderem an erheblichen Verbesserungen der städtischen Infrastruktur mit.

Dumas wurde 1832 Mitglied der Pariser Akademie der Wissenschaften und später auch zahlreicher anderer wissenschaftlicher Vereinigungen. Dies erlaubte ihm den geistigen Austausch mit Forschern wie → Pierre Simon Marquis de Laplace, Joseph Louis Guy-Lussac und André Marie Ampere.

Dumas war 1824 Mitgründer der Zeitschrift «Annales de Sciences Naturelles» und ab 1840 Mitherausgeber der «Annales des Chimie et de Physique». Ab 1828 erschien sein achtbändiges Werk «Traité de Chimie appliquée aux arts».

Als vielseitiger Experimentator – seine Arbeiten betrafen die allgemeine, die organische und die physiologische Chemie – entwickelte Dumas zahlreiche Verfahrenstechniken, etwa 1826 zur Bestimmung der Dampfdichte sowie 1833 zur Ermittlung des Stickstoffgehaltes organischer Verbindungen.

1834 fand Dumas heraus, daß Chlor in organischen Verbindungen häufig ein Wasserstoffatom ersetzen (substituieren) kann, ohne daß sich der chemische Charakter der Verbindung wesentlich ändert. Diese Substitutionstheorie stand im Gegensatz zur damals herrschenden Lehrmeinung, nach der organische Verbindungen aus unveränderlichen Teilen, sogenannten Radikalen, zusammengesetzt seien. Mit seinem Schüler Antoine Laurent postulierte Dumas 1839 folgerichtig die sogenannte unitarische Deutung, die besagt, daß jede chemische Verbindung ein geschlossenes Ganzes darstellt, in dem einzelne Bestandteile durch andere ersetzbar sind.

Die Erkenntnisse über die Substitution führten um 1840 zur Typentheorie der chemischen Bindung (Valenztheorie), in der chemische und mechanische Typen unterschieden werden.

1834 entdeckte Dumas zusammen mit Eugène Péligot das bei trockener Destillation von Holz entstehende Methanol. Durch den Vergleich dieser Substanz mit Ethanol und anderen ähnlichen Stoffen entwickelte Dumas die «homologen Reihen»; dies sind Folgen ansonsten gleicher, um jeweils eine CH_2-Gruppe verlängerter organischer Verbindungen.

Dunlop, John Boyd

*** 5. 2. 1840, Dreghorn (bei Ayr), † 23. 10. 1921, Dublin; irischer Tierarzt und Erfinder**

Nach seinem Medizinstudium wanderte Dunlop 1867 aus Schottland nach Irland aus. In Belfast praktizierte er fortan als Tierarzt und wurde später Kaufmann.

Dunlop erfand 1888 den luftgefüllten Reifen. Zwar hatte Robert William Thompson die gleiche Erfindung bereits 1845 patentieren lassen, damit aber nie Erfolg gehabt; vermutlich kannte Dunlop Thompsons Erfindung nicht. Die aufkommenden Patentstreitigkeiten erledigten sich, als die 1889 gegründete Dunlop-Gesellschaft erhebliche technische Verbesserungen des Luftreifens, zum Beispiel Felgen und Ventile, nachweisen konnte.

Ursprünglich hatte Dunlop den Pneu für das Dreirad seines Sohnes erdacht, der sich beklagte, daß er bei Fahrten auf

Kopfsteinpflaster durchgerüttelt werde. Dunlop klebte daraufhin einen Gummischlauch an dessen Enden zusammen, brachte ihn auf ein Holzrad auf und ummantelte die Konstruktion mit Segeltuch. Als Ventil diente ein umgebauter Schnuller.

Vom Erfolg seiner Erfindung überzeugt, veranstaltete Dunlop noch im selben Jahr Testrennen. Diejenigen Rennradfahrer, die den Pneu benutzten, schlugen dabei alle Konkurrenten mit herkömmlichen Rädern.

Nach der Gründung der Dunlop Rubber Company in London und der beginnenden Massenproduktion des Luftdruckreifens ersetzte dieser sehr rasch die bis dahin verwendeten Vollgummireifen nicht nur an Fahrrädern, sondern auch an Kutschen. Schon 1890 konnte die erste Niederlassung der Dunlop-Gesellschaft im englischen Coventry eröffnet werden; 1893 wurde die Tochterfirma Dunlop Gummi Co. in Hanau am Main gegründet. Die industrielle Fertigung von Fahrradschläuchen ermöglichte bald den Einsatz des Fahrrades als Massenverkehrsmittel.

Wegen Unstimmigkeiten mit seinem Geschäftspartner verkaufte Dunlop seine Aktien 1894 mit hohem Gewinn und gründete in Dublin erfolgreich einen Stoffhandel. Den Aufstieg seines ehemaligen Unternehmens zum weltweit führenden Reifenkonzern erlebte Dunlop nur als Beobachter.

E

Eastman, George
*** 12. 7. 1854, Waterville (New York),**
† 14. 3. 1932, Rochester (New York);
amerikanischer Erfinder und Industrieller

Eastman arbeitete im Versicherungs- und Bankwesen bevor er mit seinen Erfindungen unternehmerisch tätig wurde. Er gründete 1884 in Rochester die Eastman Dry Plate and Film Company und 1892 die Eastman Kodak Company. Als Unternehmer nahm er eine soziale Vorreiterrolle ein und gewährte seiner Belegschaft unter anderem Krankengeld, Altersrente und Lebensversicherung. Aus seinem Vermögen spendete er zweistellige Millionenbeträge für wohltätige und wissenschaftliche Zwecke.

Eastmans Laufbahn als Erfinder begann 1878 mit der Verbesserung fotografischer Techniken. So optimierte er früh die Emulsionsbeschichtung der fotografischen Glasplatten, indem er ihre Anwendungsdauer erhöhte und die Handhabung für Fotoamateure erleichterte. 1880 gründete er eine Firma zur Herstellung der verbesserten Platten und führte Versuche mit flexiblem Trägermaterial durch. 1884 entwickelte er einen Rollfilm aus Papier, der mit einer dauerhaften Beschichtung versehen war. Dieser Film konnte in einer von Eastman hergestellten handlichen Boxkamera eingesetzt werden, die er ab 1888 unter dem Namen Kodak auf den Markt brachte. Zur Filmentwicklung mußten Kamera und Film gemeinsam an Eastmans Firma geschickt werden; die Papierbeschichtung wurde abgelöst, die Bilder entwickelt und die Kamera mit einem neuen Film versehen zurückgeschickt. 1889 gelang es Eastman erstmals, Celluloid als Filmmaterial einzusetzen, das man zum Entwickeln direkt aus der Kamera nehmen konnte und an seine Firma schickte. Da Celluloid leicht brennt, arbeitete Eastman an einer weiteren Verbesserung, die ab 1924 in der Verwendung des weniger brennbaren Celluloseacetats bestand. Eastman förderte die rasche Verbreitung der Fotografie und begründete damit die weltweite Führungsposition seines Unternehmens.

Eddington, (Sir) Arthur Stanley
*** 28. 12. 1882, Kendal (England),**
† 22. 11. 1944, Cambridge (England);
britischer Astronom und Astrophysiker

Seine früh erkannte Begabung verhalf Eddington, Sohn eines Quäker-Schulleiters, zu einem Grafschaftsstipendium, das ihm ein Studium der Physik und Mathematik (ab 1989 am Owens College in Manchester, ab 1902 am Trinity College in Cambridge) ermöglichte. Am Trinity College, wo er unter anderem bei Alfred North Whitehead lernte, schloß er 1904 als Primus ab. Von 1906 bis 1913 war er Hauptassistent des Königlichen Observatoriums in Greenwich. 1913 wurde er

Eddingtonsches Massenintervall
Intervall von 10^{29} bis 10^{31} kg, in dem nach Eddington die Masse eines jeden Sterns liegen muß, da außerhalb dieser Grenzen entweder die kontrahierende Gravitationskraft oder aber der zur Ausdehnung führende Strahlungs- und Gasdruck die Oberhand gewinnen würde.
Sterne an der Obergrenze des Intervalls haben etwa die 50fache Masse unserer Sonne und zeigen ein charakteristisches Pulsieren.

Plumian-Professor für Astronomie und Experimentalphysik, von 1914 bis zu seinem Tode war er Direktor der Universitätssternwarte von Cambridge.

Nach frühen Arbeiten über die sogenannten Sternenströme, ein heute überholtes Konzept, widmete sich Eddington von 1916 an der Frage nach dem inneren Aufbau der Sterne. Er erkannte, daß ihre Materie gasförmig ist und daß in ihrem Inneren die Energie nicht – wie bis dahin angenommen – durch Konvektion, sondern vor allem durch Wärmestrahlung transportiert wird. Der Gravitation, die – für sich genommen – zu einer Zusammenballung der Materie eines Sterns führen müßte, wirken Gas- und Strahlungsdruck entgegen, so daß sich der Stern im Gleichgewicht befindet. 1924 begründete Eddington die von → Ejnar Hertzsprung entdeckte «Masse-Leuchtkraft-Beziehung» der Sterne: Einer bestimmten Sternenmasse entspricht ein gravitationsbedingter Druck im Inneren des Sterns; dem wirkt ein entsprechender Betrag an Strahlungsenergie entgegen, die sich dann in einer bestimmten Leuchtkraft niederschlägt. Man kann also aus der Helligkeit eines Sterns auf seine Masse schließen. 1926 ermittelte Eddington das «Massenintervall» der Sterne: schwerere und leichtere Sterne wären instabil. Sterne vom Typ ∂-Cephei liegen an der Obergrenze dieses Intervalls; damit begründete er ihre rhythmische Kontraktion und Expansion («Pulsationstheorie der Cepheiden»).

Von Bedeutung sind auch Eddingtons Arbeiten über → Albert Einsteins allgemeine Relativitätstheorie, die er schon 1918 in englischer Sprache darstellte. 1919 wies er im Rahmen einer Sonnenfinsternis-Expedition die von Einstein geforderte Ablenkung des Sternenlichtes im Schwerefeld der Sonne nach.

Neben seiner naturwissenschaftlichen Arbeit publizierte Eddington auch zahlreiche Schriften, in denen er sich als philosophisch beeinflußter Denker zeigte («Philosophie und Naturwissenschaft», 1939/49). In seinen erkenntnistheoretischen Arbeiten vertrat er als «Strukturalist» und «selektiver Subjektivist» die Ansicht, daß ein Großteil der vermeintlichen Naturgesetze der Physik vor allem die Struktur des Erkenntnisprozesses reflektiere. Für sein umfassendes Werk – er verfaßte 13 Bücher und über 160 wissenschaftliche Artikel – wurde er 1930 in den Adelsstand erhoben.

Edison, Thomas Alva

*** 11. 2. 1847, Milan (Ohio),**
† 18. 10. 1931, West Orange (New Jersey); amerikanischer Erfinder

Edisons Mutter, eine Lehrerin, nahm ihren Sohn früh von der Schule und unterrichtete ihn selbst. Als Autodidakt führte er physikalische und chemische Experimente durch, die er u. a. durch Arbeit als Zeitungsjunge in Zügen finanzierte. 1862 war er Telegrafist und wand-

te sich in seinen Experimenten der Telegrafie zu. Seine ersten, ab 1868 patentierten Erfindungen brachten ihm so viel Gewinn, daß er 1870 in Newark eine elektrotechnische Werkstatt einrichten konnte. 1876 gründete er in Menlo Park, New Jersey, ein Forschungslaboratorium mit mehreren Mitarbeitern, 1878 folgte die Edison Electric Light Company. 1887 konnte er das damals bestausgestattete private Forschungslabor der Welt in West Orange eröffnen, in dem er bis zu 80 Facharbeiter, Ingenieure und Wissenschaftler beschäftigte. Die Verwertung seiner Erfindungen fand in unterschiedlichen Produktionsstätten statt, die er 1911 unter seinem Namen zusammenfaßte. Sie bildeten eines der größten Familienunternehmen seiner Zeit.
Die ersten Erfindungen machte Edison 1867/68 in der Weiterentwicklung des Telegrafen. Er erfand auch Geräte zur Registrierung von Wählerstimmen und zur Anzeige von Aktienkursen. Das 1876 von → Alexander Graham Bell patentierte Telefon machte er für größere Entfernungen nutzbar, indem er 1877 das Kohlekörnermikrofon erfand. Im Jahr 1878 wurde sein Phonograph patentiert, ein Gerät für Schallaufzeichnungen (Edison-Schrift) und Vorläufer des Grammophons. Ein erstmals ausgereiftes Anwendungs- und Konstruktionsprinzip der Glühlampe (Kohlefaden-Glühlampe und Edison-Sockel) entwickelte er 1879. Daraufhin konstruierte er einen Stromgenerator, der für die schwankende Belastung bei unterschiedlicher Einschaltdauer vieler Glühlampen ausgelegt war. In seinem größten Projekt richtete er 1882 in einem New Yorker Stadtteil das weltweit erste Stromversorgungsnetz mit einem öffentlichen Elektrizitätswerk ein, das über unterirdisch verlegte Leitungen 5000 Straßenlampen versorgte. 1883 stieß er zufällig auf den glühelektrischen Effekt eines Glühfadens, sah dafür aber keine Nutzanwendung. Dieser «Edison-Effekt» fand später in Elektronenröhren Verwendung.
Für das von → George Eastman entwickelte Filmmaterial konstruierte Edison 1891 den Kinematographen, eine Filmkamera für Bewegungsaufnahmen. Die Filmrolle wurde gleichmäßig transportiert, indem kleine Zahnräder in Perforationslöcher an den Rändern des 35 mm breiten Films griffen (seitdem Kinofilm-Standard).
Weitere wichtige Erfindungen Edisons waren: Eisenerzabscheidung mittels Magnetismus, Edison-Akkumulator mit Nickel-Anode und Eisen-Kathode, die Verbundmaschine aus Dampfmaschine und elektrischem Generator, Betongießverfahren zum Bau von Fertighäusern. Richtungweisende Erfindungen und über 1000 Patente machten Edison zu einem der größten Erfinder unserer Zeit.

Edison-Schrift
Mechanisches Tonaufzeichnungsverfahren mit vertikaler Auslenkung der Graviernadel auf einer Walze.

Edison-Akkumulator
In einer Elektrolytflüssigkeit aus 20 %iger Kalilauge gehen die Kathode aus Eisenhydroxid und die Anode aus Nickelhydroxid bei der Ladung des Akkumulators in Eisen und Nickeltrioxid über. Die Entladung liefert eine mittlere Spannung von 1,2 Volt.

Edison-Sockel
Glkühlampensockel mit Schraubgewinde (E 27 für Lampen bis 200 Watt; E 40 für Lampen mit größerer Wattzahl).

Ehrlich, Paul

*** 14. 3. 1854, Strehlen (Schlesien), † 20. 8. 1915, Bad Homburg; deutscher Mediziner**

In seinem 1872 begonnenen Medizinstudium (in Breslau, Straßburg und Freiburg i. Br.) spezialisierte sich Ehrlich, Sohn eines jüdischen Kleinunternehmers, auf die Fächer Chemie und Biologie. Nach dem Staatsexamen 1877 promovierte er 1878 an der Universität Leipzig und erhielt eine Stelle an der Berliner Charité-Klinik. 1882 wurde Ehrlich Mitarbeiter von → Robert Koch, der sich mit der Erforschung der Tuberkulose beschäftigte. 1888 stellte Ehrlich bei sich selbst eine Tuberkuloseinfektion fest und reiste zur Ausheilung nach Ägypten. Nach seiner Rückkehr 1889 richtete er sich in einer Berliner Mietswohnung ein kleines Labor ein und arbeitete (zunächst ohne Gehalt) bei Koch in dessen Institut für Infektionskrankheiten. 1890 erhielt Ehrlich eine Professur an der Universität Berlin. Er wurde 1896 Direktor des Instituts für Serumforschung und -prüfung in Berlin und übernahm 1899 die Leitung des neugegründeten Königlich-Preußischen Instituts für Experimentelle Therapie in Frankfurt a. M., das später in Paul-Ehrlich-Institut umbenannt wurde. 1906 wurde diesem Institut das Georg-Speyer-Haus für Chemotherapie hinzugefügt. Ehrlich lehrte als Professor in Göttingen (ab 1904) und in Frankfurt a. M. (ab 1914). 1908 erhielt er für seine Verdienste in der Serumtherapie zusammen mit → Ilja Iljitsch Metschnikow den Nobelpreis für Medizin.

Ehrlich gilt als Begründer der modernen Chemotherapie. In seinen ersten Arbeiten beschäftigte er sich mit spezifischen Färbemethoden zur Unterscheidung von Geweben und Zellen. So konnte er 1876 mit der Entdeckung der Mastzellen durch selektive Färbung nachweisen, daß es verschiedene weiße Blutkörperchen gibt. 1895 veröffentlichte Ehrlich die Ergebnisse langwieriger Forschungen zur Ermittlung der Sauerstoffbedürfnisse verschiedener Gewebe durch Anfärbung mit einem Indikator wie Methylenblau.

Färbetechniken setzte Ehrlich auch zum Nachweis von Krankheitserregern ein (zum Beispiel 1882 Tuberkulosebazillen). Dies führte ihn zu der Idee, nach Stoffen zu suchen, die Krankheitserreger nicht nur spezifisch anfärben, sondern auch schädigen. In dem Azofarbstoff Trypanrot fand er ein solches Mittel, das Trypanosomen (die Erreger der Schlafkrankheit) selektiv schädigt. Da ihn die Wirkung jedoch noch nicht zufriedenstellte, begann er mit der Synthese chemisch abgewandelter Wirkstoffe, indem er zum Beispiel die Stickstoffatome des Azofarbstoffs gegen Arsenatome austauschte. Die gewünschte Wirkung gegen Trypanosomen konnte zwar nicht erreicht werden, eine der neuen Substanzen erwies sich jedoch als sehr wirksam gegen Spirochäten, die Erreger der Syphilis. Unter dem Namen «Salvarsan» stand dieses Mittel ab 1909 zur Verfügung und wurde weltweit mit großem Erfolg eingesetzt.

Ehrlich-Probe

Chemische Reaktion zum Nachweis von Diazokörpern (mit einem Reagenz aus Sulfanilsäure und Natriumnitrit) im Urin. Die Ehrlich-Probe ist unter anderem positiv bei Typhus, Fleckfieber und bestimmten Formen der Tuberkulose.

Ehrlichs weitere Arbeiten betrafen die Serotherapie und die Immunologie. So entwickelte er 1892 mit → Emil Adolph von Behring eine praktikable Technik der Gewinnung und Dosierung von Diphtherie-Antikörpern. Ehrlichs Nachweis, daß nicht nur Mikroorganismen, sondern auch Proteine (Eiweiße) allein Immunreaktionen auslösen, war wichtig für die Erforschung der Immunerscheinungen. Als eine erste umfassende Theorie zur Bildung und Reaktion von Antikörpern entwickelte Ehrlich die Seitenketten-Theorie, nach der besondere Seitenketten (Rezeptoren) von Proteinen für die Anlagerung von Toxinen und anderem verantwortlich sind.

Eigen, Manfred

*** 9. 5. 1927, Bochum; deutscher Physikochemiker**

Als Sohn eines Cellisten genoß Eigen eine musisch orientierte Erziehung und trat später sogar als Pianist auf. Nach amerikanischer Kriegsgefangenschaft im Zweiten Weltkrieg begann er 1945 ein Studium der Physik und Chemie in Göttingen. Er promovierte 1951 und wurde Assistent zunächst am physikalisch-chemischen Institut der Universität und 1953 am Max-Planck-Institut für biophysikalische Chemie in Göttingen. 1962 übernahm er dort eine eigene Abteilung für chemische Kinetik; 1964 wurde er Direktor des Instituts. Für seine hervorragenden Arbeiten im Grenzbereich zwischen Physik, Chemie und Biologie erhielt er 1962 den Otto-Hahn-Preis für Chemie und Physik und 1967 (gemeinsam mit den Chemikern Ronald Norrish und George Porter aus Cambridge) den Nobelpreis für Chemie. Eigen ist vielfacher Ehrendoktor deutscher und ausländischer Universitäten und Mitglied zahlreicher Akademien und wissenschaftlicher Gesellschaften, unter anderem des Ordens Pour le mérite, der Deutschen Akademie der Naturforscher «Leopoldina» und der American Academy of Arts and Sciences.

Zu Beginn seiner wissenschaftlichen Laufbahn beschäftigte sich Eigen mit der Thermodynamik von Wechselwirkungen zwischen den Molekülen in einer Lösung. Daraus ergab sich sein späteres Hauptanliegen – die Untersuchung sehr schnell (im Nanosekunden-Bereich) ablaufender Reaktionen in Lösungen. Er entwickelte eine Methode zur Untersuchung des Mechanismus einer Gesamtreaktion durch Ermittlung der Geschwindigkeitskonstanten der Teilreaktionen. Die Methode beruht auf der Angleichungsreaktion eines Systems, das durch eine kleine impulsartige Störung eines äußeren Parameters (Druck, Temperatur und elektrische Feldstärke) aus dem Gleichgewichtszustand gebracht wird. Auf dieser Grundlage wurde eine ganze Reihe sogenannter Relaxationsverfahren entwickelt, mit denen verschiedenartige Reaktionen vor allem in der Molekularbiologie untersucht werden können.

Eigen erforschte darüber hinaus die Mechanismen enzymkatalysierter Reaktionen und die Geschwindigkeit der Replikation (identischen Verdopplung) von Nukleinsäuren. Seine Arbeiten führten zu einer Theorie von der Entstehung des Lebens durch die Selbstorganisation der Materie. Dieses sogenannte Hyperzyklus-Modell beruht auf physikalisch-chemischen Grundlagen und dem Selektionsprinzip der Evolutionstheorie (→ Charles Robert Darwin). Durch die Kopplung von replikationsfähigen Nukleinsäuren von Informationsspeichern und Proteinen als Funktionsträgern entstehen Hyperzyklen, die untereinander in evolutivem Wettbewerb stehen und zu einer Optimierung der Funktion führen. In den 90er Jahren war Eigen an der Entwicklung des Fluoreszenz-Korrelations-Spektroskops beteiligt, mit dem einzelne Moleküle nachweisbar sind. Seine aktuellen Forschungen zielen außerdem auf die Entwicklung eines Aids-Tests, bei dem anstelle der Antikörper der HI-Virus direkt nachgewiesen wird.

Eijkman, Christiaan

*** 11. 8. 1858, Nijkerk, † 5. 11. 1930, Utrecht; niederländischer Hygieniker**

Als siebtes Kind eines Privatschulinhabers studierte Eijkman ab 1875 in Amsterdam Medizin. Nach seiner Promotion 1883 arbeitete er als Militärarzt auf den damaligen niederländischen Inseln Java und Sumatra. Aufgrund einer schweren Malariaerkrankung nach Europa zurückgekehrt, war er unter anderem Schüler → Robert Kochs in Berlin. Von 1888 bis 1896 leitete Eijkman das pathologische Labor im indonesischen Djakarta; 1898 wurde er als Professor für Hygiene und gerichtliche Medizin an die Universität Utrecht berufen, wo er bis zu seiner Emeritierung im Jahr 1928 blieb. Zusammen mit → Sir Frederic Gowland Hopkins erhielt Eijkman 1929 den Nobelpreis für Medizin.

Eijkman arbeitete über die moderne Ernährungslehre, vor allem auf dem Gebiet der Vitamine. In Indonesien widmete er sich um 1890 der Krankheit Beriberi – ursprünglich auf der Suche nach dem ansteckenden Erreger der «Seuche». Durch Beobachtung von Hühnern, die mit Reis aus einer Krankenhausküche gefüttert wurden und dabei beriberiähnliche Symptome entwickelten, schloß Eijkman auf eine in der Nahrung liegende Ursache, die jedoch kein herkömmlicher Krankheitskeim sei.

Eijkmans Probe
Methode, die der Bestimmung des Gehaltes von Koli-Darmbakterien in Trinkwasser dient. In einer von Eijkman entwickelten Nährlösung aus gelöstem Traubenzucker und Pepton vermehren sich Kolibakterien noch bei 46 °C, während andere Bakterien nicht weiterwachsen; der sogenannte Kolititer wird dann maßanalytisch bestimmt.

Durch weitere Experimente fand er heraus, daß bis dahin unbekannte «Beinährstoffe» lebenswichtig seien beziehungsweise daß deren Fehlen krankheitsauslösend sei. Diese Nahrungsbestandteile, ab 1914 «Vitamine» genannt, wurden bald genau charakterisiert und konnten klinisch eingesetzt werden; so konnte Beriberi durch Gabe eines Vitamines der B-Gruppe und Rachitis durch ein A-Vitamin geheilt werden.

Einstein, Albert

*** 14. 3. 1879, Ulm, † 18. 4. 1955, Princeton; Schweizer Physiker deutscher Abstammung**

Einstein, Sohn eines Kaufmanns, besuchte ab 1890 mit insgesamt durchschnittlichen Leistungen eine katholische Oberschule in München. Als seine Eltern 1894 nach Mailand übersiedelten, ging er in die Schweiz, wo er 1901 schweizerischer Staatsbürger wurde. Nach dem

Studium der Mathematik und Physik an der Eidgenössischen Technischen Hochschule in Zürich (ab 1897) arbeitete er von 1902 bis 1909 als Gutachter am Berner Eidgenössischen Amt für geistiges Eigentum sowie als Nachhilfelehrer. 1905 promovierte Einstein an der Universität Zürich, 1909 wurde er dort als Professor für theoretische Physik berufen. 1911/12 lehrte er an der Universität Prag und 1913 an der Technischen Hochschule in Zürich. Als Einstein 1914 hauptamtlicher Mitarbeiter der Preußischen Akademie der Wissenschaften wurde, zog er nach Berlin. Nach Adolf Hitlers Machtübernahme legte Einstein 1933 alle Ämter in Deutschland nieder und emigrierte in die USA, wo er am Institute for Advanced Studies in Princeton arbeitete; 1940 wurde Einstein amerikanischer Staatsbürger. Einstein war lebenslang aktiver Pazifist, gab aber durch seine briefliche Warnung vor der Gefahr einer möglichen deutschen Atombombe an den amerikanischen Präsidenten Franklin Delano Roosevelt am 2.8.1939 den Anstoß zum amerikanischen Atombombenprojekt.

Einsteins Arbeiten veränderten das Weltbild der klassischen Physik von Grund auf und machten ihn zum bedeutendsten Physiker des 20. Jahrhunderts. Seine bekanntesten Arbeiten sind die 1905 entwickelte spezielle Relativitätstheorie und die zwischen 1914 und 1916 formulierte allgemeine Relativitätstheorie.

Die spezielle Relativitätstheorie besagt den festen Zusammenhang von Energie, Masse und Lichtgeschwindigkeit als Äquivalente in der Formel «Energie ist gleich Masse mal Quadrat der Lichtgeschwindigkeit». Wegen des gleichbleibend hohen Wertes der Lichtgeschwindigkeit muß also bereits einer kleinen Masse ein hoher Energiebetrag innewohnen – die «Atomenergie». Mit zunehmender Geschwindigkeit eines Körpers wird dieser schwerer, bis er bei der nicht überschreitbaren Lichtgeschwindigkeit unendlich schwer wird; die Lichtgeschwindigkeit sollte nach Einstein auch die höchstmögliche Informationsübertragungsrate darstellen. (Heute zeigen Experimente, daß subatomare Teilchen die Lichtgeschwindigkeit durch «Tunneln» überschreiten können.)

Die Grundidee der speziellen Relativitätstheorie – die Zeit ist eine relative Größe und vergeht in einem bewegten System langsamer – erweiterte Einstein in der allgemeinen Relativitätstheorie auf sich aufeinander zu bewegende Systeme. Dabei gilt, daß im vierdimensionalen Raum (drei Raumdimensionen plus eine Zeitdimension) wegen der Gravitation keine geraden Linien vorkommen können; Zeit und Raum verändern sich in Abhängigkeit von der Stärke der Schwerkraft. Als Einsteins daraus abgeleitete Vorhersage, daß auch das Sternenlicht durch das Schwerefeld der Sonne abgelenkt werden müsse, 1919 durch eine britische Sonnenfinsternisexpedition experimentell bestätigt wurde, machte ihn dies berühmt.

Die mit Hilfe der klassischen Physik unverständliche Beobachtung, daß die Energie von Elektronen nicht von der Intensität des sie aus einem Metall schlagenden Lichtes abhängt (Fotoeffekt), erklärte Einstein 1905 mit der bis dahin kaum beachteten Quantentheorie Max Karl Ernst Ludwig Plancks. 1921 wurde ihm für die Deutung des Fotoeffekts und

für seine Beiträge zur Quantentheorie der Nobelpreis für Physik verliehen.
Einsteins mathematische Erstanalyse der sogenannten Brownschen Molekularbewegung stammt ebenfalls von 1905 und erlaubt die Bestimmung der Größe von Molekülen und Atomen. Insgesamt zeigte Einstein endgültig, daß die Natur und damit auch elektromagnetische Strahlung aus Teilchen wie Atomen und Molekülen beziehungsweise Quanten «korpuskulär» aufgebaut ist; er entfernte sich zudem von der Vorstellung des Äthers als ein die Welt erfüllendes Trägermedium.
Obwohl Einstein die Quantenmechanik wesentlich vorangebracht hatte, wich er zuletzt von der modernen Physik ab, indem er die «Kopenhagener Deutung» Niels Henrik David Bohrs und → Werner Karl Heisenbergs mit der philosophisch inspirierten Begründung ablehnte, daß jene dem Zufall eine zu große Rolle einräume.
Die von Einstein in seinen letzten Lebensjahrzehnten begonnene Suche nach einer «einheitlichen Feldtheorie», die vor allem elektromagnetische Strahlen und Gravitation gleichzeitig beschreiben kann, ist bis heute ebenso unvollendet wie die direkte Messung der durch Einsteins Theorien vorhergesagten Gravitationsfelder.

Einthoven, Willem

*** 21. 5. 1860, Semarang (Java), † 29. 9. 1927, Leiden; niederländischer Physiologe**

Einthoven wurde in Niederländisch-Ostindien geboren, wo sein Vater als Arzt praktizierte. Nach dessen Tod zog die Familie 1870 nach Utrecht, wo Einthoven von 1878 bis 1885 Medizin und Physik studierte. 1885, noch bevor er sein medizinisches Staatsexamen abgelegt hatte, erhielt er bereits als Nachfolger von Adrian H. Heynsius eine Professur für Physiologie an der Universität Leiden. Bis 1905 lehrte er dort auch das Fach Histologie. Für die Erfindung des Saiten-Galvanometers wurde er 1913 und 1917 für den Nobelpreis vorgeschlagen, erhielt diesen jedoch erst 1924 für die Entwicklung des Elektrokardiogramms.
1887 hatte Augustus Desiré Waller mit dem von Gabriel Lippmann konstruierten Kapillarelektrometer die elektrischen Ströme des menschlichen Herzens dargestellt. Einthoven erkannte, daß der Kapillarelektrometer sich nicht für eine genaue Registrierung der Aktionsströme des Herzmuskels eignete, und stellte 1895 aktuellere Berechnungen an. Nachdem er um 1900 das 150 kg schwere, erschütterungsempfindliche Saitengalvanometer zur Aufzeichnung schnell veränderlicher Ströme geringer Intensität entwickelt hatte, war Einthoven in der Lage, zum ersten Mal ein einwandfreies Elektrokardiogramm (EKG) zu erstellen – sowohl von einem normal arbeitenden wie auch von einem experimentell oder pathologisch veränderten Herzen. 1906 konnte er mit Hilfe dieses Meßinstruments bereits im EKG aufgezeichnete Veränderungen bestimmten Herzfehlern zuordnen.
Mit den drei Standard-Extremitätenableitungen – dem Einthovenschen Dreieck und dem Projektionsgesetz des Spannungsvektors, das er 1913 formulierte – schuf er wichtige Grundlagen der Kardiographie. Einthoven konstruierte auch ein Vakuum-Saiten-Galvanometer zur Überwindung des Luftwiderstands.

Enders, John Franklin
*** 10. 2. 1897, West Hartford (Connecticut), † 8. 9. 1985, Waterford (Connecticut); amerikanischer Virologe**

Enders, Sohn eines Geschäftsmanns, unterbrach während des Ersten Weltkriegs sein Studium, um als Fluglehrer zu dienen. Nach dem Studienabschluß 1920 an der Yale University versuchte er sich kurzzeitig als Immobilienmakler, strebte dann jedoch eine Promotion in Anglistik an der Harvard University an. Kurz vor diesem Ziel schwenkte er auf Medizin um, worin er 1930 promovierte. Er blieb an der Harvard University, wo er später eine Professur für Virusforschung erhielt. 1947 wurde Enders Leiter der Forschungsabteilung für Infektionskrankheiten an der dortigen Kinderklinik.
In seinen frühen Arbeiten befaßte sich Enders mit dem Problem, Viren außerhalb eines lebenden Organismus zu kultivieren. 1948 gelang es ihm, Mumpsviren in zerquetschten, mit Blut getränkten Hühnerembryonen zu züchten. Den zuvor problematischen Befall der Virenkultur mit schnellwüchsigen Bakterien verhinderte er durch Zugabe des Antibiotikums Penicillin, das die Bakterien abtötet, die Viren hingegen nicht beeinträchtigt.
Das am Mumpsvirus etablierte Verfahren übertrug Enders dann auf den Poliomyelitisvirus, den Auslöser der Kinderlähmung, der bis in die 50er Jahre hinein noch Tausende von Menschen zum Opfer fielen. Poliomyelitisviren konnten bislang nur in lebendem Nervengewebe von Menschen oder Affen gezüchtet werden. Erst mit Einführung der neuen Kulturmethode standen Viren in ausreichender Menge für die Entwicklung eines Impfstoffs zur Verfügung. 1954 erhielt Enders (zusammen mit F. Robins und T. Weller) für die Entwicklung der Gewebekultur des Poliomyelitisvirus den Nobelpreis für Medizin; ein Jahr später wurde der erste (von → Jonas Salk entwickelte) Impfstoff gegen Kinderlähmung zugelassen. In Verbindung mit den von Enders entwickelten Kulturmethoden wurden Massenimpfungen möglich, und Kinderlähmung wurde zu einer seltenen Erkrankung.

Erasistratos
*** um 300 v. Chr., Julis auf Kea, † zwischen 250 und 240 v. Chr., Alexandria; griechischer Arzt**

Erasistratos erhielt seine Ausbildung in Athen. Einige Jahre arbeitete er am Hof des ägyptischen Königs Seleukos I. als Hofarzt, ehe er in Alexandria die medizinische Schule des → Herophilos übernahm und dessen Werk fortführte. Er selbst gründete die nach ihm benannte Schule der Erasistrateer.
Erasistratos, der als Begründer der pathologischen Anatomie gilt, machte bei Sektionen an menschlichen Leichen das Groß- und Kleinhirn aus und zog aus dem Vergleich unterschiedlicher Hirnwindungen von Mensch und verschiedenen Tierarten den Schluß, daß die Hirnstruktur und Intelligenz in einem Wechselverhältnis zueinander stehen müßten. Er untersuchte das Gehirn näher und fand dort den Ausgangspunkt der sensiblen Nerven.
Erasistratos glaubte, daß sowohl «nervöser Äther», «arterieller Äther» sowie «venöses Blut» an der Versorgung der Organe beteiligt seien. Außerdem ging er davon aus, daß Blut und Pneuma die

Hauptbestandteile des Körpers bildeten. Obwohl hippokratisches Gedankengut (→ Hippokrates von Kos) in seine Lehre einfloß, übte er später an der Säftetheorie des Hippokrates Kritik.
Weitere Untersuchungen führte Erasistratos an den Herzklappen, am Kehlkopf und an der pathologisch veränderten Leber Wassersüchtiger durch. Als Ursache der meisten Krankheiten nahm er eine Blutüberfüllung der Venen (Plethora) an, die durch ein Übermaß unverdauter Nahrung entstünde. Seine Erklärung des Verdauungsprozesses fußte auf den atomistischen Vorstellungen Demokrits.

Eudoxos von Knidos

*** 408 (391?) v. Chr., Knidos, † 355 (338?) v. Chr., Knidos; griechischer Naturforscher und Philosoph**

Eudoxos studierte bei Arychtas von Tarent Geometrie und bei Philistion von Lokroi Medizin. Nach Abschluß seiner Studien ging er nach Ägypten, um seine Kenntnisse der Astronomie zu erweitern. Anschließend gründete er eine wissenschaftliche Schule in Kyzikos (Kleinasien), die er später nach Athen verlegte, wo er Platon kennenlernte. In dessen Akademie wurde Eudoxos Mitglied und erhielt dort später eine leitende Funktion. Um 365 v. Chr. kehrte Eudoxos nach Knidos zurück, wo er Vorlesungen hielt und seine Lehren und Forschungen in mehreren Büchern publizierte.
Eudoxos' Werke sind nicht vollständig überliefert. Aus den aufgefundenen Fragmenten geht hervor, daß er die Geographie Vorderasiens und Mittel- bis Nordeuropas studierte («Ges periodos»). In «Oktaeteris» beschäftigte er sich mit einem Kalender, da er bemerkt hatte, daß das Jahr 365 Tage und sechs Stunden dauerte. Weitere Werke thematisierten astronomische Probleme, etwa die Herstellung von Sternkarten. In seinem Buch «Über die Geschwindigkeiten» entwickelte er ein Modell zur Planetenbewegung, das später von → Aristoteles übernommen wurde.
Das mathematische Werk läßt sich durch die Arbeiten von → Archimedes und → Euklid rekonstruieren, die in ihrem Wirken auf die Arbeiten Eudoxos' zurückgriffen. Demnach führte Eudoxos Berechnungen über den Inhalt von Ebenen und Räumen aus, die unter anderem zur Lehre der Kegelschnitte führten und zu deren Beweis er die Exhaustionsmethode verwendete. Damit verknüpft war die Proportionslehre.

Euklid

*** um 365 v. Chr., † um 300 v. Chr.; griechischer Mathematiker**

Euklid erhielt seine Ausbildung vermutlich an der Platonischen Akademie zu Athen. Zwischen 320 und 260 v. Chr. ging er nach Alexandria, wo er Mathematik lehrte.
Das fundamentale Werk Euklids umfaßt Arbeiten zur Mathematik, Physik, zur Astronomie und auch zur Musiktheorie. Er hat wahrscheinlich die sieben mathematischen Werke «Elemente», «Data», «Über die Teilung der Figuren», «Porisma», «Kegelschnitte», «Oberflächenörter» und «Pseudaria» verfaßt. Eine astronomische Abhandlung ist «Phainomena», ein Werk zur Optik ist «Optika». Mit «Elemente der Musik» verfaßte er ein musiktheoretisches Werk. Seine berühmteste Arbeit ist die «Elemente»

– eine Zusammenfassung der Lehren früher Mathematiker. Euklid wählte dabei eine Anordnung nach Axiomen (Lehrsätzen), so daß sich eine vollkommen logische Anordnung ergab. Das Werk umfaßte die Bereiche Planimetrie (Flächen- und Ebenenmessung), Stereometrie (Raummessung), Goniometrie (Winkelmessung) sowie Trigonometrie (Dreiecksmessung). Im Zuge seiner Ausführungen bewies Euklid zwei Sätze aus der Satzgruppe des → Pythagoras (Satz 3, «Kathetensatz von Euklid» und Satz 4, «Höhensatz von Euklid»). Im Zusammenhang mit der Theorie der Zahlen zeigte er, daß die Anzahl der Primzahlen unbegrenzt ist. Eine Rechenanweisung gab er mit dem «Euklidischen Algorithmus». «Elemente» umfaßte 13 Bände (Band 14 wurde von Hypsikles, Band 15 vermutlich von Damaskios verfaßt), mit denen Euklid zum Schöpfer der Euklidischen Geometrie wurde. Durch Euklids Einführung der axiomatischen Methode wurde die Geometrie zu einer mathematischen Disziplin. Zugleich initiierte Euklid die Entwicklung der nichteuklidischen Geometrie. Der Anstoß zu dieser Entwicklung war der jahrhundertelang vergeblich unternommene Versuch, das Euklidische Parallelenaxiom, nach dem es zu jeder Geraden durch einen Punkt genau eine Parallele gibt, auf einfachere Axiome zurückzuführen.
Durch die Angabe eines Modells, das alle Axiome außer dem Parallelenaxiom erfüllt («Kleinsches Modell»), konnte am Ende dessen Unabhängigkeit sichergestellt werden. Damit wurde der Weg frei für die Entwicklung neuer, in sich widerspruchsfreier (nichteuklidischer) Geometrien.
Einen ähnlich fundamentalen Rang hat Euklids Werk «Optika», in dem er Arbeiten zur geometrischen Optik veröffentlichte. Seine Abhandlung «Konika», die die Lehre von den Kegelschnitten behandelte, wurde zur Grundlage der Arbeiten von Apollonius. In «Data» sammelte Euklid Berechnungen zur Planimetrie. Seine Schrift «Phainomena» enthielt mathematische Behandlungen der Fixsternastronomie.

Euler, Leonhard

*** 15. 4. 1707, Basel, † 18. 9. 1783, St. Petersburg; Schweizer Mathematiker**

Euler, Sohn eines Pfarrers, studierte ab 1720 an der Universität Basel Philosophie und Theologie, ehe er sich der Mathematik zuwandte. Zu seinen Lehrern gehörte Johann Bernoulli. 1727 ging Euler zusammen mit Daniel und Nikolaus Bernoulli an die neugegründete Akademie in St. Petersburg, wo er ab 1733 eine Professur für Mathematik erhielt. 1741 folgte Euler einem Ruf Friedrich II. von Preußen an die Berliner Akademie der Wissenschaften, wo er eine Mathematikprofessur übernahm. Nach dem Tod von → Pierre Louis Moreau de Maupertuis übernahm Euler die Leitung der Akademie. Aufgrund persönlicher Animositäten zwischen ihm und Friedrich II. kehrte Euler 1766 nach St. Petersburg zurück, wo er bis zu seinem Tod wirkte.
Euler war ein äußerst vielseitiger Mathematiker. Sein Werk umfaßte sowohl die reine als auch die angewandte Mathematik. Seine erste Arbeit «Mechanica sive motus scientia analytice exposita» (1736) enthielt Probleme der angewandten Mathematik, unter anderem die Integration

partieller Differentialgleichungen. In seinen Arbeiten über Mechanik verband er die von → Isaac Newton formulierten Grundlagen der klassischen Mechanik mit der mathematischen Methode der Analysis, die den Newtonschen Ideen die angemessene Eleganz gab. 1739 vollzog Euler mit der Publikation von «Musiktheorie» einen Ausflug in die Musikwissenschaften, um 1744 mit der «Theorie der Planetenbewegung» in sein eigentliches Metier zurückzukehren. Er berechnete geringe Abweichungen der Planetenbahnen, womit er die Grundlage der Forschungen von Joseph Louis Lagrange und → Pierre Simon Laplace schuf. Außerdem initiierte er mit der Einführung der «algebraischen Beweismethode» die Ablösung der «geometrischen Beweismethode» nach Newton und → Galilei Galileo. Euler begann auch die schwierige Berechnung der Mondbahn, wodurch er der Astronomie zu wertvollen Ansätzen verhalf. Ebenfalls 1744 widmete sich Euler der Variationsrechnung, die er zu einem eigenständigen Zweig der Analysis entwickelte (Eulersche Differentialgleichung). 1745 demonstrierte Euler mit seiner Abhandlung «Neue Grundsätze der Artillerie» die militärische Nutzung der angewandten Mathematik. 1748 folgte mit «Introductio in analysis infinitorum» ein grundlegendes Werk zur reinen Mathematik, dem «Institutiones calculi differentialis» (1755) und «Institutiones calculi integralis» (1768–1770) folgten. In diesen Werken machte er unter anderem Ausführungen über Exponential- und Logarithmusfunktionen (Eulersche Zahl) sowie über Gammafunktionen (Eulersche Konstante). 1769 postulierte er in seinem Buch «Dioptrica» als einer der ersten Wissenschaftler die Wellennatur des Lichts und die Farbe als Funktion der Wellenlänge. 1770 erschien mit «Vollständige Anleitung zur Algebra» ein weiteres umfassendes Werk, in dem er unter anderem den Satz von den Wurzeln eines Polynoms formulierte.

Ein weiteres Arbeitsgebiet Eulers war die Differentialgeometrie (Satz von Euler) und Topologie (Eulerscher Polyedersatz). Die Primzahlentheorie bereicherte Euler durch die Einführung der «Zeta-Funktion» und der Produktdarstellung. Euler bewies und verallgemeinerte auch den Kleinen Fermatschen Satz. Mit der Verifizierung der Großen Fermatschen Vermutung für die Zahl 3 legte Euler die Grundlagen für die algebraische Zahlentheorie. Euler gehört außerdem zu den Begründern der Hydrodynamik (Eulersche Beschreibung, Eulersche Bewegungsgleichung).

Eulersche Kurve
Ebene Kurve, deren Krümmungsradius in jedem Punkt proportional dem Quadrat des Radiusvektors ist.

Euler-Chelpin, Hans Karl August Simon von

*** 15. 2. 1873, Augsburg, † 6. 11. 1964, Stockholm; schwedischer Biochemiker deutscher Herkunft**

Da Euler-Chelpin Maler werden wollte, studierte er zuerst Kunstgeschichte. Er wechselte dann jedoch zur Chemie und beendete sein Studium 1895 in Berlin. Anschließend arbeitete er zwei Jahre bei → Walther Hermann Nernst in Göttingen. 1897 wurde Euler-Chelpin Assistent von → Svante August Arrhenius in Stockholm, wo er 1898 als Privatdozent an der Universität physikalische Chemie lehrte. Im Sommer 1899 und 1900 arbeitete er bei → Jacobus Henricus van't Hoff in Berlin. Euler-Chelpin wandte sich dann der organischen Chemie zu und arbeitete an den Universitäten Würzburg, Leipzig und Straßburg. 1902 wurde er schwedischer Staatsbürger und verließ 1906 Deutschland, um eine Professur für allgemeine und organische Chemie in Stockholm anzunehmen, wo er ab 1929 Direktor des neugegründeten biochemischen Instituts wurde. Zusammen mit → Sir Arthur Harden erhielt er 1929 den Nobelpreis für Chemie.

Euler-Chelpin trug wesentlich zur Erforschung der Struktur und Wirkungsweise von Enzymen bei. Er arbeitete unter anderem an der Erforschung der Reaktionskinetik enzymkatalysierter Reaktionen, der Molekulargewichtsbestimmung von Enzymen und der Enzymreinigung.

Seine bedeutendsten Arbeiten betreffen die Aufklärung der Struktur von Coenzymen (organischen Verbindungen, die als locker gebundene Wirkgruppen von Enzymen fungieren, zum Beispiel viele Vitamine). Das an der alkoholischen Gärung beteiligte Coenzym war bereits 1905 durch Arthur Harden und H.D. Young als filtrierbarer, hitzestabiler Anteil aus Hefepreßsaft isoliert worden. Daraufhin war es zu einem Wettlauf verschiedener Forscher um die Strukturaufklärung des Coenzyms gekommen, den Euler-Chelpin 1935 für sich entschied, indem er die chemische Konstition dieses von ihm «Cozymase» genannten Coenzyms als Nikotinamid-Adenin-Dinukleotid (NAD) aufklärte.

Weiterhin forschte Euler-Chelpin über Vitamin B_1 (Thiamin, ein Bestandteil eines anderen Coenzyms) und wies Carotin als Provitamin A nach. Andere Arbeiten Euler-Chelpins betreffen die Biochemie von Tumoren.

Ewing, William Maurice

*** 12. 5. 1906, Lockney (Texas), † 4. 5. 1974, Galveston (Texas); amerikanischer Geophysiker**

Ewing studierte am Rice Institute in Houston (Texas) und promovierte 1931. Nach Lehrtätigkeiten an den Universitäten von Pittsburgh und Lehigh ging er 1944 an die Columbia University in New York. Dort war er seit 1947 Professor für Geologie und von 1949 bis 1972 Leiter des Lamont-Doherty Geological Observatory.

Ewing hat wesentlich zur Erforschung des Meeresbodens beigetragen. 1956 beschrieb er die Ausdehnung der mittelozeanischen Rücken und entdeckte eine tiefe Spalte längs des mittelatlantischen Rückens. Er arbeitete die Bedeutung der Zentralspalten entlang dieser Rücken für die Erdbebenentstehung und die Kontinentaldriftung heraus. Hierbei konnte er auf seine Entdeckung, daß die ozeanische Erdkruste nur zehn Kilometer dick ist, zurückgreifen.

Mehrere Expeditionen unterstützten seine Forschungen im Bereich mariner Sedimente, Unterwasserakustik, Meeresbodenfotografie (erste Tiefseefotos ab 1939), Ozeanographie und geothermischer, magnetischer Messungen.

Darüber hinaus entwickelte Ewing eine Theorie zur Entstehung der Eiszeiten und beschäftigte sich mit der Seismik des Mondes.

F

Fabry, Charles
*** 11. 6. 1867, Marseille, † 11. 12. 1945, Paris; französischer Physiker**

Fabry studierte an der École Polytechnique in Paris, wo er 1892 promovierte. 1904 erhielt er einen Lehrauftrag für Physik an der Universität Marseille. Von 1920 bis 1937 war er als Professor an der Sorbonne in Paris tätig.
Fabrys Forschungsschwerpunkt betraf in erster Linie das Gebiet der Optik. Hier nahm er unter Ausnutzung der Interferenz von kohärentem Licht präzise Messungen vor. Insbesondere die Untersuchung der Lichtwellenlängen führte ihn und den Physiker Jean-Baptiste Gaspard Gustav Alfred Pérot 1896 zu der Konstruktion des «Fabry-Pérot-Interferometers», mit dem Fabry auch die Temperatur und die Zusammensetzung der Sterne erforschte. Nachdem er den Doppler-Effekt erstmals auf optischer Grundlage verifiziert hatte, gelang es ihm 1907, die Definition des Meters auf optische Messungen der Wellenlängen zurückzuführen.
Bei Untersuchungen der oberen Atmosphäre machte er 1913 das die Ultraviolettstrahlung der Sonne absorbierende und damit lebenswichtige Ozon aus.

Fabry-Pérot-Interferometer
1896 von den Physikern Fabry und Pérot erfundene Apparatur, die aus zwei gegeneinander verschiebbaren, ebenen, leicht keilförmig zulaufenden Glas- oder Quarzplatten besteht. Mit dem Interferometer sind Absolutmessungen von Wellenlängen, die Untersuchung der Hyperfeinstruktur von Spektrallinien und die Bestimmung der Bandbreite von Spektral- und Laserlinien möglich.

Fahrenheit, Daniel Gabriel
*** 24. 5. 1686, Danzig, † 16. 9. 1736, Den Haag; deutscher Physiker und Instrumentenbauer**

Fahrenheit ging 1701 nach Amsterdam, um wie sein Vater Kaufmann zu werden. Bis sich Fahrenheit dort nach ausgiebigen Reisen durch Europa 1717 niederließ, arbeitete er jedoch als Glasbläser und Instrumentenbauer. 1724 wurde er Mitglied der Royal Society in London.
Fahrenheits größte Leistung bestand in der Entwicklung eines eichbaren Thermometers. Hierzu füllte Fahrenheit das Thermometer zunächst mit Alkohol, ab 1718 mit gereinigtem Quecksilber. Die Einteilung des Meßgerätes nahm er seit 1714 an drei Punkten vor: Der Nullpunkt war durch eine Kältemischung aus Wasser, Salmiak und Eis gegeben (dadurch sollten im Winter negative Temperaturen vermieden werden), es folgte der Schmelzpunkt des Eises und zuletzt, als oberer Eichpunkt, der Siedepunkt des Wassers. Die Eichung erlaubte die Serienproduktion von Thermometern, die untereinander vergleichbare Temperaturwerte lieferten.

Fahrenheit-Skala
Zwischen den drei Eichpunkten der Fahrenheit-Temperaturskala liegen 212 gleiche Teilstrecken (Grade). Die Fahrenheitsche Kältemischung hat 0 °F, die menschliche Körpertemperatur beträgt 96 °F, der Dampfpunkt des Wassers liegt bei 212 °F. Eine Temperaturveränderung um 1 °C entspricht einer Temperaturveränderung von 9/5 °F; umgekehrt errechnen sich die Grad Celsius aus den Grad Fahrenheit durch: 5/9 × (°F –32).

Die Temperaturmeßmethode Fahrenheits setzte sich vor allem in den englisch- und niederländischsprechenden Ländern durch, während in der übrigen Welt die von → Anders Celsius vorgeschlagene Skala benutzt wurde beziehungsweise wird.

Darüber hinaus entwickelte Fahrenheit Meßgeräte für den Luftdruck (Barometer) sowie zur Messung des speziellen Gewichtes beziehungsweise der Dichte von Flüssigkeiten und Feststoffen (Aräometer und Pyknometer). Das ebenfalls von ihm konstruierte Hypsobarometer erlaubt die Höhenmessung mittels Luftdruckbestimmung durch den – mit zunehmender Höhe sinkenden – Siedepunkt verschiedener Flüssigkeiten.

Auch kleinere Erfindungen und technische Verbesserungen wie eine Wasserrohrmühle und eine Zentrifugalpumpe zählen zu Fahrenheits Verdiensten.

Faraday, Michael

22. 9. 1791, Newington (heute zu London), † 25. 8. 1867, Hampton Court (heute zu London); britischer Physiker und Chemiker

Faraday war Sohn eines Schmiedes und erhielt nur eine minimale Schulausbildung. Er arbeitete zunächst als Zeitungsjunge, dann als Buchbinder. 1813 wurde er an der Royal Institution in London Assistent Sir Humphrey Davys, mit dem er zwei Jahre durch Europa reiste. Die Royal Society nahm Faraday 1824 als Mitglied auf; 1825 wurde er Direktor des Laboratoriums der Royal Institution, an der er von 1827 bis 1861 als Professor für Chemie arbeitete.

Erste wissenschaftliche Meriten erwarb sich Faraday in der Chemie. So gelang ihm 1823 die Darstellung flüssigen Chlors unter Druck sowie 1824 bei der Analyse von Ölen die Entdeckung des Benzols. Außerdem entwickelte Faraday rostfreie Stahllegierungen und Glassorten mit hoher Brechzahl, die er 1845 bei magnetooptischen Versuchen einsetzte.

Faradays wichtigste Entdeckungen liegen auf dem Gebiet der Elektrizität und der damit verbundenen Umwandlung von Naturkräften (zum Beispiel Magnetismus und Elektrizität). 1821 entdeckte er, daß sich ein beweglicher stromdurchflossener Leiter um einen festen Magneten dreht und umgekehrt – die Urform des Elektromotors. Die von ihm 1831 nachgewiesene elektromagnetische Induktion, bei der beim Öffnen und Schließen eines Stromkreises in einem um diesen herum angeordneten Draht je ein Stromstoß ausgelöst wird, führte zur Konstruktion des ersten Dynamos. Dieser bestand aus einer rotierenden Kupferscheibe, deren Rand zwischen den Polen eines Permanentmagneten durchlief; von der Scheibe konnte elektrischer Strom abgeleitet werden.

Faraday besaß zeit seines Lebens keine ausgesprochenen Mathematikkenntnisse, was er durch seine intuitive Fähigkeit

zur anschaulichen Darstellung wettmachte. Die magnetischen Kraftlinien etwa stellte er durch Eisenfeilspäne dar, die sich dem Kraftfeld entlang anordnen. Faraday lehnte die Fernwirkung ab und wurde zum Begründer der klassischen Feldtheorie mit nahwirkendem Wechselspiel zwischen den Molekülen. Er führte die Begriffe Elektrolyse (elektrische Zerlegung geschmolzener Salze), Elektrolyt (stromleitende Flüssigkeit beziehungsweise Feststoff), Elektrode (metallene Stromzuführungen), Kathode (negativ geladene Elektrode), Anode (positiv geladene Elektrode), Anion (negativ geladenes Teilchen [Ion]) und Kation (positives Ion) ein und entdeckte 1845 den Diamagnetismus.
Zu Faradays wissenschaftlichen Hauptwerken gehören die «Experimental Researches in Electricity» (1831–1852; 29 Bände) sowie seine Weihnachtsvorlesungen für Jugendliche, die 1874 als «Naturgeschichte einer Kerze» erschienen.

Faradaykäfig
Ein von leitfähigem Material umgebener Raum, der dadurch von elektrischen Feldern abgeschirmt ist. Die Meßinstrumente werden auf diese Weise künstlich vor Beeinflussung geschützt; Autos und Flugzeuge sind ebenfalls Faradaykäfige.

Faradaysche Gesetze
Für die Elektrolyse geltende Regeln, die besagen, daß 1. die Masse der während der Elektrolyse an einer Elektrode freigesetzten Substanz proportional zur Elektrizitätsmenge ist, welche die Lösung durchflossen hat, und 2. die durch eine bestimmte Elektrizitätsmenge freigesetzte Masse proportional ist zum Atomgewicht des freigesetzten Elementes und umgekehrt proportional zu dessen Wertigkeit.

Fechner, Gustav Theodor

*** 19. 4. 1801, Groß Särchen (bei Hoyerswerda), † 18. 11. 1887, Leipzig; deutscher Physiker und Psychologe**

Fechner studierte ab 1817 in Leipzig Medizin und habilitierte sich 1823. Aufgrund seiner physikalischen Interessen übernahm er ab 1824 Physik-Vorlesungen, wurde 1834 zum Physikprofessor ernannt und baute seit 1835 das Physikalische Institut in Leipzig auf. Ein Augenleiden und Krankheit beendeten diese Tätigkeiten 1839. 1843 konnte er jedoch wieder als Professor für Naturphilosophie lehren; ab 1850 begründete er in Leipzig die Forschungsrichtung Psychophysik.
Zu Beginn seiner wissenschaftlichen Laufbahn übersetzte und bearbeitete Fechner französische Physik- und Chemielehrbücher (von 1820 bis 1830). 1829 förderte er die allgemeine Anerkennung des Ohmschen Gesetzes (von 1827) durch erweiterte Untersuchungen seines Geltungsbereichs. Grundlegend für die elektrophysikalische Theoriebildung waren seine Arbeiten über den Galvanismus und theoretische Überlegungen über den Zusammenhang von elektromagnetischer Bewegung und Induktion. In allen Fällen ging er von der Atomistik aus. Er wandte sich auch optischen Fragen, einschließlich der Farbenlehre, zu.
Seit 1839 entwickelte er naturphilosophische Vorstellungen über eine beseelte Welt und suchte geistige Phänomene in physikalischen mathematischen Terminologien zu erfassen. Hierzu führte er zum Beispiel physikalische Versuchsreihen durch, womit er sich als Vordenker der experimentellen Psychologie erwies. Mit der Veröffentlichung seiner Ergeb-

Fechner-Benham-Farben
Gruppen von parallelen schwarzen Streifen auf weißem Untergrund sind derart auf einer Benhamschen Scheibe plaziert, daß bei langsamer Rotation Farben sichtbar werden.

nisse in dem Werk «Elemente der Psychophysik» (1860) begründete er eine eigene Forschungsrichtung. Im selben Jahr formulierte er das Weber-Fechnersche Gesetz über das Verhältnis von Reizschwelle und Reizstärke zur Empfindungsstärke. Der mathematischen Statistik gab er durch seine «Kollektivmaßlehre» wesentlichen Antrieb. Fechner betätigte sich darüber hinaus auch als Feuilletonist und legte in empirisch wissenschaftlichen Überlegungen zur bildenden Kunst die Grundlagen für die psychologische Ästhetik.

Fermi, Enrico

*** 29. 9. 1901, Rom, † 28. 11. 1954, Chicago; italienisch-amerikanischer Physiker**

Fermi studierte Physik an der Elitehochschule Scuola Normale in Pisa. Nach seiner Promotion 1922 ging er zu → Max Born nach Göttingen und 1924 zu Paul Ehrenfest nach Leiden. Nach einem Lehrauftrag in Florenz bekleidete Fermi 1927 den neu geschaffenen Lehrstuhl für Theoretische Physik der Universität Rom, der sich unter seiner Leitung zum Zentrum der modernen Physik in Italien entwickelte. 1938 erhielt er für seine Arbeiten über die Funktion der Neutronen bei der kontrollierten Kernspaltung den Nobelpreis für Physik. Da Fermi mit Repressalien durch die faschistische Regierung rechnen mußte, reiste er nach der Preisverleihung nicht wieder nach Italien, sondern in die USA, wo er 1939 eine Professur an der Columbia University erhielt. 1942 bis 1944 wirkte er am Metallurgical Laboratory der Universität Chicago. 1944 bis 1945 trug er als Mitarbeiter Julius Robert Oppenheimers beim «Manhattan Project» zum Bau der amerikanischen Atombombe bei. 1946 übernahm er die Leitung des neugegründeten Kernforschungsinstituts in Chicago. Fermi war Mitglied zahlreicher Akademien, von denen er mehrfach ausgezeichnet wurde. Ihm zu Ehren stiftete die U. S. Atomic Energy Commission 1954 den Enrico-Fermi-Preis.

Fermi gilt als einer der bedeutendsten Physiker des 20. Jahrhunderts, der maßgeblichen Einfluß auf die Quantentheorie, die Festkörperphysik und die Physik kosmischer Strahlen und Magnetfelder hatte. 1926 formulierte er die Quantenstatistik für Fermionen (Kernteilchen mit halbzahligem Spin), die → Paul Adrien Maurice Dirac verallgemeinerte und die daher «Fermi-Dirac-Statistik» genannt wird. Anhand dieser Arbeit konnten → Werner Karl Heisenberg und Felix → Bloch Untersuchungen der Eigenschaften von Elektronen in Metallen ausführen. 1928 veröffentlichte Fermi mit → Sidney Gilchrist Thomas das «Fermi-Thomassche-Atommodell», mit dem die Elektronenzustände in der Atomhülle sowie die Leitungsmechanismen in Metallen und Festkörpern beschrieben wurden. 1932 widmete er sich kernphysikalischen Problemen; so gab er einem von → Wolfgang Pauli postulierten neutralen Kernbaustein den Namen «Neutrino». Bei seiner Untersuchung über radioaktive Strahlung klärte er darüber hinaus den Mechanismus des Beta-Zerfalls. Mit dem Ziel, Transurane (künstliche Elemente, deren Ordnungszahlen höher sind als die des Urans) herzustellen, beschoß er 1933 zusammen mit Bruno Maximowitsch Pontecorvo und Emilio Segré die Elemente Uran und Thorium mit Neutronen. Bei den gewonnenen Teilchen handelte es sich aber nicht um Transurane, sondern um Kerntrümmer, wie → Lise Meitner 1938 erkannte. 1939 gelang es Fermi, die Kernspaltung durch den Beschuß mit moderierten (abgebremsten) Neutronen in Form einer Kettenreaktion zu stabilisieren. Anhand seiner Ergebnisse wies Fermi darauf hin, daß die Möglichkeit zum Bau einer Atombombe bestand. Im Verlauf seiner Arbeit erkannte er, daß allein das Uranisotop der Massenzahl 235 spaltbar ist und daß deshalb eine aufwendige Isotopentrennung erforderlich war. Um dieses Problem zu umgehen, führten er und Emilio Segré 1940 den Beschuß von nichtspaltbarem Uran 238 ein, um spaltbares Plutonium zu erzeugen. 1942 setzte Fermi den ersten Versuchsreaktor in Gang, der 1943 zum Bau einer Reaktoranlage in Oak Ridge führte. Fermis letzte Arbeiten galten der Hochenergiephysik, wo ihm 1951 der Nachweis von Elementarteilchenresonanzen gelang.

Finsen, Niels Ryberg

*** 15. 12. 1860, Tórshavn (Faröer), † 24. 9. 1904, Kopenhagen; dänischer Mediziner**

Finsen, Sohn isländischer Eltern, besuchte in Reykjavik die Schule, ging aber später nach Dänemark, wo er 1890 in Kopenhagen sein Medizinstudium beendete. 1903 erhielt er für seine Grundlagenforschung im Bereich der physiologischen und therapeutischen Wirkungen des Lichts den Nobelpreis für Medizin und Physiologie.

Nachdem sich Finsen bereits während des Studiums eingehend mit der Lichteinwirkung auf Krankheiten beschäftigt hatte, veröffentlichte er 1893 seine Theorie zur Rotlichteinwirkung im Verlauf von Pockenerkrankungen. Indem er die Fenster des Krankenzimmers mit roten Vorhängen zuhängte und dadurch die kurzwellige Sonnenstrahlung herausfilterte, konnte er den Krankheitsverlauf mildern. Finsens Hauptinteresse galt dem kurzwelligen Licht, dessen bakterienabtötende Wirkung er bei Bakterien auf der Haut entdeckte. Mit dem ultravioletten Licht einer starken Bogenlampe (Finsenlicht, Finsenlampe) behandelte er erfolgreich Hauttuberkulose. Aus privaten Mitteln gründete er 1896 in Kopenhagen ein Institut für Phototherapie, das später staatlich finanziert wurde. 1899 veröffentlichte er seine Forschungsergebnisse in dem Band «La photothérapie». Mit seinen zum Teil wieder in Vergessenheit geratenen Forschungen bereitete er die spätere Anwendung von Röntgen- und Gammastrahlen vor.

Fischer, Emil Hermann

*** 9. 10. 1852, Euskirchen, † 15. 7. 1919, Berlin; deutscher Chemiker**

Fischer, Sohn eines mittelständischen Unternehmers, brach 1871 eine kaufmännische Lehre ab, um ein Chemiestudium bei → August Kekulé von Stradonitz in Bonn zu beginnen. 1872 wechselte er zu → Adolf von Baeyer nach Straßburg, wo er nach der Promotion 1874 eine Assistentenstelle erhielt. 1875 folgte Fischer von Baeyer nach München, wo er sich habilitierte und 1879 Professor und Abteilungsleiter am Institut für Analytische Chemie wurde. 1882 wechselte er an die Universität Erlangen, 1885 folgte er einem Ruf der Universität Würzburg, wo er bis 1892 wirkte. Ab 1892 lehrte er an der Universität Berlin, wo unter seiner Leitung ein neues Chemisches Institut erbaut wurde, dessen Vorsitz er übernahm. Während des Ersten Weltkriegs setzte er sich für die Großproduktion rüstungsrelevanter Stoffe ein.

Fischer war Mitglied der Preußischen Akademie der Wissenschaften und im Vorstand der Deutschen Chemischen Gesellschaft. 1902 wurde er aufgrund seiner Arbeiten über die Zucker und Proteine mit dem Nobelpreis für Chemie ausgezeichnet.

Fischer begründete und systematisierte durch seine Arbeiten diverse Bereiche der organischen Naturstoffchemie. In seiner Dissertation von 1874 analysierte er die Strukturen der Farbstoffe Fluorescein und Phthalein-Orcin, 1875 entdeckte er das Phenylhydrazin. 1882 widmete er sich den Purinen (Eiweißverbindungen). 1883 gelang ihm mit der «Fischerschen Indolsynthese» die Herstellung des Indols, das bei der Farbstoffproduktion eingesetzt wird. Ab 1884 widmete sich Fischer verstärkt der Chemie der Kohlenhydrate, die ihn zunächst zur Synthese der Osazone führten (1887), mit denen er Zucker identifizierte. Ebenfalls 1887 gelang ihm zusammen mit Julius Tafel die Synthese der Zucker Fructose und Sorbose, außerdem entdeckte er an Zuckermolekülen die Spiegelbildisomerie (Isomere: Stoffe mit identischer Zusammensetzung, aber unterschiedlichem Bau). 1891 entwickelte Fischer die «Fischer-Projektion», mit der die Strukturen der Zuckermoleküle durch einen Standard beschrieben werden können. 1893/94 entdeckte er die an Zucker gebundenen Glycoside. Ab 1900 setzte Fischer seine Forschungen über die Chemie der Eiweiße fort, in deren Verlauf ihm 1907 eine Peptidsynthese gelang. 1908 spezialisierte er sich zusammen mit Karl Freudenberg auf Depside (Gerbstoffe), von denen bis 1913 exakt 34 synthetisiert werden konnten. In den folgenden Jahren beschäfigte sich Fischer mit der Synthese von Nukleosiden (Bausteine der Nukleinsäuren) und deren Vorstufen und Abbauprodukten, wobei seine Kenntnisse der Purine von großem Nutzen waren.

Während des Ersten Weltkriegs war Fischer am Ausbau der Großproduktion von Ammoniak, Salpetersauren und Nitraten beteiligt. Er regte unter anderem die Gewinnung von Synthesecampher aus Terpentinöl und von Benzen und Toluen aus Kohle an.

Fischer, Franz Joseph Emil

*** 19. 3. 1877, Freiburg i. Br.,**
† 1. 12. 1947, München; deutscher Chemiker

Nach dem Besuch des Gymnasiums studierte Fischer von 1897 bis 1899 Chemie an der TH München und an den Universitäten München, Freiburg i. Br. und Gießen. 1899 promovierte er bei Karl Elbs über Elektrochemie. Anschließend ging er nach Paris zu Henri Ferdinand Marie Moissan, danach suchte er → Friedrich Wilhelm Ostwald und Emil Hermann Fischer in Berlin auf. Nach einem Intermezzo als Industriechemiker habilitierte er sich 1903 am Phyikalisch-Chemischen Institut der Universität Freiburg. 1904 kehrte er auf Einladung Fischers nach Berlin zurück, wo er am Institut für Anorganische Chemie bei Alfred Stock zunächst Assistent und dann Abteilungsleiter wurde. 1911 wechselte er als Professor und Direktor an das Elektrochemische Institut der TH Berlin. 1913 legte er diese Ämter nieder, um als Direktor den Aufbau des ersten Kaiser-Wilhelm-Instituts für Kohleforschung in Mülheim/Ruhr zu leiten, das unter seiner Ägide zu hohem Ansehen gelangte.

Fischers erste Arbeiten thematisierten die Chemie des Ozons, der Stickstoffmonoxide und der elektrochemischen Reduktion des Kohlendioxids. Ab 1913 beschäftigte er sich mit der Brennstoffchemie; so forschte er über die Entstehung, Verkohlung und Schwelung von Kohle. Zusammen mit Gerhard Friedrich Hans Schrader formulierte er die Lignintheorie der Kohlegenese, um sich dann den Kohlevergasungsprodukten zuzuwenden, vor allem dem Methan und dem Kohlenmonoxid. Von 1922 bis 1924 entwickelte er mit Hans Tropsch und Helmut Pichler den «Hochdruck-Synthol-Prozeß», 1925 folgte mit der drucklosen Umsetzung von Kohlenmonoxid und Wasserstoff zu aliphatischen (lineare oder verzweigte) Kohlenwasserstoffen die «Fischer-Tropsch-Synthese». 1936 stellte Fischer eine Mitteldruckvariante vor, die zusammen mit der «Fischer-Tropsch-Synthese» von der Ruhrchemie A. G. industriell genutzt wurde. Ebenfalls industriell verwendet wurde Fischers Hochtemperturverfahren zur Bildung des Ethins aus Methan.

Fischer, Hans

*** 27. 7. 1881, Höchst (heute zu Frankfurt a. M.), † 31. 3. 1945, München; deutscher Chemiker**

Fischer, Sohn eines Farbstoffchemikers, studierte Chemie in Marburg, München und Lausanne. Nach der Promotion begann er 1904 ein Medizinstudium in München, das er vier Jahre später ebenfalls mit einer Promotion abschloß. Ein einjähriger Forschungsaufenthalt führte ihn 1908 nach Berlin zu dem berühmten Naturstoffchemiker Emil Hermann Fischer (mit dem er nicht verwandt war). 1912 habilitierte er sich mit seinen 1910 begonnenen Forschungen an der Chemischen Abteilung der Uniklinik München. Anschließend wurde er Privatdozent für innere Medizin, ab 1913 am Physiologischen Institut der Universität München. Von 1916 bis 1918 war Fischer Professor für angewandte und medizinische Chemie in Innsbruck, anschließend Leiter des Medizinisch-Chemischen Instituts der Universität Wien. Da er dort das Fortschreiten seiner Forschungen durch den hohen Anteil an Lehrveranstaltungen gefährdet sah, nahm er 1921 eine Berufung an die TH München an. Hier erzielte er seine größten wissenschaftlichen Erfolge, die 1930 mit dem Nobelpreis für Chemie gewürdigt wurden. Während des Zweiten Weltkriegs erhielt er jedoch kaum noch Forschungsmittel für seine als nicht kriegswichtig betrachteten Arbeiten. Drei Monate nach der Zerstörung seines Labors durch einen alliierten Luftangriff beging Fischer Selbstmord.

Fischer gelang durch vielfältige und langwierige chemische Analysen die Aufklärung der Molekülstruktur der Blut-

und Blattfarbstoffe. Er begann mit der Erforschung des Gallenfarbstoffs Bilirubin, einem Abbauprodukt des Farbstoffanteils (Häm) des roten Blutfarbstoffs Hämoglobin. Durch schrittweisen Abbau und Wiederaufbau des Häms konnte Fischer zeigen, wie die Grundbausteine (Pyrrol-Ringe) so verknüpft sind, daß sie ein Ringgerüst bilden (das Porphyrin-Gerüst), in dessen Zentrum ein Eisen-Ion gebunden ist. 1928 gelang ihm dann die vollständige Synthese des Häms aus den Spaltprodukten.
Aufbauend auf diesen Ergebnissen und den Arbeiten des deutschen Chemikers → Richard Willstätten begann Fischer anschließend mit der Strukturaufklärung des grünen Blattfarbstoffs, des Chlorophylls. Trotz der unterschiedlichen Funktion (Hämoglobin dient dem Sauerstofftransport, Chlorophyll dient der Absorption von Licht in der Photosynthese) ist Chlorophyll dem Häm chemisch sehr ähnlich, aber etwas komplizierter gebaut. Im Zentrum des Porphyrin-Gerüstes befindet sich beim Chlorophyll kein Eisen-, sondern ein Magnesium-Ion.
Fischer führte Teilsynthesen von Chlorophyll durch, die Totalsynthese gelang jedoch erst 14 Jahre nach seinem Tod durch zwei seiner Schüler.

Fizeau, Armand Hippolyte Louis

*** 23. 9. 1819, Paris, † 18. 9. 1896, Venteuil (bei Épernay); französischer Physiker**

Über Fizeau ist biographisch nur wenig bekannt. Als Privatgelehrter beschäftigte er sich mit Physik und Astronomie. 1860 wurde er in die Académie des sciences aufgenommen, 1878 wählte man ihn zum Präsidenten des Bureau des Longitudes. Unter dem Einfluß → Dominique François Jean Aragos wandte sich Fizeau zunächst astronomischen Problemen zu. Zusammen mit → Jean Bernard Léon Foucault stellte Fizeau 1845 das erste Sonnenbild her, womit er die astronomische Fotografie begründete. Außerdem untersuchten beide die Infrarotstrahlung der Sonne und die Interferenzerscheinungen des Lichts. Zeugnis dieser Arbeiten sind die «Fizeauschen Streifen» (Interferenzerscheinungen an keilförmigen Blättchen). 1848 griff Fizeau die Arbeit von Christian Doppler über bewegte Schallquellen auf und übertrug sie auf Lichtquellen. Er zeigte, daß sich das Spektrum bei einer Bewegung der Lichtquelle vom Beobachter fort in den roten Bereich verschiebt und daß bei der Bewegung der Lichtquelle zum Beobachter hin eine Verschiebung in den violetten Bereich erfolgt («optischer Doppler-Effekt»).
Aufgrund dieser Aussage konnte → William Huggins später die Relativbewegungen der Sterne bestimmen. 1849 nahm Fizeau Messungen der Lichtgeschwindigkeit in verschiedenen Medien vor. Seine erste Untersuchung galt der Lichtgeschwindigkeit in Luft, zu dessen Zweck er eine von → Galileo Galilei erdachte Methode verfeinerte. Mit einem rotierenden Zahnrad und mit Hilfe zweier Fernrohre konnte er aus der Umdrehungsgeschwindigkeit des Rads und der vom Licht zurückgelegten Strecke die Geschwindigkeit berechnen (Zahnradmethode). Der ermittelte Wert, der um 5 Prozent zu hoch angesetzt war, wurde später von Foucault korrigiert.

Ebenfalls 1849 berechnete Fizeau mit der Methode der Spiegelrotation die Lichtgeschwindigkeit in unbewegtem Wasser, 1851 folgte die Messung in bewegtem Wasser. Anhand der Meßergebnisse konnte Fizeau zeigen, daß die Lichtgeschwindigkeit in Wasser geringer ist als in Luft. Fizeau arbeitete auch auf dem Gebiet der Thermodynamik, wo er ein Interferenzdilatometer zur Messung der Wärmeausdehnung fester Körper konstruierte.

Flamsteed, John

*** 19. 8. 1646, Denby (Derbyshire), † 31. 12. 1719, Greenwich; britischer Astronom**

Nach einem Theologiestudium arbeitete Flamsteed kurze Zeit als Pfarrer, entschloß sich aber ab 1630 zu einem Studium der Astronomie an der Universität Cambridge. 1676 ernannte der englische König Karl II. ihn zum Königlichen Astronomen und Direktor der Sternwarte von Greenwich.

Flamsteed gehörte 1674 in London einer vom König eingesetzten Kommission an, die mit Hilfe einer neuen Methode der astronomischen Längenbestimmung die Navigation auf See verbessern sollte. Die Methode erwies sich aber erst als praktikabel, wenn die Genauigkeit der Sternkarten verbessert würde. Daher vermaß Flamsteed zwischen 1676 und 1688 Sternentfernungen in der auf seinen Vorschlag hin eigens dafür errichteten Sternwarte von Greenwich. Ab 1689 benutzte er ein selbst erbautes Instrument (Mauerquadrant) für die Bestimmung von Rektaszensionen und Deklinationen von Sternen und Himmelskörpern innerhalb unseres Sonnensystems. Flamsteeds gesamten Beobachtungsdaten wurden nach seinem Tod 1725 von → Edmund Halley in der «Historia coelestis Britannica» veröffentlicht – ein Sternenkatalog von über 3000 numerierten Fixsternen, die in den nach Rektaszensionen geordneten Sternbildern zusammengefaßt wurden. Bis heute wurden diese Flamsteed-Nummern beibehalten. Das Datenmaterial der «Historia» diente darüber hinaus als Basis für ein über 100 Jahre gültiges Standardwerk, dem von Flamsteed verfaßten Himmelsatlas «Atlas Coelestis», mit 25 Sternkarten über beide Himmelssphären und einer nach ihm benannten Kartenprojektion.

Fleming, Sir Alexander

*** 6. 8. 1881, Lochfield (bei Ayr, Schottland), † 11. 3. 1955, London; britischer Bakteriologe**

Der Farmerssohn Fleming verließ mit 13 Jahren die Schule und folgte seinem Bruder nach London, wo er sich fünf Jahre lang seinen Lebensunterhalt als Angestellter einer Reederei verdiente. Eine Erbschaft und ein Stipendium ermöglichten ihm 1901 die Aufnahme eines Medizinstudiums, zunächst für ein Jahr an der St. Mary's Hospital Medical School, dann an der Universität. 1908 legte er sein Examen ab und arbeitete am St. Mary's Hospital in London. Während des Ersten Weltkriegs war er an der Einrichtung eines Forschungslabors bei Calais in Frankreich beteiligt und leitete dort bis 1918 ein Lazarett. 1919 kehrte Fleming an das St. Mary's Hospital zurück. 1928 wurde er Professor für Bakteriologie an der Universität London, 1946 Direktor des Bakteriologischen Instituts am St. Mary's Hospital.

Das Hauptinteresse Flemings galt der Erforschung bakterieller Infektionen. Erste Erfahrungen mit der antibakteriellen Chemotherapie sammelte er mit dem von → Paul Ehrlich entwickelten Syphilis-Mittel Salvarsan, dessen Einführung in England von Fleming gefördert wurde. Aus Nasenschleim isolierte Fleming 1922 das erste menschliche Enzym mit antibakterieller Wirkung, das Lysozym.

Der größte Erfolg Flemings ist die Entdeckung des Penicillins, die eher einem Zufall zu verdanken ist. Fleming experimentierte im Sommer 1928 mit Staphylokokken (Eiterbakterien), die er auf Nährmedien züchtete. In einer versehentlich unbedeckt gelassenen Kulturschale entdeckte er Schimmelpilze auf der Staphylokokkenkultur. Rund um jeden Schimmelfleck war eine bakterienfreie Zone entstanden, die Fleming zu der Vermutung führte, daß die Pilze eine Substanz ausscheiden, die das Wachstum der Bakterien hemmt. Obwohl Fleming nicht identifizieren konnte, um welche Substanz es sich handelte, gab er ihr den Namen «Penicillin», da er den inzwischen in Reinkultur gezüchteten Schimmelpilz als Penicillium notatum, einen nahen Verwandten des Brotschimmels, bestimmt hatte. Fleming erkannte die therapeutischen Möglichkeiten und erprobte die Wirkung von Filtraten des Schimmelpilzes auf andere Bakterienkulturen und auf infizierte Wunden. Trotz ermutigender Ergebnisse erlosch das Interesse an Flemings Entdeckungen, da es ihm nicht gelang, das Penicillin aus den Schimmelpilzen zu isolieren. Außerdem richtete sich ab 1935 das Hauptinteresse auf die antibakterielle Wirkung der von → Gerhard Domagk entwickelten Sulfonamide. Erst 1940 konnten Ernst Chain und → Howard Walter Florey Penicillin isolieren und reinigen. Dadurch wurde Penicillin zu einem hochwirksamen Medikament, dessen industrielle Produktion 1942 begann.

Nachdem sich der Wert des Penicillins im Zweiten Weltkrieg bei der Behandlung verwundeter Soldaten besonders herausgestellt hatte, erhielt Fleming zusammen mit Chain und Florey 1945 den Nobelpreis für Medizin.

Flemming, Walter

*** 21. 4. 1843, Sachsenberg,**
† 4. 8. 1905, Kiel; deutscher Anatom

Flemming legte 1868 das medizinische Staatsexamen ab, arbeitete ein Jahr als Assistent und leistete dann 1870/71 im Deutsch-Französischen Krieg als Feldarzt seinen Militärdienst ab. 1872 wurde Flemming Professor an der Universität Prag; von 1876 bis 1901 hatte er den Lehrstuhl für Anatomie in Kiel inne.

In den 70er Jahren des 19. Jahrhunderts begannen die Zytologen – darunter Flemming und → Paul Ehrlich – damit, synthetische Farbstoffe zur Anfärbung durchsichtiger Zellstrukturen zu benutzen. Eduard Adolf Strasburger führte solche Versuche mit pflanzlichen Zellen durch, während Flemming mit tierischem Gewebe arbeitete. Zuerst fielen die sich besonders stark anfärbenden Zellbestandteile auf, die Flemming nach dem griechischen Wort für Farbe (chroma) Chromatin nannte. Durch die mikroskopische Auswertung der Färbeversuche gelang es nach und nach, die verschiedenen Zustände des Chromatins, das heißt der DNS, während des Zellzyklus darzustellen. In seinem Hauptwerk

Flemmingsche Lösung
Eine Chrom-Osmium-Essigsäure-Lösung, die der Fixierung (unter anderem Haltbarmachung) von Zellen bei der Mikroskopie dient. Dabei werden die Proteine der Zelle dauerhaft verändert, während Fettgebilde und DNS erkennbar bleiben.

«Zellsubstanz, Kern und Zellteilung» beschrieb Flemming 1882 meisterhaft diese Entdeckungen. Er betonte besonders die Gleichartigkeit der Zellteilungsvorgänge bei Tieren und Pflanzen. Die von Flemming eingeführten Begriffe Aster (für das sternartige Gebilde bei der Chromosomentrennung), Mitose (für die Chromosomenverdopplung und Aufteilung) sowie Chromatin sind noch heute gebräuchlich.
Die genetische Bedeutung der Beobachtungen Flemmings und seiner Kollegen blieben verborgen, bis 20 Jahre später → Johann Gregor Mendels Vererbungsregeln wiederentdeckt wurden.

Florey, Sir Howard Walter

*** 24. 9. 1898, Adelaide, † 21. 2. 1968, Oxford; australisch-britischer Pathologe**

Florey beendete 1921 sein Medizinstudium in Adelaide und ging mit einem Stipendium nach Oxford und Cambridge, wo er 1927 promovierte. Von 1928 bis 1930 arbeitete er als Dozent in Cambridge, von 1931 bis 1935 war er in Sheffield als Professor tätig, anschließend in Oxford im Fach Pathologie. Florey erhielt 1960 das Amt des Präsidenten der Royal Society und 1962 die Leitung des Oxforder Qeens College. 1965 gelangte er als Baron von Adelaide in den Erbadel; den Adelstitel hatte er für seine Leistungen bereits 1944 erhalten.
Floreys wissenschaftliche Hauptleistung liegt in der Entwicklung des Penicillins zur Therapiereife. Um die von → Alexander Fleming abgebrochenen Untersuchungen über das Penicillin weiterzuführen, gewann Florey Anfang der 40er Jahre zusammen mit Ernst Chain die antibakterielle Substanz aus dem von Fleming untersuchten Schimmelpilz. Der Herstellung reinerer Penicillinpräparate, die bei extremer Verdünnung antibakteriell wirkten, kam im Zweiten Weltkrieg große Bedeutung für die Behandlung von Infektionen zu.
1943 veröffentlichte Florey darüber die Arbeit «General and Local Administration of Penicillin». Große Erfolge erzielte im selben Jahr die Penicillin-Verwendung als Antibiotikum bei Kriegsverletzten in Tunesien und Sizilien. Florey, Fleming und Chain erhielten 1945 zusammen den Nobelpreis für Medizin und Physiologie.

Focke, Heinrich

*** 8. 10. 1890, Bremen, † 25. 2. 1979, Bremen; deutscher Flugzeugkonstrukteur und Industrieller**

Über die Vita Fockes ist wenig bekannt. Er begann bereits 1908 mit dem Bau von Flugzeugen und gründete 1924 zusammen mit G. Wulf die Focke-Wulf-Flugzeugbau AG in Bremen. Für sie konstruierte er zwischen 1932 und 1937 Schul-, Sport- und Verkehrsflugzeuge, unter anderem auch den ersten praktisch verwendbaren, senkrecht startenden Hubschrauber «Fw 61». 1937 gründete er zusammen mit G. Achgelis die Firma Focke, Achgelis & Co., in der unter anderem der Großhubschrauber Fa 223 gebaut wurde. Von 1933 bis 1945 konstruierte er unter der Leitung von Kurt Waldemar Tank auch Jagdflugzeuge. Nach dem Zweiten Weltkrieg war Focke in Paris, London, den Niederlanden und Brasilien tätig, von 1953 bis 1956 hatte er eine Professur an der TH Stuttgart inne. Zu seinen wichtigsten Fachbüchern gehören «Das Trag- und Hubschrauberproblem» (1940) und «Fortschritt des Hubschraubers» (1943).

Ford, Henry

*** 30. 7. 1863, Dearborn (Michigan), † 7. 4. 1947, Detroit; amerikanischer Ingenieur und Industrieller**

Auf einer Farm aufgewachsen, absolvierte Ford ab 1887 in Detroit eine Maschinenbauausbildung. Anschließend war er in Detroit leitender Ingenieur der Edison Illuminating Company. 1903 gründete er die Ford Motor Company, deren Präsident er von 1906 bis 1919 und 1943 bis 1945 war. Hauptsächlich führte sein Sohn Edsel Bryant das Unternehmen (1919–1943), gefolgt von dessen Sohn Henry II. (ab 1945). Ford stiftete eine Reihe von Sozialeinrichtungen und 1936 die «Ford Foundation».

Sein erstes Zweizylinderauto baute er 1892, das bis 1896 wesentlich verbessert wurde. 1908 ging dann das ausgereifte «Modell T» (genannt «Tin Lizzy») in die Produktion, von dem bis 1927 mehr als 15 Millionen Wagen hergestellt wurden. Umständliche, zeitraubende Produktionsabläufe ersetzte Ford schrittweise durch Standardisierung und Rationalisierung bei geringerem Krafteinsatz der Arbeiter sowie durch Arbeitsteilung und 1913 durch erstmalige Verwendung eines Montagefließbandes. In Abständen von weniger als zwei Minuten rollten die fertig montierten Automobile vom Band. Diese Maßnahmen führten zur Herstellung eines qualitativ hochwertigen Produkts zu einem für jedermann erschwinglichen Preis.

Der industriellen Massenfertigung stellte Ford auf sozialer Seite eine Anhebung der Löhne und verkürzte Arbeitszeiten gegenüber. Gewerkschaften lehnte er allerdings ab. Die als «Fordismus» bezeichneten Maximen seiner Produktionsweise und Arbeitnehmerpolitik wurden bald in anderen Produktionszweigen und Ländern zum Standard.

Forßmann, Werner Theodor Otto

*** 29. 8. 1904, Berlin, † 1. 6. 1979, Schopfheim (bei Lörrach); deutscher Chirurg und Urologe**

Forßmann, Sohn eines Versicherungsangestellten, begann 1922 sein Medizinstudium in Berlin und legte 1928 sein Staatsexamen ab. Ab 1929 arbeitete er zunächst als Assistenzarzt in der Chirurgie des Auguste-Viktoria-Krankenhaus in Eberswalde, wechselte aber noch im gleichen Jahr an die Berliner Charité. 1932 begann Forßmann eine Facharztausbildung als Urologe in Mainz. 1933 bis 1935 und 1938 bis 1939 arbeitete er als Chirurg und Urologe in Berlin, 1935 bis 1938 als Oberarzt in Dresden. Nach amerikanischer Kriegsgefangenschaft wurde Forßmann 1956 Honorarprofessor in Mainz und ab 1964 in Düsseldorf, wo er von 1958 bis 1970 auch Chefarzt des Evangelischen Krankenhauses und ab 1964 Professor an der Medizinischen Akademie war.

Schon während seines Studiums und Staatsexamens beschäftigte sich Forßmann mit der Diagnostik von Herzkrankheiten. Er versuchte, die dazu notwendigen gefährlichen Injektionen ins Herz zu umgehen; 1929 gelang ihm dies, als er einer Leiche einen biegsamen Schlauch durch die Armvene bis in das Herz vorschob. Die Ungefährlichkeit des Eingriffes bewies er im Selbstversuch. Er konnte auch zeigen, daß es möglich ist, Kontrastmittel in das Herz zu füllen. Wegen dieser Versuche wurde Forßmann von seinem Vorgesetzten, → Ferdinand Sauerbruch, entlassen.

Obwohl Forßmann seine Experimente 1931 auf dem Kongreß der Deutschen Gesellschaft für Chirurgie vorstellte, erkannte niemand die Bedeutung seiner Entdeckungen. Als Basis für eine Habilitation wurden die Forschungsergebnisse abgelehnt. Erst zehn Jahre später griffen die amerikanischen Ärzte André Cournand und Dickinson Richards die Methode der Herzkatheterisierung auf und entwickelten sie weiter. 1956 erhielt Forßmann völlig überraschend zusammen mit den beiden genannten Medizinern den Nobelpreis.

Im Alter profilierte sich Forßmann als Kritiker der Schulmedizin. Er warnte schon früh vor den Wirkungen des Contergans und lehnte sowohl die erste Herztransplantation durch Christiaan Barnard im Jahr 1967 als auch die Papstenzyklika «Humanae vitae» über Empfängnisverhütung ab.

Foucault, Jean Bernard Léon

*** 18. 9. 1819, Paris, † 11. 2. 1868, Paris; französischer Physiker**

Foucault wurde zunächst Arzt, wandte sich dann aber unter dem Einfluß → Armand Hippolyte Louis Fizeaus der Physik zu. 1855 ging er an das Observatorium zu Paris, 1862 berief man ihn zum Mitglied des Bureau des Longitudes. 1865 wurde er in die Académie des sciences aufgenommen.

1849 führte Foucault gemeinsam mit Fizeau eine erste terrestrische Methode zur Messung der Lichtgeschwindigkeit aus («Zahnradverfahren»). 1850 korrigierte er den errechneten Wert mit einer präziseren Methode. Dazu verwendete er zwei Spiegel, von denen einer fixiert war und der andere rotierte. Aus der Umdrehungsgeschwindigkeit, dem Spiegelabstand und dem Reflexionswinkel konnte Foucault den Wert sehr genau bestimmen (Methode der Spiegelrotation). Auf diese Art maß er auch die Lichtgeschwindigkeit in Wasser und konnte 1850 zeigen, daß diese geringer ist als in Luft. Foucault bestätigte damit die Vermutung, daß Licht Wellencharakter besitzt. 1850/51 führte Foucault seinen berühmten Pendelversuch durch, mit dem er einen ersten direkten Nachweis der Erdrotation erbrachte. 1852 lieferte er einen experimentellen Nachweis für die These, daß ein massiver rotierender Körper seine Drehachse im Raum beibehält. Zu diesem Zweck ließ er ein Rad

Foucaultscher Pendelversuch

Ein von Foucault ausgeführter Versuch zum Beweis der Erddrehung, erstmals durchgeführt in der Pariser Sternwarte 1850, wiederholt im Pariser Pantheon 1851 (Pendellänge: 67 Meter, Pendelmasse: 28 kg). Das schwingende Pendel zeigte Abweichungen seiner Schwingungsebene. Da ein Pendel aufgrund seiner Trägheit die Schwingungsebene nicht ändert, sind die Abweichungen nur mit einer Erdrotation zu erklären.

mit massivem Kranz rotieren, womit er einen Beitrag zur Konstruktion des Kreiselkompasses lieferte. In diesem Zusammenhang entwickelte er 1852 das Gyroskop (Gerät zur Untersuchung von Kreiselbewegungen unter dem Einfluß einer äußeren Kraft). Foucault arbeitete auch an der Verbesserung von Reflektoren (Spiegelteleskope), außerdem leistete er mehrere wichtige Beiträge zur Elektrizitätslehre (Quecksilberunterbrecher, 1857) und Wärmelehre.

Franck, James

*** 26. 8. 1882, Hamburg, † 21. 5. 1964, Göttingen; deutscher Physiker**

Franck entstammte einer Hamburger Bankiersfamilie. 1901 begann er ein Studium der Rechts- und Wirtschaftswissenschaften in Heidelberg. Nach einer Begegnung mit → Max Born 1902 ging er nach Berlin, um ein Physikstudium aufzunehmen, das er 1906 mit einer Promotion über Gasentladungen beendete. Ebenfalls 1906 wurde Franck Assistent am Berliner Physikalischen Institut. Im Ersten Weltkrieg entwickelte er als außerordentlicher Professor am Berliner Kaiser-Wilhelm-Institut bei → Fritz Haber Giftgase. 1921 erhielt er auf Empfehlung von Born einen Lehrstuhl für Experimentalphysik an der Universität Göttingen. 1925 wurde Franck zusammen mit → Gustav Ludwig Hertz für die Arbeiten über Elektronenstöße der Nobelpreis für Physik zuerkannt. 1933 legte Franck aufgrund der Machtergreifung der Nationalsozialisten seine Professur nieder. 1934 verlegte er seinen Wohnsitz nach Stationen in Baltimore (1934), Kopenhagen (1934/35) und wieder Baltimore (1935–1938) nach Chicago, wo er 1938 eine Professur für Physikalische Chemie erhielt. Gleichzeitig war er an den Arbeiten zur Herstellung der amerikanischen Atombombe beteiligt («Manhattan-Projekt»). Im Juni 1945 verfaßte Franck zusammen mit anderen am Manhattan-Projekt beteteiligten Wissenschaftlern den «Franck-Report», mit dem der Abwurf der Bomben über Japan verhindert werden sollte. Franck war Mitglied zahlreicher wissenschaftlicher Akademien und Gesellschaften, von denen er vielfach ausgezeichnet wurde; so erhielt er 1951 die Planck-Medaille und 1955 die Rumford-Medaille.

Nach seiner Dissertation «Über die Beweglichkeit der Ladungsträger der Spitzenentladung» 1906 befaßte sich Franck weiter mit mobilen Ladungsträgern. Zusammen mit Hertz untersuchte Franck die Aussagen Sir John Sealy Edward Townsends über den elektrischen Durchschlag (lawinenartige Entladung).

Zwischen 1912 und 1914 führten beide die berühmten Elektronenstoßversuche («Franck-Hertz-Versuche») aus, mit denen sie die Wechselwirkungen von Elektronen und Gasmolekülen untersuchten. Sie erbrachten dabei den Nachweis, daß Stöße oberhalb einer bestimmten Energieschwelle unelastisch werden und daß Licht einer entsprechenden Frequenz emittiert wird. Diese Ergebnisse erwiesen sich als Bestätigung der Quantenhypothese Max Plancks und des Atommodells von → Niels Bohr und → Arnold Sommerfeld. 1925 führte Franck mit Born das Modell der Quasimoleküle ein, deren Dissoziationsenergie Franck bestimmte. Zusammen mit Edward Uhler Condon formulierte er das «Franck-Condon-Prinzip», mit dem die Molekülspektren verständlich wurden. 1926 publizierte Franck sein Hauptwerk «Anregung von Quantensprüngen durch Stöße». Ab 1938 erforschte er die Mechanismen der Photosynthese. Während des Zweiten Weltkriegs leitete Franck ein Labor, in dem die Trennungsverfahren zur Gewinnung von Plutonium entwickelt wurden.

Frank, Adolf

*** 20. 1. 1834, Klötze, † 30. 5. 1916, Berlin-Charlottenburg; deutscher Verfahrenstechniker und Chemiker**

Frank stammte aus einer Kaufmannsfamilie. Nach der Ausbildung zum Apothekergehilfen in Osterburg arbeitete er in Habelschwerdt in einer Apotheke. Während seiner Militärzeit 1854/55 hörte er in Berlin bei Carl Gottlieb Heinrich Erdmann Vorlesungen über Tiermedizin. Von 1855 bis 1857 studierte er an der Universität Berlin Chemie und Technologie bei → Eilhard Mitscherlich, Gustav Heinrich Magnus, Heinrich Rose und → Heinrich Wilhelm Dove. Nach Abschluß des Studiums wurde er Mitarbeiter der Zuckerrübenfabrik Bennecke, Hecker & Co. in Staßfurt-Hecklingen. 1861 gründete er die erste deutsche Kalifabrik bei Staßfurt, 1862 promovierte er an der Universität Göttingen über Verfahrenstechnik. 1876 übernahm Frank die wissenschaftliche und technische Leitung einer Glashütte in Charlottenburg, ab 1885 betätigte er sich als freier Chemiker und Ingenieur.

Frank, einer der Pioniere der chemischen Verfahrenstechnik, schuf wichtige Grundlagen für die Produktion von Kali und Kalistickstoff und verbesserte zahlreiche chemische Technologien. 1858 meldete er aufgrund seiner Arbeiten über das Scheiden und Reinigen von Rübensäften mittels Tonerde sein erstes Patent an. Ab 1860 arbeitete er, angeregt durch → Justus von Liebigs Arbeiten über Mineraldüngung, am Einsatz von Abraumsalzen als Düngemittel. Er entwickelte eine Methode zur Gewinnung von Kaliumchlorid, die er 1861 zum Patent anmeldete. Ebenfalls 1861 nahm die von ihm gegründete Kalifabrik bei Staßfurt den Betrieb auf. 1865 präsentierte er ein Verfahren zur Gewinnung von Brom aus Abraumsalzen, 1902 folgte das mit dem polnischen Chemiker Nikodem Caro entwickelte «Frank-Caro-Verfahren» zur Gewinnung von Kalkstickstoff (Calciumcyanamid) aus Calciumcarbid und Stickstoff. 1905 wurde die großtechnische Herstellung des Calciumcyanamids eingeleitet, das als Grundlage der Düngemittel und Sprengstoffe von großem Wert war.

Frank, Johann Peter

*** 19. 3. 1745, Rodalben (Pfalz), † 24. 4. 1821, Wien; deutscher Mediziner**

Frank studierte ab 1762 in Straßburg und Heidelberg, wo er 1766 promovierte. Anschließend war er als Landarzt in Lothringen und danach als Leibarzt des Markgrafen von Baden in Rastatt sowie ab 1772 des Fürstbischofs von Speyer in Bruchsal tätig. 1784 bekam er eine Professur für Philosophie und praktische Medizin in Göttingen und 1785 einen Lehrauftrag an der Universität Pavia. Hierdurch war er zugleich Generaldirektor des Gesundheitswesens der Lombardei, die zu Österreich gehörte. 1795 wurde Frank in Wien Direktor des Allgemei-

nen Krankenhauses und Professor für klinische Medizin. Einem kurzen Aufenthalt als Professor in Wilna (1804) folgte 1805 bis 1808 die Berufung als Leibarzt Zar Alexanders I. in St. Petersburg. Danach lehnte er ein gleiches Angebot Napoleons ab und widmete sich ab 1809 in Wien und zwischenzeitlich in Freiburg i. Br. der Ausarbeitung seiner wissenschaftlichen Studien.
Diese hatte er 1772 begonnen und von 1779 bis 1819 im «System einer vollständigen medizinischen Polizei» und 1792 bis 1821 in dem sechsbändigen Handbuch für innere Medizin «De curandis hominum morbis epitome» niedergelegt. Ersteres enthielt die Beweisführung, daß Gesunderhaltung und Krankheit in der Bevölkerung von den sozialen Umständen und der Umwelt abhängen und das Gesundheitswesen, somit der Staat, für die Erhaltung und Vermehrung der Bevölkerung Sorge tragen müsse. Damit begründete Frank die (Sozial-)Hygiene als Wissenschaft. Daneben trat er als Erneuerer des Unterrichts an medizinischen Fakultäten hervor; er war einer der hervorragendsten Ärzte für innere Medizin. Grundlegend reorganisierte er das Gesundheitswesen in der Lombardei, ebenso das Wiener Krankenhaus.

Franklin, Benjamin

*** 17. 1. 1706, Boston (Massachusetts), † 17. 4. 1790, Philadelphia (Pennsylvania); amerikanischer Naturforscher und Politiker**

Franklin, dessen Vater Seifensieder war, wuchs unter ärmlichen Verhältnissen auf. Er besuchte nur zwei Jahre die Schule, gewann aber vielfältiges Wissen durch die Nutzung von Weiterbildungsmöglichkeiten. Er machte eine Ausbildung als Buchdrucker, übte die Tätigkeit 1723 in Philadelphia aus und ging 1724 zur Erweiterung seiner Kenntnisse nach London. 1726 eröffnete er in Philadelphia eine eigene Druckerei und gewann großen publizistischen Einfluß, indem er ab 1729 und zwischen 1737 und 1757 zwei Zeitschriften herausgab, als Journalist aufgeklärt-fortschrittliche Essays verfaßte und 1731 die erste amerikanische Leihbibliothek ins Leben rief. In Philadelphia organisierte er außerdem Polizei, Feuerwehr und ab 1737 die Post. 1737 bis 1775 gestaltete er als stellvertretender Generalpostmeister das Postwesen in Pennsylvania. Seine politische Laufbahn führte ihn über das Parlament von Pennsylvania, wo er von 1736 bis 1751 Schriftführer und von 1751 bis 1764 Mitglied war, zur Interessenvertretung amerikanischer Kolonien gegenüber der britischen Krone in London (1757 bis 1775). Er war 1775 Mitglied des 2. Kontinentalkongresses, Mitunterzeichner der Unabhängigkeitserklärung von 1776 und bis 1785 Gesandter in Paris, wo er als Vertreter der Aufklärung und durch die Bekanntschaft mit führenden Wissenschaftlern sehr hohes Ansehen und Popularität in ganz Europa erlangte. Er war eine der treibenden Kräfte im Frieden mit England (1783) und 1787 Mitgestalter der amerikanischen Verfassung, nachdem er 1785 bis 1787 als Gouverneur von Pennsylvania amtiert hatte.
Franklins wissenschaftliches Interesse in den Jahren 1746 bis 1752 galt neben Bereichen wie Wärmeleitung und -strahlung, Magnetismus, Optik, Hydrodynamik (Golfstrom) und Medizin vor allem der Elektrizität. Er entwickelte die Theo-

rie eines «elektrischen Fluidums» (jeder Körper besitzt eine bestimmte Menge an «elektrischem Feuer»; bei Überschuß ist der Körper positiv, bei Mangel negativ geladen), verwendete als erster den Begriff der Ladung, die er als positiv (plus) und negativ (minus) beschrieb. Er benutzte ebenfalls erstmals die Bezeichnung «Batterie» und konstruierte einen Vorläufer des Plattenkondensators, die Franklinsche Tafel, von der er mehrere in Reihe schaltete. Die elektrische Ladungseinheit wurde nach ihm mit Franklin angegeben (in Deutschland nicht mehr zulässig). Ab 1749 wandte er sich dem Phänomen des Blitzes zu und verglich ihn mit einem elektrischen Funken. In Experimenten bei Gewitter benutzte er einen Drachen als elektrischen Leiter und wies die elektrische Natur des Gewitters nach. 1753 konstruierte er daraufhin den Blitzableiter.

Franklins Bemühungen um eine Förderung der Wissenschaften führten 1751 zur Gründung der Academy of Philadelphia (heute Universität); davor (1743) rief er die American Philosophical Society ins Leben.

Fraunhofer, Joseph von

*** 6. 3. 1787, Straubing, † 7. 6. 1826, München; deutscher Physiker und Glastechniker**

Fraunhofer absolvierte von 1799 bis 1805 eine Lehre als Spiegelschleifer. 1806 arbeitete er als Optiker in der Werkstätte von Georg von Reichenbach, Joseph Liebherr und Joseph von Utzschneider in München, die geodätische und astronomische Instrumente herstellte. 1809 wurde Fraunhofer Leiter der optischen Abteilung des von Utzschneider geführten mechanisch-optischen Instituts in München. 1813 übernahm er die Leitung des gesamten Unternehmens, das unter ihm Weltgeltung erlangte. Aufgrund seiner Verdienste wurde Fraunhofer 1817 zunächst korrespondierendes, 1821 dann außerordentliches Mitglied der Bayerischen Akademie. 1823 ernannte man ihn zum Professor und Konservator des physikalischen Kabinetts der Bayerischen Akademie. Die Universität Erlangen verlieh ihm einen Ehrendoktortitel, 1824 bekam er den Verdienstorden der Bayerischen Krone, mit dem ein Adelsprädikat verbunden war.

Fraunhofer erkannte früh die Mängel der optischen Instrumente und konstruierte bereits 1806 eine Maschine zum Polieren großer, mathematisch genauer Kugelflächen, außerdem entwickelte und verbesserte er Prüfverfahren.

Ab 1809 arbeitete Fraunhofer zusammen mit Pierre Louis Guinand an der Herstellung optischer Gläser; 1911 gelang ihm die Produktion von Flintglas, dessen Komponenten ein identisches Brechungsvermögen besaßen. Zur Ermittlung der Brechzahlen verwendete Fraunhofer Pris-

Fraunhofersche Linien
Von Fraunhofer entdeckte schwarze Linien im Beugungsspektrum des Sonnenlichts. Sie stellen das Absorptionsspektrum der Gase in der Sonnenatmosphäre dar.

Fraunhofersche Beugung
Ein von Fraunhofer ausgeführtes Experiment zur Untersuchung der Lichtbeugung. Ein paralleles Strahlenbündel trifft senkrecht auf einen engen Spalt. Auf einem hinter dem Spalt angebrachten Schirm erhält man eine Beugungsfigur aus hellen (Beugungsmaxima) und dunklen Streifen (Beugungsminima).

men, wobei er 1814 das Absorptionsspektrum der Sonne entdeckte. In den Jahren 1814 bis 1817 bestimmte er die dunklen Linien («Fraunhofersche Linien») des Spektrums, um die Ergebnisse dann zur Berechnung von Refraktion und Dispersion der von ihm konstruierten Fernrohre einzusetzen. 1824 entwickelte er den berühmten Refraktor für die kaiserlich russische Sternwarte in Dorpat. Fraunhofer war der erste, der die Gesetze der Lichtbeugung formulierte. Zu diesem Zweck führte er mehrere Beugungsversuche durch, zuerst am Spalt (Fraunhofersche Beugung), dann am Gitter (parallel angeordnete Spalte). Anhand dieser Experimente konnte Fraunhofer den Zusammenhang zwischen Beugungswinkel, Wellenlängen und Beugungsmuster darstellen. Aus Fraunhofers Werkstatt gingen viele Präzisionsinstrumente hervor, zum Beispiel das Heliometer, mit dem → Friedrich Wilhelm Bessel erstmals eine Parallaxenbestimmung durchführen konnte. Fraunhofer lieferte auch Anregungen für → Ernst Abbe und Carl Zeiss, die den wissenschaftlichen Mikroskopbau begründeten, für Otto Schott, der optische Spezialgläser anfertigte, und schließlich für → Robert Bunsen und → Gustav Robert Kirchhoff, die die Spektralanalyse entwickelten.

Fresnel, Augustin Jean

*** 10. 5. 1788, Broglie (Normandie), † 14. 7. 1827, Ville-d'Avray (bei Paris); französischer Physiker und Ingenieur**

Fresnel absolvierte ab 1804 eine Ausbildung zum Ingenieur an der Pariser École Polytechnique, wo Gaspard Monge, Siméon Denis Poisson und Gaspard Prony seine Lehrer waren. Nach dem Abschluß des Studiums ging er an die École des Ponts et Chaussées und arbeitete anschließend als Ingenieur im Straßen- und Brückenbau. 1815 wurde er als Gegner Napoleons seines Postens enthoben. In dieser Zeit widmete er sich physikalischen Problemen. Nach Ende der «Herrschaft der hundert Tage» Napoleons arbeitete Fresnel wieder als Ingenieur, zunächst in der Bretagne, dann in Paris, wo er viele wissenschaftliche Kontakte knüpfte. 1823 wurde er Mitglied der Académie des sciences, 1825 wählte man ihn zum Mitglied der Royal Society.

Bereits in seinen frühen Arbeiten (ab 1814) widmete sich Fresnel Problemen des Lichts. 1815 wiederholte er mit Erfolg die Beugungsexperimente von → Thomas Young, die an einem Spalt ausgeführt worden waren. Zusammen mit → Dominique François Jean Arago führte Fresnel 1816 seinen klassischen Spiegelversuch aus, mit dem er Interferenzen ohne vorausgegangene Beugung erhielt. Das von ihm konstruierte «Fresnelsche Biprisma» diente demselben Zweck.

In den Jahren 1816 bis 1821 untersuchte Fresnel die Polarisation des Lichts. Er entdeckte die Drehung der Polarisationsebene, die zirkulare und elliptische Polarisation sowie die Polarisation durch Reflexion. Außerdem ließ er polarisiertes Licht interferieren. Aufgrund dieser Experimente wies Fresnel den Wellencharakter des Lichts nach. Mit der Kenntnis der Schwingungsrichtung deutete er das bisher ungeklärte Phänomen der Doppelbrechung.

1822 erschien seine Publikation «Über das Licht», in der seine Ergebnisse zusammengefaßt waren. Ebenfalls 1822 ex-

Fresnelscher Spiegelversuch
1816 von Fresnel ausgeführter Versuch zur Gewinnung von Interferenzen. Licht einer Quelle fällt schräg auf zwei Planspiegel, die um einen geringen Winkel gegeneinander geneigt sind. In einem größeren Interferenzgebiet erhält jeder Punkt Lichtintensität über beide Spiegel. Es ergibt sich ein Interferenzsystem von alternierenden hellen und dunklen Streifen, die auf einem Schirm beobachtet werden können.

perimentierte Fresnel mit der Beugung an Gittern, Öffnungen und Schirmen. Er modifizierte das Prinzip der Wellenausbreitung von → Christiaan Huygens («Huygens-Fresnelsches-Prinzip») und führte als mathematisches Werkzeug die «Fresnelschen Integrale» ein. Zur qualitativen Berechnung von Beugungserscheinungen entwickelte er die «Fresnelsche Zonenkonstruktion».
Auf der Grundlage der Beugungsexperimente konstruierte er 1822 die Zonenlinse («Fresnel-Linse»), die ab 1823 in Leuchttürmen verwendet wurde. Ebenfalls 1823 entwickelte er die Formeln zur Berechnung der Lichtintensität des an einer Grenzfläche zweier Medien gebrochenen und reflektierten Lichtstrahls («Fresnel-Formeln»).

Frisch, Karl von

*** 20. 11. 1886, Wien, † 12. 6. 1982, München; österreichischer Zoologe**

Frisch, Sohn eines Medizinprofessors, studierte ab 1905 Medizin an der Universität Wien und ab 1908 Zoologie an der Universität München. Er promovierte 1910 in Wien, habilitierte sich 1912 in München und wurde dort 1919 außerordentlicher Professor. Von 1921 bis 1923 lehrte er als Professor in Rostock, ging anschließend nach Breslau und erhielt 1925 eine Professur für Zoologie in München. 1946 wechselte er wegen der Kriegszerstörung seines Instituts als Honorarprofessor nach Graz, kehrte aber 1950 nach München zurück.
Frisch begann seine wissenschaftliche Laufbahn mit sinnesphysiologischen Forschungen, insbesondere zum Gehörsinn der Fische. 1936 konnte er zeigen, daß verletzte Elritzen einen «Schreckstoff» ins Wasser abgeben, der Artgenossen zur Flucht veranlaßt.
Seine größten Erfolge erzielte Frisch jedoch mit der bereits 1912 begonnenen Erforschung des Orientierungs- und Kommunikationsvermögens von Honigbienen. Er machte sich bei seinen Versuchen die Lernfähigkeit der Bienen zunutze. Eine einmal gefundene Futterquelle wird von den Bienen immer wieder angesteuert.
Frisch konnte zeigen, daß sich die Bienen so auch an die Farbe eines Futterplatzes gewöhnen. Damit hatte er erstmalig nachgewiesen, daß Bienen Farben unterscheiden können, und daß den Blütenfarben folglich eine Bedeutung für die Anlockung von Insekten zukommt. Eine einmal entdeckte Futterquelle wird rasch auch von vielen anderen Bienen desselben Bienenstocks angeflogen.
Frisch untersuchte daher ab 1920 mit Hilfe markierter Bienen, wie die Insekten ihre Information an die Stockgenossen weitergeben. In zahlreichen Experimenten mit genauer Verhaltensbeobachtung konnte Frisch zeigen, daß Bienen eine Zeichensprache in Form von tänzelnden Bewegungen entwickelt haben. Eine Futterquelle, die in der Nähe des Stockes liegt, wird durch einen soge-

nannten Rundtanz angezeigt, eine Futterquelle in größerer Entfernung durch den Schwänzeltanz.
Frisch konnte nachweisen, daß das Tanztempo die Entfernung der Futterquelle anzeigt, während die Orientierung des Tanzes für die Richtung zur Futterquelle steht. Als Bezugspunkt verwenden die Bienen dabei den Stand der Sonne, den sie auch bei bedecktem Himmel aufgrund der Polarisation des Sonnenlichts wahrnehmen können. Durch eine innere Uhr kompensieren die Insekten den Lauf der Sonne.
Frisch besaß die Fähigkeit, seine umfassenden Erkenntnisse auch allgemeinverständlich darzustellen («Aus dem Leben der Bienen», 1927; «Tanzsprache und Orientierung der Bienen», 1965). Seine Forsuchungen waren richtungweisend für die Sinnesphysiologie und Verhaltensbiologie. Zusammen mit → Konrad Lorenz und Nikolaas Tinbergen erhielt er 1973 den Nobelpreis für Medizin.

Fuchs, Leonhart

*** 17. 1. 1501, Wemding (bei Donauwörth), † 10. 5. 1566, Tübingen; deutscher Arzt und Botaniker**

Fuchs war der Sohn des Bürgermeisters seines Heimatortes Wemding. Nach dem Besuch von Schulen in Heilbronn und Erfurt wurde er 1515 an der Universität Erfurt immatrikuliert. 1517 erhielt er den akademischen Grad eines Bakkalaureus artium und eröffnete in seiner Heimatstadt eine eigene Schule. 1519 setzte er sein Studium an der Universität Ingolstadt fort und erhielt 1521 den Grad eines Magister artium. Ein anschließendes Medizinstudium schloß er 1524 mit dem Doktortitel ab. Nach zweijähriger Tätigkeit als Arzt in München wurde er 1526 Professor für Medizin an der Universität Ingolstadt. 1528 ging er als Leibarzt zum Markgrafen Georg von Brandenburg nach Ansbach. Ab 1535 war er Professor für Medizin in Tübingen.
Fuchs zählt zu den bedeutendsten humanistischen Medizinern des 16. Jahrhunderts. Er knüpfte an die griechische Tradition an und verfaßte Kommentare und Übersetzungen antiker medizinischer Schriften von → Galen und → Hippokrates. So trat er mit anderen Renaissance-Ärzten dafür ein, die bislang bevorzugten arabischen Schriften zugunsten der antiken medizinischen Lehren aufzugeben.
Wie viele Mediziner seiner Zeit beschäftigte sich Fuchs aufgrund seines Interesses an pflanzlichen Heilmitteln mit der Pflanzenbeschreibung. Von großer Bedeutung für die Entstehung der Botanik als wissenschaftliche Disziplin ist sein Werk «De historia stirpium commentarii» («New Kreuterbuch», 1543). Darin erfolgte erstmals eine systematische Erfassung und Benennung von fast 500 Pflanzenarten, von denen etwa 100 zum ersten Mal für Deutschland beschrieben wurden.
Das Studium der Unterschiede zwischen den Arten stand im Vordergrund, es wurde jedoch noch nicht das Ziel einer systematischen Gruppierung verfolgt. Vor allem die exakten, nach der Natur gefertigten Illustrationen (Holzschnitte) stellten einen wesentlichen Fortschritt der Botanik dar. Das Prinzip der wissenschaftlichen Aussage durch Beobachtung wurde hier der bislang üblichen Fixierung auf die Aussagen antiker Gelehrter vorgezogen.

Fulton, Robert

*** 14. 11. 1765, Little Britain (heute Fulton, Pennsylvania), † 24. 2. 1815, New York; amerikanischer Mechaniker und Schiffbauer**

Da Fultons Eltern arme irische Auswanderer waren, mußte er früh selbst für seinen Lebensunterhalt sorgen und besaß nur wenig Schulbildung. Er bildete sich aber als Autodidakt weiter, machte eine Lehre bei einem Juwelier und spezialisierte sich auf Portraitmalerei, mit der er viel Geld verdiente und bekannt wurde. Fulton malte ab 1788 für ein Atelier in London, entdeckte jedoch sein Interesse für die Mechanik. In verschieden Städten Englands holte er sich Anregungen bei Ingenieuren, die ihrerseits seine Fähigkeiten schätzten. 1795 wurde er als Ingenieur anerkannt und ging 1796 auf Einladung des amerikanischen Botschafters nach Paris. Seine Projekte zeigten aber nicht die erhofften Ergebnisse, so daß Frankreich und danach England ihm ihre großzügige Unterstützung entzogen. 1806 ging Fulton wieder in die USA und konnte hier seine Vorhaben erfolgreich umsetzen.

Seit 1793 beschäftigte sich Fulton mit Dampfschiffen. 1794 erhielt er ein Patent für eine Kanalschleuse, bei der die Schiffe über eine schiefe Ebene transportiert wurden. Darüber hinaus erfand er Maschinen für die Marmorbearbeitung, zum Spinnen von Hanf und Flachs, zum Seilen und Baggern. In Paris stellte er sein Kanalprojekt vor und arbeitete ab 1797, später mit Napoleons Unterstützung, an einem Unterwasser-Sprengsystem mit der Bezeichnung «Torpedo» und an einem Unterseebot. Auch wenn das von fünf Mann angetriebene Unterseeboot «Nautilus» 1801 in sechs Stunden acht Kilometer zurücklegte und der «Torpedo» funktionstüchtig war, konnten beide nicht die in der Kriegsschifffahrt notwendigen Entfernungen überbrücken. In den USA entwickelte Fulton das erste wirtschaftlich einsetzbare Dampfschiff, die «Clermont», das mit 20 PS ausgerüstet ab 1807 regelmäßig als Linienschiff auf dem Hudson verkehrte (Patent 1809). Fulton vergrößerte in den folgenden Jahren die Zahl seiner im Linienverkehr fahrenden Dampfschiffe und konstruierte, als 1812 ein Krieg mit England drohte, das erste dampfgetriebene Kriegsschiff («Fulton the First»). Mit staatlicher Unterstützung arbeitete er an seinem Torpedo-System weiter sowie an einer Kanaltrassierung vom Eriesee zum Atlantik.

G

Gábor, Dennis
*** 5. 6. 1900, Budapest, † 9. 2. 1979, London; ungarisch-britischer Physiker**

Gábor studierte in Budapest und Berlin. Von 1927 bis 1933 beschäftigte er sich am Deutschen Forschungsinstitut für Hochspannungsfragen und bei Siemens & Halske mit Fragen der Elektrizität, 1934 ging er an ein Industrielabor nach England. Ab 1949 war er Dozent, von 1958 bis 1967 Professor für Angewandte Elektronenphysik am Londoner Imperial College. Seit 1967 arbeitete er als Leiter der Forschungslabors des Columbia Broadcasting Systems in Stanford (USA). 1971 wurde Gábor der Nobelpreis für Physik zugesprochen.

Gábors anfängliche Arbeitsgebiete umfaßten die Kathodenstrahloszillographie kurzzeitiger Vorgänge in Gasentladungen, Transporterscheinungen in Plasmen, die Elektronenoptik (zum Beispiel magnetische Elektronenlinsen) und die Interferenzmikroskopie; daraus ergaben sich Überlegungen zur Informationstheorie und zur Fernsehübertragung.

Berühmt wurde Gábor durch die Erfindung der Holographie. 1947 hatte er eine Methode erdacht, mit der ein Gegenstand räumlich (und nicht wie bei einem normalen Foto flächig) abgebildet werden konnte. Umsetzen konnte Gábor seine Idee erst, als 1960 der erste Laser entwickelt wurde. Nur Laserlicht hatte alle zur Hologrammaufnahme notwendigen Eigenschaften: Es war ausreichend intensiv, einfarbig (monochromatisch), und die Lichtwellenzüge standen in festen Phasenbeziehungen zueinander (sie sind kohärent).

Während ein gewöhnliches Foto nur die Intensitätsverteilung eines Gegenstandes in zwei Dimensionen darstellt, ist in einer Holographie die gesamte dreidimensionale Struktur des Objektes als Amplituden- und Phasenverteilung gespeichert. Dies geschieht, indem – ohne Verwendung einer Linse – auf einer hochauflösenden Fotoplatte ein Interferenzbild gespeichert wird.

Dieses Interferenzmuster entsteht aus zwei sich überlagernden Bildern des beleuchteten Gegenstandes – dem «echten» Bild des Objektes sowie einem über einen Spiegel gelenkten «Referenzbild» desselben Gegenstandes. Auch farbige Objekte werden dabei auf schwarzweißen Fotoplatten gespeichert.

Wenn das entstandene Interferenzmuster (es besteht aus sehr feinen Streifen und Flecken) mit kohärentem Licht beleuchtet wird, erscheint das holographische Bild. Es kann – wie ein wirklicher Gegenstand – aus verschiedenen Blickwinkeln und mit verschiedener Schärfentiefe räumlich betrachtet werden.

Die Holographie, seit etwa 1962 im Einsatz, erlaubt nicht nur ästhetisch-darstellende, sondern auch technische Anwendungen, zum Beispiel die holographische Mikroskopie, die Datenverarbeitung, den Nachweis winziger Materialverformungen sowie die Erfassung sich sehr schnell bewegender Objekte, die dann nachträglich vermessen werden können.

Galen (lat. Claudius Galenus)

*** 129, Pergamon (Kleinasien) (?), † 199, Rom (?); römischer Arzt griechischer Herkunft**

Galen wurde zunächst von seinem Vater, einem bekannten Architekten, in Philosophie, Mathematik und Naturlehre unterrichtet. Etwa ab dem 17. Lebensjahr wandte er sich ganz der Medizin zu, bereiste die oströmischen Provinzen und vollendete seine Studien in Alexandria. In Pergamon arbeitete er ab 158 als Gladiatorenarzt, von etwa 161 an wirkte er als Arzt (vor allem der Aristokraten und des Kaiserhauses) und als Schriftsteller in Rom.

Galen war neben → Hippokrates der bedeutendste Arzt der Antike. In seinen – nach eigenen Angaben – über 400 Werken vereinigte er dessen Humoralpathologie und klinische Diagnostik mit der Aristotelischen Physiologie (→ Aristoteles) und Anatomie sowie den medizinischen Ansichten und Erkenntnissen seiner eigenen Zeit. Durch das gesamte Mittelalter bis in die Neuzeit hinein beherrschte Galens heilkundliches Gesamtsystem die ärztliche Ausbildung und die Praxis.

Galens anatomische Beschreibungen der Muskeln und Muskelfunktionsgruppen sowie des Nervensystems verdienen auch heute noch hohe Achtung. Manche der an Säugetieren gewonnenen Entdeckungen – Leichen wurden seinerzeit nicht seziert – sind jedoch nicht auf den Menschen übertragbar.

Der oft überhebliche und anmaßende Galen war einer der letzten Repräsentanten der wissenschaftlichen Medizin der Antike. So ermittelte er durch Experimente, welche Lähmungen beim Durchtrennen des Rückenmarks von Versuchstieren auftreten. Krankheiten und Arzneimittel stufte er nach Intensitäten ab und stellte damit die Pharmakologie und Therapie auf eine methodische Basis.

Das physiologische System von Galen fußt auf der Säftelehre von → Erasistratos sowie der Theorie der Elemente von → Aristoteles. Den Harnfluß ordnete Galen richtig dem Harnleiter und der Harnblase zu, der Blutkreislauf blieb ihm hingegen unbekannt – Galen nahm eine Blutströmung vom Zentrum zur Peripherie des Körpers an.

Neben medizinischen Schriften veröffentlichte Galen auch zahlreiche mathematische und philosophische Abhandlungen, wobei er die Lehren der Peripatetiker mit denen der Stoiker zu vereinen suchte.

Galenische Arzneimittel
Extrakte und Tinkturen aus nicht aufgereinigten Drogen – die Wirkstoffe bleiben also in ihrer natürlichen Zusammensetzung mit allen Begleitstoffen erhalten.

Galenische Diagnostik und Therapie
Galen empfahl zur medizinischen Diagnose Puls- und Harnuntersuchungen. Die Krankheitserscheinungen selbst bekämpfte er mit Mitteln, die den Symptomen jeweils entgegengesetzt wirkten (später Allopathie genannt). Sein therapeutisches Augenmerk richtete Galen vor allem auch auf die Regelung der gesamten Lebensweise (Diätetik).

Galilei, Galileo

*** 15. 2. 1564, Pisa, † 8. 1. 1642, Arcetri (bei Florenz); italienischer Mathematiker, Physiker und Astronom**

Galileo war Sohn eines Musikwissenschaftlers und besuchte die Klosterschule von Vallombrosa. Von 1581 bis 1585 studierte er in Pisa zunächst Medizin, dann Mathematik und Physik. Ab 1589 arbeitete er als Mathematikprofessor an der Universität Pisa und wechselte 1592 an die Universität Padua, bis 1610 der Großherzog von Toskana in Florenz Galilei als Hofmathematiker und -philosophen einstellte. 1616 wurde Galilei vom Papst erstmalig Schweigen zu den Lehren von → Nikolaus Kopernikus auferlegt. Dies sah man durch Galileis Hauptwerk «Dialogo ... sopra i due massimi Sistemi del Mondo» (Dialog über die zwei hauptsächlichen Weltsysteme, 1632) gebrochen, so daß die Inquisition Galilei am 22. 6. 1633 dazu verurteilte, seine von → Claudius Ptolemäus abweichenden, heliozentrischen Ansichten zu widerrufen. Im selben Jahr wurde der gläubige Katholik Galilei zu unbefristetem Hausarrest in seinem Landhaus in Arcetri verurteilt.

Galileo begründete die klassische Mechanik und läutete durch die mathematische Erklärung natürlicher Vorgänge ein neues Zeitalter der Wissenschaft ein. So untersuchte er die verschiedenen Einflüsse, die auf eine Bewegung – zum Beispiel den Pendelschlag oder den freien Fall – wirken. Sein berühmtestes Gedankenexperiment zeigt mathematisch, daß alle Gegenstände gleich schnell zur Erde fallen, wenn sie nicht durch den Luftwiderstand aufgehalten werden (1609); der beim freien Fall zurückgelegte Weg wächst mit dem Quadrat der Zeit. Dies stand im Gegensatz zur aristotelischen Lehre, die besagte, daß die Fallgeschwindigkeit mit dem Gewicht eines Körpers proportional steige.

Um die Wirkung der Schwerkraft zu verkleinern, ließ Galilei Kugeln auf geneigten Ebenen rollen («De motu accelerato», vor 1590). Bereits 1581 hatte Galilei – angeregt durch einen hängenden, mehrarmigen Leuchter im Dom von Pisa – beobachtet, daß die Dauer einer Pendelschwingung immer gleich ist, unabhängig davon, wie weit das Pendel ausschlägt. Zur Zeitmessung bei diesen Experimenten nutzte Galilei in Ermangelung einer geeigneten Uhr seinen Pulsschlag und tropfendes Wasser.

Durch die Zerlegung in Bewegungskomponenten konnte Galilei unter anderem Geschoßbahnen erklären und rief damit die Ballistik ins Leben. Mit dem von → René Descartes, → Gottfried Wilhelm Leibniz und → Isaac Newton verbesserten mathematischen Rüstzeug gelang der Mechanik später der notwendige Schritt von einer geometrischen zur algebraischen Beschreibung ihrer Phänomene.

Die Beobachtung von Sternen und Planeten mittels eines 1609 nachgebauten Fernrohres brachte Galilei die Ansicht → Aristoteles' zum Wanken, daß der Himmel vollkommen sei: Galilei fand auf der Sonne Flecken und auf dem Mond Gebirgszüge. Erste Ergebnisse seiner astronomischen Beobachtungen veröffentlichte Galilei in «Sidereus nuncius» («Sternenbote», 1610), darunter der Sternenreichtum der Milchstraße und die Saturnringe. Ab 1597 setzte sich Galilei für das kopernikanische Weltbild ein –

Galileisches Bezugssystem
Mehrdimensionale Koordinatenysteme, in denen die Newtonsche Physik gilt. Mit Hilfe von Galilei-Transformationen werden die Raumkoordinaten sowie die Zeit eines sogenannten Inertialsystems auf ein Bezugssystem umgerechnet. Inertialsysteme bewegen sich gleichförmig geradlinig zueinander; für einen in einem Inertialsystem befindlichen Beobachter bleiben zeitliche Abläufe physikalischer Vorgänge unverändert (Galilei-Invarianz). Bei sehr hohen Geschwindigkeiten werden Galilei-Transformationen durch ein anderes mathematisches Verfahren – Lorentz-Transformationen – ersetzt.

dessen heliozentrische Auffassung des Alls wurde unter anderem von Galileis Beobachtung der vier um Jupiter laufenden Monde bestätigt.

1634 veröffentlichte Galilei im Kreise seiner Schüler das für die Physik bedeutende Werk «Unterredungen und mathematische Demonstrationen über zwei neue Wissenszweige, die Mechanik und die Fallgesetze betreffend». Dieses wie die übrigen von Galilei auf italienisch (statt üblicherweise lateinisch) verfaßten Bücher zeichnen sich durch einen Stil aus, der gelegentlich als Wissenschaftsprosa bezeichnet wird. Die dabei zum Teil verwendete Dialogform erlaubte es Galilei, besser auf die Argumente seiner Gegner eingehen zu können.

Galle, Johann Gottfried

*** 9. 6. 1812, Pabsthaus (bei Gräfenhainichen), † 10. 7. 1910, Potsdam; deutscher Astronom**

Galle, Sohn eines Teerschwelers, besuchte von 1825 bis 1830 das Gymnasium Wittenberg; im gleichen Jahr begann er sein Studium an der Berliner Universität beim Astronomen Johann Franz Encke. Nach bestandener Lehramtsprüfung und zweijähriger Lehrertätigkeit in Berlin wurde Galle 1835 Gehilfe an der Berliner Sternwarte, 1845 promovierte er. Er wechselte 1851 an die Sternwarte in Breslau, wo er von 1856 bis 1895 Professor für Astronomie war.

Seinen Ruhm als Astronom verdankte Galle der endgültigen Entdeckung des Planeten Neptun. Urbain Jean Joseph Le Verrier, dem Galle seine Doktorarbeit zugesandt hatte, machte diesen in seinem Dankesbrief auf die Position des Planeten aufmerksam. Le Verrier selbst hatte den Platz von Neptun am Himmel durch die Beobachtung von Bahnstörungen des Planeten Uranus errechnet, konnte Neptun aber nicht beobachten. Die Sternkarten und die technische Ausrüstung der Berliner Warte ermöglichten Galle noch in derselben Nacht, in der er Le Verriers Brief erhielt, die richtige Zuordnung des neuen Objektes am Himmel.

Galles Hauptarbeitsgebiet waren Bahnberechnungen von Kometen, Planetoiden und Meteoritenströmen; so wirkte er unter anderem bei einer 1894 erschienenen Zusammenfassung der Bahnen von 414 Kometen mit.

1872 schlug Galle vor, Planetoiden zur Berechnung der Sonnenparallaxe und damit des Abstandes zwischen Erde und Sonne zu verwenden. Parallaxen sind scheinbare Verschiebungen eines Planeten oder Gestirns, die durch die Bewegung des Beobachtungsstandpunktes entstehen. Ein für die Parallaxenmessungen geeigneter Kleinplanet wurde allerdings erst 20 Jahre später gefunden.

An der Breslauer Sternwarte arbeitete

Galle mit seinen Schülern vorwiegend rechnerisch-astronomisch, zum Beispiel an der Berechnung von Sonnen- und Mondfinsternissen.

Galton, Sir Francis

*** 16. 2. 1822, Sparkbrook (heute zu Birmingham), † 17. 1. 1911, Haslemere (bei London); britischer Naturforscher**

Galton, ein Vetter von → Charles Robert Darwin, wuchs in einer wohlhabenden Quäkerfamilie auf. Mit 16 Jahren unternahm er eine erste Europareise, zwei Jahre später eine weitere. Galton studierte von 1839 bis 1843 Medizin in London und Cambridge, verzichtete jedoch auf einen Abschluß, da ihm das väterliche Vermögen eine ausreichende materielle Versorgung gewährleistete. 1845 bereiste Galton Ägypten und andere Teile des Nahen Ostens; von 1850 bis 1852 machte er eine Expedition in die unerforschten Gebiete Südwestafrikas. Ab 1853 lebte er als privater Wissenschaftler in London und wurde 1860 Mitglied der Royal Society.

Galtons Schaffen war sehr vielseitig. Als Schriftsteller veröffentlichte er Bücher über seine Reisen; als Erfinder entwickelte er einen Drucktelegrafen, einen Heliostaten, eine Maschine zur Ausnutzung der Energie der Meereswellen und die «Galton-Pfeife» zur Erzeugung sehr hoher Töne; als Meteorologe publizierte er eine erste Klimakarte Europas und eine erste Theorie der Antizyklone (Hochdruckgebiete).

Eine große wissenschaftliche Bedeutung haben Galtons Forschungen über Vererbung. Ausgehend von Darwins «Pangenesis-Hypothese» (die auf Vererbungsträgern im Blut basierte) zeigte Galton, daß sich Blutübertragung zwischen verschiedenen Kaninchenrassen nicht auf die Merkmale der Nachkommen auswirkt, was ihn zu einer Modifizierung dieser Hypothese veranlaßte. Galton versuchte vor allem, die Gesetzmäßigkeiten der Vererbung durch die Analyse der Verteilung von erblichen Merkmalen in Populationen aufzuklären. Dazu entwickelte er statistische Methoden und begründete so eine neue Fachrichtung, die Biostatistik. Er konnte damit eine Reihe von Erbgesetzen herleiten, unter anderem die «Galtonsche Regel», wonach bestimmte erbliche Eigenschaften stets um einen Mittelwert schwanken («Galtonsches Brett»).

Zur Erforschung von Variation und Vererbung menschlicher Eigenschaften untersuchte Galton verschiedene Merkmale zahlreicher Personen und schuf mit dem Galton-Laboratory in London eine noch heute bedeutende biometrische Forschungsanstalt. Galton erkannte auch die Spezifität von Fingerabdrücken und erarbeitete ein darauf basierendes System zur Identifizierung von Personen, das zur Begründung der Daktyloskopie in der Kriminalistik führte.

Durch Familienanalyse zeigte Galton, daß neben körperlichen Merkmalen auch psychische Eigenschaften und Begabungen eine Erblichkeit aufweisen.

Galtonsches Brett
Vorrichtung, mit der das Entstehen einer statistischen Binomialverteilung simuliert werden kann: Fallende Kugeln werden durch gleichmäßig angeordnete Hindernisse (Nägel) in gleich breite Kammern verteilt, wodurch sich das Bild einer Glockenkurve ergibt.

Zur Abschätzung der Stärke des Einflusses von Erbgut und Umwelt auf solche Merkmale entwickelte Galton die Zwillingsforschung. Galton schlug die bewußte Berücksichtigung der Vererbung guter Eigenschaften bei der Partnerwahl vor und prägte dafür den Begriff der «Eugenik».

Galvani, Luigi

*** 9. 9. 1737, Bologna, † 4. 12. 1798, Bologna; italienischer Arzt und Naturforscher**

Der aus einer Patrizierfamilie stammende Galvani studierte zunächst Theologie, bevor er ein Medizinstudium aufnahm, das er 1759 anschloß. Nach einigen Jahren medizinischer Praxis forschte er auf dem Gebiet der Anatomie und hielt ab 1762 Vorlesungen an der Universität Bologna. 1775 erhielt er eine Professur für Anatomie, 1782 ernannte man ihn zum Professor für Geburtshilfe. Nach der französischen Besetzung Bolognas verlor Galvani 1797 seine Stellung, da er den Treueeid auf Napoleon verweigerte. Galvani starb verarmt vor seiner angestrebten Rehabilitation.

Galvanis erste Arbeiten betreffen anatomische Fragestellungen vor allem zur Struktur der Knochen und des Ohres. Physiologische Forschungen über Muskeln und Nerven traten ab 1770 in den Vordergrund, ab 1780 beschäftigte er sich mit der Nervenreizung.

Galvani hatte beobachtet, daß ein präparierter Froschschenkel-Muskel, dessen Nerv mit einem elektrischen Leiter verbunden war, in der Nähe der Funkenentladung einer Elektrisiermaschine zusammenzuckte. Auch im Freien aufgehängte Froschschenkel, deren Nerven mit langen Metalldrähten verknüpft waren, zuckten bei Gewitter zusammen. Galvani machte daraufhin ein Experiment, bei dem er einen Froschschenkel ohne Funkenentladung zum Zucken anregte, indem er den Muskel und den Nerv mit einem Bogen aus zwei unterschiedlichen Metallen verband. Er vermutete die Quelle der Elektrizität, die den Muskel zusammenzucken ließ, im Muskel selbst. Diese sogenannte tierische Elektrizität deutete Galvani im Sinne der in jener Zeit aktuellen Frage nach der Existenz einer «Lebenskraft». Der Physiker → Alessandro Volta konnte jedoch 1796 beweisen, daß die Entstehung der Elektrizität auf elektrochemische Prozesse durch den Kontakt der unterschiedlichen Metalle zurückzuführen war.

Die große Bedeutung der Entdeckung elektrochemischer Prozesse durch Galvani zeigt sich in der Vielzahl der darauf begründeten Anwendungen und in der Fülle von Begriffen, in denen sich sein Name wiederfindet, wie Galvanismus, galvanisches Element, Galvanisation und Galvanometer.

Galvanismus
Bezeichnung für elektrochemische Erscheinungen, die dann auftreten, wenn sich geeignete verschiedenartige Stoffe berühren. Grundlage der modernen Elektrochemie.

Galvanisches Element
Auch: galvanische Zelle. Elektrochemische Stromquelle, die aus zwei Elektroden (etwa aus Zink und Kupfer) besteht, an denen die Halbzellenreaktionen ablaufen. Die Elektroden tauchen in einen oder zwei Elektrolyten ein. Praktische Bedeutung erlangen galvanische Elemente in Batterien.

Gates, William (Bill) Henry
*** 28. 10. 1955, Seattle; amerikanischer Software-Entwickler und Industrieller**

Als Sohn einer Lehrerin und eines Staatsanwaltes wuchs Gates in seiner Geburtsstadt Seattle auf. Er besuchte zunächst eine Schule in View Ridge und dann in Laurelhurst. 1967 ging Gates an eine Privatschule in Lakeside, wo er bereits als Zwölfjähriger an Computern arbeitete. 1972 gründete Gates mit seinem Schulkameraden Paul Allen seine erste Firma Traf-O-Data, die Programme zur Verkehrszählung und -überwachung verkaufte; Allen zog sich 1982 wegen der Hodgkinkrankheit aus allen Geschäften zurück. Gates bestand 1973 die Aufnahmeprüfungen der drei Universitäten Princeton, Yale und Harvard und begann sein Studium im selben Jahr an der Universität Harvard mit dem Hauptfach Angewandte Mathematik. Während dieser Zeit gründete er mit Allen die Firma Microsoft in Albuquerque, bevor er 1977 sein Studium abbrach und nach Bellevue bei Seattle übersiedelte. Heute ist Gates Hauptaktionär der 1986 in eine Aktiengesellschaft umgewandelten Firma Microsoft. Er ist damit zugleich Leiter des weltweit größten Anbieters von Computerprogrammen (Software).

Von Anfang an richtete Gates besonderes Augenmerk auf die Entwicklung und den taktisch geschickten An- und Verkauf von Computersprachen (Interpreter und Compiler) sowie von Betriebssystemen und den damit verbundenen graphischen Benutzeroberflächen. Dazu zählen vor allem die Sprachen BASIC (Beginners All-Purpose Symbolic Instruction Code), FORTRAN und Cobol, das Betriebssystem MS-DOS (Microsoft Disk Operating System) und die Benutzeroberfläche Windows (von 1983 bis 1985 entwickelt, Durchbruch 1990) beziehungsweise Windows '95 (ab 1995). Im Bereich der Anwendungsprogramme setzten sich die Textverarbeitung Word (ab 1983) und die Tabellenkalkulation Excel (ursprünglich ab 1982 als Multiplan) zunächst vor allem in Europa als Marktführer durch.

Gates entwickelte alle Programme konsequent für den Personalcomputer (PC). Bereits 1964 hatte er zusammen mit seinem Geschäftspartner Allan das BASIC-PLUS von DEC abgewandelt und der Firma MITS für deren Rechner Altair verkauft, 1977 erwarben auch die Firmen Apple (6502-BASIC), Tandy und Commodore das Programm. Es gewann kurz darauf als erstes Softwareprodukt für Mikrocomputer den Million Dollar Award von International Computer Programs (ICP).

Im Zuge der breiten Markteinführung von Personalcomputern (PCs) durch die Firma IBM (ab 1980) steuerte Gates das Betriebssystem MS-DOS bei, behielt aber sämtliche Rechte daran. Auf diese Weise konnte MS-DOS auch an Hersteller von IBM-kompatiblen Rechnern verkauft werden und wurde so das Standardbetriebssystem für PCs. Während Microsoft bis Ende 1979 noch vorwiegend Programmiersprachen und Betriebssysteme für Hardwarehersteller angeboten hatte (darunter XENIX und QDOS), gelang – im Fahrtwind von IBM – bis 1981 die Umstellung auf anwenderorientierte Soft- und Hardware, Computersprachen und Betriebssysteme.

Gates' Firmenstrategie besteht neben einem strengen Leistungsprinzip in der rechtzeitigen Nutzung guter Ideen. Das Prinzip der graphischen Benutzeroberfläche etwa war ursprünglich vom Palo Alto Research Center (PARC) der Firma Xerox erdacht worden; die Computermaus, die 1963 von Doug Englebart am Stanford Research Institute erfunden worden war, kam 1983 als Microsoft-Maus auf den Markt und konnte danach zum Beispiel für Multiplan eingesetzt werden.

Gauß, Carl Friedrich

*** 30. 4. 1777, Braunschweig, † 23. 2. 1855, Göttingen; deutscher Mathematiker, Astronom und Geodät**

Gauß wuchs in einfachen Verhältnissen auf. Seine Lehrer ermöglichten ihm den Besuch eines Gymnasiums, der Herzog von Braunschweig finanzierte seine akademische Ausbildung. 1792 begann Gauß ein Studium der Klassischen Philogie am Collegium Carolinum in Braunschweig. 1795 wechselte er an die Universität Göttingen, wo er die Philologie zugunsten der Mathematik aufgab. 1799 promovierte Gauß bei Johann Friedrich Pfaff an der Braunschweigischen Landesuniversität Helmstedt. 1807 folgte Gauß einem Ruf der Universität Göttingen, wo er eine Professur für Astronomie und die Leitung der dortigen Sternwarte übernahm. 1828 lernte Gauß → Alexander von Humboldt kennen, der ihn mit → Hans Christian Ørsted bekannt machte. 1831 begann Gauß die Zusammenarbeit mit → Wilhelm Eduard Weber, mit dem er ab 1836/37 die «Resultate aus den Beobachtungen des magnetischen Vereins» veröffentlichte.

Gauß arbeitete auf fast allen Gebieten der Mathematik, lieferte aber auch bedeutende Beiträge zur Physik, Geodäsie und Astronomie. Erste Meriten errang er auf dem Gebiet der Mathematik, als er 1796 bewies, daß auch ein regelmäßiges 17-Eck mit Zirkel und Lineal konstruiert werden kann. 1799 lieferte er den vollständigen Beweis des Fundamentalsatzes der Algebra. 1801 folgte mit den «Disquisitiones arithmeticae» eine Publikation zur Zahlentheorie. Sie enthielt Ausführungen zur Theorie der Kongruenzen, zu quadratischen Formen und zur Kreisteilung. Mit diesem Werk begründete Gauß die Zahlentheorie als selbständige mathematische Disziplin. Zu dieser Zeit entwickelte Gauß die Methode der kleinsten Fehlerquadrate, mit deren Hilfe er Bahnen von Himmelskörpern samt Bahnstörungen berechnen konnte, was zum Wiederauffinden des Planetoiden Ceres führte. 1809 veröffentlichte er die «Theorie der Bewegungen der in Kegelschnitten sich um die Sonne bewegenden Himmelskörper», die zum Basiswerk der mathematischen Astronomie wurde. In Fortführung seiner mathematischen Studien begann Gauß 1815/16 mit der Herausbildung der nichteuklidischen Geometrie. Damit vollzog er die Unterscheidung zwischen Geometrie als mathematischer Disziplin und einer Wissenschaft, die den physikalischen Raum beschreibt. 1820 übernahm Gauß die wissenschaftliche Leitung des Projekts zur Vermessung des Königreiches Hannover, in dessen Verlauf er Vermessungsinstrumente (Heliotrop) und Kartenprojektionen entwickelte (Theorie der konformen Abbildung). 1827 erschien mit «Allgemeine Untersuchungen über gekrümmte Flächen» ein weiteres, der Differentialgeometrie gewidmetes

Standardwerk. 1831 führte Gauß die komplexen Zahlen in die Mathematik ein (heutige Darstellung in der Gaußschen Zahlenebene), ebenfalls 1831 begann er zusammen mit Weber Forschungen zum Erdmagnetismus. 1832 begründete Gauß das absolute physikalische Maßsystem. Gemeinsam mit Werner errichtete er 1832/33 eine Telegrafenlinie zwischen physikalischem Kabinett und der Sternwarte. 1838/39 verfaßte Gauß die «Allgemeine Theorie des Erdmagnetismus» und «Allgemeine Lehrsätze in Beziehung auf die im umgekehrten Verhältnisse des Quadrates der Entfernung wirkenden Anziehungs- und Abstoßungskräfte». Mit dieser Publikation begründete Gauß die Potentialtheorie.

Mit «Untersuchungen über Gegenstände der höheren Geodäsie» von 1844 und 1847 formulierte Gauß die Grundlagen der modernen Geodäsie. Außerdem arbeitete er über das «Prinzip des kleinsten Zwangs», über Optik und über die Kapillaritätstheorie.

Gay-Lussac, Joseph Louis

*** 6. 12. 1778, Saint-Léonard-de-Noblat (bei Limoges), † 9. 5. 1850, Paris; französischer Physiker und Chemiker**

Gay-Lussac, Sohn eines Richters, besuchte in Paris zuerst eine Handelsschule, dann die École des Ponts et Chaussées; 1805 bis 1806 ging er mit → Alexander von Humboldt auf Europareise. Er wurde 1806 Mitglied der Pariser Akademie der Wissenschaften und arbeitete von 1808 bis 1832 als Professor für Physik an der Sorbonne und zugleich, ab 1809, als Professor für Chemie an der École Polytechnique. 1832 wechselte er an den Jardin des Plantes und verwaltete neben seiner Arbeit verschiedene staatliche Ämter; 1839 wurde er mit dem Ehrentitel «Pair von Frankreich» ausgezeichnet.

Gay-Lussac gilt als einer der wichtigsten französischen Chemiker des 19. Jahrhunderts. Zu Beginn seiner Forschertätigkeit untersuchte er die Wärmeausdehnung von Gasen und Dämpfen, deren Eigenschaften er 1802 in dem nach ihm benannten Gesetz zusammenfaßte; 1808 konnten Humboldt und Gay-Lussac dieses Gesetz allgemein bestätigen. Die Erkenntnis, daß Gase in ganzzahligen Volumenverhältnissen miteinander reagieren, half erheblich bei der Bestimmung der Atomgewichte – zum Beispiel durch → Jöns Jacob Berzelius – mit. Zwei wissenschaftliche Ballonfahrten, eine davon 1804 zusammen mit → Jean Baptiste Biot, führten zu der Erkenntnis, daß sowohl die Zusammensetzung der Luft als auch der Erdmagnetismus in über sechs Kilometern Höhe gegenüber dem Erdboden unverändert ist.

Zusammen mit seinem Freund und Mitarbeiter Ludwig Jacob Thénard baute Gay-Lussac 1808 im Auftrag der prestigeorientierten Regierung eine große Batterie, um – so wie → Sir Humphrey Davy – neue Elemente zu finden. Es gelang den beiden, auch ohne Strom Bor aus Boroxid darzustellen, was Kaiser Napoleon mit einer Professur belohnte.

Bei der Untersuchung von Blausäure (1815) fand Gay-Lussac schließlich, daß diese keinen Sauerstoff enthielt. Darauf basierend erwies sich, daß nicht der Sauerstoff, sondern der Wasserstoff den Charakter einer Säure bestimmt.

Des weiteren führte Gay-Lussac die Titration zur Konzentrationsbestimmung

Gay-Lussacsches Gesetz
1802 aufgestellte, für ideale Gase geltende Regel, daß diese bei konstantem Druck sämtlich dieselbe Wärmeausdehnung haben und daß deren Druck sich bei gleicher Temperaturerhöhung im gleichen Maß erhöht. Diese Beobachtung veranlaßte → Avogadro 1811 zur These, daß Gase gleichen Volumens und gleicher Temperatur dieselbe konstante Anzahl von Teilchen enthalten.

Gay-Lussac-Humboldt-Gesetz
Gase gleichen Druckes und gleicher Temperatur reagieren, wenn sie sich vollständig umsetzen, in ganzzahligen Volumenverhältnissen miteinander. So ergeben ein Liter Sauerstoff und ein Liter Chlorgas Salzsäure; zwei Liter Wasserstoff reagieren mit einem Liter Sauerstoff zu Wasser. Dies läßt sich verstehen, wenn man die Avogadrosche Regel der konstanten Teilchenzahl sowie die Molekülstruktur des Gases zugrunde legt.

ein und entwickelte, ganz im Sinne der praxisbezogenen Politechnik, industrielle Produktionsmethoden, zum Beispiel den «Gay-Lussac-Turm», in dem die bei der Schwefelsäureproduktion entstehenden Stickoxide absorbiert werden.

Gegenbaur, Carl

*** 21. 8. 1826, Würzburg, † 14. 6. 1903, Heidelberg; deutscher Anatom und Zoologe**

Nach einem Studium der Medizin in Würzburg (1845–1850) wurde Gegenbaur Assistenzarzt am Würzburger Juliushospital und promovierte 1851. In Berlin lernte er → Johannes Peter Müller kennen und untersuchte mit ihm 1852/53 niedere Meerestiere an der Küste Siziliens. 1854 habilitierte sich Gegenbaur für Anatomie und Physiologie, lehrte anschließend als Privatdozent Zoolgie in Würzburg und wurde 1855 Professor für Anatomie und Zoologie in Jena. 1873 erhielt er einen Lehrstuhl für Anatomie an der Universität Heidelberg, wo er bis zu seiner Emeritierung 1901 blieb.

Gegenbaur zählt zu den bedeutendsten Anatomen des 19. Jahrhunderts. Insbesondere richtete er seine Arbeiten zur vergleichenden Anatomie als einer der ersten nach stammesgeschichtlichen Gesichtspunkten aus. Gegenbaur begann mit anatomischen Untersuchungen an wirbellosen Meerestieren, seine wichtigsten Arbeiten befassen sich jedoch mit Wirbeltieren. 1861 wies Gegenbaur nach, daß alle Eier, auch die dotterreichen der Vögel und Reptilien, nur eine Einzelzelle darstellen. Damit trug er wesentlich zur Herausbildung der Zytologie bei.

Gegenbaur entwickelte auf der Grundlage exakter Vergleiche der Embryonalentwicklung eines der beiden Hauptkriterien für die Homologie (gleiche stammesgeschichtliche Herkunft): die Entstehung von Organen aus gleichen embryonalen Anlagen. So konnte er zeigen, daß einige Organe der Landwirbeltiere (wie der Thymus und die Eustachische Röhre) auf dieselben Embryonalanlagen zurückgehen wie Teile der Kiemen der Fische.

Gegenbaur lieferte 1872 einen wertvollen Beitrag zur Klärung der von → Johann Wolfgang von Goethe und → Lorenz Oken aufgestellten Wirbeltheorie des Schädels (wonach dieser als Fortsetzung der Wirbelsäule segmental gegliedert ist), indem er das ursprünglichere Kopfskelett der Haie untersuchte. Er dehnte seine vergleichenden Untersuchungen zum Skelett der Wirbeltiere auch auf die Gliedmaßen aus, die seiner «Archipterygiumtheorie» zufolge aus Kiemenbögen hervorgingen. Diese Theorie wurde zwar später aufgegeben, sie förderte jedoch wie die Arbeiten zum Kopfskelett die neuartige Betrachtung der Anatomie unter dem Gesichtspunkt der Evolution. Die vergleichende Anatomie wurde daraufhin in Deutschland zu einem grundlegenden Fach der Biologie. Dazu trug Gegenbaur auch bei, indem er bedeutende Lehrbücher zur vergleichenden Anatomie verfaßte und das «Morphologische Jahrbuch» (ab 1875) herausgab.

Geiger, Hans (eigentlich Johannes)

*** 30. 9. 1882, Neustadt an der Weinstraße, † 24. 9. 1945, Potsdam; deutscher Physiker**

Geiger studierte Mathematik und Physik in München und Erlangen, wo er 1906 promovierte. Nach einer fünfjährigen Assistenzzeit bei → Ernest Rutherford in Manchester kehrte er 1912 nach Deutschland zurück, wo er Leiter des Labors für Radioaktivität der Physikalisch-Technischen Reichsanstalt in Berlin wurde. 1925 ging er als Professor nach Kiel, wechselte 1929 nach Tübingen und übernahm 1936 das Physikalische Institut der Technischen Hochschule Berlin-Charlottenburg. Von 1926 bis 1933 war Geiger – zusammen mit Karl Scheel – Herausgeber des 24bändigen «Handbuch für Physik». Die Royal Society ehrte Geigers Leistungen 1938 mit der Verleihung der Hughes-Medaille. Während des Zweiten Weltkrieges arbeitete Geiger am deutschen Versuch, eine Atombombe zu konstruieren.

Geiger-Müller-Zähler
Zwischen der Wand einer Röhre und einem darin aufgespannten Draht liegt eine Spannung von mehreren 1000 V. Die Spannung ist so bemessen, daß es zwischen Wand und Draht über das dazwischenliegende Gas nicht zu einer Entladung kommt. Tritt aber ein energiereiches Teilchen – zum Beispiel als Röntgenstrahl – in den Zylinder ein, so entstehen im Gas lawinenartig Elektronen (Stoßionisation). Sie bewirken einen kurzen Stromstoß, der zum Beispiel als Klicken hörbar und/oder elektrisch gezählt wird. Je nach Spannung mißt das Gerät die Anzahl oder die Energie der auslösenden Teilchen.
Der Geiger-Müller-Zähler wird nicht nur in der Kernphysik eingesetzt, sondern zum Beispiel auch in der Geophysik oder zur Messung von Ultrastrahlung.

Als Mitarbeiter von Rutherford war Geiger ab 1907 in die noch junge Forschungsrichtung der Radioaktivität eingeführt worden. 1908 bestimmen Rutherford und Geiger gemeinsam die Halbwertszeit von Radium sowie die Anzahl der Alphateilchen, die von einem Gramm dieses Elementes pro Sekunde ausgesendet wurden. Durch Versuchsreihen, in denen Geiger und Ernest Marsden die Streuung von Alphateilchen an dünnen Metallfolien nachwiesen, bereiteten sie das Rutherfordsche Atommodell und die Rutherfordsche Streuformel vor. Durch weitere Streuversuche fand Geiger 1913, daß die Ordnungszahl eines Elementes gleich seiner Kernladungszahl ist. 1911 formulierten M. Nuttall und Geiger eine Regel, die die Beziehung zwischen der Halbwertszeit eines Teilchens und dessen Radioaktivität in Luft angab. Durch die systematische Weiterentwicklung von Zählmethoden für energiegeladene Teilchen entstand 1913 der Spitzen-

zähler (der als nach ihm benannter «Geigerzähler» bekannt wurde). Zusammen mit seinem Schüler → Erwin Wilhelm Müller verbesserte Geiger dieses Gerät, bis es 1928 seine endgültige Qualität als «Zählrohr» erreichte, das zu einem der wesentlichsten Meßgeräte der Kernphysik wurde. Dabei machte sich Geiger nicht nur durch die Erfindung des Zählers verdient, sondern auch durch dessen Anwendung in vielen physikalischen Gebieten.
1924/25 erbrachte Geiger zusammen mit → Walther Wilhelm Georg Bothe den Nachweis der strengen Gültigkeit des Energie- und Impulssatzes für den atomaren Einzelprozeß.

Gell-Mann, Murray

*** 15. 9. 1929, New York;**
amerikanischer Physiker

Gell-Mann, Sohn eines Universitätsprofessors, wurde bereits 1934 für das Studium an der Universität Yale zugelassen. 1948 wechselte er an das Massachusetts Institute of Technology, wo er 1951 promovierte. 1952 ging er an das Institute for Advanced Research, setzte seine Forschungen aber wenige Monate später bei → Enrico Fermi an der Universität Chicago fort. 1955 nahm er seine Arbeit am California Institute of Technology auf, wo er 1956 Professor für theoretische Physik wurde. 1969 erhielt der den Nobelpreis für Physik.
Zu Beginn seiner Forschertätigkeit beschäftige sich Gell-Mann mit der Einteilung von physikalischen Partikeln, die kleiner als Atome sind, den sogenannten Elementarteilchen. Dazu zählen neben Protonen und Neutronen zum Beispiel Mesonen, Hyperonen und Quarks. Zwei dieser Teilchen – K-Mesonen und die schweren Hyperonen – zeigten im Experiment ein seltsames Verhalten: Während beide Teilchen durch starke Wechselwirkungen entstanden, zerfielen sie unerwartet durch die langsamere schwache Wechselwirkung. Sie hatten also eine gleichsam erhöhte Lebensdauer. Dies trug den beiden Partikeln die Bezeichnung «strange particles» (seltsame Teilchen) ein.
Insgesamt faßte Gell-Mann die Elementarteilchen in Zweier- und Dreiergruppen zusammen, innerhalb deren sich nur die Ladung unterschied. Um Elementarteilchen wie K-Mesonen und Hyperonen besser beschreiben zu können, fügte Gell-Mann 1953 unabhängig von T. Nakano und Kasuhiko Nishijima den Quantenzahlen eine weitere, die «Strangeness» oder «strangeness number», hinzu. Die Strangeness beschreibt die Eigenschaft der seltsamen Teilchen, ein verschobenes Ladungszentrum zu besitzen, das bei allen Prozessen erhalten bleibt.
Gell-Mann entwickelte die Gruppierung subatomarer Teilchen konsequent fort, was ihm schließlich auch die Vorhersage noch nicht entdeckter Elementarpartikel erlaubte. Die zunächst nur theoretisch geforderten Quarks (so benannte nach einem Nonsens-Wort von James Joyce) sollten zum Beispiel nur Bruchteile der elektrischen Ladung besitzen. Tatsächlich wurde 1994 das letzte der sechs Quarks samt dazugehörigem Antiquark entdeckt. Auch die Gluonen («Teilchenkleber»), welche die Quarks zu Elementarteilchen wie Protonen und Elektronen verbinden, wurden – zuletzt 1996 von einem Computer des IBM-Forschungs-

zentrums in Yorktown Heights – detailliert untersucht.

Zusammen mit Yuval Neeman beschrieb Gell-Mann das von den beiden 1961 entwickelte Klassifizierungsschema für kleinste Materiebausteine (das sogenannte Oktettmodell).

1994 stellte Gell-Mann in seinem Buch «Das Quark und der Jaguar» die Entwicklung vom Quark zum Komplexen, dem «großen Ganzen», dar. Sowohl auf der Ebene der physikalischen Teilchen als auch auf biologisch-molekularem Niveau sollen zufällige Unregelmäßigkeiten dafür sorgen, daß komplexe Systeme entstehen. Winzige Abweichungen von der Gleichverteilung können dabei selbstschöpferisch zu vorherrschenden Erscheinungsformen werden.

Geoffroy Saint-Hilaire, Étienne

*** 15. 4. 1772, Étampes, † 19. 6. 1844, Paris; französischer Naturforscher**

Geoffroy Saint-Hilaire studierte ab 1790 Naturwissenschaften in Paris und wurde Assistent und Demonstrator an den mineralogischen Sammlungen des Jardin des Plantes. Bereits 1793 erhielt er eine Professur für die Zoologie der Wirbeltiere am neugegründeten Musée d'Histoire Naturelle. Als Begleiter der napoleonischen Armee nach Ägypten erhielt er von 1798 bis 1804 die Gelegenheit, die Fauna des Nils zu erforschen. Er konnte die Museumssammlungen durch wertvolle Funde bereichern. 1808 führte er dies als wissenschaftlicher Kommissar der Pyrenäenhalbinsel weiter fort, später gründete er im Jardin des Plantes eine Ménagérie zur wissenschaftlichen Beobachtung nicht in Europa vorkommender Tiere. 1809 erhielt Geoffroy Saint-Hilaire einen Lehrstuhl für Zoologie an der medizinischen Fakultät der Universität Paris.

Geoffroy Saint-Hilaire setzte sich in seinem Werk «Philosophie anatomique» (4 Bände, 1818–1834) für die Einführung einer «allgemeinen Zoologie» neben der bisher auf Artbeschreibung und Klassifikation beschränkten «speziellen Zoologie» ein. Die Suche nach allgemeingültigen Prinzipien und Vereinheitlichung zeigt sich auch in seinen Forschungen.

In vergleichend-anatomischen Studien forschte er nach Kriterien für die natürliche Verwandtschaft der Wirbeltiere. Mit dieser Zielsetzung untersuchte er bei Vertretern verschiedener Wirbeltierklassen identische Organe und konnte zeigen, daß diese im Körper die gleiche Lage haben und aus denselben Bauelementen bestehen. Geoffroy Saint-Hilaire verallgemeinerte diese Erkenntnis zur «Theorie von den Analogien». Bei verschiedenen Tierarten können derartige Organe ihren unterschiedlichen Funktionen gemäß abgewandelt sein und durch Umwandlung anderer Organe, mit denen sie in Wechselwirkung stehen, ebenfalls Veränderungen erfahren. Es gelang ihm so, auch «verborgene Analogien» (heute als Homologien bezeichnet) zu finden. Eine bedeutende Entdeckung dieser Art war die Ableitung der Knorpelelemente des Kehlkopfes höherer Wirbeltiere vom knorpeligen Kiemenskelett der Fische. Aus der Existenz solcher «verborgener Analogien» folgerte Geoffroy Saint-Hilaire, daß alle Tiere (auch fossile und wirbellose) auf einen einheitlichen Bauplan zurückzuführen sind. Diese Theorie von der Einheit des Bauplanes («unité du plan») stand im Widerspruch zu Georges

Baron de Cuviers Lehre von vier scharf getrennten Bauplan-Typen. Dies führte zum «Pariser Akademiestreit» (1830 bis 1832), einer öffentlichen Auseinandersetzung um die Prinzipien der Klassifikation, die durch das Eingreifen → Johann Wolfgang von Goethes allgemeine Aufmerksamkeit erregte.

Geoffroy Saint-Hilaire nahm als Ursache des Artenwandels direkte Umwelteinwirkung an. Diese Theorie wurde später auch als «Geoffroyismus» bezeichnet und so vom «Lamarckismus» (→ Jean-Baptiste de Lamarck) abgegrenzt. Als Modell für die Umbildung von Arten betrachtete Geoffroy Saint-Hilaire die Individualentwicklung, die er zum Verständnis der Entstehung von Mißbildungen studierte. Er ging davon aus, daß Mißbildungen experimentell beeinflußbare Entwicklungsstörungen sind, und wurde so auch zum Begründer einer experimentellen Embryologie und Teratologie (Lehre von den Mißbildungen), die sein Sohn Isodore Geoffroy Saint-Hilaire erfolgreich fortführte.

Gerhardt, Charles Frédéric

*** 21. 8. 1816, Straßburg, † 19. 8. 1856, Straßburg; französischer Chemiker**

Als Sohn eines Bleiweißfabrikanten sollte Gerhardt die väterliche Fabrik übernehmen und studierte daher von 1831 bis 1833 an der Karlsruher Polytechnischen Schule; danach besuchte er ein Jahr die Handelsschule in Leipzig. Nach einem Aufenthalt in Paris (1835) begann Gerhardt 1836 ein Chemiestudium bei → Justus von Liebig in Gießen, das er 1837 in Straßburg fortsetzte. 1838 ging er wieder nach Paris und wurde 1844 Professor an der Universität Montpellier. 1848 gab Gerhardt seine Stelle in Montpellier auf, um mit dem Chemiker Auguste Laurent besser zusammenarbeiten zu können. Da er dort keine Anstellung fand, gründete er 1851 ein Privatlabor, in dem jeweils zwölf Schüler unterrichtet wurden. 1855 übernahm er eine Professur in Straßburg.

Gerhardt gilt als Begründer der Typentheorie in der organischen Chemie. 1841/42 schlug er vor, die organischen Verbindungen neu zu klassifizieren. Seiner Theorie liegen die vier Verbindungen Wasserstoffgas, Salzsäure, Wasser und Ammoniak zugrunde. Auf diese sollten alle organischen Verbindungen – je nach deren Ähnlichkeit – zurückgeführt werden können.

Durch die Idee, daß Moleküle die kleinste Menge eines Elementes oder einer Verbindung im freien Zustand seien und daß Atome die kleinste Menge eines in einem Molekül enthaltenen Elementes seien, konnten 1843 einige Atommassen richtig bestimmt beziehungsweise korrigiert werden. Zuvor hatte Gerhardt an Bernsteinsäure gearbeitet und zusammen mit Auguste André Thomas Cahours ätherische Öle untersucht. 1839 stellte er die Theorie auf, daß bei jeder Reaktion organischer Verbindungen leicht ein Element austritt, das mit anderen Elementen zu anorganischen Verbindungen zusammentritt; die – organischen – Reste paaren sich zu einheitlichen Verbindungen. Eine weitere wichtige Theorie Gerhardts ist die der mehrbasigen Säuren. Nach ihr sind alle Säuren mehrbasig, die mit Basen saure oder Doppelsalze bilden oder durch zwei Metallatome ersetzbare Wasserstoffe enthalten oder durch Alkoholradikale ersetzt werden können. Gerhardt führte fast all seine Untersuchungen zusammen mit Auguste Laurent durch, den er 1844 kennengelernt hatte. Zusammen setzten sie zum Beispiel Anilin mit Azetylchlorid um, nannten das Reaktionsprodukt von Kalk und Salizylsäure Phenol und fanden 1852 die wasserfreien organischen Säuren.

Gesner, Conrad (auch: Konrad Geßner)

*** 26. 3. 1516, Zürich, † 13. 12. 1565, Zürich; Schweizer Natur- und Sprachforscher**

Als Sohn eines mittellosen Kürschners wurde Gesner von einem Kaplan erzogen; er studierte von 1532 bis 1534 Theologie in Straßburg, Bourges und Paris. Nach einer Tätigkeit als Elementarlehrer in Zürich wurde er 1537 Professor für griechische Sprache in Lausanne. Die Mitherausgabe der Werke Galens animierte ihn zu einem Medizinstudium, das er 1540 in Montpellier begann und 1541 mit einer Promotion in Basel abschloß. Anschließend wirkte er in Zürich als Arzt und Professor der Naturlehre, zuerst am Collegium Carolinum und ab 1546 an der Stiftsschule. 1554 wurde er Oberstadtarzt und 1558 Chorherr am Großmünster. Er erlag in Ausübung seiner Arzttätigkeit einer Pestepidemie.

Gesner war ein vielseitig gebildeter Humanist. Seine umfassenden Kenntnisse der antiken Sprachen ermöglichten ihm die Zusammenstellung sämtlicher bekannter griechischer, lateinischer und hebräischer Werke. Seine «Bibliotheca universalis» (4 Bände, 1545–1555) bildete die Grundlage der Bibliographie und gab einen Überblick über das gesamte Wissen seiner Zeit; sein «Mithridates» (1555) gilt als erster Versuch einer sprachvergleichenden Darstellung.

Auch Gesners naturgeschichtliche Werke basieren auf literarischen Quellen. So beschrieb er alle bislang bekannten Tiere in seiner «Historia animalium» (4 Bände, 1551–1558, 5. Band postum 1587 herausgegeben, 6. Band aus von Gesner hinterlassenen Notizen 1634 herausgegeben). In seiner Großgliederung hielt Gesner sich an literarische Vorbilder (vor allem → Aristoteles und → Albertus Magnus) und behandelte im ersten Band «lebendgebärende Vierfüßer» (Säugetiere), im zweiten «eierlegende Vierfüßer» (Reptilien), im dritten Vögel, im vierten «Fische und andere Wassertiere», im fünften Schlangen und im sechsten Insekten. Über schon im Mittelalter verwendete Gruppierungen hinaus bemühte sich Gesner um keine weitere Klassifizierung, sondern beschrieb die Tiere in der Reihenfolge des lateinischen Alphabets. Für jede der etwa 800 Tierformen gab Gesner ausführliche Informationen über Aussehen, geographisches Vorkommen, Lebensraum, Verhaltensweisen und Krankheiten. Außer zahlreichen Illustrationen finden sich auch kulturhistorisch bedeutende Angaben zur Nutzung der Tiere durch den Menschen und zum Vorkommen in Sittenlehre und Legenden, so daß auch Fabeltiere beschrieben und abgebildet, jedoch skeptisch kommentiert wurden. Da das Werk ein Vorbild der beschreibenden Naturforschung bildete, wird Gesner heute als einer der «Väter der Zoologie» bezeichnet.

Ein ähnlich angelegtes botanisches Werk von Gesner wurde erst im 18. Jahrhundert von C. Ch. Schmiedel unter dem Titel «Opera botanica» (3 Bände, 1751 bis 1759) teilweise veröffentlicht. Außerdem sammelte Gesner etwa 500 bislang unbekannte Pflanzenarten, zog zur Klassifizierung der Pflanzen Blüten und Früchte heran und beschrieb die Herstellung von Pflanzenextrakten. Er gründete in Zürich einen botanischen Garten und eine Naturaliensammlung. 1565 veröffentlichte er eine Schrift über Minerale, die erstmals Abbildungen von Fossilien enthielt, die Gesner jedoch noch nicht als Versteinerungen von Lebewesen deutete.

Gibbs, Josiah Willard

*** 11. 2. 1839, New Haven (Connecticut), † 28. 4. 1903, New Haven; amerikanischer Physiker**

Gibbs studierte von 1854 bis 1863 an der Yale University in New Haven. Von 1866 bis 1869 weilte er in Frankreich und Deutschland, wo er unter anderem Vorlesungen von Gustav Heinrich Magnus in Berlin und → Gustav Robert Kirchhoff sowie → Hermann von Helmholtz in Heidelberg hörte. 1871 erhielt er einen Ruf für Mathematische Physik an die Yale University. 1901 wurde er mit der Copley-Medaille der Royal Society ausgezeichnet.
Gibbs' Hauptanliegen galt der Physikalischen Chemie, explizit der Thermodynamik. Die von → Nicolas Léonard Sadi Carnot, → James Prescott Joule, Hermann von Helmholtz und → Sir William Thomson (Lord Kelvin of Large) formulierten Grundlagen der Thermodynamik führte Gibbs in seinen Arbeiten von 1876 bis 1878 zur rein mathematischen Anwendung. Er führte den Begriff «Phase» ein und formulierte 1876 die «Gibbs'sche Phasenregel», mit der Gleichgewichtsbedingungen eines Systems berechnet werden können. Er entwickelte außerdem den Begriff der Freien Enthalpie (Gibbs'sche Freie Energie) und des Potentials als Initiatoren chemischer Reaktionen.
Mit der Formulierung der Gibbs'schen Fundamentalgleichung und der Gibbs'schen Funktion schuf er die Grundlagen zur Berechnung von Entropieänderungen und thermodynamischer Potentiale. Mit der «Gibbs-Helmholtzschen Gleichung» konnte der Zusammenhang zwischen den verschiedenen Größen eines Systems und der Temperatur ermittelt werden. Diese Arbeiten waren bei den Berechnungen von Systemen chemischer und mineralogischer Natur von großem Nutzen. Auf mathematischem Gebiet leistete Gibbs wichtige Beiträge, wo er Vektoranalysis und statistische Mechanik betrieb.

Gilbert, William

*** 24. 5. 1544, Colchester, † 30. 11. 1603, London; britischer Naturforscher und Arzt**

Gilbert, Sohn eines Magistralrichters, studierte von 1561 bis 1569 Medizin in Cambridge. Im Anschluß an seine Promotion reiste er nach Italien, Frankreich und Holland. 1573 richtete er in London eine Arztpraxis ein und brachte es zu beträchtlichem Ansehen. 1600 wurde er Präsident der Ärztegesellschaft «College of Physicians», 1601 ernannte ihn die englische Königin Elisabeth I. zum Leibarzt. Diese Stellung behielt er auch nach ihrem Tod unter Jakob I. von England.
Gilbert war der bedeutendste Erforscher des Magnetismus vor → Michael Faraday. In seinem Hauptwerk «De magnete

Gilbert
Einheitszeichen Gb. Diejenige magnetische Spannung, die längs eines Weges von 1 cm Länge besteht, wenn das magnetische Feld die Feldstärke 1 Oersted (1 Oe = 79,577 A/m) hat.

magneticisque corporibus et de magno magnete Tellure physiologia nova» (1600) faßte er erstmalig die Erkenntnisse älterer Autoren zum Magnetismus zusammen und ergänzte sie durch eigene neue Beobachtungen. Seine Annahme, daß die Erde selbst ein großer Magnet sei, untersuchte er mit einem kugelförmigen Magnetstein als Erdmodell. Er beschrieb die Form des Erdmagnetfeldes und entdeckte, daß ein allseits drehbar aufgehängter Magnet nicht nur nordwärts, sondern auch abwärts zeigt (Inklination). – Gilbert unterschied noch zwischen einer die Kompaßnadel ausrichtenden und einer wechselseitig anziehenden Kraft der Magnete. Als Anhänger des von → Nikolaus Kopernikus aufgestellten heliozentrischen Weltbildes versuchte Gilbert auch das Beharren der Planeten auf ihren Bahnen zu erklären. Er nahm eine besondere Form der magnetischen Anziehung als Ursache an. Seine Idee, die Anziehung durch nichtmystische, physikalische Kräfte ohne ein vermittelndes Medium zu erklären, wurde von → Johannes Kepler und → Isaac Newton aufgenommen.
Gilbert unterschied die schon in der Antike bekannte Anziehungskraft, die geriebener Bernstein auf leichte Körper ausübt, erstmals eindeutig von der auf Eisen wirkenden magnetischen Kraft. Er entdeckte, daß außer Bernstein auch verschiedene andere Materialien wie Edelsteine, Schwefel und Siegellack nach Reibung derartige Kräfte ausüben, klassifizierte sie als «elektrische» Materialien (nach dem griechischen Wort für Bernstein, «Elektron») und leitete damit die Untersuchung der Elektrizität ein. In seinem Werk «De mundo nostro sublunari philosophia nova» wandte Gilbert seine Erkenntnisse auf meteorologische und kosmologische Probleme an.

Glaser, Donald Arthur

*** 21. 9. 1926, Cleveland (Ohio); amerikanischer Physiker**

Glaser diplomierte 1946 am Case Institut of Technology in Cleveland, 1949 promovierte er am California Institut of Technology. Ebenfalls 1949 wurde er Dozent an der Universität Michigan, 1957 wurde er zum Professor ernannt. 1959 wechselte Glaser an die Universität von Kalifornien in Berkeley. 1960 wurde ihm für seine Konstruktion der «Blasenkammer» der Nobelpreis für Physik verliehen. 1960 übernahm Glaser eine Professur für Biophysik. Seit 1964 ist er Professor für Physik und Molekularbiologie.
Glaser verdankte sein Renommee der Entwicklung eines Geräts zum Nachweis energiereicher Kernteilchen. Er erkannte, daß die von → Charles Thomson Rees Wilson konstruierte Nebelkammer den gestiegenen Anforderungen nicht mehr gewachsen war, und entwickelte 1952 ein Prinzip, mit dem Hochenergieteilchen in einer überhitzten Flüssigkeit durch Blasenbildung nachgewiesen werden können. 1953 präsentierte er die erste Blasenkammer, die mit flüssigem Wasserstoff betrieben wurde. Die Anwendung dieses Systems führte zur Entdeckung mehrerer Elementarteilchen.

Glauber, Johann Rudolph
*** 1604, Karlstadt (Hessen),**
† 10. 3. 1670, Amsterdam; deutscher Chemiker

Glauber war Sohn eines Barbiers; er besuchte die Lateinschule und war in seinen Lehr- und Wanderjahren unter anderem als Apotheker und Spiegelmacher tätig; im übrigen eignete er sich sein Wissen autodidaktisch an. Nach Aufenthalten in den Niederlanden in den Jahren 1640 bis 1644 und 1646 bis 1650 übersiedelte er 1656 endgültig nach Amsterdam, wo er als «Chymist» arbeitete.
Glauber entwickelte zahlreiche chemisch-technische Prozesse und Apparaturen, zum Beispiel zur Herstellung des «Spiritus fumans Glauberi», der roten rauchenden Salpetersäure. Er kannte die trockene Steinkohledestillation sowie trockene und nasse Erzaufschlußverfahren; zudem stellte er Azeton und Benzol her. Zu den von Glauber neuentwickelten oder verbessserten Substanzen zählen Kali-Mineraldünger, Schädlingsbekämpfungs- sowie Holzschutzmittel.
Durch ein von ihm ersonnenes Verfahren zur Salzsäureherstellung mittels Einwirkung von Schwefelsäure auf Kochsalz entstand das «Glaubersalz».

Glaubersalz
Die chemische Verbindung Natriumsulfat ist ein farbloses beziehungsweise weißes Salz, für das Glauber über 50 Verwendungsmöglichkeiten beschrieb. Er nannte es «Sal mirabilis» (später auch «Mirabilit» und «Glaubersalz») und hielt es für ein Allheilmittel. Auch heute noch sprechen einige Menschen dem «Wundersalz» heilende Kraft zu; schulmedizinisch wird es allenfalls als (osmotisch wirkendes) Abführmittel eingesetzt.

Bei allen chemischen und technischen Neuerungen dachte Glauber stets auch an deren Vermarktung und die Herstellung von Chemikalien im großen Maßstab. Er ging davon aus, daß ein gelenkter Export und eine verbesserte Rohstoffausnutzung den generellen Lebensstandard heben würden, konnte dies aber wegen der damaligen Zersplitterung Deutschlands in Kleinstaaten nicht in die Tat umsetzen. Glauber beschäftigte fünf oder sechs Arbeiter in seinen Laboratorien und starb als reicher Mann, vermutlich – wie viele seiner Kollegen in den kommenden Jahrhunderten – an einer chronischen Vergiftung durch Laborchemikalien.
Zu Glaubers bekanntesten Werken – er verfaßte etwa 40 Bücher – zählen «Glauberus concentratus» (1668) und die vierbändigen gesammelten Werke («Opera omnia»), die 1651 bis 1656 erschienen.

Goddard, Robert Hutchins
*** 5. 10. 1882, Worchester (Massachusetts), † 10. 8. 1945, Baltimore (Maryland); amerikanischer Physiker und Raketentechniker**

Über die Vita Goddards ist wenig bekannt, außer daß er ab 1914 einen Lehrstuhl für Physik an der Clark University in Worchester innehatte. Sein Name wurde für das Goddard Space Flight Center der NASA eingesetzt.
Goddard schuf wesentliche theoretische Gundlagen für den Raketenflug. Unabhängig von Hermann Oberth und → Konstantin Ziolkowski entwickelte er das Stufenprinzip für den Antrieb von Raketen. Nachdem er 1914 eine zweistufige Feststoffrakete gebaut hatte, machte er 1923 Pläne für einen Flüssigkeitsrake-

tenmotor. 1926 startete er die erste 1,20 Meter lange Flüssigkeitsrakete, die eine Höhe von 65 Meter erreichte. 1929 ließ er eine größere Rakete mit Meßinstrumenten, einem Thermometer, einem Barometer und einer kleinen Kamera an Bord folgen. Bereits 1917 hatte er ein Buch mit dem Titel «A Method of Reaching Extreme Altitudes» veröffentlicht. Seine zwischen 1929 bis 1941 gemachten Untersuchungen beschrieb er in «Rocket Development», das jedoch erst 1948 postum veröffentlicht wurde.

Mit einer Summe von 10 000 Dollar, die ihm der amerikanische Industrielle Daniel Guggenheim zur Verfügung stellte, konnte Goddard Anfang der 30er Jahre eine Versuchsstation in der Wüste von New Mexico errichten. Hier baute und startete er Raketen, die mit einer Geschwindigkeit von 800 Stundenkilometern in Höhen von bis zu 2,4 Kilometer vorstießen. 1935 erreichte eine seiner Raketen Überschallgeschwindigkeit.

Goethe, Johann Wolfgang von

*** 28. 8. 1749, Frankfurt a. M., † 22. 3. 1832, Weimar; deutscher Dichter und Naturforscher**

Goethe, Sohn des Kaiserlichen Rates Johann Kaspar Goethe und der Schultheißtochter Katharina Elisabeth (geb. Textor), wurde vorwiegend durch seinen Vater und durch Hauslehrer unterrichtet. Von 1765 bis 1770 studierte er in Leipzig und Straßburg Rechtswissenschaften, 1771 legte er sein Abschlußexamen ab, das ihn zur Advokatur in Frankfurt a. M. und später zu einer Anstellung am Reichskammergericht in Wetzlar berechtigte. 1776 trat er in den weimarischen Staatsdienst ein und wurde zum Geheimen Legationsrat ernannt; 1782 wurde er geadelt. Von 1786 bis 1788 unternahm Goethe seine erste Italienreise, auf der er unter anderem geologische Studien am Vesuv betrieb. Nachdem Goethe 1788 von fast allen amtlichen Verpflichtungen befreit worden war, unternahm er 1790 die zweite Italienreise, die ihn für wenige Monate nach Venedig führte. 1791 übernahm er die Leitung des Weimarer Hoftheaters, 1794 begann er seine Zusammenarbeit mit Friedrich Schiller. Nach den Wirren der napoleonischen Zeit, in der Goethe 1808 eine Begegnung mit Napoleon in Erfurt hatte, erlebte er 1813 den Einzug der preußischen und französischen Truppen in Weimar. 1815 wurde Goethe zum Staatsminister ernannt, 1825 erfolgten Ernennungen zum Ehrendoktor an der Universität Jena.

Neben seinem dichterischen Schaffen betrieb Goethe intensive naturwissenschaftliche Studien. Auf dem Gebiet der Biologie entdeckte er – nach umfangreichen osteologischen und vergleichend-anatomischen Arbeiten – den Zwischenkieferknochen beim Menschen (das aus zwei Knochen bestehende Os intermaxillare, heute: Os incisivum) und beendete dadurch einen langen wissenschaftlichen Streit über das Verhältnis des Menschen zum Affen. Zwischen 1790 und 1795 arbeitete er über den Typusbegriff, um das Gemeinsame und Verbindende aller Tiere zu erfassen. 1795 leistete er einen wesentlichen Beitrag zur Begründung der Theorie des Homologisierens. 1806 unternahm er einen Versuch, die Entstehung des Schädels der Wirbeltiere auf die Umbildung der Wirbel zurückzuführen – eine These, die später → Lorenz Oken aufstellte.

Im Zuge botanischer Forschungen stellte Goethe 1792 eine allgemeine Vergleichslehre auf, nachdem er intensiv die Individualentwicklung einjähriger Pflanzen beobachtet und ausgewertet hatte. 1796 prägte er den Begriff der «Morphologie» als Lehre von der Gestalt, der Bildung und Umbildung der organischen Körper und begründete dadurch eine neue biologische Teildisziplin. Die Gemeinsamkeiten aller verschiedenartigen Pflanzenarten sah Goethe in einem 1786 postulierten Archetypus – einer Urpflanze, die sich im Laufe der Jahrtausende immer mehr differenziert und spezialisiert hat.
Neben seinen botanischen, anatomischen und osteologischen Studien befaßte sich Goethe auch mit geologischen, mineralogischen, meteorologischen und physikalisch-optischen Fragestellungen. Mit seiner 1810 publizierten «Farbenlehre» verließ er sich ganz auf den Sinn des Auges und beschrieb die spezifischen Buntheitseigenschaften der Farben und ihrer Wirkung auf Auge und Gemüt des Menschen. Goethe selbst wertete die «Farbenlehre» als sein eigentliches Lebenswerk und stufte sie höher ein als seine literarischen Arbeiten.

Goldschmidt, Victor Moritz

*** 27. 1. 1888, Zürich, † 20. 3. 1947, Vestre Aker (bei Oslo); schweizerisch-norwegischer Mineraloge und Geochemiker**

Goldschmidt, Sohn des Chemikers und Professors Heinrich Jakob Goldschmidt (1857–1937), kam nach einer Kindheit in Zürich, Amsterdam und Freiburg i. Br. 1900 nach Oslo, da sein Vater an der Universität einen Lehrstuhl angenommen hatte. Dort begann er 1905 ein Studium der Mineralogie und Geologie. Im Anschluß an seine Promotion (1911) vertiefte Goldschmidt seine Kenntnisse als Mitarbeiter der mineralogischen Universitätsinstitute von Wien und München. Von 1914 bis 1928 arbeitete er als Professor in Oslo. Seit 1929 war er an der Universität Göttingen tätig, verließ Deutschland aufgrund seiner jüdischen Abstammung aber 1935 und setzte seine Lehrtätigkeit in Oslo 1936 bis 1941 fort. Nach der Besetzung Norwegens durch deutsche Besatzer gelang ihm 1942 die Flucht nach Schweden und ein Jahr darauf nach England, wo er eine Professur in Aberdeen und Rothamstead antrat. In England wurde er zum «Foreign Member» der Royal Society ernannt, bevor er 1946 nach Oslo zurückkehrte.
Goldschmidts theoretische und praktischen Arbeiten schufen die physikochemischen Grundlagen der heutigen Geochemie. Bereits in seiner Dissertation von 1911 erweiterte er das Gibbsche Phasengesetz zu einer vereinfachten Aussage im Goldschmidtschen Phasengesetz. Darauf aufbauend betrieb er unter anderem Forschungen zu Magmen und ihrer Kristallisation. Ab 1922 dienten ihm erstmals in Tabellen zusammengefaßte Ionen- und Atomradien und die Gitterenergie zur Bestimmung der Größe und des strukturellen Aufbaus der Minerale. Die «Goldschmidtschen Regeln» stellten eine Beziehung zwischen dem Vorkommen bestimmter chemischer Elemente und ihrem Einbau in Kristallgittern her. Sie bilden sowohl die Grundlage der Geochemie als auch der künstlichen Mineralherstellung.
Im 1936 veröffentlichten Goldschmidt-Diagramm stellte er eine Beziehung zwi-

schen den Atommassen und den chemischen Elementhäufigkeiten und Atomarten in der Erdrinde her.
Seit den 30er Jahren verifizierte Goldschmidt seine theoretischen Überlegungen durch zahlreiche praktische Untersuchungen von (Spuren-)Elementverteilungen in unterschiedlichen Gesteins- und Bodenarten. Er weitete seine Erkenntnisse ferner auf kosmische Materie aus und berührte in praktischen Untersuchungen auch Fragen der landwirtschaftlichen Bodenchemie.
Seine Forschungsergebnisse veröffentlichte Goldschmidt zwischen 1923 und 1938 in den neun Heften der «Geochemischen Verteilungsgesetze».

Golgi, Camillo

*** 7. 7. 1844, Corteno (Provinz Brescia), † 21. 1. 1926, Pavia; italienischer Histologe**

Als Sohn eines Landarztes studierte Golgi Medizin an der Universität Padua. Nach seinem 1865 abgelegten Examen forschte er an der Universität Pavia, wo er 1875 Extraordinarius für Histologie (Lehre von den Geweben) wurde. 1875/76 war er Professor für Anatomie in Siena, anschließend erhielt er das anatomische Ordinariat in Turin und kehrte 1877 als Histologe und Pathologe nach Pavia zurück.
Golgi, der mit einer Arbeit über Geisteskrankheiten promoviert hatte, beschäftigte sich zuerst mit Psychiatrie. Durch → Rudolf Virchow wurde jedoch sein Interesse für Zellularpathologie geweckt; er beschäftigte sich daraufhin mit der Erforschung von Zellen und Geweben. Um Zellstrukturen sichtbar zu machen, entwickelte er zahlreiche neue histologische

Golgi-Apparat
Membransystem im Plasma tierischer und pflanzlicher Zellen. Der Golgi-Apparat besteht aus Stapeln von scheibenförmigen Zisternen (Dictyosomen), an deren Rändern bläschenförmige «Golgi-Vesikel» abgeschnürt werden. Er dient vor allem der Sekretion und ist in Drüsenzellen besonders ausgeprägt.

Färbemethoden. Die bedeutendste ist die «Golgi-Färbung», bei der mittels Silbernitrat und Osmiumsäure verschiedene Zellkomponenten schwarz angefärbt werden.
Mit dieser besonders für Nervenzellen geeigneten Methode konnte Golgi 1898 in Purkinje-Zellen aus dem Gehirn einer Eule eine bislang unbekannte Struktur nachweisen, die daraufhin als «Golgi-Apparat» bezeichnet wurde.
Golgi gelangen durch Anwendung seiner Färbetechniken wichtige Erkenntnisse über den Feinbau des Nervensystems. So entdeckte er beispielsweise in der Körnerschicht des Kleinhirns die «Golgi-Zellen» und konnte den Verlauf der Fortsätze der Nervenzellen (Dendriten und Axone) exakt untersuchen und darstellen. Er konnte darüber hinaus die Ansicht bestätigen, daß die Fortsätze verschiedener Nervenzellen nicht direkt ineinander übergehen, sondern durch einen schmalen Spalt getrennt sind (Synapse).
Auf diesen Untersuchungen und den Arbeiten von → Santiago Ramón y Cajal, mit dem sich Golgi 1906 den Nobelpreis für Medizin teilte, basiert die moderne Kenntnis des Nervensystems. Darüber hinaus beschäftigte sich Golgi mit der Erforschung von Malariaparasiten.

Goodyear, Charles Nelson

*** 29. 12. 1800, New Haven (Connecticut), † 1. 7. 1860, New York; amerikanischer Chemiker und Techniker**

Goodyear, Sohn eines Erfinders landwirtschaftlicher Geräte, arbeitete bis 1830 im Eisenwarengeschäft. Ab 1834 begann er Experimente mit Rohkautschuk, um die Brüchigkeit und Klebrigkeit dieses Materials zu beseitigen. 1839 führten seine Bemühungen zu einer Mischung aus Rohgummi, Schwefel und Bleiweiß, die er durch Erwärmen zu biegsamem Gummi formen konnte. Die Masse behielt ihre Flexibilität auch bei niedrigen Temperaturen und blieb selbst in der Wärme trocken. Goodyear ließ das Verfahren 1844 als «vulkanisiertes Gummi» patentieren und gründete in Naugatuck (Connecticut) eine Gummifabrik, die 1852 mit der Herstellung von Hartgummi begann.
Durch Prozesse gegen Unternehmen (vor allem in Europa), die seine Patente umgingen, verlor Goodyear gegen Ende seines Lebens sein ganzes Vermögen. Sein Name lebt weiter in der 1898 gegründeten amerikanischen Firma Goodyear Tire & Rubber Company, die in Ohio Autoreifen produzierte. Sie war es, die ein halbes Jahrhundert nach Goodyears Tod den Hauptanteil an vulkanisiertem Gummi verbrauchte.

Graebe, Carl

*** 24. 2. 1841, Frankfurt a. M., † 19. 1. 1927, Frankfurt a. M.; deutscher Chemiker**

Als Sohn eines wohlhabenden Kaufmanns studierte Graebe von 1858 bis 1860 Maschinenbau an der Technischen Hochschule Karlsruhe und schloß ein Studium der Chemie in Heidelberg an. Nach seiner Promotion (1862) wurde er Vorlesungsassistent bei → Robert Bunsen. Ab 1863 war er als Industriechemiker bei den Hoechst-Werken tätig, ehe er ab 1865 eine Anstellung in dem organisch-chemischen Labor von → Adolf von Baeyer an der Berliner Gewerbeakademie fand. Nach seiner Habilitation im Jahre 1868 bei → Adolf Kolbe in Leipzig wurde er Privatdozent. 1870 nahm Graebe eine Professorenstelle für Chemie an der Universität Königsberg an, war von 1876 bis 1878 Dozent an der Polytechnischen Hochschule Zürich und wechselte 1878 an die Universität Genf, wo er bis 1906 Vorlesungen gab. Graebe erhielt zahlreiche Ehrenmitgliedschaften und wurde 1907 von der Deutschen Chemischen Gesellschaft zum Präsidenten gewählt.
Ausgehend von der Radikal- und Typentheorie nach Kolbe sowie der Benzoltheorie von → Friedrich August Kekulé von Stradonitz arbeitete Graebe ab Mitte der 60er Jahre über aromatische Systeme und machte Experimente zur Synthese und Strukturaufklärung der Chinone und Naphthalene.
Mit Hilfe der Baeyerischen Zinkstaubmethode konnten er und sein Mitarbeiter Carl Theodor Liebermann nachweisen, daß das Alizarin ein Derivat des Anthrazens ist. Die beiden Forscher untersuchten Synthese und Struktur dieses Farbstoffs und stellten fest, daß Farbstoffe allgemein aus Elementen mit unvollständig gesättigten Valenzen (aromatische Systeme) und/oder irgendwelchen Atomen in einer innigeren Lagerung (ungesättigte Atomgruppierungen) bestehen. Mit der synthetischen Herstel-

lung des Alizarins schufen sie 1869 wichtige Grundlagen für die chemisch-industrielle Produktion.
Im selben Jahr führte Graebe die Begriffe «ortho-», «meta-» und «para-» für die Kennzeichnung substituierter Benzenderivate ein. Ab 1870 untersuchte er die Bestandteile des Steinkohlenteers und weitere Naturfarbstoffe.

Graefe, Friedrich Wilhelm Ernst Albrecht von

*** 22. 5. 1828, Finkenheerd (Landkreis Eisenhüttenstadt), † 20. 7. 1870, Berlin; deutscher Augenarzt**

Graefe erhielt durch seinen Vater, den bekannten Chirurgen Carl Ferdinand von Graefe (1787–1840), großzügige Unterstützung bei seinen intensiven Studien. 1843 machte er bereits das Abitur am Französischen Gymnasium in Berlin. 1848 legte er nach einem Medizinstudium an der Berliner Universität das Staatsexamen ab und setzte seine Studien in europäischen Hauptstädten fort. In Prag vermittelten ihm die Augenärzte Ferdinand Arlt und Joseph Pilz erste Kenntnisse der nur von Spezialisten ausgeübten Augenheilkunde (Ophthalmologie). Weitere Ausbildung erhielt er durch führende Augenärzte in Paris, Wien und London, wo er in dem Physiologen Franz Cornelius Donders einen lebenslangen Freund gewann. Wieder in Berlin eröffnete Graefe eine Augenarztpraxis und -privatklinik, die zur bedeutendsten ophtalmologischen Lehr- und Forschungsstätte des 19. Jahrhunderts wurde, und habilitierte sich 1852. Zwei Jahre später begründete er die Fachzeitschrift «Archiv für Ophthalmologie», die später nach ihm benannt und international führend wurde. Ebenso konstituierte sich auf seine Anregung die «Heidelberger Ophthalmologische Gesellschaft». 1857 wurde Graefe außerordentlicher, 1866 ordentlicher Professor. 1868 ernannte man ihn zum Direktor der Augenklinik der Berliner Charité.
Bedeutende wissenschaftliche Erkenntnisse gewann Graefe durch den 1850 von → Hermann von Helmholtz erfundenen Augenspiegel zur Untersuchung des Augeninneren. Graefe setzte diesen für diagnostische Zwecke ein und konnte daher als einer der ersten Ärzte zahlreiche Krankheitsbilder wissenschaftlich exakt beschreiben, zum Beispiel Netzhautveränderungen bei grünem Star (1854/55), die Zentralarterienembolie (1859) oder die Sehnervenentzündung (1860). Es war ihm auch möglich, Zusammenhänge mit anderen Erkrankungen aufzuzeigen, wie Netzhautveränderungen bei Nierenerkrankungen (1855) und bei einem Hirntumor (Stauungspapille, 1866). Graefe verfeinerte die Technik der Augenspiegelung und entwarf eigene diagnostische Geräte, etwa zur Augendruckmessung oder Gesichtsfeldbestimmung. Als Chirurg entwickelte er 1857 eine neue Operationsmethode bei grünem Star (Glaukomiridektomie). Er verbesserte andere Operationsmethoden (Schieloperation, Linsenstaroperation) und untersuchte die Funktion der Augenmuskeln.

Graham, Thomas

*** 21. 12. 1805, Glasgow, † 16. 9. 1869, London; britischer Physiker und Chemiker**

Graham begann 1819 ein Studium der Naturwissenschaften an der Universität Glasgow, das er 1826 mit der Promotion abschloß. Von 1826 bis 1828 hörte er Vorlesungen an der Universität Edinburgh, um anschließend in Glasgow ein Privatlaboratorium zu gründen. 1829 wurde er Dozent für Chemie an der Mechanics Institution, 1830 erhielt er eine Professur an der Andersonian University in Glasgow. 1837 wechselte Graham an das University College in London. 1841 gehörte er zu den Gründern der Chemical Society of London, 1846 konstituierte er mit anderen Wissenschaftlern die Cavendish Society. 1854 emeritierte er und wurde Münzmeister von England.

In seinen frühen Arbeiten widmete sich Graham der Diffusion von Gasen. 1826 begann er mit mehreren Versuchsreihen, in denen er Gase durch verschiedene Stoffe diffundieren ließ. 1831 konnte er darstellen, daß die Diffusionsgeschwindigkeit eines Gases umgekehrt proportional zur Quadratwurzel seiner Dichte ist (Grahamsches Gesetz). 1833 untersuchte Graham Phosphorsäuren und fand heraus, daß sie aufgrund ihres unterschiedlichen Gehalts an Wasserstoff als mehrbasige Säuren behandelt werden können. 1834 stellte Graham Mononatrium-dihydrogenphosphat her (Graham-Salz), ein Phosphorsalz von glasiger Konsistenz. In den 50er Jahren des 19. Jahrhunderts beschäftigte er sich mit der Diffusion von Molekülen in Lösungen. Durch gezielte Modifikation der Versuche und durch Einbringen von Pergament als Membran fand er 1861 heraus, daß bestimmte Stoffe schnell diffundieren, andere hingegen nicht. Aufgrund dessen führte er eine Klassifizierung der Stoffe in Kristalloide (schnelle Diffusion) und Kolloide (langsame Diffusion) ein. Außerdem wies er nach, daß ein Gemisch beider Stoffklassen durch eine Membran in seine Komponenten getrennt werden kann, wenn man die Kristalloide durch die Membran diffundieren läßt. Diese Art der Phasentrennung nannte er «Dialyse», die Diffusion durch die Membran «Osmose». Mit diesen Arbeiten wurde Graham zum Begründer der Kolloidchemie. Außerdem untersuchte Graham die Existenz von Wasser in Kristallen (Kristallwasser) und den Mechanismus, mit dem Palladium Wasserstoff absorbiert.

Grew, Nehemia

*** 26. 9. 1641, Atherstone (Warwickshire), † 25. 3. 1712, London; britischer Botaniker und Arzt**

Der Sohn eines Geistlichen und Lehrers studierte zunächst Philosophie in Cambridge, dann Medizin an der Universität Leiden, wo er 1671 promovierte. Nach kurzer Zeit als Arzt in Coventry eröffnete er 1672 eine Arztpraxis in London. Dort setzte er sich sehr für die Entwicklung der 1660 gegründeten Royal Society ein und wurde 1677 deren zweiter Sekretär. In dieser Funktion stand Grew in regem Austausch mit zahlreichen Wissenschaftlern seiner Zeit.

Ausgangspunkt der Arbeiten Grews war die sich im 17. Jahrhundert entwickelnde Mikroskopie. Ursprünglich als Lupenproduktion für wirtschaftliche Zwecke (Tuchgewerbe) in den Niederlanden, England und Italien entwickelt, bedienten sich bald Wissenschaftler der immer leistungsfähigeren Mikroskope. 1665 veröffentlichte Robert Hook über seine Mikroskopierarbeiten an verschiedensten Objekten den Band «Micrographia» für die Royal Society. Er regte neben → Antoni van Leeuwenhoek und → Marcello Malpighi auch Grew zu weitergehenden Studien an. Grew hatte bereits vergleichende anatomische Studien an Verdauungsorganen von Säugetieren, Vögeln und Fischen vorgenommen. Er prägte 1676 den Begriff der vergleichenden Anatomie und veröffentlichte 1681 einen Band über die Organstudien. In der Mikroskopie konzentrierte er sich auf die Pflanzenanatomie, als deren Begründer er zusammen mit Malpighi gilt. Anhand vergleichender Studien beschrieb er parenchymatisches Gewebe, Fasern sowie Gefäße und verwendete als erster den Begriff des Zellgewebes. Sein Hauptinteresse galt den pflanzlichen Fortpflanzungsorganen (Stempel, Staubblätter). Leeuwenhoeks Entdeckung von Spermatozoen konnte er mikroskopisch bestätigen. Zu Grews Hauptwerken gehört die 1682 veröffentlichte Schrift «The Anatomy of Plants and Several other Lectures Read before the Royal Society».

Grignard, François Auguste Victor

*** 6. 5. 1871, Cherbourg, † 13. 12. 1935, Lyon; französischer Chemiker**

Nach dem Besuch des Gymnasiums in Cherbourg studierte Grignard zunächst Mathematik an der École Normale Spéciale in Cluny, dann an der Universität Lyon. 1894 wurde er Vorlesungsassistent für Allgemeine Chemie. Durch seine Professoren Philippe Antoine Barbier und Louis Bouveault wurde sein Interesse für Chemie geweckt, so daß er 1901 über ein Thema aus der organischen Chemie promovierte. 1905 wurde er Dozent in Besançon, 1906 wechselte er an die Universität Lyon. 1909 erreichte ihn ein Ruf der Universität Nancy, wo er Professor an der mathematisch-naturwissenschaftlichen Fakultät wurde. 1912 erhielt Grignard zusammen mit Paul Sabatier für die Forschungen über Organo-Magnesium-Verbindungen und Katalysemechanismen den Nobelpreis für Chemie. Im Ersten Weltkrieg war Grignard mit der Synthese von Giftgasen beschäftigt, 1919 ging er als Nachfolger Barbiers an das Institut für Allgemeine Chemie der Universität Lyon. Grignard wurden zahlreiche Ehrungen und Auszeichnungen zuteil. 1926 wählte man ihn zum Mitglied der Französischen Akademie der Wissenschaften. Als Ehrenmitglied zahlreicher Chemischer Gesellschaften erhielt er von den Universitäten Brüssel und Leuven Ehrendoktorwürden.

Zu Beginn seiner Forschertätigkeit untersuchte Grignard die Methoden Alexander Michailowitsch Saizews und Philippe Antoine Barbiers, ungesättigte Ketone durch geeignete Reaktionspartner zu tertiären Alkoholen reagieren zu lassen. Er entwickelte eine eigene Methode, indem er eine bisher unbekannte, hochreaktive Verbindung (Grignard-Verbindung) synthetisierte. Anhand dieses Reagens und anschließender hydrolytischer Spaltung konnte Grignard außer dem gewünschten tertiären Alkohol auch primäre und sekundäre Alkohole herstel-

Grignard-Verbindungen
Von Grignard synthetisierte, sehr reaktive Verbindungen. Sie gehen aus der Reaktion zwischen Halogenalkanen (Kohlenstoffverbindungen) und Magnesium in wasserfreiem Ether hervor. Ihre Wirkung beruht auf der polaren Kohlenstoff-Magnesium-Bindung.

len. Seine Ergebnisse veröffentlichte er in seiner wegweisenden Dissertationsschrift «Gemischte Organo-Magnesium-Verbindungen» von 1901. In den folgenden Jahren arbeitete er an Aldehyden und Ketonen, deren Kondensation er untersuchte. Außerdem befaßte er sich mit der Spaltung tertiärer Alkohole, der atomaren Ordnung in Molekülstrukturen und der katalytischen Hydrierung bei Druckminderung. 1935 begann er mit der Arbeit an seinem umfangreichen Lehrbuch «Traité de Chimie organique», die er nicht mehr abschließen konnte.

Guericke (Gericke), Otto von

*** 30. 11. 1602, Magdeburg, † 21. 5. 1686, Hamburg; deutscher Naturforscher und Politiker**

Guericke, Kind reicher Patrizier, studierte von 1617 bis 1620 in Leipzig Jura und setzte die Studien 1620 in Helmstedt und 1621/22 in Jena fort. 1623 ging er nach Leiden, wo er zusätzlich Naturwissenschaften, Mathematik und Festungsbau studierte. Guericke kehrte 1626 nach Magdeburg zurück, wo er als Politiker und ab 1630 als Ratsbaumeister arbeitete. Nach der Zerstörung Magdeburgs 1631 arbeitete Guericke am Wiederaufbau mit. 1632 trat er als Ingenieur im Offiziersrang in schwedische und später in kursächsische Dienste, 1646 bis 1678 war er einer der vier Bürgermeister Magdeburgs. Seit seiner Adelung 1666 schrieb er sich nicht mehr Gericke, sondern Guericke. Als 1681 die Pest ausbrach, setzte sich Guericke in Hamburg zur Ruhe.

Guericke zählt neben → Blaise Pascal und → Evangelista Torricelli zu den Pionieren in der Erforschung des Luftdrucks. Er begann seine Vakuumexperimente um 1650 mit Luftpumpen aus Handfeuerspritzen, die mit Ventilklappen versehen waren. Mit diesen versuchte er zunächst, wassergefüllte Holzfässer luftleer zu pumpen, später führte er mit großem Aufwand Schauexperimente mit Metallgefäßen durch. Bei diesen Experimenten gelang es weder 50 Männern, einen Kolben gegen das angelegte Vakuum aus einem Zylinder zu ziehen, noch konnten zwei Gespanne zu je acht Pferden 1657 die berühmten Magdeburger Halbkugeln auseinanderziehen. Erst 1672 schrieb Guericke seine schon 1663 vollendeten Versuchsergebnisse als Teil des Buches «Experimenta nova, ut vocantur, Magdeburgica de vacuo spatio» nieder. Guericke ging es in dieser Schrift über den Raum im allgemeinen und über kosmische Physik vor allem aber auch um ein neues physikalisches Weltbild. Dererlei kosmische Überlegungen führten Guericke zur Konstruktion einer Schwefelkugel als Modell der Erde, an der er die auf sie wirkenden Kräfte, zum Beispiel die Anziehungskraft, zu erklären versuchte und auch durch Reibungselektrizität veranschaulichte. Guericke nahm eine stoffliche, wiegbare Luftatmosphäre um die Erde an, deren Druck sich nach oben hin verringert.

Die Entdeckung des Vakuums erbrachte weitere experimentell-naturwissenschaftliche Versuchsergebnisse, zum Beispiel, daß Schall im luftleeren Raum nicht geleitet wird, eine Kerze erlischt und ein Tier darin stirbt. Des weiteren erlaubte die neuentdeckte Arbeitsfähigkeit des Luftdruckes die Konstruktion eines Manometers und eines Barome-

ters, das auch erfolgreich für Wettervorhersagen eingesetzt wurde; auch ein Luftgewehr wurde gebaut.
Eine astronomische Überlegung Guerickes konnte erst Jahre später bestätigt werden: die Ansicht, daß Kometen als Mitglieder des Sonnensystems periodisch wiederkehren.

Guillaume, Charles-Édouard

*** 15. 2. 1861, Fleurier, † 13. 6. 1938, Sèvres; schweizerisch-französischer Physiker**

Nach einem Studium der Mathematik und Physik promovierte Guillaume 1883 an der ETH Zürich, um anschließend am Bureau International des Poids et Mesures in Sèvres zu arbeiten, dessen Direktor er 1915 wurde. Für seine Entwicklung temperaturkonstanter Legierungen erhielt er 1920 den Nobelpreis für Physik.
Guillaume wirkte hauptsächlich auf dem Gebiet der Werkstoffwissenschaften. Er entwickelte 1896 die Eisen-Nickel-Legierungen «Invar» und «Elinvar» mit extrem niedrigen Wärmeausdehnungskoeffizienten, die wegen dieser Eigenschaften zum unverzichtbaren Bestandteil in der Präzisionsmeßtechnik (etwa im Uhrenbau) wurden. Guillaume widmete sich darüber hinaus der Verbesserung von Standardmeßmethoden; so führte er 1904 eine genaue Volumenbestimmung von 1 kg Wasser durch.

Guldberg, Cato Maximilian

*** 11. 8. 1836, Christiania (heute Oslo), † 14. 1. 1902, Christiana; norwegischer Chemiker und Mathematiker**

Guldberg studierte von 1854 bis 1859 Naturwissenschaften und Mathematik in Christiania. Nach seinem Abschluß war er für zwei Jahre als Mathematiklehrer an der norwegischen Kriegsschule und von 1862 bis 1869 an der Militärhochschule seiner Heimatstadt angestellt. Ab 1869 war er als Professor für angewandte Mathematik an der Universität Christiania tätig. In den Jahren 1863 bis 1873 arbeitete er auch als Redakteur für die «Polyteknisk Tidsskrift». Guldberg, der Vorsitzender der Gesellschaft der Wissenschaften von Christiania war, wurde 1877 zum Ehrendoktor der Universität Uppsala ernannt.
Zu Guldbergs größten wissenschaftlichen Leistungen zählt die Herleitung des Massenwirkungsgesetzes (1864–1867), mit dem er und sein Schwager Peter Waage einen bedeutenden Beitrag zur Gleichgewichtslage und den Gleichgewichtsbedingungen chemischer Reaktionen in Abhängigkeit von Masse, Volumen und Temperatur gaben. Drei Jahre später entdeckten die beiden Forscher die Proportionalität zwischen der chemischen Reaktionsgeschwindigkeit und der «aktiven Masse» (Zahl der Moleküle in der Volumeneinheit). 1879 führten sie das «Gesetz der Massenaktion» ein.
Guldberg beschäftigte sich darüber hinaus mit der molekularkinetischen Beschreibung der Aggregatzustände (1869), untersuchte 1870 die Thermodynamik heterogener Systeme und beschrieb zwi-

Guldbergsche Regel
Physikalische Regel, die den Zusammenhang zwischen Siedepunkt und kritischer Temperatur formuliert. Danach ist die Siedetemperatur Ts eines Stoffes proportional zu seiner kritischen Temperatur Tk. Bei atmosphärischem Druck gilt annähernd: $T_s = 2/3\ T_k$.

schen 1870 und 1875 die thermodynamischen Parameter von Lösungen. 1890 stellte er die Guldbergsche Regel auf.

Gutenberg, Johannes (eigentlich: Gensfleisch zur Laden)

*** zwischen 1397 und 1400, Mainz, † 3. 2. 1468, Mainz; deutscher Buchdrucker**

Über Gutenbergs Kindheit und Jugend ist wenig bekannt. Sein Vater entstammte einer angesehenen Patrizierfamilie in Mainz. Als drittes Kind erhielt Gutenberg in Mainz eine Ausbildung in der Zunft der Goldschmiede und Edelsteinschleifer oder einem verwandten Bereich, 1434/44 arbeitete er nachweislich als «Zugeselle» der Goldschmiedezunft in Straßburg. Um 1430 hatte er Mainz verlassen müssen, da er in Streitigkeiten zwischen Patriziern und Zünften verwickelt war. 1448 hielt er sich wieder in Mainz auf und erfuhr ab 1450 durch Johannes Fust finanzielle Unterstützung für die Einrichtung einer Druckerei, die Gutenberg eigenverantwortlich leitete. 1455 verklagte ihn Fust aber auf Auszahlung der Beteiligung. Gutenberg wurde 1458 zahlungsunfähig, konnte aber mit Gerätschaften, die er vor 1450 besaß, und durch die Finanzierung durch den Staatssyndikus Konrad Humery ab 1459 eine kleine Druckerei führen. Nach wiederholten Geldschwierigkeiten erlangte Gutenberg eine private Absicherung, durch die 1465 erfolgte Ernennung zum «Hofmann» (durch Adolf II. von Nassau).

Gutenberg gilt als Erfinder des Buchdrucks mit beweglichen Metallettern. Für die Herstellung einzelner, auswechselbarer Metallbuchstaben entwickelte er er eine Blei-Zinn-Antimon-Legierung, die noch bis heute beim Bleisatz verwendet wird. Eine Matrize aus Kupfer oder auch Messing(-Legierung), die durch Einschlagen von Buchstabenstempeln aus härterem Metall (Stahl, gehärtetes Eisen) gewonnen wurde, ergab die einheitliche Größe und Form der Buchstaben. Diese konnten mit Hilfe eines Handgießinstruments in größeren Mengen gegossen werden. Darüber hinaus entwickelte Gutenberg geeignete Druckfarben und eine Druckpresse mit hoher Kraftentfaltung. Die als erste von Gutenberg verwendeten Schrifttypen (Donat-, Kalendertype) basieren auf der gotischen Missalschrift. Für spezielle Drucke (Kalender, Ablaßbrief, Bibel, Psalter) entwarf er jeweils eigene Typen. Der älteste Typendruck, das «Fragment vom Weltgericht», entstand vor 1453, das erste belegte Datum eines Druckerzeugnisses Gutenbergs liegt im Jahr 1454.

Das Hauptwerk seiner Mainzer Druckerei ist die 1456 fertiggestellte, 42zeilige «Gutenberg-Bibel». Gutenbergs Andenken erhält das «Gutenberg-Museum» in Mainz und die angeschlossene Gutenberg-Bibliothek.

Gutenberg-Bibel
1455 fertiggestellte, zweispaltige, 42zeilige Bibel mit 1280 Seiten, deren Zeilen bei konstanten Wortabständen alle gleich lang sind. In einer Auflage von etwa 180 Stück setzte sie in Gestaltung (Typographie) und Drucktechnik bleibende Maßstäbe.

H

Haeckel, Ernst

*** 16. 2. 1834, Potsdam, † 9. 8. 1919, Jena; deutscher Zoologe und Naturphilosoph**

Haeckel, Sohn eines Juristen, studierte Medizin in Berlin, Würzburg und Wien. Auf meeresbiologischen Exkursionen wurde seine Aufmerksamkeit vor allem durch → Johannes Peter Müller auf die Anatomie und Entwicklungsgeschichte niederer Seetiere gelenkt. Daher praktizierte er nach seiner Promotion (1857) nur ein Jahr als Arzt und unternahm 1859/60 eine Studienreise an den Golf von Messina (Italien). Seine dort durchgeführten Forschungen erbrachten ihm wissenschaftliche Anerkennung, so daß er 1862, ein Jahr nach seiner Habilitation, zum außerordentlichen Professor für Zoologie und Direktor des Zoologischen Museums in Jena ernannt wurde. 1865 wurde er als ordentlicher Professor auf den neugegründeten Lehrstuhl für Zoologie an der Philosophischen Fakultät in Jena berufen. Haeckel lehnte zahlreiche Berufungen an andere Universitäten ab und behielt den Lehrstuhl in Jena bis zu seiner Emeritierung 1909. Er gründete das Zoologische Institut der Universität Jena, erhielt mehrere Ehrendoktorwürden und war Mitglied von etwa 90 wissenschaftlichen Gesellschaften und Akademien.

Haeckel war einer der bedeutendsten Verfechter der Evolutionstheorie von → Charles Robert Darwin. Er berücksichtigte dessen Theorie bereits in seiner ersten bedeutenden wissenschaftlichen Arbeit, einer Monographie über Radiolarien (1862), in erster Linie jedoch in seinem theoretischen Hauptwerk «Generelle Morphologie der Organismen» (1866). Die Zielsetzung des morphologischen Vergleichs der Organismen war danach ein natürliches System, das auf stammesgeschichtlicher Abstammung beruht. Die Verwendung von Stammbäumen zur graphischen Darstellung dieser phylogenetischen Beziehungen war wegweisend. Haeckel leitete dabei Pflanzen und Tiere von hypothetischen, durch Selbstzeugung aus anorganischer Materie hervorgegangenen Ur-Organismen («Monera») ab und bezog auch den Menschen in den Stammbaum ein. Das Eingreifen eines übernatürlichen Schöpfers lehnte Haeckel ab und begründete seinen «Monismus», wonach Kraft und Stoff, Geist und Materie nicht voneinander zu trennen sind. Haeckel glaubte, damit eine Synthese von kausal-mechanistischem Materialismus und Religion herbeigeführt zu haben, geriet jedoch in heftigen Widerspruch zu kirchlichen Dogmen.

Die Bedeutung der Erforschung der Individualentwicklung (für die er den Begriff Ontogenie prägte) für die Rekonstruktion der Stammesgeschichte (Phylogenie) betonte Haeckel durch die Formulierung des «Biogenetischen Grundgesetzes» (1872): «Die Ontogenese ist die kurze und schnelle Rekapitulation der Phylogenesis, bedingt durch die physiologischen Funktionen der Vererbung (Fortpflanzung) und Anpassung (Ernährung). Die Grundlage dafür war die Ähnlichkeit von Embryonalstadien höherer Tiere mit denen niederer Organismen, die älteren Forschern bereits aufgefallen war (→ Karl Ernst von Baer), jedoch erst durch die prägnante Formulierung Haeckels weitreichende Forschungsimpulse auslöste. Die strikte Anwendung des «Gesetzes» war jedoch bereits zu Haeckels Zeiten umstritten, da sie zu Fehldeutungen führen konnte, so daß man heute eher von einer nur teilweise anwendbaren «Regel» spricht.

Bei Forschungsaufenthalten in Italien, am Roten Meer, auf Lanzarote, Ceylon und Sumatra führte Haeckel entwicklungsgeschichtliche und systematische Untersuchungen an Quallen, Schwämmen und Korallen durch, deren Ergebnisse er in mehreren bedeutenden Monographien (1865–1879) veröffentlichte. Aus dem Vergleich der Entwicklungsstufen von Schwämmen mit frühen Embryonalstadien höherer Tiere leitete er die Gastraea-Theorie ab, wonach die Gastrula (Becherkeim) ein Abbild einer hypothetischen Stammform aller Metazoen (Vielzeller) ist.

Haeckel widmete sich vor allem in seinen späteren Werken besonders intensiv der Popularisierung seiner Ideen. Studien über monistische Philosophie wie «Die Welträthsel» (1899) oder künstlerisch orientierte Darstellungen wie «Kunstformen der Natur» (1899–1904) fanden einen breiten Interessentenkreis.

Hahn, Otto

*** 8. 3. 1879, Frankfurt a. M., † 28. 7. 1968, Göttingen; deutscher Chemiker**

Hahn begann 1897 ein Chemiestudium in Marburg, wo Ernst Carl Theodor Zincke zu seinen Lehrern gehörte. Nach einem Studienaufenthalt bei → Adolf von Baeyer in München promovierte er 1901 an der Universität Marburg, («Über Bromderivate des Isoeugenols»), 1902 wurde er Vorlesungsassistent bei Zincke. 1904 ging Hahn zu → Sir William Ramsay nach London, in dessen Labor er arbeitete, 1905 zu → Ernest Rutherford nach Montreal. Von Ramsay empfohlen, begann Hahn 1906 mit der Arbeit am Institut von → Emil Hermann Fischer in Berlin, wo er sich 1907 habilitierte. Ebenfalls 1907 begann die Zusammenarbeit mit der Physikerin → Lise Meitner. 1910 wurde Hahn außerordentlicher Professor für Chemie, ab 1912 wirkte er in der Abteilung für radioaktive Forschung am neuen Kaiser-Wilhelm-Institut (KWI) für Chemie in Berlin-Dahlem. Während des Ersten Weltkriegs entwickelte er bei → Fritz Haber Giftgase. 1924 wählte man Hahn zum Mitglied der Preußischen Akademie der Wissenschaften, 1928 übernahm er die Leitung des Kaiser-Wilhelm-Instituts für Chemie. 1945 wurde er zusammen mit den am deutschen Atombombenprojekt beteiligten Kernphysikern interniert, im selben Jahr erhielt er für seine Experimente über Kernspaltung den Nobelpreis für Physik des Jahres 1944. (Der Anteil Lise Meitners an diesen Forschungen wurde bei der Preisvergabe nicht berücksichtigt.) 1946 wählte man Hahn zum Präsidenten der Kaiser-Wilhelm-Gesellschaft, die er

1948 in die Max-Planck-Gesellschaft umwandelte, der er bis 1960 vorstand. Hahn erhielt zahlreiche Auszeichnungen, 1954 stiftete die Physikalische Gesellschaft der Bundesrepublik Deutschland den «Otto Hahn-Preis».

Schon mit seinen ersten Arbeiten bewies Hahn sein Verständnis für die Radiochemie; so entdeckte er die radioaktiven Isotope Radiothorium (1905), Thorium C' und Radioaktinium (1906) sowie Mesothorium I und Mesothorium II (1907). Zusammen mit Lise Meitner erkannte er 1909 das Prinzip des radioaktiven Rückstoßes, außerdem konnten beide ein weiteres Isotop als Thorium C" nachweisen. 1917/18 folgte die Entdeckung des Elements Protactinium. 1921 erkannten Hahn und Meitner das Phänomen der Kernisomerie, das dann auftritt, wenn Atomkerne mit einer gleichen Anzahl von Protonen und Neutronen unterschiedliche Energien und unterschiedliche radioaktive Zerfallsreihen aufweisen. In den folgenden Jahren beschäftigte sich Hahn mit der angewandten Radiochemie; so entwickelte er 1923 neben der Emaniermethode zur Bestimmung der Struktur- und Oberflächenveränderungen fester Körper mittels Radon die Rubidium-Strontium-Methode zur geologischen Altersbestimmung. Auf Veranlassung von Lise Meitner befaßte sich Hahn ab 1934 mit der Umwandlung des Urans. Zusammen mit Fritz Straßmann wiederholten sie 1938 das Experiment von → Enrico Fermi, der Uran mit Neutronen beschossen hatte, und erhielten Barium und Krypton. Während Hahn die Ergebnisse des Experiments nur publizierte, erklärte sie Lise Meitner mit der Spaltung der Urankerne. In den folgenden Jahren arbeitete Hahn an der chemischen Analyse der Spaltprodukte, wodurch er sich den Initiatoren des deutschen Atombombenprogramms, die nur an Kernphysikern interessiert waren, entziehen konnte.

Hahnemann, Christian Friedrich Samuel

*** 10. 4. 1755, Meißen (Sachsen), † 2. 7. 1843, Paris; deutscher Arzt**

Hahnemann, dessen Vater Porzellanmaler war, erfuhr eine gymnasiale Bildung an der Fürsten- und Landesschule St. Afra, ehe er Medizin an den Universitäten Leipzig, Wien, Hermannstadt und Erlangen studierte, wo er 1779 sein Examen ablegte. Eine anschließende Tätigkeit als Arzt beendete er 1784 aus Unzufriedenheit über die medizinischen Praktiken seiner Zeit. Er wandte sich der Pharmazie zu, betrieb pharmazeutische und chemische Studien, arbeitete in der Apotheke seines Schwiegervaters und übersetzte wichtige medizinische und pharmazeutische Bücher ins Deutsche. 1791 wurde er Mitglied der Akademie der Wissenschaften in Mainz und betrieb eigene medizinische Forschungen, begleitet von der wiederaufgenommenen Tätigkeit als Arzt. 1805 ging er nach Torgau, 1811 nach Leipzig. Dort habilitierte er sich und hielt bis 1821 Vorlesungen an der Universität. Zunehmende Meinungsverschiedenheiten und Streitigkeiten mit Fachkollegen und Apothekern führten dazu, daß er die Universität verlassen mußte und in die Kleinstadt Köthen (Anhalt) übersiedelte. Er wurde Leibarzt des dort ansässigen Herzogs und empfing Patienten aus ganz Europa. Ab 1835 führte er in Paris eine angesehene, große

Praxis für die gehobene Gesellschaft. Hahnemann übte heftige Kritik an den Unzulänglichkeiten der medizinischen Praxis und suchte nach alternativen Möglichkeiten. 1792 und 1795 veröffentlichte er einige seiner Gedanken in Schriften über öffentliche Hygiene und die Verhütung von Epidemien. 1793 bis 1799 publizierte er mit dem «Apotheker-Lexikon» ein Standardwerk über die Arzneimittelkenntnisse seiner Zeit. Bei der Übersetzung einer englischen «Materia Medica» um 1790 zweifelte er die beschriebene Wechselfieberbehandlung mit Chinarinde an und nahm diese in einem Selbstversuch ein. Er stellte an sich genau die Symptome fest, die Chinarinde (Wirkstoff Chinin) behandeln sollte. Mit der Hypothese, daß die von einer Arznei beim gesunden Menschen verursachten Symptome diejenigen sind, die sie auch heilt, führten er und weitere Ärzte in den folgenden sechs Jahren Selbstversuche mit verschiedensten Arzneimitteln durch. 1796 veröffentlichte er die Ergebnisse der von ihm «Arzneimittelprüfung» genannten Tests und formulierte seine Hypothese im Ähnlichkeitsprinzip: Ähnliches wird durch Ähnliches geheilt. Anhand der Symptome fand er für viele Krankheiten bisher vergeblich gesuchte Heilmittel. In der ärztlichen Praxis entwickelte er daraufhin eine eigene Therapieform, die er 1807 erstmals als «Homöopathie» bezeichnete. Durch eine Verdünnung der Arzneien in Dezimalpotenzen (Potenzierung) konnte er ihre Wirkung verstärken und die Nebenwirkungen reduzieren. Das System der Homöopathie veröffentlichte er 1810 in einer ersten und unter dem Titel «Organon der Heilkunst» einer zweiten, erweiterten Auflage. Bis zur 6. Auflage, die Hahnemann 1842 beendete, fanden stetig Aktualisierungen statt.
Die Homöopathie wurde von der Schulmedizin abgelehnt, und noch zu Hahnemanns Lebzeiten spaltete sich von der klassischen Homöopathie eine naturwissenschaftlich-kritische Richtung ab, die sich wieder mehr der Schulmedizin anglich.

Haitham, Abu Ali al-Hasan ibn al-Hasan ibn al-Haitham (lateinisch Alhazen)

*** 965, Basra, † um 1040, Kairo; arabischer Physiker und Mathematiker**

Um Haithams Leben ranken sich zahlreiche widersprüchliche Schilderungen, unter anderem, daß er dem Fatimidenkalifen Hakim versprochen haben soll, den Nil zu begradigen beziehungsweise die Nilfluten zu bändigen. Danach soll er in Kairo als Schreiber tätig gewesen sein; in seiner Geburtsstadt Basra hat Haitham möglicherweise zunächst als Wesir gearbeitet.
Haithams Hauptinteresse galt der Optik. Sein überlieferter Ruhm gründet sich auf ein mathematisches Problem, das ab dem 17. Jahrhundert als «Alhazensche Aufgabe» bezeichnet wurde: Zwei Punkten liegt eine spiegelnde Oberfläche gegenüber; gesucht ist der Punkt auf der Oberfläche des Spiegels, der einen Lichtstrahl, welcher aus einem der gegebenen Punkte austritt, auf den anderen reflektiert.
Haitham betrieb schon vor → Galileo Galilei Experimentalphysik. So prüfte er mathematische Hypothesen der geometrischen Optik mit Hilfe speziell gebauter Apparate. Obwohl er das qualitative Experiment auf diese Weise in die Wis-

senschaft einbrachte, führte Haitham die heute üblichen quantitativen Auswertungen nicht durch. In seinem fast 200 Bücher umfassenden Werk beschäftigte er sich unter anderem mit Vergrößerungslinsen und dem Sehvorgang. Im «Kitab al-manazir» beschreibt er Licht als Form der Bewegung, die in verschiedenen Substanzen verschiedene Geschwindigkeiten hat. Darüber hinaus befaßte sich Haitham mit Absorption, Reflexion und Brechung sowie den Farben, die er als physikalisch wirklich vorhanden annahm. Weitere Beobachtungen aus der Optik galten der Camera obscura und der sphärischen Aberration sowie dem Bau des Auges.

Wie → Claudius Ptolemäus vermutete Haitham, daß die Erde von einer (lichtbrechenden) Lufthülle umgeben sei, und schätzte deren Dicke durch die Untersuchung der Dämmerung auf etwa 17 Kilometer. Ende des 12. Jahrhunderts wurde sein Hauptwerk in Spanien als «Opticae thesaurus Alhazeni» (umgangssprachlich als «Große Optik» bezeichnet) ins Lateinische übersetzt und 1572 gedruckt. Obwohl Haithams Lehren auch im Orient weiterbearbeitet wurden (zum Beispiel von at-Tusi und Qutb ad-din asch-Schirazi), übten sie vor allem im Abendland eine nachhaltige Wirkung aus (zum Beispiel auf Roger Bacon, Willebrord van Roijen Snell und → René Descartes).

Neben der Optik schrieb Haitham über Logik, Poetik, Ethik, Musik und Theologie, wobei die Musiktheorie als eine der vier klassischen mathematischen Disziplinen neben Arithmetik, Geometrie und Astronomie stand. Wie seine Kommentare zu → Galen und → Aristoteles ist Haithams Werk bis auf die «Optik» und ein Buch über die Dämmerung verloren. Haitham prüfte in einer Zeit, in der man sich zur Untermauerung seiner wissenschaftlichen Thesen in der Regel auf Autoritäten berief, kritisch die Ansichten seiner Vorgänger. Nicht zuletzt dies machte ihn zum bedeutendsten Universalgelehrten des Mittelalters.

Haller, Albrecht von

*** 16. 10. 1708, Bern, † 12. 12. 1777, Bern; Schweizer Arzt, Naturforscher und Dichter**

Als Vollwaise verbrachte Haller einen Teil seiner Kindheit bei einem verwandten Arzt, der ihm erste heilkundliche Kenntnisse vermittelte. 1723 begann er ein Medizinstudium in Tübingen und wechselte 1726 nach Leiden, wo er unter anderem von dem berühmten Mediziner → Hermann Boerhaave unterrichtet wurde. Nach seiner Promotion 1727 unternahm Haller Studienreisen nach London, Paris und Basel, die er auch zur Beschäftigung mit Mathematik, Philosophie und Geschichte nutzte. 1729 ließ er sich in Bern als praktischer Arzt nieder. 1736 erhielt er eine Professur an der 1733 gegründeten Hochschule in Göttingen, die sich nicht zuletzt durch seinen Einfluß in der zweiten Hälfte des 18. Jahrhunderts zur führenden deutschen Universität entwickelte. Haller leitete unter anderem den Aufbau des anatomischen Instituts und des botanischen Gartens, war Mitbegründer der «Göttingischen Zeitung von Gelehrten Sachen» (1739) und Begründer und Präsident der Gesellschaft der Wissenschaften in Göttingen (1751). 1753 kehrte Haller nach Bern zurück und übernahm verschiedene öffentliche Ämter. Unter anderem war er von 1758 bis 1764 Direktor der Salinen von Aigle und Landvogt von Roche; 1769 wurde er Leiter des Medizinalwesens in Bern. Haller war neben seiner Arbeit weiterhin wissenschaftlich tätig, widmete sich jedoch, insbesondere in seinen von angegriffener Gesundheit geprägten letzten Lebensjahren, verstärkt literarischen Arbeiten.

In der Naturwissenschaft gilt Haller als Begründer der experimentellen Physiologie (Wissenschaft von der Funktionsweise der lebenden Organismen). Er konnte zeigen, daß Muskeln auf einen geeigneten Reiz mit Kontraktion reagieren («Irritabilität»), während Nerven Reize weiterleiten («Sensibilität»). Haller bewies außerdem, daß die Kontraktionsfähigkeit von Herzmuskelfasern auch nach Abtrennung vom Körper erhalten bleibt und daß alle Nerven zum Gehirn oder Rückenmark führen. Zu neuen Erkenntnissen kam Haller auf dem Gebiet der Atemphysiologie (Atemmechanik, Nachweis der Luftleere des Plauraspaltes), der Physiologie des Kreislaufs und der Anatomie der Blutgefäße. Bei embryologischen Studien über die Entwicklung des Herzens im Hühnerembryo glaubte Haller die Embryonalhäute bereits im unbefruchteten Ei gesehen zu haben und deutete dies als ein Argument für die ovulistische Präformationslehre (wonach sich in der Eizelle ein vorgeformter Organismus befindet). Auf diesen Erkenntnissen aufbauend, entwikkelte Haller in seinem Werk «Elementa physiologiae corporis humani» (1757 bis 1782, 8 Bände) die Lehre von der «belebten Anatomie» als eine eigenständige Lehre vom Leben neben der «allgemeinen Mechanik der unbelebten Natur».

Auf dem Gebiet der Botanik verfaßte Haller eine Flora der Schweiz und eine Sammlung botanischer Einzeluntersuchungen («Opuscula botanica», 1749). In seine vier großen wissenschaftlich-kritischen Bibliographien zur Botanik (1771/72), zur Anatomie und Physiologie (1774–1777), zur Chirurgie (1774/75) und zur praktischen Medizin (1776 bis 1788) nahm er insgesamt 52 000 Bücher auf.

Haller gilt als einer der letzten Universalgelehrten mit Kenntnissen auf nahezu allen Bereichen der Naturwissenschaft, aber auch seine literarischen Arbeiten sind von großer Bedeutung. Sein lyrisches Frühwerk gilt als Beginn einer philosophischen Lyrik im deutschen Sprachraum; in seinem Spätwerk zeigte er in vier Staatsromanen Grundmodelle staatlicher Ordnung auf.

Halley, Edmond

*** 8. 11. 1656, Haggerston (bei London), † 25. 1. 1742, Greenwich; britischer Astronom und Mathematiker**

Halley studierte (ab 1673) in Oxford. 1676 reiste er im Auftrag der britischen Regierung nach St. Helena, nach seiner Rückkehr 1678 wählte man ihn zum Mitglied der Royal Society. 1703 erhielt Halley den Lehrstuhl für Geometrie der Universität Oxford, 1713 wurde er Sekretär der Royal Society. 1720 trat er die Nachfolge → John Flamsteeds als Königlicher Astronom und Direktor der Sternwarte Greenwich an.

Halley widmete sich früh den Berechnungen der Kometenbahnen und entdeckte die Eigenbewegung zahlreicher Fixsterne. Anläßlich der auf St. Helena ausgeführten Katalogisierung des südlichen Sternenhimmels erfaßte er 350 bisher unbekannte Sterne («Catalogus stellarum Australium», 1676–1678). Außerdem beobachtete er einen vollständigen Merkurdurchgang, woraus er eine auf Venusdurchgänge ausgedehnte Methode zur Bestimmung der Sonnenparallaxe entwickelte. Weitere Ergebnisse seiner Arbeit waren die Erstellung einer Gezeitenkarte sowie die Erklärung der Passatwinde als Folge der Erdrotation. Ebenfalls Mitte der 70er Jahre des 17. Jahrhunderts beobachtete Halley Bewegungen von Saturn und Jupiter, die von den Daten des → Johannes Kepler abwichen. Halley führte diese Abweichungen auf ein Gravitationsphänomen zurück, womit er → Leonhard Euler, Joseph Louis Lagrange und → Pierre Simon Laplace zu astronomischen und mathematischen Untersuchungen anregte. In den Jahren 1688 bis 1702 widmete sich Halley meteorologischen und nautischen Problemen; so verfaßte er 1688 eine meteorologische Generalkarte, 1702 folgte eine Gezeitenkarte des Ärmelkanals.

Zu Beginn des 18. Jahrhunderts beschäftigte er sich wieder mit Astronomie. Mit einer von ihm modifizierten mathematischen Methode → Isaac Newtons berechnete er die Bahnen von 24 Kometen, wobei er nachwies, daß es sich bei den Kometen von 1531, 1607 und 1682 um einen einzigen handelte, der 1758 wieder sichtbar sein würde. Halley irrte sich nicht, weshalb dieser Komet den Namen «Halleyscher Komet» erhielt. 1718 konnte Halley durch die Beobachtung der Hauptsterne Sirius, Arkturus, Prokyon und Aldebaran die Eigenbewegung der Fixsterne feststellen, wodurch sich die Theorie von der Unbeweglichkeit dieser Sterne als falsch erwies. Spätere Arbeiten waren der Deutung des Nordlichts als magnetisches Phänomen und der Thermodynamik des Wassers gewidmet. Halley betätigte sich außerdem als Konstrukteur und Methodiker. Er konstruierte den Spiegeloktanten und führte die Anwendung des Barometers zur Höhenmessung ein.

Harden, Sir Arthur

*** 12. 10. 1865, Manchester, † 17. 6. 1940, London; britischer Biochemiker**

Nach seinem Studium am Owens College in Manchester arbeitete Harden an der Universität Erlangen, an der er 1888 promovierte. Er kehrte danach als Dozent ans Owen College zurück und arbeitete von 1897 bis 1930 in der Abteilung für Biochemie des Jenner (später: Lister) Institute for Preventive Medicine in London, deren Leitung er 1907 übernahm. Für seine Arbeiten über die Phosphorionenanlagerung an Zucker wurde Harden zusammen mit → Hans von Euler-Chelpin 1929 der Nobelpreis für Chemie zugesprochen.

Harden untersuchte und charakterisierte – angeregt von Eduard Buchners Entdeckung, daß Zuckerlösungen auch von abgestorbenen Hefezellen vergärt werden können – die daran beteiligten Moleküle, die Enzyme. Enzyme bestehen aus einem Proteinanteil («Eiweißanteil») und einem Nichtproteinanteil; nur wenn ein Enzym komplett zusammengesetzt ist, funktioniert es schnell und gut.

1904 zeigte Harden mittels Dialyse, daß ein Hefeextrakt seine Gärwirkung verliert, wenn man die kleineren Enzymbausteine von den größeren trennt. Darüber hinaus wurden die großen Enzymbausteine durch Kochen zerstört, während die kleinen Bausteine dies überstanden. Euler-Chelpin untersuchte die nicht hitzeempfindlichen Enzymteile, die sogenannten Coenzyme («Zusätze zum Hauptenzym»), näher und stellte dabei fest, daß in ihnen auch die von → Christiaan Eijkman entdeckten Vitamine enthalten sind. Dies erklärte, warum Vitamine, wenn auch nur in kleinsten Mengen, lebensnotwendig sind – sie vervollständigen die Struktur der Enzyme.

Harden beobachtete, daß der Abbau des Zuckers durch lebloses Hefeextrakt sich nach einiger Zeit stark verlangsamte. Die Vermutung, daß die darin enthaltenen Enzyme in ihren eigenen chemischen Reaktionen abgebaut würden, bestätigte sich nicht – 1905 bewies Harden, daß das scheinbar verbrauchte Gärungsenzym durch die Zugabe von Phosphat wieder voll funktionsfähig wurde. Damit begann zugleich die Aufklärung des sogenannten Intermediärstoffwechsels, unter anderem durch → Hans Adolf Krebs und → Otto Heinrich Warburg.

Hargraves, James (auch: Hargreaves)

*** um 1740, Stanhill (bei Blackburne), † 22. 4. 1778, Nottingham; britischer Weber**

Über Kindheit und Jugend Hargraves' ist wenig bekannt, außer daß er als Tischler und Weber in Stanhill arbeitete. Da er handwerklich begabt war, stellte ein Unternehmer ihn mit dem Auftrag ein, die Herstellung von «Krempelband» für Webereien zu verbessern. In mehreren Spinnereien suchte man damals unabhängig nach Verfahren, um die Produktionsmenge zu vergrößern, da der Garnbedarf der Webereien nach der Erfindung des Schnellschützen durch → Edmund Cartwright sprunghaft gestiegen war.

Um 1764 entwickelte Hargraves eine Spinnmaschine, die das Prinzip des Handspinnrades ausnutzte. Man arbeitete damals mit sogenannten Krempelmaschinen, die die ungeordnete Rohbaumwolle in einen parallelfaserigen, aber lockeren und unterschiedlich dikken Strang brachten (Krempelband). Hargraves führte aufgespultes Krempelband, das durch eine Klemmvorrichtung aus Holz weiter ausgezogen und gestreckt wurde, einer Spindel zu, die daraus einen dünnen Faden drehte. Er mechanisierte damit die Handarbeit beim Spinnrad, die vom Spinnrocken ein Faserband auszuzupfen und der Spindel zuzuführen hatte. Seine mechanische Vorrichtung konnte aus dem Vorgarn aber auch mehrere Stränge erfassen, so daß es ihm gelang, erst 8 dann 16 und zuletzt bis zu 80 senkrechte, in Reihen angeordnete Spindeln zu versorgen. Lediglich ein Arbeiter bediente das Streckwerk, regelte die Fadenzuführung und trieb über ein Rad die Spindeln an.

Die flache, «Spinning Jenny» genannte Spinnmaschine eignete sich für Kinderarbeit und die Heimindustrie, was ihre schnelle Verbreitung begünstigte. Durch die hohe Produktivitätssteigerung bei weitgehender Mechanisierung war die Spinnmaschine ein Vorbote der industriellen Revolution. Die heimischen Spinner fürchteten allerdings um ihre Existenz und zerstörten 1768 Spinnmaschine und Webstuhl im Hause Hargraves, der daraufhin nach Nottingham zog und dort ein Unternehmen gründete.

Harvey, William

*** 1. 4. 1578, Folkestone, † 3. 6. 1657, Hampstead; britischer Anatom und Arzt**

Harvey, Sohn des Bürgermeisters von Folkestone, studierte ab 1593 Medizin an der Universität Cambridge und ab 1599 an der damals berühmten medizinischen Akademie in Padua. Nach seiner Promotion 1602 praktizierte er in London als Arzt und kam zu beträchtlichem Ansehen. 1615 wurde er Professor am Royal College of Physicians. 1618 erhielt er eine Stellung als königlicher Leibarzt zuerst unter Jakob I., dann unter Karl I., der Harveys Forschungen förderte. Im Bürgerkrieg (ab 1641/42) folgte er Karl I. ins royalistische Oxford und lehrte dort an der Universität. Nach der Übergabe Oxfords an die Parlamentstruppen (1646) wurden Harvey Aufenthaltsbeschränkungen auferlegt. Er wurde jedoch bald rehabilitiert und übernahm 1654 die Präsidentschaft des Royal College of Physicians.

Harvey entdeckte den großen Blutkreislauf und widerlegte damit schlüssig die bis dahin nicht angezweifelte antike Blutbewegungslehre → Galens, wonach Blut in der Leber ständig neu gebildet und im Körper verbraucht wird. Aufgrund anatomischer Befunde (Funktion der Venenklappen, kleiner Blutkreislauf über die Lungen) gelangte Harvey bereits 1617 zur Vorstellung einer kreisenden Bewegung des Blutes im Körper.

In den folgenden Jahren führte er zahlreiche Experimente zum Beweis seiner Hypothese durch. Durch gezieltes Sezieren und Versuche an lebenden Tieren bewies er unter anderem die Ventilfunktion der Herzklappen und die Undurchlässigkeit der Herzscheidewand. Durch Abschnüren von Venen und Arterien erkannte er, daß das Blut nur in eine Richtung strömt. Erstmalig maß er das Schlagvolumen des Herzens und bewies durch Vergleich der vom Herzen transportierten Blutmenge mit der Gesamtblutmenge die Unmöglichkeit einer ständigen Neubildung.

1628 veröffentlichte Harvey seine Erkenntnisse unter dem Titel «Exertatio anatomica de motu cordis et sanguinis in animalibus». Seine zunächst unter Wissenschaftlern kaum akzeptierte These setzte sich schließlich aufgrund weiterer experimenteller Bestätigung durch. Das letzte Bindeglied des Blutkreislaufs, die von Harvey bereits theoretisch postulierte Verbindung zwischen Arterien und Venen in den Geweben, wurde erst vier Jahre nach Harveys Tod durch Marcello Malpighis Entdeckung der Kapillaren nachgewiesen.

Als Embryologe erforschte Harvey in Anknüpfung an Auffassungen von → Aristoteles die Ursache der Keimentwicklung. Vor allem durch Untersuchung der Entwicklung des Hühnerembryos gelangte er zu der epigenetischen Auffassung einer Entwicklung von Organen aus einer homogenen Ausgangssubstanz. Indem Harvey alle noch ungestalteten Grundsubstanzen im übertragenen Sinne als «Ei» bezeichnete, kam er zu dem oft zitierten Ausspruch «ex ovo omnium» (alles stammt aus dem Ei). Dem männlichen Samen maß er – wie Aristoteles – ein immaterielles, geistiges Wirkprinzip zu («aura seminalis»). Die Ursache der embryonalen Gestaltbildung sah Harvey in einem «göttlichen Architekten» als allgegenwärtigem formendem Prinzip.

Haüy (Hauy), René Just

*** 28. 2. 1743, Saint-Just-en-Chaussée (Dép. Oise), † 3. 6. 1822, Paris; französischer Mineraloge**

Haüys Vater war Tuchmacher und ermöglichte seinem Sohn eine Ausbildung zum Geistlichen (Abbé) am Collège de Navarre in Paris. Er erhielt dort 1765 eine Professur für Theologie, die er am Collège du Cardinal Lemoine von 1770 bis 1784 weiterführte. Mit Interesse verfolgte er Vorlesungen über Chemie und Mineralogie und betrieb eigene mineralogische Forschungen über die Struktur von Kristallen. Seine Arbeiten wurden 1782 veröffentlicht, so daß man ihn 1783 zum Mitglied der Académie Royal des Sciences wählte und er Vorlesungen über Mineralogie halten konnte. Als Sekretär des Komitees für Maße und Gewichte unterstützte er 1793 unter anderem in Zusammenarbeit mit → Antoine-Laurent Lavoisier die Ausarbeitung des metrischen Systems. 1794 wurde er Konservator des Pariser Cabinet des Mines, dann Professor für Mineralogie und Physik an der École Normale (1795), Écoles des Mines (1796), am Musée National d'Histoire Naturelle (1802) und ehrenhalber 1808 an der Sorbonne. Gleichzeitig war er Mitglied mehrer ausländischer Akademien und seit 1795 des Institut National des Sciences et des Arts.

Haüy gilt neben Christian Samuel Weiss als Mitbegründer der wissenschaftlichen Kristallographie. Er vermutete aufgrund empirischer Beobachtung und der von namhaften Chemikern vertretenen Korpuskulartheorie der Materie, daß den Kristallformen eine ordnende Struktur zugrunde liegt. Diese sah er in polyedrischen Einheiten, mit bestimmten Winkeln und Seiten, die nach geometrischen Gesetzmäßigkeiten ein Parallelepiped ergaben. Mathematisch konnte Haüy darlegen, wie deren Schichtung und gesetzmäßig stufenweise Abnahme an den Kanten und/oder Ecken eines Kristalls (Dekreszenz-Theorie) die spezifische Art einer Mineralform bestimmte. Haüy erweiterte die von Tobern Olaf Bergman vertretene Theorie der Raumgitter und machte klare Aussagen über Symmetrieverhältnisse. Seine Bekanntschaft mit damals führenden Chemikern unterstützte seine Annahmen über das eindeutige Verhältnis der Kristallform zu seiner spezifischen chemischen Zusammensetzung (Kristallchemisches Grundgesetz). Haüys deduktive Theoriebildung, die von Untersuchungen der physikalischen Kristalleigenschaften begleitet war, ermöglichte den wissenschaftlichen Fortschritt der Kristallographie und fand schnell internationale Anerkennung. 1801 verfaßte Haüy ein vierbändiges Lehrbuch der Kristallographie («Traité de Minéralogie») und veröffentlichte unter Napoleons Protektion bedeutende Abhandlungen.

Hawking, Stephen William

*** 8. 1. 1942, Oxford; britischer Physiker**

Hawking, dessen Vater Professor für Biologie war, begann 1959 ein Studium der Physik in Oxford, das er an der Universität Cambridge beendete. Nach seiner Promotion 1965 wirkte Hawking drei Jahre als Assistent seines Lehrers Roger Penrose in Cambridge. 1974 wurde Hawking in die Royal Society aufgenommen, 1978 erhielt er mit dem Albert-Einstein-Preis eine der höchsten Auszeichnungen der theoretischen Physik. Seit 1977 arbeitet Hawking als Professor in Cambridge, wo er im Institiut für Theoretische Physik und Angewandte Mathematik forscht, 1979 wurde er zum Lucasian Professor am Trinity College ernannt. Hawking leidet an einer unheilbaren Muskellähmung, so daß er bei der Kommunikation auf einen Computer angewiesen ist.

Hawking begann seine Forschungen in den 60er Jahren. Zusammen mit Penrose formulierte er den mathematischen Beweis, daß das Universum mit dem Urknall begonnen haben muß. In den folgenden Jahren begann er mit der Synthese der Quantentheorie Max Plancks und der Allgemeinen Relativitätstheorie → Albert Einsteins zu einer «Großen Einheitlichen Theorie», eine Arbeit, die noch nicht abgeschlossen ist. Bei seinen astrophysikalischen Forschungen berechnete Hawking, daß Schwarze Löcher (Sterne, die angeblich keine Quanten mehr emittieren) entgegen anderen Behauptungen thermische Strahlung aussenden (Hawking-Strahlung) und einen Energieaustausch mit der Umgebung praktizieren. 1988 publizierte Hawking mit «Eine kurze Geschichte der Zeit» ein vielgerühmtes populärwissenschaftliches Werk.

Hefner-Alteneck, Friedrich von

*** 27. 4. 1845, Aschaffenburg,**
† 7. 1. 1904, Berlin; deutscher Elektrotechniker

Hefner-Alteneck begann sein Studium an der Technischen Hochschule in München, wechselte dann aber an das Polytechnikum nach Zürich, wo er 1867 seinen Abschluß machte. Obwohl seine Bewerbung als Techniker bei Siemens & Halske nicht erfolgreich war, ließ er sich 1867 als Arbeiter in der Firma anstellen. Bereits ein Jahr später wurde er jedoch aufgrund seiner technischen Qualifikationen in das Konstruktionsbüro aufgenommen, dessen Leitung er 1869 übernahm. 1872 wurde er Assistent des Oberingenieurs Carl Frischen und avancierte 1880 zum Prokuristen des Unternehmens, zog sich aber 1890 aus dem Berufsleben zurück. 1897 erhielt er die Ehrendoktorwürde der Universität München, 1900 nahm man ihn als Mitglied in die Berliner Akademie der Wissenschaften auf.

Hefner-Altenecks erste ingenieurtechnische Erfindungen betrafen das Gebiet der Schwachstromtechnik. Hier konstruierte er Geräte für das Eisenbahnsicherungssystem wie Glockensignalwerk und Geschwindigkeitsmesser und verbesserte die Apparatur des Telegrafen. Neben einem Dosenschreiber, der Buchstaben in Morsezeichen umsetzte, entwickelte Hefner-Alteneck die Eintasten-Schreibmaschine «Mignon». Nach seinen Plänen wurden auch Wasserstandsfernanzeiger und Kommandoapparate für die

Hefner-Kerze
Einheitenzeichen HK. Gesetzlich nicht mehr gültige photometrische Einheit der Lichtstärke, mit der die Hefner-Lampe, unter vorgeschriebenen Bedingungen, in waagerechter Richtung brennt. 1 HK = 0,903 cd (Candela).

Hefner-Lampe
Von Hefner-Alteneck entwickelte Dochtlampe, die mit präzise einzuhaltenen Abmessungen und Betriebsvorschriften die Hefner-Kerze darstellt.

Nachrichtenübermittlung auf See und in Bergwerken gebaut.
Mit der Erfindung des Trommelankers für elektrische Generatoren wies er sich ab 1872 auch als Fachmann auf dem Gebiet der Starkstromtechnik aus. 1878/79 folgte die Differentialbogenlampe, mit der er erstmals mehrere Lichtbögen in einem Stromkreis schaltete. 1883 entwickelte er die Hefner-Lampe, die von 1896 bis 1948 als gesetzliche Einheit für die Lichtstärke (Hefner-Kerze) galt und für alle lichttechnischen Messungen verwendet wurde.

Heisenberg, Werner Karl

*** 5. 12. 1901, Würzburg, † 1. 2. 1976, München; deutscher Physiker**

Heisenberg war der Sohn des Byzantinisten August Heisenberg. 1920 begann Heisenberg bei → Arnold Sommerfeld in München ein Studium der Physik. Als Nebenfächer wählte er Mathematik und Astronomie. In München traf er → Wolfgang Pauli und Georg Wentzel, in Göttingen lernte er 1922 → Niels Bohr und andere führende Atomphysiker kennen. 1922/23 war er Assistent Max Borns in Göttingen. Nach seiner 1923 in München abgeschlossenen Promotion wechselte er wieder nach Göttingen, wo er sich 1924 habilitierte. Ebenfalls 1924 ging er für ein Jahr zu Bohr nach Kopenhagen, wo er mit Hendrik Anthony Kramer zusammenarbeitete. Von 1925 bis 1927 lehrte er als Privatdozent in Göttingen und ging noch im selben Jahr nach Leipzig, wo er Professor und Direktor am Institut für Theoretische Physik wurde, das er zusammen mit → Peter Joseph William Debye, Friedrich Hund und Bartel Leendert van der Waerden zum Zentrum der Atomphysik machte. Zu seinen Schülern gehörten unter anderem → Felix Bloch, Rudolf Ernst Peierls, → Edward Teller und Carl Friedrich von Weizsäcker. 1932 erhielt er für die physikalische Interpretation der Quantenmechanik den Nobelpreis für Physik. Nach der Machtergreifung der Nationalsozialisten 1933 blieb Heisenberg trotz zahlreicher Diffamierungen in Deutschland. 1939 übernahm er die Leitung des Uranvereins, deren Mitglieder die deutsche Atombombe bauen sollten. Aufgrund dessen wurde er 1945 in Großbritannien interniert. Nach seiner Rückkehr 1946 baute er das Göttinger Institut für Theoretische Physik wieder auf und übernahm dessen Vorsitz. Unter seiner Ägide wurde es 1948 in Max-Planck-Institut umbenannt, 1958 nach München verlegt und um die Astrophysik erweitert.
In seinen späten Jahren erwies sich Heisenberg als entschiedener Gegner von Atomwaffen, so gehörte er unter anderem zu den Mitunterzeichnern der Mainauer Erklärung von 1955 und des Göttinger Appells von 1958, in denen sich Wissenschaftler gegen die atomare Aufrüstung wandten.
Heisenbergs erste Arbeit über Turbulenzen bei hydrodynamischen Prozessen (1921) galt noch Problemen der klassischen Physik. Sein Konzept des halbzahligen «spins», ebenfalls von 1921, wies den Weg in die Atomphysik. An die Grenzen des Atommodells von Niels Bohr und Arnold Sommerfeld stoßend, entwickelte Heisenberg eigene Ansichten, die er 1925 in seiner Arbeit «Über die quantentheoretische Umdeutung kinematischer und mechanischer Beziehungen» publizierte und in der er die

Beschreibung atomarer Phänomene mit beobachtbaren Größen forderte. Zusammen mit → Max Born und Pascual Jordan lieferte Heisenberg ebenfalls 1925 mit «Zur Quantenmechanik II» die mathematische Umsetzung seines Postulats. 1926 formulierten Heisenberg, Born und Bohr auf der Grundlage der Wellenmechanik Ernst Schrödingers das Komplementaritätsprinzip, nach dem ein Elektron sowohl Teilchen- als auch Wellencharakter besitzt (Kopenhagener Deutung). 1927 folgte in Heisenbergs Aufsatz «Über den anschaulichen Inhalt der quantentheoretischen Kinematik und Mechanik» die Unschärferelation, nach der Ort und Impuls eines Elektrons nicht gleichzeitig bestimmt werden kann. Damit war ein physikalisches Dogma außer Kraft gesetzt.

In den Jahren 1928 bis 1931 arbeitete Heisenberg über Ferromagnetismus sowie über die Theorie der Metalle und Moleküle. In einem 1932 konstruierten Modell des Atomkerns beschrieb er den Kern als aus Protonen und Neutronen zusammengesetzten Nukleus, wobei die Protonen und Neutronen verschiedene Zustände desselben Elementarteilchens darstellen. Im Zuge der Atomforschungen realisierte er 1941 den Prototyp eines Reaktors, eine Kettenreaktion konnte jedoch nicht eingeleitet werden. Heisenbergs nachfolgenden Arbeiten galten ausschließlich zivilen Projekten.

1953 begann Heisenberg mit der Formulierung einer mathematischen Formel, die die gesamten Grundgesetze der Natur in sich vereinen sollte. 1958 stellte er sie der Öffentlichkeit als «Weltformel» vor; ihre Berechnung erwies sich jedoch als zu schwierig.

Helmholtz, Hermann Ludwig Ferdinand von

*** 31. 8. 1821, Potsdam, † 8. 9. 1894, Berlin-Charlottenburg; deutscher Physiologe und Physiker**

Helmholtz, Sohn eines Lehrers, studierte Medizin am königlich medizinisch-chirurgischen Institut in Berlin. Da das Studium an diesem Institut die Verpflichtung zu einem anschließenden achtjährigen Militärdienst einschloß, diente Helmholtz ab 1843 als Militärarzt in Potsdam. 1848 wurde er auf Empfehlung → Alexander Freiherr von Humboldts vorzeitig aus dem Militärdienst entlassen und unterrichtete zunächst Anatomie an der Berliner Kunstakademie. 1849 erhielt er einen Ruf als Professor der Physiologie und Pathologie nach Königsberg. 1855 übernahm er den Lehrstuhl für Anatomie und Physiologie in Bonn, 1858 den Lehrstuhl für Physiologie in Heidelberg. 1870 wurde Helmholtz zum Mitglied der Preußischen Akademie der Wissenschaften ernannt. 1871 ging er als Professor für Physik nach Berlin. 1888 wurde Helmholtz der erste Präsident der neugegründeten Physikalisch-Technischen Reichsanstalt in Charlottenburg. Zu Beginn seiner wissenschaftlichen Arbeit gelangte Helmholtz durch Untersuchungen über Gärung, Fäulnis und die Wärmeproduktion der Lebewesen (die er hauptsächlich auf Muskelarbeit zurückführte) zur Formulierung des Gesetzes von der Erhaltung der Energie. In seinem Buch «Über die Erhaltung der Kraft» (1847) formulierte er den Energieerhaltungssatz detaillierter, als → Julius Robert von Mayer es 1842 getan hatte, und trug so wesentlich zur Anerkennung dieses zunächst sehr umstrittenen

Helmholtz-Spule
Anordnung aus zwei sich koaxial im Abstand ihres Radius gegenüberstehenden Spulen zur Erzeugung eines allseitig zugänglichen homogenen Magnetfeldes.

Helmholtz-Resonator
Ein zur Klanganalyse verwendeter akustischer Resonator (schwingungsfähiges System, das bei Anregung mit der Eigenfrequenz zu schwingen beginnt); besteht aus einer luftgefüllten Hohlkugel mit Öffnung.

Prinzips bei. Durch Anwendung des Energiesatzes auf Lebewesen widersprach Helmholtz den Vitalisten, die eine «Vitalkraft» als Grundkraft des Lebens annahmen. Später präzisierte Helmholtz den Energiesatz für chemische Vorgänge und führte 1881 den Begriff der «freien Energie» zur Unterscheidung von «gebundener Energie» ein.
Bereits 1842 wies Helmholtz den Ursprung der Nervenfasern aus Ganglienzellen nach. 1852 gelang ihm die Messung der Fortpflanzungsgeschwindigkeit von Nervenerregungen. Anknüpfend an diese physiologischen Forschungen beschäftigte er sich mit der Physiologie des Hörens und Sehens. Er entwickelte eine mathematische Theorie zur Erklärung der Klangfarbe durch Obertöne, die Resonanztheorie des Hörens (→ Georg von Békésy) und darauf basierend «Die Lehre von den Tonempfindungen als physiologische Grundlage für die Theorie der Musik» (1863). Helmholtz verhalf der von → Thomas Young aufgestellten Dreifarbentheorie des Sehens zum Durchbruch, erfand 1850 das Ophthalmoskop (Augenspiegel) zur Untersuchung des Augenhintergrundes, 1851 das Ophthalmometer zur Bestimmung der Krümmungsradien der Augenhornhaut sowie 1857 das Telestereoskop.
Mit der Aufstellung der Wirbelsätze (1858 und 1868) über das Verhalten und die Bewegung von Wirbeln in reibungsfreien Flüssigkeiten lieferte Helmholtz wichtige Grundlagen der Hydrodynamik. In Untersuchungen zur Elektrodynamik suchte Helmholtz einen Kompromiß zwischen den Theorien von → Franz Ernst Neumann und James Clerk Maxwell.
Mathematisch ausgearbeitete Untersuchungen über Naturphänomene wie Wirbelstürme, Gewitter oder Gletscher machten Helmholtz zum Begründer der wissenschaftlichen Meteorologie.
In erkenntnistheoretischen Diskussionen setzte sich Helmholtz mit Problemen des Zählens und Messens sowie der Allgemeingültigkeit des «Prinzips der kleinsten Wirkung» auseinander. Auf der Grundlage seiner optischen und akustischen Untersuchungen modifizierte er den klassischen Wahrnehmungsbegriff, lehnte im Gegensatz zu Immanuel Kant die Existenz fester Anschauungsformen ab, und hielt es daher für möglich, nichteuklidische Geometrien anschaulich zu machen.

Helmont, Johan Baptista van

*** 12. 1. 1579, Brüssel, † 30. 12. 1644, Vilvoorde (bei Brüssel); flämischer Arzt und Chemiker**

Helmont, dessen Familie zum flämischen Landadel gehörte, studierte Magie und Medizin in Löwen, wo er 1599 seine Abschlußprüfung bestand und den medizinischen Doktortitel erwarb. Ab 1606 arbeitete Helmont in Vilvoorde als Arzt und richtete sich ein Labor ein; nach einer Anklage 1623 wurde er 1625 wegen «Ketzerei, Arroganz und Beziehungen zu Lutherianern und Calvinisten» von der spanischen Inquisition verdammt, zum Widerruf gezwungen und 1630 als «Anhänger des monströsen Aberglaubens der Paracelsischen Schule» verurteilt. Man verhaftete Helmont 1634 und stellte ihn bis 1636 unter Hausarrest, bis er 1642 von der Inquisition rehabilitiert wurde.

Mit Helmont verbindet sich der Übergang von der scholastischen, auf Dogmen begründeten Wissenschaft zur experimentellen Forschung. Um nachzuweisen, daß nicht die vier Elemente Luft, Feuer, Wasser, Erde grundlegend seien, sondern alleine das Wasser (und die Luft), züchtete Helmont eine Weide in einer abgewogenen Menge Erde. Nach fünf Jahren wog der Baum 80 kg, während das Gewicht der Erde nahezu unverändert geblieben war.

Helmont schlußfolgerte unrichtig, daß sich das Gießwasser in pflanzliche Substanz umgewandelt habe (die Gewichtszunahme ist vor allem auf das von der Pflanze «veratmete» Kohlendioxid zurückzuführen); dennoch ist dies der erste wissenschaftliche Versuch, bei dem eine quantitative Methode (exakte Messungen) eingesetzt wurde. Zudem bewies das Experiment, daß sich Pflanzen nicht von Erde als Hauptnahrungsquelle ernähren.

Helmont schuf darüber hinaus den Begriff «Gas». Er zeigte, daß es mehrere «luftartige» Substanzen gibt und daß sich diese recht leicht komprimieren lassen beziehungsweise ausdehnen. Deshalb nannte er sie «chaos» (auf flämisch «Gas»). Vor allem das bei der Verbrennung von Holz entstehende «Gas sylvestre» interessierte Helmont; er erkannte es aber nicht als Kohlendioxid. Aus gärendem Wein gewann er Kohlenmonoxid und -dioxid, aus brennendem Schwefel erhielt er Schwefeldioxid und aus Ammoniumchlorid Chlorwasserstoffgas. → Antoine-Laurent Lavoisier griff die Bezeichnung «Gas» ein Jahrhundert später auf und führte sie in den Sprachgebrauch ein.

Obwohl Helmont ein Anhänger der Lehren Paracelsus' war, lehnte er die Paracelsische Prinzipienlehre ab. Krankheiten faßte Helmont iatrochemisch auf, das heißt, er betrachtete sie als Störungen der chemischen Vorgänge im Körper. Daher empfahl er zur Therapie vor allem chemische Mittel.

Helmont war ein oft konservativer Denker; so war er von der Existenz des «Steins der Weisen» fest überzeugt und glaubte an die «Urzeugung», zum Beispiel die spontane Entstehung von Mäusen aus verschmutztem Stroh. Die heilende Wirkung von Reliquien erklärte er durch magnetische Kräfte.

Nach Helmonts Tod veröffentlichte sein Sohn dessen oft schwer verständliche Schriften, darunter das Hauptwerk «Ortus medicinae» von 1648.

Hench, Philip Showalter

*** 28. 2. 1896, Pittsburgh (Pennsylvania), † 30. 3. 1965, Ocho Rios (Jamaika); amerikanischer Mediziner (Endokrinologe)**

Hench studierte an der Universität Pittsburgh Medizin, ehe er 1920 an die Universität Minnesota wechselte. Nach seiner Approbation arbeitete er von 1926 bis 1957 als Arzt an der Mayo-Klinik in Rochester (Minnesota) und war ab 1947 auch als Professor an der Staatsuniversität von Minnesota tätig. 1950 erhielt er zusammen mit → Edward Calvin Kendall und Tadeusz Reichstein den Nobelpreis für Medizin.

Henchs wissenschaftlicher Schwerpunkt war die Erforschung des Gelenkrheumatismus. Er erkannte, daß die Krankheitszeichen in der Schwangerschaft und während einer Gelbsucht abnahmen, und folgerte daraus, daß es sich um eine Störung des Stoffwechsels handeln muß und nicht, wie bis dahin angenommen, um eine Viruserkrankung. Bei Experimenten mit verschiedenen chemischen Stoffen und Hormonen entdeckte er in den 40er Jahren durch Anregung seines Kollegen Kendall die Wirksamkeit von Cortison für die Therapie arthritisch-rheumatischer Erkrankungen. Seine Erkenntnisse – unter anderem zur Konstitution der Cortisone – publizierte er 1949 unter dem Titel «The Effect of a Hormone of the Adrenal Cortex».

Henkel, Fritz

*** 20. 3. 1848, Vöhl (Hessen),**
† 1. 3. 1930, Düsseldorf; deutscher Unternehmer

Der Sohn eines Dorfschullehrers durchlief ab 1865 in einer Farben- und Lackfabrik in Wuppertal-Elberfeld die Lehre, wurde dann übernommen und arbeitete dort als Prokurist. 1874 erwarb er die Beteiligung an einer Chemikalien- und Farbengroßhandlung in Aachen. 1876 gründete er mit finanzieller Unterstützung zweier Partner die Waschmittelfabrik Henkel & Cie., die 1878 ihren Firmensitz nach Düsseldorf verlegte.

Henkel entwickelte 1876 ein pulverisiertes Waschmittel aus einer Mischung von Wasserglas und Soda. Zuerst als «Universal Waschmittel» vertrieben, gab er ihm den werbewirksameren Namen «Henkel's Bleich-Soda». Werbe- und verkaufsstrategische Maßnahmen förderten auch den Verkauf des «Henkel Thee», den er in einer Dose mit Reklameaufschrift anbot. Mit einem damals beispiellosen Werbefeldzug für 1 Million Mark förderte er 1907 die Markteinführung eines neuen Waschmittels «Persil», dessen Wirksubstanzen Perborat und Silikat als erstes Waschmittel der Welt eine mechanische Bearbeitung der Wäsche überflüssig machten. Mit dem Werbespruch «Persil bleibt Persil» wurde es in ganz Europa verkauft und begründete den Aufstieg der Firma Henkel, die vor dem Ersten Weltkrieg als größter Waschmittelproduzent Europas galt. Das Unternehmen ging nach seinem Tode auf Familienmitglieder über, und ab 1961 baute es sein Enkel Konrad Henkel zu einem multinationalen Chemiekonzern mit 163 Gesellschaften aus, dessen über 60 Produktionsstätten zur Hälfte im außereuropäischen Ausland liegen.

Henle, Friedrich Gustav Jakob

*** 19. 7. 1809, Fürth, † 13. 5. 1885, Göttingen; deutscher Anatom und Pathologe**

Henle, der in Fürth, Mainz und Koblenz aufwuchs, studierte von 1827 bis 1832 in Bonn und Heidelberg Medizin. Nach seiner Dissertation unternahm er 1833 mit dem berühmten Anatomen → Johannes Peter Müller eine Studienreise nach Paris und erhielt bei ihm 1834 eine Stelle als Prosektor in Berlin. Wegen seiner Beteiligung an der Burschenschaftsbewegung wurde Henle 1835 von dieser Tätigkeit suspendiert und zu sechsjähriger Gefängnishaft verurteilt, auf Fürsprache Alexander von Humboldts jedoch begnadigt. Nach seiner Habilitation 1837 war Henle Privatdozent in Berlin, bis er 1840 als Professor der Anatomie und Physiologie nach Zürich berufen wurde. 1844 wechselte er als Professor der Anatomie nach Heidelberg, wo er 1849 Direktor des Anatomischen Instituts wurde. 1852 erhielt Henle einen Ruf nach Göttingen, wo er trotz einer Berufung nach Berlin bis an sein Lebensende blieb und hohes Ansehen sowohl in der Forschung als auch in der Lehre genoß.

Henle gehört zu den Begründern der aus Gewebelehre (→ Marie François Xavier Bichat) und Zellenlehre (→ Theodor Schwann) hervorgegangenen mikroskopischen Anatomie, deren Ziel die Aufklärung des Feinbaus von Geweben ist. Seine «Allgemeine Anatomie» (1841) ist eine umfassende Gesamtbearbeitung der Histologie und stellt den Beginn der mikroskopischen Anatomie dar. Mit der Beschreibung des Zylinderepithels des Darms sowie mit seinen Arbeiten über die Verbreitung der Epithelgewebe im menschlichen Körper lieferte Henle die Grundlage für die Lehre vom Epithel (das alle Körperober- und Körperinnenflächen bedeckende flächenhafte Gewebe). Weitere wichtige Entdeckungen Henles sind die Wurzelscheide des Haares, das Endothel der Blutgefäße, die Leberzellen, das Vorkommen von Zapfen im gelben Fleck der Netzhaut und die nach ihm benannte «Henlesche Schleife».

Henles «Pathologische Untersuchungen» (1840) gelten als Vorläufer der späteren Bakteriologie. Aufgrund aktueller Entdeckungen über pathogene Wirkungen niederer Pilze vermutete Henle, daß Epidemien von lebenden Erregern hervorgerufen werden, die aber optisch schwer nachzuweisen sind. Der von Henle theoretisch vorgeschlagene Beweis für die Pathogenität derartiger Krankheitskeime («Contagien») entspricht dem von → Robert Koch später eingeschlagenen Weg über den Nachweis der Keime im erkrankten Organismus, die Reinkultur der Keime und die damit durchgeführte tierexperimentelle Reproduktion der Infektionskrankheit.

Henlesche Schleife
Auch: Henle-Schleife. Dünne, U-förmige Schleife der Nierenkanälchen im Nierenmark; sie dient der Harnkonzentrierung durch einen Gegenstrom-Mechanismus.

Henlein, Peter

*** um 1480, Nürnberg,**
† September 1542, Nürnberg; deutscher Schlosser und Feinmechaniker

Über die Vita Henleins ist nichts bekannt, auußer der Tatsache, daß er Anfang des 16. Jahrhunderts damit begann, die an einen festen Ort gebundenen Standuhren in stark verkleinertem Maßstab umzusetzen. Um 1510 gelang es ihm, sogenannte Sackuhren zu bauen. Die Sack- oder Taschenuhren fanden in Metalldosen Platz und konnten an einer Kette aufgehängt um den Hals getragen werden. Mit Hilfe von zwei Schweineborsten konstruierte Henlein die als Unruh dienende «Waag» und erfand damit einen ersten lageunabhängigen Gangregler, der einen elastischen Anschlag garantierte. Henleins Uhren, die nur einen einzigen

Zeiger hatten, waren mit einem 40stündigen Federwerk ausgestattet und hatten außerdem ein Schlagwerk, das akustisch die Stunden angeben konnte.
Die sogenannten Nürnberger Eier, Taschenuhren in Eiform, wurden erst nach Henleins Tod entwickelt und waren mit dessen Erfindungen nicht identisch.

Hensen, Christian Andreas Victor

*** 10. 2. 1835, Schleswig, † 5. 4. 1924, Kiel; deutscher Physiologe und Meeresbiologe**

Hensen war der Sohn des Direktors einer Taubstummenschule in Schleswig. Er studierte Medizin in Würzburg, Berlin und Kiel, wo er 1859 promovierte, sich anschließend habilitierte und 1864 außerordentlicher Professor für Physiologie und Embryologie wurde. Als ordentlicher Professor führte er von 1868 bis 1911 die von → Karl August Möbius begründete meeresökologische Forschung und Lehre in Kiel fort. Er leitete 1889 eine Atlantik-Plankton-Expedition der Humboldtstiftung und war von 1890 bis 1921 Vorsitzender und Ehrenvorsitzender der preußischen «Kommission zur wissenschaftlichen Erforschung der deutschen Meere».
Hensen widmete sich zunächst den Mitte des 19. Jahrhunderts aktuellen entwicklungsgeschichtlichen Fragestellungen, die er mit vergleichend-morphologischen Untersuchungen bearbeitete. Er betrachtete zu diesem Zweck vor allem die Embryonalentwicklung des Nervensystems und der Sinnesorgane und konnte wichtige Erkenntnisse über die Entwicklung des Auges von Tintenfischen, des Gehörorgans bei Krebsen und des Innenohrs beim Menschen gewinnen. 1857 entdeckte er unabhängig von → Claude Bernard das Glykogen als Speicherform des Zuckers in der Leber und untersuchte die Physiologie des Glykogen-Abbaus.
Die größte Bedeutung haben Hensens meeresbiologische Forschungen. Er führte den Begriff Plankton für im Wasser schwebende Lebewesen ein und entwickelte quantitative Methoden zur Analyse der Zusammensetzung des Meeresplanktons. Hensens meeresökologische Arbeiten fanden insbesondere wegen ihrer wirtschaftlichen Bedeutung für Fischfang und Austernzucht auch internationale Beachtung.

Hensen-Gang
Auch: Ductus reuniens. Nur noch bei Kleinkindern offener Verbindungsgang zwischen dem Ductus cochlearis der Schnecke und dem Sacculus des häutigen Labyrinths im Innenohr.

Heron von Alexandria

Wahrscheinlich 1. Jahrhundert n. Chr.; griechischer Mechaniker und Mathematiker

Über Herons Vita ist nichts bekannt. Die Annahme, daß er im 1. Jahrhundert nach Christus gelebt haben muß, geht auf seine Berechnung einer Mondfinsternis für das Jahr 62 zurück. Der Namenszusatz «von Alexandria» ist ein Hinweis darauf, daß er vermutlich am berühmten Museion in Alexandria gearbeitet hat.
In Herons lehrbuchartigen Werken über Mathematik, Technik, Mechanik, Pneumatik, Geschützbau und Vermessungslehre, die zu den besten und ausführlichsten technischen Fachschriften der An-

tike gehören, stellte er mehrere einfache Maschinen dar, deren Funktionsweisen unter anderem durch Hebel, Rad, schiefe Ebene, Keil und Ventil bestimmt wurden. Seine bekannteste Erfindung war eine mit zwei Düsen ausgestattete und mit Wasser gefüllte Hohlkugel, die sich bei Erhitzung in Drehbewegung versetzte.

Aufbauend auf den Hebelgesetzen des → Archimedes formulierte Heron die Goldene Regel der Mechnik, nach der eine Zunahme von Energie mit dem Verlust des Weges einhergeht. Als Grundlage seiner Forschungen nahm er auch andere physikalische Erkenntnisse zu Hilfe wie den Schweredruck des Wassers, die Kompressibilität der Luft und das Reflexionsgesetz aus der Optik. In seiner «Metrika» veranschaulichte er Regeln zur Flächen- und Körperberechnung. Seine an Stratons Theorie des Vakuums anknüpfende «Pneumatika» präsentierte eine Vielzahl hydraulisch-pneumatischer Gebrauchsgegenstände, während er in seiner «Dioptra» ein Vermessungsinstrument entwarf, das – einem Theodoliten sehr ähnlich – zum Nivellieren und zur Winkelmessung benutzt werden konnte.

Herophilos

*** um 335 v. Chr., Chalkedon,**
† unbekannt; griechischer Arzt

Herophilos, über dessen Biographie fast nichts bekannt ist, gilt als einer der ersten anatomischen Forscher. Nach Sektionen toter – und damit nach griechischer Aufassung seelenloser – Körper beschrieb er erstmals zahlreiche Körpergewebe und -organe, darunter Nerven, Blutgefäße und Geschlechtsorgane. So fand Herophilos zum Gehirn hinführende und von diesem wegführende Nervenbahnen (sensorische und motorische Neurone) sowie die Netzhaut des Auges, beschrieb Leber und Milz und benannte den ersten Teil des Mitteldarmes als Zwölffingerdarm (Duodenum). Er maß mittels einer Wasseruhr (Klepsydra) den arteriellen Pulsschlag und hat diesen möglicherweise auch mit der Herztätigkeit in Verbindung gebracht, ohne das Herz-Kreislauf-System zu kennen, Als wesentliche Funktion des Herzens sah Herophilos die Erwärmung des Körpers an; weitere körperliche Grundfunktionen schrieb er der Leber (Ernährung), den Nerven (Wahrnehmung) und dem Gehirn (Denken) zu.

Durch die anatomische Untersuchung der Geschlechtsorgane lieferte Herophilos die erste Beschreibung der Eierstöcke, der Eileiter sowie der männlichen Vorsteherdrüse. Auch die Einführung des Aderlasses als Behandlungsmethode soll auf ihn zurückgehen.

Herophilos' Nachfolger der «Alexandrischen Schule» wurde → Erasistratos, der die Forschungen seines Lehrers erfolgreich fortführte.

Herschel, Friedrich Wilhelm

*** 15. 11. 1738, Hannover,**
† 25. 8. 1822, Slough (Buckinghamshire); deutsch-britischer Astronom

Herschel, von Beruf ausgebildeter Oboist, reiste 1760 nach England, wo er sich neben seiner Tätigkeit als Musiker mit Mathematik und Optik beschäftigte. 1781 gab er seine künstlerische Laufbahn auf, um sich nur noch der Astronomie zu widmen. Ebenfalls 1781 wurde er in die Royal Society aufgenommen und mit der Copley-Medaille ausgezeichnet. 1816

wurde er geadelt, 1821 wählte man ihn zum Präsidenten der Royal Astronomical Society.
Herschel, der als Pionier der Stellarastronomie und der Kosmogonie gilt, begann sein astronomisches Werk 1772 mit Grundsätzlichem: Er übte sich im Schleifen von Reflektorspiegeln. 1774 war er darin so geübt, daß er ein Spiegelteleskop konstruierte, das ihm kosmische Beobachtungen ermöglichte. 1775 führte Herschel eine erste Durchmusterung des nördlichen Sternenhimmels durch, wobei er Sterne bis zur 4. Größenordnung katalogisierte. Bei einer zweiten Durchmusterung 1779 erfaßte er auch lichtschwache Objekte bis zur 8. Größenklasse. Auf der Grundlage dieser Sternzählung entwickelte Herschel eine Methode, aus den verschiedenen Helligkeiten die Raumverteilung der Sterne abzuleiten. 1781 entdeckte er bei einer seiner systematischen Untersuchungen den Planeten Uranus. 1782 beschäftigte sich Herschel mit der Eigenbewegung der Sonne und der Fixsterne. Er verfaßte einen Katalog visueller Doppelsterne, dem 1784 ein zweiter folgte. 1786 verfaßte er einen «Katalog von 1000 neuen Nebeln und Sternhaufen», in dem er galaktische Nebel und Wolken als Phänomene zahlreicher Einzelsterne darstellen konnte. Mit seinen verbesserten Teleskopen gelang Herschel 1787 die Entdeckung der Uranusmonde Titania und Oberon, 1789 der Saturnmonde Enceladus und Mimas. Außerdem konnte er feststellen, daß das Ringsystem des Saturns ein Rotationssystem ist. Zu Beginn des 19. Jahrhunderts widmete sich Herschel wieder der Sonne und den Fixsternen. 1800 entdeckte er den infraroten Anteil des Sonnenspektrums, 1805 berechnete er deren Apex (Punkt im Sternbild Herkules, auf den sich das Sonnensystem hinbewegt). Bis zum Jahre 1821 publizierte er Kataloge über physische Doppelsterne, die die Grundlage für weitere systematische Untersuchungen bildeten.

Herschel, Sir John Frederick William

*** 7. 3. 1792, Slough (Buckinghamshire), † 11. 5. 1871, Collingwood (Kent); britischer Astronom**

Herschel war der Sohn des Astronomen Friedrich Wilhelm Herschel. 1809 studierte er am St. Johns College Mathematik und Physik. 1813 wurde er in die Royal Society aufgenommen. Nach einem anschließenden Jurastudium in London erhielt Herschel in Cambridge die Stelle eines Tutors für Mathematik, 1816 wurde ihm der «Master of Arts» verliehen. Ebenfalls 1816 begann er mit ersten astronomischen Arbeiten. Reisen durch Mitteleuropa zwischen 1820 und 1830 führten ihn zu anerkannten Naturwissenschaftlern. In den Jahren 1834 bis 1838 lebte Herschel in Südafrika. Nach seiner Rückkehr 1838 wurde er geadelt, von 1850 bis 1855 war er Direktor der Königlichen Münze. Außerdem leitete er lange Jahre die Royal Astronomical Society.
Herschel gilt als einer der bedeutendsten Astronomen des 19. Jahrhunderts. Sein erstes astronomisches Projekt war ein Katalog von mehr als 380 Doppelsternen. Zwischen 1825 und 1833 entstand ein Verzeichnis kosmischer Nebel und Sternhaufen, von 1826 bis 1836 fertigte er einen umfangreichen Doppelsternkatalog an. In diesen Jahren publizierte er

erste naturwissenschaftliche und astronomische Schriften, «Preliminary Discourse on the Study of Natural Philosophy» (1830) und «A Treatise on Astronomy» (1833). Ab 1834 arbeitete Herschel in Südafrika an der Durchmusterung des Südhimmels. Er erfaßte über 2000 Doppelsterne und 1700 Nebel. Er nahm eine präzise Messung der Sternhelligkeit vor und erkannte, daß die Magellanschen Wolken dichte Sternhaufen sind. 1839 beschäftigte er sich mit der Fotografie als Mittel zur astronomischen Dokumentation. Er führte die Bezeichnungen «Positiv» und «Negativ» ein und erkannte die fixierende Wirkung von Natriumthiosulfat. Außerdem entdeckte er die Abschwächung latenter fotografischer Aufnahmen durch Rotlicht (Herschel-Effekt). Seine Beobachtungen und Ergebnisse veröffentlichte er 1847 unter dem Titel «Results of Astronomical Observations made during the Years 1834–1838 at the Cape of Good Hope ...». Sein Werk «Outlines of Astronomy» folgte 1849.

Hertz, Gustav

*** 22. 7. 1887, Hamburg, † 30. 10. 1975, Berlin; deutscher Physiker**

Der Neffe von Heinrich Rudolf Hertz begann 1906 ein Studium der Mathematik in Göttingen. 1907 wechselte er unter dem Einfluß von → Arnold Sommerfeld und → Peter Joseph Wilhelm Debye zur Physik, die er an der Universität München studierte. Nach dem Militärdienst ging Hertz auf Anraten Wilhelm Westphals nach Berlin, wo er 1911 bei Heinrich Rubens über «Das ultrarote Absorptionsspektrum der Kohlensäure in seiner Abhängigkeit von Druck- und Partialdruck» promovierte. 1917 habilitierte er sich, 1920 ging er zu den Philips-Werken nach Eindhoven (Niederlande), im Jahr 1925 nahm er eine Professur in Halle an. 1926 erhielt er zusammen mit → James Franck für die Entdeckung der Stoßgesetze bei der Kollision zwischen Photonen und Elektronen den Nobelpreis für Physik. 1927 wechselte er an die TH Berlin-Charlottenburg. In Opposition zum Nationalsozialismus brach er 1935 seine akademische Laufbahn ab und arbeitete von 1935 bis 1945 in einem Berliner Forschungslabor des Siemens-Konzerns. Von 1945 bis 1954 wirkte Hertz in einem Forschungslabor in Suchumi (UdSSR). 1954 folgte er einem Ruf der Universität Leipzig, wo er bis 1961 Experimentalphysik lehrte. Hertz wurde vielfach ausgezeichnet, unter anderem erhielt er den Staatspreis der UdSSR. Als Gegner der Atomrüstung warnte er in mehreren Petitionen vor dem Mißbrauch der Kernenergie. Außerdem übernahm er den Vorsitz des wissenschaftlichen Rates zur friedlichen Anwendung der Atomenergie beim Ministerrat der ehemaligen DDR.

Hertz arbeitete zu Beginn seiner Forschertätigkeit (ab 1911) zusammmen mit James Franck an Gasentladungen. Beide Wissenschaftler untersuchten die Mechanismen des Energieaustauschs bei der Kollision zwischen Elektronen und Atomen («Franck-Hertzsche-Versuche», 1911–1914), wodurch sie die quantenhafte Anregung von Atomen bestätigen konnten. Ab 1920 verfeinerte Hertz die Elektronenstoßexperimente, so daß man sie in Gasen durchführen konnte. Die beim Philips-Konzern betriebene Hochvakuumtechnik erlaubte ihm außerdem den Nachweis höherer Energiestufen des Atoms und die Untersuchung der Feinststruktur der Spektrallinien. Bei der Suche nach einer geeigneten Methode zur Argongewinnung entdeckte Hertz die Gasdiffusion. 1922 nutzte er sie zur Trennung von Gasgemischen, 1932 entwikkelte er die Diffusionskaskade, mit der er Isotopentrennungen vornehmen konnte. In den Jahren 1935 bis 1945 befaßte sich Hertz mit angewandter Physik, indem er die Fertigung von Röntgenblitzröhren, Mikrowellengeneratoren und Feldmikroskopen leitete. Auf der Grundlage der Gasdiffusion entwickelte Hertz 1945 bis 1954 gemeinsam mit russischen Physikern eine Anlage zur Anreicherung und Trennung des Uranisotops 235, womit er der UdSSR die Nutzung von Kernkraft ermöglichte. Ab 1954 widmete sich Hertz der Physik der Elektronen und Halbleiter sowie der Hochvakuumtechnik. Außerdem beteiligte er sich am Aufbau kerntechnischer Einrichtungen.

Hertz, Heinrich Rudolph

*** 22. 2. 1857, Hamburg, † 1. 1. 1894, Bonn; deutscher Physiker**

Hertz studierte zunächst Ingenieurwissenschaften und Architektur, bevor er sich 1877 in München und Berlin den Fächern Mathematik und Physik zuwandte. In Berlin promovierte Hertz 1880 bei → Hermann von Helmholtz, dessen Assistent er wurde. 1883 ging er als Privatdozent nach Kiel, wo er sich habilitierte. 1886 erhielt er einen Ruf an das Polytechnikum Karlsruhe, 1889 wechselte er nach Bonn.

Frühe Arbeiten von Hertz galten der Prüfung von Werkstoffen. Er entwickelte 1880 ein Pressungsverfahren für zwei homogene, elastische Körper mit gewölbten Oberflächen (Hertzsche Pressung). Zur Berechnung der entstehenden Deformationen und Druckspannungen formulierte er die «Hertzschen Gleichungen». 1886 begann er mit der Untersuchung zum Beweis der von James Clerk Maxwell aufgestellten Theorie der elektromagnetischen Wellen. 1887 entdeckte er den fotoelektrischen Effekt (durch kurzwelliges Licht initiiertes Herauslösen von Elektronen aus Festkörpern), mit dem elektromagnetische Wellen erzeugt werden konnten. Als Nachweis der Wellen konstruierte Hertz den «Hertzschen Dipol», in dem positive und negative Ladungen gegeneinanderschwingen, wobei elektromagnetische Wellen abgestrahlt werden. Bis 1888 bestimmte Hertz die Ausbreitungsrichtung und Ausbreitungsgeschwindigkeit elektromagnetischer Wellen, die Frequenz (gemessen in der Einheit «Hertz»), die Reflexion sowie die Brechungs- und Polarisationseigenschaften. Außerdem wies er nach, daß die Wellenfelder aus elektrischen und magnetischen Komponenten bestehen. Zur Berechnung der Feldstärken führte er den «Hertzschen Vektor» ein. Mit diesen Arbeiten und der Überführung der Maxwellschen Gleichungen in die heute gebräuchliche Form war Hertz die Verifizierung der Maxwellschen Theorie gelungen. Ihm zu Ehren bezeichnete man die elektromagnetischen Wellen (Radiowellen) auch als Hertzsche Wellen. Auf der Grundlage dieser Forschungen begründeten → Guglielmo Marconi und Aleksandr Stepanowitsch Popow die Funktechnik. 1891 entdeckte Hertz die Durchlässigkeit dünner Metallscheiben für Elektronenstrahlung. 1894 begann Hertz mit der Konzipierung einer neuen Mechanik, in der auf das Kraftprinzip verzichtet werden sollte. In seinem Werk «Die Prinzipien der Mechanik in neuem Zusammenhange» entwickelte er das «Hertzsche Prinzip der geradesten Bahn».

Hertzsprung-Russell-Diagramm
Von Hertzsprung und Henry Norris Russell für Fixsterne entwickeltes Zustandsdiagramm und Klassifizierungsschema. Sterne werden ihrer Oberflächentemperatur und Leuchtkraft entsprechend eingetragen. Dabei ergibt sich eine Ordnung der Sterne in Reihen.
Die Hauptreihe bilden Individuen mit 1/1000facher bis 1000facher Sonnenleuchtkraft. 90 Prozent der Fixsterne sind Hauptreihensterne.

Hertzsprung, Ejnar

*** 8. 10. 1873, Frederiksborg (bei Kopenhagen), † 21. 10. 1967, Tølløse; dänischer Astronom**

Nach seinem 1898 abgeschlossenen Chemiestudium arbeitete Hertzsprung mehrere Jahre in St. Petersburg. 1902 ging er nach Leipzig, um bei → Friedrich Wilhelm Ostwald Fotochemie zu studieren. Nach seiner Rückkehr 1902 widmete er sich ersten astronomischen Studien, die er an der Universität und der Urania-Sternwarte in Kopenhagen betrieb. 1909 lernte Hertzsprung Karl Schwarzschild kennen, der ihm in Göttingen eine Professur vermittelte und dem er 1909 nach Potsdam folgte. 1919 ging Hertzsprung an die Universitätssternwarte Leiden (Niederlande), 1935 bis 1944 hatte er die Leitung der Sternwarte inne.
Hertzsprung hat durch seine Forschungsarbeit wichtige Beiträge zur Entwicklung der modernen Astrophysik geleistet. Bereits 1905 definierte er mit der Absoluten Helligkeit ein Maß für die Leuchtkraft eines Sterns. Außerdem entdeckte er, daß bei Sternen gleicher Oberflächentemperatur Riesen- und Zwergsterne auftreten können, womit er ein Klassifizierungsmerkmal schuf. 1909 arbeitete Hertzsprung an Oberflächentemperatur-Leuchtkraft-Beziehungen. Um die Frage zu lösen, ob es kalte und heiße leuchtkräftige Sterne gibt, entwickelte er ein Temperatur-Leuchtkraft-Diagramm. 1911 entdeckte Hertzsprung geringe Helligkeitsschwankungen des Polarsterns, womit er ihn den Delta-Cepheiden (Sterne mit periodischem Wechsel der Helligkeiten) zuordnen konnte. 1913 gelang ihm die Entfernungsbestimmung der Kleinen Magellanschen Wolke anhand der Perioden-Leuchtkraft-Beziehung von Henrietta Swan Leavitt. Ebenfalls 1913 erfuhr sein Temperatur-Leuchtkraft-Diagramm durch → Henry Norris Russell eine Überarbeitung und angemessene Publikation (Hertzsprung-Russell-Diagramm, HRD). 1915 widmete sich Hertzsprung den Doppelsternen, zu deren Beobachtung er ein fotografisches Präzisionsverfahren entwickelte. Außerdem fand er eine Beziehung zwischen Masse und Leuchtkraft, die er 1919 in allgemeiner Form für die Hauptsternreihe des HRD formulierte.

Hess, Germain Henri (russ.: German Iwanowitsch)

*** 7. 8. 1802, Genf, † 30. 11. 1850, St. Petersburg; schweizerisch-russischer Arzt und Chemiker**

Hess' Vater, ein Privatlehrer, verlegte seinen Wohnsitz 1802 nach Moskau; seine

Familie folgte ihm 1805. Nach der Beendigung der schulischen Ausbildung begann Hess 1822 ein Medizinstudium an der Universität Dorpat (Tartu), außerdem eignete er sich Kenntnisse der Mineralogie und Chemie an. Nach seiner Promotion 1825 ging er zu → Jöns Jakob Freiherr von Berzelius nach Stockholm, wo er seine Kenntnisse der Chemie vertiefte. Einer Tätigkeit als Arzt in Irkutsk folgte ab 1829 eine als Chemiker an der Kaiserlichen Akademie der Wissenschaften in St. Petersburg. 1830 wurde er außerordentliches Mitglied der St. Petersburger Akademie. 1831 folgte Hess einem Ruf des Technologischen Instituts in St. Petersburg, wo er Chemie lehrte. 1834 wurde er ordentliches Mitglied der St. Petersburger Akademie. 1838 absolvierte Hess eine Studienreise nach West- und Mitteleuropa, bei der er unter anderem → Dominique François Jean Arago und Otto Linné Erdmann kennenlernte.
Hess gilt als Begründer der wissenschaftlichen Thermochemie, die später zur Entwicklung der chemischen Thermodynamik führte. In seiner Dissertationsschrift von 1825, «Über die Heilwässer, die sich hauptsächlich in Rußland befinden», bediente er sich der Chemie als einer Hilfswissenschaft, ab 1839 widmete er sich ihr ausschließlich. Unter dem Einfluß der Arbeiten von Jeremias Benjamin Richter begann Hess mit Temperaturmessungen bei Verbrennungsabläufen. Bei seinen Versuchsreihen entdeckte er 1840, daß die von einem chemischen System aufgenommene oder abgegebene Wärmemenge unabhängig vom Reaktionsweg ist (Hess'sches Gesetz, auch Gesetz der konstanten Wärmesummen). Aufgrund dieser Aussage war es von nun an möglich, sonst schwer zugängliche Reaktionsenthalpien (thermodynamische Zustandsgrößen) zu berechnen.

Hess, Viktor Franz

*** 24. 6. 1883, Waldstein (bei Frohnleiten), † 17. 12. 1964, Mount Vernon (New York); amerikanischer Physiker österreichischer Herkunft**

Hess absolvierte sein Physikstudium in Graz und arbeitete ab 1910 als Assistent an der Wiener Akademie der Wissenschaften. 1911 übernahm er in Wien (am Radium-Institut) und 1920 in Graz eine Professur. 1936 erhielt er zusammen mit → Carl David Anderson für die Untersuchung der Höhenstrahlung den Nobelpreis für Physik. Nach der Annexion Österreichs durch das nationalsozialistische Deutschland 1938 emigrierte Hess über die Schweiz in die USA. Nach 1945 beteiligte er sich an den Messungen des durch Atombombentests hervorgerufenen radioaktiven Fallouts.
Hess gilt als Entdecker der kosmischen Strahlen. Er führte bereits ab 1911 Messungen der radioaktiven Strahlung in Höhen bis zu 10 km aus, wobei er feststellte, daß die Intensität der Strahlung mit der Höhe zunimmt. Er erklärte dieses unerwartete Ergebnis mit der Existenz einer aus dem All stammenden Strahlung (Hess'sche Strahlung, kosmische Strahlung). In den folgenden Jahren gewann diese Theorie dadurch Bedeutung, daß durch sie auf die Genese des Alls geschlossen werden kann. Außerdem stellte man fest, daß sie aus sehr energiereichen Teilchen besteht und daß bei der Kollision dieser Teilchen mit Atomen der Atmosphäre neue Teilchen entstehen. Auf der Grundlage dieser Unter-

suchungen wurden das «Positron» und das «Pion» entdeckt. Hess beschäftigte sich darüber hinaus intensiv mit den biologischen Auswirkungen von Gammastrahlen.

Hess, Walter Rudolf

*** 17. 3. 1881, Frauenfeld, † 12. 8. 1973, Muralto (Tessin); Schweizer Neurophysiologe**

Hess studierte Medizin in Lausanne, Bern, Berlin, Kiel und Zürich. Nach seiner Promotion 1906 arbeitete er als Augenarzt in der Schweiz, ehe er 1912 eine Stelle am Institut für Physiologie in Zürich annahm. Er habilitierte sich 1913 und arbeitete an verschiedenen Instituten, insbesondere am Institut für Physiologie in Bonn. 1917 wurde Hess Professor für Physiologie und Direktor des Physiologischen Institus der Universität Zürich. Nach dem Ersten Weltkrieg, in dem er zeitweise in der Schweizer Armee dienen mußte, wendete er sich der Hirnforschung zu. Für die herausragenden Erfolge auf diesem Gebiet erhielt er 1949 zusammen mit → António Caetano Moniz Egas den Nobelpreis für Medizin. Hess war Mitglied zahlreicher wissenschaftlicher Verbände, unter anderem der Schweizer Akademie der medizinischen Wissenschaften und der Leopoldina, und erhielt vier Ehrendoktorwürden. Auch nach seiner Emeritierung 1951 blieb er wissenschaftlich aktiv.

In seinen ersten Forschungsarbeiten beschäftigte sich Hess unter anderem mit der Regulation der Atmung und des Kreislaufs. Im Rahmen dieser Arbeiten entwickelte er ein Viskosimeter zur Messung der Zähflüssigkeit des Blutes. Ab 1924 untersuchte Hess die Regulation von Organen und Körperfunktionen durch Steuerzentren im Gehirn. Zur Ermittlung der Lage solcher Zentren entwickelte Hess eine Methode, die die Reizung oder Ausschaltung eng begrenzter Bereiche im Gehirn ermöglichte. In einer Operation wurden dünne Stahlnadel-Elektroden ins Gehirn von Versuchstieren (Hess verwendete Katzen) eingeführt. Nach der Operation konnten durch einen schwachen Strom eng begrenzte Hirngebiete gereizt werden. Die dadurch ausgelösten vegetativen Reaktionen und Verhaltensweisen der Versuchstiere waren je nach Gehirnbereich unterschiedlich (etwa Blutdrucksteigerung, Herzbeschleunigung, Speichelfluß, Sträuben des Fells, Laufen oder Schlaf). Anschließend konnte durch einen hochfrequenten Wechselstrom das den Elektroden nahe Hirngebiet zerstört, seine exakte Position ermittelt und in Hirnatlanten eingetragen werden. Hess führte seine Untersuchungen vor allem am Zwischenhirn im Bereich des Hypothalamus (Teil des Zwischenhirns) durch und konnte in den antagonistisch wirkenden Funktionen des vegetativen Nervensystems entsprechende Bereiche unterscheiden. Die mehr seitlich und hinten im Hypothalamus gelegenen «ergotropen» Bereiche entsprechen Sympathikus-Funktionen (Aktivierung des Organismus auf Alarmbereitschaft), die vorne und mittig gelegenen «trophotropen» Bereiche hingegen entsprechen den Parasympathikus-Funktionen (Umstellung des Körpers auf Ruhe und Verdauung). Durch seine Hirnreizungsversuche hatte Hess das Zwischenhirn als Organ der Steuerung und Koordination vegetativer Funktionen entdeckt. Seine Erkenntnisse waren nicht nur grundlegend für die experimentelle Verhaltensforschung, sondern erlangten auch hinsichtlich der Anwendung in der Hirnchirurgie und Psychopharmakologie große Bedeutung.

Hevelius, Johannes (eigentlich: Hewel, Havelke oder Hevelke)
*** 28. 1. 1611, Danzig, † 28. 1. 1687, Danzig; deutscher Astronom und Instrumentenbauer**

Nach seinem Jurastudium übernahm Hevelius 1634 die Brauerei seines Vaters. In seiner Freizeit erarbeitete er sich astronomische Kenntnisse. Nach Studienaufenthalten in Frankreich und den Niederlanden (Leiden) richtete er 1641 in Danzig eine Sternwarte ein, die zu den besten Europas gehörte.
1644 beobachtete Hevelius als erster Astronom die Merkurphasen. 1647 folgte ein genaues Studium der Topographie des Mondes, die er in seinem Werk «Selenographia» darstellte. Dieser Mondatlas enthielt außer 60 Karten eine Terminologie, von der heute noch der Begriff «Mare» für die Mondebenen gebräuchlich ist. Im Zuge seiner Mondbeobachtungen entdeckte Hevelius periodische Schwankungen («Libration in der Länge»). 1661 konnte er die Größe des Merkurs bestimmen, 1664/65 erkannte er die parabolische Form der Kometenbahnen. Außerdem konnte er vier Kometen identifizieren. Seine Untersuchungen und Erkenntnisse formulierte er in seinen Schriften «Prodomus Cometicus» (1665) und «Cometographia» (1668). Hevelius war der einzige Astronom des 17. Jahrhunderts, der Planeten mit dem Teleskop, die Sterne aber mit bloßem Auge beobachtete. Zu deren Messungen benutzte er selbstgefertigte Präzisionsinstrumente. Er maß sehr genau, denn ein von ihm angefertigter, 1690 postum erschienener Sternatlas («Prodromus astronomiae») konnte lange neben dem von → Tycho Brahe bestehen.

Heyrovský, Jaroslav
*** 20. 12. 1890, Prag, † 27. 3. 1967, Prag; tschechischer Physikochemiker**

Heyrovský entstammte einer Juristenfamilie. 1909 begann er in seiner Heimatstadt ein Studium der Physik, Chemie und Mathematik, das er 1910 am University College in London fortsetzte. Zu seinen Lehrern gehörten → Sir William Ramsay, → Gilbert Newton Lewis und Frederick George Donnan, dessen Assistent er wurde. 1913 erhielt Heyrovský den Grad eines Bachelor of Science. Während des Ersten Weltkriegs arbeitete er als Röntgenologe in einem Militärhospital, außerdem setzte er seine Studien fort, so daß er 1918 in Prag über die Elektrochemie des Aluminiums promovierte. Er wurde Assistent von Bihuslav Brauner am Institut für Anorganische und Analytische Chemie der Prager Karls-Universität, 1921 erhielt er in London den Titel «Doktor der Wissenschaften». 1922 wurde er zunächst außerordentlicher, 1926 dann ordentlicher Professor für Physikalische Chemie in Prag. 1929 gehörte er zusammen mit Emil Votoček zu den Gründern der Zeitschrift «Collection of Czecheslovak Chemical Communications». Nach der Schließung der tschechischen Hochschulen 1939 durch die deutsche Besatzungsmacht wurde Heyrovský durch Jan Böhm die Weiterarbeit an der Deutschen Universität Prag ermöglicht. 1945 kehrte Heyrovský an die

Karls-Universität zurück, 1950 wurde er Direktor des neu gegründeten Polarographischen Instituts. 1959 erhielt er aufgrund seiner Entwicklung der Polarographie den Nobelpreis für Chemie.

Heyrovský arbeitete schon früh auf dem Gebiet der Elektrochemie. Unter der Leitung von Donnan untersuchte er 1913 das Elektrodenpotential von Aluminium, wobei er sich der Methode der Quecksilbertropfelektrode nach Lewis bediente. Auf Anregung von Bohumil Kučera begann Heyrovský 1918 mit systematischen Untersuchungen der elektrolytischen Prozesse. Er maß die Intensität des zwischen den Elektroden fließenden Stroms und die Abhängigkeit von der angelegten Spannung, wobei er eine sukzessive Zunahme des Stromflusses beobachtete und dadurch auf einen Zusammenhang zwischen Stromstärke und der Anzahl der Metallionen in der Elektrolytlösung schloß. Durch Umsetzung der Meßwerte in Stromspannungskurven (polarographische Wellen) konnten qualitative und quantitative Aussagen über die Zusammensetzung der Elektrolytlösung gemacht werden. Heyrovský erkannte die Eignung dieser Methode als Analyseverfahren. 1925 konstruierte er mit seinem Assistenten Masuzo Shikata den Polarographen, mit dem eine automatische Registrierung der Spannungskurven möglich wurde. Entsprechend nannte Heyrovský sein Analyseverfahren «Polarographie». In den folgenden Jahren beschäftigte er sich mit theoretischen Problemen der Polarographie. 1935 formulierte er zusammen mit Dionýz Ilkovič die Gleichung der polarographischen Kurve und definierte das Halbwellenpotential. Außerdem untersuchte er die Wasserstoffabscheidung an der Quecksilbertropfelektrode (Heyrovský-Reaktion). 1940 erweiterte Heyrovský seinen Polarographen um einen Kathodenstrahloszillographen und erarbeitete die Grundlagen der oszillierenden Polarographie.

Hipparch (Hipparchos von Nizäa)

*** 140 v. Chr., Nizäa (jetzt Iznik, Türkei), † unbekannt; griechischer Astronom, Mathematiker und Geograph**

Über das Leben des Hipparchos ist nur wenig bekannt. Aus seiner Heimatstadt Nizäa übersiedelte er nach Rhodos, wo er eine Sternwarte einrichtete. Von seinen zahlreichen Schriften ist außer Fragmenten nur der kritische Kommentar der «Phainomena» des → Eudoxos von Knidos erhalten.

Es läßt sich rekonstruieren, daß Hipparchos einen Sternkatalog erstellte, in dem die Positionen von 850 Fixsternen verzeichnet waren. Dieser galt als Grundlage der folgenden Sternkataloge bis zu → Nikolaus Kopernikus. Auf der Grundlage der Arbeiten des → Aristarchos von Samos berechnete Hipparch für die damaligen Verhältnisse genaue Entfernungen von Sonne und Mond. Im Zuge dieser Berechnungen erstellte er als erster Mathematiker und Astronom genaue Tabellen von Winkelfunktionen rechtwinkliger Dreiecke. Er führte die Trigonometrie nicht nur in die Astronomie ein, er gilt auch als deren Begründer. 130 vor Christus entdeckte Hipparchos die Präzession (Verlagerung der Äquinoktien auf dem Wanderweg der Sonne). Bei der Entwicklung einer Methode zur geometrischen Darstellung der Bahnen von

Sonne, Mond und der Planeten entwickelte er die Exzentertheorie, die von → Claudius Ptolemäus und später Kopernikus leicht modifiziert übernommen wurde. Zur Bestimmung der Sternhelligkeiten legte Hipparch ein sechs Größenklassen umfassendes System fest, das auch heute noch in erweiterter und präzisierter Form angewendet wird. Verbunden mit seinen astronomischen Forschungen verbesserte er astronomische Beobachtungsinstrumente; die Entwicklung des Astrolabiums wird ihm ebenfalls zugeschrieben. In der Geographie setzte sich Hipparch für die Bestimmung der geographischen Länge und Breite eines Ortes als Grundlage der Kartographie ein. Außerdem entwickelte er ein Verfahren zur Bestimmung der Breitendifferenz zweier Orte mittels Beobachtung von Mondfinsternissen.

Hippokrates

*** um 460 v. Chr., Kos, † um 370 v. Chr., Larissa; griechischer Arzt**

Über Hippokrates' Vita ist wenig bekannt. Sein Großvater und Vater sollen Ärzte gewesen sein; seine Familie führte ihre Herkunft auf den Gott der Heilkunst, Asklepios, zurück. In Ägypten soll Hippokrates Medizin studiert haben. Manche Quellen sehen in → Demokrit und Herodikos von Selymbria zwei Lehrer von Hippokrates. Hippokrates lehrte und arbeitete als wandernder Arzt (Periodeut) und gründete auf Kos eine medizinische Unterrichtsstätte.

Die hippokratische Medizin faßte Krankheiten als unausgewogene Mischung (Dyskrasis) der vier Körpersäfte – Schwarze und Gelbe Galle, Schleim und Blut – auf; ein Mensch war gesund, wenn die Säfte in einem für die betreffende Person typischen Gleichgewicht standen (Sukrasis). Die im Herzen liegende «eingepflanzte Wärme» sollte die Elemente verbinden. Das «humoralpathologische Viererschema», das heißt die Viersäftelehre, hing eng mit der Vorstellung des Empedokles von Akragas zusammen, die alles Seiende auf die Elemente Luft, Erde, Feuer und Wasser zurückführte. Die Hippokratiker konnten durch die Säftelehre Gesundheit und Krankheit theoretisch erklären und wandten sich damit von religiös-magischen Erklärungsansätzen ab; daher betrachtet man die hippokratische Schule als Beginn der wissenschaftlichen Medizin.

Als Aufgabe des Arztes galt den Hippokratikern, das Gesamtverhalten des Organismus zu unterstützen und die «Heilkräfte der Natur» zu fördern. Therapeutisch wandten sie das Prinzip «contraria contrariis» an – Fieber beispielsweise wurde aus diesem Grund mit Kälte behandelt. Besonderen Wert legten die Hippokratiker auf die Krankheitsverhinderung; dabei berücksichtigten sie auch Umwelteinflüsse, denen sie eine eigene Abhandlung widmeten («Über Luft-, Wasser- und Ortsverhältnisse»).

Eine gemäßigte Diät, Sauberkeit und Ruhe für den Kranken sowie besondere

Hippokratischer Eid

Ein dem Hippokrates zugeschriebenes Arztgelöbnis, das den Arzt einem hohen ethischen Verantwortungsbewußtsein unterstellt. Der hippokratische Eid war das Vorbild der heutigen Leitlinien ärztlichen Handelns, die allerdings nicht im eigentlichen Sinne geschworen, sondern mit der Approbation stillschweigend anerkannt werden.

Sauberkeit des Arztes waren weitere Kennzeichen der hippokratischen Therapie. Auf Anatomie, Morphologie und operative Chirurgie wurde nur sehr geringer Wert gelegt.
Die umfangreiche, etwa 60 Werke umfassende Schriftensammlung, die unter Hippokrates' Namen erschien («Corpus Hippocraticum», nach 100 v. Chr.), ist eine Zusammenstellung ärztlichen Wissens aus den etwa fünf bis sechs Jahrhunderten seit dem Wirken des Hippokrates; den Kern der Texte bilden Arbeiten der hippokratischen Schulen von Kos und Knidos des 5. bis 4. Jahrhunderts v. Chr.
Historische Bedeutung hat der ethische Anspruch, den die Hippokratiker dem ärztlichen Tun zumaßen.

Hoff, Jacobus Henricus van't

*** 30. 8. 1852, Rotterdam, † 1. 3. 1911, Berlin-Steglitz; niederländischer Physikochemiker**

Hoff, der einer Arztfamilie entstammte, studierte von 1869 bis 1871 am Polytechnikum von Delft Technische Chemie, anschließend nahm er an der Universität Leiden ein Studium der Physik und Mathematik auf. Von 1872 bis 1874 arbeitete er bei → August Kekulé von Stradonitz in Bonn und bei Charles Adolphe Wurtz in Paris. Während dieser Zeit promovierte er an der Universität Utrecht (1873). Ab 1874 mußte Hoff seinen Unterhalt mit Privatunterricht bestreiten. Um den Bezug zur wissenschaftlichen Arbeit nicht zu verlieren, arbeitete er in einem Universitätslaboratorium. 1876 wurde er Privatdozent in Utrecht. 1877 berief ihn die Universität Amsterdam zunächst zum Lektor, 1878 zum Professor für Chemie, Geologie und Mineralogie. 1893 erhielt Hoff die Davy-Medaille der Royal Society. 1896 ging er nach Berlin, wo man ihn in die Preußische Akademie der Wissenschaften aufnahm. Außerdem erhielt er eine Honorarprofessur an der Berliner Universität. 1901 wurde er für seine Arbeiten über die Gesetze der chemischen Dynamik und des osmotischen Drucks in Lösungen mit dem ersten Nobelpreis für Chemie ausgezeichnet.
Hoff gilt als Mitbegründer der physikalischen Chemie als Wissenschaftsdisziplin. In seinen frühen Arbeiten beschrieb er die asymmetrische Struktur des Kohlenstoffatoms und legte dar, daß die Asymmetrie die Voraussetzung für dic optische Aktivität einer Struktur ist (optische Aktivität: Drehung der Schwingungsebene polarisierten Lichts). Er publizierte seine Ergebnisse 1874 in seinem Aufsatz «Die Lagerung der Atome im Raum», die wichtige Grundlagen für die später begründete Stereochemie lieferte. 1878 beschäftigte sich Hoff mit der Kinematik chemischer Reaktionen. Durch seine Untersuchungen konnte er eine allgemeine Gleichung der Reaktionsgeschwindigkeit aufstellen, in der die Abhängigkeit der Reaktionsgeschwindigkeit von der Temperatur berücksichtigt wurde. 1883 definierte er die Grundgesetze der Reaktionskinetik auf thermodynamischer Grundlage. Mit der Änderung der Freien Energie bei konstantem Volumen legte er ein Maß für die Affinität fest und formulierte die «Van't Hoffsche Regel» für die Reaktionsgeschwindigkeit. Außerdem formulierte er die Gesetzmäßigkeiten des chemischen Gleichgewichts und leitete einen mathe-

matischen Ausdruck für die Temperaturabhängigkeit mit Hilfe des Massenwirkungsgesetzes ab (Van't Hoffsche-Reaktionsisoschore). Seine Ergebnisse veröffentlichte er 1884 in seiner Schrift «Studien zur chemischen Dynamik». 1885 beschäftigte sich Hoff mit der Untersuchung von Stoffen in verdünnten Lösungen. Er wies nach, daß für sie die idealen Gasgesetze, das Henry-Daltonsche Absorptionsgesetz und die Avogadro-Regel (→ Amadeo Avogadro) gilt («Über die Theorie der Lösungen», 1885). Ab 1886 untersuchte Hoff zusammen mit Wilhelm Meyerhoffer die Bildungsverhältnisse mariner Salzablagerungen.

Hooke, Robert

*** 18. 7. 1635, Freshwater (Isle of Wight), † 3. 3. 1703, London; britischer Naturforscher**

Hooke erwarb seine ersten wissenschaftlichen Kenntnisse auf autodidaktischem Weg in London und Oxford. Er besaß eine außerordentliches technisches Geschick und wurde Assistent von → Robert Boyle, dessen Anregungen er in mechanische Erfindungen umsetzte. Bei der Gründung der Royal Society 1662 wurde Hooke zum «Kurator der Experimente» gewählt – mit der Aufgabe, bei den wöchentlichen Sitzungen bemerkenswerte Experimente vorzustellen und auf Anweisung der Akademiemitglieder Experimente durchzuführen. 1665 übernahm er zudem eine Professur für Geometrie am Gresham College und ab 1666 eine Stellung als Architekt beim Neuaufbau Londons (nach einer verheerenden Brandkatastrophe). Auch in der Royal Society wurden ihm zahlreiche weitere Aufgaben anvertraut. So hielt er Vorlesungen über Mechanik, verwaltete die Sammlungen und die Bibliothek und übernahm von 1677 bis 1682 das Amt des Sekretärs. Hooke erlangte einen beachtlichen Einfluß, den er später insbesondere gegen → Isaac Newton, mit dem er wegen einiger Theorien in Prioritätsstreitigkeiten geriet, auszunutzen versuchte.

Als Experimentator und Konstrukteur gelangen Hooke auf zahlreichen Wissenschaftsgebieten bedeutende Fortschritte. Er verbesserte physikalische Geräte wie die Luftpumpe und das zusammengesetzte (zweilinsige) Mikroskop, entwickelte die Mikrometerschraube für astronomische Instrumente, schlug den Eisschmelzpunkt als Nullpunkt der Thermometerskala vor und erkannte die Konstanz der Schmelz- und Siedepunkte der Stoffe.

Hookes mikroskopische Studien bewirkten den Durchbruch zur Benutzung des Mikroskops in der biologischen Forschung. Sein Buch «Micrographia» (1665) enthält zahlreiche für die damalige Zeit ungewöhnlich exakte mikroskopische Beobachtungen an Mineralen, Tieren und Pflanzen. Bei der Darstellung der Struktur von Kork verwendete Hooke erstmalig die Bezeichnung «Zelle» und prägte damit einen der grundlegenden Begriffe in der Biologie. Die Mikroskopie führte Hooke auch zur Beschäftigung mit der Natur des Lichts. Aufgrund eines bei der Untersuchung der Farben dünner Blättchen entdeckten Zusammenhangs zwischen Farbe und Schichtdicke entwickelte Hooke eine Lichttheorie, die Elemente der Wellentheorie enthielt und zu den Ansichten

Hookesches Gesetz
Empirisch gefundenes Gesetz über den linearen Zusammenhang zwischen der elastischen Verformung eines Körpers und der dazu erforderlichen Kraft. Es gilt unter anderem für das Spannen einer Feder, solange die Spannung unter der Proportionalitätsgrenze bleibt.

Newtons in Widerspruch stand. Auf dem Gebiet der Geologie erklärte Hooke als einer der ersten die Entstehung von Fossilien durch natürliche Ursachen (Erdbeben) und entwickelte eine geologische Erdgeschichte im Rahmen der durch die Bibel gesetzten Zeitgrenzen. Eine andere wichtige Entdeckung machte Hooke in der Physik. Bei der Konstruktion von pendelfreien, mittels Spiralfedern angetriebenen Uhren untersuchte er die Verformung elastischer Federn und fand 1678 das nach ihm benannte «Hookesche Gesetz».

Hopkins, Sir Frederick Gowland

*** 20. 6. 1861, Eastbourne (Sussex), † 16. 5. 1947, Cambridge; britischer Biochemiker**

Hopkins, Sohn eines Wissenschaftlers, nahm 1878 eine Stellung im Büro einer Versicherungsgesellschaft an. Er kündigte jedoch bereits nach einem halben Jahr und absolvierte eine Chemikerlehre, arbeitete anschließend in einem gerichtsmedizinischen Institut und hörte Medizinvorlesungen an der Universität London. 1888 begann er ein Medizinstudium am Guy Hospital in London, wo er ab 1894 auch lehrte. 1898 hielt Hopkins Vorlesungen über physiologische Chemie an der Universität Cambridge. 1914 wurde er dort Professor für Biochemie und bekam 1924 ein eigenes Institut. 1929 wurde ihm – zusammen mit → Christiaan Eijkman – der Nobelpreis für Medizin verliehen.
Hopkins' hauptsächliches Arbeitsgebiet war die Biochemie. 1900 entdeckte er die Aminosäure Tryptophan und konnte zeigen, daß sie vom Menschen nicht gebildet werden kann, sondern mit der Nahrung aufgenommen werden muß. Hopkins untersuchte noch weitere solcher Aminosäuren und führte Experimente durch, in denen er Ratten zum Beispiel ausschließlich mit dem Protein Gelatine fütterte. Da die Versuchstiere nicht überlebten, folgerte Hopkins erstmalig 1906, daß bestimmte, scheinbar unbedeutende Stoffe für eine gesunde Ernährung notwendig sind. Hopkins nahm an, daß ein Fehlen dieser oft nur in geringen Mengen erforderlichen «akzessorischen Stoffe» beim Menschen zu Krankheiten wie Rachitis oder Skorbut führen kann. 1912 prägte der polnische Biochemiker Casimir Funk für die von Hopkins postulierten Stoffe die Bezeichnung «Vitamine». Zur Bestätigung seiner noch viele Jahre angezweifelten Vitamin-Hypothese führte Hopkins später zahlreiche weitere Versuche mit einseitiger Ernährung von Versuchstieren durch. Die auftretenden Mangelerscheinungen ließen sich durch eine kleine tägliche Milchportion beheben. Hopkins konnte die Vitamine A und B in Milch nachweisen. Bei Forschungen zur Isolierung

Hopkins-Test
Auch: Hopkins-Probe. Untersuchungsmethode zum Nachweis und zur Mengenbestimmung von Harnsäure im Urin durch Fällung mit Ammoniumchlorid.

von Vitaminen gewann er 1921 aus Muskelgewebe das aus drei Aminosäuren bestehende Peptid Glutathion und erforschte seine Rolle bei Oxidationsprozessen.
Zahlreiche Nahrungsmittelfirmen zeigten Interesse an Hopkins' Forschungen und boten ihm finanzielle Unterstützungen. Auf der Grundlage von Hopkins' Erkenntnissen wurde 1926 in Großbritannien die erste mit Vitaminen angereicherte Margarine auf den Markt gebracht.

Hoppe-Seyler, Ernst Felix Immanuel

*** 26. 12. 1825, Freyburg (Unstrut), † 11. 8. 1895, Wasserburg (Bodensee); deutscher Biochemiker und Arzt**

Hoppe-Seyler verlor früh seine Eltern. Von seinem Schwager adoptiert, besuchte er zunächst die Franck'sche Anstalt in Halle, um anschließend in Halle, Leipzig und Berlin Medizin zu studieren (1846–1851). In Berlin gehörten die Physiologen Ernst Heinrich Weber und Eduard Friedrich Weber zu seinen Lehrern. In Prag übte sich Hoppe-Seyler in der Geburtshilfe, in Wien erweiterte er bei Joseph Škoda seine internistischen Kenntnisse. 1852 bis 1854 wirkte er als Arzt in Berlin, anschließend ging er als Prosektor an das Institut für Anatomie der Universität Greifswald, wo er sich habilitierte. 1856 wechselte er an das Berliner Institut für Pathologie zu → Rudolf Ludwig Carl Virchow, der ihm die Leitung des chemischen Labors übertrug. 1860 wurde Hoppe-Seyler zunächst außerordentlicher Professor, 1861 erhielt er eine ordentliche Professur für Angewandte Chemie an der Universität Tübingen, wo er über anorganische und organische Chemie, Toxikologie und physiologische Chemie (Biochemie) las. 1872 folgte er einem Ruf der Universität Straßburg, deren Rektor er 1874 wurde.
Hoppe-Seyler gehört zu den Begründern der physiologischen Chemie. 1862 konnte er die kristalline Form des Hämoglobins darstellen. Zu dessen quantitativer Bestimmung entwickelte er die Kalorimetrie. Im Zuge seiner Untersuchungen über Kohlenmonoxidvergiftungen entdeckte er 1864 das Methämoglobin. Ab 1870 widmete er sich der Erforschung der chemischen Abläufe bei Fäulnis- und Gärungsprozessen. Er entdeckte das Enzym «Invertase», außerdem klärte er seine Funktion als Beschleuniger beim Abbau von Rohrzucker zu Glucose und Fructose. 1875 erstellte er eine Klassifizierung der Proteine. Außerdem gelang Hoppe-Seyler der Nachweis des Cholesterols und die Darstellung des Lecithins. Er isolierte Nukleinsäuren und formulierte den Begriff «Proteide». Mit der Einführung der Spektralanalyse erweiterte er die Analyseverfahren.
1858 verfaßte Hoppe-Seyler sein berühmtes «Handbuch der physiologisch-pathologisch-chemischen Analyse». Von 1877 bis 1894 war er Herausgeber und Redakteur der «Zeitschrift für physiologische Chemie».

Howe, Elias

*** 9. 7. 1819, Spencer (Massachusetts), † 3. 10. 1867, Brooklyn; amerikanischer Erfinder**

Howe stammte aus einer armen Bauernfamilie. Er mußte ab 1825 bei einem Nachbarn Feldarbeit verrichten sowie bei seinem Vater in einer Mühle arbeiten

und besuchte nur kurz eine Sommerschule. Ab 1835 war er als Mechaniker in verschiedenen Fabriken tätig.
Während seiner Arbeit in einer Bostoner Fabrik (um 1840) soll Howe erfahren haben, daß die amerikanische Textilindustrie dringend Nähmaschinen benötigte – das Weben und Spinnen wurde zu dieser Zeit bereits maschinell betrieben. Er hatte daraufhin mit der Konstruktion einer Nähmaschine begonnen, bis er 1844 das beim Weben eingesetzte Prinzip der Schiffchen kennenlernte. 1845 stellte Howe öffentlich das Eisenmodell einer neuartigen Nähmaschine vor, 1846 erhielt er ein Patent auf das Gerät.
Da sich Howes Erfindung aufgrund der unhandlichen Bauweise und des hohen Verkaufspreises nicht durchsetzen konnte, reiste er nach England und verkaufte seine Erfindung beziehungsweise die Patentrechte für einen geringen Preis an einen Korsett- und Schirmfabrikanten. Einige Kaufleute – darunter Isaak Merrit Singer – umgingen in den folgenden Jahren geschickt Howes Patent durch diverse technische Abwandlungen und brachten die Nähmaschine rasch zum Erfolg.
Selbst wertvolle Verbesserungen des Gerätes, beispielsweise der von Singer erdachte Stofftransport durch ein gezähntes Rädchen, konnten jedoch nicht verhindern, daß ab 1854 alle Nähmaschinenfabrikanten gerichtlich zu Lizenzabgaben an Howe verpflichtet wurden. Von diesen Einnahmen – bis zu 4000 Dollar täglich – erbaute Howe 1862 seine eigene Fabrik in Bridgeport (Connecticut). Unter anderem produzierte er dort eine Doppelstichnähmaschine, die 300 Stiche pro Minute leistete.

Hubble, Edwin Powell

*** 20. 11. 1889, Marshfield (Missouri), † 28. 9. 1953, San Marino (Kalifornien); amerikanischer Astronom**

Hubble studierte bis 1910 Mathematik und Astronomie an der Universität Chicago, wo → Robert Andrews Millikan und → George Ellery Hale zu seinen Lehrern gehörten. Vor die Wahl gestellt, entweder als Boxer oder Akademiker Karriere zu machen, zog er die Wissenschaften vor und ging zum Jurastudium nach Oxford. Nach seinem Abschluß 1913 kehrte er in die USA zurück und arbeitete in Louisville als Anwalt. 1914 ging Hubble an das Yerkes Observatorium in Chicago, wo er 1917 bei Edwin Braut Frost über galaktische Nebel promovierte. 1919 begann Hubble seine Tätigkeit am Mount-Wilson-Observatorium bei Pasadena. Während des Zweiten Weltkriegs arbeitete er beim US-Verteidigungsministerium als Ballistikexperte. Nach dem Krieg wirkte er am Bau des Mount-Palomar-Observatoriums mit.
Hubbles erste Forschungsobjekte waren zwischen den Sternen liegende (interstellare) Nebel. Im Zuge seiner Promotion 1917 beschäftigte er sich mit ihren Strukturen, wobei er die «zone of avoidance» entdeckte – eine nebelfreie Zone längs des galaktischen Äquators. Ab 1923 stand ihm ein Reflektor zur Verfügung, mit dem er den Andromedanebel studierte. Dabei entdeckte er einen Delta-Cepheiden (ein Stern, dessen Helligkeit periodisch variiert). Durch das Auffinden weiterer Cepheiden (Hubble-Sandage-Variable) konnte Hubble anhand der Perioden-Helligkeitsbeziehung von Henrietta Swan Leavitt die Entfernung zur Erde bestimmen. Mit seinem Wert

von 900 000 Lichtjahren wies Hubble nach, daß sich der Andromeda-Nebel weit außerhalb unserer Milchstraße (100 000 Lichtjahre groß) befindet, womit er die extragalaktische Forschung begründete. Im Verlauf seiner Untersuchungen entdeckte Hubble Nebel, die eine Ähnlichkeit mit unserer Milchstraße aufwiesen. Auf dieser Grundlage formulierte er die «Insel-Theorie» über die Existenz anderer Galaxien. Er entdeckte, daß die Nebel entweder spiralig oder elliptisch gebaut sind, woraufhin er die Klassifizierung anhand der Morphologie einführte. 1929 beschäftigte sich Hubble mit den Entfernungen und Geschwindigkeiten der Nebel. Dabei erkannte er, daß aus der Größe der Rotverschiebung der Spektrallinien des Sternenlichts die Entfernung der Sternsysteme voneinander gemessen werden kann (Hubble-Effekt). Er deutete die Rotverschiebung als Doppler-Effekt, was bedeutete, daß diese Sternsysteme eine von der Erde weggerichtete Fluchtbewegung ausführen, die nach Hubble linear mit der Entfernung des Sternsystems vom Milchstraßensystem wächst. Als Linearfaktor führte er die «Hubble-Konstante» ein. Hubbles Überlegungen ließen sich mit der Theorie Willem de Sitters über die Expansion des Alls in Einklang bringen, wonach die Entfernungen der Nebel stetig wachsen, und zwar um so schneller, je weiter sie vom Beobachter entfernt sind. Diese Fluchtgeschwindigkeit ging nach Hubble in die Lichtgeschwindigkeit über, wodurch die Galaxis der Beobachtung entzogen wird. Die Grenzentfernung wird durch den Hubble-Radius repräsentiert (13 Milliarden Lichtjahre). Die Umkehrung der Theorie von Hubble bildete die Grundlage der Urknall-Theorie, nach der das gesamte Universum in einem Punkt zentriert war.

Huggins, Sir William

*** 7. 2. 1824, London, † 12. 5. 1910, Tulse Hill (bei London); britischer Astronom**

Huggins war Autodidakt und erbaute 1855 in Tulse Hill eine private Sternwarte. 1897 wurde er geadelt; von 1900 bis 1905 war er Präsident der Royal Society.

Huggins untersuchte die elementare Zusammensetzung von Sternen, Nebeln, Planeten und der Sonne. Dazu beobachtete er mit einem Teleskop die zerlegten Strahlengemische (Spektren), die von den Himmelskörpern ausgehen. 1868 fiel Huggins auf, daß sich eine Spektrallinie des Wasserstoffs, die von Sirius ausgesendet wurde, verglichen mit dem irdischen Wasserstoffspektrum zum Violetten hin verschoben darstellte. Ursache dafür war der Doppler- oder Fizeaueffekt, der erklärt, wie sich Wellenzüge (zum Beispiel Licht- oder Schallwellen) verhalten, die von einem sich bewegenden Objekt ausgehen und von einem ruhenden oder vergleichsweise langsam bewegten Empfänger aufgefangen werden. Die von Huggins beobachtete «Rotverschiebung» erlaubte die Feststellung, daß und wie schnell sich der Stern Sirius von der Erde wegbewegt. Später konnte mit dieser Methode nachgewiesen werden, daß sich das gesamte Universum auseinanderbewegt.

Die spektroskopische Untersuchung einer Nova zeigte 1866, daß deren Hülle aus Wasserstoff bestand. Dies führte –

zusammen mit → Anders Jonas Ångströms Entdeckung des Wasserstoffes als Bestandteil der Sonne – zur Ansicht, daß Wasserstoff ein Hauptbestandteil des Alls sei.

Die Aristotelische Meinung (→ Aristoteles), daß der Himmel anders zusammengesetzt sein müsse als die Erde, widerlegte Huggins 1863, indem er mit Hilfe der Spektralanalyse zeigte, daß Sterne aus denselben Elementen bestehen wie die Erde. Die Entdeckung der Gasnebel – zum Beispiel im Sternbild Orion – im Jahr 1864 war eine weitere Leistung Huggins'.

Um 1875 entwickelte Huggins Verfahren zur fotografischen Dokumentation der Spektrallinien. Bei langen Belichtungszeiten konnte er Spektren aufzeichnen, die von für das bloße Auge unsichtbaren Sternen ausgesendet werden; ab 1882 fotografierte Huggins Sternnebelspektren.

Humboldt, Alexander Freiherr von

*** 14. 9. 1769, Berlin, † 6. 5. 1859, Berlin; deutscher Naturforscher**

Nach der Ausbildung durch Privatlehrer studierte Alexander von Humboldt (der Bruder des Philosophen und Sprachforschers Wilhelm von Humboldt) von 1787 bis 1792 an den Universitäten Frankfurt (Oder) und Göttingen, an der Handelsakademie in Hamburg und an der Bergakademie in Freiberg (Sachsen) die Fächer Wirtschafts- und Verwaltungskunde beziehungsweise Geologie und Bergbauwissenschaften. Schon während des Studiums unternahm Humboldt Reisen durch Europa, unter anderem 1790 nach England und Frankreich, wo er verschiedene Wissenschaftler besuchte. 1792 trat Humboldt als Bergassessor in den preußischen Staatsdienst ein und leitete den Bergbau in den zu Preußen gehörenden fränkischen Fürstentümern. Nach dem Tod der Mutter 1796 erbte er ein großes Vermögen und gab seinen Beruf auf, um sich auf eine Forschungsreise vorzubereiten. Diese führte ihn zusammen mit dem französischen Botaniker Aimé Bonpland von 1799 bis 1804 durch die heutigen Staaten Venezuela, Kuba, Kolumbien, Peru, Ecuador, Mexiko und die USA. Anschließend lebte Humboldt nach kurzen Aufenthalten in Rom und Berlin von 1807 bis 1827 in Paris und wertete in Zusammenarbeit mit Wissenschaftlern aus aller Welt seine Expedition gründlich aus. 1827 kehrte Humboldt nach Berlin zurück, wo er seine berühmten Vorlesungen über physische Weltbeschreibung hielt. 1829 unternahm er eine Expedition in das asiatische Rußland (Ural, Altai, Dsungarei, Kaspisches Meer und bis an die chinesische Grenze) und ließ sich anschließend in Berlin nieder.

Humboldt förderte durch seine Forschungen fast alle Naturwissenschaften, besonders aber die Geographie und Geologie. Durch seine exakte Methodik (gründliche Messungen und Vergleich eigener, fremder und historischer Beobachtungen) vollzog er in der physischen Geographie, Klimatologie, Ozeanographie und Ökologie den Übergang von

Humboldtstrom
Auch: Perustrom. Kalte, nordwärts gerichtete Meeresströmung vor der Westküste Südamerikas, die das Klima der Küstengebiete Nord-Chiles und Perus beeinflußt (Nebelbildung, Küstenwinde).

der Sammlung von Einzeldaten zu systematischer Forschung.

Auf seiner Amerikareise sammelte Humboldt umfangreiches botanisches und geologisches Material, verwirklichte erstmals eine ökologische Landschaftsforschung und führte präzise Orts- und Höhenbestimmungen durch. Humboldt bestimmte den Verlauf des Rio Casiquiare und bewies damit die Verbindung der Einzugsgebiete (Bifurkation) von Orinoco und Amazonas. Er maß die Temperaturen des nach ihm benannten Humboldtstroms und erreichte am höchsten Berg Ecuadors, dem Andenvulkan Chimborasso (6310 m), eine Höhe von 5400 m. Als erster erkannte Humboldt die Vorteile eines Kanals durch die Landenge von Panama. Am Beispiel Mexikos und Kubas begründete Humboldt die moderne Landeskunde. Die Zusammenfassung der aus der Amerika-Reise gewonnenen Erkenntnisse in «Voyage aux régions équinoxiales du nouveau continent» (36 Lieferungen, 1805–1834) stellt das wissenschaftliche Hauptwerk Humboldts dar. Neben geowissenschaftlichen Forschungen fließen unter anderem auch pflanzengeographische, ethnologische, archäologische und sprachwissenschaftliche Beobachtungen ein.

In Paris führte Humboldt mit → Louis Joseph Gay-Lussac gasanalytische Untersuchungen über die Zusammensetzung der Atmosphäre durch. Auf der Grundlage seiner Beobachtung der Abnahme der magnetischen Feldstärke vom Pol zum Äquator organisierte Humboldt in Zusammenarbeit mit → Carl Friedrich Gauß ein weltweites Netz erdmagnetischer Beobachtungsstationen. Das naturwissenschaftliche Werk «Kosmos. Entwurf einer physischen Weltbeschreibung» (5 Bände, 1845–1862), die erste umfassende wissenschaftliche Enzyklopädie der Geographie und Geologie, war ein wichtiger Beitrag zur weiten Verbreitung wissenschaftlicher Erkenntnisse.

Hunter, John

*** 13. 2. 1728, Long Calderwood (bei Glasgow), † 16. 10. 1793, London; britischer Chirurg**

Hunter wuchs auf dem Landgut seiner Eltern in einer kinderreichen Familie auf. Wegen schlechter Leistungen mußte er die Schule abbrechen und ging bei seinem Schwager, der Holzhändler war, in die Lehre. 1748 begann er eine Ausbildung bei seinem Bruder William in London – William Hunter war ein erfolgreicher Chirurg und arbeitete als königlicher Leibarzt; bald stellte er seinen jüngeren Bruder als Assistenten ein. Dieser lernte bis 1751 am Chelsea-Krankenhaus grundlegende chirurgische Techniken und bildete sich durch Sektionen in Anatomie fort, wechselte dann ans Bartholomäus-Hospital und wurde 1756 am St.-George-Krankenhaus Anstaltsarzt.

Nach einer schweren Lungenentzündung arbeitete Hunter bis 1763 als Heeresarzt. In London eröffnete er eine eigene Praxis, hielt Vorlesungen und legte in seinem Landhaus einen Tierpark an, den er zu vergleichend-anatomischen Studien nutzte. Das St.-George-Krankenhaus berief ihn 1768 als Arzt, ab 1773 hielt Hunter chirurgische Vorlesungen, 1776 wurde er zum außerordentlichen Wundarzt des Königs und 1789 zum Generalarzt der Armee ernannt.

Hunters wichtigste Leistung ist die Begründung der chirurgischen Pathologie sowie die Umformung der Chirurgie als einst von Barbieren ausgeübtes Handwerk in eine wissenschaftliche Disziplin – Anatomen hatten zu Hunters Zeit keine oder wenig Erfahrung mit operativen Eingriffen, bildeten die Mediziner aber in diesem Fach aus.

In Hunter vereinigten sich großes handwerklich-operatives Geschick und das Interesse an der Funktion von Wunden, besonders in Hinblick auf Eiterbildung, Gewebeerneuerung und Entzündung. Durch langjährige Beobachtung verstand Hunter die Wunde erstmals als Reaktion des Körpers auf eine Schädigung. Die Entzündung ordnete Hunter richtig dem Heilungs- beziehungsweise Abwehrprozeß zu – der Grundgedanke der modernen Infektionslehre. Auf dem Gebiet der Pathologie arbeitete Hunter streng wissenschaftlich-empirisch und prüfte seine Fragestellungen durch Tierversuche; seine zugleich entstandene Sammlung anatomischer Präparate war und ist der Grundstock der Sammlung des Londoner Royal College of Surgeons. Hunter ging davon aus, daß besonders der Vergleich anatomischer Strukturen von verschiedenen Lebewesen die allgemeinen, dazugehörigen Funktionen offenlegt. Weitere Arbeitsgebiete Hunters waren die Geschlechtskrankheiten (1786) und die Zahnheilkunde. Während sein Werk über Stomatologie lange Zeit als Standard galt, führte ein fehlgedeuteter Selbstversuch zu einem anhaltenden Irrtum: Hunter hatte sich mit Eiter einer Tripperinfektion bewußt angesteckt, es traten aber Syphilissymptome auf. Daraus entwickelte sich die falsche Annahme, daß alle Geschlechtskrankheiten identisch seien.

Hutton, James

*** 3. 6. 1726, Edinburgh, † 26. 3. 1797, Edinburgh; britischer Geologe**

Hutton studierte ab 1740 an der Universität Edinburgh Chemie, ehe er sich nach einer kurzen Tätigkeit als Schreiber 1744 der Medizin zuwandte. 1747 wechselte er von Edinburgh nach Paris und schloß sein Studium 1749 in Leiden mit einer Promotion ab. Anschließend zog Hutton nach London und wenig später auf einen ererbten Landbesitz in Berwickshire (Schottland), wo er sich der Landwirtschaft widmete. Zwischen 1753 und 1754 bereiste Hutton England, Holland und Nordfrankreich. Hutton beschäftigte sich mit agrarwissenschaftlichen Problemen und gründete eine Fabrik zur Herstellung von Ammoniumchlorid. So gelangte er über die Chemie zur Mineralogie und Geologie. 1764 unternahm er eine geologische Exkursion nach Nordschottland. Ab 1768 lebte Hutton als Privatwissenschaftler in Edinburgh.

Hutton ist einer der Begründer der wissenschaftlichen Geologie. In seinem Buch «Theory of the Earth» (2 Bände, 1785; Band 3 herausgegeben 1899) entwickelte er auf rein naturwissenschaftlichen Grundlagen eine der ersten umfassenden geologischen Theorien. Er betonte in dieser als «Plutonismus» bezeichneten Theorie insbesondere die Bedeutung des Erdinneren für die Gesteinsbildung und widersprach damit dem «Neptunismus», der alle Gesteine als Ablagerungen eines Urmeeres ansah. Hutton nahm an, daß aufgrund der hohen Temperaturen im Erdinneren Gesteine durch Vulkanismus an die Erdoberfläche gelangen, wo sie durch Verwitterung in sehr langen Zeiträumen zerfallen, sich schließlich am Meeresboden sammeln und dort durch Hitze erneut in den Gesteinsbildungsprozeß einbezogen werden. Dadurch kommt es nach Hutton zu einer Vertikalbewegung der Kontinente, indem neue Kontinente aus dem Meer aufsteigen, während alte durch Verwitterung abgetragen und schließlich überflutet werden. Das Vorkommen von fossilisierten Meerestieren weit über dem derzeitigen Meeresspiegel war durch diese Theorie erklärbar, ohne wie bisher eine Sintflut als weltweite Überflutungskatastrophe annehmen zu müssen.

Damit erarbeitete Hutton wesentliche Grundlagen des Aktualismus, wonach in den früheren Phasen der Erdgeschichte die gleichen Kräfte wirkten wie in der Gegenwart. Dieses insbesondere für die Entwicklung der Evolutionstheorie wichtige Grundprinzip der Geologie trat nach 1800 zugunsten der Katastrophentheorie (→ Georges Baron de Cuvier) in den Hintergrund, wurde durch das Wirken Charles Lyells Mitte des 19. Jahrhunderts aber schließlich allgemein akzeptiert.

Hutton beschäftigte sich außerdem mit der Entstehung von Wolken und Regen. Dabei erkannte er bereits, daß Niederschläge durch Abkühlung von Luftmassen entstehen können, da kalte Luft weniger Feuchtigkeit aufnimmt.

Huxley, Thomas Henry

*** 4. 5. 1825, Ealing (heute zu London), † 29. 6. 1895, London; britischer Zoologe**

Huxley, Sohn eines Lehrers, schloß 1845 ein Medizinstudium an der Universität London ab und ging anschließend zur Marine. Als Schiffsarzt auf einem Forschungsschiff bereiste er von 1846 bis 1850 den Stillen Ozean. Nach seiner Rückkehr lebte Huxley zunächst als freischaffender Wissenschaftler in London. 1851 wurde er Mitglied der Royal Society und 1854 Professor für Naturgeschichte an der Government School of Mines (Bergbauschule) und wenig später am Geological Survey. Er hielt Vorlesungen an verschiedenen Institutionen und war Mitglied zahlreicher Kommissionen und wissenschaftlicher Gesellschaften. Von 1881 bis 1885 war er Präsident der Royal Society.

Huxley ist der Großvater des Schriftstellers Aldous Leonard Huxley, des Physiologen Andrew Fielding Huxley und des Biologen und Schriftstellers Julian Sorell Huxley.

Huxleys erste bedeutende wissenschaftliche Arbeiten waren vergleichend-morphologische Untersuchungen an Wirbellosen des Meeres, die er auf seiner Schiffsreise gesammelt hatte. Vor allem sind seine Forschungen über Kopffüßer, Manteltiere und Nesseltiere hervorzuheben. Huxley erkannte, daß der Körper der Medusen aus nur zwei Zellschichten, dem Ektoderm und dem Entoderm, aufgebaut ist. Er zeigte, daß diese den beiden Keimblättern der höheren Tiere homolog sind, und lieferte damit wichtige Erkenntnisse über den allgemeinen Bauplan der Tiere.

Populär wurde Huxley in erster Linie durch sein vehementes Eintreten für die anfangs sehr umstrittene Evolutionstheorie von → Charles Robert Darwin. In dem 1863 veröffentlichten Buch «Evidence as to Man's Place in Nature» wagte es Huxley als einer der ersten, Belege für

Huxley-Schicht
Von Huxley entdeckte Zellschicht der inneren Wurzelscheide (Haarscheide) des Haarfollikels der Säugetiere und des Menschen.

die Abstammung des Menschen von affenähnlichen Vorfahren vorzustellen.
In Arbeiten über die vergleichende Anatomie von Wirbeltieren betonte Huxley die Bedeutung der Embryonalentwicklung für die Homologisierung von Organen. Huxley widerlegte eine bislang weitgehend anerkannte Theorie von → Johann Wolfgang von Goethe und → Lorenz Oken über die stammesgeschichtliche Entstehung des Schädels aus umgebildeten Wirbeln. Auch vergleichend-anatomische Arbeiten über Vögel und Reptilien (deren enge Verwandtschaft er erkannte) sowie fossile Fische und Amphibien brachten wichtige neue Erkenntnisse. In späteren philosophischen Arbeiten prägte Huxley den Begriff des Agnostizismus, der die metaphysische Frage nach Gott für unlösbar erklärte.

Huygens, Christiaan

*** 14. 4. 1629, Den Haag, † 8. 7. 1695, Den Haag; niederländischer Mathematiker, Physiker und Astronom**

Huygens wurde bis zu seinem 16. Lebensjahr von Privatlehrern und seinem Vater, dem Dichter und Diplomaten Constantijn van Zuylichem, unterrichtet. Von 1645 bis 1647 studierte er Jura in Leiden, außerdem hörte er Mathematik bei Frans von Schooten. Von 1647 bis 1649 war er am Athenaeum in Breda, wo John Pell zu seinen Lehrern gehörte. Nach Aufenthalten in Paris und London widmete er sich in den Jahren 1649 bis 1666 allein der wissenschaftlichen Arbeit. 1666 ging er anläßlich der Gründung der Académie Royale des Sciences nach Paris. 1673 lernte er → Gottfried Wilhelm Leibniz kennen, später folgte die Bekanntschaft mit → Isaac Newton. 1681 kehrte Huygens in die Niederlande zurück, wo er sich auf seinem Gut Hofwijck niederließ. Huygens war Mitglied der Royal Society.
Huygens wirkte vor allem in den Bereichen Mechanik, Optik, Wellentheorie und Astronomie. In seinen frühen Arbeiten (ab 1653) widmete er sich dem Schleifen von Linsen und der Fertigung optischer Instrumente von hoher Qualität. Mit einem seiner Fernrohre entdeckte er 1655 den Jupitermond Titan, 1656 folgte die Entdeckung des Saturnrings und des Nebels im Orion. Ebenfalls 1656 befaßte er sich mit Wahrscheinlichkeits-, Differential- und Integralrechnung, über die er eine vielbeachtete Abhandlung («Tractatus de ratiociniis in aleae ludo») schrieb. Dieser Abhandlung schloß sich die Zeitmessung an, so daß er 1656/57 eine erste Pendeluhr vorstellen konnte. Zu diesem Zweck führte er das vertikale Pendel ein und mit der Zykloide eine Kurve, nach der alle Schwingungen isochron (zeitgleich) verlaufen. Das Pendel koppelte er an eine Uhr. Eine Beschreibung dieses Prinzips gab er 1658 in

Huygenssches Prinzip
Ein 1690 von Huygens formuliertes Modell der Wellenausbreitung des Lichts. Es besagt, daß jeder von einer Wellenbewegung erfaßte Raumpunkt eine Elementarwelle erzeugt. Durch Überlagerung der Elementarwellen entsteht die beobachtbare Wellenfront.

seiner Schrift «Horologium». 1667 entdeckte er die Gesetze des elastischen Stoßes und die Relativität von Ruhe und Bewegung. 1673 erschien mit «Horologium oscillatorium» Huygens' Hauptwerk. In ihm beschrieb er eine verbesserte Pendeluhr und formulierte die Theorie des physikalischen Pendels. Darüber hinaus stellte er die Theorie der Evolventen und Evoluten (Abkömmlinge der Zykloide) auf. 1675 konstruierte er unabhängig von → Robert Hooke eine Uhr mit Spiralfeder und Unruh. 1676 wandte sich Huygens der Optik zu. Er untersuchte die Reflexion, Brechung und Ausbreitung des Lichts und formulierte 1676 die Wellentheorie des Lichts. 1677 entwickelte er das Modell der Doppelbrechung des Calcits. 1690 stellte er auf der Grundlage seiner Untersuchungen das «Huygenssche Prinzip» zur Wellenausbreitung des Lichts auf. Weitere Forschungen Huygens galten der Statik, Hydrostatik und der Dynamik.

Ibn Sina → Avicenna

Ingenhousz (Ingen-Housz), Jan
*** 8. 12. 1730, Breda, † 7. 9. 1799, Bowood (nahe London); niederländischer Arzt und Botaniker**

Als Sohn eines Kaufmannes und Apothekers absolvierte Ingenhousz die Lateinschule in Breda und studierte ab etwa 1748 in Leuwen Medizin, wo er 1752 promovierte. Nach Studienaufenthalten in Leiden, Paris und Edinburgh wurde er 1757 praktischer Arzt in Breda; obwohl er auch wissenschaftlich arbeitete, konnte er konfessionsbedingt kein Lehramt in den protestantischen Niederlanden erhalten. Ingenhousz ging 1764 nach Edinburgh und London, wo er ab 1766 Spezialist für Pockenimpfungen wurde. 1768 führte Ingenhousz in Wien Impfungen der kaiserlichen Familie Maria Theresias durch, 1772 wurde er Leibarzt der Kaiserin. Ingenhousz heiratete 1775, kehrte aber 1789 ohne seine Frau nach England zurück. Ab 1769 war er Mitglied der Royal Society.

Ingenhousz ist der Entdecker der Photosynthese der Pflanzen sowie deren Atmung. Ausgehend von Versuchen Joseph Priestleys – dieser hatte 1771 festgestellt, daß Pflanzen «verdorbene Luft» erneuern – zeigte Ingenhousz 1779, daß nur die grünen Pflanzenteile an diesem Prozeß beteiligt sind und daß sie dafür Sonnenlicht benötigen. Zugleich stellte er fest, daß Pflanzen bei Nacht ausschließlich «verdorbene Luft» erzeugen. Nachdem Jean Senebier 1782 die verdorbene Luft als Kohlendioxid erkannt hatte, wies Ingenhousz nach, daß Pflanzen dieses normalerweise aus der Atemluft entnehmen und während der Photosynthese (Assimilation) in körpereigene Substanzen umbauen. Diese Entdeckung stützte die naturphilosophische Vorstellung einer weise eingerichteten Harmonie im Naturganzen: Das von den Tieren produzierte Kohlendioxid wird von den Pflanzen in dem Maße benötigt, wie sie den für Tiere lebensnotwendigen Sauerstoff abgeben. Aus ärztlicher Sicht wies Ingenhousz darauf hin, daß die Zusammensetzung der Luft einen Einfluß auf den Gesundheitszustand des Menschen haben könne.

Obwohl er die beiden zentralen Stoffwechselvorgänge Assimilation (Photosynthese) und Dissimilation (Atmung) klar erkannte, beschrieb Ingenhousz sie in Unkenntnis der Verbrennungstheorie von → Antoine-Laurent Lavoisier mit dem Vokabular der Phlogistontheorie, die davon ausging, daß bei der Verbrennung die Phlogistonsubstanz entweicht.

Die Schwärmsporen von Algen waren eine weitere biologische Entdeckung von Ingenhousz. Die Massenvermehrung grüner Algen deutete Ingenhousz in einer eigens darüber verfaßten Veröffentlichung als Urzeugung fehl.

Durch sein frühes Interesse an praktisch-physikalischen Fragen – Ingenhousz hatte sich neben der Wärmeleitfähigkeit von Metallen und dem Magnetismus mit dem Bau einer Reibungselektrisiermaschine und einer Knalluftpistole beschäftigt – gelang ihm die wichtige Einführung von Deckgläschen in die mikroskopische Technik.

Ipatjew, Wladimir Nikolajewitsch

*** 21. 11. 1867, Moskau, † 29. 11. 1952, Chicago (Illinois); russischer Chemiker**

Ipatjew, Sohn eines Architekten, besuchte neben mehreren Militärschulen in Moskau ab 1889 die Michael-Artillerie-Akademie in St. Petersburg, wo er 1892 als Lehrer für Chemie angestellt wurde. 1895 promovierte er und unternahm eine zweijährige Studienreise, bei der er die Bekanntschaft von → Adolf von Baeyer und → Richard Willstätter machte. Nach seiner Habilitation war er von 1898 bis 1930 als Professor für Chemie an der Artillerie-Akademie, von 1906 bis 1916 auch an der Universität St. Petersburg tätig. Ab 1918 wirkte er für neun Jahre am Hochdruck-Forschungsinstitut der Russischen Akademie der Wissenschaften. 1930 emigrierte Ipatjew in die USA und wurde Direktor der Forschungsabteilung einer Ölgesellschaft in Chicago. Nachdem er einen Ruf an die Northwestern University Evanston, Illinois, angenommen hatte, baute er dort 1938 das Ipatjew-Hochdruck-Laboratorium auf. Ipatjew, der zahlreichen wissenschaftlichen Gesellschaften angehörte, war Mitglied der russischen Akademie der Wissenschaften und der der USA. Ipatjew leistete wichtige Beiträge auf dem Gebiet der Katalyse. 1900 entdeckte er, daß die organischen Moleküle bei hohen Temperaturen durchaus gezielt in bestimmte Reaktionsrichtungen zu lenken waren, wenn man die Reaktionspartner auswählte. Nachdem er 1901 seine bisherigen Erkenntnisse publiziert hatte, gelang ihm 1904 mit Hilfe neu entwickelter Hochdruckapparate (Ipatjewbombe) die katalytische Hydrierung organischer Verbindungen in flüssiger Phase. In den 30er Jahren arbeitete er in Chicago verstärkt an Katalyse-Reaktionen in Hochtemperaturprozessen, die er auf Petroleumderivate anwandte und dadurch die Herstellung neuer Kohlenwasserstoffverbindungen ermöglichte. Dies hatte besonders für die Erdölindustrie wesentlichen Nutzen. Darüber hinaus vermochte er durch die Erhöhung der Oktanzahl in Treibstoffen das Benzin zu verbessern. Ipatjew befaßte sich auch mit der katalytischen Polymerisation von Ethen und Propen und untersuchte die Alkylierung von Paraffinkohlenwasserstoffen.

Janssen, Pierre Jules César
*** 22. 2. 1824, Paris, † 23. 12. 1907, Meudon; französischer Astronom und Astrophysiker**

Janssen arbeitete zunächst von 1840 bis 1848 als Bankangestellter. 1848 begann er ein naturwissenschaftliches Studium an der Universität Paris, das er 1852 beendete. Im Anschluß daran unterrichtete er an einem Lyzeum. 1857 unternahm er eine Forschungsreise nach Peru, wo er die Lage des magnetischen Äquators bestimmte. 1875 folgte eine Exkursion nach Thailand. Im selben Jahr übernahm Janssen die Leitung der Sternwarte Meudon, die durch sein Wirken zu einem internationalen Zentrum der Astrophysik wurde.

Janssen gilt als Pionier der Astrophysik. In den 60er Jahren des 19. Jahrhunderts begann er, angeregt durch die Arbeiten von → Gustav Robert Kirchhoff, mit spektroskopischen Untersuchungen der Sonne. 1862 konnte er zeigen, daß sich im Sonnenspektrum Absorptionslinien terrestrischer Natur befinden. 1868 führte er mit dem von ihm konzipierten Protuberanzenspektroskop ein Instrument ein, das eine kontinuierliche Beobachtung der Protuberanzen (Gasmassen, die eruptiv in die Höhe schießen) gestattete. Ebenfalls 1868 entdeckte Janssen im Sonnenspektrum die D3-Linie des Heliums. Janssen konstatierte als erster Wissenschaftler die feine, körnige Struktur der Sonnenoberfläche (Granulation). 1870 bediente er sich für die Sonnenbeobachtung eines Ballons. Von den Vorzügen exponierter Beobachtungsorte überzeugt, nutzte er in den folgenden Jahren Ballonfahrten sowohl für spektralanalytische Studien als auch zur Beobachtung von Meteoren. Auf diese Weise wurde Janssen zum Wegbereiter der französischen Ballonfahrt.

Als einer der ersten Astronomen erkundete Janssen die Möglichkeiten der astronomischen Fotografie. 1874 beobachtete er einen Venusdurchgang, den er auf zahlreichen Bildern festhielt. Zur fotografischen Darstellung der Sonne entwickelte er den Photoheliographen, der extrem kurze Belichtungszeiten erlaubt. 1904 publizierte Janssen einen Atlas, der mit 6000 Fotografien die Sonnenaktivität von 1876 bis 1903 dokumentierte. Auf der Suche nach geeigneten Positionen zur Beobachtung kosmischer Phänomene ließ Janssen in den 70er Jahren des 19. Jahrhunderts Dépendancen der Sternwarte Meudon auf dem Mont-Blanc-Massiv errichten.

Jenner, Edward
*** 17. 5. 1749, Berkeley (Gloucestershire), † 26. 1. 1823, Berkeley; britischer Arzt**

Jenner, Sohn eines Geistlichen, wurde in Sudbury bei einem Wundarzt und Apotheker sowie auf dem Saint Andrew's

College zum Wundarzt ausgebildet. 1770 zog er nach London, wo ihn der berühmte britische Mediziner → John Hunter unterrichtete und für die Wissenschaft begeisterte. Jenners Interesse bezog sich neben der Medizin auch auf Naturgeschichte und Zoologie. 1773 ließ Jenner sich in seinem Geburtsort Berkeley als Wundarzt nieder und begann bald darauf mit ersten Forschungen über die Schutzwirkung von Kuhpocken, die ihn um 1800 weltberühmt machten. 1802 zog Jenner nach London und gründete dort 1803 unter königlichem Protektorat das Jenner-Institut als Ausgangspunkt für eine Armen-Impfanstalt. Im selben Jahr kehrte er nach Berkeley zurück; von 1810 bis 1815 lebte er auf einem Landgut in Cheltenham und anschließend wieder in Berkeley.

Jenner führte die erste wirksame und risikoarme Schutzimpfung durch. Er konnte daran anknüpfen, daß seit Anfang des 18. Jahrhunderts eine aus der Türkei stammende Impfmethode in England Verbreitung gefunden hatte, bei der Lymphe aus den Pusteln von mild verlaufenen Menschenpocken-Fällen als Impfstoff eingesetzt wurde. Die Gefahr einer weniger harmlos verlaufenden Pockenerkrankung als Folge dieser sogenannten Variolation sprach jedoch gegen eine breite Anwendung. Deshalb ging Jenner Hinweisen aus der Landbevölkerung nach, die besagten, daß eine (vergleichsweise harmlose) Erkrankung an Kuhpocken in der Folgezeit auch vor «echten» Menschenpocken schützt.

Jenners systematische Beobachtungen stützten diese These. So stellte er zum Beispiel fest, daß Viehhüter und Reitknechte seltener an Menschenpocken erkrankten. Zudem machte er die Beobachtung, daß eine Impfung mit Menschenpocken bei Personen mißlang, die bereits eine Kuhpockeninfektion überstanden hatten. Obwohl Jenner auf der Grundlage dieser Befunde bereits 1788 die Impfung mit Kuhpockenlymphe in Erwägung zog, entschloß er sich erst am 14. 5. 1796 zur Durchführung. Er injizierte den Pustelinhalt einer kuhpockeninfizierten Melkerin einem achtjährigen Jungen, der erwartungsgemäß kurz darauf auch an Kuhpocken erkrankte. Zwei Monate später infizierte Jenner den Jungen mit Menschenpocken, doch dieser erkrankte nicht. Nach einem zweiten erfolgreichen Versuch veröffentlichte Jenner 1798 diese Ergebnisse und verwendete für seine Methode den Begriff Vakzination (von lateinisch vacca für Kuh).

Trotz anfänglicher Skepsis setzte sich Jenners Verfahren rasch in ganz Europa durch. Dabei war insbesondere die Verwendung menschlicher Kuhpockenlymphe förderlich, da man so den Impfstoff aus bereits geimpften Personen gewinnen konnte und nicht auf das ansonsten relativ seltene Auftreten der Kuhpocken warten mußte. In 18 Monaten wurden allein in England 12 000 Menschen gegen Pocken geimpft; die Zahl der Pockentoten sank um zwei Drittel.

Joliot-Curie, Jean Frédéric (eigentlich: Jean Fréderic Joliot)

*** 19. 3. 1900, Paris, † 14. 8. 1958, Paris; französischer Physiker**

Frédéric Joliot-Curie war der Sohn eines wenig begüterten Kaufmanns. Nach dem Besuch der École Lavoisier wechselte er 1920 zur Hochschule für Industrielle

Physik und Chemie der Stadt Paris, um Chemieingenieur zu werden. Nach seinem Abschluß wurde ihm von → Paul Langevin 1925 ein Praktikum am Pariser Institut du radium von Marie Curie vermittelt, wo er mit seiner späteren Frau Irène Curie zusammenarbeitete. 1930 promovierte er über elektrochemische Eigenschaften radioaktiver und inaktiver Elemente in verdünnten Lösungen. 1935 erhielt er zusammen mit seiner Frau für die Entdeckung der künstlichen Radioaktivität den Nobelpreis für Physik. 1937 erhielt Joliot-Curie eine Professur am Pariser Collège de France. Im Zweiten Weltkrieg schränkte er als Mitglied der Résistance seine kernphysikalischen Experimente ein. Während der deutschen Besetzung entzog er sowohl die Uranreserven als auch das schwere Wasser dem Zugriff der Nationalsozialisten. 1943 wurde er Mitglied der Académie des sciences, 1946 ernannte man ihn zum Hochkommissar der französischen Atomenergiekommission, im selben Jahr übernahm er die Leitung des französischen Kernforschungszentrums. 1950 wählte man Joliot-Curie zum Präsidenten des Weltfriedensrates. 1956 wurde er als Nachfolger Irène Joliot-Curies Direktor des Institut du radium, außerdem übernahm er ihre Professur für Kernphysik an der Sorbonne.

Joliot-Curie gilt als einer der führenden Kernphysiker in der ersten Hälfte des 20. Jahrhunderts. Nach seiner Promotion 1930 beschäftigte er sich mit den Eigenschaften radioaktiver Elemente und den Ionisierungserscheinungen von Gasen. Zusammen mit seiner Frau vervollkommnete er außerdem die Herstellungstechnik radioaktiver Präparate, wodurch sie eine beträchtliche Menge Radium und Polonium gewannen. Ab 1932 untersuchten sie eine Gammastrahlung, die durch den Beschuß leichter Elemente mit Alphateilchen entstand. Im Zuge ihrer Forschungen konnten sie eine starke Strahlung nachweisen, die → Sir James Chadwick später als Neutronenstrahlung identifizierte. 1934 gelang ihnen durch den Beschuß von Aluminium mit Alphastrahlen die Entdeckung der künstlichen Radioaktivität. Sie erklärte sich dadurch, daß die Aluminiumatome in Phosphorisotope umgewandelt worden waren, die unter Emission radioaktiver Strahlung zerfielen. Auf dieser Grundlage konnten Irène und Frédéric Joliot-Curie zeigen, daß eine Herstellung künstlicher radioaktiver Isotope möglich war. Diese Entdeckung animierte → Enrico Fermi, → Otto Hahn, → Lise Meitner und Fritz Straßmann zu einer Versuchsreihe, an deren Ende die Spaltung des Urankerns stand. 1938 erkannte Joliot-Curie, daß bei der Kernspaltung Neutronen entstehen, die bei genügender Menge zu einer Kettenreaktion führen, bei der aufgrund gelöster Kernbindungen ungeheure Energiemengen freiwerden. Er initiierte den Bau eines Versuchsreaktors, der jedoch durch die deutsche Okkupation unterbrochen wurde. 1948 konnte Joliot-Curie den ersten europäischen Atomreaktor fertigstellen.

Joliot-Curie, Irène

*** 12. 9. 1897, Paris, † 17. 3. 1956, Paris; französische Physikerin**

Irène Joliot-Curie war die Tochter von Marie und Pierre Curie. 1914 begann sie ein Studium der Physik an der Sorbonne, das sie während des Ersten Weltkriegs unterbrach, um als Röntgenologin zu arbeiten. 1918 nahm sie das Studium wieder auf und ging als Assistentin ihrer Mutter an das Curiesche Institut du radium in Paris. 1925 promovierte Joliot-Curie über das Thema «Untersuchungen über Alphastrahlen des Poloniums». Ebenfalls 1925 begann ihre Zusammenarbeit mit Frédéric Joliot-Curie, den sie später heiratete. 1935 erhielt sie zusammen mit ihrem Mann für die Entdeckung der künstlichen Radioaktivität den Nobelpreis für Physik. 1936/37 übernahm sie das Amt eines Unterstaatssekretärs für wissenschaftliche Forschung, 1937 erhielt sie eine Professur für Kernphysik an der Sorbonne. Nach dem Zweiten Weltkrieg, in dem sie in der Résistance tätig gewesen war, übernahm sie die Leitung des Institut du radium, außerdem wurde sie Mitglied der Französischen Atomenergiekommission, aus der sie 1951 aus politischen Gründen entlassen wurde. 1954 verweigerte ihr die American Chemical Society die Mitgliedschaft.

Als Assistentin ihrer Mutter widmete sich Joliot-Curie zunächst der Präparation radioaktiver Stoffe, so daß das Institut über ein beträchtliches Reservoir an Radium und Polonium verfügte. 1932 arbeitete sie zusammen mit ihrem Mann an einer Versuchsreihe, bei der leichte Elemente mit Alphateilchen beschossen wurden. Dabei entdeckten die beiden Forscher neben der freiwerdenden Protonenstrahlung eine weitere Strahlung, die von → Sir James Chadwick später als Neutronenstrahlung beschrieben wurde. 1934 registrierten sie nach dem Beschuß von Alumiumatomen eine Strahlung, die nach dem Ende des Beschusses nicht verschwand. Sie identifizierten diese Strahlung als Betastrahlung und erkannten, daß sie aus dem Zerfall eines Phosphorisotops resultiert, das aus dem beschossenen Aluminiumatom hervorgegangen war. Damit hatten die Joliot-Curies die künstliche Radioaktivität entdeckt. In den folgenden Monaten zeigten sie, daß durch Beschuß geeigneter Atome mit Alphateilchen künstliche Radionuklide hergestellt werden können. Durch ihre Entdeckung animierten sie → Enrico Fermi, → Otto Hahn, → Lise Meitner und Fritz Straßmann zu Versuchen, deren Ergebnisse zur Kernspaltung führten. In den 40er Jahren beschäftigte sich Joliot-Curie mit kernphysikalischen Problemen. 1946 erschien ihr Hauptwerk «La chimie des radioéléments naturels».

Joule, James Prescott

*** 24. 12. 1818, Salford (bei Manchester), † 11. 10. 1889, Sale (bei London); britischer Physiker**

Über Joule ist biographisch wenig bekannt. 1834 studierte er bei → John Dalton Chemie. 1837 richtete er sich ein Labor ein, das später von verschiedenen wissenschaftlichen Vereinen finanziert wurde. 1847 begann seine Zusammenarbeit mit → Sir William Thomson (Lord Kelvin). Als er in späten Jahren in finanzielle Schwierigkeiten geriet, gewährte ihm Königin Victoria eine Pension.

1838 begann Joule auf der Grundlage der Arbeiten von William Sturgeon mit elektromagnetischen Experimenten, die er der Wärmelehre wegen aufgab. Ab 1840 widmete er sich Untersuchungen über die Wärmewirkungen des Stroms, den er zunächst quantitativ bestimmte. Dabei bemerkte er die Erwärmung des strom-

Joule
Einheitszeichen: J. Einheit der Arbeit, Energie und Wärmemenge. 1 J ist die Arbeit, die verrichtet wird, wenn der Angriffspunkt der Kraft 1 N in Richtung der Kraft um 1 m verschoben wird.

durchflossenen Leiters (Joulesche Wärme). Ebenfalls 1940 formulierte er das «Joulesche Gesetz», nach dem die Wärme proportional dem Produkt aus dem Quadrat der Stromstärke und dem Widerstand des Stromkreises ist. In den folgenden Jahren maß er die Wärmeentwicklung bei verschiedenen Vorgängen. Er vermutete früh die Existenz einer Äquivalenz von mechanischer Arbeit und Wärme («mechanisches Wärmeäquivalent») und führte dazu 1843 einen klassischen Versuch aus: Einer thermisch isolierten Wassermenge wurde eine definierte Menge mechanischer Energie zugeführt und anschließend die Temperaturerhöhung gemessen. Auf diese Weise konnte er die Existenz einer Wärmeäquivalenz nachweisen, die ihm zu Ehren in der Einheit «Joule» gemessen wird.
1846 entdeckte Joule mit der Längenänderung magnetisierter ferromagnetischer Stoffe die Magnetostriktion (Joule-Effekt), die bei der Erzeugung von Ultraschallwellen Anwendung fand. Ab 1852 arbeitete Joule gemeinsam mit Thomson an Experimenten zur Bestätigung thermodynamischer Theorien. 1852 zeigten die beiden Forscher, daß ein Gas, das sich ungestört ausdehnen kann, abkühlt. Dieser «Joule-Thomson-Effekt» war ein Beweis für die Annahme, daß zwischen den Gasmolekülen schwache Kräfte wirksam sind. Anwendung fand der Satz bei der Gasverflüssigung und in der Kältetechnik. Außerdem konzipierte Joule den idealen Kreisprozeß der Heißluftmaschine (Joule-Prozeß).

Junkers, Hugo

*** 3. 2. 1859, Rheydt, † 3. 2. 1935, Gauting (bei München); deutscher Flugzeugkonstrukteur**

Junkers studierte von 1878 bis 1883 in Berlin, Karlsruhe und Aachen Maschinenbau. Bis 1887 war er Konstrukteur in verschiedenen Maschinenfabriken, ehe er eine Anstellung in der von Wilhelm von Oechelhäuser geleiteten Continental-Gasgesellschaft in Dessau annahm. Dort wurde er 1890 gleichberechtigter Teilhaber und baute eine Versuchsanstalt für Gaskraftmaschinen mit auf. Nachdem er einige Zeit als freier Ingenieur gearbeitet hatte, gründete er 1895 in Dessau die Fabrik Junkers & Co., die Gasapparate für Raumheizungen und zur Warmwasserversorgung baute. 1897 wurde Junkers Direktor des Labors für Maschinenbau sowie Professor für Wärmetechnik an der TH Aachen (bis 1912).

Junkers-Kalorimeter
Ein Wärmemeßgerät, auch Strömungskalorimeter genannt, das zur Bestimmung des Brenn- und Heizwertes flüssiger und gasförmiger Brennstoffe benutzt wird. Durch Verbrennen eines Gasstroms, der wie die Verbrennungsluft mit Wasserdampf gesättigt ist, wird Wärme erzeugt, die von Kühlwasser aufgenommen wird. Aus der Ermittlung des Massenstroms und der Temperaturerhöhung des Kühlwassers wird die aufgenommene Energie und damit der Heizwert abgelesen. Die Errechnung des Brennwertes ergibt sich aus der Wassermenge des Abgases. Bei flüssigen Brennstoffen wird statt des Gasbrenners ein Verdampfungsbrenner eingesetzt.

1902 gründete er ein eigenes Forschungslabor und wandte sich ab 1910 der Konstruktion von Flugzeugen zu, die in seiner 1913 gegründeten Firma (Junkers Motorenbau GmbH) hergestellt wurden. 1919 folgte ebenfalls in Dessau die Gründung der Junkers Flugzeugwerke AG, die 1934 verstaatlicht, 1936 in die Junkers-Flugzeug- und Motorenwerke AG umbenannt wurde. 1923 gründete er die Junkers-Luftverkehr AG, die später in die Deutsche Lufthansa AG integriert wurde.

Im Bereich der Wärmetechnik entwikkelte Junkers 1892 ein Meßinstrument zur Bestimmung des Heizwertes (Kalorimeter) und baute Gasbadeöfen sowie andere Wärmeaustauschgeräte. Zusammen mit Oechelhäuser hatte er ein Jahr zuvor den ersten zweitaktigen Gegenkolbenmotor geschaffen, den er später an seinem Nurflügelflugzeug (Patent 1910) erprobte. Junkers setzte 1915 zum ersten Mal Metall im Flugzeugbau ein und entwarf das erste Ganzmetallflugzeug aus Wellblech (J 1), das freitragende Flügel besaß und eine Geschwindigkeit von 170 Stundenkilometern erreichte. Seine spätere Variante aus dem Leichtmetall Duralumin (J 13) wurde zum Prototyp der modernen Passagierflugzeuge. Das Ergebnis von Verbesserungsarbeiten am Gegenkolbenmotor war 1929 der erste Doppelkolben-Schwerölflugmotor. 1930 wurde nach Junkers' Plänen das damals größte Flugzeug der Welt, die viermotorige G 38, produziert, die mit Frachträumen und geschlossener Fahrgastkabine in den Tragflächen ausgestattet war. Ab 1931 konstruierte er die bis 1945 von der Lufthansa als Standardflugzeug eingesetzte dreimotorige Ju 52. Vor und während des Zweiten Weltkriegs wurden von der deutschen Regierung Militärflugzeuge wie der Sturzkampfbomber Stuka Ju 87 in Junkers' Fabrik hergestellt.

K

Kamerlingh Onnes, Heike

*** 21. 9. 1853, Groningen, † 21. 2. 1926, Leiden; niederländischer Physiker**

Kamerlingh Onnes studierte von 1870 bis 1876 Physik und Mathematik an den Universitäten Groningen und Heidelberg, wo → Robert Bunsen und → Gustav Robert Kirchhoff zu seinen Lehrern gehörten. Nach seiner Promotion 1878 ging er als Assistent von Johannes Bosscha an das Polytechnikum in Delft. In dieser Zeit lernte er → Johannes Diderik van der Waals kennen, mit dem ihn das Interesse an Tieftemperaturphysik verband. 1882 wurde Kamerlingh Onnes Professor für Experimentalphysik an der Universität Leiden, außerdem übernahm er die Leitung des Physikalischen Labors. 1894 gründete er in Leiden ein Kältelabor, das ein Zentrum der Tieftemperaturforschung wurde. Da Kamerlingh Onnes exakte Messungen anstrebte, initiierte er 1901 eine Schule für Präzisionsmechanik, die seinem Institut angegliedert wurde und die internationalen Ruhm errang. 1912 wurde Kamerlingh Onnes mit der Rumford-Medaille der Royal Society ausgezeichnet. 1913 erhielt er für seine Forschungen über Tiefsttemperaturen und die Heliumverflüssigung den Nobelpreis für Physik.

Kamerlingh Onnes gilt als Begründer der Tieftemperaturphysik. Er begann seine Laufbahn mit Forschungen über Gas- und Flüssigkeitsgemische. Ab 1882 führte er Versuche zur experimentellen Bestätigung der Gastheorie van der Waals durch. Da niedrige Umgebungstemperaturen eine exaktere Messung von Gasvolumen, Gasdruck und Gastemperatur ermöglichen, erzeugte er bei seinen Versuchen entsprechende Temperaturen. Das führte zur Gasverflüssigung in einer Anlage, die er 1894 realisierte. 1908 konnte er erstmals Helium verflüssigen (Temperatur: 4.2 K, das entspricht minus 268,95 °C). Bei weiteren Versuchen zur Gasverflüssigung konnte er 1910 feststellen, daß die Temperatur durch Teilverdampfung noch einmal gesenkt werden konnte. Parallel zu den Versuchen zur Gasverflüssigung beschäftigte sich Kamerlingh Onnes mit der Temperaturabhängigkeit des Widerstandes metallischer Leiter. 1911 fand er heraus, daß der Widerstand in der Nähe des absoluten Nullpunkts (0 K) sprunghaft auf annähernd Null absinkt. Außerdem erkannte er, daß dieser Effekt durch den Einfluß eines Magnetfeldes aufgehoben werden kann. Durch diese Arbeiten wurde Kamerlingh Onnes zum Entdecker der Supraleitung.

Kapiza, Pjotr Leonidowitsch

*** 8. 7. 1894, Kronstadt, † 8. 4. 1984, Moskau; russischer Physiker**

Als Sohn eines zaristischen Generals studierte Kapiza von 1913 bis 1919 in St. Petersburg Physik am Polytechnikum. 1921 ging er an das Cavendish-Laboratorium in Cambridge, dessen Leiter → Ernest Rutherford war. Dort blieb er bis 1934 – zuletzt als stellvertretender Direktor des Instituts und Leiter des Ludwig-Mond-Laboratoriums. Im selben Jahr kehrte er nach Rußland zurück und gründete in Moskau das Institut für physikalische Studien an der Akademie der Wissenschaften. Kapiza erhielt viele Preise und Ehrungen, darunter 1923 den Maxwell-Preis, 1978 den Nobelpreis für Physik und 1981 die Helmholtz-Medaille.

Während seines Englandaufenthalts hatte sich Kapiza vor allem mit der Impuls- und Energiemessung von Alphateilchen sowie der Erzeugung extrem starker Magnetfelder beschäftigt. In Rußland entdeckte er, daß sich unter dem Einfluß dieser Felder der elektrische Widerstand von Metallen linear verändert. Diese Versuche mußten unter extremer Kühlung stattfinden, und so wandte sich Kapiza auch der Tieftemperaturphysik zu. Dabei verflüssigte er ab 1932 große Mengen von Wasserstoff und Helium. 1937 entdeckte er, daß sich Helium unterhalb einer Temperatur von minus 271 °C – nahe dem absoluten Nullpunkt – und einem Druck von 0,4 Megapascal superfluid wird. In diesem Zustand fließt Helium II praktisch reibungsfrei und hat eine 100mal höhere Wärmeleitfähigkeit als Kupfer, der beste Wärmeleiter unter normalen Bedingungen. Diese Versuchsergebnisse wurden 1941 veröffentlicht und von → Lew Dawidowitsch Landau theoretisch gedeutet. Für seine Tieftemperaturforschung und besonders für die Entdeckung der Supraleitfähigkeit wurde Kapiza (zusammen mit Arno Allan Penzias und Robert Woodrow Wilson) der Nobelpreis zugesprochen. Nach 1945 arbeitete Kapiza in der Weltraumforschung, an Hochleistungselektronik sowie – ab 1950 – an Kugelblitzen, von denen er annahm, daß in ihnen ein Plasma aus heißem Gas durch stehende Wellen stabilisiert wird. Daß Kapiza 1955 maßgeblichen Anteil an der Entwicklung der sowjetischen Wasserstoffbombe hatte, wird gelegentlich bestritten.

Kapteyn, Jacobus Cornelius

*** 19. 1. 1851, Barneveld, † 18. 6. 1922, Amsterdam; niederländischer Astronom**

Kapteyn, Sohn eines Dorfschulrektors, ging nach dem Abschluß seines Physik- und Mathematikstudiums als Observator an die Sternwarte Leyden. 1878 übernahm er den Lehrstuhl für Astronomie und Theoretische Mechanik an der Universität Groningen, den er bis 1921 innehatte.

Kapteyn, der als Pionier der Stellarstatistik gilt, begann seine astronomische Tätigkeit in den 80er Jahren des 19. Jahrhunderts mit der Registrierung und Messung der Sternhelligkeiten in der südlichen Hemisphäre. Um rationell arbeiten zu können, konzipierte er ein Meßinstrument, mit dem zeitaufwendige Koordinatentransformationen entfielen. Als Abschluß dieser Forschungen publizierte er unter Berücksichtigung der astrofotografischen Arbeiten von David Gill einen Katalog mit 454 000 Sternen, wofür er mit der Goldmedaille der Royal Astronomical Society ausgezeichnet wurde. Bei der Anfertigung dieser Arbeit stieß Kapteyn auf die bis dahin wenig erforschte Struktur des Sternsystems. Bei den sich anschließenden Analysen zur Erkundung der Struktur des

Sternsystems entwickelte er die «Kapteynsche Methode der säkularen Parallaxen», dem die Einführung des «Kapteynschen Schemas» zur Bestimmung der räumlichen Sterndichte folgte.
Zu Beginn des 20. Jahrhunderts widmete sich Kapteyn der Untersuchung der Eigenbewegung der Fixsterne («Kapteyns Stern»). In diesem Zusammenhang entdeckte er die Sterndriften (auch Sternströme genannt). Außerdem gelang ihm die Ermittlung des gemeinsamen Geschwindigkeitsanteils der Sterne in Abhängigkeit von der Entfernung zur Sonne. Dieses Wissen ermöglichte Kapteyn die Berechnung individueller Sternentfernungen. 1905 regte Kapteyn den «Plan der ausgewählten Felder» (plan of selected areas) an, mit dem in 206 ausgewählten Himmelsfeldern die gesamten zugänglichen Daten von rund 100 000 Sternen gesammelt werden sollten.

Kekulé von Stradonitz, Friedrich August

*** 7. 9. 1829, Darmstadt, † 13. 7. 1896, Bonn; deutscher Chemiker**

Kekulé von Stradonitz studierte 1847/48 und von 1849 bis 1851 Architektur an der TH Darmstadt. Unter dem Einfluß → Justus von Liebigs wechselte er jedoch zur Chemie und ging an die Universität Gießen. 1851/52 hielt er sich zu Studienzwecken in Paris auf, wo er → Jean Baptiste André Dumas, Auguste André Thomas Cahours, Charles Adolphe Wurtz und → Charles Frédéric Gerhardt kennenlernte. 1852 kehrte Kekulé von Stradonitz nach Gießen zurück, wo er promovierte. Im selben Jahr wurde Kekulé von Stradonitz Assistent von Adolph von Planta in der Schweiz und von John Stenhouse in London. Dort knüpfte er Kontakte zu Alexander William Williamson, William Odling, Sir Edward Frankland und August Wilhelm von Hofmann. 1856 habilitierte sich Kekulé von Stradonitz an der Universität Heidelberg, wo er bis 1858 als Privatdozent tätig war. 1858 übernahm er einen Lehrauftrag für Chemie an der Reichsuniversität von Gent (Belgien), 1860 initiierte er den Internationalen Chemiker-Kongreß in Karlsruhe, wo er auch als Sekretär fungierte. 1867 wechselte Kekulé von Stradonitz an die Universität Bonn, wo er als Leiter des Chemischen Instituts wirkte, als Dekan der philosophischen Fakultät (1875/76) und auch als Rektor (1877/78).
Kekulé von Stradonitz forschte hauptsächlich auf dem Gebiet der organischen Chemie. 1857 begann er mit der Ausarbeitung der Valenztheorie (auch: Theorie der Wertigkeit), die 1858 zur Feststellung der Vierwertigkeit des Kohlenstoffatoms führte. Außerdem stellte er dar, daß Kohlenstoffatome miteinander zu linearen oder verzweigten Ketten reagieren können.
Im Zuge seiner Forschungen führte er die Strukturformeln («Kekulé-Strukturen») ein. 1861 publizierte er den ersten Band des «Lehrbuchs der Organischen Chemie oder der Chemie der Kohlenstoffverbindungen», in dem er in Anlehnung an → Pierre Eugène Marcelin Berthelot die organische Chemie als Chemie der Kohlenstoffverbindungen definierte und so die Charakterisierung von → Jöns Jakob Freiherr von Berzelius ablöste. 1865 veröffentlichte Kekulé von Stradonitz seine Forschungen über die Natur des Benzols und seiner Verbindungen. In dieser Publikation stellte er die ringför-

mige Strukturformel des Benzols vor. Diese Strukturformel besitzt trotz vieler Alternativvorschläge auch heute noch Gültigkeit.
Mit seinen Arbeiten wurde Kekulé von Stradonitz zu den Begründern der Strukturchemie und bereitete den Boden weiterer Forschungen – sowohl in der Chemie als auch in der Physik; die Strukturchemie fand Eingang in die Elektronentheorie von → Gilbert Newton Lewis und in die Elektronenresonanztheorie von → Linus Carl Pauling.

Keller, Friedrich Gottlob

*** 27. 6. 1816, Hainichen, † 8. 9. 1895, Krippen bei Schandau; deutscher Erfinder**

Keller wuchs als eines von zehn Kindern eines Weber- und Blattbindemeisters heran. 1834 ging er einige Monate lang auf Wanderschaft und bildete sich autodidaktisch in technischen Fragen fort. Nach der Zerstörung seiner Papiermühle (1850) und dem Bankrott lehnte er alle Stellenangebote ab, siedelte mit seiner Familie nach Krippen über und arbeitete dort als Mechaniker und Erfinder.
Keller ist der Erfinder des «Holzschliffpapiers» und damit der Mitbegründer der Massenproduktion von Papier überhaupt. Kellers Erfindung ermöglichte zusammen mit der Entwicklung des chemischen Aufschlusses der Zellulose für holzfreies Papier (etwa 1850–1870) den Aufstieg der industriellen Papierproduktion.
Als um 1840 ein neuer Papierrohstoff gesucht wurde, versuchte Keller, zu diesem Zweck Holzfasern einzusetzen. Bis dahin bestand Papier aus Textilfasern; der steigende Bedarf konnte dadurch jedoch nicht mehr gedeckt werden. Zur Verwendung von Holzfasern wurde Keller durch papierne Wespennester angeregt. Er zerkleinerte das Holz mittels eines Schleifsteines, nachdem seine Versuche, es chemisch zu zerlegen, gescheitert waren. 1843 gelang Keller auf diese Weise erstmals die Herstellung eines Papieres auf Holzbasis; ab 1844 versuchte er ohne jeden finanziellen und organisatorischen Rückhalt, seine Idee industriell umzusetzen. Obwohl er 1846 mit dem Direktor der Bautzener Papierfabriken einen Vertrag über die Rechte am Holzschliffverfahren geschlossen hatte, trat er die Beteiligung bald ohne Gewinn wieder an diesen ab. Erst um 1892 wurde die Urheberschaft Kellers an dem mittlerweile weitverbreiteten Papierherstellungsverfahren wiederentdeckt und verhalf ihm nach einer öffentlichen Sammlung zu einer monatlichen Zusatzrente.
Zahlreiche kleinere Erfindungen Kellers brachten trotz ihres praktischen Nutzens keinen wirtschaftlichen Erfolg, zum Beispiel eine Meßklappe zur Berechnung des Durchmessers von Baumstämmen, ein Bleistiftspitzer und ein Apparat zur Knopflochherstellung.

Kelvin of Largs → Thomson, Sir William

Kendall, Edward Calvin

*** 8. 3. 1886, South Norwalk (Connecticut), † 4. 5. 1972, Princeton (New Jersey); amerikanischer Biochemiker**

Kendall schloß sein Studium an der Columbia University 1910 mit einer Promotion ab. Anschließend arbeitete und forschte er am Saint Luke Hospital in New York. 1914 wurde er Leiter der Abteilung Chemie an der Mayo-Klinik in Rochester (Minnesota). Er behielt diese Stellung bis 1951, lehrte aber von 1921 bis 1951 auch als Professor an der University of Minnesota. 1952 wurde er Professor für Chemie in Princeton.

Kendall beschäftigte sich zu Beginn seiner Forsachungsarbeit mit Über- und Unterfunktionen der Schilddrüse (Hyper- und Hypothyreose). Da sich gezeigt hatte, daß der Stoffwechsel des gesamten Organismus von der Aktivität der Schilddrüse abhing, versuchte Kendall, das dafür verantwortliche Schilddrüsenhormon zu isolieren. Als Ausgangssubstanz verwendete er ein jodhaltiges Protein, das aus der Schildrüse gewonnen worden war. Aus diesem hochmolekularen Thyreoglobulin spaltete Kendall 1914 die wirksame Hormonkomponente ab. Er ermittelte die Struktur dieses von ihm «Thyroxin» genannten Hormons (es handelt sich um eine dem Tyrosin ähnliche Aminosäure mit vier Jodatomen) und untersuchte seine physiologische Bedeutung. Dadurch ergaben sich wichtige neue Therapiemöglichkeiten.

In den 30er Jahren erforschte Kendall die von der Nebennierenrinde produzierten Hormone, die sogenannten Corticoide. Kendall gelang die Isolierung von 28 verschiedenen Corticoiden, von denen vier bei Versuchstieren eine Wirkung zeigten und von Kendall zunächst als Substanz A, B, E und F bezeichnet wurden. Besonders wichtig war die Substanz E, die 1935 gleichzeitig auch von Tadeus Reichstein isoliert worden war, und 1939 «Cortison» genannt wurde. Kendall untersuchte die biologische und medizinische Bedeutung des Cortisons mit dem Erfolg, daß er 1948 mit seinem Mitarbeiter → Philip Showalter Hench eine erfolgreiche Therapie von rheumatischer Arthritis durch Cortison-Acetat entwickeln konnte. Für ihre Arbeiten über Cortison erhielten Kendall, Hench und Reichstein 1950 den Nobelpreis für Medizin.

Kepler, Johannes

*** 27. 12. 1571, Weil der Stadt, † 15. 11. 1630, Regensburg; deutscher Astronom und Mathematiker**

Kepler besuchte die Klosterschulen Adelberg (1584) und Maulbronn (1586). 1589 begann er ein Studium der Theologie an der Universität Tübingen, wo er außerdem Vorlesungen über Philosophie, Mathematik und Astronomie hörte. Durch den Astronomen Michael Mästlin wurde er in die Theorie des heliozentrischen Weltbildes eingeführt. 1594 ging Kepler als Mathematik- und Astronomielehrer an die Stiftsschule in Graz, die der Protestant 1600 wegen der Gegenreformation verlassen mußte.

Er folgte der Einladung Tycho Brahes und reiste – noch im selben Jahr – nach Prag. Anfang des 17. Jahrhunderts begann Kepler eine Korrespondenz mit → Galileo Galilei, 1601 wurde Kepler als Nachfolger Brahes Kaiserlicher Astronom. 1612 wechselte er nach Linz, wo er eine Professur für Mathematik übernahm. Die Gegenreformation und die Bauernkriege wüteten auch in Linz, so daß Kepler 1626 gezwungen war, Linz zu verlassen. 1628 wurde ihm von Abrecht von Wallenstein, der seine wissenschaftliche Arbeit unterstützte, eine Stelle als Mathematiker in Sagan angeboten.

Keplers erstes Werk «Mysterium cosmographicum» («Das Weltgeheimnis») war noch spekulativer Natur. Es erschien

1597 und enthielt Ausführungen über Umlauf und Anordnung der Planeten auf der Grundlage der Arbeiten Platos. 1600 begann er zusammen mit → Tycho Brahe mit der Erstellung neuer astronomischer Tafeln. Parallel dazu beschäftigte sich Kepler mit der Optik, so erschienen 1604 seine Schriften «Astronomia pars optica» und «Ad Vitellionem paralipomena», in denen er die Ausbreitung des Lichts beschrieb und sich mit der Physiologie des Auges befaßte.

Kepler gilt als Begründer der theoretischen Astronomie. Er leistete bedeutende Beiträge zur Entwicklung der geometrischen Optik und zur Herausbildung der Infinitesimalrechnung. 1604 erkannte Kepler, daß die Marsbahn eine Ellipse ist. Er übertrug dieses Wissen auf andere Planeten und formulierte das 1. Keplersche Gesetz, nach dem sich die Planeten auf elliptischen Bahnen (Kepler-Ellipsen) um die Sonne bewegen. 1609 publizierte er dieses Gesetz zusammen mit einem weiteren in seinem Werk «Astronomia Nova» («Neue Astronomie»). Das 2. Keplersche Gesetz beruhte darauf, daß die Verbindungsgerade (Fahrstrahl) zwischen Sonne und Planet in gleichen Zeiten gleiche Flächen überstreicht.

In den folgenden Jahren beschäftigte sich Kepler mit angewandter Optik. Er stellte ein für kleine Winkel gültiges Lichtbrechungsgesetz auf und verbesserte das von Galileo Galilei konzipierte Fernrohr durch den Einsatz zweier konvexer Linsen (Keplersches Fernrohr, astronomisches Fernrohr). Außerdem zeigte er, daß ein Parabolspiegel paralleles Licht fokussiert, was → Isaac Newton später beim Bau von Spiegelteleskopen aufgriff. Kepler veröffentlichte seine Arbeiten 1611 in seiner Schrift «Dioptrice», wodurch er zum Begründer der geometrischen Optik wurde.

Die Keplerschen Gesetze

Die drei von Kepler aufgestellten Gesetze der Planetenbewegung: Das 1. Gesetz besagt, daß sich die Planeten auf elliptischen Bahnen um die Sonne bewegen. Das 2. Gesetz drückt aus, daß ein Planet eine ungleichförmige Bahngeschwindigkeit besitzt, die mit wachsender Distanz zur Sonne abnimmt. Das 3. Keplersche Gesetz besagt, daß die Quadrate der Umlaufzeiten sich wie die dritten Potenzen der großen Bahnhalbachsen verhalten.

Keplers astronomische Arbeiten waren meist mit mathematischen gekoppelt. 1615 erschien seine Formelsammlung «Nova stereometria doliorum vinariorum» («Neue Stereometrie der Fässer»), mit der Volumenberechnungen faßförmiger Rotationskörper möglich waren («Keplersche Faßregel») und die zur Entwicklung der Infinitesimalrechnung beitrug. 1619 stellte er mit «Harmonices mundi libri V» («Weltharmonik») ein weiteres astronomisches Werk vor, in dem er das 3. Keplersche Gesetz vom Zusammenhang zwischen Planetenumlaufzeit und Planetenbahn formulierte. Durch die Publikation seiner Gesetze bereitete er die Grundlage der klassischen Mechanik von Isaac Newton. 1621 erschien mit «Epitomes Astronomiae Copernicanae» Keplers Lehrbuch der Astronomie, das er auf der Grundlage des Heliozentrismus von → Kopernikus verfaßt hatte. Mt den «Rudolfinischen Tafeln» veröffentlichte Kepler 1627 Daten der Planetenbewegungen und eine erweiterte Sternkarte Brahes.

Khorana, Har Gobind

*** 9. 1. 1922, Raipur; amerikanischer Biochemiker indischer Herkunft**

Khorana studierte Naturwissenschaften an der Universität Punjab. Nach dem Zweiten Weltkrieg zog er nach England und promovierte 1948 in Chemie an der Universität Liverpool. Von 1948 bis 1950 forschte er in Zürich, anschließend zwei Jahre in Cambridge (Massachusetts) und ab 1953 in Vancouver (Kanada). 1960 wurde Khorana Professor am Institute for Enzyme Research an der Universität Wisconsin in Madison (USA). Hier hatte er seine größten wissenschaftlichen Erfolge, für die er 1968 zusammen mit Marshall Warren Nirenberg und Robert Holley den Nobelpreis für Medizin erhielt. 1970 wechselte Khorana als Professor an das Massachusetts Institute of Technology in Cambridge.

Khorana war durch die Entschlüsselung des genetischen Codes wesentlich an der Entwicklung der modernen Molekulargenetik beteiligt. Bereits Anfang der 50er Jahre beschäftigte sich Khorana mit der Herstellung von Nukleotiden (den Bausteinen der DNS, die eine der vier Basen Thymin, Adenin, Guanin und Cytosin enthalten). Um 1960 war die Doppelhelix-Struktur der DNS (→ Francis Harry Compton Crick) sowie der Fluß der genetischen Information von der DNS über RNS zu den Proteinen bekannt. Khorana arbeitete daraufhin an der noch völlig offenen Frage, welche Abfolge von Nukleotiden der DNS welche der 20 verschiedenen Aminosäuren der Proteine codiert. Durch Kombination von organisch-chemischen und enzymatischen Techniken gelang ihm 1964 die Synthese von Polynukleotiden (also DNS-Stükken) mit bekannter Basensequenz. Khorana prüfte nun, welche Aminosäuren er beim Einsatz verschiedener Basensequenzen erhielt. Dadurch konnte er eindeutig zeigen, daß eine Abfolge von drei Nukleinbasen (ein sogenanntes Nukleotidtriplett oder Codon) einer Aminosäure zuzuordnen ist und daß die Codons nicht überlappen. Schließlich gelang ihm bis Ende 1965 die Zuordnung aller Codons zu den Aminosäuren und damit die vollständige Klärung des genetischen Codes.

1970 stellte Khorana erstmalig ein künstliches Hefe-Gen her, dessen Einschleusung in eine Zelle jedoch nicht möglich war. Dies gelang ihm 1976 mit einem Bakterien-Gen, von dem er zeigen konnte, daß es in der Zelle wie ein natürliches Gen fungierte. In den 80er Jahren beschäftigte sich Khorana mit der Erforschung von Proteinen und künstlichen Zellmembranen.

Kircher, Athanasius

*** 2. 5. 1602, Geisa bei Fulda,**
† 27. 11. 1680, Rom; deutscher Gelehrter

Kircher besuchte ab 1612 das Jesuitenkollegium in Fulda, wurde 1618 Jesuit und arbeitete einige Jahre als Lehrer in verschiedenen Jesuitenschulen. 1628 zum Priester geweiht, ging er ein Jahr später als Professor für Mathematik, Philosophie und orientalische Sprachen nach Würzburg. Nachdem er von 1631 bis 1633 auch in Avignon tätig gewesen war, erhielt er 1634 einen Lehrstuhl für Mathematik, Hebräisch und Syrisch an der päpstlichen Universität Rom. Dort baute er seine naturhistorischen und archäologischen Sammlungen aus und begründete damit das «Museo Kircheriano», das bis 1876 bestand. Außerdem errichtete er Forschungslaboratorien, in denen chemische und physikalische Experimente durchgeführt wurden. Erst 1972 wurde von der Internationalen Athanasius-Kircher-Forschungsgesellschaft der bis dahin unveröffentlichte wissenschaftliche Nachlaß und der umfangreiche Schriftwechsel mit hochgestellten Persönlichkeiten und Gelehrten, unter anderem → Christiaan Huygens und → Gottfried Wilhelm Leibniz, herausgegeben.

Auf dem Gebiet der Geisteswissenschaften machte Kircher bedeutende Sprachstudien und setzte Maßstäbe mit den Vorarbeiten zu einer koptischen Grammatik, die im 19. Jahrhundert von Jean François Champollion weitergeführt wurde. Darüber hinaus kam er bei seinen umfangreichen naturwissenschaftlichen Forschungen zu neuen Erkenntnissen in den Bereichen Optik, Akustik und Magnetismus. Er beschrieb sowohl die Urform der Laterna magica wie die Fluoreszenz und ermittelte für ein- bis mehrsilbige Echos die Entfernung zur reflektierenden Wand. In seinem Werk «Magnes, sive de arte magnetica» konzipierte er ein Meßverfahren, wonach die Anziehungskräfte des Magneten mit einer Waage ermittelt werden konnten. Außerdem erkannte er die Indifferenz der Wirkung eines Magneten auf Eisen bei geringer Erwärmung. Neben der ersten gedruckten Aufzeichnung der wichtigsten Meeresströmungen, die er 1660 aufstellte, kartierte er auch die Mondoberfläche.

Kircher, der eine Rechenmaschine, eine Äolsharfe sowie ein Sprechrohr erfand, forschte zudem auf medizinischem Gebiet. Bei Blutuntersuchungen mit dem Mikroskop machte er einen möglichen Pestbazillus aus und kam zu dem Ergebnis, daß Krankheiten durch Kleinstlebewesen hervorgerufen würden, wofür erst 200 Jahre später → Louis Pasteur den Beweis erbringen konnte.

Kirchhoff, Gustav Robert

*** 12. 3. 1824, Königsberg,**
† 17. 10. 1887, Berlin; deutscher Physiker

Kirchhoff begann 1842 ein Studium der Mathematik an der Universität Königsberg, wo er von → Franz Ernst Neumann gefördert wurde. Nach seiner Promotion 1846 erhielt er ein Forschungsstipendium, das ihn zu Gustav Heinrich Magnus nach Berlin führte, in dessen Universitätslabor er arbeitete. 1848 habilitierte sich Kirchhoff, 1850 nahm er einen Ruf der Universität Breslau auf den Lehrstuhl für Experimentalphysik an. In Breslau begann die Zusammenarbeit mit → Robert Bunsen, dem Kirchhoff 1854 an die Universität Heidelberg folgte. 1861 wurde Kirchhoff korrespondierendes Mitglied der Preußischen Akademie der Wissenschaften, 1862 dann folgte die Aufnahme in die Petersburger Akademie der Wissenschaften. 1874 übernahm er den neugegründeten Lehrstuhl für Mathematische Physik an der Universität Berlin.

Kirchhoff gilt als einer der bedeutendsten Theoretiker der Physik im ausgehenden 19. Jahrhundert. Zu seinen frühen Arbeiten gehört die Ableitung der Regeln der Strom- und Spannungsverhältnisse in elektrischen Leitersystemen aus den chemischen Gesetzen (Kirchhoffsche Regeln; 1845). 1849 zeigte er bei

Untersuchungen stationärer Ströme, daß Spannung eine elektrostatische Potentialdifferenz ist. Ab 1857 untersuchte Kirchhoff dynamische Vorgänge in elektrischen Leitern, was zur Theorie der Ausbreitung der Elektrizität in Leitern führte (Ausbreitung elektrischer Wellen mit Lichtgeschwindigkeit). 1859/60 entwickelte er gemeinsam mit Bunsen die Spektralanalyse, bei der die charakteristische Flammenfärbung der Elemente deren Identifikation ermöglichte. Bei solchen Versuchen erkannte Kirchhoff, daß jeder leuchtende Körper nur den Lichtanteil absorbiert, den er auch emittiert. Daraus entwickelte er 1859 das «Kirchhoffsche Strahlungsgesetz», nach dem bei Strahlen von identischer Wellenlänge und Temperatur das Verhältnis von Emission und Absorption für alle Körper gleich ist. 1882 stellte Kirchhoff auf der Grundlage der Arbeiten von → Christiaan Huygens eine Theorie der Lichtbeugung auf, deren Beugungserscheinungen mit dem «Kirchhoffschen Integral» berechnet wurden.

Kirchhoff arbeitete außerdem auf dem Gebiet der Hydrodynamik, der Thermodynamik (Kirchhoffsches Gesetz über die Abhängigkeit von Temperatur und chemischer Reaktion) und der Elastizitätslehre, wo er zur Berechnung elastischer Eigenschaften von Körpern die «Kirchhoffschen Konstanten» einführte.

Klebs, Georg

*** 23. 10. 1857, Neidenburg (Nidzica), † 15. 10. 1918, Heidelberg; deutscher Botaniker**

Klebs, Sohn eines Staatsanwaltes, studierte ab 1874 an der Universität Königsberg Chemie, Philosophie und Kunstgeschichte. Darüber hinaus beschäftigte er sich mit Botanik. Nach Ableistung des Militärdienstes wurde er Assistent bei dem Botaniker → Julius Sachs an der Universität Würzburg, danach in Tübingen bei dem Pflanzenphysiologen → Wilhelm Friedrich Philipp Pfeffer. Klebs habilitierte sich 1883 und erhielt 1887 eine Professur an der Universität Basel. 1898 wechselte er an die Universität Halle, 1907 an die Universität Heidelberg. 1910/11 unternahm Klebs eine Exkursion über Sibirien und Japan nach Java und Indien. Weitere Exkursionen führten ihn 1912 in den Kaukasus und nach Südrußland, 1913 nach Ägypten.

Klebs gilt als Begründer der Entwicklungsphysiologie der Pflanzen. In seinen ersten Arbeiten beschäftigte er sich anatomisch-morphologisch mit Zieralgen und Flagellaten (1892). Er untersuchte ferner den Einfluß des Zellkerns (1887), die Zellwand-Bildung an isolierten Protoplasten und die Samenkeimung. Später traten experimentell-physiologische Untersuchungen in den Mittelpunkt seines Interesses. Er untersuchte, durch welche Faktoren physiologische Reaktionen wie die Einleitung von Fortpflanzungs- und Ruheperioden bei Pflanzen ausgelöst werden. Er betrachtete insbesondere den Einfluß äußerer Faktoren wie Licht und Temperatur. In langwierigen Experimenten stellte Klebs fest, daß viele physiologische Reaktionen durch solche Außenfaktoren in relativ einfacher Weise gesteuert werden. Klebs lieferte mit seinen Experimenten auch erste Ansätze zur Einbeziehung ökologischer Aspekte. Er überschätzte die Rolle der äußeren Faktoren aber und schrieb ihnen einen direkten Einfluß auf das

Erbgut zu. Fälschlicherweise hatte er auch Zweifel an dem Unterschied zwischen umweltbedingter und erblicher Variation.

Koch, Robert

*** 11. 12. 1843, Clausthal (heute zu Clausthal-Zellerfeld), † 27. 5. 1910, Baden-Baden; deutscher Bakteriologe**

Koch, drittes von 13 Kindern eines Bergbau-Ingenieurs, studierte ab 1862 in Göttingen zunächst Mathematik und Naturwissenschaften, dann Medizin. 1865 wurde er Assistent am Pathologischen Institut. Im Anschluß an seine Promotion 1866 ging er zur Vervollkommnung seiner Kenntnisse für ein Semester zu → Rudolf Virchow nach Berlin. Als Assistenzarzt in einem Krankenhaus erlebte er die Cholera-Epidemie von 1866 in Hamburg; im selben Jahr wechselte er an eine Anstalt für geistig behinderte Kinder bei Hannover. Ab 1868 praktizierte Koch als Arzt zuerst in Niemegk bei Potsdam, dann in Rakwitz (Provinz Posen). Im Deutsch-Französischen Krieg 1870/71 sammelte er Erfahrungen als Militärarzt. 1872 wurde er Kreisphysikus in Wollstein (Provinz Posen). Nebenher fand er noch Zeit für Forschungen, die ihm 1880 einen Ruf an das Kaiserliche Gesundheitsamt in Berlin einbrachten. Er leitete das bakteriologische Laboratorium, erhielt 1885 eine Professur und wurde Direktor des Hygienischen Instituts der Universität Berlin (1885–1891). 1891 übernahm er das für ihn errichtete Institut für Infektionskrankheiten (Robert-Koch-Institut).

Koch leitete mehrere Expeditionen, unter anderem 1883 nach Ägypten und Indien zur Erforschung der Cholera, 1896 nach Südafrika zur Untersuchung der Rinderpest, 1897 und 1899 nach Indien, Afrika und Java zu Pest- und Malariastudien sowie 1904 und 1906 nach Afrika zur Erforschung des Rückfallfiebers und der Schlafkrankheit. 1905 erhielt Koch für seine Forschungen über die Tuberkulose den Nobelpreis für Medizin.

Als Hauptbegründer der modernen Bakteriologie hatte Koch einen entscheidenden Einfluß auf die Medizin. Er schuf die methodischen Voraussetzungen zur Erforschung der Bakterien und legte damit den Grundstein zur erfolgreichen Bekämpfung von Infektionskrankheiten. Mit der Entdeckung der Milzbrandsporen und mit der Klärung der Ätiologie (Krankheitsursache) des Milzbrandes wies Koch 1876 nach, daß eine Infektionskrankheit durch einen spezifischen Erreger verursacht wird. Der bislang angenommene Formenwandel von Mikroorganismen (Pleomorphismus) hatte einen solchen ursächlichen Zusammenhang und somit die Möglichkeit einer gezielten Bekämpfung in Frage gestellt. Das methodische Vorgehen Kochs wurde zur Grundlage bakteriologischer Forschung. Es bestand darin, den Erreger aus infizierten Tieren zu isolieren, mikroskopisch nachzuweisen und in Reinkultur zu züchten. Durch experimentelle Infektion von Versuchstieren mit dem gezüchteten Erreger ließ sich dann der Zusammenhang zwischen dem Erreger und der Krankheit zweifelsfrei beweisen. Eine wesentliche Verbesserung dieser Methodik gelang Koch 1881 durch Verwendung fester Nährböden, auf denen sich aufgrund der Unbeweglichkeit der Bakterien besser homogene Reinkulturen züchten ließen. Eine Verbesserung von Mikroskopier- und Färbemethoden gelang Koch in Zusammenarbeit mit seinem damaligen Assistenten → Paul Ehrlich.

Die berümteste Leistung Kochs war die Entdeckung des Tuberkulose-Erregers im März 1882. Die Hoffnung, die als «Schwindsucht» gefürchtete Tuberkulose durch das von Koch 1890 aus Reinkulturen des Erregers gewonnene Tuberkulin heilen zu können, erwies sich jedoch als verfrüht. Tuberkulin war aber zur Diagnose der Tuberkulose sehr nützlich. 1883 entdeckte Koch den Erreger der Cholera und wies verunreinigtes Trinkwasser als Ansteckungsquelle nach (→ Max Josef von Pettenkofer).

Koch trug darüber hinaus zur Erforschung der Übertragungswege verschiedener vorwiegend tropischer Krankheiten (u.a. Schlafkrankheit, Malaria, Pest) bei und leistete durch Untersuchungen über Desinfektions- und Sterilisationsverfahren Bedeutendes auf dem Gebiet der Hygiene. Er betonte zudem erstmals die Relevanz sozialer Aspekte und trat nachdrücklich für die Berücksichtigung bak- teriologischer Erkenntnisse in der öffentlichen Gesundheitspflege und Verhütung von Infektionskrankheiten ein.

Koenig, Friedrich

*** 17. 4. 1774, Eisleben, † 17. 1. 1833, Oberzell (Kreis Würzburg); deutscher Druckmaschinenbauer**

Nach Abschluß des Gymnasiums konnte Koenig, Sohn eines Landwirts, aus Geldmangel kein Studium beginnen und ließ sich als Setzer und Buchdrucker 1790 bis 1794 in Leipzig ausbilden. Neben seiner Arbeit besuchte er Vorlesungen an der Universität. Eine selbständige Tätigkeit als Buchhändler (ab 1800) gab er 1802 wieder auf und widmete sich statt dessen der Verbesserung der Druckpresse. Als ihm dafür ab 1804 weiteres Geld fehlte, wandte er sich mit dem Entwurf seiner Druckpresse an bekannte europäische Drucker und Staatsoberhäupter. Er reiste von Wien bis St. Petersburg und erhielt 1806 von englischen Druckern eine positive Antwort. In London entwickelte er daraufhin die Druckpresse weiter, wurde aber von einem seiner Geldgeber betrogen, so daß er 1817 wieder nach Deutschland ging. Zusammen mit Andreas Friedrich Bauer errichtete er in einem verlassenen Kloster in Oberzell bei Würzburg eine Druckmaschinenfabrik, die nach seinem Tod von seinen Söhnen und Bauer erfolgreich weitergeführt und 1920 in die Schnellpressenfabrik Koenig & Bauer AG umgewandelt wurde.

Koenig gilt als Erfinder der mechanischen Schnelldruckpresse. Seit 1802 beschäftigte er sich mit der Problematik, den Druckprozeß maschinell durchzuführen. Im Falle der bis dahin üblichen Schraubspindel-Druckpresse und der Hebelpresse wurde das Papier mit einer Platte, dem Tiegel, auf den Bleisatz gepreßt. Koenigs vorwiegend aus Holz bestehende neue Presse war anfangs jedoch zu kompliziert und schwerfällig. In London konnte er die fortgeschrittene Metalltechnik Englands nutzen und entwickelte 1806 bis 1811 zusammen mit dem Mechaniker und Optiker Andreas Friedrich Bauer die erste Tiegeldruckpresse aus Eisen. Sie ermöglichte stündlich 400 Drucke und damit mehr als die Tagesleistung einer Handpresse.

Koenig arbeitete später an einem völlig neuen Verfahren, das dem Prinzip nach in England beim Stoffdruck mit rotierenden Kupferwalzen angewandt wurde. Der Bleisatz wurde jetzt unter einem sich drehenden Zylinder durchgeführt, der Papierbogen vorher eingelegt und nach dem Bedrucken aufgefangen. Die Zylinderdruckpresse (Patent 1812) baute Koenig in mehreren abgewandelten Formen, um bestimmte Druckvorgänge hintereinander oder in einem durchzuführen. Sie wurde mit Kurbelrädern – oder bei dauerndem Betrieb für hohe Auflagen – mit Dampfkraft angetrieben. Ihre Arbeitsleistung entsprach 16 Handpressen beziehungsweise 32 Druckern. Erstmals wurde die «Times» vom 29. 11. 1814 mit dieser Presse gedruckt. In Deutschland verhinderten niedrige Buchauflagen ihre rasche Verbreitung. Nur einige Zeitungen und der Verlag F. A. Brockhaus (1826 für das Brockhaus-Lexikon) nutzten die Schnellpresse.

Kolbe, Adolf Wilhelm Hermann

*** 27. 9. 1818, Elliehausen (bei Göttingen), † 25. 11. 1884, Leipzig; deutscher Chemiker**

Kolbe studierte ab 1838 bei Friedrich Wöhler an der Universität Göttingen Chemie. Nach Abschluß seines Studiums (1842) arbeitete er als Assistent → Robert Bunsens an der Universität Marburg. Von 1845 bis 1847 war er am Museum of Economic Geology in London tätig, um dann die Redaktion des von → Justus von Liebig, Friedrich Wöhler und Johann Christian Poggendorf initiierten «Handwörterbuchs der reinen und angewandten Chemie» in Braunschweig zu übernehmen. 1851 trat Kolbe eine Professur für Chemie an der Universität Marburg an. 1865 wechselte er als Nachfolger Bunsens an die Universität Leipzig, wo er 1867/68 ein neues chemisches Labor errichten ließ, das mit seiner Konzeption Maßstäbe setzte. 1870 wurde Kolbe Herausgeber des «Journals für Praktische Chemie».

Kolbe begann seine wissenschaftliche Arbeit mit der Analyse der organischen Säuren. Zusammen mit Sir Edward Frankland untersuchte er die Genese organischer Säuren aus Nitrilen. Im Verlauf seiner Forschungen unterzog Kolbe erstmals organische Säuren der Elektrolyse, wodurch er zur Herstellung gesättigter Kohlenwasserstoffe gelangte (Kolbesche Synthese). 1845 gelang Kolbe mit der Herstellung von Trifluoressigsäure die erste Synthese einer organischen Substanz aus anorganischen Ausgangsstoffen. 1859 synthetisierte Kolbe die Salicylsäure (Kolbe-Schmitt-Reaktion), womit er die Grundlagen zur Herstellung von Acetylsalicylsäure (Aspirin) schuf. 1872 entdeckte Kolbe das Nitromethan. Durch seine Arbeiten erwarb sich Kolbe große Verdienste auf dem Gebiet der chemischen Synthese. Der Begriff «Synthese» fand durch ihn Eingang in die Chemie.

Kopernikus, Nikolaus

19. 2. 1473, Thorn, † 24. 5. 1543, Frauenburg; deutscher Astronom

Kopernikus wuchs in einer begüterten Kaufmannsfamilie auf. Nach philosophischen, mathematischen und astronomischen Studien an den Universitäten von Krakau (1491–1495), Bologna (1496 bis 1500) und Rom (1500/01) studierte er ab 1501 Medizin und Kanonisches Recht in Padua und Ferrara. In dieser Zeit widmete er sich unter dem Einfluß von → Regiomontanus ersten astronomischen

Studien. 1506 wurde er Leibarzt seines Onkels Lukas Watzelrode, Bischof von Ermland, in Heilsberg. 1512 übernahm Kopernikus das Amt des Domherrn von Frauenburg, wo er neben administrativen Tätigkeiten vor allem astronomische Studien betrieb. Kopernikus begründete das heliozentrische Weltbild (auch kopernikanisches System), das die Astronomie revolutionierte und naturphilosophische Systeme kippte.
Seine astronomische Arbeit begann Kopernikus zu Beginn des 16. Jahrhunderts mit der Bestimmung potentieller Planetenpositionen. Er bediente sich dabei zunächst des geozentrischen Weltbildes von → Hipparch und → Aristoteles. 1507 griff Kopernikus eine Idee des → Aristarchos von Samos auf, nach der nicht die Erde, sondern die Sonne der Fixpunkt des Planetensystems sei. 1512 stellte Kopernikus diese Theorie auf eine mathematische Grundlage. Daraus abgeleitet formulierte er die jährliche Bewegung der Erde um die Sonne und zeigte, daß mit dem neuen System eine genaue Vorherbestimmung der Planetenpositionen möglich war. Außerdem konnte er mit dem kopernikanischen System bisher ungeklärte astronomische Phänomene deuten, so die scheinbare, von der Erde aus beobachtbare Rückwärtsbewegung (Rückläufigkeit) der äußeren Planeten mit ihren unterschiedlichen Bahngeschwindigkeiten. Er zeigte, daß die Bahngeschwindigkeit der Planeten mit zunehmendem Abstand zur Sonne sinkt. Somit hat die Erde eine größere Bahngeschwindigkeit als die sonnenfernen Planeten Mars, Jupiter und Saturn, die entsprechend ihrer geringeren Geschwindigkeit von der Erde überholt werden und in der Perspektive des Betrachters zurückbleiben. Die von Hipparch entdeckte Wanderung des Frühlings- und Herbstpunktes konnte Kopernikus als Präzession (fortschreitende Verlagerung) der Erdachse deuten.
Ein erstes Manuskript über diese Forschungen publizierte er 1514. In den folgenden Jahren vervollkommnete er seine Theorie und erstellte genaue Ephemeriden (Planeten betreffende Datensammlungen). 1540 publizierte er auf Anregung von Georg J. Rheticus mit «Narratio prima» eine erste Zusammenfassung seiner Forschung, der 1542 die Publikation der Trigonometrischen Tafeln folgte. 1543 veröffentlichte Kopernikus mit «De revolutionibus orbium cœlestium libri VI.» («Über die Kreisbewegungen der Weltkörper») sein Gesamtwerk. Das mit einer Widmung für Papst Paul III. versehene Werk erhielt durch das unautorisierte Vorwort eines Pfarrers (Andreas Osiander) einen spekulativen Charakter, so daß es völlig falsch eingeschätzt wurde (zudem setzte die katholische Kirche es auf den Index). 1609 bewies → Johannes Kepler die Richtigkeit der kopernikanischen Theorie, so daß Kopernikus der angemessene Platz in der Wissenschaftsgeschichte zugewiesen werden konnte.

Kornberg, Arthur

*** 3. 3. 1918, Brooklyn (New York); amerikanischer Biochemiker**

Kornberg studierte ab 1937 Chemie und Biologie am City College New York und anschließend Medizin an der Rochester School of Medicine. Nach seiner Promotion in Medizin 1941 arbeitete er kurz am Strong Memorial Hospital. Im Zweiten

Kornberg-Polymerase
Auch: DNS-Polymerase I. Von Kornberg und Mitarbeitern 1956 aus Kolibakterien isoliertes DNS-synthetisierendes Enzym. Die Kornberg-Polymerase wirkt in den Zellen als Reparaturenzym beim Zusammenschluß der kleinen, bei der DNS-Replikation entstehenden DNS-Stücke zum kompletten DNS-Strang, während ein später entdecktes Enzym (die sogenannte DNS-Polymerase III) den Großteil der DNS synthetisiert.

Weltkrieg diente Kornberg als Leutnant der amerikanischen Küstenwache. Anschließend forschte er elf Jahre am National Institute of Health in Bethesda/Maryland und am New York University College of Medicine (bei → Severo Ochoa). Von 1953 bis 1959 war Kornberg Professor und Leiter des Instituts für Mikrobiologie an der Washington School of Medicine in Saint Louis. Danach wechselte er als Professor und Leiter der biochemischen Abteilung an die Stanford University in Palo Alto (Kalifornien).
Kornberg beschäftigte sich zuerst mit der Biosynthese von Coenzymen. Dabei entdeckte er die Reaktionen, die im Zellstoffwechsel zur Bildung der Wasserstoffüberträger NAD (Nikotinamid-Adenin-Dinukleotid) und FAD (Flavin-Adenin-Dinukleotid) führen.
Weiterhin erforschte er die Biosynthese von Cytosin und Thymin (Bestandteilen der DNS) und fand ein Enzym, das für die Synthese von Polyphosphaten in Bakterien verantwortlich ist.
1955 begann Kornberg mit seinen Forschungen zur Biosynthese der Erbsubstanz DNS (Desoxyribonukleinsäure), deren Struktur zwei Jahre zuvor aufgeklärt worden war (→ Francis Harry Compton Crick und → James Dewey Watson). Kornberg suchte nach einem Enzym, das die Synthese von DNS in den Zellen katalysiert. Er benutzte in seinen Versuchen Extrakte aus Zellen von schnellwachsenden Kolibakterien (Escherichia coli), die er mit ATP als Energiequelle und radioaktiv markierten Vorstufen der DNS (Nukleotiden) inkubierte. Mit diesem Versuchsansatz konnte Kornberg anhand der Entstehung radioaktiver DNS beweisen, daß neue DNS aus den Vorstufen gebildet wurde. In langwierigen Arbeiten gelang es ihm schließlich, das erste DNS-synthetisierende Enzym aus dem Zellextrakt zu isolieren (Kornberg-Polymerase). Er konnte zeigen, daß dieses Enzym unter bestimmten Reaktionsbedingungen eine vorliegende DNS exakt vervielfältigt. Auch in anderen Zellen, zum Beispiel Tumorzellen und Zellen der Thymusdrüse, wies er die DNS-Polymerase nach. Für die Synthese der Ribonukleinsäure (RNS) beschrieb er ein entsprechendes Enzym, die RNA-Polymerase. 1959 erhielt Kornberg aufgrund dieser für die molekulare Genetik grundlegenden Arbeiten zusammen mit Severo Ochoa den Nobelpreis für Medizin.

Koroljow, Sergei Pawlowitsch

*** 30. 12. 1906, Schitomir, † 14. 1. 1966, Moskau; russischer Raumfahrttechniker**

Koroljow besuchte bis 1924 die Baufachschule in Odessa und begann danach am Polytechnischen Institut in Kiew Flugzeugbau zu studieren. Er setzte sein Studium in Moskau an der Technischen Hochschule fort, wo er 1930 sein Diplom machte. Während seines Studiums arbeitete er bereits in der Flugzeugindustrie, konstruierte Segelflugzeuge und wurde 1930 Oberingenieur im Zentralen Aerohydrodynamischen Institut. 1931 wurde er als Mitglied in den Zentralrat der Osoawiachim (Gesellschaft zur Förderung der Verteidigung der Luftfahrt und der Chemisierung) aufgenommen, dessen Leitung er 1932 übernahm. Vor dem Zweiten Weltkrieg war er Abteilungsleiter in dem 1933 gegründeten Forschungsinstitut für Raketentechnik. Nachdem er im Zweiten Weltkrieg in einem Versuchskonstruktionsbüro gearbeitet hatte, wurde er 1946 Chefkonstrukteur einer Forschungsabteilung für Maschinenkunde an der Akademie der Wissenschaften.

Als führender Raketentechniker der ehemaligen Sowjetunion entwickelte Koroljow seit 1933 insbesondere Flügelraketen und Raketenantriebe für Flugzeuge. Ab Mitte der 40er Jahre arbeitete er an der Projektierung leistungsfähiger ballistischer Raketen.

In dem von ihm geleiteten Forschungslabor wurden die für militärische Zwecke eingesetzten hochleistungsfähigen Trägerraketensysteme gebaut, die 1947 erprobt wurden. Koroljow war maßgeblich an der Entwicklung von Raketen als Raumfahrzeuge beteiligt, für deren Einsatz er bereits 1934 und 1935 auf Wissenschaftskonferenzen plädiert hatte. In Weiterführung der Arbeiten von → Konstantin Eduardowitsch Ziolkowski entstanden unter seiner Leitung unter anderem Sputnik 1 bis 3 sowie die Raumschiffe vom Typ Wostok und Woschod. Koroljow war darüber hinaus für den Bau von Satelliten wie die Elektron und Molnija sowie für die Konstruktion diverser Sonden verantwortlich.

Kowalewski, Aleksandr Onufrijewitsch

*** 19. 11. 1840, Värkava (Lettland), † 22. 11. 1901, St. Petersburg; russischer Zoologe und Embryologe**

Kowalewski besuchte von 1856 bis 1859 die Eisenbahn-Ingenieurschule in St. Petersburg und studierte anschließend Naturwissenschaften in St. Petersburg, Heidelberg und Tübingen. Nach einem Studienaufenthalt in Neapel wurde Kowalewski 1866 Privatdozent für Zoologie in St. Petersburg. Ein Jahr nach seiner Promotion 1867 erhielt er eine außerordentliche Professur für Zoologie in Kasan. Von 1869 bis 1873 wirkte er als ordentlicher Professor in Kiew, von 1874 bis 1890 in Odessa und von 1891 bis 1894 in St. Petersburg. Zweimal (1867 und 1870) erhielt er den Baer-Preis. Ab 1890 arbeitete er an der russischen Akademie der Wissenschaften in St. Petersburg. Kowalewski hatte wesentlichen Anteil am Aufbau der Biologischen Station von Sewastopol am Schwarzen Meer, deren Direktor er ab 1889 war. Kowalewskis jüngerer Bruder Wladimir Onufrijewitsch war ein bedeutender Paläontologe.

Die Forschungen Kowalewskis wurden maßgeblich von der Theorie → Ernst Haeckels beeinflußt, die die Bedeutung der Individualentwicklung für die Rekonstruktion der Stammesgeschichte betonte. So erzielte Kowalewski durch vergleichende Untersuchungen der Embryonalentwicklung von Wirbellosen und Wirbeltieren bedeutende Erkenntnisse über die Stammesgeschichte der Tiere. In seinen Arbeiten über die Entwicklung des Lanzettfischchens («Amphioxus», heute Branchiostoma) zeigte er Ähnlichkeiten zwischen den frühen

Embryonalstadien von Wirbellosen und Wirbeltieren. Er wies nach, daß auch das Lanzettfischchen das frühe embryonale Stadium der Gastrula durchläuft, wobei sich zunächst zwei Keimblätter – Entoderm und Ektoderm – bilden. Die Feststellung der Homologie der Keimblätter von Wirbellosen und Wirbeltieren begründete Kowalewski 1871 durch «Embryologische Studien an Würmern und Arthropoden», bei denen er die Existenz von drei Keimblättern nachwies.
Eine für die zoologische Systematik sehr wichtige Entdeckung machte Kowalewski an Seescheiden (Ascidien): Er konnte im Schwanz der Larven die Anlage einer Chorda dorsalis nachweisen. Eine derartige elastische Rückensaite (auch Notochord genannt) war bereits beim Lanzettfischchen gefunden worden. Die Entdeckung Kowalewskis bewies daher, daß die Seescheiden nicht, wie bislang angenommen, zu den Weichtieren gehören. Die Chorda deutete Kowalewski vielmehr als ein gemeinsames Organisationsmerkmal mit den Wirbeltieren, bei denen eine Chorda-Anlage durch die Wirbelsäule ersetzt wird. Dies führte zur Zusammenfassung aller durch eine Chorda charakterisierten Gruppen zu den Chordatieren (Stamm Chordata).

Krebs, Hans Adolf Sir
*** 25. 8. 1900, Hildesheim,**
† 22. 11. 1981, Oxford; britischer Biochemiker deutscher Herkunft

Als Sohn eines angesehenen jüdischen Arztes studierte Krebs von 1918 bis 1923 Medizin an den Universitäten Göttingen, Freiburg i. Br., Berlin und München. Er promovierte 1925 an der Universität Hamburg, studierte anschließend ein Jahr Chemie in Berlin und wurde 1926 Assistent → Otto Heinrich Warburgs am Kaiser-Wilhelm-Institut für Biologie. Ab 1930 praktizierte er als Assistenzarzt an Kliniken in Hamburg und Freiburg i. Br., wo er nach seiner Habilitation 1932 Privatdozent für Innere Medizin wurde. 1933 verlor er als Jude seine Dozentur und floh nach England. 1934 erhielt er eine Stellung bei → Frederick Gowland Hopkins an der Cambridge University. Ein Jahr später ging er als Dozent für Pharmakologie an die Universität Sheffield, wo er 1938 zur neuen Abteilung für Biochemie wechselte und 1945 eine Professur erhielt. Hier hatte er seine größten wissenschaftlichen Erfolge, für die er 1953 (zusammen mit dem deutsch-amerikanischen Biochemiker Fritz Albert Lipmann) mit dem Nobelpreis für Medizin geehrt wurde. 1954 nahm Krebs eine Professur für Biochemie an der Universität Oxford an. Nach seiner Emeritierung 1967 war er Leiter des Instituts für Stoffwechselforschung am Radcliff-Krankenhaus in Oxford.
Krebs gilt als einer der bedeutendsten Erforscher des Stoffwechsels. Mit dem Harnstoffzyklus entdeckte er 1932 (zusammen mit Kurt Henseleit) den ersten zyklischen Stoffwechselprozeß (eine Reaktionsfolge, bei der nach mehreren Schritten wieder der Ausgangsstoff entsteht). Im Harnstoffzyklus wird das vor allem beim Aminosäure-Abbau entstandene giftige Ammonium in ungiftigen, ausscheidbaren Harnstoff umgewandelt. Krebs beschrieb, wie Ammonium in der Leber mit der Aminosäure Ornithin reagiert und über mehrere Zwischenstufen Arginin entsteht, aus dem durch Abspaltung von Harnstoff wieder Ornithin re-

Krebs-Zyklus
Auch: Citratzyklus, Tricarbonsäurezyklus, Zitronensäurezyklus. In den Mitochondrien ablaufender gemeinsamer Endprozeß beim oxidativen Abbau von Kohlenhydraten, Proteinen und Fetten. Das aus diesen energieliefernden Stoffen stammende Acetyl-Coenzym A reagiert mit Oxalacetat zu Citrat. Unter Abspaltung von Kohlendioxid wird daraus über zahlreiche Zwischenstufen Oxalacetat regeneriert, während durch Übertragung von Wasserstoff auf die Coenzyme NAD und FAD energieliefernde Zwischenprodukte geschaffen werden.

generiert wird. Die Hauptleistung von Krebs ist die Aufklärung des nach ihm benannten Krebs-Zyklus. Krebs kombinierte die Ergebnisse mehrerer Forscher (unter anderem → Albert Szent-Györgyi) und seine Kenntnisse vom Prinzip zyklischer Stoffwechselprozesse, um aussagekräftige Experimente zu entwerfen. So zeigte Krebs schließlich, daß bei Zugabe von Oxalacetat zu einer Suspension aus Muskelgewebe Citrat (Zitronensäure) gebildet wird. Er formulierte daraufhin 1937 ein zusammenhängendes Gesamtbild der Reaktionsabläufe. Ende der 60er Jahre entdeckte er eine Abwandlung des Krebs-Zyklus, den Glyoxylatzyklus, der in vielen Bakterien und Pflanzen abläuft. Darüber hinaus arbeitete er an Fragen der Steuerung von Stoffwechselprozessen.

Krupp, Alfred

*** 26. 4. 1812, Essen, † 14. 7. 1887, Essen; deutscher Unternehmer**

Alfred Krupps Vater, Friedrich Krupp (1787–1826), gründete 1811 in Essen eine Eisenwerkstatt zur Herstellung von englischem Gußstahl und daraus gefertigten Gütern. Um seinen kranken Vater zu unterstützen, mußte Alfred Krupp die Schule frühzeitig verlassen. Nach einer kurzen Lehre übernahm er 1826 nach dessen Tod die Leitung der Werkstatt. Bis zur Mitte des Jahrhunderts vergrößerte er den Betrieb durch die Produktion von Walzen und Stempeln für die Münzherstellung und Edelmetallverarbeitung. Auf ausgedehnten Reisen machte sich Krupp in Europa mit dem Stand der Technik in der Stahlherstellung und -verarbeitung vertraut, wobei er in England wichtige Anregungen erhielt. 1848 reagierte er mit der Herstellung von Gußstahlelementen auf den expandierenden Eisenbahnbau. Im internationalen Handel nutzte Krupp geschickt die Zollvorteile des durch den Liberalismus geförderten freien Handels. Mit einem Auftrag der preußischen Regierung über 300 Feldgeschütze begann er 1859 in großem Umfang Rüstungsgüter herzustellen und exportierte zahlreiche Waffen auch ins Ausland. Bis zu seinem Tod (1887) wuchs die Firma Krupp durch die Übernahme von Zechen und Erzgruben sowie angegliederte Hütten- und Verarbeitungsbetriebe zum weltweit größten Gußstahlhersteller und -verarbeiter mit insgesamt 21 000 Mitarbeitern an.
1843 konnte Krupp den ersten nahtlosen Gewehrlauf und 1844 das erste Kanonenrohr aus Gußstahl herstellen. Im Bestreben, durch beste Stahlqualität englische Konkurrenzgüter zu überbieten, präsentierte er auf der Weltausstellung in London 1851 einen hochwertigen Block aus Tiegelgußstahl und gewann dadurch internationale Anerkennung. 1853 gelang es ihm, ein nahtloses Eisenbahnrad herzustellen, was den weltwei-

ten Absatz auch anderer Lokomotiv- und Eisenbahnwaggonteile aus Kruppstahl förderte. Drei Radreifen bilden seitdem das Firmenzeichen. Den Ausbau der Produktion förderte er durch Rationalisierungen; darüber hinaus forcierte er den Einsatz moderner, zum Teil von ihm selbst entwickelter Maschinen und 1862 die Übernahme des neuen englischen Bessemer-Verfahrens zur Massenherstellung von Stahl sowie des Siemens-Martin-Verfahrens. Fortschrittlich waren ebenfalls die Sozialleistungen für die Belegschaft. Krupp baute seit 1861 eigene Werkswohnungen und Volksschulen, 1872 ein Krankenhaus und 1868 die Konsum-Anstalt. Bereits 1836 hatte er eine Betriebskrankenkasse und 1855 eine Pensionskasse gegründet.

Ktesibios von Alexandria

1. Hälfte des 3. Jahrhunderts v. Chr.; griechischer Naturforscher und Ingenieur

Über die Vita des Ktesibios ist nichts bekannt.

Ktesibios gilt als der Begründer der Maschinenbaukunst, die ein Jahrhundert später von → Heron von Alexandria weiter ausgebaut wurde. Er entdeckte die Wirkungsweise sowohl komprimierter wie auch verdünnter Luft (Luftdruck) und setzte diese Prinzipien bei seinen Forschungen ein. Seine wichtigsten Erfindungen betrafen die Wasserorgel (Hydraulis), die Druckluftpumpe, die Feuerspritze, die Zahnstange und den Hodometer (Wegmesser). Darüber hinaus entwickelte er zwei verschiedene Bogengeschütze: das «Aerotonon», das mit Hilfe komprimierter Luft funktionierte, und das «Chalkotonon», das er statt der üblichen Sehnenstränge mit Bronzefedern ausstattete. Seinen Ruhm verdankte Ktesibios jedoch vor allem der Verbesserung der ägyptischen Wasseruhr, auch Klepsydra genannt. Dieser in der Antike exakteste Zeitmesser war so konstruiert, daß durch stetig tropfendes Wasser ein Schwimmer angehoben wurde, der damit den jeweiligen Wasserstand festlegte. Ktesibios adjustierte die Scheibe der Wasseruhr so exakt, daß an der markierten Position die Uhrzeit präzise abgelesen werden konnte.

Kundt, August Adolph Eberhard

*** 18. 11. 1839, Schwerin, † 21. 5. 1894, Israelsdorf (bei Lübeck); deutscher Physiker**

Kundt begann 1859 ein Studium der Mathematik und Naturwissenschaften in Leipzig. 1861 wechselte er zu Gustav Heinrich Magnus nach Berlin, wo er 1864 promovierte und sich 1867 habilitierte. 1868 folgte Kundt einem Ruf der Universität Zürich, 1870 ging er an die Universität Würzburg. Ab 1873 lehrte er an der Universität Straßburg, 1888 wurde er Nachfolger → Hermann von Helmholtz' an der Universität Berlin.

Kundt arbeitete auf den Gebieten der Akustik, Optik und Wärmelehre. 1866 erarbeitete er ein Verfahren zur Messung der Schallgeschwindigkeit in Gasen. Zu diesem Zweck bestreute er das Innere einer Röhre (Kundtsche Röhre) mit Puder, das nach der Anregung einer Schallwelle ein charakteristisches Muster bildete (Kundtsche Staubfiguren), mit dem man über die Wellenlänge die Schallgeschwindigkeit berechnen konnte. In den folgenden Jahren beschäftigte sich Kundt

Kundtsche Röhre
Vorrichtung zur Erzeugung und Messung von Schallwellen in Gasen. Die Kundtsche Röhre besteht aus einem in die Röhre eingespannten Metallstab und einem verschiebbaren Kolben. Durch Erzeugung von Schallwellen, die an dem Kolben in sich selbst reflektiert werden, entsteht eine stehende Welle. Diese stehende Welle manifestiert sich in den regelmäßigen «Kundtschen Staubfiguren». Aus dem Abstand der im Puder sichtbaren Wellenknoten wird die Wellenlänge berechnet, die bei bekannter Frequenz zur Schallgeschwindigkeit führt.

mit Optik, wo er die anomale Dispersion (Anwachsen der Brechzahl bei zunehmender Wellenlänge) in Flüssigkeiten und dünnen Metallschichten erkannte. Ab 1873 widmete er sich der Wärmelehre. Zusammen mit dem Physiker Emil Warburg führte er Versuche über Reibung und Wärmeleitung von Gasen durch, mit denen er die kinetische Gastheorie konsolidierte. Außerdem bestimmte er die spezifische Wärme von Quecksilber. Weitere Arbeiten beschäftigten sich mit den optischen Eigenschaften von Blitzen und den elektrischen Eigenschaften von Kristallen.

Kurtschatow, Igor Wassiljewitsch

*** 12. 1. 1903, Sim (Gebiet Tscheljabinsk), † 7. 2. 1960, Moskau; russischer Physiker**

Kurtschatow studierte von 1920 bis 1923 an der physikalisch-mathematischen Fakultät der Krim-Universität. Nach Stationen in Pawlowsk, Feodossia und Baku ging er 1925 zu Abram Fjodorowitsch Ioffe an das Physikalisch-Technische Institut St. Petersburg, wo er 1932 ein kernphysikalisches Institut aufbaute. 1934 erhielt er für seine Leistungen den Doktortitel verliehen, ohne eine Dissertation vorlegen zu müssen. 1943 übernahm Kurtschatow die Leitung des russischen Atombombenprojekts, dem 1952 die Leitung des Projekts zur Entwicklung der Wasserstoffbombe folgte; außerdem leitete er den Bau des ersten Atomkraftwerks. Kurtschatow wurde mehrfach ausgezeichnet, unter anderem mit dem Leninpreis (1957) und der Medaille des Weltfriedensrates (1958). Er war Mitglied der russischen Akademie der Wissenschaften, dessen Präsidium später den nach ihm benannten Kurtschatowpreis stiftete.

Kurtschatows erste Arbeiten beschäftigten sich mit dem Verhalten von Dielektrika (Isolatoren zwischen den Leitern eines Kondensators) in starken elektrischen Feldern und des dabei auftretenden Durchschlags. In diesem Zusammenhang untersuchte er zusammen mit Pawel Pawlowitsch Kobeko die dielektrischen Eigenschaften von Kalium-Natrium-Tartrat (Seignettesalz). 1931/32 widmete er sich gemeinsam mit Kirill Dmitrijewitsch Sinelnikow der Halbleiterphysik, 1932 begann er mit kernphysikalischen Forschungen. Im Zuge des Aufbaus des Kernphysikalischen Instituts initiierte er den Bau eines Protonenbeschleunigers (1933), dem ein Zyklotron folgte (1937–1939). Bei seinen Untersuchungen von Kernreaktionen mit Neutronen entdeckte er 1935 zusammen mit seinem Bruder B. W. Kurtschatow und L. I. Rusinow die Kernisomerie. Ebenfalls 1935 wies er mit Lew Andrejewitsch Arzimowitsch die Möglichkeit des Neutroneneinfangs durch Protonen nach. 1939

begann Kurtschatow mit Experimenten zur Kernspaltung, wobei er 1940 mit Georgi Nikolajewitsch Flerow und K. A. Petrshak den spontanen Zerfall des Urankerns entdeckte.
Ende 1940 konzipierte Kurtschatow zusammen mit Juri Borissowitsch Chariton einen Kernreaktor, der 1946 in Betrieb genommen wurde. Nach der Entwicklung der ersten Wasserstoffbombe 1953 strebte Kurtschatow den zivilen Gebrauch der Kernkraft an, was 1954 zur Inbetriebnahme des ersten europäischen Atomkraftwerks führte. In den folgenden Jahren arbeitete er intensiv an der Kernfusion.

L

Laennec, Théophile René Hyacinthe

*** 17. 2. 1781, Quimper, † 13. 8. 1826, Kerlouan; französischer Arzt**

Laennec studierte bis 1804 Medizin, danach praktizierte er als Arzt und wurde 1822 Professor in Paris.

Laennecs bekannteste Leistung ist die Erfindung des Stethoskopes. Dieses ärztliche Hörgerät verstärkt verschiedene Körpergeräusche, etwa der Darm- und Lungenfunktion (etwa das Rasseln des Atems) sowie des Herz- und Pulsschlages. Dieses allgemeinmedizinische Routineverfahren bezeichnet man nach dem lateinischen Wort «auscultare» (horchen), eingedeutscht als «Auskultation». Ursprünglich als Notlösung gedacht, um beim Abhören von Patienten nicht unnötig mit deren Körper in Berührung zu kommen, nutzte Laennec zunächst seinen gerollten Notizblock als Hörhilfe. Die dabei entstandene Papierrolle entwickelte er zu einem Holzzylinder weiter; heute verwendet man allerdings schalleitende Schläuche mit Ohrstücken. 1819 veröffentlichte Laennec seine Erfindung in seinem Buch «De l'auscultation médiate ...».

Zahlreiche medizinische Krankheitsbilder und Krankheitserscheinungen sind nach Laennec benannt, darunter die Laennec-Zeichen (sagoartige, zähklebrige Perlen im Auswurf beim Laennec-Katarrh, einer Bronchitis), der Laennec-Abszeß bei Tuberkulosekranken, die Laennec-Leberzirrhose und vor allem der Laennec-Lungeninfarkt.

Lamarck, Jean-Baptiste Antoine Pierre de Monet, Chevalier de

*** 1. 8. 1744, Bazentin (Dép. Somme), † 18. 12. 1829, Paris; französischer Naturforscher**

Als jüngster Sohn einer verarmten Adelsfamilie mußte Lamarck eine jesuitische Klosterschule besuchen. Nach dem Tod seines Vaters verließ er 1761 das Kloster, schlug eine Offizierslaufbahn ein und nahm am Siebenjährigen Krieg (1756 bis 1763) teil. Eine Erkrankung zwang ihn 1768 zur Beendigung des Militärdienstes. Lamarck arbeitete daraufhin in einem Bankgeschäft, bis ihm der Verkauf des elterlichen Gutes 1770 ein Medizinstudium in Paris ermöglichte, das er 1774 ohne Abschluß beendete. Anschließend kam Lamarck durch vorwiegend botanische Studien, in denen er unter anderem durch → Georges Louis Leclerc Comte de Buffon unterstützt wurde, zu wissenschaftlicher Anerkennung. Er wurde daraufhin 1779 in die Pariser Akademie der Wissenschaften aufgenommen und erhielt eine Stelle als Assistent am Königlichen Botanischen Garten. 1781/82 unternahm Lamarck als Begleiter von Buffons Sohn eine Bildungsreise durch die Niederlande, Deutschland und Ungarn.

1786 wurde er Kustos am Königlichen Herbarium. Nach der Französischen Revolution beteiligte Lamarck sich an der Gründung des Nationalmuseums für Naturgeschichte (Musée d'histoire naturelle), zu dem auch der reorganisierte Botanische Garten (Jardin des plantes) gehörte. Er übernahm 1792 (neben → Étienne Geoffroy Saint-Hilaire) eine der zwei Professuren für Zoologie.

Lamarcks Hauptleistung sind seine zoologischen Arbeiten, obwohl er sich zuerst vor allem mit Botanik, Geologie, Meteorologie und Chemie befaßte, da er ein umfassendes Werk über die «Physik der Erde» plante, in dem er in drei Teilen die allgemeinen Naturgesetze darstellen wollte. In diesem Zusammenhang prägte Lamarck 1802 den Begriff «Biologie» für die Lehre von den Lebewesen. 1809 veröffentlichte er seine berühmte zweibändige «Philosophie zoologique», die als dritter Teil des geplanten Gesamtwerkes gedacht war, jedoch der einzige blieb. Da Lamarck seinen chemisch-physiologischen Anschauungen veraltete Konzepte wie die Vier-Elementen-Lehre und die Phlogistontheorie von → Georg Ernst Stahl zugrunde legte, erzielte Lamarck mit der «Philosophie zoologique» zu seiner Zeit nicht die erhoffte Anerkennung, obwohl er in diesem Werk erstmals eine vollständige Theorie der Entstehung, Veränderung und Höherentwicklung der Organismen entwarf. Durch die Beobachtung der Variabilität und Kontinuität fossiler und lebender Formen, die er vor allem an großen Sammlungen von Muschelschalen gemacht hatte, verband er wie Buffon die Idee einer Stufenleiter mit dem Prinzip einer kontinuierlichen Höherentwicklung der Arten. Durch einen den Tieren innewohnenden Vervollkommnungstrieb verläuft die Entwicklung demnach geradlinig, wenn die Umweltbedingungen konstant bleiben; deren Wandel bedingt hingegen einen unterschiedlichen Gebrauch der Organe. Die neuen Bedürfnisse führen, vermittelt durch ein «Nervenfluidum», zur Um- oder Neubildung der Organe, die erblich ist und somit an die Nachkommen weitergegeben wird.

Bereits zu Lebzeiten erlangte Lamarck Anerkennung mit seinem taxonomischen Hauptwerk, der «Naturgeschichte der wirbellosen Tiere» («Histoire naturelle des animaux sans vertèbres», 7 Bände, 1815–1822). Er unterschied die wirbellosen Tiere von den Wirbeltieren und teilte sie auf der Grundlage vergleichend-anatomischer Studien in zehn Klassen ein. In einer stammbaumähnlichen Darstellung unterteilte er das gesamte Tierreich nach der Höhe der Nerven- und Sinnesleistungen in drei große Gruppen: «unempfindliche Tiere», ausgehend von Infusorien, «empfindsame Tiere», die er von Würmern ableitete, und «intelligente Tiere», wozu er die Wirbeltiere rechnete.

Lamarckismus
Bezeichnung für die von Lamarck 1809 begründete Abstammungstheorie, wobei besonders der Aspekt der Vererbung erworbener Eigenschaften betont wird. Diese These konnte zwar durch spätere Forschungen nicht bestätigt werden, der Lamarckismus ist aber ein wichtiger Vorläufer des Darwinismus. Eine Weiterentwicklung, der Neolamarckismus, stellte die Bedeutung psychischer Faktoren für die phylogenetische Entwicklung in den Mittelpunkt (Psycholamarckismus).

Lambert, Johann Heinrich
*** 26. 8. 1728, Mülhausen (Elsaß), 25. 9. 1777, Berlin; deutscher Mathematiker, Physiker und Astronom**

Lambert, der aus einer lothringischen Hugenottenfamilie stammte, die im damals schweizerischen Mülhausen Zuflucht gesucht hatte, war bis 1743 Schreiber der Eisenwerke in Sapois, 1745 Sekretär in Basel und arbeitete von 1748 bis 1758 als Hauslehrer in Chur. Sein autodidaktisch angeeignetes Wissen in den Naturwissenschaften, der Mathematik und Astronomie verhalf ihm zu Ruhm, so daß er 1765 in die Preußische Akademie der Wissenschaften aufgenommen wurde. 1770 erhielt er das Amt eines Oberbaurats.

Lamberts erste wichtige Arbeit behandelte die Krümmung der scheinbaren Bahn eines Himmelskörpers. Sie führte zur Formulierung des «Lambertschen Satzes» von 1744, in dem er die Beziehung zwischen der Bahnkrümmung und der Entfernung vom scheinbaren Sonnenort beschrieb. 1760 widmete sich Lambert den Phänomenen des Lichts, besonders der Absorption und Remission. Mit seinem «Lambert-Beerschen Gesetz» formulierte er die physikalische Gesetzmäßigkeit, nach der eine Absorption von Licht, Ultraviolett- oder Infrarotstrahlung beim Durchgang durch Lösungen abläuft. Mit dem «Lambertschen Kreis» machte er eine Aussage über die Intensitätsverteilung von Licht bei einer Remission durch eine diffus reflektierende, rauhe Oberfläche.

Zur Berechnung der beobachteten Phänomene entwickelte er das «Lambertsche Kosinusgesetz». Seine Ergebnisse veröffentlichte er 1760 in seinem Werk «Photometria», wodurch er die Photometrie (Lichtstärkenmessung) begründete. Mit entfernten Lichtquellen beschäftigt, formulierte er 1761 die These, daß sonnennahe Sterne ein System darstellen und daß solche Systemgruppen die Milchstraße bilden. Außerdem vermutete er, daß es ähnliche Systemgruppen (Galaxien) geben könne, was später bestätigt wurde.

Ab 1766 widmete sich Lambert der Mathematik. Zunächst beschäftigte er sich mit der Parallelentheorie, wodurch er einer der Wegbereiter der nichteuklidischen Geometrie wurde (1760). Im Anschluß daran untersuchte er Kreis- und Hyperbelfunktionen, in deren Zusammenhang er die Irrationalität der Zahl Pi nachwies. Außerdem verbesserte er die ebene und sphärische Trigonometrie.

Auf der Grundlage seiner mathematischen Forschungen entwickelte er die mathematische Kartographie («Lamberts flächentreue Azimutalabbildung»). Lambert begründete außerdem die Pyrometrie (Messung hoher Temperaturen) und Hygrometrie (Messung der Luftfeuchte), über die er 1774 sein Werk «Hygrometrie oder die Abhandlung von den Hygrometern» veröffentlichte. 1776 gründete er das «Berliner Astronomische Jahrbuch».

Land, Edwin Herbert
*** 7. 5. 1909, Bridgeport (Connecticut), † 1. 3. 1991, Cambridge (Massachusetts); amerikanischer Physiker und Industrieller**

Land nahm 1928 ein Physikstudium an der Harvard-Universität in Cambridge auf und betrieb nebenbei ein privates Labor, in dem er einen Polarisator entwickelte, der nur Lichtwellen einer bestimmten Schwingungsebene durchließ. Ohne sein Studium zu beenden, gründete er 1937 die Polaroid Corporation, um blendfreie Sonnenbrillen und Autoscheinwerfer, Kamerafilter und Brillen für 3-D-Filme (1941) zu produzieren. Im Zweiten Weltkrieg wurde die Polarisation für Flugzeugabwehrgeschütze und Entfernungsmesser angewandt. 1947 erfand Land die Polaroidkamera. Ein spezieller Film enthält hierbei das Negativmaterial, das Positivpapier sowie die Entwicklungschemikalie, die sich in einem versiegelten Beutel zwischen den Filmschichten befindet. Wird das belichtete Bild aus der Kamera gezogen, so wird dieser Beutel zwischen zwei Rollen zerquetscht, und die aktivierte Chemikalie entwickelt das Negativ. Durch den sogenannten Diffusionstransfer wandern Silbersalze von den nichtbelichteten Teilen des Negativs auf die Positivschicht – und ein fertiges Bild entsteht.

1963 entwickelte Land ein farbfotografisches Sofortbildverfahren («Polacolor-Verfahren»), 1970 ein negativloses farbiges Sofortbild. Sein 1977 auf den Markt gebrachtes Polavisions-System, das das Sofortbildprinzip auch auf bewegte Bilder ausweitete, konnte sich gegen das später aufkommende Videosystem nicht durchsetzen.

1980 zog sich Land aus seiner Firma zurück und gründete in Cambridge das Rowland-Institut. Als Land 1991 starb, hinterließ er mehr als 500 Patente, unter anderem für ein optisches System für das amerikanische Aufklärungsflugzeug U2, das in den 50er Jahren die Rüstungsanlagen der Sowjetunion ausspionierte.

Landau, Lew Dawidowitsch

*** 22. 1. 1908, Baku, † 1. 4. 1968, Moskau; russischer Physiker**

Landau beendete bereits 1922 die Schule und studierte an der physikalisch-mathematischen und chemischen Fakultät der Universität Baku. 1924 wechselte er zur physikalischen Abteilung der Universität St. Petersburg, wo er Assistent von Abram Fjodorowitsch Ioffe wurde. 1929 erhielt Landau ein Forschungsstipendium, das ihn zu → Max Born, Paul Ehrenfest, → Werner Karl Heisenberg und → Wolfgang Pauli führte. Außerdem besuchte er → Niels Bohr und → Ernest Rutherford. In dieser Zeit entwickelte sich auch die Zusammenarbeit mit Rudolf Ernst Peierls. Nach seiner Rückkehr nach St. Petersburg (1931) übernahm Landau 1932 die Abteilung für Theoretische Physik am Physikalisch-Technischen Institut in Charkow, wo er 1933 auch eine Professur für Theoretische Physik am Institut für Mechanik und Maschinenbau übernahm. Ohne Vorlage einer Dissertation, aber aufgrund seiner Verdienste wurde ihm 1934 der Doktortitel verliehen. 1935 erhielt er eine Professur für Allgemeine Physik an der Universität Charkow, 1937 folgte er einem Ruf → Pjotr Leonidowitsch Kapizas an das Physikalische Institut in Moskau, wo er die Leitung der Abteilung Theoretische Physik übernahm. 1938 wurde Landau auf Veranlassung Stalins interniert. Nach seiner Entlassung 1939 kehrte er an das Moskauer Institut zurück, wo er eine wissenschaftliche Schule gründete, aus der hervorragende Physiker hervorgingen. Landau war Mitglied vieler wissenschaftlicher Gremien, so gehörte er sowohl der russischen

Akademie der Wissenschaften an als auch der Dänemarks, der Niederlande und der USA. Außerdem war er Mitglied der Royal Society. Vielfach ausgezeichnet, erhielt er 1962 für seine Theorie der Supraleitung den Nobelpreis für Physik.

Landau lieferte Arbeiten zu fast allen Bereichen der modernen Physik. Nach frühen Forschungen zur Quantenmechanik und zum Magnetismus untersuchte er 1930 die diamagnetischen Eigenschaften von Metallen, 1935 formulierte er eine mathematische Darstellung der Magnetisierungsmechanismen bei Ferromagnetika. Bei einer Arbeit über Höhenstrahlung begründete er 1938 die Kaskadentheorie der Elektronenschauer. Im Anschluß daran begann Landau mit Forschungen auf dem Gebiet der Tieftemperaturphysik. Bei Phasentransformationen entdeckte er 1938 an flüssigem Helium das Phänomen der Suprafluidität, bei der ein Stoff ab einer bestimmten, stoffcharakteristischen Sprungtemperatur seine viskosen Eigenschaften verliert. 1941 formulierte er die Theorie der Suprafluidität auf quantenmechanischer Grundlage, mit der erstmals die Eigenschaften von Flüssigkeiten vollständig beschrieben wurden. 1950 stellte Landau zusammen mit Witali Lasarewitsch Ginzburg die phänomenologische Theorie der Supraleitung auf, die die elektromagnetischen Eigenschaften dieser Leiter bei niedrigsten Temperaturen zusammenfaßte. In den 50er Jahren arbeitete Landau über Elementarteilchentheorien. Sein umfassendes physikalisches Wissen publizierte er in seinem mehrbändigen «Lehrbuch der Theoretischen Physik» (in Rußland ab 1938).

Landsteiner, Karl

*** 14. 6. 1868, Wien, † 26. 6. 1943, New York; österreichisch-amerikanischer Mediziner und Biologe**

Landsteiner, Sohn eines Wiener Zeitungsverlegers, studierte ab 1885 Medizin und Chemie an der Universität Wien. Nach seiner Promotion 1891 arbeitete er bei → Emil Fischer in Würzburg. 1896 kehrte Landsteiner nach Wien zurück und wurde für kurze Zeit Assistent am Hygienischen Institut, dann am Wiener Pathologisch-Anatomischen Institut. Er habilitierte sich 1903 und erhielt 1908 eine Stelle als Prosektor (Leiter der pathologischen Abteilung) am Wilhelminenhospital in Wien. Unzufrieden mit den dortigen Arbeitsbedingungen, verließ er 1919 seine Heimatstadt und nahm eine Stellung als Prosektor in Den Haag an. 1922 folgte er einem Ruf nach New York an das Rockefeller-Institut für medizinische Forschung, wo er Leiter der neugegründeten Abteilung für Pathologie und Bakteriologie wurde.

Als Entdecker der menschlichen Blutgruppen ist Landsteiner einer der Begründer der Immunologie. Er fand heraus, daß die beim Mischen von Blut verschiedener Menschen häufig zu beobachtende Zusammenballung (Agglutination) der roten Blutkörperchen nicht wie bislang vermutet krankheitsbedingt ist, sondern auf charakteristischen individuellen Unterschieden des Blutes basiert. In seiner 1901 veröffentlichten Arbeit unterschied Landsteiner drei verschiedene Blutgruppen, die er als A, B und C (später 0) bezeichnete. Seine Mitarbeiter beschrieben wenig später eine vierte Blutgruppe (AB). Landsteiner entwickelte ein Verfahren zur Blutgruppen-

bestimmung und fand heraus, daß die Agglutination auf Antikörper im Blutserum zurückzuführen ist. Die enorme medizinische Bedeutung der Entdekkung Landsteiners zeigte sich im Ersten Weltkrieg, in dem durch Blutübertragungen viele Verwundete gerettet werden konnten. Die Kenntnis der individuellen Blutgruppe ist die wesentliche Voraussetzung für eine gefahrlose Blutübertragung. 1930 wurde Landsteiner für die Entdeckung des AB0-Systems der Blutgruppen mit dem Nobelpreis für Medizin geehrt.
Landsteiner und seine Mitarbeiter fanden in den folgenden Jahren weitere Differenzierungsmerkmale des Blutes, unter anderem 1927 die M/N- und P/p-Systeme. Dadurch wurde die Anwendung der Blutgruppen-Bestimmung in der Gerichtsmedizin möglich (zum Beispiel zur Zuordnung von Blutflecken zu potentiellen Tätern und zur Vaterschaftsanalyse). 1940 entdeckte Landsteiner (mit Alexander Salomon Wiener) zuerst im Blut von Rhesusaffen das Rhesus (Rh)-System. Der Rhesusfaktor ist von besonderer praktischer Bedeutung, da Antikörper im Blut einer Rh-negativen Mutter einen Rh-positiven Fötus schädigen können. Durch Landsteiners Entdekkung wurde die routinemäßige prophylaktische Überprüfung des Rhesusfaktors möglich.
Für die medizinische Forschung und Praxis bedeutsam waren auch einige Leistungen Landsteiners auf dem Gebiet der Bakteriologie. Die Verbesserung des Syphilis-Nachweises, die Übertragung der Syphilis auf Affen (1905 unabhängig von → Ilja Iljitsch Metschnikow) und der Nachweis der Übertragung des Erregers mit Affen-Sperma waren wichtige Fortschritte in der Syphilisforschung. 1908 trug Landsteiner durch Übertragung der Kinderlähmung auf Rhesusaffen und Ausarbeitung einer Serumdiagnose zur späteren Entwicklung der Schluckimpfung bei (→ Albert Bruce Sabin).

Langevin, Paul

*** 23. 1. 1872, Paris, † 19. 12. 1946, Paris; französischer Physiker**

Langevin, der aus einer Pariser Arbeiterfamilie stammte, ging zunächst an die École Lavoisier und wechselte später zur Pariser École Municipale de Physique et Chimie Industrielles, die er bis 1891 besuchte. Von 1891 bis 1893 studierte er an der Sorbonne. An der École Normale Supérieure, wo er mit Jean Baptiste Perrin zusammenarbeitete, schloß er seine Ausbildung zum Physiklehrer ab. 1897 ging er zu → Joseph John Thomson an das Cavendish Laboratorium, wo er mit → Ernest Rutherford, Sir John Sealy Edward Townsend und → Charles Thomson Rees Wilson zusammentraf. 1898 kehrte er nach Paris zurück und promovierte 1902 bei → Pierre Curie. 1905 erhielt er eine Professur am Collège de France, 1906 wurde er Nachfolger Pierre Curies an der École Municipale, außerdem übernahm er die Nachfolge von Marie Curie an der École Nationale Supérieure des Jeunes Filles. 1921 wurde Langevin in das wissenschaftliche Komitee des Institut International de Physique Solvay aufgenommen. 1926 übernahm er die Leitung der École Municipale de Physique et Chimie (bis 1946). 1944 floh Langevin vor den Nationalsozialisten in die Schweiz.

Langevin arbeitete über Relativitätstheorie, Kernphysik und vor allem Magnetismus (ab 1905). Auf der Grundlage der Elektronentheorie erklärte er die Mechanismen des Dia- und Paramagnetismus und verallgemeinerte das Gesetz des Paramagnetismus von Pierre Curie (Langevinsche Formel). Bei Forschungen über Gase auf der Grundlage der Ergebnisse von Herbert Charles Brown konnte Langevin 1908 eine Begründung für den Zusammenhang zwischen Teilchenbeweglichkeit und mittlerer Teilchenverschiebung formulieren. Außerdem arbeitete er bis 1913 über die Leitfähigkeit von Gasen. In den folgenden Jahren widmete sich Langevin der Physik der Schallwellen. Während des Ersten Weltkriegs arbeitete er an der Erzeugung und dem Nachweis von Ultraschallwellen, was zur Entwicklung des Echolots zur Ortung submariner Objekte führte. Auf der Grundlage dieser Arbeit wurde das Sonarverfahren eingeführt.

Langmuir, Irving

*** 31. 1. 1881, Brooklyn, † 16. 8. 1957, Falmouth (Massachusetts); amerikanischer Chemiker und Physiker**

Langmuir studierte an der Chestnut Hill Academy in Philadelphia, dem Pratt Institute in Brooklyn und an der School of Mines der Columbia University in New York. 1903 ging er nach Deutschland, unter anderem zu → Walther Hermann Nernst in Göttingen, bei dem er 1906 promovierte. Im selben Jahr kehrte Langmuir in die USA zurück, wo er am Stevens Institute of Technology in Hoboken (New Jersey) Chemie lehrte. 1909 begann Langmuir seine Tätigkeit am Forschungslabor der General Electric Company in Schenectady (Massachusetts), dessen Leitung er später übernahm. Langmuir war Mitglied zahlreicher wissenschaftlicher und industrieller Gremien. 1932 erhielt er für seine Arbeiten über die Chemie der Oberflächen den Nobelpreis für Chemie.

Langmuir arbeitete in den Bereichen Kolloidchemie, Grenzflächenchemie, Absorptionstechnik, Reaktionskinetik und Valenztheorie und förderte durch seine Beiträge wesentlich die Entwicklung der modernen physikalischen Chemie. 1913 entwickelte er die erste Wolframglühlampe mit langer Lebensdauer, indem er Stickstoff als Lampenfüllung einführte. Eine Weiterentwicklung war die Füllung mit Argon. Als Fortsetzung dieser Arbeit untersuchte Langmuir die Elektronenemission und Oberflächenionisation glühender Körper im Vakuum (Langmuir-Effekt). Weitere Untersuchungen Langmuirs galten der Chemie der Oberflächen. Er entwickelte ein neues Verständnis der Adsorption (Anlagerung) von Atomen oder Molekülen an Oberflächen fester Körper, was 1916 zur Formulierung des Adsorptionsgegesetzes führte (Langmuirsche Adsorptionsisotherme). Seine Arbeiten über monomolekulare Schichten führten zu technischen Verfahren, die die Reflexion auf

Langmuir-Verfahren
Ein von Langmuir entwickeltes Schweißverfahren. In einem Lichtbogen erzeugter atomarer Wasserstoff trifft auf eine Metalloberfläche. An der Auftreffstelle erfolgt eine Rekombination zu Wasserstoffmolekülen. Dabei wird Rekombinationswärme frei, die 4000 °C betragen kann (Langmuir-Fackel).

Glasflächen verminderten, womit die Qualität optischer Linsen erheblich verbessert werden konnte.

Auf wissenschaftlicher Ebene beschäftigte sich Langmuir mit der Theorie der chemischen Bindung. Die Arbeiten von Walther Kossel und → Gilbert Newton Lewis aufgreifend, entwickelte Langmuir 1919 eine Theorie, die die Theorie der Ionenbindung und das Modell der Atombindung zusammenfaßte und neu interpretierte («Oktett-Regel»).

Ausgehend von seinen Forschungen über thermische Effekte in Gasen, fand er 1926 ein Schweißverfahren, bei dem hohe Temperaturen erzeugt wurden («Langmuir-Verfahren»). Langmuir arbeitete außerdem an Methoden zur Wetterbeeinflussung; so konzipierte er 1946 ein Verfahren zur künstlichen Erzeugung von Regen. 1950 veröffentlichte er mit «Phenomena, Atoms and Molecules» sein Hauptwerk.

Laplace, Pierre Simon Marquis de

*** 28. 3. 1749, Beaumont-en-Auge, † 5. 3. 1827, Paris; französischer Astronom und Mathematiker**

Laplace trat 1766 in das Jesuiten-Kolleg von Caen ein, um sich auf einen geistlichen Beruf vorzubereiten. Er wandte sich jedoch schnell der Mathematik zu und ging 1768 mit einem Empfehlungsschreiben zu → Jean-Baptiste le Rond d'Alembert, der ihm eine Mathematikprofessur an der Pariser Militärakademie vermittelte. 1773 wurde Laplace Mitglied der Pariser Académie des sciences , 1794 erhielt er eine Professur an der École Normale und an der École Polytechnique. Außerdem übernahm er den Vorsitz der Kommission für Maße und Gewichte, wodurch er wesentlich an der Einführung des dezimalen Maß- und Gewichtssystems beteiligt war. 1799 wurde er von Napoleon I. zunächst zum Innenminister, dann zum Senator ernannt. Unter Ludwig XVIII. wurde er 1817 Marquis und Pair von Frankreich.

Laplace leistete wichtige Beiträge zur Analysis und Wahrscheinlichkeitsrechnung, vor allem aber auch zur Astronomie und Physik. Um 1780 bestimmte er zusammen mit → Antoine-Laurent Lavoisier die spezifischen Wärmen verschiedener Stoffe. 1780 wiesen sie nach, daß die Dissoziationsenergie einer chemischen Verbindung gleich der Energie ist, die bei der Reaktionsbildung frei wird. Diese Entdeckung war eine der Grundlagen der sich später entwickelnden Thermodynamik. 1796 verfaßte Laplace seinen Aufsatz «Exposition du système du monde», auf den 1799 sein fünfbändiges Werk «Traité de méchanique céleste» folgte. Sie enthielten neben der Rotationshypothese (auch Nebularhypothese), nach der das Sonnensystem aus einem rotierenden Gasnebel hervorgegangen sein soll, den mathematischen Nachweis für die Stabilität der Planetenbahnen.

Mit «Théorie analytique des probabilités» (1812) und «Essai philosophique des probabilités» (1814) erschienen Abhandlungen über mathematische Probleme, in denen er die «Laplacesche Differentialgleichung» und die «Laplacesche Transformation» zur Überführung von Gleichungen in eine einfachere Form einführte. Laplace entwickelte außerdem eine Kapillartheorie der Flüssigkeiten und eine Teilchentheorie des Lichts.

Laue, Max von

*** 9. 10. 1879, Pfaffendorf (bei Koblenz), † 24. 4. 1960, Berlin; deutscher Physiker**

Laue studierte ab 1898 an den Universitäten Straßburg, Göttingen, München und Berlin Physik. Zu seinen Lehrern gehörten Woldemar Voigt, David Hilbert und → Max Planck, bei dem er 1903 mit einer Arbeit über Optik promovierte. 1903 ging Laue nach Göttingen; 1905 kehrte er nach Berlin zurück, wo er Plancks Assistent wurde. 1906 habilitierte sich Laue mit seiner Arbeit «Zur Thermodynamik der Interferenzerscheinungen». Von 1909 bis 1912 wirkte er als Privatdozent in München, 1912 ging er als außerordentlicher Professor an die Universität Zürich, 1914 erhielt er eine Professur an der Universität Frankfurt a. M. Ebenfalls 1914 wurde er für seine Arbeiten über Röntgenbeugung an Kristallen mit dem Nobelpreis für Physik ausgezeichnet. 1919 wechselte Laue an die Universität Berlin, wo er mit Planck zusammenarbeitete. 1920 wurde er Mitglied der Berliner Akademie, 1923 übernahm er neben einer Beratertätigkeit an der Physikalisch-Technischen Reichsanstalt die Nachfolge Plancks als Direktor des Instituts für Theoretische Physik an der Universität Berlin. Außerdem wurde er stellvertretender Direktor des Kaiser-Wilhelm-Instituts für Physik und Vorsitzender der Deutschen Physikalischen Gesellschaft. Von 1933 bis 1945 setzte sich Laue für bedrohte Wissenschaftler ein. Er selbst war Schikanen ausgesetzt, so verweigerten ihm die Nationalsozialisten die Ernennung zum hauptamtlichen Mitglied der Akademie der Wissenschaften. Nach dem Zweiten Weltkrieg wurde von Laue stellvertretender Direktor des Max-Planck-Instituts für Physik, 1951 übernahm er die Leitung des Fritz-Haber-Instituts für Chemie und Elektrochemie in Berlin. Max von Laue gehörte zu den Mitinitiatoren des «Göttinger Appells» von 1957, in dem sich führende Wissenschaftler gegen die atomare Bewaffnung der deutschen Bundeswehr wandten.

Laue beeinflußte durch seine Arbeiten wesentlich die modernen Auffassungen vom Aufbau und von der Struktur der Materie. Wichtige Beiträge lieferte er aber auch zur Supraleitung und Relativitätstheorie. In seiner ersten Arbeit von 1907 gelang ihm ein optischer Nachweis der noch nicht allgemein anerkannten Relativitätstheorie → Albert Einsteins. 1911 veröffentlichte er mit «Die Relativitätstheorie» eine entsprechende Monographie. Im Anschluß daran widmete sich Laue der Untersuchung der Röntgenstrahlen. Um bestimmen zu können, ob es sich bei diesen Strahlen um transversal schwingende, elektromagnetische Wellen handelt, konzipierte er 1912 die Röntgenbeugung an einem Kristallgitter. Walter Friedrich und Paul Knipping führten die Versuche durch, die in drei-

Laue-Verfahren

Ein von Laue, Walter Friedrich und Paul Knipping entwickeltes Verfahren zur Kristallstrukturbestimmung durch Röntgeninterferenzen. Ein Röntgenstrahl bekannter Wellenlänge wird an einem Kristall gebeugt. Das resultierende Beugungsmuster wird auf einer Fotoplatte aufgefangen (Laue-Aufnahme). Es gestattet eine Bestimmung der Achsenverhältnisse und der Achsenwinkel (Kristallsystem) sowie der Kristallsymmetrie.

facher Hinsicht erfolgreich waren: Anhand des auf einer Fotoplatte festgehaltenen Beugungsmusters konnten sie beweisen, daß Röntgenstrahlen elektromagnetische Wellen sind.
Außerdem hatten sie eine Methode gefunden, mit der sie an einem Kristall bekannter Struktur die Wellenlänge von Röntgenstrahlen bestimmen konnten. Umgekehrt war man nun in der Lage, durch Beugung mit Röntgenstrahlung bekannter Wellenlänge Kristallstrukturen zu bestimmen (Laue-Verfahren). Mit dieser Arbeit schufen Laue und seine Mitarbeiter die Grundlage der Röntgenstrukturanalyse.
1933 veröffentlichte Laue mit seinem Werk «Korpuskular- und Wellentheorie» eine Zusammenfassung seiner Beugungsexperimente, die auch die Arbeiten von → Clinton Joseph Davisson, Lester Halbert Germer und → Erwin Schrödinger berücksichtigte.
Laue befaßte sich darüber hinaus mit dem Phänomen der Supraleitung, das er 1947 in seinem Buch «Theorie der Supraleitung» beschrieb.

Laveran, Charles Louis Alphonse

*** 18. 6. 1845, Paris, † 18. 5. 1922, Paris; französischer Arzt**

Laveran wuchs als Sohn einer Kommandeurstochter und eines Stabsarztes auf; der Vater war zugleich Professor an der Militärschule Val-de-Grâce. Seine Studienzeit begann Laveran in Paris, wechselte jedoch 1863 an die Straßburger École Imperiale du Service de Santé Militaire, wo er 1867 promovierte. Im Deutsch-Französischen Krieg war Laveran ab 1870 als Sanitätsoffizier in Metz tätig, ging dann an das Spital in Lille und das St.-Martins-Krankenhaus in Paris und wurde 1874 Agrégé an der École du Val-de-Grâce, wo er 1878 den Lehrstuhl seines Vaters übernahm. Im selben Jahr wurde Laveran in Bône in Algerien stationiert; er kehrte 1883 nach Frankreich zurück und war von 1884 bis 1894 Professor für Militärhygiene an Val-de-Grâce. Nach kurzen Arbeitsaufenthalten als Chefarzt des Krankenhauses in Lille sowie als Leiter des Gesundheitsamtes in Nantes ließ er sich pensionieren und trat 1896 dem Pariser Pasteurinstitut bei. Laveran war Mitglied zahlreicher wissenschaftlicher Gesellschaften und erhielt 1889 den Prix de Bréant der Académie des sciences, deren Mitglied er 1901 wurde. 1908 gründete er die Société de Pathologie Exotique und wirkte bis 1919 als deren Präsident. Weitere Ehrungen Laverans waren seine Ernennung zum Kommandeur der Ehrenlegion (1912) und der Nobelpreis für Medizin (1907).
Laveran ist der Entdecker des Malariaerregers Plasmodium malariae, einem begeißelten Einzeller (flagellater Protist), der im Blut des Menschen lebt.
Bei zahlreichen Autopsien von an Malaria verstorbenen Soldaten in Algerien war Laveran (wie auch zuvor schon seinem deutschen Kollegen Achille Kelsch) aufgefallen, daß das Blut Malariakranker ein dunkles Pigment enthielt, das auch die Leber braun färbte. Bei der daraufhin angestellten Untersuchung Hunderter Blutproben von gesunden sowie von an Malaria erkrankten und verstorbenen Soldaten entdeckte Laveran 1880 den Krankheitserreger mittels eines schwachen Mikroskopes und ohne die Möglichkeit zu mikroskopischer Anfärbung

der Blutbestandteile. Obwohl sich → Louis Pasteurs Theorie der Krankheitsentstehung durch Mikroorganismen bereits durchgesetzt hatte, wurde Laverans Entdeckung in Wissenschaftskreisen mit sehr großem Mißtrauen aufgenommen, unter anderem deshalb, weil man nicht glaubte, daß Flagellaten (Geißeltierchen) im Blut überleben können.

Weitere Argumente gegen Laverans Beobachtung waren die Vermutungen, daß die Zusammensetzung der Luft oder des Bodens am Ort der Krankheitsentstehung oder ausschließlich Bakterien (und nicht Flagellaten) für die Infektion entscheidend sein müßten. Erst weitere Blutuntersuchungen Laverans, die er 1882 am Santo-Spirito-Krankenhaus in Rom durchführte, sowie ein Zusammentreffen mit Pasteur 1884 brachten allmählich die Anerkennung seiner wissenschaftlichen Ergebnisse. Der britische Armeearzt Ronald Ross zeigte Ende des 19. Jahrhunderts, daß der Malariaerreger durch die Stechmücke Anopheles von Mensch zu Mensch übertragen wird.

Ein großes Verdienst Laverans sind auch seine Forschungen um weitere von Einzellern ausgelöste Tropenkrankheiten, vor allem die von der Tsetsefliege übertragene Schlafkrankheit und die Leishmaniose. Seine Therapiemethoden, unter anderem die Gabe von Natriumarsenit und dem Farbstoff Trypanrot, waren allerdings für die Anwendung am Menschen zu gefährlich. In Buchveröffentlichungen stellte Laveran seine Entdekkungen vor, zum Beispiel 1904 in «Trypanosomes et trypanosomiases» (mit F. Mesnil), «Minion d'études de la maladie du sommeil» (1906) und «Le progrès de la pathologie exotique» (1910).

Lavoisier, Antoine-Laurent

*** 26. 8. 1743, Paris, † 8. 5. 1794, Paris; französischer Chemiker**

Nach dem Besuch des renommierten Collège des Quatre Nations studierte Lavoisier Jura an der Universität Paris. 1764 schloß er das Studium mit dem Lizentiat ab, doch anstelle einer juristischen Tätigkeit arbeitete er zusammen mit Jean-Étienne Guettard an einem geowissenschaftlichen Projekt. Über die Mineralogie kam Lavoisier zur Chemie. Zur Erweiterung seiner Kenntnisse hörte er Chemievorlesungen bei Guillaume François Rouelle. 1768 wurde Lavoisier Mitglied der Pariser Akademie der Wissenschaften. Im selben Jahr 1768 gründete er ein privates Steuereintreibungsunternehmen, mit dessen Gewinn er ein Labor einrichtete, das von führenden Chemikern aufgesucht wurde. 1775 übernahm Lavoisier die Leitung der Königlichen Pulververwaltung. Diese Funktion und seine Steuereintreibungen lieferten den Vorwand für seine Hinrichtung durch ein Revolutionstribunal 1794.

Lavoisier begann seine wissenschaftliche Laufbahn 1764 mit einer Arbeit über Gips. Durch Erhitzen ließ er den Stoff in wasserfreies Anhydrid übergehen, wobei er erstmals exakte Messungen und Gewichtsbestimmungen vornahm, deren Prinzipien später als quantitative Methoden Eingang in die Chemie fanden. 1768 wies Lavoisier nach, daß – entgegen anderen Meinungen – beim Erhitzen von Wasser keine Erde entsteht. Zu diesem Zweck ließ er Wasser 101 Tage in einem Glasgefäß (Pelikan genannt) sieden. Durch quantitative Bestimmungen stellte er fest, daß das Gewicht des Wassers im Gegensatz zum Gewicht des Gefäßes konstant geblieben war und daß der sich bildende Bodensatz aus Glasteilchen des Gefäßes bestand. Um 1770 entwickelte Lavoisier ein Verfahren zur Aufbereitung von Salpeter, der für die Herstellung von Schießpulver benötigt wurde. Ab 1772 beschäftigte sich Lavoisier mit dem Verhalten erhitzter Stoffe. Bei seinen Versuchen stellte er fest, daß Diamant im Vakuum in Graphit übergeht, bei Anwesenheit von Sauerstoff aber zu Kohlendioxid verbrennt.

Durch seine Experimente fand er heraus, daß Produkte aus Verbrennungsprozessen schwerer als die Ausgangsmaterialien sind. Dies führte Lavoisier zu der Feststellung, daß bei der Verbrennung Sauerstoff aufgenommen wird, was einem Oxidationsprozeß gleichkomme. Damit erklärte er die von anderen Chemikern entwickelte Theorie des Phlogistons für falsch. Außerdem wies Lavoisier nach, daß eine chemische Reaktion nicht mit Masseverlust einhergeht (Gesetz von der Erhaltung der Masse). 1778 bewies er, daß auch die Atmung ein Oxidationsprozeß ist. Ebenfalls 1778 entdeckte er, daß Luft aus mindestens zwei Komponenten bestehen muß, von der eine die Verbrennung fördert. Diese Komponente nannte er «Oxygen» (Sauerstoff), die andere «Azote» (sie wurde 1790 in Nitrogen umbenannt). Um 1780 bestimmte Lavoisier zusammen mit → Pierre Simon Marquis de Laplace die spezifischen Wärmen verschiedener Stoffe. Außerdem entdeckten die beiden Wissenschaftler, daß die Dissoziationsenergie einer Verbindung gleich der Energie ist, die bei ihrer Reaktion frei wird. In den 80er Jahren des 18. Jahrhunderts wies Lavoisier auf der Grundlage der Arbeiten von → Henry Cavendish die Existenz des Wasserstoffs nach (auch die Bezeichnung «Wasserstoff» stammt von Lavoisier). 1787 publizierte er gemeinsam mit anderen Chemikern die «Methoden chemischer Nomenklatur», nach der jede chemische Verbindung nach den Elementen benannt wurde, die sie zusammensetzten. Dieses Werk war die Grundlage der modernen chemischen Nomenklatur. 1789 verfaßte Lavoisier mit «Elementare Abhandlung über Chemie» ein grundlegendes Chemielehrbuch.

Lebedew, Sergej Wassiljewitsch

*** 13. (25.) 7. 1874, Lubmin,**
† 2. 5. 1934, St. Petersburg; russischer Chemiker

Lebedew studierte von 1895 bis 1900 an der Universität St. Petersburg, außerdem arbeitete er am dortigen Institut für Verkehrswesen. Nach einem kurzen Studienaufenthalt in Paris (1906) kehrte er nach St. Petersburg zurück, wo er 1913 promovierte und als Privatdozent arbeitete. Nach 1913 übernahm er den Lehrstuhl für Organische Chemie am St. Petersburger Psychoneurologischen Institut. 1916 erhielt Lebedew einen Ruf der Militärmedizinischen Akademie in St. Petersburg, wo er Allgemeine Chemie lehrte.

Lebedew forschte vor allem auf dem Gebiet der organischen Chemie. 1906 begann er auf der Grundlage der Arbeiten von Aleksej Jewgrofowitsch Faworski und Iwan Iwanowitsch Ostromyslenski mit systematischen Untersuchungen der Polymerisation (Syntheseverfahren) und Isomerisierung (Umlagerung von Atomen und Molekülen) von Kohlenwasserstoffen der Butadienreihe und der Allene. Nach Analysen des thermischen Einflusses, der Reaktionsprodukte und der Reaktionsgeschwindigkeit gelang ihm 1910 die Polymerisation von Buta-1,3-dien, das kautschukähnliche Eigenschaften besaß. 1926 gründete Lebedew eine Arbeitsgruppe, die mit der Konzipierung einer technischen Anlage zur Buta-1,3-dien-Synthese betraut wurde. Lebedew trug zur Lösung verfahrenstechnischer Probleme bei, so daß 1930 eine erste Versuchsanlage errichtet werden konnte, der 1932 eine großtechnische Anlage folgte. Neben der Kautschuksynthese beschäftigte sich Lebedew mit katalytischen Reaktionen bei der Polymerisation des Isobutens. Er zeigte die Abhängigkeit der Polymereigenschaften von den Reaktionsbedingungen, womit er die Grundlagen für die technische Herstellung von Polyisobuten schuf. Außerdem untersuchte Lebedew die katalytische Hydrierung ungesättigter (reaktionsfähiger) Verbindungen, wobei er wichtige Beiträge zur Entwicklung der technischen Katalyse lieferte.

Leblanc, Nicolas

*** 6. 12. 1742, Ivoy-le-Pré (Indre), † 16. 1. 1806, St. Denis (bei Paris); französischer Arzt und Chemiker**

Leblanc studierte ab 1759 Medizin und Chemie an der École de Chirurgie in Paris. 1780 wurde er Leibarzt des Herzogs von Orléans. Diese Tätigkeit erlaubte ihm weiterhin die Durchführung chemischer Studien, die er zusammen mit Antoine François de Fourcroy betrieb. 1791 gründete Leblanc mit finanzieller Unterstützung des Herzogs und unter Beteiligung von Michel-Jean Jérôme Dizé eine Sodafabrik in Chevreul. 1794 wurde Leblanc von der Revolutionsregierung enteignet, woraufhin er die Verwaltung einer Pulver- und Salpeterfabrik übernahm. 1801 erhielt er seine Fabrik zurück, die er aber aufgrund fehlender Mittel nicht mehr zu einer rentablen Produktion führen konnte.

Leblanc arbeitete auf den Gebieten technische Chemie und Kristallchemie. 1775 entwickelte er ein ökonomisches Verfahren, durch das aus dem Mineral Halit (Natriumchlorid, Kochsalz) das in der Textilindustrie benötigte Natriumcarbonat (Soda) hergestellt werden konnte. Die Ansätze von François de Malherbe und Jean Claude de la Metherie aufgreifend, überführte er Natriumchlorid mittels Schwefelsäure in Natriumsulfat, das er mit Kohlenstoff zu Natriumsulfid umsetzte. Das Natriumsulfid reagierte zusammen mit zugeführtem Calciumcarbonat zu dem gewünschten Natriumcarbonat nebst Calciumsulfid (Leblanc-Verfahren). Damit wurde erstmals eine Großproduktion von Soda ermöglicht. 1786/87 publizierte Leblanc Abhandlungen über die Kristallisation von Salzen, 1802 folgte eine Schrift über Kristallisationsmechanismen.

Le Chatelier, Henri Louis

*** 8. 10. 1850, Paris, † 17. 9. 1936, Miribel-les-Échelles (Dep. Isère); französischer Chemiker**

Le Chatelier studierte an der Pariser École Polytechnique (1896) und an der École national Supérieure des Mines. Außerdem arbeitete er im Labor von Henri Etienne Sainte-Claire-Deville. 1874 erhielt er die Lehrbefugnis für Physik und Chemie. Auf Hüttenwesen und

Mineralogie spezialisiert, unterrichtete er ab 1877 Allgemeine und Technische Chemie an der École des Mines, an der École Polytechnique und am Collège de France. 1889 erhielt er eine Professur für Anorganische Chemie, 1907 wurde er Nachfolger von Henri Ferdinand Marie Moissan auf dem Lehrstuhl für Allgemeine Chemie an der Pariser Sorbonne. Le Chatelier war Mitglied zahlreicher nationaler und internationaler wissenschaftlicher Vereinigungen, von denen er mehrfach ausgezeichnet wurde, unter anderem mit fünf Ehrendoktortiteln.

Le Chatelier arbeitete als Mineraloge und Chemiker. 1877 entwickelte er ein Platin-Rhodium-Thermoelement zur Messung hoher Temperaturen. Außerdem konzipierte er ein optisches Pyrometer zur Bestimmung der Temperatur glühender Objekte. 1880 widmete er sich einem mineralogischen Problem, als er mit polarisationsoptischen Methoden die hydraulische Härtung von Zement untersuchte. Ab 1888 studierte Le Chatelier den Einfluß von Druck und Temperatur auf chemische Gleichgewichtsreaktionen, was zur Formulierung des Prinzips des kleinsten Zwangs (Le Chatelier-Prinzip) führte, nach dem sich ein im Gleichgewicht befindliches System bei einer Änderung der äußeren Bedingungen (Zwänge) in Richtung der geringsten Veränderung verschiebt. Mit dieser Aussage war es möglich, die Reaktionsrichtung bei einer gezielten Änderung der Reaktionsbedingungen vorherzusagen, was vor allem für chemietechnische Verfahren relevant war. In den 90er Jahren des 19. Jahrhunderts arbeitete Le Chatelier an der Bestimmung der Zusammensetzung verschiedener Legierungen und an der Verbesserung der thermischen Analyse. Außerdem forschte er über die Chemie der Gase und Silikate. Als Zeugnis seiner Forschungen trägt das Silikatmineral «Lechatelierit» seinen Namen. 1925 gründete Le Chatelier die Fachzeitschrift «Revue de Métallurgie».

Leeuwenhoek, Antony van

*** 24. 10. 1632, Delft, † 27. 8. 1723, Delft; niederländischer Naturforscher**

Leeuwenhoek, Sohn eines Korbmachers, erwarb nach dem frühen Tod seines Vaters kaufmännische Kenntnisse bei einem Onkel in Benthuyzen. Anschließend arbeitete er im Textilhandel, zuerst als Buchhalter in Amsterdam, ab 1654 als selbständiger Tuchhändler in Delft. Bedingt durch seinen Beruf, eignete sich Leeuwenhoek Kenntnisse im Umgang mit Lupen (die zur Qualitätsprüfung von Geweben verwendet wurden) und in der Werkzeugkunde an. Darüber hinaus begann er mit der Fertigung von Mikroskopen. Auf einer Reise nach London lernte er 1668 → Robert Hookes Werk «Micrographia» (1665) kennen, das ihn zur Beobachtung von Naturobjekten zur Prüfung der optischen Qualität seiner Mikroskope veranlaßte. Seine Beobachtungen schickte er 1673 an die Royal Society in London, die ihn zu weiteren Untersuchungen ermutigte und 1680 als Mitglied aufnahm.

Die Korrespondenz mit den Gelehrten der Royal Society und anderen berühmten Wissenschaftlern (wie dem niederländischen Physiker → Christiaan Huygens) förderten Leeuwenhoeks naturwissenschaftliche Forschungen. Daneben übernahm er verschiedene kaufmännische und öffentliche Aufgaben, so 1676 als Nachlaßverwalter des Malers Jan Vermeer, 1677 als Gemeindevorsteher und 1679 als Eichmeister im Weinhandel.

Obwohl sich bereits zuvor Naturforscher mit der Mikroskopie befaßt hatten (→ Marcello Malpighi, Robert Hooke), gilt Leeuwenhoek als bedeutendster Mikroskopiker seiner Zeit, da er aufgrund der Fülle seiner Beobachtungen die Verwendung von Mikroskopen zur Erforschung von Naturobjekten populär machte. Im Gegensatz zu den sonst verwendeten zusammengesetzten Mikroskopen bestanden die von Leeuwenhoek konstruierten Geräte (er fertigte über 200) aus nur einer Linse, die jedoch von so guter Qualität war, daß eine bis zu 270fache Vergrößerung und fast 1 Mikrometer Auflösungsvermögen erzielt wurden. Leeuwenhoek beherrschte die Technik feiner Handschnitte für Pflanzenpräparate, an denen er wie Hooke die Zellen sah und den Unterschied von Ein- und Zweikeimblättrigen untersuchte. Er entdeckte und beschrieb wichtige histologische Strukturen wie die quergestreiften Muskelfasern (1674) und rote Blutkörperchen (1682, 1700). 1674 beschrieb er Kleinlebewesen aus Gewässern, die sich später aufgrund seiner exakten Beschreibungen und Zeichnungen als Einzeller, Moos- und Rädertierchen identifizieren ließen. Mit Hilfe eines speziell konstruierten Gerätes (des «Aalkijkers») zur mikroskopischen Beobachtung der Blutbewegung in lebenden Aallarven beobachtete er die Bewegung des Blutes in den Kapillargefäßen (1689).

Einige Beobachtungen, wie Mund- und Darmbakterien sowie parasitische Einzeller (1683, 1684), konnten zu Leeuwenhoeks Zeit noch nicht richtig eingeordnet und gewürdigt werden. Die Entdeckung der Spermien («levende Dierkens» oder «Samentierchen») im Sperma von Wirbeltieren und Insekten (1677) hingegen hatte weitreichende theoretische Folgen, da sie die Präformationstheorie festigte und insbesondere das männliche Sperma als Hauptträger der Fortpflanzung in den Mittelpunkt rückte. Leeuwenhoek gehörte daher zu den Animalkulisten (die im Gegensatz zu den Ovulisten nicht im Ei, sondern im Sperma vorgebildete Nachkommen vermuteten). Er widmete sich viele Jahre dem eingehenden Studium der Spermien und stellte 1679 eine aufsehenerregende Kalkulation über deren Anzahl im Samen eines Kabeljaus an.

Leibniz, Gottfried Wilhelm

*** 1. 7. 1646, Leipzig, † 14. 11. 1716, Hannover; deutscher Mathematiker und Philosoph**

Leibniz, Sohn eines Rechtsanwalts und Professors, eignete sich bereits als Kind autodidaktisch Sprach- und Literaturkenntnisse an. Von 1661 bis 1666 studierte er an den Universitäten Leipzig und Jena Jura, Philosophie und Naturwissenschaften. 1667 promovierte er in Altdorf bei Nürnberg und wurde juristischer und diplomatischer Berater des Kurfürsten in Mainz. Als Botschafter hielt er sich von 1672 bis 1676 vorwiegend in Paris auf, wo er Gelehrte wie → Christiaan Huygens und → Robert Boyle (London) kennenlernte und sich mit den neuesten wissenschaftlichen Erkenntnissen – besonders auf dem Gebiet der Mathematik – vertraut machte. Nach Beendigung seiner diplomatischen Auf-

Leibniz-Regel
Regel, die besagt, daß eine Reihe konvergent ist, wenn die Absolutbeträge der Glieder einer alternierenden Reihe eine monotone Nullfolge bilden.

gaben stand Leibniz ab 1676 für 40 Jahre im Dienst des Kurfürsten von Hannover, wo er als Hofrat und Bibliothekar wirkte. 1691 übernahm er auch die Leitung der Wolfenbütteler Bibliothek. Nach dem Vorbild der Pariser Académie des sciences trat er 1700 für die Gründung der «Societät der Wissenschaften» in Berlin ein und war ihr erster Präsident. Leibniz wurde auch zum Mitglied der Londoner Royal Society, der Pariser Akademie und zum russischen Staatsrat ernannt.

Als Philosoph widmete sich Leibniz neben Abhandlungen zur Erkenntnistheorie und zum Kausalitätsproblem vor allem der «Monadenlehre». Ihre Grundlage ist eine einfache, nicht ausgedehnte und daher unteilbare Substanz, in deren Perzeptionen (Wahrnehmungen) sich das ganze Universum spiegelt. Gott stellte für Leibniz die oberste Monade dar. Sie hat gegenüber den geschaffenen Monaden (Seelenmonaden) die deutlichste Wahrnehmung. Ohne Bewußtsein und Seele waren für Leibniz die «nackten Monaden», die er als unausgedehnte Bausteine der ausgedehnten Materie definierte.

Für sein metaphysisches System entwickelte er eine universale formale Zeichensprache, die «Characteristica universalis», mit Hilfe deren alle wahren Sätze aus geeigneten Axiomen ableitbar seien (formal-deduktive Logik).

Ein weiterer Schaffensschwerpunkt Leibniz' lag in seinen mathematischen Arbeiten. In der «Dissertatio de arte combinatoria» (1666) beschäftigte er sich mit dem arithmetischen Dreieck, gegen 1675 mit Problemen der Differential- und Infinitesimalrechnung. Andere wichtige Publikationen auf diesem Gebiet sind die Werke «Nova methodus pro maximis et minimis« (1684) und «De geometria infinitorum» (1686).

Leibniz erarbeitete darüber hinaus das für die moderne Computertechnik wichtige binäre Zahlensystem. Noch heute finden die von ihm vorgeschlagenen Indizes, Differential- und Integralzeichen sowie die Proportionenschreibweise Anwendung. Als Konstrukteur wurden Leibniz die erste Rechenmaschine mit Staffelwalze für die vier Grundrechenarten zugeschrieben (1674) sowie eine Windpumpe zur Grubenentwässerung.

Lenard, Philipp Eduard Anton

*** 7. 6. 1862, Preßburg, † 20. 5. 1947, Messelhausen; deutscher Physiker**

Lenard absolvierte sein Studium zunächst in Budapest und Wien. 1883 ging er zu → Robert Bunsen und Georg Hermann Quincke nach Heidelberg und zu → Hermann von Helmholtz nach Berlin. 1886 promovierte Lenard bei Quincke und wurde anschließend dessen Assistent. Nach einem Forschungsaufenthalt in England übernahm er 1890 eine Assistententätigkeit in Breslau. Von 1891 bis 1894 war er Mitarbeiter von → Heinrich Hertz in Bonn, um dann als außerordentlicher Professor nach Breslau zurückzukehren. 1895 wechselte Lenard an die TH Aachen, 1897 ging er an die Universität Heidelberg. 1897 erhielt er neben einer ordentlichen Professur an der Universität Kiel die Leitung des dortigen physikalischen Instituts. 1905 wurde Lenard für seine Arbeiten über die Kathodenstrahlung mit dem Nobelpreis für Physik ausgezeichnet. 1907 trat er die Nachfolge Quinckes als Professor und Direktor des Physikalischen und Radiologischen Instituts der Universität Heidelberg an. Während des Nationalsozialismus agierte Lenard als überzeugter Antisemit und verfaßte wissenschaftliche Werke («Deutsche Physik», 1936/37) im Sinne der Rassenideologie.

Lenards Popularität liegt vor allem in den Kathodenstrahl-Experimenten (Kathodenstrahlen: Elektronenstrahlen) begründet, mit denen er 1891 begann. Hertz hatte seine Aufmerksamkeit auf die Transmission der Strahlen durch Metallfolien gelenkt, so daß Lenard eine Möglichkeit zur Untersuchung der Strahlen außerhalb ihres Ursprungs sah. Zu diesem Zweck konzipierte er das «Lenard-Fenster». Dabei handelt es sich um eine Aluminiumfolie, mit der die Elektronen in die Untersuchungsumgebung geführt werden können. Lenard konnte nun Analysen der Absorption und Ionisation in Luft durchführen. Auf der Grundlage seiner Ergebnisse entwickelte er eine Theorie der «Dynamiden», nach der Atome kleinste Kraftzentren mit unverhältnismäßig großen, leeren Zwischenräumen sind. Mit dieser Theorie lieferte Lenard die Basis für das Atommodell von → Ernest Rutherford.

Ebenfalls grundlegender Natur war seine Arbeit über den lichtelektrischen Effekt (1902). Durch Vorarbeiten von Hertz und Wilhelm Hallwachs erkannte Lenard, daß in der Photozelle Elektronen erzeugt werden, deren Anzahl mit der Lichtintensität wächst und deren Energie von der Wellenlänge des verwendeten Lichts abhängt. Mit diesen Beobachtungen schuf er die Grundlage für die Entwicklung der Lichtquantentheorie von → Albert Einstein. Der Effekt der Gasionisation durch UV-Strahlen wurde nach seinem Entdecker «Lenard-Effekt» genannt. 1910 widmete sich Lenard dem Phänomen der Phosphoreszenz, deren Mechanismus er aufklären konnte.

Leonardo da Vinci

*** 15. 4. 1452, Vinci (bei Florenz), † 2. 5. 1519, Château de Cloux (bei Amboise); italienischer Maler, Zeichner, Bildhauer, Architekt, Kunsttheoretiker, Naturforscher und Ingenieur**

Über die Jugend Leonardo da Vincis gibt es nur wenige gesicherte Kenntnisse. Als unehelicher Sohn eines Bauernmädchens des Notars Ser Piero, der für die Stadtregierung von Florenz tätig war, wuchs Leonardo auf dem Land auf. Eingehende Naturbeobachtungen und ein reges Interesse an Latein, Mathematik, Musik und Zeichnen ersetzten die fehlende scholastische Bildung an der Universität. 1469 ließen sich sein Vater und die Familie in Florenz nieder. Leonardo erlernte daraufhin künstlerische Techniken in der Werkstatt Andrea del Verrocchios, wo er bis etwa 1476 blieb. Er war bis 1482 weiter in Florenz tätig, wo er er seit 1472 der Malergilde angehörte. Die folgenden 17 Jahre verbrachte Leonardo am Hof des Herzogs Ludovico Sforza in Mailand. Als dieser 1499 von den Franzosen vertrieben wurde, kehrte Leonardo über Mantua und Venedig 1500 nach Florenz zurück. Er unterhielt eine Malerwerkstatt, trat 1502 kurze Zeit als Festungsbauer und Kriegsingenieur in den Dienst Cesare Borgias und lebte von 1503 bis 1506 weiter in Florenz. Eine Einladung des französischen Statthalters als baulicher und künstlerischer Berater brachte ihn wieder nach Mailand, das er 1513 verließ, um in Rom für Giuliano de Medici, den Bruder des Papstes, zu arbeiten. Als «Meister aller Künste und Wissenschaften» lud ihn 1517 der französische König Franz I. für eine Jahresrente nach Frankreich ein, wo er bis zu seinem Tod auf Schloß Cloux lebte.

Leonardo da Vinci zählt zu den großen Universalgelehrten der Renaissance. Als Ingenieur hat er Entwürfe konzipiert, die zahlreiche spätere Entwicklungen vorwegnahmen. Eine durch das Zeichnen geschulte, absolut genaue Naturbeobachtung bildete die Grundlage seiner technischen, wissenschaftlichen Studien und Inspirationen. Als ingenieurtechnischer Berater und Gutachter fertigte Leonardo für seine Auftraggeber theoretische Entwürfe der verschiedensten Art an: Festungsanlagen, Kanalbauten, städtische Gebäude, eine «Idealstadt» mit verschiedenen Ebenen für Personen- und Warentransport sowie Palast- und Gartenanlagen. Probleme der Statik suchte er mathematisch zu lösen. In der Kriegstechnik entwarf er unterschiedlichste Waffen – Panzer, Hohlgeschosse, Flügelgranaten – und beschäftigte sich dabei mit Ballistik. Leonardo entwickelte unzählige Ideen für Maschinen und Geräte, die er zeichnerisch festhielt: Walzwerk, Revolverdrehbank, Stechheber, Druckpumpe, Seildrehmaschine, Bohrmaschine, Schleifmaschine, Brennspiegel, Spinn- und Tuchschermaschine, Kräne, Getriebe, Endlosschraube, Gelenkwelle, Gelenkkette, Kupplung, Ventile, Pumpen und mehr. Außerdem finden sich erste Entwürfe für Flugzeug, Hubschrauber, Fallschirm, Unterseeboot, Taucherglocke, Aufzug (für den Mailänder Dom) und Fahrrad. Unentwegt hielt Leonardo Beobachtungen und Ideen in Zeichnungen fest, die sich in Merkbüchern und auf Notizblättern neben seinen theoretischen Erörterungen als Naturforscher befinden. Er studierte in Hunderten von Zeichnungen die medizinisch genaue Anatomie von Herz und Blutkreislauf, Zeugung und Schwangerschaft, Skelett und Muskulatur, ebenso wie einzelne Pflanzen, Tiere und den Vogelflug. Er beschäftigte sich mit geologischen Strukturen und fertigte Landkarten der Toskana an. In der Hydrologie erarbeitete er wesentliche Aspekte der Strömungslehre. Korrekte theoretische Überlegungen galten unter anderem den Kräften an der schiefen Ebene, Reibungs-, Bewegungs- und Hebelgesetzen, der Unmöglichkeit eines Perpetuum mobile, der Massenträgheit, Beschleunigung im freien Fall und der Reflexion von Wärmestrahlen. Er beobachtete die Interferenz von Wasserwellen und die wellenförmige Ausbreitung der Tonschwingung. Im kosmischen Maßstab erkannte er die Drehung der Erde um ihre Achse und das Mondlicht als Reflexion des Sonnenlichts.

Der Künstler Leonardo prägte mit weichen Übergängen von Licht- und Schattentönen (Sfumato) und psychologisch motivierten Bewegungen einen eigenen Stil. Er experimentierte mit neuen Maltechniken und entwarf in Mailand zwei konzeptionell richtungweisende Reiterstandbilder. Seine Erörterungen über Malerei wurden nach seinem Tod von einem Schüler zusammengestellt und

1651 als «Trattato della pittura» veröffentlicht. Wie Leonardo in der Malerei zahlreiche Werke unvollendet hinterließ und ihm der schöpferische Entwurf (Disegno) schon genügte, wurden seine Abhandlungen über den menschlichen Körper, den Vogelflug und technische Flugmöglichkeiten sowie die Natur des Wassers nicht fertiggestellt. Als Lebensziel sah er die Zusammenführung aller Erkenntnisse in einer umfassenden Lehre und Welterklärung. Sie fand lediglich einen künstlerischen Ausdruck in den «Sintflut-Blättern» (1512–1514) mit apokalyptischen Themen.

Lewis, Gilbert Newton

*** 23. 10. 1875, Weymouth (Massachusetts), † 23. 3. 1946, Berkeley (Kalifornien); amerikanischer Chemiker**

Lewis begann sein Studium 1893 in Lincoln/Nebraska. 1895 wechselte er an die Harvard University, wo er 1899 bei dem späteren Nobelpreisträger Theodore William Richards promovierte. Nach einem zweijährigen Studienaufenthalt in Leipzig und Göttingen, wo er bei → Friedrich Wilhelm Ostwald und → Walther Friedrich Hermann Nernst arbeitete, kehrte er 1901 als Dozent für Thermodynamik nach Harvard zurück. 1904 reiste er zu Studienzwecken auf die Philippinen, nach seiner Rückkehr 1905 wurde er außerordentlicher Professor am Massachusetts Institute of Technology. 1912 übernahm er neben einer Professur für Physikalische Chemie das Dekanat (bis 1941) und die Leitung des Chemischen Instituts der Universität Berkeley (bis 1946), wo er eine chemisch-physikalische Schule gründete. Lewis war Mitglied zahlreicher wissenschaftlicher Vereinigungen und Träger vieler Auszeichnungen, unter anderem erhielt er sieben Ehrendoktorate.

Lewis schuf wichtige Grundlagen auf dem Gebiet der Bindungschemie, der Physikalischen Chemie und der Isotopchemie. 1926 veröffentlichte er seine Arbeit «The Atom and the Molecule», in der er mit der Elektronenpaarbindung ein neues Bindungsmodell vorstellte. Nach ihm kommt eine Bindung zwischen Atomen durch gemeinsame Elektronenpaare zustande. Als Stabilitätsfaktor nannte Lewis das Erreichen der reaktionsträgen Edelgaskonfiguration mit acht Elektronen auf der äußeren Elektronenschale. Diese Theorie war vor allem in der organischen Chemie von Bedeutung. 1923 arbeitete Lewis an einem Konzept der Säuren und Basen. Sein Modell der Atombindung aufgreifend postulierte er, daß Säuren Elektronenpaarakzeptoren, Basen hingegen Elektronenpaardonatoren sind. Mit dieser neuen Säure-Base-Theorie konnten die Einschränkungen der Theorie von → Johann Nicolaus Brønstedt überwunden und zugleich die Stoffklasse der Säuren und Basen erweitert werden. Ebenfalls 1923 veröffentlichten Lewis und Merle Randall mit «Thermodynamics and Free Energy of Chemical Substances» ein Standardwerk der Thermodynamik, worin er die grundlegenden Arbeiten von → Josiah Willard Gibbs erläuterte und erweiterte. 1932 begann Lewis mit der Arbeit über Wasserstoffisotope. 1933 gelang ihm die Herstellung des schweren Wassers aus dem schweren Wasserstoffisotop Deuterium, das aufgrund seiner Bremswirkung für Neutronen als Moderator bei atomaren Kettenreaktionen eingesetzt werden konnte. In den 40er Jahren untersuchte Lewis die Fluoreszenz (Leuchten von Stoffen bei Bestrahlung) und Phosphoreszenz (Leuchten von Stoffen nach Bestrahlung), wobei es ihm gelang, diese Phänomene mit der Quantentheorie zu erklären. Damit schuf er die Grundlagen für die Entwicklung der Fotochemie.

Libby, Willard Frank

*** 17. 12. 1908, Grand Valley (Colorado), † 8. 9. 1980, Los Angeles (Kalifornien); amerikanischer Chemiker und Graphiker**

Nach seinem Studium an der Universität Kalifornien promovierte Libby 1933 zum Doktor der Chemie. Nach der Habilitation erhielt er Professuren an den Universitäten Berkeley, Chicago und Los Angeles. Während des Zweiten Weltkriegs war er am Bau der Atombombe (Manhattan Project) beteiligt, 1954 bis 1959 fungierte er als Mitglied der Amerikanischen Atomenergiekommission. 1960 erhielt er für die Entwicklung der Radiokarbon-Methode den Nobelpreis für Chemie.

Libby arbeitete hauptsächlich auf dem Gebiet der Kernchemie. Zu Beginn der 40er Jahre entwickelte er im Rahmen des «Manhattan Project» eine Methode zur Trennung von Uranisotopen. Von 1945 bis 1947 erarbeitete er ein Verfahren zur Altersbestimmung archäologischer und fossiler Objekte (Radiokarbon-Methode, auch C14-Methode). Libby ging dabei von der Tasache aus, daß im lebenden Organismus angereichertes, radioaktives Kohlenstoffisotop (C14) mit dem Tod des Organismus nach dem Zerfallsgesetz radioaktiver Stoffe abfällt. Aus der noch verbliebenen Aktivität bestimmte er das Alter des Objekts. Mit der Tritium-Methode (Messung der Konzentration radioaktiven Wasserstoffs) kreierte Libby ein Verfahren zur Altersbestimmung fluider Stoffe.

Liebig, Justus Freiherr von

*** 12. 5. 1803, Darmstadt, † 18. 4. 1873, München; deutscher Chemiker**

Liebig, Sohn eines Drogisten, begann 1817 eine Apothekerlehre, ehe er 1820 an der Universität Bonn ein Studium der Physik und Chemie aufnahm. Zu seinen Lehrern gehörte Karl Wilhelm Gottlob Kastner, dem er 1821 nach Erlangen folgte. Nach einem zweijährigen Studienaufenthalt in Paris, wo er an der École Polytechnique arbeitete und Louis Jaques Thénard, Pierre Louis Dulong, → Louis Joseph Gay-Lussac und → Alexander von Humboldt kennenlernte, ging er 1824 – inzwischen in absentia promoviert – an die Universität Gießen, wo er zunächst außerordentlicher, 1825 dann ordentlicher Professor für Chemie wurde. In Gießen konzipierte er eine neue Form der chemischen Lehre, die Experiment und Forschung miteinander verband. 1845 erhielt Liebig ein Adelspatent, 1852 trug ihm die Bayerische Akademie der Wissenschaften die Mitgliedschaft an. 1860 wurde von Liebig deren Präsident. Außerdem erhielt er das Amt eines Generalkonservators der Wissenschaftlichen Sammlung Bayerns.

Liebig begann seine Laufbahn mit Arbeiten über die Anorganische Chemie. 1824 experimentierte er mit Fulminaten (Salze der Knallsäure) und den verschiedenen Formen der Cyansäure, deren isomere Eigenschaften er zusammen mit

Friedrich Wöhler entdeckte. (Isomerie: unterschiedliche Struktur bei identischer Zusammensetzung). Ab 1832 widmete sich Liebig der organischen Chemie. Gemeinsam mit Wöhler verfaßte er den Aufsatz «Untersuchungen über das Radical», in dem er die Radikaltheorie von → Jöns Jakob Freiherr von Berzelius auf organische Verbindungen erweiterte.
Mit seinen Publikationen von 1838, «Untersuchungen über die Natur der Harnsäuren» und «Über die Konstitution der organischen Säuren» betrat Liebig das Feld der Biochemie. 1840 veröffentlichte er sein grundlegendes Werk «Die Organische Chemie in Anwendung auf Agricultur und Physiologie», in dem er darstellte, daß das Pflanzenwachstum von wenigen Spurenelementen abhängt, die der Pflanze durch Düngung zugeführt werden können. Mit dem «Gesetz des Minimums» formulierte er die Wirksamkeit eines Düngers nach der geringsten Menge des darin enthaltenen Spurenelements. 1842 beschäftigte sich Liebig mit physiologischen Prozessen und erkannte, daß sowohl die Körperwärme als auch die Körperfunktionen von der Verbrennung der Kohlehydrate und Fette abhängt. Ebenfalls 1842 veröffentlichte er das Werk «Die Thier-Chemie oder die Organische Chemie in ihrer Anwendung auf Physiologie und Pathologie». Liebig wirkte außerdem auf den Gebieten analytische und technische Chemie (Galvanoplastik, Glasversilberung). Er entdeckte das Trichlorazetaldehyd (Chloral), das Trichlormethan (Chloroform) und das Benzoyl-Glykokoll (Hippursäure). 1843 erschien das «Handbuch der Organischen Chemie», ab 1844 publizierte er das Fachorgan «Chemische Briefe».

Lilienthal, Otto

*** 23. 5. 1848, Anklam (Pommern), † 10. 8. 1896, Berlin; deutscher Ingenieur**

Nach dem Tod des Vaters konnte Lilienthal aus finanziellen Gründen das Gymnasium nicht beenden. Er besuchte ab 1864 die Provinzial-Gewerbeschule in Potsdam und machte anschließend ein Praktikum in einer Berliner Maschinenfabrik. Danach studierte er Ingenieurwissenschaften an der Berliner Gewerbe-Akademie. Lilienthal baute hauptberuflich Kleinmotoren und entwickelte einen Schlangenrohrkessel für Dampfmaschinen, der sogar patentiert wurde. Damit konnte er eine Maschinenfabrik betreiben, die er 1881 übernommen hatte. Mit den Erträgen finanzierte er seine Flugversuche und baute Gleitflieger, die er auch zur Erprobung an andere Flugbegeisterte abgab.
Ausgehend von der Beobachtung des Vogelflugs unternahm Lilienthal ab 1874 intensive theoretische Studien zur Aerodynamik. Sein Bruder Gustav (1849 bis 1933), von Beruf Architekt, unterstützte ihn beim Bau von Fluggeräten. Insgesamt unternahm Lilienthal über 2000 Flugversuche, die ihm wichtige praktische Erfahrungen lieferten. Er begann mit Schlagflügelgeräten, erkannte aber, daß ein Antrieb über die Kraft der Beine im Verhältnis zur Körpermasse viel zu gering ist, um die Flugleistung eines Vogels zu erreichen. Als Alternative sah er den Gleitflug an, den er 1874 anhand von aerodynamischen Versuchen mit verschiedenen Flügelformen untersuchte. Am geeignetsten erwies sich das gewölbte Profil, das er 1877 beim Bau eines ersten gleitenden Fluggeräts für die Trag-

flächen verwendete. Seine damaligen Erkenntnisse und ein praktisches 30-Punkte-Programm zur Konstruktion und Erprobung von Gleitfliegern veröffentlichte er 1889 in dem Buch «Der Vogelflug als Grundlage der Fliegekunst». Über Balanceversuche im Wind – zunächst im Stehen, dann in kleinen Sprüngen – gelangte er 1891 zu ersten Gleitflügen von einem fünf Meter hohen Hügel aus, die ihn bis zu 25 Meter weit trugen. Der von ihm konstruierte Hängegleiter wurde 1893 patentiert. 1895 baute er einen Doppeldecker mit verkleinerter Flügelfläche, der bei der Steuerung (mit aufgestützten Unterarmen durch Verlagerung des Körpergewichts) besser reagierte. Den Hängegleiter entwickelte er in 18 Konstruktionstypen stetig weiter und experimentierte dabei unter anderem mit einer beiderseitigen Bespannung der Tragflächen, verschiedenen Steuermechanismen, Höhen- und Seitenrudern sowie einem Sitz für den Piloten. Als erster Mensch flog Lilienthal in den Rhinower Bergen bei Rathenow bis zu 300 Meter weit.

Linde, Carl Paul Gottfried von

*** 11. 6. 1842, Berndorf (Oberfranken), † 16. 11. 1934, München; deutscher Ingenieur**

Linde begann 1861 ein Studium am Polytechnikum Zürich, wo → Rudolf Julius Emanuel Clausius, Gustav Anton Zeuner und Franz Releaux seine Lehrer waren. 1864 mußte er die Universität verlassen. Releaux vermittelte ihm eine Volontärstelle in der Lokomotivfabrik Borsig in Berlin, die er im selben Jahr antrat. 1866 folgte er einem Ruf der Polytechnischen Schule München, wo er zunächst außerordentlicher Professor, 1872 dann ordentlicher Professor für Maschinenbau wurde. Am Polytechnikum richtete Linde ein Maschinenlabor ein, wo unter anderem → Rudolf Diesel ausgebildet wurde. 1878 gab Linde sein Lehramt auf, um in Wiesbaden «Lindes Eismaschinen A. G.» zu gründen (heute Linde AG). 1892 nahm er seine Professur wieder auf, 1901 folgte die Errichtung einer Anlage zur Gewinnung von Sauerstoff und Stickstoff. Linde war Mitglied wissenschaftlicher und Ingenieurvereinigungen, unter anderem gehörte er dem Kuratorium der Physikalisch-Technischen Reichsanstalt und der Bayerischen Akademie der Wissenschaften an.

Linde schuf wesentliche Grundlagen der modernen Kältetechnik. 1871 konzipierte er eine mit Methylether arbeitende Kältemaschine, die er in einer Augsburger Maschinenfabrik herstellen ließ. Die zweite, 1876 folgende Generation von Kühlmaschinen arbeitete mit Stickstoff. Das Prinzip der Abkühlung von Gas, das vorher mechanische Arbeit geleistet hatte, war beiden gemein. Auf der Grundlage der Arbeiten von → James Prescott Joule, → Sir Benjamin Thompson (Graf

Linde-Verfahren

Eine von Carl von Linde entwickelte technische Methode zur Verflüssigung von Luft. Angesaugte Luft wird komprimiert, vorgekühlt und entspannt, wobei sie sich abkühlt. Diese abgekühlte Luft kühlt in einem Gegenstrom-Wärmeaustauscher nachkommende verdichtete Luft vor, die die nächste nachkommende Luft vorkühlt. Die kontinuierliche Wiederholung führt zur fortschreitenden Temperaturerniedrigung, die die Verflüssigung von Luft zur Folge hat.

Rumford) und der Einführung des Gegenstromprinzips konnte Linde 1895 erstmals größere Mengen Luft verflüssigen (Linde-Verfahren). Damit schuf er eine Möglichkeit für physikalische Tieftemperaturuntersuchungen und zur Trennung der Luftbestandteile durch fraktioniertes Destillieren. Ab 1901 entwickelte er ein Verfahren zur Gewinnung von reinem Sauerstoff und Stickstoff.

Linné, Carl von

*** 23. 5. 1707, Råshult (Småland), † 10. 1. 1778, Uppsala; schwedischer Naturforscher**

Linné, Sohn eines Pfarrers, studierte Medizin in Lund (1727) und Uppsala (1728–1731). Schon 1730 erhielt er einen Lehrauftrag für Heilmittelkunde, der auch botanische Demonstrationen im Universitätsgarten beinhaltete. Ein Stipendium ermöglichte ihm 1732 eine fünfmonatige Reise durch Lappland, die in erster Linie dem Studium der Flora galt. Anschließend hielt Linné mineralogische Vorlesungen und chemische Praktika in Uppsala und erweiterte seine Kenntnisse von 1733 bis 1735 in den Kupferbergwerken von Falun. 1735 reiste Linné in die Niederlande, promovierte in Medizin an der Universität Harderwijk und hatte bis 1737 eine Stelle als Hausarzt und Gartenkustos bei einem Bankier in Haarlem. Während dieser Zeit entstanden Linnés Hauptwerke, die ihn berühmt machten und auf Reisen nach England (1736) und Paris (1738) den Kontakt zu anderen bedeutenden Naturwissenschaftlern ermöglichten.

1738 gründete Linné eine erfolgreiche Arztpraxis in Stockholm. 1739 wurde er Präsident der Stockholmer Akademie der Wissenschaften, deren Gründung er angeregt hatte. Als Professor lehrte er in Uppsala ab 1741 Anatomie und Medizin und ab 1742 theoretische Medizin und Botanik. Er engagierte sich in vielseitiger Lehrtätigkeit, war Direktor des Botanischen Gartens, errichtete ein naturhistorisches Museum und legte ein großes privates Herbarium an. Linné erhielt hohe nationale Auszeichnungen (unter anderem 1747 Königlicher Leibarzt und 1762 Erhebung in den Adelsstand). Als Linné 1777 aus dem Amt ausschied, wurde sein Sohn (der ebenfalls Carl von Linné hieß) zum Nachfolger bestimmt. Linnés wertvolle Sammlungen gingen nach seinem Tod nach England, wo sie den Grundstock der 1788 gegründeten Linnaean Society bildeten.

Linné schuf die Grundlage der modernen biologischen Systematik. Die der Naturforschung zugrundeliegende Zielsetzung sah er in der Erforschung des göttlichen Schöpfungsplanes. Als ein Hilfsmittel dazu schuf Linné insbesondere in seinen Hauptwerken «Systema naturae» (1735) und «Genera plantarum» (1737) ein künstliches System zur Klassifizierung der Arten anhand weniger Merkmale. In seinem Pflanzensystem verwendete er Anzahl, Größe und Lage der männlichen und weiblichen Blütenorgane (Staub- und Fruchtblätter) für die Einordnung der Arten in ein hierarchisches System aus Klassen und Ordnungen. Linné selbst sah sein künstliches System nur als Vorläufer eines natürlichen Systems, das auf der Einteilung nach Ähnlichkeiten beruht. Dafür legte er in seinen «Classes plantarum» (1738) bereits einen noch unvollkommenen Entwurf vor.

Das zweite große Verdienst Linnés ist die konsequente Vereinheitlichung der wissenschaftlichen Bezeichnung der Arten. Er kennzeichnete eine Art in dieser 1753 auf alle bekannten Pflanzenarten angewendeten binären Nomenklatur durch einen Doppelnamen, bestehend aus dem Namen der Gattung und einem die Eigenschaft der Art beschreibendem Beiwort (zum Beispiel «Quercus rubra» für die Rot-Eiche).

Linné erweiterte sein System durch Einbeziehung von Mineralen (die er in drei Klassen einteilte) und Tieren (mit den sechs Klassen Säugetiere, Vögel, Amphibien, Fische, Insekten und Würmer). Wale und verwandte Wassertiere ordnete er darin zu Recht bereits den Säugetieren zu. Auch den Menschen bezog er 1766 als «Homo sapiens» neben Schimpanse und Orang-Utan in die Ordnung der «Primaten» und die Klasse «Säugetiere» ein, was zu Widerständen vor allem seitens der Theologen führte.

Lister, Joseph Lord

*** 5. 4. 1827, Upton (Essex),**
† 10. 2. 1912, Walmer (Kent); britischer Chirurg

Lister war Sohn eines Weinhändlers und studierte von 1846 bis 1852 in London Medizin. 1853 wechselte er nach Edinburgh, wo er zunächst hospitierte und 1855 Assistent des Chirurgen James Syme wurde. 1860 nahm Lister eine Professur an der Universität Glasgow an, wo er 1861 Leiter der chirurgischen Klinik wurde. 1869 löste er Syme als Leiter des Edinburgher Königlichen Krankenhauses ab und arbeitete von 1877 bis 1893 als Professor am Kings College in London. Ab 1891 stand Lister dem von ihm mitinitiierten British Institute of Preventive Medicine vor, das nach dem Vorbild des Institut Pasteur in Paris aufgebaut war. Von 1895 bis 1900 war Lister Präsident der Royal Society, 1897 wurde er zum Baron (Lord Lister of Lyme Regis) geadelt.

Lister gilt als Vater der Wundentzündungsabwehr. Ausgehend von → Louis Pasteurs Theorie der bakteriellen Krankheitserreger führte er Vorkehrungen ein, um die Erreger chemisch abzutöten – Lister war aufgefallen, daß Infektionen vor allem bei Operationen und offenen Wunden entstanden, aber nur selten bei reinen Knochenbrüchen.

Seine Methode – Antisepsis genannt – bestand darin, das Operationsfeld, die Operationsbestecke sowie das Naht- und Verbandsmaterial mit einer fünfprozentigen Phenollösung abzureiben. Da er auch in der Luft eine hohe Anzahl krankheitserregender Keime annahm (was in dem Maße nicht der Fall ist), benutzte er während der Operationen Phenolsprays, die mittels mechanischer Sprühpumpen und später als Wasserdampf-Phenol-Apparate betrieben wurden. Bei der Wundnachbehandlung setzte Lister als äußere Abschlußschicht phenolgetränkte «Okklusionsverbände» ein.

Besondere Bedeutung haben Listers systematische und andauernde Untersuchungen der verschiedenen Anwendungsarten antiseptischer Techniken, die damit über die Entdeckung des Chlorkalks als ein bloßes Händedesinfektionsmittel durch → Ignaz Philipp Semmelweis hinausgehen.

Lister konnte die Antisepsis gegen den anfänglichen Widerstand konservativer Kollegen durchsetzen; auch deutsche

Chirurgen griffen Listers Ideen auf und konnten damit die Sterblichkeit nach operativen Eingriffen erheblich senken. Heute kommt die Antiseptik nur noch bei der Operationsvorbereitung zum Einsatz, während die Eingriffe selber aseptisch, das heißt mit Hilfe dampfsterilisierter Instrumente, ablaufen – eine physikalische anstelle der chemischen Methode der Keimtötung. Phenol wird aufgrund seiner krebserregenden und hautreizenden Wirkung nicht mehr verwendet.

Auch im operativen Bereich selbst brachte Lister die Chirurgie voran, etwa durch die Abdeckung von Amputationsstümpfen, bei der Brustkrebsbehandlung, der Knochen- und Blasenchirurgie sowie bei der Gefäßabschnurung während Operationen.

Lockyer, Sir Joseph Norman

*** 17. 5. 1836, Rugby (Warwickshire), † 16. 8. 1920, Salcombe Regis (Devonshire); britischer Astronom**

Lockyer arbeitete ab 1857 als Angestellter im englischen Kriegsministerium. Ab 1862 betrieb er astronomische Studien, die ihm die Kompetenz zur Gründung der Zeitschrift «Nature» verschafften. 1881 erhielt er eine Professur für Astronomie an der Universität London. Von 1885 bis 1913 war er Direktor des Observatoriums in South Kensington, ehe er das Hill Observatorium in Sidmouth gründete (später Norman Lockyer Observatorium). Lockyer erhielt zahlreiche Ehrungen, unter anderem einen Adelstitel (1897).

Lockyer untersuchte in seinen ersten Arbeiten solare und stellare Phänomene. 1868 erarbeitete er eine Methode zur spektroskopischen Analyse von Protuberanzen. Zu diesem Zweck entwickelte er ein Protuberanzenspektroskop, mit dem er (ebenfalls 1868) eine dunkle Linie im Sonnenspektrum ausmachte, die keinem bekannten Element zuzuordnen war. Lockyer leitete daraus die Existenz eines bisher unbekannten Elements ab, das er «Helium» nannte. Die Zone, in der die Protuberanzen entstehen, nannte Lockyer «Chromosphäre». Die Verbreiterung bestimmter Spektren führte ihn zu der Annahme, daß die Atome nicht stabil sind, womit er Demokrits These von der Unteilbarkeit der Atome in Frage stellte. Nach eingehenden Untersuchungen solarer und stellarer Spektren formulierte er neben einer lange gültigen Spektralklassifikation der Sterne eine Theorie der Sternentwicklung, mit der er die Existenz von Riesen- und Zwergsternen begründen konnte. 1906 widmete sich Lockyer der historischen Astronomie. Er untersuchte die Kultstätte Stonehenge bei Salisbury und stellte fest, daß am Tag der Sommersonnenwende das Sonnenlicht genau auf den zentralen Altarstein treffen muß. Lockyer schloß daraus, daß es sich bei Stonehenge um ein Sonnenheiligtum handeln muß.

Loewi, Otto

*** 3. 6. 1873, Frankfurt a. M., † 25. 12. 1961, New York; deutsch-amerikanischer Physiologe und Pharmakologe**

An den Universitäten Straßburg und München studierte Loewi ab 1891 Medizin, besuchte jedoch auch Vorlesungen in Kunstgeschichte und Philosophie. 1896 promovierte er mit einer pharmakologischen Arbeit und arbeitete bis

1897 im biochemischen Laboratorium in Straßburg. Anschließend war er als Arzt und wissenschaftlicher Assistent in Frankfurt a. M. und Marburg tätig, wo er sich 1900 habilitierte. Ein Forschungsaufenthalt führte ihn 1902/03 nach London. 1905 ging er als außerordentlicher Professor nach Wien, 1909 erhielt er eine Professur für Pharmakologie an der Universität Graz, wo er seine bedeutendsten Entdeckungen machte, für die er 1936 (zusammen mit Sir Henry Hallet Dale) den Nobelpreis für Medizin erhielt. Als Jude wurde er 1938, nach dem Anschluß Österreichs an das Deutsche Reich, inhaftiert. Unter der Bedingung, das Preisgeld des Nobelpreises an die Nazis abzutreten, wurde ihm die Ausreise nach London gestattet. Loewi lehrte daraufhin kurz in Brüssel und Oxford. 1939 siedelte er in die USA über, erhielt eine Professur am University College of Medicine in New York und erwarb 1946 die amerikanische Staatsbürgerschaft.

Loewi machte seine wichtigsten Entdeckungen auf dem Gebiet der Nervenphysiologie, er hatte jedoch zuvor bereits in der Stoffwechselphysiologie bedeutende Erkenntnisse gewonnen. So konnte er 1902 in einem Experiment mit Hunden zeigen, daß der Körper zur Synthese von Proteinen auch dann in der Lage ist, wenn die Nahrung keine Proteine, sondern nur deren Bausteine, Aminosäuren, enthält.

In seiner Dissertation hatte Loewi sich mit der Wirkung von Blausäure, Arsen und Phosphor auf das isolierte Froschherz beschäftigt. Diese Erfahrungen kamen ihm 1921 zugute, als er die Idee prüfen wollte, daß unter dem Einfluß der Nervenreizung Stoffe gebildet werden, die den Reizerfolg herbeiführen. An einem isolierten Froschherz reizte er den hemmend wirkenden Vagusnerv und übertrug dann Flüssigkeit von diesem Herzen auf ein ungereiztes Herz. Da sich die Hemmwirkung mit der Flüssigkeit übertragen ließ, folgerte Loewi, daß diese eine aufgrund der Nervenreizung freigesetzte chemische Substanz enthielt. Loewi konnte ferner zeigen, daß Atropin die Wirkung der als «Vagusstoff» bezeichneten Substanz aufhebt, während Eserin ihren Abbau hemmt. Der «Vagusstoff», der von → Henry Hallet Dale später als Acetylcholin identifiziert wurde, war so der erste Neurotransmitter, dessen Wirkmechanismus aufgedeckt wurde. Diese Entdeckung war neben ihrer Bedeutung für die neurophysiologische Grundlagenforschung auch von großem Interesse für die Entwicklung von Medikamenten und die Erklärung der Wirkungsweise von Drogen.

Lomonossow, Michail Wassiljewitsch

*** 8.(19.) 11. 1711, Denissowka (heute Lomonossow), † 4.(15.) 4. 1765, St. Petersburg; russischer Naturwissenschaftler und Literat**

Als Sohn eines Fischers und Bauern mußte sich Lomonossow seine wissenschaftliche Ausbildung hart erkämpfen. 1728 ging er nach Moskau, um die geistliche Spasski-Schule besuchen zu können, von der er 1731 an die Moskauer Akademie wechselte. Von 1734 bis 1736 widmete er sich in Kiew Kirchenstudien, von 1736 bis 1741 studierte er bei Christian Wolff in Marburg und Johann Friedrich Henckel in Freiberg Philosophie, Mathematik, Chemie, Mineralogie sowie Berg- und Hüttenkunde. 1742 kehrte er nach St. Petersburg zurück, wo er als stellvertretender Beamter der Physikalischen Klasse der Akademie wirkte. 1745 erhielt er eine Professur für Chemie, 1748 wurde er Direktor des nach seinen Vorgaben erbauten chemischen Laboratoriums. 1755 gründete Lomonossow gemeinsam mit → Leonhard Euler die Universität Moskau (heute Lomonossow-Universität). 1764 wurde er Kaiserlicher Staatsrat.

Lomonossow führte in Rußland die Geographie, Geologie, Mineralogie und die Meteorologie ein. Er beschäftigte sich bevorzugt mit Physik, Chemie, Astronomie und Mineralogie. 1748 bewies er mit Experimenten zu Verbrennungsprozessen das Gesetz von der Erhaltung der Masse, das er auf dynamische Prozesse ausdehnte. 1749 formulierte er in «Betrachtungen über die Ursache der Wärme und Kälte» eine Theorie der Wärme als eine Form der Bewegung, außerdem konzipierte er Anfänge einer kinetischen Gastheorie. Lomonossow bemühte sich um eine Synthese von Physik und Chemie auf mathematischer Grundlage. Ein entsprechendes Lehrbuch publizierte er mit «Lehrkursus der wahren Physikalischen Chemie» (1752–1754).

Bei seinen astronomischen Studien entdeckte er 1761 die Venusatmosphäre. Außerdem erstellte Lomonossow mineralogische Analysen, die zu einer neuen Porzellanmasse und zur Herstellung farbiger Gläser führten. Neben der Gefrierpunktbestimmung von Quecksilber (minus 40 °C) arbeitete er an einer Wellentheorie des Lichts. Als Literat verfaßte er neben Lyrik und Dramen eine russische Grammatik.

Lorentz, Hendrik Antoon

*** 18. 7. 1853, Arnheim, † 4. 2. 1928, Haarlem; niederländischer Physiker**

Lorentz begann 1870 ein Physikstudium an der Universität Leiden, wo er von Frederick Kaiser gefördert wurde. 1871 legte Lorentz das Magisterexamen ab, anschließend unterrichtete er als Gymnasiallehrer in Arnheim. 1875 promovierte er über die Eigenschaften des Lichts, 1877 erhielt er einen Lehrstuhl für Theoretische Physik an der Universität Leiden. 1902 wurde er gemeinsam mit seinem Schüler Pieter Zeeman für ihre Theorie der Elektronen mit dem Nobelpreis für Physik ausgezeichnet. Ab 1911 organisierte und leitete Lorentz 16 Jahre lang die internationalen Solvay-Kongresse, an denen ausgezeichnete Physiker und Chemiker teilnahmen. 1912 übernahm er die Leitung des Teyler-Instituts in Haarlem, hielt aber weiterhin seine berühmten «Montagmorgen-Vorlesungen» an der Universität Leiden. Von 1919 bis 1926 wirkte Lorentz als Regierungsberater für Erziehungsfragen. In dieser Eigenschaft unterstützte er die Reform der Universitätsausbildung. Lorentz war Mitglied zahlreicher Akademien und Gesellschaften. Von den Universitäten Paris und Cambridge wurde er mit Ehrendoktoraten ausgezeichnet.

Lorentz gilt als herausragender Physiker an der Wende von der klassischen zur modernen Physik. Auf der Grundlage der Wellentheorie von → Augustin Jean Fresnel und der elektromagnetischen Theorie von James Clerk Maxwell, nach der ein zeitlich wie räumlich veränderliches Magnetfeld von ringförmigen elektrischen Feldlinien umgeben ist, erklärte Lorentz bereits 1875 die Beugung und

Reflexion von Licht. In der Folgezeit beschäftigte er sich mit der kinetischen Gas- und Wärmetheorie sowie mit der Leitung von elektrischem Strom in fester und flüssiger Materie. 1880 bestätigte er die Gültigkeit der Gleichungen, die → Johannes Diderik van der Waals als mathematische Beschreibung über das Verhalten realer Gase formuliert hatte. 1886 untersuchte Lorentz den thermoelektrischen Effekt (zwei unterschiedliche, miteinander verschweißte Metalle erzeugen bei unterschiedlicher Erwärmung der beiden Schweißstellen eine elektrische Spannung).
Mit der Erweiterung der Theorie Ludwig Boltzmanns über die kinetische Energie der Moleküle 1887 schloß Lorentz diese Arbeiten ab und wandte sich dem Elektromagnetismus zu. 1892 begann er unter Berücksichtigung der Arbeiten Maxwells mit der Formulierung einer Elektronentheorie, die sich in Etappen vollzog. 1895 führte er die «Lorentz-Kraft» ein, mit der die Bewegung einer elektrischen Ladung in einem Magnetfeld erklärt wurde. Mit der mathematischen Formulierung dieses Phänomens schuf Lorentz das Grundgesetz der Ablenkung bewegter geladener Teilchen in magnetischen Feldern. Die Publikation erfolgte in seiner Arbeit «Versuch einer Theorie der elektrischen und optischen Erscheinungen in bewegten Körpern». Mit den «Lorentz-Transformationen von Geschwindigkeiten und Beschleunigungen» von 1899 stellte er den Zusammenhang zwischen Lichtgeschwindigkeit und Masse eines Ladungsträgers dar. Damit einher ging die «Lorentz-Kontraktion» (Verkürzung eines in Längsrichtung bewegten Stabes). 1904 schloß er seine Arbeiten zur Elektronentheorie ab. In den 20er Jahren arbeitete Lorentz an einem Projekt zur Trockenlegung der Zuider-See, wo er für die Gezeitenberechnung verantwortlich war.

Lorenz, Konrad

*** 7. 11. 1903, Wien, † 27. 2. 1989, Wien; österreichischer Verhaltensforscher**

Auf Wunsch seines Vaters Adolf Lorenz, des Begründers der modernen Orthopädie, studierte Lorenz Medizin in Wien und New York. Nach seiner Promotion 1928 arbeitete er als Assistenzarzt am Anatomischen Institut der Universität Wien. Gleichzeitig studierte er Zoologie, worin er 1933 promovierte. Nach seiner Habilitierung 1936 erhielt Lorenz eine Stelle als Privatdozent in Wien. 1940 übernahm er den Lehrstuhl für vergleichende Psychologie an der Universität Königsberg, wurde jedoch schon 1941 zum Wehrdienst eingezogen und befand sich von 1942 bis 1948 als Arzt in sowjetischer Kriegsgefangenschaft. Nach seiner Rückkehr gründete er 1949 ein privates Institut für vergleichende Verhaltensforschung in seinem Heimatort Altenberg bei Wien. 1950 wurde er von der Max-Planck-Gesellschaft zum Leiter einer neugegründeten Forschungsstelle für Verhaltensphysiologie auf Schloß Buldern bei Dülmen/Westfalen berufen. Außerdem lehrte er von 1953 bis 1957 als Honorarprofessor an der Universität Münster. 1958 wurde er stellvertretender Direktor und 1961 Direktor des auf sein Betreiben 1955 gegründeten Max-Planck-Instituts für Verhaltensphysiologie in Seewiesen bei Starnberg/Bayern. 1973 erhielt Lorenz zusammen mit Nikolaas Tinbergen und → Karl von Frisch den Nobelpreis für Medizin. Im gleichen Jahr zog er zurück nach Altenberg, wo er unter der Schirmherrschaft der Österreichischen Akademie der Wissenschaften ein Institut für vergleichende Verhaltensforschung mit Schwerpunkt Tiersoziologie gründete.

Lorenz ist einer der Hauptbegründer der Ethologie (Verhaltensforschung). Durch genaue Beobachtung erklärte er Grundvorgänge tierischen Verhaltens auf einer evolutionsbiologischen Basis. Sein besonderes Interesse galt dabei der Unterscheidung zwischen angeborenen und erlernten Verhaltenskomponenten. Lorenz definierte in diesem Zusammenhang wichtige Begriffe. Unter «Erbkoordination» verstand er eine gleichförmige angeborene Verhaltensweise, die artspezifisch ist und sich deshalb wie ein morphologisches Merkmal für stammesgeschichtliche Analysen verwenden läßt. Als einen «Angeborenen Auslöse-Mechanismus» (AAM) bezeichnete Lorenz neurosensorische Filtermechanismen, die das Ansprechen auf (ein bestimmtes Verhalten auslösende) Schlüsselreize bewirken.

Lorenz' bedeutendster Beitrag zur Erforschung erlernten Verhaltens ist die Entdeckung der Prägung, eines irreversiblen Lernvorgangs während einer sensiblen Phase: Junge Graugänse folgten in Lorenz' berühmtem Experiment (1936) einem bewegten Gegenstand oder einem Menschen, wenn sie diesen anstelle ihrer Mutter während der sensiblen Phase bis etwa 24 Stunden nach dem Schlupf gesehen hatten (Fehlprägung). Ähnliches konnte Lorenz später an Dohlen für die sexuelle Prägung nachweisen.

Lorenz betonte, daß nicht jedes Verhalten eine Reaktion auf Reize darstellt, sondern auch spontan aus einer inneren Motivation heraus erfolgen kann (Appetenzverhalten, Leerlaufhandlungen). In seinem Instinktkonzept der Aggression nahm Lorenz an, daß auch Aggressionsverhalten auf einen angeborenen Trieb zurückzuführen ist, der sich aufstaut und zur spontanen Entladung drängt. Während nach Lorenz ein solcher Aggressionstrieb im Tierreich von Vorteil ist, indem er zum Beispiel die Ausbildung von Rangordnungen oder die gleichmäßige Verteilung der Individuen bewirkt, kann er beim Menschen zu Krieg und Selbstvernichtung führen. Die Übertragbarkeit seines Aggressionskonzeptes schränkte Lorenz jedoch später ein. Auf Kritik stieß sein Festhalten am Konzept der Arterhaltung und seine ideologisch gefährliche Ansicht, daß das Fehlen von natürlicher Selektion schädliche Auswirkungen auf die zivilisierte Menschheit habe.

Zu Lorenz' wichtigsten Werken, die zum Teil populärwissenschaftlich verfaßt waren, gehören Bücher wie «Das sogenannte Böse» (1963), «Die Rückseite des Spiegels» (1973) und «Der Abbau des Menschlichen» (1983).

Ludwig, Carl Friedrich Wilhelm

*** 29. 12. 1816, Witzenhausen, † 24. 4. 1895, Leipzig; deutscher Physiologe**

Ludwig studierte ab 1836 in Marburg Medizin und promovierte 1840. Nach seiner Habilitation 1842 wurde er Prosektor am Marburger Anatomischen Institut und 1846 zum außerordentlichen Professor ernannt. Da ihm seine liberale

Einstellung in Marburg hinderlich war, wechselte er 1849 als Professor für Anatomie und Physiologie nach Zürich. 1855 bekam er eine Professur für Physiologie und Zoologie (später Physik) am Josephinum (medizinisch-chirurgische Militärakademie) in Wien. 1865 wechselte Ludwig nach Leipzig. Seine 1869 gegründete Neue Physiologische Anstalt erlangte als das erste große physiologische Institut Weltruf als Lehr- und Forschungsanstalt.

Ludwig begründete die quantitativ exakte Richtung der Physiologie. Sein «Lehrbuch der Physiologie des Menschen» (2 Bände, 1852–1856) verhalf der kausalmechanischen, nach physikalisch-chemischen, meßbaren Prozessen urteilenden Strömung gegen den Vitalismus zum Durchbruch. Ludwigs Hauptarbeitsgebiet war die Kreislauf-Physiologie. Neben der Untersuchung des Lymphkreislaufs und der funktionellen Anatomie von Organkreisläufen stand der Blutkreislauf im Mittelpunkt seines Interesses. Er bewies, daß eine meßbare mechanische Kraft für die Blutbewegung verantwortlich ist. Dazu erfand er 1846 eine Apparatur, mit der er den Blutdruck kontinuierlich messen konnte, das Kymographion. Es bestand aus einem Quecksilber-Manometer zur Druckmessung, dem ein Schwimmer mit einer Schreibfeder aufsaß. Diese zeichnete auf einer rotierenden Trommel eine dem gemessenen Druck entsprechende Kurve auf. Andere technische Hilfmittel ermöglichten Ludwig die Messung der strömenden Blutmenge (1867) und die Bestimmung der Volumenänderung von Organen durch den Zu- und Abfluß des Blutes (1874). Ludwig untersuchte damit auch den Einfluß der Gefäßverengung auf die Regulierung von Durchblutung und Blutdruck und lokalisierte die dafür zuständigen Nerven im verlängerten Mark. Er entwickelte Blutgaspumpen zur Freisetzung im Blut gelöster Gase und erforschte so den Gastransport im Blut. Medizinisch bedeutend sind die von Ludwig erstmalig 1856 entwickelten Methoden zum Experimentieren an isolierten, blutdurchströmten Organen.

Ludwig war auch auf zahlreichen Gebieten der Physiologie erfolgreich. So untersuchte er in seinen ersten Arbeiten die Nierentätigkeit und führte die Harnbildung auf ausschließlich physikalische Kräfte zurück, was jedoch im wesentlichen nur für die Bildung des Ultrafiltrats in den Nierenkörperchen zutrifft. 1850 entdeckte er die sekretorischen Nerven der Speicheldrüsen und bewies die aktive Natur der Drüsentätigkeit entgegen der Annahme einer passiven, vom Blutdruck getriebenen Exkretion. Ludwig untersuchte ferner die Herzinnervation und -mechanik, interpretierte 1867 den ersten Herzton als Muskelgeräusch und formulierte das Alles-oder-nichts-Gesetz für die Herzkontraktion.

Lumière, Auguste Marie Louis Nicolas

*** 19. 10. 1862, Besançon, † 10. 4. 1954, Lyon; französischer Fototechniker und Chemiker**

Lumière, Louis Jean

*** 5. 10. 1864, Besançon, † 6. 6. 1948, Bandol (Var); französischer Fototechniker**

Antoine Lumière, Vater der beiden Brüder und von Beruf Fotograf, besaß seit 1880 in Montplaisir bei Lyon eine Fabrik zur Herstellung fotografischer Trockenplatten. 1894 kaufte er für 6000 Francs in Paris ein von → Thomas Alva Edison entwickeltes Kinetoskop und zwölf Filme, die jedoch nur von jeweils einer einzelnen Person betrachtet werden konnten. Um die Projektion auf eine Wandfläche zu realisieren (und ein Sehen für viele zu ermöglichen), beauftragte Lumière seine beiden Söhne mit einer entsprechenden Konstruktion.

Auguste und Louis Lumière hatten sich intensiv mit Fotografie und den damaligen Versuchen mit Bewegungsaufnahmen beschäftigt. Louis Lumière entwikkelte 1884 eine höher empfindliche Fotoemulsion, die den Verkauf von Trockenplatten der Fabrik sehr förderte. 1894 entwarf er ein bis heute gültiges Verfahren zur Belichtung und Wiedergabe bewegter Bilder. Diese wurden einzeln aufgenommen und projiziert, indem jedes Bild für Zehntelsekunden stillstand und dann weitertransportiert wurde. Die Bilder wechselten in einem solchen Tempo, daß das Auge eine fließende Bewegung sah (15 bis 18 Bilder/Sekunde). Für ihre mit seitlichen Perforationslöchern versehenen Filme bauten die Brüder Lumière einen besonderen Projektionsapparat, dessen rhythmischer Transportmechanismus ähnlich wie beim Stofftransport in Nähmaschinen konstruiert war. Nach erfolglosen Versuchen mit Fotopapierstreifen verwendeten sie für eine eigene Aufnahmekamera Edisons Zelluloidfilm. Sie beschichteten den Film selbst und benutzten einen eigenen Präzisionsapparat für die Perforierung. Die Kamera lief mit 16 Bildern pro Sekunde und wurde durch eine Handkurbel angetrieben. Als Apparat sowohl zur Aufnahme wie zur Wiedergabe und zum Kopieren wurde ihr «Kinematograph» 1895 patentiert. Er übertraf andere Filmgeräte seiner Zeit durch seine einfache, präzise Funktionsweise. Bereits 1896 fanden Filmvorführungen vor mehr als 2000 Menschen statt. Die Brüder Lumière erweiterten die Themen ihrer Filme, verwendeten als erste den Filmschnitt, machten Aufnahmen mit bewegter Kamera und warteten mit dem ersten Filmtrick sowie der ersten Wochenschau auf. Auguste Lumière erfand 1903 die Autochromplatte für Farbaufnahmen (Lumière-Kontrastverfahren) und entwickelte Fotochemikalien. Sein Bruder beschäftigte sich später mit der Chemie physiologischer Vorgänge.

Lyell, Sir Charles

*** 14. 11. 1797, Kinnordy (Forfarshire, Schottland), † 22. 2. 1875, London; britischer Geologe**

Lyell wuchs als Sohn eines Landbesitzers und Amateurgelehrten an der Südküste Englands auf. Schon während eines 1816 begonnenen Jurastudiums in Oxford trat Lyells Interesse an der Geologie in den Vordergrund. Er hörte Geologievorlesungen und begann 1817 erste eigene geologische Forschungen. 1827 wurde Lyell als Advokat zugelassen. Er arbeitete jedoch nur kurz als Jurist; einen Lehrstuhl für Geologie am King's College in London hatte er nur von 1831 bis 1833 inne. Da ihn ein Augenleiden zeitweilig behinderte und er materiell abgesichert war, zog er ein Leben als Privatgelehrter vor. Er unternahm zahlreiche geologische Studienreisen an viele Orte Mitteleuropas, nach Sizilien, den Pyrenäen, Skandinavien und Nordamerika und auf die Kanarischen Inseln.

Durch sein aufsehenerregendes Hauptwerk «Principles of Geology» (3 Bände, 1830–1833) wurde Lyell zu einem der bekanntesten Geologen seiner Zeit – und verhalf der zuvor bereits von → James Hutton vertretenen Auffassung des Aktualismus zum Durchbruch. Diese auch als «Aktualitäts-» oder «Uniformitäts-Prinzip» bezeichnete geologische Theorie ermöglicht es, aus der Beobachtung gegenwärtiger geologischer Vorgänge Rückschlüsse auf die erdgeschichtliche Vergangenheit zu ziehen. Im Gegensatz zur Anfang des 18. Jahrhunderts vorherrschenden Katastrophentheorie (→ Georges Baron de Cuvier) geht der Aktualismus davon aus, daß in früheren Phasen der Erdgeschichte die gleichen Kräfte wirkten wie heute.

Lyell sammelte zahlreiche Belege zur Bestätigung dieses Prinzips. Er konnte zeigen, daß langsam verlaufende Prozesse der Gesteinsbildung durch Hitzewirkung und darauffolgende Verwitterung die Ursachen für Veränderungen der Erdoberfläche waren und daß eine zusätzliche Annahme alles zerstörender, ursächlich unerklärter Katastrophen nicht nötig war. Voraussetzung der auf langsamen Prozessen beruhenden Theorie Lyells war jedoch eine sehr lange Zeitdauer der Erdgeschichte. Lyell schätzte zum Beispiel das Alter fossilführender Gesteine auf 240 Millionen Jahre. Obwohl Lyells Angabe des Erdalters nach heutiger Kenntnis noch zu niedrig lag, war sie zu seiner Zeit einer der strittigsten Punkte der Theorie und wurde sowohl aus religiös motivierten als auch aus physikalischen Gründen angezweifelt (→ William Thomson berechnete in Unkenntnis der Radioaktivität aufgrund des Wärmeverlustes der Erde ein sehr viel jüngeres Erdalter).

Lyell sah ähnlich wie Hutton im langsamen Heben und Senken der Kontinente und Ozeanböden den Hauptprozeß der Erdkrustengestaltung und sammelte Belege für die Hebung der Küsten Skandinaviens und Süditaliens.

Lyells «Drifttheorie» zufolge zeigten «erratische Blöcke» (Findlinge) frühere Meeresbedeckung an, da sie sich auf Eisbergen im ehemaligen Meer befanden und nach dem Abschmelzen auf den Meeresboden sanken. Lyell akzeptierte später jedoch die Vorstellung vom Transport der Findlinge durch Gletscher (deren ehemals größere Ausdehnung der Paläontologe → Jean Louis Rodolphe Agassiz erklärte).

Lyells Aktualismus beeinflußte maßgeblich die Entwicklung der Evolutionstheorie von → Charles Robert Darwin. Lyell, der mit Darwin befreundet war, weitete die Evolutionstheorie in seinem umstrittenen Buch «The Geological Evidence of the Antiquity of Man» (1863) auf den Menschen aus, indem er ausgegrabene Werkzeuge als geologische Belege für ein höheres stammesgeschichtliches Alter des Menschen heranzog.

Lyells Aktualitätsprinzip wird auch heute noch im wesentlichen akzeptiert, mußte jedoch in der von Lyell vertretenen ursprünglichen Form korrigiert werden, so daß der Einfluß extremer Ereignisse (wie Meteoriteneinschläge) und die Nichtumkehrbarkeit der Erdgeschichte wieder stärker betont werden.

M

Mach, Ernst

*** 18. 2. 1838, Chirlitz-Turas (Mähren), † 19. 2. 1916, Haar/München; österreichischer Physiker und Philosoph**

Mach wurde zunächst von seinem Vater, einem Gymnasiallehrer, unterrichtet. Ab 1853 besuchte er das Gymnasium in Kremsier, 1855 begann er an der Universität Wien ein Studium der Physik, Mathematik und Philosophie. 1860 promovierte er bei Albert von Ettinghausen «Über elektrische Entladung und Induktion», 1861 folgte die Habilitation. Ab 1861 erteilte Mach Medizinstudenten Physikunterricht, außerdem hielt er populärwissenschaftliche Vorträge. 1864 übernahm Mach einen Lehrauftrag für Mathematik an der Universität Graz, der 1866 in eine Physikprofessur umgewandelt wurde. 1867 wurde Mach Nachfolger Christian Dopplers auf dem Lehrstuhl für Experimentalphysik der Universität Prag. Nach der Teilung in eine deutsche und eine tschechische Hochschule wurde Mach 1883 Rektor der deutschen Karl-Ferdinand-Universität. 1895 folgte Mach einem Ruf auf den Lehrstuhl für «Philosophie, insbesondere Geschichte und Theorie der inductiven Wissenschaften» der Universität Wien.

Mach begann seine wissenschaftliche Laufbahn 1860 mit einer Arbeit auf dem Gebiet der Allgemeinen Wellenlehre. Ihm gelang der experimentelle Nachweis der von Doppler aufgestellten These, daß die Frequenz einer Schallwelle von der Bewegung der Schallquelle abhängt (Doppler-Effekt). Aufgrund seiner Ergebnisse schlug Mach die Anwendung des Doppler-Effekts zur Berechnung der Relativgeschwindigkeit von Fixsternen vor. Unter dem Einfluß von → Emil Heinrich du Bois-Reymond, → Gustav Theodor Fechner und Ernst Wilhelm Ritter von Brücke widmete sich Mach in den folgenden Jahren der Wahrnehmungspsychologie und der Psychophysik. In diesem Kontext forschte er über die Akkomodation des Auges, Zeitwahrnehmung und räumliches Sehen (Machscher Streifen). In diesem Zusammenhang postulierte Mach, daß Raumeigenschaften Funktionen der darin enthaltenen Massen und ihrer Verteilung sind. → Albert Einstein nannte diese Auffassung das «Machsche Prinzip» und berücksichtigte es bei seinen Überlegungen zur Relativitätstheorie. Bei seinen Forschungen über akustische Phänomene gelang es Mach 1872 erstmals, Schallschwingungen mittels eines Stroboskops sichtbar zu machen. 1876 konnte Mach die Fortpflanzungsgeschwindigkeit verschiedener Schallwellen messen. 1887 gelang Mach mit der Anwendung der «Schlierenmethode» von August Toepler erstmals eine fotografische Darstellung der Luftverdünnungen und -verdichtungen an fliegenden Projektilen. Auf diese Weise konnte Mach zeigen, daß ein fliegender Körper von einer Kopf- und einer Heckwelle begleitet wird (Machsche Wellen). Zusammen mit Peter Salcher definierte Mach den Winkel, den die Kopfwelle mit der Flugrichtung des Geschosses bildet. Das Verhältnis aus der Geschoßgeschwindigkeit und der Schallgeschwindigkeit wurde Mach zu Ehren «Machsche Zahl» genannt. Mach vertrat die Ansicht, daß die von → Issaac Newton begründete klassische Mechanik kritisch gesichtet werden müsse («Die Mechanik in ihrer Entwicklung historisch-kritisch dargestellt», 1883). Außerdem negierte er die Existenz von Atomen, was eine Ablehnung der kinetischen Wärmetheorie von → Ludwig Boltzmann implizierte. 1896 publizierte Mach mit «Die Prinzipien der Wärmelehre» ein entsprechend oppositionelles Werk.

Als Philosoph vertrat Mach die Position, daß Ursprung und Ziel der Wissenschaft in der Befriedigung notwendiger Lebensbedürfnisse liegt. Um diesem Anspruch gerecht zu werden, müsse sich der Wissenschaftler mit dem geringstmöglichen Aufwand von Denkenergie («Denkökonomie») auf die Untersuchung des Sichtbaren beschränken. Zu Machs philosophischen Hauptwerken gehören «Die Analyse der Empfindungen» (1886) sowie «Erkenntnis und Irrtum» (1905).

Madersperger, Joseph

*** 6. 10. 1768, Kufstein, † 2. 10. 1850, Wien; österreichischer Schneidermeister und Erfinder**

Madersperger ließ sich nach seiner Gesellen- und Wanderzeit 1795 als Schneidermeister in Wien nieder. Ab 1800 begann er, sich mit der Mechanisierung des Nähens zu beschäftigen, indem er die Bewegungsabläufe der Handarbeit durch einfache Maschinenfunktionen nachahmte. 1810 verlegte er das Nadelöhr der Stricknadel an die untere Spitze, damit diese nur von einer Seite zu stechen brauchte und beim Zurückziehen auf der anderen Stoffseite ein zweiter Faden durch die gebildete Fadenschlinge geschoben werden konnte.

Bis 1836 konstruierte Madersperger nach diesem Prinzip die erste funktionstüchtige Nähmaschine mit Öhrnadel und Schiffchen zum Verschlingen von Ober- und Unterfaden. 1839 stellte er die erste Doppelsteppstichnähmaschine vor. Kapital konnte Madersperger jedoch aus seiner Erfindung nicht schlagen, die industrielle Massenproduktion mußte er dem Amerikaner → Elias Howe überlassen.

Magendie, François

*** 6. 10. 1783, Bordeaux, † 7. 10. 1855, Sannois; französischer Physiologe**

Nach einem Medizinstudium promovierte Magendie 1808 an der Universität Paris. Er war zunächst als Anatom tätig, wandte sich später aber der Physiologie zu. Wegen seiner Experimente, zu denen auch die Sektion lebender Tiere gehörte, geriet er zeitweise in Verruf. 1815 war Magendie Vorsitzender einer Kommission, die Verfahren zur Gewinnung von Nahrungsmitteln aus Gelatine untersuchen sollte. Ab 1835 lehrte Magendie als Professor der Medizin am Collège de France, wo er das erste medizinische Laboratorium begründete. 1837 wurde er Präsident der Académie des sciences.

Magendie ist einer der Begründer der modernen experimentellen Physiologie.

Bell-Magendiesches Gesetz
Regel über den Aufbau des Zentralnervensystems von Wirbeltieren, wonach die vorderen (ventralen) Nervenwurzeln des Rückenmarks motorische Funktionen haben (Leitung der Reize zu den Muskeln), während die hinteren (dorsalen) sensorisch sind (Leitung von Sinnesreizen zum Zentralnervensystem). Neueren Erkenntnissen zufolge gibt es jedoch Ausnahmen von dieser Regel.

Die größte Bedeutung haben seine Arbeiten über das Nervensystem. Mit → Georges Baron de Cuvier führte er reizphysiologische Experimente mit wirbellosen Tieren durch. 1822 prüfte Magendie durch Sektion junger Hunde die Befunde des britischen Mediziners Charles Bell zur unterschiedlichen Funktion der aus dem Rückenmark austretenden Nerven. Seine Ergebnisse führten zum Bell-Magendieschen Gesetz. 1831 erbrachte der deutsche Physiologe → Johannes Peter Müller den endgültigen Beweis für die Richtigkeit des Gesetzes.
Magendie beschäftigte sich auch mit der Ernährungsphysiologie. So konnte er nachweisen, daß stickstoffhaltige Nahrungsbestandteile (Eiweiße oder Aminosäuren) lebenswichtig sind. Damit schuf Magendie die Grundlagen für die moderne Ernährungswissenschaft und insbesondere für spätere Arbeiten über essentielle Aminosäuren.
Bedeutung für die Entwicklung der experimentellen Pharmakologie hatten Magendies Versuche über die Wirkung verschiedener Drogen auf den Organismus. Außerdem führte er dadurch die Anwendung von Verbindungen in die Medizin ein, die Morphin, Strychnin, Brom oder Jod enthalten.
Einer der Schüler Magendies war → Claude Bernard, der auf der Grundlage der experimentellen Vorgehensweise Magendies zu bedeutenden Erkenntnissen auf dem Gebiet der Physiologie gelangte.

Malpighi, Marcello

*** 10. 3. 1628, Crevalcore (bei Bologna), † 29. 11. 1694, Rom; italienischer Anatom**

Malpighi studierte von 1645 bis 1649 an der Universität Bologna Philosophie. Sein anschließendes Medizinstudium beendete er 1653 mit einer Promotion. 1656 wurde er Professor für Medizin in Bologna. Von 1657 bis 1660 lehrte Malpighi als Anatom in Pisa, dann wieder in Bologna und ab 1662 in Messina. Aufgrund von fachlichen Kontroversen mit Anhängern der Lehre Galens ging er 1666 nach Bologna zurück. 1691 zog er nach Rom, da er zum Leibarzt von Papst Innozenz XII. berufen worden war.
Malpighi ist einer der Begründer der mikroskopischen Anatomie. Er verwendete die ersten Mikroskope aus England und den Niederlanden für vergleichend-anatomische Studien von tierischen und pflanzlichen Geweben. Seine neue Methode der mikroskopischen Untersuchung hatte wesentlichen Anteil an der Widerlegung von Fehlern in der noch maßgeblich an → Galen orientierten medizinischen Lehre jener Zeit. So konnte Malpighi 1661 in der Lunge außer den Lungenbläschen erstmals mikroskopisch kleine Kapillaren als Verbindung von Venen und Arterien nachweisen, wodurch William Harveys Theorie des großen Blutkreislaufs bewiesen wurde. Auch das Studium der Feinstruktur der Zunge, der Haut, der Leber, der

Niere und der Milz brachte eine Fülle neuer Entdeckungen, die Malpighi jedoch physiologisch noch sehr spekulativ und zum Teil falsch deutete. Malpighi untersuchte 1669 auch erstmals die innere Anatomie eines Insekts (Seidenraupe) mit dem Mikroskop und entdeckte dabei unter anderem die der Atmung dienenden Tracheen.
Malpighis umfangreiche Darstellung der Pflanzenanatomie (Anatome plantarum, 2 Bände, 1675, 1679) war eine bedeutende Pionierleistung auf dem Gebiet der Botanik. Er stellte darin unter anderem die Unterschiede in der mikroskopischen Anatomie der Gewebsschichten des Holzes und der Rinde dar und verglich den Feinbau von Stengel und Wurzel. Ausgehend von der Einheitlichkeit der Lebensprozesse suchte Malpighi Ähnlichkeiten zwischen pflanzlichen und tierischen Strukturen. So deutete er die spiralig verdickten wasserleitenden Gefäße der Pflanzen in Analogie zu den Tracheenröhren der Insekten fälschlich als Atmungsorgane. In einer Stufenleiter der Entwicklungshöhe ordnete er Pflanzen und Tiere nach der Organisationshöhe ihres Atmungssystems an.
Malpighis Untersuchungen von Pflanzensamen und bebrüteten Hühnereiern unterstützten die Theorie der Ovulisten, die präformierte Nachkommen in den Eiern vermuteten. Auch nach → Antoni van Leeuwenhoeks Entdeckung der Spermien blieb Malpighi ein Anhänger der Ovulisten.

Malpighi-Gefäße
Auch: Malpighische Gefäße. Ausscheidungsorgane landlebender Spinnen, Insekten und Tausendfüßer, bestehend aus meist unverzweigten Blindschläuchen, die am Übergang des Mitteldarmes in den Enddarm münden. Sie entziehen dem Körper vor allem Eiweiß-Abbauprodukte, die überwiegend zu Harnsäure umgebaut und über den Darm ausgeschieden werden.

Malpighi-Körperchen
Auch: Nieren-Körperchen. In der Nierenrinde lokalisiertes Knäuel von Blutkapillaren (Glomerulus), das von einer Kapsel umgeben ist (Bowman-Kapsel), und zusammen mit dem abführenden Nieren-Kanälchen die funktionelle Einheit der Niere, das Nephron, bildet. Im Malpighi-Körperchen wird durch einen Filtervorgang aus dem Blut der Primärharn gebildet.

Marconi, Guglielmo Marchese

*** 25. 4. 1874, Bologna, † 20. 7. 1937, Rom; italienischer Nachrichtentechniker**

Marconi erhielt keinerlei systematische Schul- und Universitätsausbildung. Nach einigen Physikvorlesungen bei Augusto Righi begann er 1894 mit selbständig ausgeführten Arbeiten. 1896 übersiedelte er nach England. Dort wurden seine Arbeiten subventioniert, so daß er 1897 die «Wireless Telegraph Company Ltd.» (später Marconi-Company Ltd.) gründen konnte, deren Generaldirektor er wurde. 1897 und 1898 reiste er abwechselnd nach Italien und England, da sich der italienische Staat für seine Arbeiten zu interessieren begann. 1901 erhielt Marconi zusammen mit → Karl Ferdinand Braun für die Arbeiten zur drahtlosen Telegrafie den Nobelpreis für Physik. Neben zahlreichen Ehrendoktoraten erhielt er 1929 den Adelstitel «Marchese». Marconi widmete sich schon früh der Anwendung der von → Heinrich Rudolf Hertz entdeckten Radiowellen. Er erkannte ihre Tauglichkeit zur drahtlosen Nachrichtenübermittlung und machte sich an die Verbesserung der Sender und Empfänger, indem er eine Anordnung schuf, bei der sowohl Sender als auch Empfangsantenne geerdet waren (Marconi-Antenne). 1896 gelang ihm damit eine erste Signalübertragung über 15 Kilometer, 1897 folgte eine weitere von 19 Kilometern. 1898 überbrückte er mit einer Übertragung über den Ärmelkanal 29 Kilometer. Seine Ergebnisse veranlaßten Marconi zu der Annahme, daß Radiowellen in ihrer Bewegung der Erdkrümmung folgen. Auf dieser Vermutung basierte der spektakuläre Versuch von 1901, bei dem Funksignale über den Atlantik geschickt wurden. Mit diesem Experiment schuf Marconi die Grundlage für den weltweiten Funkverkehr. In den folgenden Jahren arbeitet Marconi an der Verbesserung der Funkanlagen. Während des Ersten Weltkriegs entwickelte er durch seine Experimente mit Kurzwellen den Richtfunk, außerdem arbeitete er am Prinzip des Radars.

Martin, Archer John Porter

*** 1. 3. 1910, London; britischer Biochemiker**

Martin, Sohn eines Arztes, studierte bis 1936 in Cambridge Biologie und Chemie. Bereits während dieser Zeit arbeitete er in den ernährungswissenschaftlichen Laboratorien der Universität. Später wurde er Mitglied des National Institute for Medical Research in London. Für seine Erfolge bei der Entwicklung biochemischer Analysemethoden erhielt er 1952 zusammen mit seinem Mitarbeiter Richard Laurence Millington Synge den Nobelpreis für Chemie.

Martin beschäftigte sich vor allem mit der Analyse von biologisch relevanten Substanzen. Dabei entwickelte er sehr leistungsfähige Methoden zur Trennung von Stoffen, die sich in ihren chemisch-physikalischen Eigenschaften so ähnlich sind, daß die herkömmlichen Trennmethoden nicht ausreichten. Um die Frage zu beantworten, aus welchen Aminosäuren ein Protein aufgebaut ist, experimentierten Martin und sein Mitarbeiter Synge seit 1939 mit dem Verfahren der Verteilungschromatographie. Derartige Techniken waren zwar zuvor bereits angewendet worden, jedoch noch nicht leistungsfähig genug. Martin entwickelte das Verfahren weiter, bis ihm durch die Verwendung von porösem Filterpapier der Durchbruch gelang: Er gab einen Tropfen der Aminosäuremischung auf einen Filterpapierstreifen, der mit dem unteren Rand in ein geeignetes Lösungsmittel eintauchte. Aufgrund der unterschiedlichen Löslichkeit der Aminosäuren wurden diese mehr oder weniger schnell von dem durch Kapillarwirkung aufsteigenden Lösungsmittel mitgenommen. So konnten die Aminosäuren schnell und scharf voneinander getrennt werden. Vergleichschromatographien mit bekannten Aminosäuren oder chemische Analysen ermöglichten dann deren Bestimmung. Selbst quantitative Aussagen zur Menge der verschiedenen Aminosäuren waren möglich. Die Papierchromatographie entwickelte sich zu einem Standardverfahren der Biochemie. Viele bedeutende Erkenntnisse wie die Strukturaufklärung des Insulins durch → Frederick Sanger und die Aufklärung der Dunkelreaktion der Photosynthese durch → Melvin Calvin basierten darauf. 1953 gelang Martin die Konstruktion eines Gaschromatographen. Die

Gaschromatographie eignet sich für den Nachweis auch kleinster Substanzmengen. Das zu analysierende Substanzgemisch wird im Gegensatz zur Papierchromatographie verdampft und mittels eines Trägergases in eine Trennsäule transportiert.

Maupertuissches Prinzip der Mechanik
Das Maupertuissche Prinzip, das zur Berechnung der Bewegung mechanischer Systeme mit vorgegebener Gesamtenergie dient, beschreibt die Existenz eines Minimalwertes der Wirkung und wurde 1834 von William Rowan Hamilton präzisiert.

Maupertuis, Pierre Louis Moreau de

*** 28. 9. 1698, Saint-Malo (Frankreich), † 27. 7. 1759, Basel; französischer Mathematiker, Physiker und Biologe**

Maupertuis studierte ab 1714 Philosophie, Musik und Mathematik in Paris. Von 1718 bis 1722 diente er in der französischen Armee, ehe er 1723 als Mathematiklehrer in die Académie des sciences aufgenommen wurde. Auf einer Studienreise nach London beschäftigte er sich 1728 mit der klassischen Mechanik → Isaac Newtons. Im Anschluß an Studien in Basel verbreitete er Newtons Lehre in Frankreich. 1735 übernahm er im Auftrag der Académie des sciences die Leitung einer Expedition nach Lappland. Nachdem Maupertuis 1743 in die Académie française aufgenommen worden war, ging er 1745 nach Berlin, wo er 1746 auf Wunsch Friedrichs II. zum Präsidenten der Akademie der Wissenschaften gewählt wurde.
Maupertuis erste Arbeiten beschäftigten sich mit der Form der Musikinstrumente und mit Problemen der Embryologie. Auf seiner Lapplandexpedition (ab 1735), bei der Gradmessungen der Erdoberfläche vorgenommen wurden, fand er 1736 den Beweis für Newtons Hypothese der Abplattung der Erde. Maupertuis' Vielseitigkeit zeigte sich darüber hinaus in statistischen Untersuchungen zur Vererbung, wobei er auch selbst Züchtungsexperimente an Hunden durchführte. Im Gegensatz zur damals vorherrschenden Präformationstheorie formulierte er eine eigene Vererbungslehre, die bereits wichtige Grundsätze des Darwinismus aufzeigte. Sein 1740 aufgestelltes Prinzip der kleinsten Wirkung, das er aus dem Fermatschen Prinzip des kürzesten Lichtwegs herleitete, verallgemeinerte er zu einer Art Weltformel, um alle Naturvorgänge erklärbar zu machen. 1759 im «Essai de cosmologie» veröffentlicht, versuchte er mit diesem Prinzip gleichzeitig die Existenz Gottes zu beweisen.

Maxim, Sir Hiram Stevens

*** 5. 2. 1840, Sangersville (Maine), † 24. 11. 1916, Streatham (heute zu London); britischer Ingenieur amerikanischer Herkunft**

Über Maxims Vita ist wenig bekannt. 1878 wurde er leitender Ingenieur der US Electric Lighting Company, 1881 konstruierte er ein vollautomatisches Maschinengewehr, das den Rückstoß zum Nachladen ausnutzte. Die Arbeitsweise wurde später durch die Entwicklung des rauchlosen Pulvers verbessert, an der Maxim ebenfalls beteiligt war. Als seine Erfindung vom amerikanischen Kriegs- und Marineministerium abgelehnt wurde, ging Maxim nach Großbritannien, wo er im dortigen Kriegsministerium einen interessierten Auftraggeber fand. Er gründete 1882 die Maxim Gun Company und trat 1888 in die Maxim-Nordenfeld Guns & Ammunite Company ein, die 1897 mit der Waffenfirma Vickers fusionierte. 1891 wurde das von Maxim konstruierte Maschinengewehr («Maxim-Gewehr») in die Standardausrüstung der britischen Armee aufgenommen; 1900 erhielt Maxim die britische Staatsbürgerschaft, 1901 wurde er geadelt. Bekannt wurde auch Maxims Knalldämpfer (Silencer), den er für Gewehre und Geschütze konstruierte.

Maxwell, James Clerk

*** 13. 6. 1831, Edinburgh, † 5. 11. 1879, Cambridge; britischer Physiker**

Maxwell begann 1847 ein Studium der Physik an der Universität Edinburgh. 1850 wechselte er nach Cambridge, wo er zunächst am Petershouse College, dann am Trinity College studierte. 1854 legte er sein Examen ab, 1855 wurde er in den Lehrkörper der Universität Cambridge aufgenommen. 1856 ging Maxwell an das Marishal College in Aberdeen, 1860 folgte er einem Ruf der Universität Cambridge, wo er eine Professur für Experimentalphysik übernahm und später das Cavendish Labor begründete.

Maxwell arbeitete auf verschiedenen Gebieten der Physik. 1855 begann er mit seiner Arbeit über die von → Michael Faraday eingeführten Kraftlinien («Über Faradays Kraftlinien»). Er stellte Faradays Theorie auf eine mathematische Grundlage, wobei er die Arbeiten von → Sir William Thomson (Lord Kelvin) berücksichtigte. 1857 unternahm Maxwell einen kurzen Ausflug in die Astrophysik, indem er ein bis heute unwiderlegtes Modell über die Beschaffenheit der Saturnringe entwickelte. 1859 begann er mit der Entwicklung der kinetischen Gastheorie. Auf der Grundlage der Studien von → Rudolf Julius Emanuel Clausius arbeitete Maxwell an einer statistischen Beschreibung der Teilchenbewegung in Gasen. Gemeinsam mit → Ludwig Boltzmann formulierte er die kinetische Gastheorie, mit der die Eigenschaften und Gesetzmäßigkeiten eines Gases erstmals berechnet werden konnten. 1861 griff Maxwell seine Forschungen über Elektrophysik wieder auf. Mit seinem Aufsatz «Über physikalische Kraftlinien» (1861/62) leitete er die Entwicklung der Theorie der elektromagnetischen Felder und ihrer Wirkungen ein (Maxwellsche Theorie). Er stellte mit den «Maxwellschen Gleichungen» die Grundgleichungen der Elektrodynamik auf und erkannte, daß die elektromagnetischen Wellen eine transversale Schwingungsrichtung haben. Maxwell stellte außerdem fest, daß die Ausbreitungsgeschwindigkeit der elektromagnetischen Wellen der des Lichts entspricht, woraus er schloß, daß auch Licht aus elektromagnetischen Wellenzügen besteht.

Maxwell publizierte seine Ergebnisse 1863 in seinem Aufsatz «Elektromagnetische Lichttheorie». Mit dieser fundamentalen Arbeit begründete er die moderne Elektrodynamik. Ab 1871 widmete er sich der Thermodynamik. In seiner Publikation «Theorie der Wärme» von 1871 zeigte Maxwell, daß der Zweite Hauptsatz der Thermodymamik, nach dem Wärme nur von einem warmen Körper auf einen kalten übergehen kann, ein wahrscheinliches Verhalten beschreibt. Zu diesem Zweck führte er ein Gedankenexperiment aus (Maxwellscher Dämon), mit dem die Neuinterpretierung des Zweiten Hauptsatzes möglich wurde. 1872 verfaßte Maxwell sein Hauptwerk «Die mathematische Formulierung der Beziehungen zwischen elektrischen und magnetischen Feldern», dem 1876 mit «Substanz und Bewegung» ein Werk über Wärmephänomene folgte. Maxwell beschäftigte sich außerdem mit Kybernetik und Optik, wo er unter anderem zur Konzipierung der «Fischaugenlinse» beitrug.

Mayer, Johann Tobias

*** 17. 2. 1723, Marbach am Neckar,**
† 20. 2. 1762, Göttingen; deutscher Astronom und Kartograph

Von seinem Vater (dem Kartenmaler Tobias Mayer) in die Mathematik und Kartographie eingeführt, bildete sich Mayer als Autodidakt weiter und veröffentlichte 1739 ein erstes kartographisches Werk. Um seinen Lebensunterhalt zu verdienen, gab er Privatunterricht in den Fächern Geometrie, Kartographie und Ballistik. Dadurch erhielt er in den 40er Jahren des 18. Jahrhunderts eine Anstellung bei der Homannschen Geographischen Anstalt in Nürnberg, wo er neben Kartographie auch Astronomie betrieb. 1750 folgte Mayer einem Ruf der Universität Göttingen, wo er eine Professur für Astronomie erhielt. 1754 wurde er Direktor der Göttinger Sternwarte.

Mayer gilt als einer der bedeutendsten Astronomen des 18. Jahrhunderts. 1745 veröffentlichte er einen «Mathematischen Atlas», in dem er Probleme der Mechanik, Optik, Astronomie, Geographie und Pyrotechnik abhandelte. Ab 1750 beschäftigte er sich mit der Kinematik des Mondes und der Fixsterne. Er erkannte, daß die Sternpositionen aufgrund der mangelnden Qualität der Instrumente noch nicht exakt genug bestimmt worden waren, und ermittelte und beseitigte den Einfluß der Instrumentenfehler, um anschließend exakte Fixsternbestimmungen durchzuführen. Dadurch konnte er die Positionsastronomie entscheidend verbessern. Auf der Grundlage seiner Studien von Sonne und Mond verfertigte er eine große und kleine Mondkarte sowie Sonnentafeln («Tabulae motuum solis et lunae novae et correctae»), die nach ihrer Publikation zur Berechnung der Mond- und Sonnenephemeriden (tägliche Stellung der Himmelskörper) des «Nautical Almanac» benutzt wurden. Zu Beginn der 60er Jahre des 18. Jahrhunderts publizierte Mayer mit «Theoria lunae iuxta Systema Newtonianum» eine Mondtheorie auf der Grundlage der Himmelsmechanik von → Isaac Newton. Weitere Arbeiten Mayers galten der Geodäsie, wo er neue Instrumente und Methoden einführte (Repetitionskreis).

Mayer, Julius Robert von

*** 25. 11. 1814, Heilbronn,**
† 20. 3. 1878, Heilbronn; deutscher Arzt und Physiker

Nach einer Apothekerlehre studierte Mayer ab 1832 in Tübingen Medizin. 1838 schloß er sein Studium mit der Promotion ab. Nach einem Intermezzo als praktischer Arzt in Heilbronn gehörte er 1840/41 zur Besatzung eines holländischen Handelsschiffes auf der Reise nach Indonesien. Als Schiffsarzt war er für die medizinische Betreuung der Mitreisenden verantwortlich. Nach seiner Rückkehr 1841 wurde Mayer Oberamtswundarzt für den Bezirk Heilbronn, 1847 Stadtarzt von Heilbronn. Nach einer tiefen persönlichen Krise, die zu einer zeitweiligen Unterbringung in einer Nervenheilanstalt führte, wurden Mayer zu Beginn der 60er Jahre des 19. Jahrhunderts die längst überfälligen Ehrungen zuteil: Durch den persönlichen Einsatz der Physiker → Hermann von Helmholtz und → John Tyndall wurde der zwischen von Mayer und → James Prescott Joule ausgetragene Prioritätsstreit über das mechanische Wärmeäquivalent zugunsten von Mayer entschieden. Mayer erhielt neben einem Adelstitel die Copley-Medaille der Royal Society (1871).

Mayer begann seine wissenschaftliche Arbeit mit einer scheinbar trivialen Beobachtung: Auf seiner Seereise in heiße Regionen registrierte er den geringen Farbunterschied des arteriellen und venösen Blutes. Er erklärte dieses Phänomen mit einer verminderten Oxidation der Nahrung, um die Überhitzung des Organismus zu verhindern. Diese Erkenntnis führte ihn zur Hypothese der Äquivalenz von physikalischer Arbeit und Wärme (mechanisches Wärmeäquivalent). Entsprechende Überlegungen formulierte er in seiner Schrift «Über quantitative und qualitative Bestimmung der Kräfte», die – 1841 an die Redaktion der «Annalen der Physik und Chemie» gesandt – jedoch nicht veröffentlicht wurde. Seine Schrift «Bemerkungen über die Kräfte der unbelebten Natur» von 1842, in der von Mayer eine erste Abschätzung des mechanischen Wärmeäquivalents vorstellte, wurde hingegen veröffentlicht. In seinem Aufsatz «Die organische Bewegung in ihrem Zusammenhange mit dem Stoffwechsel» (1845) publizierte er den grundlegenden «Satz von der Erhaltung der Energie», nach dem Energie weder entstehen noch verschwinden kann. Mayer übertrug dieses Prinzip auf Lebewesen und formulierte, daß die «einzige Ursache der tierischen Wärme ein chemischer Prozeß» sei. Neben diesen grundsätzlichen Überlegungen lieferte Mayer eine mathematische Bestimmung des mechanischen Wärmeäquivalents, das er aus dem Verhältnis der spezifischen Wärmen von Gasen bei konstantem Druck und Volumen ermittelt hatte. Ende der 40er Jahre des 19. Jahrhunderts beschäftigte sich Mayer mit der Sonnenwärme, von der er annahm, daß sie die Energiequelle der Erde sei. Als Ursache der Strahlung vermutete er Bewegungsenergie, deren Entstehung er in seinem Werk «Beiträge zur Dynamik des Himmels» zu klären versuchte.

McCormick, Cyrus Hall

*** 15. 2. 1809, Walnut Grove (Virginia), † 13. 5. 1885, Chicago; amerikanischer Erfinder und Landmaschinenfabrikant**

Nach einer einfachen Schulbildung arbeitete McCormick in der Landmaschinenwerkstatt seines Vaters. Zusammen mit seinem Bruder Leander James entwickelte er dort bis 1831 eine Mähmaschine, durch die die Erntearbeiten weitgehend mechanisiert werden konnten. Dabei näherte er sich bereits sehr dem heute üblichen, vielseitig einsetzbaren Verfahrensablauf und benutzte als Schneidwerk eine vereinfachte Abwandlung des 1822 in England entwickelten Scherenprinzips. Da die Mähmaschine

Anfang des 19. Jahrhunderts noch von Pferden gezogen und dadurch das Getreide niedergetreten wurde, konstruierte McCormick das Schneidwerk seitlich von den Tieren. Die gemähten Halme wurden von einer Bindevorrichtung mit Draht oder Garn zu Garben gebunden. Die Mechanisierung der Getreideernte ermöglichte eine hohe Tagesleistung und damit die Vergrößerung der zu bewältigenden Getreideflächen.

1847 gründete McCormick in Chicago eine eigene Fabrik, die Mc Cormick Harvesting Machine Company. Seine Produkte erhielten auf zahlreichen Messen und Ausstellungen auch in Europa Auszeichnungen. McCormick war außerdem Eigentümer mehrerer Zeitungen, unterstützte die Bildungseinrichtungen der Presbyterianischen Kirche und engagierte sich erfolgreich in der Demokratischen Partei von Illinois.

McMillan, Edwin Mattison

*** 18. 9. 1907, Redondo Beach (Kalifornien), † 7. 9. 1991, El Cerrito (Kalifornien); amerikanischer Physiker**

McMillan studierte am California Institute of Technology und an der Universität Princeton. 1935 wurde er Professor an der Berkeley-Universität, wo er mit Ernest Orlando Lawrence zusammenarbeitete. Während des Zweiten Weltkriegs war McMillan am amerikanischen Atombombenprojekt beteiligt. Nach 1945 arbeitete er an zivilen Projekten. 1951 wurde er zusammen mit Glenn Seaborg für ihre Entdeckung der Transurane mit dem Nobelpreis für Chemie ausgezeichnet.

McMillan widmete sich vordringlich der Teilchenphysik. Nach seiner Habilitation 1935 arbeitete er gemeinsam mit Lawrence an einem Zyklotron (ringförmiger Teilchenbeschleuniger). 1940 führte McMillan zusammen mit Philip Hauge Abelson Experimente zur Kernspaltung durch. Nach dem Beschuß von Uran mit Neutronen registrierten die beiden Forscher eine Betastrahlung, die sie auf die Existenz eines bisher unbekannten Elements zurückführten. Sie hatten damit das erste Transuran entdeckt (Transurane: Elemente mit einer Ordnungszahl, die größer als die des Urans ist). Es erhielt seinen Namen nach dem Planeten Neptun: Neptunium. Ebenfalls 1940 entdeckte McMillan zusammen mit Seaborg das Transuran Plutonium.

Ab 1945 arbeitete McMillan an einem verbesserten Zyklotron. Bei einem herkömmlichen Zyklotron äußerte sich die enorme Teilchengeschwindigkeit durch einen Massezuwachs, der die Teilchen zu spät in die Beschleunigungsfelder entließ. Um diesen Mangel auszugleichen, entwickelte McMillan das Synchro-Zyklotron, in dem die Beschleunigungsfrequenz moduliert wird, um den synchronen Umlauf der Teilchen zu gewährleisten.

Meitner, Lise

*** 7. 11. 1878, Wien, † 27. 10. 1968, Cambridge; österreichisch-schwedische Physikerin**

Angeregt durch die Arbeiten Marie Curies, entschied sich Lise Meitner für ein Studium der Mathematik und Physik, das sie 1901 an der Universität Wien begann. 1906 promovierte sie bei → Ludwig Boltzmann über «Wärmeleitung in inhomogenen Körpern», anschließend wurde sie Assistentin Stefan Meyers, der sie in die Chemie und Physik der radioaktiven Elemente einführte. 1907 ging Meitner an die Universität Berlin, wo sie bei → Max Planck ihre Kenntnisse der theoretischen Physik vertiefen wollte. Da das preußische Recht Frauen ein Studium untersagte, mußte sie jedoch zuerst Plancks Einwilligung zum Besuch seiner Vorlesungen einholen. 1907 lernte Lise Meitner → Otto Hahn kennen, mit dem sie in den folgenden 30 Jahren zusammenarbeitete. Um eine gemeinsame Arbeit zu ermöglichen, mußte Hahn dem Leiter des Instituts für Chemie, → Emil Fischer, die Erlaubnis abringen. Schließlich stimmte Fischer einer Zusammenarbeit zu unter der Auflage, daß sich Lise Meitner im Institut nicht zeigte. Diese Komödie endete erst 1909 mit der Öffnung der Universitäten für Frauen. 1912 wechselte Lise Meitner an das Kaiser-Wilhelm-Institut (KWI) für Chemie, wo sie als (unbezahlte) Assistentin Max Plancks in der Abteilung Radiochemie arbeitete. Nach der Unterbrechung ihrer Forschungen durch den Ersten Weltkrieg, in dem sie als Röntgenschwester tätig gewesen war, übernahm sie 1918 die Leitung der physikalisch-radioaktiven Abteilung des KWI. 1922 habilitierte sie sich über «Die Bedeutung der Radioaktivität für kosmische Prozesse» und hielt Spezialvorlesungen über Radioaktivität an der Universität Berlin. 1926 wurde sie zur außerordentlichen Professorin ernannt. Nach der Machtergreifung der Nationalsozialisten 1933 wurde Lise Meitner aufgrund ihrer jüdischen Herkunft entlassen. 1938 emigrierte sie nach Schweden, wo sie am Stockholmer Nobel-Institut für Physik eine neue Wirkungstätte fand. Nach dem Zweiten Weltkrieg kehrte sie nach Berlin zurück. Die opportunistische Haltung ihrer ehemaligen Kollegen gegenüber den Nationalsozialisten und die Demütigung, bei der Verleihung des Nobelpreises 1945 an Hahn übergangen worden zu sein, veranlaßten sie zur Rückkehr nach Schweden, dessen Staatsbürgerschaft sie 1946 annahm. Ab 1947 lehrte sie an der Königlich-Technischen Hochschule Stockholm, von 1953 bis 1960 las sie an der Königlichen Akademie der Ingenieurswissenschaften. 1960 zog sie zu ihrem Neffen Robert Otto Frisch nach Cambridge. Lise Meitner wurde vielfach ausgezeichnet und geehrt, unter anderem mit der Leibniz-Medaille der Berliner Akademie (1924), der Max-Planck-Medaille der Deutschen Physikalischen Gesellschaft (1949) und mit dem Otto-Hahn-Preis (1954). Zusammen mit Hahn und Fritz Strassmann erhielt sie 1966 den Enrico-Fermi-Preis.

Lise Meitner leistete wesentliche Beiträge zur Radioaktivität, vor allem zur Alpha- und Betastrahlung. 1908 forschte sie gemeinsam mit Hahn über das radioaktive Element Actinium. 1909 erkannten sie das Rückstoßprinzip bei der Alpha-Umwandlung, was zur Identifizierung des Beta-Strahlers Thorium-D führte (später ThC''). 1917/18 entdeckten beide Wissenschaftler mit dem Protaktinium (Element 91) ein weiteres radioaktives Element. Bei eigenverantwortlichen Forschungen über Beta- und Gammastrahlungen stellte Meitner fest, daß die Gammastrahlung erst nach dem Zerfall des Elements einsetzt. Durch Entlassung und Emigration in ihren Forschungen unterbrochen, konnte sie die zusammen mit Hahn und Straßmann begonnenen

Experimente zum Neutronenbeschuß der Urankerne nur noch kommentieren. Sie tat das 1939 in der Zeitschrift «Nature», in der sie die gewonnenen Ergebnisse exakt als Kernspaltung interpretierte. Erst durch Lise Meitner hielt dieser Begriff Einzug in die Physik. Neben ihrem zusammen mit → Max Delbrück verfaßten Hauptwerk «Der Aufbau der Atomkerne» veröffentlichte sie 1950 das Werk «Spaltung und Schalenmodell der Atomkerne».

Mendel, Johann Gregor

*** 22. 7. 1822, Heinzendorf (bei Odrau, Nordmähren), † 6. 1. 1884, Brünn; österreichischer Botaniker und Genetiker**

Mendel trat nach dem Besuch des Gymnasiums in Olmütz 1843 in das Augustiner-Kloster in Brünn (Brno) ein und erhielt seinen Ordensnamen Gregor. Da materielle Gründe dem Besuch einer Universität entgegenstanden (Mendel entstammte einer einfachen Kleinbauernfamilie), war das Kloster mit seiner außergewöhnlich liberalen, intellektuell-wissenschaftlichen Atmosphäre eine willkommene Möglichkeit zu weiterer Ausbildung. Mendel absolvierte zunächst theologische Studien und wurde 1847 zum Priester geweiht. Anschließend besuchte er in Brünn Vorlesungen über Landwirtschaft. Ab 1849 unterrichtete er am Gymnasium in Znaim (Znojmo) Sprachen und Mathematik. Um eine Lehrberechtigung für Naturgeschichte an höheren Schulen zu erlangen studierte Mendel von 1851 bis 1853 an der Universität Wien Naturwissenschaften. Da er die Examina jedoch nicht schaffte, wurde er 1854 nur Hilfslehrer am Gymnasium in Brünn. Während dieser Zeit ging er wissenschaftlichen Aktivitäten nach und gründete 1860 den Naturforschenden Verein in Brünn. Das 1868 übernommene Amt des Priors zwang ihn wegen des Übermaßes an offiziellen Pflichten zur Aufgabe seiner wissenschaftlichen Tätigkeit.

Mendel formulierte in den 1860er Jahren die Grundgesetze der Vererbung. Seine Studien, die er ab 1855 mit Kreuzungsversuchen begann, unterschieden sich von ähnlichen Experimenten vor allem durch die große Zahl seiner Versuchspflanzen (aus 355 Kreuzungen von Erbsen zog er 12 980 Nachkommen), die Beschränkung auf wenige Merkmale und die exakte statistische Auswertung der Ergebnisse. Durch Umhüllen der Blüten verhinderte er die zufällige Bestäubung seiner Versuchspflanzen durch Insekten. Mendel fand so unter anderem heraus, daß es zwei Typen von großwüchsigen Erbsenpflanzen gab: Reinerbige brachten bei Selbstbefruchtung stets nur großwüchsige Erbsen hervor, während mischerbige dreimal mehr großwüchsige als kleinwüchsige Exemplare lieferten. Kreuzte Mendel reinerbige großwüchsige Pflanzen mit kleinwüchsigen, so erhielt er nur großwüchsige Bastardpflanzen. Weiterführende Experimente mit Bohnen sowie mit Erbsen, die sich in mehreren Merkmalen unterschieden, bestätigten die von Mendel gemachten Folgerungen und zeigten überdies, daß sich verschiedene Merkmale unabhängig voneinander vererben. Mendel schloß daraus, daß den Merkmalen diskrete Erbfaktoren oder «Elemente» (später als Gene bezeichnet) entsprechen, die in den Keimzellen enthalten sind.

Mendelsche Regeln
Auch: Mendelsche Gesetze. Die zuerst von Mendel erkannten drei Grundregeln bei der Weitergabe der Erbanlagen. 1. Uniformitätsregel: Kreuzt man reinerbige (homozygote) Individuen miteinander, die sich in einem Merkmal unterscheiden, so sind deren Nachkommen alle gleich und für das Merkmal mischerbig (heterozygot). 2. Spaltungsregel: Kreuzt man heterozygote Individuen, so erhält man eine Aufspaltung in festen Zahlenverhältnissen (3:1 bei dominantem Erbgang). 3. Kombinationsregel: Werden Individuen miteinander gekreuzt, die sich in mehr als einem Merkmal voneinander unterscheiden, gelten für jedes Merkmal die Regeln 1 und 2, wodurch so viele neue Formen entstehen, wie es Kombinationsmöglichkeiten gibt.

Diese 1865 auf den Sitzungen des Naturwissenschaftlichen Vereins in Brünn vorgetragenen und 1866 unter dem Titel «Versuche über Pflanzen-Hybride» veröffentlichten Ergebnisse fanden jedoch kaum Beachtung. Auch der Botaniker → Carl Wilhelm von Nägeli, dem Mendel seine Arbeiten zugesandt hatte, reagierte verhalten. Mendel gab seine Forschungstätigkeit schließlich auf, und seine Ergebnisse gerieten in Vergessenheit. Erst 1900 wurden sie von → Hugo de Vries, Carl Erich Correns und Erich von Tschermak wiederentdeckt. Als Mendelsche Regeln bildeten sie die Grundlage der Genetik.

Mendelejew, Dmitri Iwanowitsch

*** 8. 2. 1834, Tobolsk, † 2. 2. 1907, St. Petersburg; russischer Chemiker**

Nach dem Tod seines Vaters (1849) wurde Mendelejew von seiner Mutter erzogen, die 1850 nach St. Petersburg übersiedelte, wo Mendelejew seine Schulausbildung 1855 abschloß. 1857 wurde er Privatdozent an der St. Petersburger Universität, ab 1859 ging er zwei Jahre nach Frankreich und Deutschland, wo er unter anderem → Robert Bunsens Vorlesungen hörte. Wieder in St. Petersburg, lehrte Mendelejew organische Chemie; er promovierte 1865 und übernahm zunächst die Professur für technische und ab 1867 für allgemeine Chemie.

Mendelejew gab 1890 aus Protest gegen die schlechte Behandlung von Studenten seinen Lehrstuhl ab und arbeitete von 1893 bis zu seinem Tod als Direktor des Amtes für Maße und Gewichte.

Er war Mitglied der bedeutendsten wissenschaftlichen Akademien, Ehrendoktor zahlreicher Universitäten sowie Träger der Davy-Medaille (1882 zusammen mit dem Chemiker → Julius Lothar Meyer) und der Copley-Medaille (1905) der Royal Society.

Bei seiner Suche nach einem einheitlichen Systematisierungsprinzip der 63 zur damaligen Zeit bekannten chemischen Elemente fand Mendelejew 1869, daß diese periodisch angeordnet werden können. Die Anordnung erfolgte sowohl nach dem Atomgewicht als auch nach der periodisch steigenden beziehungsweise fallenden Wertigkeit der Elemente (daher der Name «Periodensystem der Elemente»). Mendelejew veröffentliche im gleichen Jahr die erste Abhandlung zu diesem Thema («Über den Zusammenhang zwischen den Eigenschaften und dem Atomgewicht der Elemente») und legte 1871 die ausführliche Arbeit «Über das natürliche System der Elemente» vor. Mendelejew ließ darin Lücken für noch zu entdeckende Elemente frei; zudem sagte er die Eigenschaften dreier sogenannter Eka-Elemente voraus. Trotz deutscher Übersetzungen von Mendelejews Arbeiten war die Anerkennung zunächst ausgeblieben – bis 1875 das Gallium (Eka-Aluminium) und nachfolgend die beiden anderen Elemente Scandium (Eka-Bor) und Germanium (Eka-Silizium) samt deren vorhergesagten Eigenschaften entdeckt wurden.

Schon die ersten wissenschaftlichen Arbeiten Mendelejews – sie stehen auf der Basis der Atomtheorie von → Charles Frédéric Gerhardt – befaßten sich mit physikalischer Chemie. So entwickelte Mendelejew eine empirische Formel zur Wärmeausdehnung, setzte Molekularadhäsion und Reaktivität in einen Zusammenhang und fand die absolute Siedetemperatur (1869 von Thomas Andrews als «kritische» Temperatur bezeichnet). Mendelejews spätere Untersuchungen, zum Beispiel über die Elastizität von Gasen und die «Untersuchung wäßriger Lösungen nach dem spezifischen Gewicht» (1887) blieben ohne tiefgehende Resultate.

Zeitlebens beschäftigte sich Mendelejew auch eingehend mit der wirtschaftlichen Entwicklung seines Landes und der Ausbeutung der Naturschätze. Er widmete sich zudem der Wetterkunde und dem Schiffbau, der Kunst und der kritischen Auseinandersetzung mit dem Spiritismus. 1887 stieg Mendelejew alleine in einem Ballon auf, um eine Sonnenfinsternis zu fotografieren; 1891 entwickelte er einen neuen Zolltarif.

Von seinen Büchern ist Mendelejews «Lehrbuch der organischen Chemie» (1861), vor allem aber «Grundlagen der Chemie» (1869) zu nennen.

Mercator, Gerhard (latinisiert aus Kremer)

*** 5. 3. 1512, Rupelmonde (bei Antwerpen), † 2. 12. 1594, Duisburg; niederländischer Kartograph und Geograph**

Der Sohn eines Schuhmachers studierte an der Universität Leuven von 1530 bis 1532 Mathematik und Philosophie bei Gemma Frisius, der ihm auch kartographische Kenntnisse vermittelte. Anschließend arbeitete Mercator als Kartograph sowie als Instrumenten- und Globenbauer. 1534 gründete er in Leuven ein geographisches Institut. In den katholischen Niederlanden konnte sich Mercator als Protestant jedoch nicht sicher fühlen und wurde 1544 wegen Ketzerei angeklagt. Da ihm der Herzog von Jülich und Kleve die Gründung einer Universität in Duisburg versprach, ließ er sich 1552 als Kartograph dort nieder. Seit 1559 unterrichtete er außerdem Mathematik an einem Gymnasium, aus dem später die Universität hevorgehen sollte. 1564 wurde Mercator vom Herzog zum Kosmographen ernannt.

Da im 16. Jahrhundert vor allem die Seefahrt zahlreiche neue und exakte Karten benötigte, die den Entdeckungen bisher unbekannter Kontinente, Gebiete und Schiffahrtswege Rechnung trugen, widmete sich Mercator primär diesen Aufgaben. Erste moderne Landkarten erstellte er für Palästina (1537) und Flandern (1540). 1541 entwarf er einen Erdglobus und 1551 einen Himmelsglobus, denen er weitere folgen ließ. In Duisburg veröffentlichte er eine maßgebliche Karte Europas (1554) und der Britischen Inseln (1564). Fünf Jahre später hatte er Begleittext und Karten für eine Zusammenfassung der geographischen Kennt-

Mercatorprojektion
Als Projektion vom Erdmittelpunkt auf das Innere eines die Erdkugel umschließenden Hohlzylinders gedachte Zylinderprojektion der Erdoberfläche. Die Meridiane und Breitengrade schneiden sich rechtwinklig, und die Abbildung verzerrt zunehmend in Richtung der Pole («wachsende Breiten»). Daher bleiben Flächen südlich und nördlich des 70. oder 80. Breitengrades unberücksichtigt.

nisse seiner Zeit abgeschlossen, die er als «Chronologia» herausgab. Ebenfalls 1569 erschien eine Weltkarte, bei der Mercator die nach ihm benannte Mercatorprojektion benutzte. In der Schiffahrt erleichterte sie die Einhaltung eines gleichbleibenden Kurses erheblich, da die geradlinige Schiffsroute die Meridiane immer im gleichen Winkel schnitt. Die Mercatorprojektion bestimmt bis heute die meisten See- und Weltkarten.
Mercator berichtigte außerdem 27 antike Karten des → Claudius Ptolemäus und veröffentlichte sie 1578. In seinen letzten Lebensjahren stellte er alle Karten als Sammlung zusammen, die 1585, 1589 und 1595 in drei Teilen unter dem Namen «Atlas» erschien.

Mergenthaler, Ottmar

*** 11. 5. 1854, Hachtel (bei Bad Mergentheim), † 28. 10. 1899, Baltimore; deutscher Uhrmacher und Feinmechaniker**

ach einer Lehre als Uhrmacher (1868 bis 1872) in Bietigheim wanderte Mergenthaler in die USA aus. In Washington fand er Arbeit bei einer Fabrik für elektrische Apparate und wurde mit der Konstruktion einer Setzmaschine betraut, die das Setzen von Text mechanisierte. Der 1883 fertiggestellte Prototyp dieser ersten betriebsfähigen Zeilensetzmaschine (Linotype) brachte auf Metallstäben (Patrizenstäben) mehrere Buchstaben an, die beim Bedienen der Tastatur mehr oder weniger tief herabfielen, um die gewünschten Typen zu einer Zeile ordnen zu können. In einem weiteren Entwicklungsschritt wurden die erhabenen Typen durch eingravierte Typen (Matrizenstäbe) ersetzt und die Zeilen direkt in der Maschine ausgegossen. 1885 ging Mergenthaler zu Einzelmatrizen über, die nach dem Gießen über einen mit Druckluft betriebenen Mechanismus selbständig ins Magazin zurückbefördert wurden. 1890 entwickelte Mergenthaler Matrizen, die von einem oberen Verteiler frei ins Magazin fielen. Nach dem Einsatz dieser Setzmaschinen in amerikanischen Zeitungsdruckereien setzte sich Mergenthalers Erfindung weltweit durch und hatte Bestand bis zur Ablösung durch den Fotosatz.

Messerschmitt, Willy

*** 26. 6. 1898, Frankfurt a. M., † 15. 9. 1978, München; deutscher Flugzeugkonstrukteur und Industrieller**

Messerschmitt gründete 1923 – noch während seines Ingenieurstudiums an der Technischen Hochschule München – die Messerschmitt-Flugzeugbau-Gesellschaft in Bamberg. 1927 promovierte er zum Dr. Ing., wurde Chefkonstruktuer der 1927 mit seiner Gesellschaft vereinigten Bayerischen Flugzeugwerke AG (BFW) und 1937 auch Professor an der Technischen Hochschule München.
Messerschmitt konstruierte zahlreiche richtungweisende Segel-, Motor-, und Düsenflugzeugtypen. 1926 entwickelte

er das viersitzige Ganzmetall-Verkehrsflugzeug M 18, 1928 die größere Version M 20. 1934 stellte er das Reiseflugzeug Bf 108 «Taifun» vor, das in Leichtbautechnik entstanden war und durch seine aerodynamische Gestaltung auffiel. Ab 1934 entwickelte Messerschmitt Jagdflugzeuge, darunter die Me 109 (das meistgebaute Jagdflugzeug des Zweiten Weltkriegs) und die Me 209; in Zusammenarbeit mit Alexander Martin Lippisch stellte er das erste serienmäßige Raketenflugzeug Me 163 (1943) sowie die düsengetriebene Me 262 (1944) vor. Nach 1945 produzierte Messerschmitt Nähmaschinen und Fertighäuser, ab 1953 Kabinenroller («Messerschmitt-Kabinenroller») und seit 1956 Übungs- und Kampfflugzeuge in Lizenz. Seine 1938 in Messerschmitt-AG umbenannte Firma fusionierte 1968 unter anderem mit der Bölkow-Blohm GmbH.

Metschnikow, Ilja Iljitsch

*** 15. 5. 1845, Iwanowka (Gebiet Charkow), † 15. 7. 1916, Paris; russischer Zoologe und Bakteriologe**

Metschnikow, Sohn eines Gutsbesitzers, studierte von 1862 bis 1864 an der naturwissenschaftlichen Fakultät der Universität Charkow. Anschließend ging er zu weiteren Studien und Forschungsarbeiten nach Helgoland, Gießen, Göttingen, München und Neapel. 1867 wurde er Dozent für Zoologie in Odessa, wechselte aber bereits ein Jahr später nach St. Petersburg, dann nach Neapel und Messina. 1873 erhielt er eine Professur für Zoologie in Odessa. Nach zehn Jahren kündigte Metschnikow aus Protest gegen politische Repressalien, widmete sich ganz der Forschung und wurde 1886 Leiter eines neugegründeten bakteriologischen Instituts in Odessa. 1888 zog er nach Paris und arbeitete am Institut Pasteur, dessen Direktor er nach dem Tod → Louis Pasteurs 1895 wurde. 1908 erhielt Metschnikow zusammen mit → Paul Ehrlich den Nobelpreis für Medizin. Metschnikows erste bedeutende Arbeiten betrafen die Entwicklungsgeschichte wirbelloser Tiere. Bei seinen embryologischen Studien stellte er fest, daß frühe Entwicklungsstadien der niederen Tiere ein Parenchym besitzen, das der intrazellulären Verdauung dient. Metschnikow zeigte zuerst an Strudelwürmern, dann auch an Schwämmen, daß intrazelluläre Verdauung auch im erwachsenen Zustand vorkommt. Er sah darin ein ursprüngliches Merkmal, das die Vielzeller mit den einzelligen Vorfahren gemeinsam haben. Damit widersprach er → Ernst Haeckel, der in seiner Gastraea-Theorie von gastrulaähnlichen Vorfahren der Metazoa ausging.

Metschnikow entdeckte 1883 auch bei höheren Tieren einen der intrazellulären Verdauung analogen Vorgang: Weiße Blutkörperchen nehmen Bakterien durch «Phagozytose» auf und vernichten sie intrazellulär. Metschnikow wies diese Art der Abwehr unter anderem gegen Milzbrand-Erreger, Spirillen und Tuberkulose-Bakterien nach. Durch die Entdeckung der Phagozytose durch weiße Blutkörperchen lieferte er eine Erklärung für das Wesen der Entzündung. Er überschätzte später jedoch die Bedeutung der Phagozytose, die er für den einzigen Mechanismus der Krankheitsabwehr hielt. In weiteren Arbeiten zur Immunität erforschte Metschnikow Toxine und Antitoxine des Choleraerregers.

Viel Beachtung fand Metschnikows unhaltbare These, daß Bakterien im Dickdarm des Menschen Einfluß auf Altern und Tod hätten. Er postulierte eine allgemeine Vergiftung des Körpers und empfahl bakteriell speziell aufbereitete Milch und sogar die operative Entfernung des Dickdarms zur Erhöhung des Lebensalters auf bis zu 150 Jahren. Mängel des menschlichen Körpers führte Metschnikow darauf zurück, daß die Evolution zwar zu lebensfähigen, jedoch unvollkommenen Lebewesen geführt habe. Die Aufgabe der Medizin sah Metschnikow in der Behebung dieser Mängel.

Meyer, Julius Lothar

*** 19. 8. 1830, Varel (Oldenburg), † 11. 4. 1895, Tübingen; deutscher Chemiker**

Meyer studierte von 1851 bis 1854 Medizin an den Universitäten Zürich und Würzburg. Nach seiner Promotion (1854) ging er zur Fortbildung an die Universitäten Königsberg und Heidelberg, wo er → Robert Bunsen, Friedrich Konrad Beilstein, → August Kekulé von Stradonitz und Hans Heinrich Landolt kennenlernte. Durch diese Kontakte animiert, wandte sich Meyer der Chemie zu, promovierte 1858 abermals und habilitierte sich 1859 über «Die chemischen Lehren von Berthollet und Berzelius» an der Universität Breslau. Meyer wurde Assistent am dortigen physiologischen Institut, außerdem hielt er als Privatdozent Vorlesungen über Chemie. 1866 wechselte er als Dozent an die Forstakademie Eberswalde, 1868 erhielt er eine ordentliche Professur am Polytechnikum Karlsruhe. 1876 folgte er einem Ruf der Universität Tübingen. Aufgrund seiner Verdienste wurde Meyer 1882 mit der Davy-Medaille ausgezeichnet.

Meyer stellte 1869 – unabhängig von Dmitri Iwanowitsch Mendelejew – ein Periodensystem der Elemente auf. Während seines Aufenthaltes in Heidelberg hatte Meyer die von Robert Bunsen konzipierte gasometrische Methode kennengelernt und sie bei physiologischen Untersuchungen angewandt. Nach seiner Entscheidung für die Chemie beschäftigte er sich sofort mit einem grundsätzlichen Problem: Die bisher bekannten Elemente waren in keiner systematischen Ordnung zusammengefaßt. In seinem 1864 veröffentlichten Werk «Die modernen Theorien der Chemie» stellte Meyer auf der Grundlage der Arbeiten von Stanislao Cannizzaro ein erstes System vor, in dem die Elemente nach ihrer Valenz in Gruppen geordnet waren. In diesem Zusammenhang entwarf er eine Theorie von der Teilbarkeit der Atome, die später bestätigt wurde. 1869 folgte seine klassische Abhandlung «Die Natur der chemischen Elemente als Function ihrer Atomgewichte», die zum Periodensystem der Elemente führte. In Meyers System standen Elemente mit steigender Atommasse nebeneinander (Perioden), untereinander standen Elemente mit identischer Elektronenzahl auf der äußeren Elektronenschale (Gruppen). Anhand dieser Einteilung in Perioden und Gruppen konnten die physikalischen und chemischen Eigenschaften der Elemente abgelesen werden. Außerdem fand Meyer eine Periodizität bei der Abhängigkeit des Atomvolumens vom Atomgewicht. 1883 führte er gemeinsam mit Karl Friedrich Otto Seubert eine Neuberechnung der Atommassen der bekannten Elemente durch. Auf dem Gebiet der organischen Chemie entwickelte Meyer neben Substitutionsreaktionen der Halogene Chlor, Brom und Jod auch Nitrierungsreaktionen aromatischer Kohlenwasserstoffe. Als einer der ersten Chemiker schlug er eine zentrische Strukturformel des Benzols vor.

Meyerhof, Otto

*** 12. 4. 1884, Hannover, † 6. 10. 1951, Philadelphia; deutsch-amerikanischer Biochemiker**

Meyerhof, Sohn eines Kaufmanns, studierte ab 1903 Medizin in Freiburg i. Br., Berlin, Straßburg und Heidelberg, wo er 1909 promovierte. Nach einer Tätigkeit an der Universitätsklinik in Heidelberg wandte er sich unter dem Einfluß von → Otto Heinrich Warburg zunehmend der Zellphysiologie und Biochemie zu. 1912 ging Meyerhof an das Physiologische Institut der Universität Kiel, wo er 1918 eine Professur erhielt. 1922 wurde Meyerhof zusammen mit dem Physiologen Sir Archibald Vivian Hill mit dem Nobelpreis für Medizin ausgezeichnet. 1924 übernahm Meyerhof die Leitung der eigens für ihn eingerichteten Biochemischen Abteilung am Kaiser-Wilhelm-Institut für Biologie in Berlin. 1929 wurde er Direktor des neuen Kaiser-Wilhelm-Instituts für medizinische Forschung in Heidelberg. Als Jude mußte er 1938 emigrieren und ging zunächst nach Paris, wo er Leiter der Forschungsabteilung des Instituts für Physikalisch-Chemische Biologie wurde. 1940 floh Meyerhof erneut vor den Nationalsozialisten. In den USA erhielt er eine eigene Forschungsstelle an der Pennsylvania-Universität in Philadelphia.

Meyerhof gilt als einer der bedeutendsten Biochemiker des 20. Jahrhunderts. Er beschäftigte sich vor allem mit den Prozessen, die zur Bereitstellung von Energie in den Zellen führen. In einer ersten bedeutenden Publikation von 1913 beschrieb er die Untersuchung von Atmung und Gärung durch Verwendung von Hefeextrakten und tierischen Enzymen. In Experimenten mit Froschmuskeln entdeckte er, wie im tätigen Muskel durch Umwandlung des tierischen Kohlehydratspeichers Glykogen in Milchsäure Energie freigesetzt wird. Er stellte gesetzmäßige Verhältnisse zwischen dem Sauerstoffverbrauch und dem Milchsäureumsatz in Muskeln fest. Ab 1919 entschlüsselte er die Zwischenprodukte, über die die Umwandlung erfolgt. Es stellte sich heraus, daß die Umwandlungsschritte im Muskel größtenteils dieselben waren wie bei der alkoholischen Gärung. Dies war eine wichtige Entdeckung, da sie die Einheitlichkeit biochemischer Abläufe belegte. Meyerhof konnte 1925 zeigen, daß der inzwischen als «Glycolyse» bezeichnete Prozeß auch im zellfreien Muskelextrakt abläuft. Schrittweise gelang ihm die Identifizierung aller Zwischenprodukte, bis er 1933 unabhängig von Gustav Embden ein vollständiges Schema der Glycolyse aufstellte, das auch als «Embden-Meyerhof-Weg» bezeichnet wird.

Meyerhof gelangte ferner zu der Auffassung, daß im Muskel während der Erholungsphase ein Teil der gebildeten Milchsäure unter Sauerstoffverbrauch und Wärmebildung wieder zu Glykogen umgewandelt wird (Glukoneogenese), und erklärte damit die von Hill gemachte Beobachtung, daß nicht während, sondern erst nach der Muskelkontraktion Wärme entsteht. 1940 konnten Carl und Gerty Theresa Cori jedoch zeigen, daß die Gluconeogenese vor allem erst nach dem Transport der Milchsäure in die Leber erfolgt.

Michelson, Albert Abraham

*** 19. 12. 1852, Strelno (Preußen), † 9. 5. 1931, Pasadena (Kalifornien); amerikanischer Physiker**

Michelsons Familie wanderte 1855 in die USA aus. Nach dem Besuch der High-School in San Francisco erhielt er 1869 ein Stipendium für die Marine-Akademie in Annapolis. Nach seinem Abschluß 1873 diente er zwei Jahre bei der Marine, um 1875 als Physik- und Chemielehrer an die Akademie zurückzukehren. 1880/81 ging Michelson mit einem von → Alexander Graham Bell gestifteten Stipendium nach Paris, Berlin und Heidelberg, wo er seine Optikkenntnisse vertiefte.

Nach seiner Rückkehr in die USA wurde er 1882 Physikprofessor an der Universität Cleveland. 1889 wechselte er an die Universität Worcester, 1893 an die Universität Chicago. 1929 ging er an das Mount-Wilson-Observatorium in Pasadena. Von 1901 bis 1903 fungierte Michelson als Präsident der Amerikanischen Physikalischen Gesellschaft. 1907 erhielt er für die von ihm konzipierten Präzisionsinstrumente und die damit ausgeführten spektrometrischen Arbeiten den Nobelpreis für Physik. 1923 übernahm er die Leitung der National Academy of Sciences, ein Amt, das er bis 1927 innehatte.

Michelson begann seine wissenschaftliche Laufbahn 1878 mit der Messung der Lichtgeschwindigkeit, bei der er eine verbesserte Drehspiegelanordnung nach → Jean Bernard Léon Foucault verwendete. 1880 konzipierte Michelson das «Michelson-Interferometer», mit dem er 1881 bei → Hermann von Helmholtz in Berlin und am Astrophysikalischen Observatorium Potsdam die Abhängigkeit der Lichtgeschwindigkeit von der relativen Bewegung zwischen Lichtquelle und Beobachter zu messen versuchte (Michelson-Versuch). Diese erste Meßreihe fiel negativ aus. 1887 führte Michelson zusammen mit Edward William Morley einen zweiten Versuch zur Verifizierung der Ätherhypothese durch (Michelson-Morley-Versuch), der nicht zu dem erwarteten Ergebnis führte. Vielmehr zeigte sich, daß die Lichtgeschwindigkeit in einem ruhenden und einem gleichförmig bewegten Bezugssystem in allen Richtungen gleich ist. Dieses «Gesetz von der Konstanz der Lichtgeschwindigkeit» war die Grundlage der Relativitätstheorie von → Albert Einstein. In den Jahren 1889 bis 1893 bestimmten Michelson und Morley im Zuge der Urmeterfestlegung die Wellenlänge der roten Linie im Cadmium-Spektrum. Bei dieser Arbeit konnten sie auch die Feinstrukturen verschiedener Spektrallinien bestim-

Michelson-Interferometer
Ein von Michelson konzipiertes Instrument zur interferometrischen Messung von Längen. Licht einer Wellenlänge wird durch eine halbdurchlässige, verspiegelte Glasplatte geschickt. Dabei wird es in einen reflektierten und einen transmittierten Anteil aufgespalten. Beide Strahlen werden an Spiegeln reflektiert und interferieren. Das Interferenzbild kann durch ein Fernrohr beobachtet werden.

men. 1903 veröffentlichte Michelson mit «Lichtwellen und ihre Anwendungen» sein erstes Hauptwerk. 1920/21 begann er mit der interferometrischen Bestimmung des Durchmessers von Fixsternen. In den folgenden Jahren widmete er sich wiederholt der Messung der Lichtgeschwindigkeit. 1927 erschien mit «Studies in Optics» sein zweites Hauptwerk.

Millikan, Robert Andrews

*** 22. 3. 1868, Morrison (Illinois),**
† 19. 12. 1953, Pasadena (Kalifornien);
amerikanischer Physiker

Millikan studierte zunächst klassische Sprachen, ehe er 1893 an der Columbia-Universität von Chicago ein Physikstudium aufnahm. 1895 promovierte er über von glühenden Oberflächen emittiertes, polarisiertes Licht, anschließend arbeitete er bei → Walther Friedrich Hermann Nernst und Paul Karl Ludwig Drude in Berlin und Göttingen. 1896 kehrte er nach Chicago zurück, 1897 habilitierte er sich. 1910 erhielt Millikan einen Ruf der Columbia-Universität. 1916 war er an der Planung und Organisation des National Research Council beteiligt. 1921 wechselte er an das California Institute of Technology in Pasadena, das unter seiner Ägide zu einer renommierten Lehr- und Forschungsstätte wurde. Außerdem übernahm er die Leitung des Norman-Bridge-Laboratoriums für Physik. Millikan wurde mit zahlreichen Medaillen und Ehrendoktoraten ausgezeichnet. 1923 erhielt er für die Bestimmung der elektrischen Elementarladung und die Arbeiten über den Photoeffekt den Nobelpreis für Physik.

Millikan verfaßte zunächst physikalische Lehrbücher. Ab 1906 wandte er sich der experimentellen Physik zu. Er begann mit einer Versuchsreihe zum Nachweis und der Bestimmung der elektrischen Elementarladung. Nach einer ersten Bestimmung 1907 entwickelte er 1913 eine verfeinerte Methode (Millikan-Versuch), mit der er nachweisen konnte, daß die elektrische Ladung stets ein ganzzahliges Vielfaches der Elementarladung ist. 1915 beschäftigte sich Millikan mit dem Photoeffekt (lichtinduziertes Freisetzen von Elektronen), wobei er die von → Albert Einstein formulierten Gleichungen zum Photoeffekt bestätigte. Außerdem gelang ihm eine exaktere Bestimmung des Planckschen Wirkungsquantums (quantenphysikalische Rechengröße). 1924 beschäftigte sich Millikan mit dem Teil des elektromagnetischen Spektrums, das zwischen der UV- und Röntgenstrahlung liegt, wobei er über 1000 Spektrallinien identifizierte. 1926 wies er nach, daß die von → Victor Franz Hess entdeckte radioaktive Strahlung in der oberen Atmosphäre kosmischen Ursprungs ist. Entsprechend nannte Millikan sie «kosmische Strahlung». Außerdem wies er nach, daß sie energiereicher als die Gammastrahlung ist.

Millikan-Versuch
Auch: Millikanscher Ölversuch. Ein 1907 von Millikan durchgeführtes Experiment zum Nachweis und zur Bestimmung der elektrischen Elementarladung. Ein Ladungsträger (Öltröpfchen) wird in das elektrische Feld eines Plattenkondensators eingesetzt und durch die Wahl einer geeigneten Feldstärke in Schwebestellung gebracht. Aus den Daten der Tröpfchenmasse, der Erdbeschleunigung und der Kondensatorfeldstärke kann man die Ladung berechnen.

Mitscherlich, Eilhard

*** 7. 1. 1794, Neuende (Niedersachsen), † 28. 8. 1863, Berlin-Schöneberg; deutscher Physiker**

Mitscherlich studierte zunächst Orientalistik an den Universitäten Heidelberg und Paris, wechselte dann aber zur Medizin und ging an die Universität Göttingen, wo er 1817 promovierte. Angeregt durch die Chemievorlesungen von Friedrich Stromeyer, wechselte Mitscherlich 1818 nach Berlin, um für kurze Zeit in einem privaten Chemielabor Erfahrungen zu sammeln. Von 1818 bis 1820 arbeitete er mit finanzieller Unterstützung des preußischen Staates bei → Jöns Jakob Freiherr von Berzelius in Stockholm. 1821 kehrte er nach Berlin zurück, 1822 wurde er in die Akademie der Wissenschaften aufgenommen und zum außerordentlichen Professor ernannt, 1825 dann zum Ordinarius für Chemie. 1828 wurde Mitscherlich in die Royal Society aufgenommen, die ihn 1829 mit der Ehrenmedaille auszeichnete.

Mitscherlich forschte auf den Gebieten Kristallchemie und organische Chemie. 1818 gelang ihm die grundlegende Entdeckung der Isomorphie (gleiche Gestalt der Kristalle trotz unterschiedlicher Zusammensetzung). Zum Beweis der Isomorphiebeziehungen waren exakte Winkelmessungen an den Kristallindividuen notwendig. Zu diesem Zweck konzipierte er ein Goniometer. 1822 machte Mitscherlich mit der Polymorphie eine zweite fundamentale Entdeckung. (Polymorphie: verschiedene Erscheinungsformen der Kristalle trotz identischer Zusammensetzung.) Mit diesen Arbeiten gab Mitscherlich der Kristall- und Metallchemie entscheidende Impulse. Im Zuge der Isomorphieuntersuchungen von Schwefel- und Selensalzen identifizierte Mitscherlich 1827 die Selensäure. Es folgten Entdeckungen von Manganverbindungen und des Benzols, das er 1834 durch Nitrierung in Nitrobenzol überführen konnte. Mit dem Azobenzen entdeckte Mitscherlich den Ausgangsstoff für die Azofarbstoffe. Er entwickelte außerdem analytische Bestimmungsmethoden (Phosphorprobe nach Mitscherlich). Bei seinen Arbeiten zur organischen Chemie stieß Mitscherlich auf das Katalysatorprinzip.

Möbius, Karl August

*** 7. 2. 1825, Eilenburg, † 26. 4. 1908, Berlin; deutscher Zoologe**

Möbius arbeitete bis 1849 als Lehrer an einer Mittelschule in Seesen am Harzrand, ehe er ein Studium der Naturwissenschaften mit zoologischem Schwerpunkt in Berlin aufnahm. 1853 wurde er Professor für Naturgeschichte am Johanneum in Hamburg und lehrte dort neben Botanik und Zoologie auch Chemie und Physik. Zudem richtete er als Mitglied der «Museums-Commission» das Naturhistorische Museum ein. 1868 wurde Möbius ordentlicher Professor für Zoologie an der Universität Kiel, wo er die meeresbiologische Forschung begründete. 1874 führte ihn eine Expedition nach Mauritius und auf die Seychellen. Nach einer Neugestaltung des Zoologischen Universitätsmuseums 1883 wurde Möbius 1887 Direktor des Zoologischen Museums in Berlin, wo er auch eine Professur für systematische und geographische Zoologie erhielt. Bis 1905 machte sich Möbius um die Einrichtung des Museumsneubaus verdient, war als Kurator der 1893 ge-

gründeten «Biologischen Versuchs- und Fischereistation Müggelsee» tätig und wirkte maßgeblich in verschiedenen wissenschaftlichen Kommissionen mit.
Möbius gilt als der Begründer der Meeresbiologie. Seine Studien über die Fauna der Kieler Bucht und die Lebensgemeinschaft der Austernbänke trugen wesentlich zum Verständnis der Ökologie der Meere bei. Zudem spielte für Möbius bei seinen fischereibiologischen Forschungen auch der wirtschaftliche Gesichtspunkt der Nutzung der Meeresfauna eine große Rolle.
Als einer der ersten Wissenschaftler, deren Forschung auf dem Konzept selbstregulierender Systeme beruhte, wurde Möbius zu einem der Begründer der Ökologie. Er untersuchte auf der Basis der Selektionstheorie von → Charles Robert Darwin Faktoren, die zur Erhaltung oder Störung des biologischen Gleichgewichts führten. In diesem Kontext schuf er 1877 nach Untersuchungen an Austernbänken den Begriff «Biozönose» oder Lebensgemeinschaft.
Bei der Konzeption naturkundlicher Museen begründete Möbius eine neue Richtung, indem er die wissenschaftliche Hauptsammlung von der öffentlichen Schausammlung trennte. Als Leiter eines internationalen Zoologenkongresses in Berlin war Möbius 1901 maßgeblich an der Vereinheitlichung der zoologischen Nomenklatur beteiligt.

Mohs, Carl Friedrich Christian

*** 29. 1. 1773, Gernrode, † 29. 9. 1839, Agordo (Provinz Belluno); deutscher Mineraloge**

Mohs war der Sohn eines Kaufmanns und studierte ab 1796 Mathematik und Naturwissenschaften an der Universität Halle, ab 1798 Mineralogie bei Abraham Gottlob Werner an der Bergakademie Freiberg. 1799 war er ein Jahr im Harz als Steiger im Bergbau beschäftigt, danach arbeitete er in der Mineraliensammlung des Wiener Bankiers von der Null, deren Ordnung und Beschreibung er 1804 in drei Bänden veröffentlichte. Für mehrere Jahre begab er sich als Gutachter und Sammler auf Reisen durch Mittel- und Osteuropa, wurde 1812 Professor in Graz und legte seit 1811 die Mineraliensammlung des Grazer Joanneums an. Auf weiteren Reisen sammelte er hierfür ergänzendes Material. 1818 trat er als Professor für Mineralogie Werners Nachfolge an der Bergakademie Freiberg an. 1826 wechselte er an die Universität Wien, ordnete das Mineralienkabinett neu und hielt ab 1828 Vorlesungen. 1835 folgte die Ernennung zum Bergrat und später der Auftrag zur Gründung eines «montanistischen Instituts», wofür er die letzten Lebensjahre auf Studienreisen verbrachte.
Mohs' Ziel war die qualitative Verbesserung und die quantitative Vermehrung der Mineralbeschreibung und -bestimmung, deren Systematisierung durch seinen Lehrer Abraham Gottlob Werner er

Mohssche Härteskala
Die zehn Minerale der Skala besitzen eine Härtestufe von 1 bis 10. Die Bestimmung eines beliebigen Minerals erfolgt durch eine statische Härteprüfung in Form eines Ritzhärteverfahrens. Die Mohshärte eines Minerals liegt dabei zwischen der Härte des Minerals, von dem es geritzt wird und das es seinerseits ritzt. Das Verfahren wird in der Mineralogie angewendet, ist aber für Metalle zu ungenau.

für nicht ausreichend hielt. Für kristallographische Untersuchungen führte er geneigte Achsen ein und stellte schiefwinklige Koordinatensysteme für mono- und trikline Kristalle auf. Er bemühte sich um eine klare hierarchische Systematisierung der Minerale und verbesserte Begriffsdefinitionen. Ergänzend bestimmte er einige neue Minerale und Varietäten. 1822 entwickelte er zur Mineralbestimmung und -einordnung eine nach ihm benannte Härteskala, in der die Härtestufe für Talk 1, für Apatit 5 und für Diamant 10 beträgt. Die Skala wird noch heute in der Mineralogie verwendet und durch Vergleichswerte verschiedener quantitativer Härteprüfverfahren bestätigt.

Mohs veröffentlichte seine Arbeiten in zahlreichen Werken, unter anderem «Die Charaktere der Klassen, Ordnungen, Geschlechter und Arten, oder Charakteristik des naturhistorischen Mineral-Systems» (1821). Er ordnete und erweiterte wichtige Mineraliensammlungen und war einer der führenden Mineralogen seiner Zeit.

Moniz Egas, António Caetano (eigentlich: António Caetano de Abreu Freire Moniz Egas)

*** 29. 11. 1874, Estarreja (bei Aveiro), † 13. 12. 1955, Lissabon; portugiesischer Neurologe**

Moniz Egas wurde zunächst von seinem Onkel, einem Priester, unterrichtet. Während seines Studiums an der Universität Coimbra wechselte Moniz Egas an die medizinische Fakultät, an der er nach seiner Promotion auch Vorlesungen hielt. Einige kurze Studienaufenthalte führten ihn nach Frankreich. 1910 wurde er als Professor für Neurologie an die Universität Lissabon berufen und stand der neurologischen Abteilung als Direktor vor; 1917 wurde er Botschafter in Spanien und vertrat 1918 die portugiesische Delegation bei der Pariser Friedenskonferenz. Zugunsten seiner wissenschaftlichen Tätigkeit zog sich Moniz Egas 1926 aus der Politik zurück. Er war Mitglied zahlreicher wissenschaftlicher Vereinigungen, darunter der Akademie der Wissenschaften in Lissabon und der Akademie der Medizin in Paris. Zu seinen Ehrungen zählen die Ehrendoktorwürde der Universitäten Toulouse, Bordeaux und Lyon sowie 1949 der Nobelpreis für Medizin.

Moniz Egas' Hauptverdienst liegt in der Förderung der Hirngefäßdarstellung (Zerebralangiographie). Da die Gehirnstrukturen mit Röntgenstrahlen nicht unterschieden werden konnten, entwickelte er zusammen mit seinem Kollegen Almeida Lima die beiden einzigen röntgenundurchlässigen, gewebeverträglichen Kontrastmittel. Durch Einspritzen der Kontrastmittel konnten Blutgefäße und Tumore auf dem Röntgenbild sichtbar gemacht werden («Diagnostic des tumeurs cérébrales et épreuve de l'encéphalographie artérielle», 1931, und «L'Angiographie cérébrale», 1934).

Zu Moniz Egas' Lebzeiten wurde eine andere seiner Leistungen höher eingeschätzt und mit dem Nobelpreis bedacht: die Frontallobotomie. Angeregt durch Tierversuche von Carlyle Jacobsen und John Fulton, hatte Moniz Egas 1935 eine Methode entwickelt, die beim lebenden Menschen die Abtrennung der vorderen Stirnlappen vom übrigen Gehirn erlaubte (Leukotomie, heute: Lobotomie). Dazu entwickelte er eine Hohlnadel, die einen scharfen Draht enthielt (ein «Leokotom»), das die weiß erscheinenden Nervenstränge durchschnitt.

Durch die Lobotomie konnten wesentliche Verbesserungen des Krankheitszustandes sowie die soziale Wiedereingliederung von an Gehirnleiden Erkrankten erzielt werden; vor allem bei Schizophrenen, aber auch bei unter Verfolgungswahn sowie schweren Schmerzen Leidenden traten Verbesserungen auf («La Leucotomie préfrontale: Traitement chirurgical de certaines psychoses», 1937). Moniz Egas prägte für die Lobotomie den Begriff «Psychochirurgie».

Ab 1949 wurden Lobotomien routinemäßig durchgeführt; die Operation wurde aber schon ab etwa 1960 wegen ihrer negativen Auswirkungen auf den psychischen Gesamtzustand der Patienten nur noch in eng umgrenzten Spezialfällen eingesetzt.

Montagnier, Luc

*** 18. 8. 1932, Chabris; französischer Virologe**

Nach Abschluß seines Medizinstudiums in Poitiers wurde Montagnier 1955 Assistent an der Pariser Sorbonne, wo er 1960 den medizinischen Doktortitel erwarb. Ab 1965 leitete er das Radiumlabor am nationalen wissenschaftlichen Forschungszentrum in Paris, bis er 1982 die Virologische Abteilung des Institut Pasteur – ebenfalls in Paris – übernahm.

Montagnier beschäftigte sich zu Beginn seiner Arbeit mit der Krebsforschung, besonders im Zusammenhang mit Retroviren. Retroviren sind einzelsträngige Ribonukleinsäuren (RNS), die von einem Hüllprotein umgeben sind. Ihre RNA wird nach Eindringen in die Wirtszelle von dieser in doppelsträngige Desoxyribonukleinsäure (DNS), die «normale» Form der Erbsubstanz, umgeschrieben. Retroviren vermehren sich in der Wirtszelle und befallen weitere Zellen und gegebenenfalls ein neues Individuum. Dabei können Erbinformationen verschleppt werden, die unter Umständen krebserzeugend sind.

Bei der routinemäßigen Überprüfung von Blutkonserven stieß Montagnier 1984 auf ein virales Partikel, das Human Immunodeficiency Virus (HIV). Es gelang ihm dadurch die Isolierung des Erregers der Immunschwächekrankheit Aids, die von Montagnier zunächst als Lymphadenotropie (LAV) bezeichnet wurde. Menschen, die von diesem oder dem ähnlichen HIV-2-Virus befallen sind, sterben leicht an Krankheiten, die das Immunsystem des gesunden Körpers abwehren könnte.

Um die Entdeckung des HIV (und die sich daran anschließenden Vermarktungsmöglichkeiten) entbrannte ein heftiger Prioritätsstreit zwischen Montagnier und dem amerikanischen Wissenschaftler Robert Charles Gallo.

Gallo hatte Anfang der 80er Jahre das von ihm HTLV III benannte Virus gefunden, das mit HIV identisch ist. Er entwickelte daraufhin den ersten HIV-Test, der auch zur Überprüfung von Blutkonserven wichtig war. Nach einer genauen Überprüfung der Sachlage im Jahr 1991 trat Gallo von seinem Anspruch auf die Erstentdeckung von HIV zurück; die französische und amerikanische Regierung hatten sich schon 1987 geeinigt, alle Einkünfte aus der Entdeckung zu teilen.

Montgolfier, Michel Joseph de
*** 26. 8. 1740, Vidalon-lès-Annonay, † 26. 6. 1810, Balaruc-les-Bains (Dep. Hérault); französischer Erfinder**

Montgolfier, Étienne Jacques de
*** 6. 1. 1745, Vidalon-lès-Annonay, † 2. 8. 1799, Serrières (Dép. Ardeche); französischer Erfinder**

Der Vater der beiden Brüder besaß eine Papierfabrik, die in seiner Familie eine lange Tradition hatte. Der ältere Sohn Joseph widersetzte sich 1753 dem Schulbesuch in Tournon, verließ die Schule und beschäftigte sich mit Chemie und der Chemikalienherstellung. Der jüngere Jacques besuchte die höhere Schule in Paris und studierte Latein, Mathematik und Architektur. Der Vater holte die Söhne jeweils aus Paris in seine Fabrik zurück. Joseph drängte jedoch auf zu viele Änderungen, so daß er einen eigenen Betrieb erhielt, der finanziell erfolglos blieb. Jacques war erfolgreicher und entwickelte neue Papiersorten und Maschinen.

Über Literaturstudien kamen die Brüder zur intensiven Beschäftigung mit dem Fliegen. 1783 führten sie auf Einladung der Pariser Akademie der Wissenschaften den von ihnen entwickelten Heißluftballon in Paris öffentlich vor. Mit hohen Pensionen nahm man sie in die Pariser Akademie auf. Die Revolution beendete weitere Versuche, und Jacques wandte sich wieder der Papierfabrik in Annonay zu. Joseph erhielt unter Napoleon das Band der Ehrenlegion, wurde Leiter des Konservatoriums für Kunst und Handwerk und hatte einen Sitz im Institut de France.

Versuche, ein Fahrzeug zu konstruieren, mit dem sich Menschen in die Luft erheben und größere Strecken zurücklegen konnten, unternahmen die Brüder Montgolfier bereits früh. Das erste Ergebnis ihrer Studien war ein Fallschirm, mit dem sie 1777 Sprünge von einem Hausdach unternahmen. Die Nutzung des Luftauftriebs zum Fliegen, die in der Theorie damals bekannt war, versuchten sie mit Papiersäcken praktisch zu verwirklichen. Erfolglos war die Füllung mit Wasserdampf, der zu rasch kondensierte, und mit Wasserstoff, der aus der Papierhülle entwich. Joseph wurde durch aufsteigenden Rauch angeregt, Stoffbeutel über Feuer zu halten und aufsteigen zu lassen. Schließlich konnten sie mit der Auftriebskraft erhitzter Luft einen Papierballon 300 Meter hoch steigen lassen. Bei ihrem ersten öffentlichen Versuch im Juni 1783 auf dem Marktplatz von Annonay benutzten sie einen 230 Kilogramm schweren, 12 Meter hohen Ballon aus Leinen, mit einer Papierfütterung und Hanfnetzumspannung. Heißluft von glühender Holzkohle ließ den Ballon zwei Kilometer hoch steigen. Nach weiteren Versuchen fand am 19. 9. 1783 in Paris der erste 25minütige Flug von Menschen statt. Der Ballon war war 22 m hoch und hatte bei einem Durchmesser von 14,4 m ein Volumen von 2000 m^3. Die beiden Brüder und ihre «Montgolfiere» standen in Paris im Wettbewerb mit dem Physiker Jacques Alexandre César Charles, dessen gummierter Stoffballon (Charlière) auftriebsstärkeren Wasserstoff enthielt und im Dezember 1783 Charles und eine weitere Person zwei Stunden lang 40 Kilometer von Paris wegtrug.

Da sich solche Wasserstoffballons gegenüber dem Heißluftballon als leistungsfähiger erwiesen, verlor die Erfindung der Brüder Montgolfier jedoch schon bald an Bedeutung.

Morgagni, Giovanni Battista

*** 25. 2. 1682, Forlì, † 6. 12. 1771, Padua; italienischer Anatom**

Morgagni begann 1698 sein Medizinstudium in Bologna, wo er 1701 Doktor der Medizin und Philosophie wurde. Er arbeitete bis 1707 als Assistent von Antonio Maria Valsalva am Hospital Santa Maria della Morte, lernte dort Anatomie und klinische Medizin und ging dann nach Forlì zurück. Nach einer kurzen Tätigkeit in Padua als Professor für theoretische Medizin übernahm Morgagni 1711 den berühmten Lehrstuhl für Anatomie in Padua. Seit 1708 war Morgagni Mitglied der Academia Caesarea Curiosum Naturae, 1754 wurde er in die Preußische Akademie der Wissenschaften aufgenommen.

Morgagni gilt als der eigentliche Begründer der anatomischen Pathologie. Besonders sein 1761 erschienenes Buch «De sedibus et causis morborum per anatomen indagatis libre quinque» («Sitz und Ursache der Krankheiten, aufgespürt durch die Kunst der Anatomie») machte ihn berühmt. Darin setzt Morgagni anhand der Beschreibung von 640 Leichenöffnungen anatomische, krankheitsbedingte Veränderungen des Körperinnern mit den äußerlich sichtbaren Symptomen in Verbindung. Morgagni stellte damit als erster das Krankheitsbild als Ursache auch kleiner und kleinster Veränderungen der Organe dar.

Die bereits seit dem 16. Jahrhundert verbreiteten Sektionen hatten zwar schon vor Morgagni umfangreiche pathologisch-anatomische Beschreibungen geliefert, in aller Regel waren aber nur augenfällige Formen wie Fehlbildungen oder Geschwülste untersucht worden. Morgagni konzentrierte sich auf Veränderungen jeder Art und jeder Schwere sowie auf die Übergangsstadien vom gesunden zum kranken Gewebe.

Den Schwerpunkt von Morgagnis Beschreibungen bilden nicht die Krankengeschichten, sondern die Obduktionsprotokolle (er führte jedoch nicht alle dargestellten Leichenöffnungen selbst durch). Morgagni ordnete die Sektionsbefunde nach einheitlichen Gesichtspunkten und erklärte anhand der dabei ausgemachten, verallgemeinerten Ähnlichkeiten die Krankheitssymptome. Dies erlaubte umgekehrt den Einsatz der Pathologie in der ärztlichen Diagnostik, was auch heute die grundsätzliche Aufgabe dieser medizinischen Disziplin ist.

Morgan, Thomas Hunt

*** 25. 9. 1866, Lexington (Kentucky), † 4. 12. 1945, Pasadena (Kalifornien); amerikanischer Genetiker**

Nach dem College-Abschluß in Zoologie studierte Morgan ab 1886 an der Hopkins University in Baltimore, wo er 1891 promovierte. 1891 nahm er eine Lehrtätigkeit am Bryn Mawr College bei Philadelphia auf. 1904 erhielt Morgan eine Forschungsprofessur für Zoologie an der Columbia University in New York. In den 24 Jahren seiner Tätigkeit an diesem Institut gelangen ihm die bedeutendsten Entdeckungen, für die er 1933 mit dem Nobelpreis für Medizin ausgezeichnet wurde. Auf Wunsch des Physikers → Robert Andrews Millikan übernahm Morgan 1928 die Abteilung für Biologie

Morgan-Einheit
Die durch eine Rekombinationshäufigkeit von 1 Prozent charakterisierte Einheit für den relativen Abstand zwischen zwei Genorten auf einer Genkarte.

am renommierten California Institute for Technology in Pasadena.
Morgan gilt als einer der Begründer der modernen Genforschung. Er promovierte über die phylogenetische Stellung von Seespinnen und erforschte die Embryogenese von Manteltieren und Eichelwürmern. Morgan erkannte bei seinen zoologischen Studien, daß nur erbliche Variationen für die Veränderung von Arten von Bedeutung sind. Er entwickelte daraufhin eine kritische Haltung zur phylogenetischen Forschung und zu Charles Robert Darwins Selektionstheorie und wurde ein überzeugter Anhänger der experimentellen Biologie.
Zur Überprüfung der Mutationstheorie (→ Hugo de Vries), wonach sprunghaft aufgetretene Erbänderungen zur Artbildung führen können, führte Morgan die Taufliege (Drosophila) als Versuchstier in die Genetik ein. Dieses leicht züchtbare Tier, das auch heute noch eines der wichtigsten Objekte der Genetik ist, war optimal für die Suche nach Mutationen geeignet. 1910 entdeckte Morgan eine männliche Taufliegen-Mutante mit weißen Augen. In Kreuzungsexperimenten stellte er fest, daß dieses Merkmal stets nur bei Männchen auftritt. Damit hatte Morgan die geschlechtsgebundene Vererbung entdeckt. Er vermutete als Ursache die Lage des zugehörigen Gens auf dem Geschlechtschromosom.
Morgan versuchte daraufhin, die Kopplung von Genen zu überprüfen und so die Chromosomentheorie der Vererbung (→ Theodor Boveri) weiter zu festigen. Seine Annahme war, daß auf demselben Chromosom liegende Gene zu einer Kopplungsgruppe gehören, aber durch Austausch von Chromosomenstücken im Verlauf der Meiose (Crossing-over) getrennt werden können. Dies konnte Morgan durch Entkopplung der betreffenden Merkmale (Rekombination) in der Nachkommenschaft einer Kreuzung indirekt erkennen. Da die Wahrscheinlichkeit dafür bei linearer Anordnung der Gene mit dem Abstand der Genorte steigt, konnte Morgan aufgrund der Rekombinationshäufigkeit die relative Lage der Genorte auf den Chromosomen bestimmen. 1911 veröffentlichte er die erste nach dieser Methode erstellte Genkarte, die er später mehrfach präzisierte.
Morgans Werk «The Theory of the Gene» (1926) wurde zu einer der wissenschaftlichen Grundlagen der Genetik. Indem Morgan die Erkenntnisse der Genetik mit denen der Abstammungslehre verband, wurde er außerdem zu einem der Begründer der sogenannten Synthetischen Theorie der Evolution.

Morse, Samuel Finley Breese

*** 27. 4. 1791, Charlestown (Massachusetts), † 2. 4. 1872, Poughkeepsie (bei New York); amerikanischer Kunstmaler und Erfinder**

Morse, dessen Vater Geistlicher war, schloß seine Schulbildung 1810 am Yale College in Newhaven ab und begann eine Lehre als Buchhändler. Er pflegte seine technischen Interessen, widmete sich der Malerei und verließ 1811 die USA, um in London Kunst zu studieren. Zurückgekehrt, machte er sich schnell einen Namen als Porträt-, Landschafts-, und Historienmaler. Morse zählte 1825 zu den Mitbegründern der New Yorker Drawing Association, der Vorgängerin der National Academy of Design, deren Präsident er von 1826 bis 1845 war. Er unterrichtete hier als Lehrer sowie ab 1835 als Kunstprofessor an der New Yorker Universität. 1829 unternahm Morse erneut eine Europareise, nach seiner Rückkehr (1832) nahm er die Entwicklung eines Telegrafenapparates in Angriff. Ab 1839 verzichtete Morse ganz auf die Malerei, um die Einrichtung einer Telegrafenlinie voranzutreiben.

Die Idee für seinen Telegrafen kam Morse 1832 auf der Überfahrt von Europa nach Amerika. Freunde und der Physiker Joseph Henry halfen ihm, wenn ihm physikalische und elektromagnetische Kenntnisse fehlten. Nach intensiven Versuchen stellte er 1837 seinen Morseapparat öffentlich vor. Über eine Entfernung von 500 Metern übertrug er einen in Zahlen verschlüsselten Satz, den der Empfänger auf einem Papierstreifen aufzeichnete und mit einem von Morse verfaßten «Wörterbuch» wieder entschlüsseln konnte. Um 1839 entwickelte Morse einen neuen Code aus Punkten und Strichen.

Obwohl Morse in den folgenden Jahren mit finanziellen Problemen und Patentstreitigkeiten zu kämpfen hatte, konnte er 1843 die erste Telegrafenverbindung zwischen Baltimore und Washington miterleben. Am 27. 5. 1844 wurde darüber das erste Telegramm, ein politisches Wahlergebnis, verschickt. Morse überarbeitete dafür sein Morsealphabet, das 1852 bei der Einführung der Morsetelegrafie in Europa endgültig die heute bekannte Form erhielt. Gegenüber anderen zwischen 1809 und 1840 entwickelten Telegrafiegeräten (etwa von Samuel Thomas Sömmerring oder → Charles Wheatstone) konnte sich der Morsetelegraf international durchsetzen.

Morseapparat
Gerät zum Senden und Empfangen des Morsealphabets. Zwischen Sender und Empfänger befindet sich über eine Doppelleitung ein Stromkreis. Mit Hilfe der Morsetaste wird dieser vom Sender geschlossen beziehungsweise geöffnet, so daß Stromstöße in den Intervallen des Morsealphabets erzeugt werden. Als Empfänger besitzt der Morsetelegraf eine Magnetspule (Elektromagnet), die über ein Pendel einen Schreibstift bewegt, der entsprechend den Intervallen Zickzacklinien auf eine laufende Papierrolle schreibt.

Morsealphabet
Von Morse entwickelter Binärcode, bei dem die Buchstaben, Ziffern, Satz- und Sonderzeichen als Folge von einem bis sechs Punkten und/oder Strichen verschlüsselt sind, die als kurze oder lange Stromstöße mit der Morsetaste erzeugt werden. Das Morsealphabet ist international genormt.

Mößbauer, Rudolf Ludwig

*** 31. 1. 1929, München; deutscher Physiker**

Nach dem Abitur (1948) arbeitete Mößbauer zunächst in einem Industrielabor, ehe er an der TH München ein Physikstudium begann. Schon als Diplomand wurde er Lehrbeauftragter für Mathematik (1953/54). 1955 ging er an das Max-Planck-Institut für medizinische Forschung nach Heidelberg, wo er in der physikalischen Abteilung tätig war. 1960 erhielt Mößbauer einen Ruf des California Institute of Technology in Pasadena, wo er 1961 eine Professur erhielt. Ebenfalls 1961 wurde Mößbauer (zusammen mit Robert Hofstadter) für seine Arbeiten über die Kernresonanzfluoreszenz mit dem Nobelpreis für Physik ausgezeichnet. Von 1964 bis 1972 wirkte Mößbauer als Professor an der TU München, 1972 wurde er Direktor des Laue-Langevin-Instituts in Grenoble.

1955 begann Mößbauer unter Berücksichtigung der Arbeiten von Werner Kuhn und Philip Burton Moon mit Untersuchungen zur rückstoßfreien Kernresonanzabsorption von Gammastrahlen. 1957 gelang ihm der Nachweis («Mößbauer-Effekt»), 1958 lieferte er auf der Grundlage der Quantenmechanik die Theorie.

Mit der Entdeckung des nach ihm benannten Effekts gelang Mößbauer die Erzeugung von Kernresonanzfluoreszenz trotz abgestrahlter Rückstoßenergie. Zu diesem Zweck baute er die Atome, die emittieren sollten, in ein Kristallgitter ein, das aufgrund seiner größeren Masse die Rückstoßenergie auffing und so den Energieverlust durch Abstrahlung verhinderte. Mit dem Mößbauer-Effekt konnte sowohl die Relativitätstheorie von → Albert Einstein als auch das Modell der relativistischen Zeitdilatation (Zeitdehnung) präzise bestätigt werden.

Mößbauer-Effekt
Physikalische Erscheinung, die besagt, daß die Atomkerne in einem Kristallgitter ohne Rückstoß Gammaquanten absorbieren beziehungsweise emittieren können. Dabei erfahren die zugehörigen Gammalinien keine durch thermische Atombewegungen verursachte Verbreiterung.

Müller, Erwin Wilhelm

*** 13. 6. 1911, Berlin, † 17. 5. 1977, Washington (District of Columbia); amerikanischer Physiker deutscher Herkunft**

Müller studierte Physik in Berlin und war ab 1951 Professor an der FU Berlin. 1952 ging er nach Amerika und lehrte an der Pennsylvania State University in University Park. 1936/37 entwickelte er das Feldelektronenmikroskop, dessen Kernstück eine feine Nadelspitze im Hochvakuum darstellt. Wird eine starke elektrische Spannung zwischen Spitze und Umgebung angelegt, kommt es infolge des vor allem an der Spitze starken elektrischen Feldes zu einer Elektronenemission. Treffen die emittierenden Elektronen auf einen Leuchtschirm auf, so erzeugen sie ein extrem vergrößertes Abbild der Spitze. Dadurch konnten erstmals millionenfache Vergrößerungen erzielt werden. Nach einem ähnlichen Prinzip arbeitete das Feldionenmikroskop, das Müller 1950 erfand. Hierbei werden Ionen von der Nadelspitze auf extrem niedrige Temperaturen gebracht. Auf der Nadelspitze absorbiertes Helium wird dann in Form von Heliumionen emittiert. Müller konnte mit Hilfe dieses Mikroskops erstmals die Lage beziehungsweise die Anordung der Atome in Kristalloberflächen sichtbar machen.

Muller, Hermann Joseph

*** 21. 12. 1890, New York, † 5. 4. 1967, Indianapolis; amerikanischer Genetiker**

Ein Stipendium ermöglichte Muller 1907 den Besuch der Columbia University, wo er ab 1912 in einer Arbeitsgruppe des Genetikers → Thomas Hunt Morgan mitarbeitete und 1916 promovierte. Anschließend übernahm Muller eine Lehrtätigkeit am Rice Institute in Houston/ Texas und ging 1918 für zwei Jahre zurück an die Columbia University. 1920 erhielt er eine Professur an der Universität von Texas in Austin. Hier gelangen ihm seine größten wissenschaftlichen Erfolge, für die er erst 1947 den Nobelpreis für Medizin erhielt. Wegen Unterstützung einer kommunistischen Studentenzeitung und zunehmender Behinderung seiner Lehrtätigkeit durch ein 1921 in den Südstaaten der USA erfolgtes Verbot zur Verbreitung der Evolutionstheorie verließ Muller 1932 die USA und ging an das Kaiser-Wilhelm-Institut für Hirnforschung in Berlin. 1933, nach der Machtübernahme durch die Nationalsozialisten, gab Muller diese Stelle auf und arbeitete am Institut für Erbforschung in Moskau. Als in der UdSSR der Einfluß lamarckistischer Auffassungen (→ Jean-Baptiste Pierre Antoine de Monet Lamarck) zur Diskriminierung westlich orientierter Wissenschaftler führte, verließ Muller, der zudem als Verfechter der Eugenik auf Widerspruch stieß, das Land und übernahm 1938 eine Professur in Edinburgh. Nach Ausbruch des Zweiten Weltkriegs kehrte er in die USA zurück, arbeitete von 1940 bis 1945 am Amherst College in Massachusetts und anschließend an der Indiana University in Bloomington.

Schon in seinen frühen Arbeiten (ab 1916) beschäftigte sich Muller mit der Genetik. Er erkannte die Vorteile der Taufliege (Drosophila) als Versuchstier und versuchte, die Häufigkeit von Mutationen, die unter normalen Bedingungen nur sehr selten auftreten, zu steigern. Er fand heraus, daß bei erhöhter Temperatur die Mutationsrate leicht zunahm. 1924 begann er, den Einfluß von Röntgenstrahlen zu erforschen. Das 1926 veröffentlichte, aufsehenerregende Ergebnis war eine drastische Steigerung der Mutationsraten. Diese Entdeckung bot neue Möglichkeiten für die experimentelle Genetik, die nun nicht mehr auf die seltenen Spontanmutationen angewiesen war. Sie zeigte außerdem, daß es sich bei Mutationen wahrscheinlich um chemische Veränderungen der Gene handelt, die durch energiereiche Strahlen ausgelöst werden können. Muller schloß folgerichtig auf die Gefahren, denen der Mensch durch Röntgenstrahlen und Radioaktivität ausgesetzt ist, und warnte eindringlich vor einer unüberlegten Anwendung von Röntgenmethoden in der Medizin und vor der Entwicklung der Atombombe. 1955 forderte er gemeinsam mit anderen Wissenschaftlern die Beendigung der Atomwaffenversuche.

Müller, Johannes Peter

*** 14. 7. 1801, Koblenz, † 28. 4. 1858, Berlin; deutscher Physiologe und Anatom**

Müller studierte von 1819 bis 1824 Medizin in Bonn und Berlin. 1826 wurde er Professor in Bonn, 1833 erhielt er den Lehrstuhl für Anatomie und Physiologie in Berlin, wo er 1838/39 und 1847/48 auch das Amt des Rektors der Universität übernahm.

Müller gilt als Begründer der neuzeitlichen Physiologie. Angeregt durch → Johann Wolfgang von Goethes Farbenlehre, veröffentlichte er bereits 1826 sein Werk «Zur vergleichenden Physiologie des Gesichtssinnes». Durch sinnesphysiologische Beobachtungen an Tieren und an

Müllerscher Gang
Auch: Müller-Gang. Embryonal angelegter Gang, aus dem sich im weiblichen Geschlecht Eileiter, Gebärmutter und Scheide entwickeln, während er im männchlichen Geschlecht reduziert wird.

sich selbst entdeckte er das fundamentale «Gesetz der spezifischen Energie der Sinnesorgane», wonach die Art einer Empfindung nicht durch den Reiz, sondern durch das gereizte Sinnesorgan bestimmt wird. So lösen zum Beispiel Druckreize auf das Auge stets nur optische Wahrnehmungen aus. Müller zog daraus die Konsequenz, daß der Mensch nicht die Vorgänge der Außenwelt wahrnimmt, sondern nur die von ihnen erzeugten Veränderungen in den Sinnesorganen. Mit dieser Sichtweise lieferte er ein Argument für die komplette Leugnung der Existenz einer Außenwelt.

1831 bewies Müller das Bell-Magendiesche Gesetz (→ François Magendie), wonach die vorderen Nervenwurzeln des Rückenmarks motorische, die hinteren sensorische Funktion haben. Seine experimentelle Vorgehensweise (Durchtrennung der Nerven und Beobachtung der dadurch bedingten Ausfälle) hatte Vorbildcharakter für die experimentelle Physiologie.

Müllers «Handbuch der Physiologie des Menschen» (2 Bände, 1833–1840) war für lange Zeit ein Standardwerk der Biologie und Medizin. Es trug wesentlich zur Abkehr von der naturphilosophischen Medizin zugunsten moderner naturwissenschaftlicher Theorie und Praxis bei. Als universaler Forscher arbeitete Müller auch auf anatomischem und embryologischem Gebiet. So studierte er die Entwicklung der Drüsen und lieferte grundlegende Erkenntnisse zur Entwicklungsgeschichte der Genitalien. Später wandte Müller sich taxonomischen Forschungen an Meerestieren, insbesondere Seesternen und Fischen, zu und erforschte den Generationswechsel von Tieren.

Müller, Paul Hermann

*** 13. 1. 1899, Olten, † 12. 10. 1965, Basel; Schweizer Chemiker**

Über die Vita Müllers ist nur wenig bekannt. Er studierte Chemie an der Universität Basel, wo er 1925 promovierte. Später wurde er Vizedirektor der Firma J. R. Geigy AG. 1948 erhielt er aufgrund der Entdeckung des Dichlordiphenyltrichloräthan (DDT) als Insektizid den Nobelpreis für Medizin.

Müller war organischer Chemiker, der umfassende Untersuchungen über Wirkung, Toxizität und der chemischen Struktur chlorierter Kohlenwasserstoffe ausführte. 1935 begann er mit seinen Forschungen auf dem Gebiet der Insektizide. Bei der Analyse chlorierter Kohlenwasserstoffe stieß er 1939 auf das DDT, das die Erwartungen von hoher Effektivität und geringem ökonomischem Aufwand erfüllte. 1942 wurde es zur Bekämpfung der Typhusepidemie in Neapel eingesetzt. Nach dem Zweiten Weltkrieg wurde DDT in der Landwirtschaft angewendet, sein Gebrauch wurde seit Ende der 60er Jahre jedoch in den Industrienationen eingeschränkt und später verboten.

Nägeli, Carl Wilhelm von
*** 26. 3. 1817, Kilchberg (bei Zürich), † 10. 5. 1891, München; Schweizer Botaniker**

Nägeli, Sohn eines Arztes, studierte ab 1836 Medizin in Zürich (wo er besonders von → Lorenz Oken beeinflußt wurde) und ab 1839 Botanik in Genf. Nach seiner Promotion setzte er seine Studien 1840 in Berlin und 1842 bei → Matthias Jacob Schleiden in Jena fort. Nach seiner Habilitation erhielt Nägeli in Zürich 1845 eine Stelle als Privatdozent und 1848 als außerordentlicher Professor für Botanik. Ab 1852 lehrte er Botanik an der Universität Freiburg. 1855 ging er als Professor für allgemeine Botanik an das neugegründete Polytechnikum Zürich. 1857 wechselte er nach München, wo er neben einer Professur für Botanik auch die Leitung des Botanischen Gartens übernahm und 1860 ein neues Botanisches Institut gründete.

Nägeli war ein Vertreter der vor allem von Schleiden begründeten «wissenschaftlichen Botanik», die in Abkehr von naturphilosophischen Gedanken durch induktive Forschungsmethoden zu zahlreichen neuen Erkenntnissen kam. Nägeli übertraf in der Anwendung mikroskopischer Methoden teilweise sogar die Fähigkeiten seines Lehrers Schleiden und berichtigte 1842 dessen falsche Deutung des Befruchtungsvorgangs bei Blütenpflanzen und 1844 auch dessen falsche Hypothese der Zellbildung durch Knospung an der Oberfläche des Zellkerns. Nägeli veröffentlichte seine diesbezüglichen Studien an Algen in der 1844 gemeinsam mit Schleiden gegründeten «Zeitschrift für wissenschaftliche Botanik».

Nägeli sah im Studium der Entwicklung der Pflanze den wesentlichen Weg zur Aufklärung der Gestaltungsprinzipien. An Kryptogamen (blütenlosen Pflanzen) entwickelte er die Theorie der Scheitelzelle, einer teilungsfähigen Einzelzelle an der Spitze des Vegetationskörpers, aus deren Tochterzellen durch Differenzierung die Gewebeschichten der Pflanze entstehen. Nägeli beschäftigte sich besonders intensiv mit dem Feinbau der Zellmembranen und stellte die Micellartheorie auf, wonach bei der Bildung von Zellmembranen kleine, kristallähnliche Molekülgruppen, sogenannte Micellen, eine Rolle spielen. Neben physiologischen Arbeiten über den Stoffwechsel der Zelle, insbesondere über Stärkekörner und Hefegärung, stand für Nägeli später die Bearbeitung evolutionsbiologischer Fragen im Mittelpunkt. Seine «Mechanisch-physiologische Theorie der Abstammungslehre» (1884) basierte im Gegensatz zur Selektionstheorie von → Charles Robert Darwin auf einem den Erbsubstanzen innewohnenden Vervollkommnungstrieb, der zu einer gerichteten Selektion führt.

Nansen, Fridtjof

*** 10. 10. 1861, Hof Mellom-Frøen (bei Oslo), † 13. 5. 1930, Lysaker (bei Oslo); norwegischer Polarforscher, Zoologe, Diplomat**

Nansen, Sohn eines Rechtsanwalts, studierte Zoologie und spezialisierte sich früh auf Ozeanologie. Von 1882 bis 1887 war er Konservator am Naturwissenschaftlichen Museum in Bergen, 1888 promovierte er über das Nervensystem bei Asciden und Myxine glutinosa. Von 1888 bis 1895 unternahm er wissenschaftliche Expeditionen nach Grönland und ins Nordpolarmeer. 1896 erhielt er eine Professur für Zoologie und 1897 für Ozeanographie an der Universität Kristiania (Oslo), 1900 und von 1910 bis 1914 unternahm er mehrere ozeanographische Forschungsreisen in den Nordatlantik. Seine diplomatische Karriere begann als norwegischer Gesandter in London (1906–1908).

Gegen Ende des Ersten Weltkrieges konnte Nansen in Verhandlungen mit den USA die norwegische Versorgung mit US-Getreide sicherstellen und als norwegischer Vertreter im Völkerbund 1920 die Rückführung von Kriegsgefangenen aus Rußland organisieren. Von 1921 bis 1927 war er als Hochkommissar des Völkerbundes in einer als «Nansen-Amt» bezeichneten Funktion tätig. So leitete er von 1921 bis 1923 eine Hilfsaktion für russische Hungergebiete und überprüfte 1925 die Neuansiedlung von in Armenien aufgenommenen Flüchtlingen. Der von ihm angeregte «Nansen-Paß» für staatenlose Flüchtlinge wurde zum späteren Vorbild für Flüchtlingspässe. Nansen erhielt 1922 für seine humanitären Leistungen den Friedensnobelpreis. Sein Sohn Odd Nansen (1901 bis 1973) begründete 1946 die UNICEF.

Nansen durchquerte von 1888/89 mit einem Begleiter erstmals Grönland in ostwestlicher Richtung. An der Westküste führte er wissenschaftliche Studien bei den Eskimos durch, die er 1890 veröffentlichte («Eskimoleben») und durch eigene Zeichnungen ergänzte. 1893 begann er eine Polarmeerexpedition, bei der sein Schiff «Fram» – von Eis eingeschlossen – bis in das Gebiet von Spitzbergen driftete. Nansen versuchte daraufhin, den Nordpol auf Schlitten zu erreichen, gelangte 1895 aber nur bis zum 86. Breitengrad und mußte 1896 über Franz-Joseph-Land nach Norwegen zurückkehren. Diese und weitere Expeditionen brachten viele richtungweisende Erkenntnisse über Eisströmung, Meteorologie, Ozeanologie und Beschaffenheit im Gebiet des Nordpolarmeeres («The Norwegian North Polar Expedition 1893–1896»). 1913 gelangte Nansen über den nördlichen Seeweg nach Sibirien.

Nansens zahlreiche, speziell für die Expeditionen entwickelten Geräte haben sich bis heute als tauglich erwiesen. Er plante außerdem eine Luftschiffexpedition zum Nordpol und war Begründer der Gesellschaft «Aero-Arktik».

Navier, Claude Louis Marie Henri

*** 15. 2. 1785, Dijon, † 23. 8. 1836, Paris; französischer Bauingenieur**

Nach dem frühen Tod des Vaters wurde Navier von seinem Onkel Emiland Marie Gautey erzogen, der als Bauingenieur und Generalinspektor der französischen Brücken- und Straßendirektion hohes Ansehen genoß. 1802 absolvierte Navier erfolgreich die Aufnahmeprüfung an der Pariser École Polytechnique und studierte von 1804 bis 1807 an der École des Ponts et Chaussées. Als Ingenieur für Straßen- und Brückenbau war er ab 1807 im Staatsdienst tätig, erhielt 1819 einen Lehrauftrag an der École des Ponts et Chaussées und 1821 die Ernennung zum außerordentlichen Professor. 1831 wechselte Navier als ordentlicher Professor zur École Polytechnique und war danach Abteilungsleiter der Brücken- und Straßendirektion.

Navier gilt als Begründer der Baumechanik als wissenschaftliche Disziplin. Er kommentierte und veröffentlichte während seiner Jahre im Staatsdienst die Ingenieurliteratur des 18. Jahrhunderts und verfaßte eigene Abhandlungen. Ab 1820 erarbeitete er durch die gelungene Zusammenführung technischer und wissenschaftlicher Kenntnisse die Gesetzmäßigkeiten und Berechnungsvorschriften, die die neuen Anforderungen an ein sich erweiterndes Bauwesen erfüllen konnten. Anders als seine Berufskollegen erkannte er Parameter der Formveränderung und Bruchlast als die wichtigsten Berechnungsfaktoren der Baumechanik. 1821 lieferte er wesentliche theoretische Überlegungen besonders zur Balken- und Plattenbiegung sowie dem Schwingungsverhalten und begründete unter anderem mit einer Theorie der Hängebrücken die moderne Baustatik. In seinen richtungweisenden, 1826 veröffentlichten «Vorlesungen über Baumechanik» verband Navier eigene Studienergebnisse mit dem Wissensstand seiner Zeit. Im Hinblick auf ein effizientes Vorgehen stellte er Kennwerte und Koeffizienten in Tabellen zusammen und vereinfachte die Bemessungsverfahren. Die nach ihm benannte technische Biegelehre und zahlreiche seiner Verfahren fanden Eingang in die heutige Praxis. Weiterhin lieferte Navier wichtige Beiträge zur mathematischen Elastizitätstheorie und Hydrodynamik, insbesondere auf dem Gebiet der Strömungstheorie zäher Flüssigkeiten (1828, Navier-Stokes-Gleichung).

Nernst, Walther Hermann

*** 25. 6. 1864, Briesen, † 18. 11. 1941, Zibelle bei Muskau (Niederlausitz); deutscher Physiker**

Nernst studierte von 1883 bis 1887 Physik. Zu seinen Lehrern gehörten Heinrich Weber in Zürich, → Hermann von Helmholtz in Berlin, → Ludwig Boltzmann und Albert von Ettinghausen in Graz sowie Friedrich Wilhelm Georg Kohlrausch in Würzburg. 1887 promovierte Nernst in Würzburg über den galvanomagnetischen Effekt. 1889 habilitierte er sich an der Universität Leipzig mit einer Arbeit über die elektromotorische Wirkung der Ionen. Ab 1889 lehrte er als Dozent, zunächst in Heidelberg, dann in Göttingen. Dort wurde er 1891 außerordentlicher, 1894 ordentlicher Professor für Physikalische Chemie. 1905 wurde Nernst in die Berliner Akademie der Wissenschaften aufgenommen. Im selben Jahr wechselte er an die Universität Berlin, wo er zusammen mit → Emil Fischer und → Wilhelm Ostwald die Gründung der Chemischen Reichsanstalt als staatliche Forschungsinstitution initiierte. Diese Bestrebungen führten 1911/12 zur Gründung des Kaiser-Wilhelm-Instituts für Chemie (heute Max-Planck-Institut). Auf Nernsts Initiative wurden die Brüsseler Solvay-Kongresse ins Leben gerufen, auf denen sich führende Naturwissenschaftler trafen und austauschten. 1920 erhielt Nernst für seine Arbeiten auf dem Gebiet der Thermochemie den Nobelpreis für Physik. 1922 bis 1924 war Nernst Präsident der Physikalisch-Technischen Reichsanstalt in Berlin. Von 1924 bis 1933 lehrte er als Professor für Experimentalphysik an der Universität Berlin.

Nernst arbeitete auf den Gebieten der klassischen Physik und der Quantenphysik. Schon als Doktorand gelang ihm zusammen mit von Ettinghausen die Entdeckung des galvanomagnetischen Effekts. Ab 1887 arbeitete Nernst auf der Grundlage der Arbeiten von Stefan Boltzmann, → Svante August Arrhenius und → Jacobus Hendricus van't Hoff über den Ladungstransport in Flüssigkeiten. Entsprechende Experimente führten 1888/89 zur Thermodynamischen Theorie der elektromotorischen Kraft, mit der der Spannungsaufbau in chemischen Stromquellen gedeutet werden konnte. Zusammen mit dieser Theorie veröffentlichte Nernst die «Nernstsche Gleichung», mit der Gleichgewichtspotentiale an Elektroden bestimmt werden konnten. 1891 formulierte er den «Nernstschen Verteilungssatz» über das Verhalten eines Stoffes in zwei nicht mischbaren Flüssigkeiten. Damit beschrieb er einen Spezialfall des Massenwirkungsgesetzes. 1893 publizierte Nernst sein Werk «Theoretische Chemie vom Standpunkt der Avogadroschen Regel (→ Amadeo Avogadro) und der Thermodynamik», in dem er die klassische Elektrochemie um die Thermodynamik erweiterte. Ebenfalls 1893 erklärte er die elektrolytische Dissoziation chemischer Verbindungen in wäßrigen Lösungen mit der Dielektrizitätskonstante des Wassers, die aufgrund ihres großen Wertes die Dissoziation ermöglicht (Nernst-Thomson-Regel).

1897 unternahm Nernst einen Ausflug in die praktische Physik, als er zwecks spektroskopischer Untersuchungen eine Lampe mit einem Stift aus Oxiden der Seltenerdmetalle konzipierte, deren Wirkungsgrad den der Kohlefadenlampe übertraf (Nernstsche Lampe).

1906 leistete Nernst mit der Einführung des Dritten Hauptsatzes der Thermodynamik (Nernstsches Wärmetheorem) seine bedeutendste Arbeit. Er formulierte, daß die Entropie bei Annäherung an den Temperaturnullpunkt dem Wert 0 zustrebt. Damit ermöglichte Nernst die Vorausberechnung chemischer Reaktionsgleichgewichte und den Weg in die Tieftemperaturphysik. In den Jahren 1906 und 1907 gelang ihm die Synthese von Stickstoffmonoxid aus den Elementen sowie die Ammoniaksynthese. 1918 erklärte er die lichtinduzierte, explosive Reaktion von Chlor und Wasserstoff zu Chlorwasserstoff. Außerdem erarbeitete Nernst neben einer Diffusionstheorie für heterogene Grenzflächen eine Theorie der Nervenerregung. Weitere Arbeiten galten der Biochemie sowie der Astrophysik.

Neumann, Franz Ernst

*** 11. 9. 1798, Joachimsthal,**
† 23. 5. 1895, Königsberg; deutscher Mineraloge und Physiker

Neumann studierte ab 1817 Theologie an der Universität Jena. Unter dem Einfluß von Christian Samuel Weiss wechselte er zur Mineralogie, die er ab 1818 in Berlin studierte. 1820 unternahm er eine von Weiss geförderte mineralogische Exkursion. 1825 promovierte Neumann an der Universität Berlin, 1826 ging er als Privatdozent nach Königsberg. Dort wurde er 1828 außerordentlicher und 1829 ordentlicher Professor für Mineralogie und Physik. 1835 richtete er zusammen mit Carl Gustav Jacob Jacobi das erste mathematisch-physikalische Seminar in Deutschland ein, das unter anderem von Carl Gottfried Neumann und → Gustav Robert Kirchhoff besucht wurde.

Neumann begann seine wissenschaftliche Tätigkeit mit kristallographischen Darstellungsmethoden, die er um die Zonendarstellung erweiterte. Bei seiner Beschäftigung mit der Kristallphysik übertrug er 1831 die Gesetze von Pierre Louis Dulong und Alexis Thérèse Petit der spezifischen Wärme auf Kristalle. 1832 erklärte er die Doppelbrechung, die Brechung und die Reflexion von Licht an Kristallen auf der Grundlage der Wellentheorie des Lichts. 1841 publizierte er eine Theorie der optischen Erscheinungen in deformierten erwärmten Körpern. Ab 1845 widmete sich Neumann der Physik und publizierte seine Schrift «Die allgemeinen Gesetze der inducierten Ströme» (1845), die die Arbeiten von → André-Marie Ampère, → Michael Faraday und besonders Friedrich Emil Lenz zusammenfaßte. 1845 folgte mit «Über ein allgemeines Prinzip der mathematischen Theorie inducierter elektrischer Ströme» ein weiteres Werk zur Elektrodynamik, in dem Neumann die mathematische Formulierung des Induktionsgesetzes vorstellte. Durch diese Arbeiten wurde er zum Begründer der Fernwirkungselektrodynamik. Neumann beschäftigte sich außerdem mit der Theorie der Experimente, die eine Theorie der Meßinstrumente einschloß.

Neumann, John von

*** 28. 12. 1903, Budapest, † 8. 2. 1957, Washington (D.C.); amerikanischer Mathematiker ungarischer Herkunft**

Neumann, Sohn eines Bankiers, studierte von 1921 bis 1925 Mathematik in Berlin und Budapest sowie Chemie in Zürich. 1926 erhielt er ein Stipendium der Rockefeller-Stiftung und ging zu David Hilbert nach Göttingen. Von 1927 bis 1933 war er als Privatdozent in Hamburg und Berlin tätig, parallel dazu als Gastdozent in Princeton, wohin er 1933 übersiedelte und eine Professur am Institute of Advanced Studies annahm. 1943 war Neumann als Berater des Atombombenprojekts in Los Alamos tätig. 1954 wurde er zum Mitglied der US-Atomenergiekommission ernannt.

In seinen frühen Arbeiten beschäftigte sich Neumann mit der Axiomatik der Mengenlehre (1925) und der Beweistheorie (1927); von 1926 bis 1932 entwickelte er die mathematischen Grundlagen für die Quantenmechanik. Er schuf die Axiome für den sogenannten Hilbert-Raum und wandte David Hilberts Spektraltheorie auf unbeschränkte Operatoren an. 1932 gelang ihm der Beweis des «schwachen» (statistischen) Ergodentheorems, der zur mathematisch strengen Begründung der Ergodenhypothese der statistischen Mechanik führte. Ab 1933 widmete sich Neumann der Funktionsanalysis und formulierte mit Hilfe des Banach-Raums seine Idee eines lokalkonvexen Raums. In seinem 1944 erschienenen Werk «Theorie of Games and Economic Behaviour» (zusammen mit Oskar Morgenstern) begründete er die Spieltheorie und hob ihre Anwendung auf Wirtschafts- und Kriegsführung hervor. Ab 1944 war Neumann mit der Entwicklung elektronischer Rechenanlagen befaßt, die später zur Konstruktion der Großrechner ENIAC und MANIAC führten. Darüber hinaus beschäftigte er sich mit den Vorarbeiten für die Entwicklung der Wasserstoffbombe und der Idee sich selbst reproduzierender Automaten.

Newton, Sir Isaac

*** 4. 1. 1643, Woolsthorpe (Lincolnshire), † 31. 3. 1727, London; britischer Physiker, Mathematiker und Astronom**

Newton, Sohn eines Gutsbesizters, studierte ab 1661 an der Universität Cambridge Naturwissenschaften. 1664 wurde er Scholar, 1667 Minor fellow und 1668 Major fellow. Im selben Jahr erhielt er den Titel Master of Arts. 1669 folgte er seinem Lehrer Isaac Barrow als Professor auf den naturwissenschaftlich orientierten Lucas-Lehrstuhl. 1672 erhob ihn die Royal Society zu ihrem Mitglied. 1686 übernahm er das Amt eines Aufsehers der Königlichen Münze, 1699 wurde er deren Direktor. 1705 erhielt Newton aufgrund seiner Verdienste um die Münze einen Adelstitel, außerdem wurde er zum Präsidenten der Royal Society gewählt. Dieses Amt behielt er bis zu seinem Tod 1727.

Newton begann sein umfangreiches und fundamentales Werk mit Arbeiten zur Mathematik. Auf der Grundlage der Arbeiten von → René Descartes und John Wallis entwickelte er – unabhängig von → Gottfried Wilhelm Leibniz – die Infinitesimalrechnung. Getreu seinem Motto «Hypotheses non fingo» formulierte Newton 1666 das «Gravitationsgesetz», nach dem die Gravitationskraft (Schwerkraft) umgekehrt proportional zum Quadrat des Abstands vom Erdzentrum ist. Zur selben Zeit (1656 bis 1666) arbeitete Newton an seinen berühmten Prismenexperimenten.

1668 löste er das Problem der chromatischen Aberration bei Linsenfernrohren dadurch, daß er auf der Grundlage der Theorie von James Gregory ein Spiegelteleskop entwickelte. Die folgenden drei Jahre waren wieder mathematischen Arbeiten gewidmet: 1669 erarbeitete Newton die Theorie der Unendlichen Reihen mit der Binominalentwicklung als Kernstück (Newtonsche Verteilung). 1671 publizierte er in seiner Schrift «Methodus» Quadraturmethoden mittels Reihen und Lösungen geometrischer Probleme. 1672 veröffentlichte Newton in einem Brief an die Royal Society die Ergebnisse seiner 1656 bis 1666 ausgeführten optischen Experimente. Newton formulierte, daß Sonnenlicht aus verschiedenen Farbanteilen besteht, die ein unterschiedliches Brechungsvermögen besitzen und bei Interferenz (Überlagerung) weißes Licht ergeben. Um eine Theorie des Lichts bemüht, postulierte er dessen Teilchencharakter. Weitere optische Untersuchungen führten ihn 1675 zur Farbe dünner Blättchen und zur Entdeckung der «Newtonschen Ringe», die durch Interferenz der an einer Glasplattenoberfläche und an der Linsenunterseite reflektierten Lichtwellen entstehen. 1687 publizierte Newton sein Fundamentalwerk «Philosophiae naturalis principia mathematica». Es enthielt seine drei berühmten Axiome: Trägheitsgesetz, dynamisches Grundgesetz und Reaktionsprinzip. In seinem Trägheitsgesetz stellte Newton dar, daß ein ruhender Körper oder ein sich gleichförmig bewegender Körper ihren Zustand nur dann ändern, wenn eine äußere Kraft auf sie einwirkt. Mit seinem dynamischen Grundgesetz definierte Newton die Kraft als Produkt aus Masse und Beschleunigung. Mit seinem dritten Axiom machte er klar, daß jede Wirkung von einer gleichgroßen Gegenwirkung begleitet wird (actio = reactio). Newton übertrug die Gültigkeit des Gravitationsgesetzes auf beliebige Körper des Universums, wodurch er die Keplerschen Gesetze (→ Johannes Kepler) deuten konnte, die Gezeiten, das Vorrücken der Äquinoktialpunkte, die Bahnstörungen der Planeten als Folge ihrer gegenseitigen Anziehung und die elliptischen Bahnen der Kometen. So bewies Newton die Gültigkeit der Naturgesetze auch für Himmelskörper. 1704 erstellte Newton eine Klassifikation von Kurven dritter Ordnung. Sie erschien 1704 in seinem Werk «Opticks», in dem er eine zusammenfassende Darstellung seiner optischen Experimente gab. 1707 folgte mit «Arithmetica universalis» ein weiteres mathematisches Werk. Newton betrieb außerdem chemische, strömungstechnische («Newtonsche Fluide») und theologische Studien.

Niepce, Joseph Nicéphore

*** 7. 3. 1765, Chalon-sur-Saône,**
† 5. 7. 1833, Gras; französischer Offizier und Privatgelehrter

Über die Vita Niepces ist wenig bekannt. Bereits 1802 publizierte er erste Gedanken, wie man die Bilder einer Camera obscura auf lichtempfindlichem Material festhalten kann. 1811 gab er den Militärdienst auf, und 1822 gelang es ihm, lichtempfindlichen Asphalt auf Stein-, Glas- und Metallflächen zu übertragen. 1824 benutzte er eine mit Asphalt beschichtete Zinkplatte, um nach achtstündiger Belichtungszeit eine Aufnahme aus dem Fenster seines Arbeitszimmers zu machen – die als erste Fotografie der Geschichte bekannt wurde. 1827 reiste Niepce nach London, um sein «Heliographie»-Verfahren (auch «Niepcotypie») der Royal Society vorzustellen; 1829 nahm er Kontakt mit → Louis Jacques Mandé Daguerre auf, der die Niepcotypie nach Niepces Tod verbesserte und zur Daguerreotypie weiterentwickelte.

Nobel, Alfred Bernhard

*** 21. 10. 1833, Stockholm,**
† 10. 12. 1896, San Remo; schwedischer Chemiker und Industrieller

Nobel entstammte einer Unternehmerfamilie, die 1842 nach St. Petersburg gezogen war. Nach Abschluß des von Privatlehrern erteilten Unterrichts ging er 1850 in die USA, wo er bei dem Ingenieur John Ericsson studierte, und nach Paris, wo er bei Théophile-Jules Pelouze Chemiekenntnisse erwarb. Nach seiner Rückkehr arbeitete Nobel im Rüstungsbetrieb seines Vaters, bei dem wegen des Krimkrieges (1853–1856) Hochkonjunktur herrschte. Nach Kriegsende ging die Firma in Konkurs, so daß Nobel den Betrieb zusammen mit seinen Brüdern neu aufbaute. 1864 gründeten sie die «Nitroglycerin Aktiebolaget», 1865 nahm die erste Glyceroltrinitrat-Fabrik bei Stockholm ihren Betrieb auf. 1865 zog Nobel nach Hamburg, wo er eine weitere Fabrikationsanlage für Sprengstoff erbauen ließ (Dynamit Nobel A.G.). Zwischen 1865 und 1873 gründete Nobel 15 Firmen. Als Verwaltungssitz wählte er Paris, das auch sein Wohnsitz wurde. 1886 faßte er seine Gesellschaften in zwei Trusts zusammen, ab 1879 beteiligte er sich am Erdölgeschäft seiner Brüder in Baku (Rußland). Von der Vorstellung beseelt, daß Waffen einen Krieg verhindern helfen, erwarb er 1894 die schwedische Waffenfabrik in Bofors. 1895 gründete Nobel die nach ihm benannte Stiftung, durch die seit 1901 die bedeutendsten Arbeiten auf den Gebieten Chemie, Physik, Medizin, Literatur und Frieden (ab 1969 auch Wirtschaftswissenschaften) prämiert werden.

Nobel verdankte sein Vermögen der Herstellung von Sprengstoffen. 1855 lernte er im St. Petersburger Labor von Nikolai Nikolajewitsch Sinin die Wirkung von Glyceroltrinitrat (Nitroglyzerin) kennen. Ab 1862 experimentierte Nobel erfolgreich mit einer Mischung aus Schießpulver und Glyceroltrinitrat. Mit der Entwicklung eines Initialzünders («Nobels Patentzünder») 1863 schuf er eine Möglichkeit, eine Detonation gezielt auszulösen. Nach der Explosion seines Betriebes 1864 arbeitete Nobel an einem Absorptionsmittel für das Nitroglyzerin, um die Risiken bei seiner Handhabung zu senken. 1867 fand er mit Kieselgur die geeignete Substanz. Den daraus hervorgehenden neuen Sprengstoff mit stärkerer Wirkung ließ Nobel unter dem Namen «Dynamit» patentieren. 1875 erfand er «Extra Dynamit» aus Schießbaumwolle und Nitroglyzerin, das er ab 1879 zu rauchlosem Pulver weiterentwickelte. Darüber hinaus beschäftigte sich Nobel mit Problemen der Elektrochemie, der Optik, der Biologie und Physiologie. Die von Nobel entwickelten Sprengstoffe dienten in seinen Augen zivilen Zwekken. Wirklich zivilen Charakter besaßen seine Patente für automatische Lokomotivbremsen (1878) und ein Verfahren zur Gußeisenreinigung (1879). Insgesamt erwarb Nobel über 355 Patente.

Noether, Amalie Emmy

*** 23. 3. 1882, Erlangen, † 14. 4. 1935, Bryn Mawr (Pennsylvania); deutsche Mathematikerin**

Noether, deren Vater Max Noether als Universitätsprofessor die algebraische Geometrie begründete, versuchte sich nach ihrem Abschluß als Lehrerin für Englisch und Französisch 1900 für das Fach Mathematik zu immatrikulieren. Bis 1904 durfte sie in Erlangen und Göttingen jedoch nur als Hospitantin Vorlesungen in Sprachwissenschaften und Mathematik besuchen. Als 1904 die Aufnahme von Frauen an der Universität Erlangen durch Gesetz eingeführt wurde, konnte sie dort 1907 promovieren. Einige Jahre arbeitete Noether freiberuflich am Mathematischen Institut der Universität Erlangen. 1915 wechselte sie nach Göttingen, wo sie sich erst 1919 – dann war auch dort die gesetzliche Grundlage dazu geschaffen – habilitieren konnte. Ab 1922 war Noether als Professorin für Mathematik in Göttingen tätig, bis man ihr aufgrund ihrer jüdischen Herkunft 1933 die Lehrerlaubnis entzog. Im selben Jahr emigrierte sie in die USA und nahm eine Gastprofessur am Mädchencollege in Bryn Mawr an.

Ihre erste wichtige Arbeit entwickelte Noether um 1915 mit der Theorie der Invarianten. 1918 folgte in Zusammenarbeit mit David Hilbert das nach ihr benannte Noethersche Theorem. Da dieses sich auf die physikalischen Erhaltungssätze stützt, hatte es zugleich besonderen Einfluß auf die Feldtheorie und Quantenphysik. Ein weiterer Themenkomplex Noethers betraf in den 20er Jahren die allgemeine Idealtheorie. Bei der Untersuchung von Idealketten definierte sie 1926 den Noetherschen Ring. Ein Jahr später wandte sie sich der nichtkommutativen Algebra zu und erweiterte die Grundlage der Zahlentheorie, wobei sie die Ergebnisse verschiedener Mathematiker in eine einheitliche Form paßte. Emmy Noether hat insbesondere mit der Herausarbeitung abstrakter algebraischer Strukturen (Ring, Modul, Ideal, hyperkomplexes System) entscheidenden Einfluß auf die Mathematik ausgeübt.

Noethersches Theorem
1918 von Emmy Noether bewiesener mathematischer Satz, der bei Vorliegen bestimmter Symmetrien die unmittelbare Formulierung von Erhaltungssätzen in der Physik ermöglicht.

Noetherscher Ring
Ein beliebiger Ring, beispielsweise die Menge der ganzen Zahlen, wird als «noethersch» bezeichnet, wenn er irgendwann einen stationären Zustand erreicht, an dem die sogenannte Idealkette nicht mehr fortgesetzt werden kann.

O

Ochoa, Severo

*** 24. 9. 1905, Luarca (Provinz Oviedo), † 1. 11. 1993, Madrid; amerikanischer Biochemiker spanischer Herkunft**

Ochoa, Sohn eines Juristen, studierte bis 1921 an der Universität Malaga, anschließend an der Universität Madrid, wo er 1929 das Staatsexamen für Medizin ablegte. Studienaufenthalte führten ihn nach Deutschland und England, bevor er 1940 in die USA auswanderte und 1956 die amerikanische Staatsbürgerschaft annahm. Ab 1942 forschte Ochoa an der University School of Medicine in New York, wo er von 1954 bis 1974 eine Professur innehatte. Für seine bedeutenden Arbeiten auf dem Gebiet der Genetik erhielt er 1959 zusammen mit → Arthur Kornberg den Nobelpreis für Medizin. 1985 ging er zurück nach Spanien, um an der Universidad Auto'noma in Madrid zu lehren.

In seinen ersten Arbeiten beschäftigte Ochoa sich mit der Umwandlung von Kohlenhydraten und Fettsäuren im tierischen Stoffwechsel. Insbesondere beteiligte er sich an der Aufklärung des Fettsäureabbaus durch die sogenannte Beta-Oxidation, eine wiederholte Reaktionsfolge, bei der die Fettsäurekette in jeder Runde um zwei Kohlenstoffatome verkürzt wird. Ochoa arbeitete außerdem an der Erforschung der Photosynthese. Die wichtigsten Arbeiten Ochoas führten zur Aufklärung der Rolle der RNS (Ribonukleinsäure) bei der Proteinsynthese und zur Entzifferung des genetischen Codes. Ein dazu besonders hilfreiches Enzym isolierte Ochoa 1955 aus einem Bakterienstamm. Diese Polynucleotid-Phosphorylase katalysiert normalerweise den Abbau von RNS, konnte durch die Wahl der Versuchsbedingungen jedoch zur Synthese einfacher RNS-Moleküle aus Nukleotiden verwendet werden. Im Gegensatz zu anderen RNS-synthetisierenden Enzymen benötigte die Polynucleotid-Phosphorylase keine DNS als Vorlage. Die Zusammensetzung der RNS ergab sich statt dessen durch zufällige Kombination der eingesetzten Nukleotide. Die synthetischen RNS-Moleküle konnten in zellfreien Proteinsynthese-Ansätzen verwendet werden. Der Einbau radioaktiv markierter Aminosäuren lieferte dann einen Hinweis darauf, für welche Aminosäuren die eingesetzten RNS-Moleküle codierten. So gelang Ochoa 1961 die Entzifferung eines Teils des genetischen Codes, den → Har Gobind Khorana wenig später vollständig entschlüsselte.

Ohm, Georg Simon

*** 16. 3. 1789, Erlangen, † 6. 7. 1854, München; deutscher Physiker**

Ohm erhielt durch seinen Vater, einen Schreinermeister, eine Einführung in die Philosophie, Physik und Mathematik. 1805 begann er ein Studium, das er jedoch 1806 aus finanziellen Gründen unterbrechen mußte. Nachdem Ohm als Mathematiklehrer an einer Schweizer Privatschule tätig gewesen war, kehrte er 1811 nach Erlangen zurück, promovierte und arbeitete als Privatdozent für Mathematik. Von 1813 an unterrichtete er an der Realschule in Bamberg. 1817 wechselte er als Oberlehrer für Physik und Mathematik an das Jesuitengymnasium in Köln. 1826 ließ sich Ohm für ein Jahr beurlauben, um sich auf die wissenschaftliche Laufbahn vorzubereiten. Nach seinem Umzug nach Berlin 1827 trat er aus dem Schuldienst aus, nahm jedoch 1833 seine Tätigkeit als Lehrer wieder auf. Ab Ende 1833 unterrichtete Ohm Physik an der Polytechnischen Schule Nürnberg, deren Rektor er 1839 wurde. Ebenfalls 1839 wurde Ohm als korrespondierendes Mitglied in die Berliner Akademie der Wissenschaften aufgenommen, 1841 zeichnete ihn die Royal Society mit der Copley-Medaille aus und ernannte ihn zum korrespondierenden Mitglied. 1849 erhielt Ohm einen Ruf als Konservator der mathematisch-physikalischen Sammlung. Außerdem übernahm er einen Lehrauftrag an der Universität München und eine Referententätigkeit bei der Telegrafenverwaltung. 1852 wurde Ohm ordentlicher Professor für Physik an der Universität München.

Ohm arbeitete auf den Gebieten Elektrik, Akustik und Optik. 1826 gelang ihm mit der Formulierung des nach ihm benannten «Ohmschen Gesetzes», nach dem bei konstanter Temperatur der Widerstand eines Leiters von der Spannung unabhängig ist, ein fundamentales Gesetz der Elektrizitätslehre. 1827 publizierte Ohm das Gesetz in mathematischer Form, außerdem entwickelte er eine Theorie der elektrischen Leitung in Anknüpfung an die Theorie der Wärmeleitung von Jean-Baptiste-Joseph de Fourier. Ohm zu Ehren wird der Widerstand eines elektrischen Leiters in «Ohm» gemessen, außerdem erhielt ein Drehspulinstrument zur Messung von Widerständen seinen Namen (Ohmmeter). Nach seiner Hinwendung zur Akustik klärte Ohm 1843 auf der Grundlage der Fourieranalyse das Problem der Klangfarbe. Außerdem entdeckte Ohm die Obertonschwingungen über dem Grundton (Ohmsches Gesetz der Akustik). 1849 veröffentlichte Ohm mit «Beiträge zur Molekularphysik» sein erstes Hauptwerk, in dem er physikalische Probleme auf molekularer Ebene behandelte. 1852/53 widmete sich Ohm optischen Phänomenen. 1854 verfaßte er mit «Grundzüge der Physik» sein letztes Hauptwerk.

Ohm
Das nach Georg Simon Ohm benannte Einheitszeichen Ω, SI-Einheit des elektrischen Widerstands: $1\ \Omega = 1\ V/A$.

Oken, Lorenz (eigentlich: Lorenz Ockenfuß)

*** 1. 8. 1779, Bohlsbach (heute zu Offenburg), † 11. 8. 1851, Zürich; deutscher Naturforscher und Philosoph**

Oken studierte ab 1800 Medizin in Freiburg i. Br., Würzburg und Göttingen. Nach seiner Promotion (1804) und Habilitation (1805) wurde er 1807 in Heidelberg zunächst außerordentlicher Professor für Medizin, 1812 dann Professor für Naturgeschichte. Infolge seiner liberal-patriotischen Gesinnung, die er in seiner 1816 gegründeten Zeitschrift «Isis» (1817–1848, 41 Bände) und durch Teilnahme am Wartburgfest (1817) vertrat, verlor er 1819 seine Professur. Daraufhin wirkte Oken als Privatgelehrter und gründete 1822 die Gesellschaft Deutscher Naturforscher und Ärzte. 1828 erhielt er eine Berufung als Professor für Philosophie an die Universität München. 1833 wurde Oken Rektor der neugegründeten Universität Zürich.

Oken gilt als führender Vertreter der romantischen Naturphilosophie, mit der er während seines Studiums vor allem durch die Schriften von Friedrich Wilhelm Joseph von Schelling in Kontakt gekommen war. Obwohl die Naturphilosophie die deduktive Methodik in den Mittelpunkt stellte, führte Oken in Göttingen unter dem Einfluß von → Johann Friedrich Blumenbach zunächst exakte empirische Untersuchungen zum Beispiel über die Keimentwicklung des Huhns durch. Diese und andere vergleichend-anatomische Studien lieferten eine Reihe bedeutender Erkenntnisse wie die Gleichsetzung des Dottersacks der Vögel mit dem Nabelbläschen der Wirbeltiere und die Entdeckung des Zwischenkieferknochens beim Menschen (1805), die zum Prioritätsstreit mit → Johann Wolfgang von Goethe führte. Okens Wirbeltheorie des Schädels (1806), wonach das Kopfskelett aus Wirbeln entstanden ist, basierte hingegen zu einem erheblichen Teil auf Spekulation und wurde 1858 von → Thomas Henry Huxley widerlegt.

Basierend auf dem naturphilosophischen Prinzip der «Einheit der Natur» entwickelte Oken in Analogie zur Keimentwicklung eine Entwicklungstheorie der Erde und ihrer Lebewesen. Dieser pantheistischen Lehre zufolge entsteht aus Gottes Selbstbewußtsein das Licht; die Weltkörper bestehen aus Lichtmaterie, und Organismen bauen sich durch optisch-elektrische Kräfte aus dem «Urschleim» auf. Oken wurde bei diesem Gedanken durch die Beobachtung einzelliger Lebewesen («Infusorien») bei meeresbiologischen Studien an der Nordsee (1807) angeregt. Er nahm weiterhin an, daß die einfachsten Organismen sich zu Kolonien zusammenfügen und daß die Höherentwicklung durch eine zunehmende Komplexität der Organsysteme gekennzeichnet ist. Der Inbegriff des Möglichen ist dieser Theorie zufolge der Mensch. Die Komplexität der Organsysteme war für Oken Ausdruck der Entwicklungshöhe. Darauf aufbauend entwickelte er ein spekulatives, als natürlich erachtetes System der Pflanzen und Tiere. Nach dem morphologisch scheinbar vorherrschenden Organsystem unterschied er zum Beispiel Knochentiere (Fische), Nerventiere (Vögel) und Sinnestiere (Säuger). Oken formulierte bereits eine Rekapitulationstheorie, wonach in der Embryonalentwicklung morphologische Stadien durchlaufen werden, die den erwachsenen Formen niederer Organismen ähneln. Oken sah darin eine Möglichkeit zur Ermittlung der Entwicklungsfolge.

Olbers, Heinrich Wilhelm Matthias

*** 11. 10. 1758, Arbergen (Bremen), † 2. 3. 1840, Bremen; deutscher Astronom und Arzt**

Als achtes von 16 Kindern einer evangelischen Pfarrersfamilie besuchte Olbers

ein Gymnasium in Bremen und studierte ab 1777 Medizin an der Universität Göttingen. Dort hörte er zudem Vorlesungen in Physik und Mathematik. 1780 beendete Olbers sein Studium und eröffnete 1781 eine Praxis als praktischer Arzt in Bremen. Neben seiner beruflichen Tätigkeit widmete er sich intensiv astronomischen Fragestellungen und errichtete 1791 in Bremen eine Privatsternwarte. 1920 gründete sich in Bremen die Olbers-Gesellschaft zur Verbreitung astronomischer Kenntnisse.
Olbers besaß eine detaillierte Kenntnis des Sternenhimmels und beschäftigte sich bevorzugt mit Kometen. Zwischen 1780 und 1821 konnte er sechs Kometen ausmachen, von denen ein 1815 entdeckter nach ihm benannt wurde. 1797 veröffentlichte er eine Methode zur Berechnung von Kometenbahnen aus Beobachtungsdaten, die damals übliche kompliziertere Beweisführungen vermied und bis heute gültig blieb. Den Kometenschweif führte er auf abstoßende Kräfte von Sonne und Kometen zurück. Diese Theorie wurde von seinem Schüler → Friedrich Wilhelm Bessel weiter ausgebaut. Als erster vertrat Olbers die Hypothese, daß die Planetoiden unseres Sonnensystems aus einem zerstörten Planeten hervorgegangen sind. Er entdeckte die Planetoiden Pallas (1802) und Vesta (1804). 1820 formulierte er das Olberssche Paradoxon – eine Problemstellung der Unvereinbarkeit eines dunklen Nachthimmels mit einem (damals vermuteten) räumlich und zeitlich unendlichen Universums, das gleichförmig mit Sternen erfüllt ist. Wenn die Sterne gleichförmig über ein unendliches Weltall verteilt wären, müßte der Nachthimmel so hell leuchten wie die Sonnenoberfläche, da jeder Sehstrahl irgendwann einmal auf einen Stern träfe. Olbers löste dieses Paradoxon durch die Annahme der Absorption von Licht durch Staubmassen im Weltraum.

Oppenheimer, Julius Robert

*** 22. 4. 1904, New York, † 18. 2. 1967, Princeton (New York); amerikanischer Physiker**

Oppenheimer begann 1922 ein Griechisch- und Lateinstudium, wechselte dann zu Physik und Chemie an der Harvard University. Zu seinen Professoren gehörte Percy W. Bridgman. Nach seinem 1925 abgelegten Diplom reiste Oppenheimer nach Europa, wo er seine Kenntnisse vertiefte. Er war Mitarbeiter von → Ernest Rutherford in Cambridge und von → Max Born in Göttingen, bei dem er 1927 promovierte. Anschließend ging Oppenheimer zu Paul S. Ehrenfest nach Leiden und zu → Wolfgang Pauli nach Zürich. 1929 kehrte Oppenheimer in die USA zurück, wo er als Assistenzprofessor an der Universität von Kalifornien in Berkeley und am Institute of Technology in Pasadena unterrichtete. 1936 erhielt er in Berkeley eine ordentliche Professur, 1941 wurde er Mitglied der National Academy of Sciences. 1942 gründete Oppenheimer in Berkeley eine Arbeitsgruppe von Physikern, die an kerntechnischen Problemen in Zusammenhang mit dem amerikanischen Atombombenprojekt arbeiteten. Ebenfalls 1942 wurde Oppenheimer die Leitung des Atombombenprojekts («Manhattan Project») übertragen. 1943 ließ er in Los Alamos/New Mexico vollkommen abgeschottete physikalische Laboratorien errichten, in denen die Bombe entwickelt wurde. Als einige am «Manhattan Project» beteiligte Wissenschaftler 1945 den Einsatz der Bombe für nicht mehr notwendig erklärten, gehörte Oppenheimer zu den Befürwortern des Abwurfs. Ende 1945 kehrte er an das California Institute of Technology in Berkeley zurück. 1946 übernahm er den Vorsitz des General Advisory Comittee der U. S. Atomic Energy Commission, ab 1947 leitete er das Institute for Advanced Studies in Princeton. Aufgrund früherer kommunistischer Aktivitäten, vor allem aber wegen seiner Weigerung, am Projekt der Wasserstoffbombe mitzuwirken, wurde Oppenheimer 1954 aller öffentlichen Ämter enthoben. Die Französische Ehrenlegion ernannte ihn 1958 zu ihrem Mitglied. 1962/63 erfuhr Oppenheimer unter John F. Kennedy seine Rehabilitierung; die Amerikanische Atomenergiekommission zeichnete ihn 1963 mit dem Enrico-Fermi-Preis aus. In seinen letzten Lebensjahren erwies sich Oppenheimer als Pazifist, so trat er für eine ausschließlich zivile Nutzung der Kernenergie ein.

Oppenheimers erste Arbeiten waren quantenphysikalischen Problemen gewidmet. 1927 erarbeitete er zusammen mit Born eine Strukturtheorie zweiatomiger Moleküle. 1930 folgte eine Arbeit über Wechselwirkungen von Teilchen und Feld sowie eine Interpretation der «Löcher-Theorie» von → Paul Adrien Maurice Dirac. 1931 publizierte er gemeinsam mit Ehrenfest eine Abhandlung zur Kernstatistik (Ehrenfest-Oppenheimer-Theorem). 1935 trug Oppenheimer neben einer Klärung der Spaltung von Deuteronen (Kerne des Wasserstoffisotops Deuterium) bei ihrer Annäherung an Atomkerne zum Verständnis der Kaskadentheorie der kosmischen Strahlung bei. 1938 entwickelte er zusammen mit Robert Serber ein Modell der Pulsare (Neutronensterne), die aufgrund dieser Arbeit in den 60er Jahren entdeckt wurden. Als Mitarbeiter und Leiter des «Manhattan Project» berechnete Oppenheimer die Menge des zur Spaltung benötigten Uranisotops U 235 und die Zeit, in der die Kettenraktion ablaufen mußte. Die Bombe wurde nach seinem Konstruktionsplan gebaut, ein erster Test im Juli 1945 war erfolgreich. Nach 1945 arbeitete Oppenheimer an einer Theorie über Mesonen (Elementarteilchen). Letzte Veröffentlichungen Oppenheimers galten den gesellschaftlichen Auswirkungen der Kernenergie. In diesem Kontext verfaßte er das Werk «Atomkraft und menschliche Freiheit» (1957).

Ørsted, Hans Christian

*** 14. 8. 1777, Rudkøbing (Langeland), † 9. 3. 1851, Kopenhagen; dänischer Physiker und Chemiker**

Ørsted, Sohn eines Apothekers, studierte ab 1794 an der Universität Kopenhagen Naturwissenschaften und Pharmazie. Das für die Aufnahmeprüfung nötige Wissen hatte er sich als Autodidakt angeeignet. 1797 erhielt er sein Diplom in Pharmazie und promovierte über ein Thema zur Naturphilosophie von Immanuel Kant. Nach einer kurzen Tätigkeit als Apotheker reiste er durch Deutschland. In Jena lernte er → Johann Wilhelm Ritter kennen, der ihn in die Naturphilosophie Friedrich Wilhelm Joseph Schellings einführte. Über Holland und Frankreich kehrte Ørsted 1804 nach

Kopenhagen zurück, wo er 1806 eine Professur an der dortigen Universität übernahm. 1824 gründete er die Dänische Gesellschaft zur Verbreitung der Naturlehre. In Kopenhagen ließ er eine Polytechnische Schule (heute TH) errichten, deren Direktor er 1829 wurde.

Ørstedt arbeitete als Physiker und Chemiker. 1812 publizierte er unter Berücksichtigung der Arbeiten Ritters und Schellings eine Abhandlung über chemische und elektrische Kräfte. Als Alternative zur «spekulativen Physik» Schellings wählte Ørsted das physikalische Experiment, das ihn 1820 zur fundamentalen Entdeckung des Elektromagnetismus führte. Bei einem im Rahmen seiner Vorlesungen ausgeführten Versuch beobachtete er die Ablenkung einer Magnetnadel durch ein elektrisches Feld. Ørsted erklärte dieses Phänomen mit der Existenz einer magnetischen Komponente im elektrischen Feld.

Mit dieser Entdeckung legte er den Grundstein für weitere Forschungen auf dem Gebiet des Elektromagnetismus und für die Entwicklung der Elektrodynamik. Ørsted forschte außerdem über Eigenschaften von Gasen und Flüssigkeiten. 1822 entwickelte er ein Piezometer, mit dem erstmals die Kompressibilität der Gase und fluiden Stoffe gemessen werden konnte. In der Chemie gelang Ørsted neben der Isolierung des Alkaloids Piperin die Darstellung des Aluminiums aus Aluminiumchlorid durch Reduktion mit einer Kalium-Quecksilber-Verbindung (1825).

Daneben beschäftigte sich Ørsted mit diamagnetischen Phänomenen und Naturphilosophie. In seinem Werk «Der Geist der Natur» (1850/51) formulierte er seine Überzeugung, daß die Natur mit ihrer Harmonie auf das Wirken eines Weltgeistes zurückzuführen sei.

Ostwald, Friedrich Wilhelm

*** 2. 9. 1853, Riga, † 4. 4. 1932, Leipzig; deutscher Chemiker**

Nach dem Abschluß der schulischen Ausbildung am Realgymnasium Riga 1871 studierte Ostwald an der Universität Dorpat (Tartu) bei Carl Ernst Heinrich Schmidt und Johann Lemberg Chemie. In seiner Diplomarbeit (1875), Magisterarbeit (1877) und Promotion (1878) beschäftigte er sich mit physikalisch-chemischen Problemen. Auf seine Tätigkeit als Privatdozent in Dorpat folgte 1882 eine Professur für Chemie am Polytechnikum Riga. 1887 übernahm er den Lehrstuhl für Physikalische Chemie an der Universität Leipzig, wo er eine wissenschaftliche Schule gründete. 1894 richtete die Universität Leipzig ein neues Institut für Physikalische Chemie ein, das Ostwald 1897 bezog. 1906 legte Ostwald sein Lehramt nieder, um sich neben Privatstudien wissenschaftsorganisatorischen und wissenschaftshistorischen Problemen zu widmen. 1909 wurde er für seine Arbeiten über die Katalyse, die chemischen Gleichgewichte und die Reaktionsgeschwindigkeiten mit dem Nobelpreis für Chemie ausgezeichnet. 1910 übernahm er den Vorsitz des Deutschen Monistenbundes als Nachfolger → Ernst Haeckels, 1911 gehörte er zu den Begründern der Internationalen Assoziation der Chemischen Gesellschaften, deren erster Präsident er wurde. Außerdem gründete Ostwald zusammen mit anderen Wissenschaftlern die «Brücke. Internationales Institut zur Organisierung der geistigen Arbeit», dessen Vorsitz er innehatte. Ostwald gilt neben → Svante August Arrhenius und → Jacobus Henricus van't Hoff als Mitbegründer der Physikalischen Chemie. Ab 1882 experimentierte er mit Lösungen verschiedener organischer Säuren («Elektrochemische Studien», «Studium zur chemischen Dynamik»), womit er der Theorie der elektrolytischen Dissoziation von Arrhenius zum Durchbruch verhalf. Neben dem zweibändigen «Lehrbuch der Allgemeinen Chemie» erschien 1887 erstmals die von ihm und van't Hoff herausgegebene «Zeitschrift für Physikalische Chemie, Stöchiometrie und Verwandtschaftslehre». 1888 formulierte Ostwald mit dem «Ostwaldschen Verdünnungsgesetz», das den Zusammenhang zwischen Dissoziationsgrad und Dissoziationskonstante eines Elektrolyten beschreibt, eine erste fundamentale Beziehung der physikalischen Chemie. 1889 veröffentlichte er ein weiteres Lehrbuch («Grundriß der Allgemeinen Chemie») und einen ersten Band der Buchreihe «Ostwalds Klassiker der exakten Naturwissenschaften», dem rund 250 Bände folgten. Sie enthielten relevante Arbeiten aus den verschiedenen naturwissenschaftlichen und geowissenschaftlichen Disziplinen. 1897 lieferte er mit der «Ostwaldschen Stufenregel», nach der ein chemisches System nur sukzessive in einen energieärmeren Zustand übergehen kann, einen weiteren grundlegenden Beitrag zur physikalischen Chemie. 1902/03 präsentierte er ein Verfahren zur katalytischen Umsetzung von Ammoniak zu Stickstoffmonoxid, aus dem Salpetersäure gewonnen wird (Ostwald-Verfahren). Dieser Arbeit waren Untersuchungen über Katalysatoren und katalytische Prozesse vorausgegangen, in deren Verlauf Ostwald eine neue Definition des Katalysators aufgestellt hatte. Ab 1902 hielt Ostwald Vorlesungen über Naturphilosophie, die 1902 in der Zeitschrift «Annalen der Naturphilosophie» veröffentlicht wurden. Er verfaßte weiterhin Fachbücher («Prinzipien der Chemie», 1907, «Elektrochemie», 1910), außerdem ermöglichte er die Veröffentlichung der Arbeiten des Thermodynamikers → Josiah Willard Gibbs. Ostwald betätigte sich auch auf dem Gebiet der Farbenlehre. Er entwickelte eine Systematik, der die psychologische Wirkung der Farben auf den Menschen zugrunde lag («Die Farbenlehre», 1919–1938).

Ostwald-Verfahren
Eine von Friedrich Wilhelm Ostwald entwickelte katalytische Methode zur Gewinnung von Salpetersäure. Ein Ammoniak-Luft-Gemisch wird bei 600 °C durch Platin-Rhodium-Netz-Katalysatoren geleitet. Dabei kommt es zur Bildung von Stickstoffmonoxid. Das Stickstoffmonoxid wird in Rieseltürmen durch Zufuhr von Luft und Wasser in Salpetersäure überführt.

Otto, Nikolaus August

*** 14. 6. 1832, Holzhausen,**
† 26. 1. 1891, Köln; deutscher Motorenbauer und Unternehmer

Otto war Halbwaise. Finanzielle Schwierigkeiten machten ein Studium unmöglich, so daß er eine kaufmännische Lehre absolvierte. Ab 1852 arbeitete er in Stuttgart, 1853 ging er nach Köln, wo er als Kolonialwarenhändler seinen Lebensunterhalt verdiente. 1860 begann Otto mit motortechnischen Experimenten, die ihn 1862 zur Aufgabe seiner kaufmännischen Tätigkeit veranlaßten. 1864 gründete er gemeinsam mit dem Ingenieur und Unternehmner Eugen Langen in Köln die Kommanditgesellschaft N. A. Otto & Cie, 1872 folgte die Gasmotorenfabrik Deutz A. G., in der Otto einen Direktorenposten übernahm (die technische Leitung hatte Gottlieb Wilhelm Daimler inne). Aufgrund seiner Verdienste erhielt Otto unter anderem den Ehrendoktortitel der Universität Würzburg (1883).

Otto entwickelte den nach ihm benannten Verbrennungsmotor. 1860 begann er mit der Verbesserung des Gasmotors von Jean Joseph Etienne Lenoir. 1861 entwickelte er das Viertaktprinzip (Ansaugen, Verdichten, Verbrennen, Ausschieben) und ließ einen Motor mit vier Zylindern bauen, der die Erwartungen jedoch nicht erfüllte. Otto wandte sich daraufhin der Konstruktion von atmosphärischen Gaskraftmaschinen zu und präsentierte 1867 auf der Pariser Weltausstellung einen entsprechenden Motor. 1876 wandte sich Otto wieder dem Viertaktmotor zu, den er erheblich verbessern konnte. Er entwickelte eine stationäre Kraftmaschine, aus der die weltweit verbreiteten Motoren für Kraftwagen, Flugzeuge und Lokomotiven hervorgingen. 1881 präsentierte Otto einen Zweitaktmotor. Mitte der 80er Jahre des 19. Jahrhunderts entwickelte er die Niederspannungsabreißzündung, wodurch die Verwendung flüssiger Brennstoffe möglich wurde.

Ottomotor
Eine 1876 von Otto entwickelte Wärmekraftmaschine, bei der durch Verbrennung eines Kraftstoff-Luft-Gemischs Arbeit geleistet wird. Das Kraftstoff-Luft-Gemisch verbrennt in einem Zylinder. Die Ausdehnung der Verbrennungsgase führt zur Kolbenbewegung, die über eine Pleuelstange und eine Kurbelwelle in die Drehbewegung transformiert wird.

Owen, Sir Richard

*** 20. 7. 1804, Lancaster, † 18. 12. 1892, Sheen Lodge (bei Richmond upon Thames); britischer Anatom und Paläontologe**

Nach der Grammar School begann Owen eine Apothekerlehre; zur gleichen Zeit beteiligte er sich bereits an Leichensektionen und nahm Unterricht bei einem Chirurgen. 1824 nahm Owen sein Medizinstudium an der Universität Edinburgh auf, bis er 1825 nach London an das St.-Bartholomäus-Krankenhaus ging, wo er die Sektionen leitete. 1835 wurde Owen Professor am Royal College of Surgeons und ab 1856 Direktor der naturhistorischen Abteilung des Britischen Museums. 1884 erhielt Owen den persönlichen Adel.

Bereits am Royal College of Surgeons, spätestens aber nach einer Begegnung mit Cuvier im Jahr 1830, begeisterte sich der Mediziner Owen für die zoologische Systematik. Er sezierte fortan so viele Tiere wie möglich. Daraus resultierten zahlreiche vergleichend-anatomische und zoosystematische Darstellungen, zum Beispiel über Kopffüßler, Monotremata, Lungenfische sowie das Fingertier (Aye-Aye).

Anhand von Zahnfunden schloß Owen auf die Ernährungsgewohnheiten ausgestorbener Tiere. Unter anderem durch diese Studien sowie durch von →

Charles Robert Darwin aus Südamerika besorgte Skelette fossiler Säugetiere gelangte Owen zur Paläontologie. Er prägte im Jahr 1842 den Begriff «Dinosaurier» und bereitete 1854 die ersten lebensgroßen, allerdings noch recht ungenauen Rekonstruktionen dieser «Schreckenechsen» vor. 1863 erkannte Owen als erster die Bedeutung des Archäopteryx.

Bereits 1935 beschrieb Owen die Einlagerung von Trichinen in Muskeln; er erkannte die Trichinen jedoch nicht als Krankheitsverursacher. Owens bedeutendste Forschungsleistung dürfte die Unterscheidung zwischen den Begriffen «Homologie» und «Analogie» sein. Analog sind Organe, die bei verschiedenen Tierarten dieselbe Funktion haben, aber von unterschiedlichen Körperstrukturen gebildet werden (zum Beispiel die Grabklauen von Maulwurfsgrillen im Gegensatz zu denen echter Maulwürfe). Homologie liegt vor, wenn Organe mit gleicher Funktion von denselben Körperbereichen abstammen (zum Beispiel Vogel- und Fledermausflügel). Als letzter Naturphilosoph im Sinne Lorenz Okens vertrat Owen die Ansicht, daß die Evolution vitalistisch zu deuten sei. Im Gegensatz dazu sah Darwin in zufälligen Mutationen und nicht in inneren Kräften den Antrieb zur Fortentwicklung der Arten.

P

Paracelsus, Philippus Theophrastus (eigentlich Philipp Aureolus Theophrast Bombast von Hohenheim)

*** 11. 11.(?) 1493, Einsiedeln (Schweiz), † 24. 9. 1541, Salzburg; Schweizer Arzt, Naturforscher und Philosoph**

Seinen ersten Medizinunterricht soll → Paracelsus von seinem Vater erhalten haben, der an einer Bergakademie lehrte; 1510 begann Paracelsus sein Medizinstudium in Basel. Nach dem Bakkalaureat in Wien und seiner Promotion an der italienischen Universität Ferrara im Jahr 1517 (beides historisch ungesichert) durchreiste er Europa. 1524/25 arbeitete Paracelsus in Salzburg und 1526/27 in Basel als Arzt. Weitere Orte seines Schaffens waren 1529 Nürnberg, um 1538 Kärnten und um 1540 Salzburg.

Paracelsus kämpfte zeit seines Lebens gegen die damals scholastisch verstandene und gelehrte Medizin, zum Beispiel die Säftelehre (Humoralpathologie). Als Stadtarzt und Professor in Basel (1527/28) versuchte Paracelsus, in seinen Vorlesungen seine «reformatio medicinae» durchzusetzen.

Paracelsus stand an der Schwelle zu einer Medizin und Chemie, die das Experiment als Grundlage hatte. Seine Therapieerfolge durch die Verwendung von chemischen Medikamenten – vor allem Metallen – machten ihn berühmt. Diese Form der Alchimie hatte nicht die Umwandlung von Elementen zum Ziel, sondern die Arzneimittelherstellung beziehungsweise die Verlängerung des Lebens. Daraus entstand im 17. Jahrhundert die «Iatrochemie», die den Menschen als chemisches System auffaßte und daher auch mit Chemikalien kurierte.

Gedankliche Grundlage von Paracelsus' Lehren waren die vier Elemente Luft, Wasser, Feuer und Erde sowie die arabischen Prinzipien Mercurius (das Flüchtige), Sulfur (das Brennbare) und Sal (der Rückstand). Den Stoffwechsel vermutete er als Sublimierung, Verbrennung und Veraschung im Magen, den er als «Archäus» oder «inneren Alchimisten» bezeichnete. Als Krankheitsursachen kamen für Paracelsus geistige, seelische oder leibliche Störungen des Körpers in Betracht – als kleiner «Kosmos» im wirklichen Kosmos.

Paracelsus setzte als erster das Opiumextrakt Laudanum zur Schmerzbekämpfung sowie Arsen zur Syphilistherapie ein. Da Paracelsus von der Wirksamkeit der Metalle besonders überzeugt war, benutzte er auch giftige Quecksilber- und Antimonsalze zur Behandlung seiner Patienten. Paralytische Zustände brachte Paracelsus richtig mit Kopfverletzungen in Zusammenhang; eine Ursache des Kretinismus (Schwachsinns) sah er im Kropf. Zudem beschäftigte sich Paracelsus mit Heilquellen, Berufskrankheiten von Bergarbeitern und der Chirurgie. Insgesamt war Paracelsus der mittelalterlichen Denkweise verhaftet, also kein moderner Mediziner oder deren Erneuerer. Er und seine zahlreichen Schüler vertraten eine spekulative Kosmologie mit astrologischen, alchimistischen und okkultistischen Anteilen.

Paré, Ambroise

*** 1510, Bourg-Hersent bei Laval (Dép. Mayenne), † 20. 12. 1590, Paris; französischer Chirurg**

Nach einer Barbierlehre in Paris trat Paré 1541 in die französische Armee ein und war als Feldarzt an mehreren Feldzügen beteiligt. Ab 1552 war er Leibchirurg von Heinrich II. und seinen drei Söhnen, unter ihnen Karl IX. Trotz des Widerstands der medizinischen Fakultät wurde er 1554 «Maître-chirurgien» des Collège de Saint-Côme.

Obwohl er die lateinische Sprache nicht beherrschte und die damaligen medizinischen Gelehrten die Chirurgie als handwerkliche Arbeit abtaten, fanden die Schriften Parés große Verbreitung. So konnte er 1536 – allerdings erst 1545 publiziert – die irrige Annahme widerlegen, daß Schußwunden vergiftet seien. Die übliche Methode, diese Verletzungen mit heißem Öl zu desinfizieren, lehnte er ab und verwandte statt dessen milde, kühlende Salben, die den Heilungsprozeß beschleunigten. Mit der Wiedereinführung der Gefäßunterbindung verbesserte er die Methode zur Blutstillung, die sonst durch Ausbrennen der Arterie vorgenommen wurde. Darüber hinaus entwickelte er orthopädische Apparate, Prothesen und Bruchbänder. Er erstellte erstmals eine genaue Diagnostik der Schenkelhalsfraktur und verfaßte genaue Operationsbeschreibungen. Er revolutionierte auch die Geburtshilfe, indem er die Wendung des Fötusses auf die Füße wieder einführte.

Parsons, Sir Charles Algernon

*** 13. 6. 1854, London, † 11. 2. 1931, Kingston (Jamaika); britischer Ingenieur**

Parsons, Sohn eines Astronomen, studierte Ingenieurwissenschaften an den Universitäten von Dublin und Cambridge. 1884 wurde er als Ingenieur in einer Firma für elektrische Generatoren in Gateshead angestellt. Fünf Jahre später baute er bei Newcastle-on-Tyne unter dem Namen Parsons & Co. eine eigene Firma auf. 1911 erhielt er für seine Verdienste den Adelstitel.

In den 1880er Jahren versuchte Parsons die Ausnutzung und Leistungsfähigkeit der Dampfkraft zu verbessern. Mit der 1884 entwickelten mehrstufigen Überdruck-Dampfturbine (Parsons-Turbine), gelang ihm eine direkte Erzeugung der Rotationsbewegung. Mit seiner Konstruktion überwand er die technischen Probleme herkömmlicher Dampfmaschinen, wie beispielsweise die mechanische Beanspruchung der Laufräder bei hohen Drehzahlen. Er konnte außerdem die Hitzebeständigkeit des Materials verbessern und durch die Abgeschlossenheit des Systems ein vorzeitiges Entweichen des Dampfes verhindern. Nachdem etwa 200 als Kopplung an elektrische Generatoren eingesetzte Turbinen für die Stromversorgung gebaut worden waren, stattete er 1897 das 40-t-Schiff «Turbinia» mit seiner Erfindung aus. Darüber hinaus beschäftigte er sich mit dem Einsatz der Turbine als Antrieb von Flugzeugen und erfand neben optischen Instrumenten auch Schneeketten für Autoreifen.

Pascal, Blaise

*** 19. 6. 1623, Clermont-Ferrand, † 19. 8. 1662, Paris; französischer Mathematiker und Philosoph**

Pascal wurde von seinem Vater, einem Königlichen Rat und Steuerbeamten, unterrichtet. 1631 übersiedelte die Familie nach Paris, wo Pascal die Zusammenkünfte der «Freien Akademie» des Mathematikers und Physikers Martin Mersenne besuchte. 1654 begann Pascal eine Korrespondenz mit Pierre de Fermat und → Christiaan Huygens. Von 1655 bis 1657 suchte Pascal das Zisterzienserkloster Port Royal bei Versailles auf, um sich religionsphilosophischen Fragen zu widmen.

Pascal wirkte auf den Gebieten Mathematik, Physik und Philosophie. Schon 1639 begann er eine Abhandlung über Kegelschnitte, «Essays sur les coniques», die 1640 veröffentlicht wurde. In dieser Arbeit wandte er die Methoden von Girard Desargues an und bewies den Satz von den Kegelschnitten (Pascalscher Satz). 1642 begann Pascal mit der Konstruktion einer Maschine für Additions- und Subtraktionsoperationen, womit er die zweite Rechenmaschine entwickelte – nach der von Wilhelm Schickard (um 1620). Mitte der 40er Jahre des 17. Jahrhunderts widmete sich Pascal der Mechanik der Flüssigkeiten und Gase. Zusammen mit seinem Schwager Florin Périer wiederholte er die Experimente von → Evangelista Torricelli und wies nach, daß der atmosphärische Luftdruck mit zunehmender Höhe abnimmt. Zugleich zeigte Pascal, daß mit einem Barometer Höhenmessungen durchgeführt werden können. 1647 entdeckte Pascal das «Prinzip der kommunizierenden Röhren». Die Ergebnisse dieser Forschungen publizierte er in den Aufsätzen «Expériences nouvelles touchant le vide» (1647), «Traité du vide» (1651) und «Traités de l'équilibre des liqueurs et de la pesanteur de la masse de l'air» (1654). 1654 begründete Pascal zusammen mit Fermat und Huygens die Wahrscheinlichkeitstheorie, die bis in die theoretische Physik hineinwirkte. Ebenfalls 1654 erschien mit «Traité du triangle arithmétique» eine Abhandlung, die neben Ausführungen zur Wahrscheinlichkeitstheorie das «Pascalsche Dreieck» zur Reihenentwicklung enthielt.

Pascal lieferte darüber hinaus wichtige Fundamentalarbeiten zur Infinitesimalrechnung. Bei der Berechnung des statischen Moments des Viertelkreisbogens führte Pascal das charakteristische Dreieck am Kreis ein. 1658 veröffentlichte er Berechnungen über Zykloide. In den 50er Jahren des 17. Jahrhunderts vollzog er unter dem Eindruck eines Unfalls eine Hinwendung zur Theologie und Philosophie. Unter dem Einfluß der Arbeiten von Cornelius Jansenius verfaßte er mit «Lettres provinciales» (1657) eine Schrift, in der er die Jesuiten wegen ihres Pro-

Pascal
Einheitszeichen: Pa; Einheit des Drucks und der mechanischen Spannung. 1 Pa ist gleich dem gleichmäßig auf eine ebene Fläche von 1 m^2 wirkenden Druck, wenn senkrecht auf diese Fläche die Kraft 1 N (Newton) ausgeübt wird. 1 Pa = 1 N/m^2 = 10^{-5} bar.

babilismus (Wahrscheinlichkeitsstandpunkt) angriff. Sein philosophischer Standpunkt implizierte auch eine Wissenschaftskritik, denn nach Pascal gründete sich die Wahrheit nicht auf Erkenntnissen analytischer Wissenschaften, sondern auf einer «logique du coeur» (Logik des Herzens). Besonders deutlich wurde Pascals Hinwendung zu Gott in seinem unvollendeten Werk «Pensées sur la religion».

Pasteur, Louis

*** 27. 12. 1822, Dole, † 28. 9. 1895, Villeneuve-l'Étang/Marnes-la-Coquette; französischer Chemiker und Mikrobiologe**

Pasteur, Sohn eines Gerbers, lebte ab 1825 in Arbois. Ab 1838 besuchte er zunächst eine Schule in Paris und dann in Besançon, wo er nach dem ersten Teil seiner Abschlußprüfung (1840) ab 1841 als Hilfslehrer arbeitete. 1842 schloß er in Dijon seine Schulausbildung ab, ging an das Lycée Saint-Louis in Paris und anschließend an die Pariser École normale supérieure, wo er 1846 die Lehramtsprüfung für Physik ablegte. Nach seiner Promotion in Paris 1847 wurde er 1848 Physiklehrer in Dijon und folgte 1849 einem Ruf an die Universität Straßburg. 1854 wechselte Pasteur an die Universität Lille und ging 1859 als Leiter des wissenschaftlichen Zweiges der École normale zurück nach Paris, wo er 1863 Professor für Naturwissenschaften an der Pariser École des Beaux-Arts und 1867 Lehrstuhlinhaber für Chemie an der Sorbonne wurde. Als Träger der Rumford-Medaille der Londoner Royal Society war Pasteur ab 1873 Mitglied der Pariser Medizinischen Akademie und ab 1887 Sekretär der Académie des sciences. 1888 gründete er in Paris das Institut Pasteur.

Pasteurs Popularität gründet sich auf seine Entdeckungen um die Entstehung und Übertragung von Infektionskrankheiten, ihre Bekämpfung durch die Vernichtung infektiösen Materials sowie die aktive Schutzimpfung.

Die Idee, daß Mikroorganismen Auslöser von Krankheiten sein könnten, kam Pasteur 1865 bei der Untersuchung von Seidenraupen in Südfrankreich, unter denen die epidemische Fleckenkrankheit ausgebrochen war. Pasteur wandte die dabei gemachte Entdeckung, daß Krankheitserreger vom einen zum anderen Individuum übertragen werden können, 1867 auf den Milzbrand der Rinder an und zeigte, daß auch Dauerformen (Sporen) des Milzbrandbakteriums infektiös sind.

Studien zur Geflügelcholera (ab 1878) zeigten Pasteur, daß die Ansteckungskraft von in Kultur genommenen Erregern abnehmen kann. Daraufhin spritzte er gesunden Haustieren abgeschwächte oder durch Hitzebehandlung abgetötete Erregerkulturen ein (1881) und schützte die Tiere so erfolgreich vor einer Neuansteckung – eine im Vergleich zu → Edward Jenners Verfahren wesentlich verbesserte Methode der Impfung. Auch gegen die Hühnerpest, den Schweinerotlauf und die Tollwut entwickelte Pasteur Schutzimpfungen, wobei er zur Herstellung des Tollwutimpfstoffes – in Ermangelung des damals nicht darstellbaren Erregers – getrocknete Wirbelsäulen befallener Tiere verwendete.

Frühe Versuche Pasteurs galten der mikroskopischen Untersuchung versauerten Weines. Dabei war ihm aufgefallen, daß in normal vergorenem Wein andere Hefezellen leben als in saurem Wein. Er zeigte, daß der eine Hefezelltyp die erwünschte alkoholische Gärung, der andere Zelltyp jedoch eine Milchsäuregärung bewirkt. Dies erklärte zugleich die Natur von Gärungen als biologischen (und nicht rein anorganisch-chemischen) Vorgang, der vor allem unter Sauerstoffabschluß abläuft. Auch die falsche Theorie der Entstehung von Mikroorganismen aus unbelebter Materie konnte Pasteur um 1864 durch verschiedene Versuche endgültig widerlegen.

Pasteurisieren
Pasteur schlug nach der Entdeckung von Mikroorganismen in sauer gewordenem Wein und Bier die Haltbarmachung von Getränken durch deren kurzfristige Erwärmung auf unter 100 °C vor. Dadurch blieben Farbe, Aroma und Nährwert der Lebensmittel erhalten. Da beim Pasteurisieren nur lebende Organismen, aber nicht immer deren Dauerformen absterben, bewirkt die Pasteurisierung nur eine vorübergehende Konservierung. Während Weine heute zum Beispiel chemisch mit Schwefelsalzen haltbar gemacht werden, benutzt man Pasteurs Konservierungsmethode hauptsächlich für Milch.

Pasteureffekt
Heute als Glykolyse bezeichneter Stoffwechselvorgang, der von Pasteur in Hefen beobachtet wurde und in tierischem Gewebe häufig in Muskeln auftritt. Bei Sauerstoffmangel wird Zucker mit erniedrigter Energieausbeute ohne Verwendung von Sauerstoffmolekülen abgebaut (vergärt). Hefezellen können ihren Stoffwechsel in einer sauerstoffreichen Umgebung auf Zellvermehrung und in einer sauerstoffarmen Umgebung auf Gärung umschalten.

Eine weitere herausragende Leistung Pasteurs war 1848 die mechanische Trennung von Weinsäurekristallgemischen, die aus Molekülen bestanden, von denen jedes einzelne die Schwingungsebene polarisierten Lichtes nach rechts oder links drehte. Diese Versuche schufen die Voraussetzung für die Entwicklung der Lehre spiegelbildlich aufgebauter Moleküle (Stereochemie).

Pauli, Wolfgang

*** 25. 4. 1900, Wien, † 15. 12. 1958, Zürich; österreichisch-amerikanischer Physiker**

Pauli war der Sohn eines Professors für Physikalische Chemie. Nach dem Abitur studierte er bei → Arnold Sommerfeld an der Universität München Physik. 1921 promovierte er, anschließend wurde er Assistent Max Borns an der Universität Göttingen. 1922 ging er zu Wilhelm Lenz nach Hamburg. Ebenfalls 1922 lernte er → Niels Bohr kennen, der ihn für eine Assistententätigkeit an seinem Stockholmer Institut gewinnen konnte.
Nach Hamburg zurückgekehrt, habilitierte sich Pauli 1924 und übernahm 1926 eine außerordentliche Professur für Physik an der Universität Hamburg. 1928 wurde er Nachfolger → Peter Joseph William Debyes als Professor für Physik an der ETH Zürich. Mit Georg Wentzel organisierte er Seminare zur theoretischen Physik. 1940 ging Pauli an das Institute for Advanced Studies in Princeton, 1945 erhielt er aufgrund seiner Formulierung des Ausschließungsprinzips den Nobelpreis für Physik. Nach Annahme der amerikanischen Staatsbürgerschaft kehrte er 1946 nach Zürich zurück.

Pauli arbeitete auf dem Gebiet der Quantenphysik, der Festkörper-, Kern- und Elementarteilchenphysik. 1919 publizierte er einen vielbeachteten Aufsatz über die Beziehung zwischen den Gravitationstheorien → Albert Einsteins und Hermann Weyls, in dem er einen eigenen Ansatz zu einer einheitlichen Theorie formulierte. 1920 folgte eine Schrift mit dem Titel «Übersicht über die Relativitätstheorie», die in der «Enzyklopädie der mathematischen Wissenschaften» erschien. Nach Arbeiten auf dem Gebiet der Quantentheorie und dem Studium der Forschungen von Pieter Zeeman formulierte Pauli 1924/25 das Ausschließungsprinzip (Pauli-Prinzip), nach dem ein Atom keine zwei Elektronen enthalten darf, die in allen vier Quantenzahlen übereinstimmen. Mit diesem grundlegenden Gesetz konnte das magnetische Verhalten der Atome abgeleitet werden. 1925 berechnete Pauli die Energiezustände des Wasserstoffatoms mit Hilfe der Matrizenmechanik von → Werner Karl Heisenberg, → Max Born und Pascual Ernst Wilhelm Jordan. 1927 konnte er durch die Einführung der Spinmatrizen (Spin: Eigendrehung) seine Theorie des Elektronenspins mit dem quantenmechanischen Modell in Einklang bringen. Mit der Einführung des Elektronenspins konnte die Existenz der Hyperfeinstruktur von Elektronenspektren geklärt werden. Ebenfalls 1927 entschlüsselte er anhand der Quantenmechanik die magnetischen Eigenschaften des Elektronengases und zeigte, daß das Spinmoment der Elektronen einen Beitrag zur Magnetisierung eines Stoffes liefert (Paulischer Paramagnetismus). Zusammen mit Werner Karl Heisenberg erarbeitete Pauli die relativistische Quantenmechanik sowie die Quantenfeldtheorie. In den Jahren 1927 bis 1929 veröffentlichte er gemeinsam mit Heisenberg Arbeiten zur Quantenelektrodynamik. Um 1930 betätigte sich Pauli als Kernphysiker. Im Zuge seiner Untersuchungen zum Betazerfall eines Atomkerns postulierte er, daß ein elektrisch neutrales Teilchen mit einer geringen Ruhemasse abgestrahlt werden müsse, damit der Satz von der Erhaltung der Energie mit dem kontinuierlichen Elektronenspektrum in Einklang gebracht werden kann.

1933 publizierte Pauli den Aufsatz «Die allgemeinen Prinzipien der Wellenmechanik». In mehreren Arbeiten der Jahre 1936 bis 1941 klärte Pauli die Beziehungen zwischen Spin und Teilchenstatistik. In den 40er Jahren arbeitete er an der Weiterentwicklung der Quantenfeldtheorie und an einer Theorie der Mesonen (Elementarteilchen). 1949 erarbeitete er zusammen mit Felix M. H. Villars eine störungstheoretische Methode der invarianten Regularisierung physikalischer Größen. 1955 formulierte er das CPT-Theorem (Pauli-Lüders-Theorem), das für die Elementarteilchenphysik von Bedeutung war. Zu Beginn der 50er Jahre beteiligte sich Pauli an der Ausarbeitung der nichtlinearen Spintheorie Heisenbergs, die er jedoch schnell als wenig erfolgversprechend erkannte.

Pauling, Linus Carl

*** 28. 2. 1901, Portland (Oregon), † 19. 8. 1994, Big Sur, Kalifornien; amerikanischer Chemiker und Molekularbiologe**

Pauling, Sohn eines Apothekers, begann 1917 seine Ausbildung in chemischer

Verfahrenstechnik am Oregon State College in Portland, die er 1922 abschloß. Er wechselte im selben Jahr an das California Institute for Technology (Caltech), wo er als Dozent arbeitete und 1925 promovierte. Ein Studienaufenthalt 1926/27 führte Pauling in die Labors der europäischen Quantenphysiker → Arnold Sommerfeld, → Erwin Schrödinger und → Niels Bohr; nach seiner Rückkehr an das California Institute for Technology (1927) wurde er 1931 zum Professor für Chemie und chemische Technologie berufen, von 1936 bis 1958 arbeitete er als Direktor der dem Caltech angeschlossenen Gates and Crellin Laboratories. 1967 folgte er einem Ruf an die University of California in San Diego und wechselte von 1969 bis 1973 an die Universität Stanford in Palo Alto. 1973 gründete Pauling in Palo Alto ein eigenes molekularbiologisches und -medizinisches Forschungsinstitut. Im Zweiten Weltkrieg arbeitete Pauling von 1942 bis 1945 in der Abteilung für Explosivstoffe der Studienkommission für Nationale Sicherheit; nach Abwurf der Atombombe war Pauling einer der Mitgründer der Pugwash- beziehungsweise der Friedensbewegung. Die Amerikanische Gesellschaft für Chemie wählte Pauling 1949 zu ihrem Präsidenten, 1951 wurde er Vizepräsident der amerikanischen Philosophischen Gesellschaft, und von 1963 bis 1967 stand er dem Center for the Study of Democratic Institutions in Santa Barbara vor. Zu Paulings zahlreichen Auszeichnungen gehören der Langmuirpreis der Amerikanischen Gesellschaft für Chemie (1931), die Ehrendoktorwürden zahlreicher Universitäten (etwa 1959 die der Berliner Humboldt-Universität) sowie die Nobelpreise für Chemie (1954) und Frieden (1962).

Paulings Arbeiten zur chemischen Bindung, Biochemie und medizinischen Chemie veränderten die Denkweise über molekulare Strukturen von Grund auf. Seine prinzipielle Leistung dabei ist die physikalische Deutung chemischer Strukturen. Das Zustandekommen chemischer Bindungen zwischen einzelnen Atomen konnte Pauling durch die Anwendung der quantenmechanischen Vorstellungen Louis Victor de Broglies erstmals schlüssig erklären: Die Elektronen zweier Atome streben danach in Wellenform einen stabilen Zustand – die chemische (kovalente) Bindung – an. Dabei kann die elektrische Ladung ungleich auf die beteiligten Atome verteilt sein. Atome mit höherer Ladung ziehen die Bindungselektronen stärker an, was bei Atomen verschiener Elektronegativität eine Ladungsverschiebung (Polarität) verursacht; anhand ihrer Elekronegativitäten lassen sich Energie und Charakter von Atombindungen abschätzen. Die Stabilität bestimmter organischer Moleküle begründete Pauling mit Elektronenverschmierungen (Resonanz), die eine energetische Stabilisierung des Moleküls bewirken. Seine bis heute gültigen Vorstellungen faßte er 1939 in seinem Buch «Die Natur der chemischen Bindung» beziehungsweise 1967 in «Die chemische Bindung» zusammen. Auch Paulings Lehrbücher, vor allem «General Chemistry» von 1947 (deutsch: «Chemie») fanden weite Verbreitung.

Den Nobelpreis für Chemie erhielt Pauling für seine herausragenden Untersuchungen zur Struktur von Biomolekülen – eine Übertragung seiner frühen Theorien auf kompliziertere Moleküle aus lebenden Geweben. So untersuchte Pauling 1936 den Blutfarbstoff Hämoglobin und fand 1940 in den roten Blutkörperchen von an Sichelzellanämie Erkrankten eine veränderte Hämoglobinform. Diese Entdeckung brachte die Erforschung von Krankheiten auf molekularer Ebene in Gang, ein Wissenschaftszweig, den Pauling ab 1973 auch in seinem eigenen Institut betrieb (1996 der Oregon State University angegliedert). Durch seine in den frühen 50er Jahren aus Röntgenbeugungsdaten entwickelte Hypothese, daß Eiweiße in Schraubenform (helikal) angeordnet sein können, bereitete Pauling unter anderem die gedankliche Grundlage für die Strukturaufklärung der Desoxyribonukleinsäure durch → Francis Harry Compton Crick und → James Dewey Watson (1953). Darüber hinaus arbeitete er über die Proteinstruktur im Zusammenhang mit der Entstehung und Fortentwicklung des Lebens sowie an einer Molekulartheorie der Anästhesie. Nach dem Zweiten Weltkrieg bis an sein Lebensende war Pauling entschiedener und aktiver Gegner von Kernwaffen und überreichte den Vereinten Nationen 1958 einen von 11 000 Wissenschaftlern aus aller Welt unterschriebenen Aufruf zur Einstellung jeglicher Atomtests. Nach Durchsetzung eines teilweisen Teststoppabkommens, das 1962 international in Kraft trat, erhielt Pauling 1963 den Friedensnobelpreis.

Pawlow, Iwan Petrowitsch

*** 14. 9. 1849, Rjasan, † 27. 2. 1936, St. Petersburg; russischer Physiologe**

Pawlow, Sohn eines russisch-orthodoxen Dorfgeistlichen, brach mit 20 Jahren – angeblich nach der Lektüre der «Entstehung der Arten» von → Charles Robert Darwin – sein Theologiestudium ab. Er wechselte zur Universität Petersburg, wo er zunächst Physiologie und Chemie und ab 1875 auch Medizin studierte. 1878 bis 1884 arbeitete er als Leiter des physiologischen Labors an der Petersburger Medizinischen Klinik. 1883 habilitierte er sich dort und arbeitete von 1884 bis 1886 in Leipzig und Breslau experimentalphysiologisch. 1890 wurde er Professor für Pharmakologie in Petersburg, im Jahr 1895 erhielt er den dortigen Lehrstuhl für Physiologie. 1904 wurde Pawlow als erstem auf dem Gebiet der Physiologie der Nobelpreis zugesprochen, 1907 wurde er zum ordentlichen Mitglied der russischen Akademie der Wissenschaften ernannt.

Während sich Pawlow zunächst mit dem Einfluß der Nerven auf die Herzfunktion beschäftigte, galt sein Hauptwerk der Physiologie und nervalen Steuerung der Verdauung. Dazu legte er bei seinen Versuchstieren operativ künstliche Magenausgänge (Fisteln) an, ohne die Nerven zu beschädigen. Das bedeutendste Resultat dieser Forschungen war die Beobach-

Der Pawlowsche Hund

Pawlow setzte als Versuchstiere überwiegend Hunde ein. Um die auf das Tier wirkende Reizstärke zu regulieren, benutzte Pawlow zum Beispiel nebeneinanderliegende Töne auf der Klaviertastatur. Je näher die dem Hund dargebotene Frequenz an derjenigen lag, auf die das Tier zuvor trainiert («konditioniert») worden war, desto mehr Speichel gab es durch die Fistel ab. Dies bewies, daß der Erregungsgrad der Versuchstiere von der Stärke des auslösenden Reizes beeinflußt wird.

tung, daß die Produktion der Magensäfte bereits beim Anblick von Futter aktiviert wird, solange die Nerven intakt bleiben. Er nannte diese Reaktion «unbedingt», das heißt angeboren. Für diese Experimente wurde Pawlow seine erste Professur zuerkannt. Später schickte Pawlow dem Futterreiz ein akustisches Signal (Klavierton) voraus. Die Tatsache, daß das Versuchstier nach einigen Lerndurchgängen bereits beim Ertönen des Klaviers Speichel absonderte, bezeichnete Pawlow als «bedingte» – das heißt (unbewußt) erlernte – Reaktion.

Die erlernten Reflexe ordnete Pawlow höheren Nervenzentren zu, angeborene Reflexe deutete er als Funktionen niedrigerer Nervensysteme. Daran anknüpfend interpretierte Pawlow das gesamte menschliche Verhalten als Kette von bedingten erlernten Reflexen. Dies legte den Grundstein für neue wissenschaftliche Verhaltenstheorien, unter anderem den Behaviorismus, aber auch für angewandte psychiatrische Therapieformen.

Obwohl Pawlow Antikommunist war, wurde er auch nach der Oktoberrevolution von der sowjetischen Regierung stark gefördert und als lebendes Beispiel russischer Wissenschaft und sowjetischer Toleranz herausgestellt.

Penck, Albrecht

*** 25. 9. 1858, Reudnitz (bei Leipzig), † 7. 3. 1945, Prag; deutscher Geograph**

Penck nahm 1875 ein Studium der Chemie, Botanik, Mineralogie und Geologie in Leipzig auf und schloß es 1878 in den beiden letztgenannten Fächern ab. Nach Studienreisen durch Norddeutschland und Skandinavien widmete er sich 1880 in München der Paläontologie und schließlich ganz der Geographie, worin er 1882 eine Privatdozentur und 1883 die Habilition erwarb. Penck wurde 1885 Professor in Wien und 1906 Nachfolger Ferdinand Freiherr von Richthofens am Berliner Lehrstuhl für Geographie, den er bis 1926 innehatte. Von 1906 bis 1921 leitete er das Berliner Museum für Meereskunde; von 1907 bis 1930 gehörte er zum Vorstand der Gesellschaft für Erdkunde, für die er neun Jahre lang auch als deren Präsident tätig war. Studienreisen führten ihn zwischen 1897 und 1914 unter anderem nach Nordamerika, Mexiko, Ägypten und Südafrika. 1914 hatte er eine Gastprofessur in den USA.

Penck gilt als einer der bedeutendsten Geomorphologen seiner Zeit und als Pionier auf dem Gebiet der Glazialmorphologie. 1879 veröffentlichte er die Ergebnisse von Geländestudien in Norddeutschland und Skandinavien, die die Inlandeistheorie des Geologen Otto Martin Torell aus dem Jahr 1875 bekräftigten. Sie besagt, daß die Gebiete im nördlichen Mitteleuropa von einer dicken Eisschicht bedeckt gewesen waren. Ab 1882 wies Penck anhand der Gletscherspuren im nördlichen Alpenvorland und in den deutschen Alpen vier Glazialzeiten nach.

Sein zwischen 1901 und 1909 erschienenes Hauptwerk «Die Alpen im Eiszeitalter» hat einen bleibenden Einfluß auf die Forschung ausgeübt und trug wesentlich zur Begründung der modernen Geomorphologie bei. Penck trat auch durch eine ganzheitliche Sichtweise als Geograph hervor und regte 1891 auf dem 5. Internationalen Geographenkongreß eine internationale Weltkarte im Maßstab 1 : 1 000 000 an.

Perkin, Sir William Henry

*** 12. 3. 1838, London, † 14. 7. 1907, Sudbury (bei London); britischer Chemiker und Industrieller**

Perkin studierte ab 1853 bei August Wilhelm von Hofmann am Royal College of Chemistry in London. 1855 wurde er Titularassistent von Hofmanns, 1856 dessen Assistent. 1857 gründete Perkin in Greenford Green die Teerfarbenfabrik Perkin & Sons. 1873 verkaufte er seine Firma, um sich ausschließlich Privatstudien zu widmen. Perkin war Mitglied zahlreicher wissenschaftlicher Organisationen, so fungierte er als Präsident der Chemical Society (1883–1885) und als Vizepräsident der Royal Society (1893/94). 1906 wurde er geadelt.

Perkin forschte auf dem Gebiet der Chemie der Kohlenstoffverbindungen (organische Chemie). 1856 begann er mit einer Versuchsreihe zur Chinin-Synthese, die ihn zur Herstellung des Farbstoffs Mauvein führte. Perkin brachte das Syntheseverfahren zur technischen Reife, womit er die britische Farbstoffindustrie begründete. Zusammen mit Baldwin Francis Duppa forschte Perkin von 1857 bis 1860 über Essig- und Weinsäure. 1869 gelang ihm unabhängig von → Carl Graebe und Carl Theodor Liebermann die industrielle Synthese des Farbstoffs Alizarin. Ab 1873 widmete er sich Untersuchungen über die Einwirkung von Anhydriden der Essigsäure auf aromatische Aldehyde und entwickelte von 1875 bis 1877 Methoden zur Darstellung von Zimtsäure und Cumarin. 1881 gelang Perkin die Anwendung physikalischer Methoden (Dispersionsmessung, Refraktionsbestimmung) zur Strukturaufklärung organischer Substanzen.

Pettenkofer, Max Josef von

*** 3. 12. 1818, Lichtenheim (bei Neuburg/Donau), † 10. 2. 1901, München; deutscher Chemiker und Hygieniker**

Pettenkofer studierte in München Pharmazie und Medizin und schloß 1843 sein Studium ab. Danach beschäftigte er sich in Würzburg mit Chemie und wechselte nach Gießen ins Labor → Justus von Liebigs. 1847 ernannte man Pettenkofer zum Professor für medizinische Chemie an der Universität München, deren Rektor er 1865 wurde. Im selben Jahr wurde er, ebenfalls in München, erster deutscher Professor für Hygiene und baute dort von 1876 bis 1879 das erste Hygieneinstitut auf. 1883 verlieh man Pettenkofer den erblichen Adel; von 1890 bis 1899 war er Präsident der Bayerischen Akademie der Wissenschaften. 1893 legte er seine Professur nieder, 1901 beging er Selbstmord.

Pettenkofers anerkanntestes Arbeitsgebiet war die von ihm selbst definierte und mit Inhalt gefüllte Wissenschaft der Hygiene. Er setzte die Hygiene als eigenständigen Bereich der Medizin durch, sah aber auch den damit verbundenen wirtschaftlichen Aspekt. Daher sprach er auch Verwaltung und Ingenieure an und entwickelte eine «Gesundheitstechnik», die zum Beispiel bei der Sanierung Münchens praktiziert wurde.

In seiner zweiten Lebenshälfte widmete sich Pettenkofer der Epidemiologie. Im Gegensatz zu seinen frühen Arbeiten haben diese Untersuchungen nur noch historischen Wert. Pettenkofer glaubte nicht, daß die Cholera, die 1854 auch in München ausbrach, alleine von einem Erreger ausgelöst werde, sondern maß der Boden- und Grundwasserbeschaffenheit die Hauptbedeutung zu («Untersuchungen und Beobachtungen über die Verbreitung der Cholera», 1855). Im Zusammenhang mit einem berühmten Streit mit → Robert Koch über die Ursache der Cholera schluckten Pettenkofer und seine Assistenten 1892 sogar ganze Kulturen von Cholerabakterien. Obwohl Pettenkofer nicht erkrankte, brach seine Krankheitstheorie zusammen, weil das epidemieauslösende «lokalistische» Element chemisch nicht gefunden werden konnte. (1884 entdeckte Koch endgültig den Choleraerreger.) Die heute in der Epidemiologie unumgängliche Ortsbesichtigung und ausgiebige statistische Erfassung und Auswertung des Seuchengeschehens wurde von Pettenkofer und seinen Schülern eingeführt.

Zeitlebens hatte sich Pettenkofer vor allem für Chemie und Physiologie interessiert. So entwickelte er bei Justus von Liebig den Gallensäurenachweis und arbeitete am Königlichen Hauptmünzamt in München erfolgreich an chemischen Fragen. 1844 entdeckte Pettenkofer das Kreatinin, einen wichtigen Bestandteil des Muskelgewebes, zudem arbeitete er an einer verbesserten Methode zur Zementherstellung (1847), der Herstellung von Leuchtgas aus Holz (1851) sowie, zusammen mit Carl von Voit, an Stoffwechselbilanzen (um 1860).

Pfeffer, Wilhelm Friedrich Philipp

*** 9. 3. 1845, Grebenstein, † 31. 1. 1920, Leipzig; deutscher Chemiker und Botaniker**

Pfeffer erhielt bereits als Jugendlicher sowie später als Lehrling seines Vaters (eines Apothekers) gründliche Einblicke in die Botanik. Ohne Abitur legte Pfeffer 1862 die Apothekergehilfenprüfung ab und begann 1863 in Göttingen ein Chemie- und Pharmaziestudium, unter anderem bei Friedrich Wöhler und → Wilhelm Eduard Weber. Pfeffer setzte nach seiner Promotion 1865 das Pharmaziestudium in Marburg fort und arbeitete anschließend in Augsburg und Chur als Apotheker. 1869 legte er an der Universität Marburg die pharmazeutische Staatsprüfung ab; danach arbeitete er rein botanisch an der Universität Berlin und schließlich in Würzburg bei → Julius Sachs. 1871 im Marburg habilitiert, wurde Pfeffer 1873 nach Bonn und 1877 nach Basel berufen. 1878 wechselte er an die Universität Zürich und folgte 1887 einem Ruf an die Universität Leipzig.

Pfeffer baute die Pflanzenphysiologie wesentlich aus und verfaßte das mehrere Jahrzehnte als Standardwerk benutzte Lehrbuch «Pflanzenphysiologie» (1881). Durch Sachs' und Pfeffers Einfluß gewann die Physiologie gegenüber der Pflanzenmorphologie eine überragende Position.

Die bekannteste Leistung Pfeffers ist die Konstruktion eines nach ihm benannten Apparates zur Bestimmung des osmotischen Drucks von Lösungen. Er konnte damit ab 1877 Aussagen über den Flüssigkeitstransport in Pflanzen machen und schlüssig zeigen, daß zur Bewegung von Pflanzen nicht die Kontraktion ihrer Gefäße notwendig ist, sondern rein osmotische Erscheinungen genügen.

Die Messungen Pfeffers bildeten die Grundlage der Arbeiten → Jacobus Henricus van't Hoffs, der den Zusammenhang zwischen dem osmotischen Druck einer Lösung und deren molekularer Zu-

Pheffersche Zelle

Als näherungsweises Modell einer Pflanzenzelle trennte Pfeffer ein Tongefäß mittels einer Membran in zwei Zellen. Die Membran war durch Poren für kleine Moleküle (zum Beispiel Wasser) durchlässig, während große Moleküle (zum Beispiel Eiweiße, das heißt Proteine) nicht passieren konnten. Füllt man in die eine Kammer eine Proteinlösung und in die andere Kammer Wasser, so tritt vorwiegend Wasser in die Proteinlösung über und erhöht deren Druck beziehungsweise Volumen. Diesen Vorgang nennt man Osmose; die dabei entstehende Druckveränderung ist von der Größe der beteiligten Moleküle abhängig. Daher erlaubt die Druckmessung bei bekanntem Membranporendurchmesser eine Abschätzung der Größe unbekannter, gelöster Moleküle.

sammensetzung herstellte. Weitere Arbeiten Pfeffers galten der Reizwirkung auf Pflanzen und Pflanzenbestandteile und erwiesen unter anderem die richtende Wirkung von Chemikalien (Chemotaxis) auf bewegliche Zellen, etwa Spermien. Auch die Reaktionen der Pflanzen auf Licht und Temperatur sowie vor allem Schlafbewegungen von Blättern standen im Forschungsmittelpunkt Pfeffers. 1898 verwendete er erstmals Zeitrafferaufnahmen der Schlafbewegungen, um diese besser sichtbar zu machen. Daß Blatt- und Blütenbewegungen auch unabhängig von Umweltreizen auftraten (1909), sprach für einen inneren, vererbten Antrieb dieser Funktionen.

Wie vielseitig Pfeffers botanische Interessen waren, zeigen seine Untersuchungen zur Beschaffenheit des die Zelle füllenden Protoplasmas sowie die Konstruktion ideenreicher Versuchseinrichtungen, zum Beispiel einer Klimakammer für physiologische Experimente.

Piccard, Auguste

*** 28. 1. 1884, Lutry (Kanton Waadt), † 25. 3. 1962, Lausanne; Schweizer Physiker**

Piccard, der Vater des Tiefseeforschers Jacques Piccard, arbeitete nach seinem Maschinenbaustudium in Basel zusammen mit → Albert Einstein an der Entwicklung elektrischer Meßgeräte. Von 1917 bis 1922 war er Professor an der ETH Zürich. 1922 ging er an das Polytechnische Institut in Brüssel, wo er – mit Unterbrechung durch den Zweiten Weltkrieg – bis 1954 blieb.

Piccard befaßte sich mit der kosmischen Strahlung und den ionisierten Schichten in der oberen Atmosphäre. Um auf diesem Gebiet bessere Meßbedingungen zu erhalten, entwickelte er zusammen mit seinem Assistenten F. Kipfer eine hermetisch dichte Aluminiumgondel, mit der beide 1931 von Augsburg aus einen Ballonaufstieg bis in eine Höhe von 15 781 m schafften – das erste Eindringen eines Menschen in die Stratosphäre. Piccards Zwillingsbruder Jean Félix erreichte 1934 fast 17 500 m. Nach weiteren 27 Ballonaufstiegen wandte sich Piccard 1947 der Tiefseeforschung zu. Mit seinem Tiefseetauchgerät «Bathyskaph» – es bestand aus einem zigarrenförmigen Oberteil als Schwimmkörper und einer darunter angebrachten Stahlkugel – erreichte er 1953 an der afrikanischen Mittelmeerküste eine Tiefe von 3150 m.

Pickering, Edward Charles

*** 19. 7. 1846, Boston (Massachusetts), † 3. 2. 1919, Cambridge; amerikanischer Astronom**

Pickering studierte Chemie an der Lawrence Scientific School in Harvard, wo er

1865 promovierte. 1867 übernahm er eine Professur für Physik am Massachusetts Institute of Technology und richtete dort zu Ausbildungszwecken ein physikalisches Labor ein. 1876 wurde er Astronomieprofessor an der Harvard-Universität und Direktor des Observatoriums. 1891 baute er gemeinsam mit seinem Bruder William Henry Pickering eine Sternwarte in Peru auf.

Pickering arbeitete auf den Gebieten der Photometrie, Stellarspektroskopie und Stellarfotografie. Aufgrund seiner Beobachtungen veränderlicher Sterne führte er 1881 eine Klassifizierung nach fünf typischen Vertretern ein (Mirasterne, ∂-Cepheiden, Algolsterne, Novae und Veränderliche mit unregelmäßigen Lichtwechseln). Als Klassifizierungskriterium wählte Pickering die Helligkeitskurven der beobachteten Sterne. 1882 entwickelte er eine Methode zur Abbildung von Sternspektren. Dazu setzte er ein Prisma geeigneter Größe vor die fotografische Aufnahmeplatte des Teleskops, wodurch jeder erfaßte Stern als Spektrum aufgenommen werden konnte. Dieses Verfahren war besonders für die Stellarstatistik von Bedeutung. 1889 entdeckte Pickering beim Studium des Sterns Ÿ im Großen Bären die gelegentliche Verdoppelung seiner Spektrallinien. Pickering schloß daraus, daß es sich um ein Doppelsternsystem handeln müsse, bei dem sich zwei Sterne um eine gemeinsame Achse drehen. Pickering hatte damit den ersten spektroskopischen Doppelstern entdeckt.

1903 publizierte Pickering einen fotografischen Mondatlas und die «Photographic Map of the Entire Sky», in der Sterne bis zur 12. Größenklasse verzeichnet waren. Der Veröffentlichung des berühmten Katalogs «Harvard Photometry» im Jahr 1908 folgte der nicht minder berühmte Katalog «Revised Harvard Photometry» (ebenfalls 1908). Beide Werke enthielten 45 000 Sterne bis zur 7. Größenklasse. Der heute noch gebräuchliche Begriff «Größenklasse» wurde von Pickering eingeführt, der damit Aussagen über die scheinbare Sternhelligkeit ermöglichte. Als Ausgangspunkt der Helligkeitsskala wählte Pickering den Polaris (Polarstern). Durch diese Arbeit Pickerings wurde der Polaris ein international verbindlicher Bezugspunkt. Zum Zwecke astrophysikalischer Untersuchungen führte Pickering eine Spektraldurchmusterung von etwa 250 000 Sternen bis zur 9. Größenklasse durch. Diese Beobachtungen wurden 1919 bis 1924 im «Henry Draper Catalogue» veröffentlicht.

Zusammen mit Annie Jump Cannon erarbeitete Pickering eine Spektralklassifikation, die 1922 durch die Internationale Astronomische Union als verbindlich empfohlen wurde und heute noch in modifizierter Form gültig ist. Zur Messung der Radialgeschwindigkeiten veränderlicher Sterne entwickelte Pickering die «Reversionsmethode», bei der alle fotografischen Platten zweimal belichtet werden. Dadurch verdoppelt sich der Betrag der Linienverschiebung auf den fotografischen Aufnahmen.

Pier, Matthias

*** 22. 7. 1882, Nackenheim,**
† 12. 9. 1965, Heidelberg; deutscher Chemiker

Nach einem Studium der Chemie und Physik in Heidelberg, Jena, München und Berlin promovierte Pier 1907 mit einer Arbeit über die «Spezifische Wärme und Dissoziationsverhältnisse von Chlor». 1910 ging er nach Neubabelsberg, wo er als Chemiker in der Forschungsstätte der deutschen Sprengstoffindustrie tätig wurde. Von 1920 bis 1949 war er leitender Mitarbeiter bei der BASF und der I. G. Farbenindustrie AG in Ludwigshafen, wo er lange Zeit der Abteilung für Hochdruckversuche zur katalytischen Druckhydrierung von Kohle, Teeren und Ölen vorstand. Da er ohne Vorbehalte seine Erkenntnisse der deutschen Rüstungswirtschaft zur Verfügung stellte, war er deshalb von 1945 bis 1947 in Kriegsgefangenschaft.

Angeregt durch die wissenschaftlichen Arbeiten seiner Lehrer → Jacobus Henricus van't Hoff und → Walther Hermann Nernst hatte sich Pier schon früh die physikalische Chemie als Hauptarbeitsgebiet gewählt. Als Leiter der Abteilung für Hochdruckversuche in Ludwigshafen beschäftigte er sich ab 1920 mit katalytischen Druckhydrierverfahren und fand mit der Kombination von Zinkoxid und Chromoxid einen Katalysator für die Methanolsynthese. Die Entwicklung dieser Synthese war so erfolgreich, daß sie 1923 in eine großtechnische Produktion mündete.

Piers Popularität gründet sich jedoch vor allem auf die Entwicklung eines Zweistufenverfahrens, nach dem Kraftstoff aus den unterschiedlichsten Sorten von Kohlen, Teeren und Ölen hergestellt werden konnte. Auch dieses Verfahren führte Pier erfolgreich in die Praxis zur großtechnischen Erzeugung von Kraft- und Schmierstoffen (sogenannte Kohlehydrierung) ein.

Pincus, Gregory

*** 9. 4. 1903, Woodbine (New Jersey), † 22. 8. 1967, Boston (Massachusetts); amerikanischer Physiologe**

Pincus studierte an der Harvard-Universität, wo er 1927 promovierte. Ab 1944 arbeitete er für die Worcester Foundation of Experimental Biology in Shrewsbury (Massachusetts), von 1951 bis 1967 war er Professor für biologische Forschung in Boston.

Pincus, dessen hauptsächliches Forschungsgebiet die Fortpflanzungsphysiologie war, trug wesentlich zur Entwicklung und Einführung eines Ovulationshemmers bei. Er wies nach, daß während einer Schwangerschaft das Hormon Progesteron in wesentlich höherer Konzentration als üblicherweise auftritt und daß dadurch eine erneute Ovulation verhindert wird. Aus dieser Erkenntnis heraus entwickelte er oral wirksame, synthetische Hormone (eine Kombination von Gestagenen und Östrogenen), die seit den 60er Jahren als Anti-Baby-Pille eine zuverlässige Methode der Empfängnisverhütung darstellen.

Pirquet, Clemens Freiherr von

*** 12. 5. 1874, Hirschstetten (heute zu Wien), † 28. 2. 1929, Wien; österreichischer Kinderarzt**

Pirquet war Sohn eines Großgrundbesitzers und machte sein Abitur in Kalksburg. In Graz begann er Theologie zu studieren und wechselte dann ins medizinische Fach über. Er promovierte 1900 und arbeitete als Assistent in Graz und Wien. 1908 habilitierte sich Pirquet in Kinderheilkunde und wurde 1909 als Professor an die John-Hopkins-Universität Baltimore berufen. 1910 ging er an die Universität Breslau und übernahm 1911 eine Professur in Wien. 1919 organisierte Pirquet die amerikanische Kinderhilfsaktion für Österreich. Darüber hinaus gründete er die Österreichische Gesellschaft für Volksgesundheit, der er als Präsident vorstand, und wirkte als Leiter des Komitees für Säuglingsfürsorge beim Völkerbund in Genf.

1905 prägte Pirquet zusammen mit Bela Schick den Begriff der «Serumkrankheit» und ersetzte ihn 1906 durch den Ausdruck «Allergie». Pirquet war aufgefallen, daß es bei der Einspritzung von Heilserum gelegentlich zu Überempfindlichkeitsreaktionen des Empfängers kam. Er interpretierte dies als angeborene oder erworbene Eigenschaft, die als Reaktion auf das in den Heilseren enthaltene körperfremde Eiweiß auftrat. (Heilseren waren Immunzellen enthaltende Körperflüssigkeiten aus geimpften Tieren.) Die Überreaktion an sich war auch vor 1905 schon mehrfach beobachtet und beschrieben, aber noch nicht erklärt worden. Pirquet fand als Ursache, daß in der fremden Körperflüssigkeit Eiweiße (hier: Antigene) enthalten waren, die vom Immunsystem des Empfängers mit Antikörpern abgefangen wurden. Durch wiederholte Selbstimpfung mit dem Pockenvakzin erkannte Pirquet, daß sich die Reaktion der Haut im Laufe der Zeit änderte. Daher definierte er die Allergie als eine sich in Stärke und Güte zeitlich verändernde Reaktionsfähigkeit des Organismus.

1913 erschien eine Abhandlung Pirquets über Masern sowie eine Erklärung der Hautausschläge bei Infektionen.

In den letzten Jahren seines Lebens beschäftigte sich der angesehene Kliniker Pirquet mit der Ernährungslehre. Ab 1917 erschienen zahlreiche Veröffentlichungen zu diesem Thema, darunter das «Lehrbuch der Volksernährung» und ein Titel über «Die Ernährung gesunder und kranker Kinder». Als Maßeinheit für den Nährwert und damit als Basis für die gesamte Ernährungslehre schlug er die «Nahrungseinheit Milch» («Nem») vor – den Nährwert eines Gramms Milch.

Pirquetsche Reaktion

Von Pirquet erdachte Methode der Tuberkulosediagnostik bis zu einem Lebensalter von etwa fünf Jahren. Auf einige flache Einschnitte der Haut wurde ein Tropfen eines 25prozentigen nichtinfektiösen Auszuges aus Tuberkuloseerregern («Alttuberkulin») gebracht; man bezeichnete dies als «Hautimpfung». Eine durch Immunabwehr bedingte Rötung dieses Bereiches innerhalb von 24 bis 48 Stunden (Kutanreaktion) wies eine vergangene Tuberkuloseinfektion nach, das Ausbleiben der Reaktion zeigte an, daß eine Infektion nie erfolgt war.

Planck, Max Karl Ernst Ludwig

*** 23. 4. 1858, Kiel, † 4. 10. 1947, Göttingen; deutscher Physiker**

Planck entstammte einer schwäbischen Gelehrtenfamilie. 1874 begann er ein Studium der Physik an der Universität München, das er an der Universität Berlin fortsetzte. Zu seinen Lehrern gehörten Phillip von Jolly, Wilhelm Beetz, → Gustav Robert Kirchhoff und → Hermann von Helmholtz. Planck zeigte sich durch die Arbeiten von → Rudolf Julius Emanuel Clausius sehr beeindruckt, so daß er für seine Promotion 1879 ein thermodynamisches Thema wählte. 1880 habilitierte er sich, 1885 übernahm er eine Professur für Physik an der Universität Kiel. 1889 wechselte er als Nachfolger Kirchhoffs auf den Lehrstuhl für Theoretische Physik an der Universität Berlin. 1912 wählte man ihn zum Sekretär der Berliner Akademie der Wissenschaften, 1913 zum Rektor der Universität. 1919 wurde er für die Formulierung der Quantentheorie mit dem Nobelpreis für Physik ausgezeichnet, 1929 erhielt er zusammen mit → Albert Einstein die von der Deutschen Physikalischen Gesellschaft gestiftete Max-Planck-Medaille. 1930 wählte man ihn zum Präsidenten der Kaiser-Wilhelm-Gesellschaft (heute Max-Planck-Gesellschaft), außerdem wurde er Vorsitzender der Deutschen Physikalischen Gesellschaft. Zwischen 1933 und 1945 wurde Planck, der um den Schutz jüdischer Kollegen bemüht war, aller Ämter enthoben. Nach dem Zweiten Weltkrieg wandte er sich gegen die militärische Nutzung der Kernkraft.

Plancks wissenschaftliche Laufbahn begann mit Arbeiten über thermodynamische Probleme. Unter Berücksichtigung der Forschungen von Clausius publizierte Planck ab 1880 thermodynamische Studien über Schmelz-, Verdampfungs- und Sublimationsprozesse. Er bestimmte Entropiefunktionen physikalischer Systeme und formulierte die Theorie der verdünnten Lösungen, mit der er die Gesetze der Gefrierpunkterniedrigung, der Siedepunkterhöhung und das chemische Gleichgewicht solcher Lösungen ableitete. 1897 publizierte er seine «Vorlesungen über Thermodynamik». Mitte der 90er Jahre des 19. Jahrhunderts widmete sich Planck der Wärmestrahlung. Er stieß dabei auf das Problem des «schwarzen Strahlers» (auch «Planckscher Strahler»), der zwar Licht aller Frequenzen absorbiert, selbst aber Strahlung in Abhängigkeit von seiner Temperatur emittiert. Unter Berücksichtigung der Strahlungsformel von Max Carl Werner Wien und des Strahlungsgesetzes von → John William Strutt Rayleigh und Sir James Hopwood Jeans stellte Planck 1900 eine Formel auf, mit der die Abhängigkeit des Emissionsvermögens schwarzer Strahler von der absoluten Temperatur dargestellt werden konnte («Plancksches Strahlungsgesetz»). Bei der Entwicklung dieser Formel ging Planck von der Annahme aus, daß Energie aus kleinsten Portionen besteht, denen er den Namen «Quanten» gab. Er formulierte die Proportionalität der Quantenenergie zur abgestrahlten Frequenz. Der Proportionalitätsfaktor erhielt die Bezeichnung «Plancksches Wirkungsquantum». Mit dieser Arbeit führte Planck 1900 die Quantentheorie ein, die die Physik revolutionierte und die «moderne Physik» neben die «klassische Physik» setzte.

1906 veröffentlichte Planck seine «Vorlesungen über die Theorie der Wärmestrahlung». In den folgenden Jahren lieferte er fundamentale Beiträge zur Relativitätstheorie, außerdem beschäftigte er sich mit der Stellung der Quantenphysik in einem einheitlichen physikalischen System.

Poincaré, Jules Henri

*** 29. 4. 1854, Nancy, † 17. 7. 1912, Paris; französischer Mathematiker**

Poincaré war der Sohn des Mediziners Léon Poincaré und ein Vetter des französischen Präsidenten Raymond Poincaré. Er erhielt zunächst Privatunterricht und besuchte ab 1862 das Gymnasium in Nancy, wo er 1872 und 1873 aufgrund seiner mathematischen Leistungen mit zwei ersten Preisen ausgezeichnet wurde. Von 1873 bis 1875 studierte Poincaré an der École Polytechnique, wo er Vorlesungen bei Charles Hermite hörte. Dort knüpfte er Kontakte zu Jean Claude Bouquet und Charles Auguste Albert Briot. 1875 wechselte Poincaré an die École Superieure des Mines, die er 1879 als Ingenieur verließ. Im selben Jahr promovierte er an der Pariser Sorbonne mit einer Arbeit über partielle Differentialgleichungen. Nach einer kurzen Tätigkeit als Ingenieur im Bergbau nahm er eine Lehrtätigkeit für Mathematik an der Universität Caen auf. 1881 verlegte Poincaré seinen Wohnsitz nach Paris, um an der Sorbonne Mathematik zu lehren. Mitte der 80er Jahre des 19. Jahrhunderts begann Poincaré eine Korrespondenz mit der St. Petersburger Mathematikerschule, 1886 übernahm Poincaré den Lehrstuhl für Mathematische Physik und Wahrscheinlichkeitstheorie an der Sorbonne. In einem von den «Acta Mathematica» organisierten Wettbewerb über ein himmelsmechanisches Problem erhielt Poincaré 1889 eine weitere Auszeichnung. 1896 wechselte er auf den Lehrstuhl für Himmelsmechanik an der Sorbonne. 1928 wurde ihm zu Ehren das Institut Henri Poincaré gegründet, in dem mathematische und physikalische Forschungen betrieben wurden.

Poincaré trug durch seine Arbeiten zu zahlreichen neuen mathematischen Forschungsrichtungen bei. Angeregt durch einen Aufsatz von Lazarus Immanuel Fuchs schuf Poincaré ab 1880 eine neue Klasse periodischer Funktionen einer komplexen Variablen (sogenannte automorphe Funktionen). Bis 1883 publizierte Poincaré mehrere Mitteilungen und Aufsätze über verschiedene mathematische Theorien (Theorie der Differentialgleichungen, Invariantentheorie, nichteuklidische Geometrie, Gruppentheorie und elliptische Funktionen). Im Anschluß daran bearbeitete er Probleme der analytischen Funktionen. 1881 begann Poincaré mit der Ausarbeitung der Theorie der Differentialgleichungen, die er zum Teil unabhängig von Aleksandr Michailowitsch Ljapunow entwickelte. Über diese Arbeit gelangte er zu Problemen der mathematischen Physik. 1884/85 behandelte er, angeregt durch die Forschungen Sofia Wassiljewna Kowalewskajas, Gleichgewichtsfiguren einer rotierenden Flüssigkeit.

1889 widmete sich Poincaré einer astronomischen Arbeit. Auf der Suche nach einer Methode zur Bestimmung periodischer Bahnen verallgemeinerte er das «Brunssche Theorem» (nach Heinrich Bruns), formulierte eine Theorie der periodischen Lösungen und entwickelte neben der Kontinuitätsmethode die Fixpunktmethode. Seine Forschungen auf dem Gebiet der Himmelsmechanik publizierte Poincaré in seinen Werken «Les méthodes nouvelles de la mécanique céleste» (1892–1899) und «Leçons de mécanique céleste» (1905–1910). Seine Werke «La Science et l'Hypothèse» (1902), «La Valeur de la Science» (1905) und «Science et Méthode» (1908) waren allgemeinen Fragen der Wissenschaft gewidmet.

Seine himmelsmechanischen Arbeiten führten Poincaré auf der Grundlage der Forschungen von Bernhard Georg Friedrich Riemann auf topologische Probleme. Mit seinen weiterführenden Arbeiten und der Einführung grundlegender Begriffe («Bettische Zahlen», Triangulation, Fundamentalgruppe) wurde Poincaré zum Begründer der modernen Topologie.

Fundamentale Beiträge leistete Poincaré auch auf dem Gebiet der theoretischen Physik, so postulierte er 1895 die Erfüllung des Relativitätsprinzips für optische und magnetische Phänomene und entwickelte 1905 eine Modifikation der Lorentz-Transformation. 1911 leistete er mit dem Nachweis, daß die Strahlungsformel von → Max Planck nicht ohne Quantenhypothese abgeleitet werden kann, einen Beitrag zur Quantentheorie. Praktische Anwendung fand sein Können bei der Entwicklung eines Verfahrens zur Übermittlung von Zeitsignalen an Schiffen auf See.

Porsche, Ferdinand

*** 3. 9. 1875, Maffersdorf (Böhmen), † 30. 1. 1951, Stuttgart; deutscher Automobilkonstrukteur**

Porsche, dessen Vater Klempnermeister war, erlernte den Beruf des Spenglers und bildete sich in Wien als Gasthörer der Technischen Hochschule weiter. Nach einer Zeit als Angestellter der Wiener Hofkutschenfirma Lohner, die Elektromotoren herstellte, wurde er 1906 technischer Direktor der Österreichischen Daimler-Motoren KG (Austro-Daimler) in Wien. 1917 übernahm er deren Generaldirektion und wechselte 1923 als Konstrukteur und technischer Direktor zum Daimler-Stammwerk in Stuttgart über. Nach einer zweijährigen Tätigkeit bei Steyr in Österreich (1929/30) gründete er 1931 in Stuttgart die Dr. Ing. h. c. F. Porsche A. G. als selbständiges Kraftfahrzeug-Konstruktionsbüro. Er unterstützte Hitlers Automobilträume, wurde 1938 Leiter und Mitbegründer der Volkswagenwerk GmbH in Wolfsburg und beteiligte sich im Zweiten Weltkrieg an der Konstruktion von Panzern, Kübelwagen und Schwimmfahrzeugen. Die Porsche KG (seit 1937) wurde 1944 nach Gmünd in Kärnten verlegt; Porsche, der 1937 NSDAP- und später SS-Mitglied geworden war, verbüßte von 1946 bis 1947 eine Gefängnisstrafe in Frankreich, aus der er durch Kaution freikam. 1950 verlegte er sein Unternehmen nach Stuttgart zurück.

Porsches erste Automobilkonstruktion war ein transmissionsloses Elektroauto (1897), das mit Elektromotoren in den Radnaben ausgestattet war. Es wurde 1900 als Lohner-Porsche durch die Pariser Weltausstellung bekannt. Bei Austro-Daimler konstruierte Porsche verschiedene Automobile sowie Flugzeugmotoren und Geschütz-Zugmaschinen für den Ersten Weltkrieg. In seinem Konstruktionsbüro erwarb er über 1000 internationale Patente auf Kraftfahrzeugteile, erfand unter anderem die Drehstabfederung und entwarf Kraftfahrzeuge für verschiedene Unternehmen, so einen Fünf-Liter-Rennwagen der Auto-Union. Ab 1934 baute Porsche im Auftrag Hitlers erste Prototypen des Volkswagens («Käfer») mit einem luftgekühlten Vierzylinder-22-PS-Heckmotor. Bei dem zuerst «KdF-Wagen» (Kraft durch Freude) genannten Auto griff er auf Entwürfe des Tschechoslowaken Béla Barényi von 1925 zurück, die ihm seit 1932 vorlagen. Porsche verantwortete die Gesamtplanung des Volkswagenwerks und leitete es bis 1945. Nach dem Krieg widmete er sich der Entwicklung eines Sportwagens, der mit einem 40-PS-VW-Motor ausgestattet 1948 als Typ «356» Produktionsreife erlangte.

Powell, Cecil Frank

*** 5. 12. 1903, Tonbridge (Kent), † 9. 8. 1969, Como; britischer Physiker**

Als Stipendiat studierte Powell am Sydney Sussex College in Cambridge. Ab 1925 arbeitete er bei → Ernest Rutherford und → Charles Thomas Rees Wilson am Cavendish Laboratorium. 1927 promovierte Powell, anschließend ging er an die Universität Bristol, wo er 1948 eine Professur übernahm und Bristol zum Zentrum der Elementarteilchenphysik machte. 1950 wurde er für seine Entdeckung des Pi-Mesons mit dem Nobelpreis für Physik ausgezeichnet. 1964 übernahm Powell die Leitung des Physikalischen Instituts an der Universität Bristol, außerdem war er Organisator der Großforschungsprojekte des CERN (Conseil Européen pour la Recherche Nucléaire). Von der Weltföderation der Wissenschaftler wurde Powell zu deren Präsidenten gewählt. Der Pazifist Powell, der sich gegen die militärische Nutzung der Kernenergie aussprach, gehörte zu den Gründern der Pugwash-Bewegung, die 1995 mit dem Friedensnobelpreis geehrt wurde.

Powell widmete sich vor allem der Teilchenphysik. Erste Arbeiten galten der in der Wilsonschen Nebelkammer dokumentierten Ionenbeweglichkeit von Gasen. Da das Prinzip der Nebelkammer keine kontinuierliche Beobachtung der Teilchen erlaubte, entwickelte Powell die Photoemulsionstechnik. Mit dieser Methode gelang ihm 1947 die Entdeckung des 1935 von Hideki Yukawa postulierten Pi-Mesons (Elementarteilchen), dessen Zerfall in ein Müon und ein Müon-Neutrino Powell ebenfalls darstellen konnte. Mit dieser Entdeckung leitete Powell die Identifizierung zahlreicher Elementarteilchen ein. Er selbst entdeckte 1949 das Kaon. Seine Arbeiten publizierte er 1959 gemeinsam mit Ralph Howard Fowler und D. Perkins unter dem Titel «The Study of Elementary Particles by the Photographic Method».

Pregl, Fritz

*** 3. 9. 1869, Ljubljana (Laibach), † 13. 12. 1930, Graz; österreichischer Chemiker**

Pregl studierte ab 1887 in Graz Medizin. Schon während seines Studiums, das er 1894 abschloß, nahm er eine Assistenstelle bei Alexander Rollett an. Pregl habilitierte sich 1899 und begann zugleich ein Chemiestudium; 1903 übernahm er kommissarisch Rolletts Lehrstuhl. Eine einjährige Studienreise führte Pregl 1904/05 nach Deutschland zu Carl Gustav von Hüfner, → Wilhelm Ostwald und → Emil Hermann Fischer; 1905 wechselte er nach Graz, wo er als Dozent für physiologische Chemie und Assistent von Karl Berthold Hofmann arbeitete, bis Pregl 1910 als Professor an die medizinisch-chemische Abteilung der Universität Innsbruck berufen wurde. 1913 nahm Pregl die Nachfolge Hofmanns an der Universität Graz an; dort arbeitete er bis zu seinem Tod. 1923 wurde Pregl der Nobelpreis für Chemie zuerkannt.

Pregl gelangen erstmals wissenschaftlich exakte quantitative Analysen (Chemikalienzerlegungen mit Angabe der enthaltenen Stoffmengen) von Wasserstoff, Kohlenstoff, Stickstoff, Schwefel sowie von Halogenen. Anstelle der bislang benötigten Mengen genügten Pregl fünf bis 13 Milligramm Substanz, um eine Analyse durchzuführen.

Pregl hatte die neue Meßmethode neben seiner Arbeit als praktizierender Augenarzt ersonnen. Bei der Untersuchung von Gallensäuren und Choloidansäuren, die beide nur in geringen Mengen verfügbar waren, stieß er 1909 an die Grenzen der herkömmlichen Analyseverfahren. Daher entwickelte er in mühevoller Kleinarbeit hochempfindliche Meßgeräte; die notwendigen Glasapparate blies er selbst. Eine große Hilfe war ihm die «Probierwaage für Edelmetalle», die auch für heutige Verhältnisse sehr genaue Gewichtsbestimmungen (bis zu 20 Milligramm) zuließ. Unermüdlich verbesserte Pregl seine Apparate; 1913 gelangen ihm quantitative Analysen aus nur drei Milligramm Probesubstanz – eine bis zu 50fache Verminderung des Ausgangsmaterials. Nachdem er weitere praktische Erfahrungen mit seiner Methode gesammelt hatte, faßte Pregl seine Arbeiten 1917 in «Die quantitative organische Mikroanalyse» zusammen.

Priestley, Joseph

*** 13. 3. 1733, Fieldhead bei Leeds,**
*** 6. 2. 1804, Northumberland, Pennsylvania; britischer Naturforscher und Theologe**

Priestley war Sohn eines Tuchmachers und besuchte während seines Theologistudiums in Deventry (1752–1755) auch philosophische und naturwissenschaftliche Vorlesungen. Bis 1761 arbeitete er in Needham und Nantwich als Hilfsprediger; als er dieses Amt wegen seiner freigeistigen Haltung aufgeben mußte, wurde Priestley Fremdsprachen- und Literaturlehrer in Warrington. Währenddessen erschloß er sich, im wesentlichen autodidaktisch, die Grundzüge der Chemie. Mit einer Arbeit über die Geschichte der Elektrizitätslehre wurde Priestley 1766 Ehrendoktor der juristischen Abteilung der Universität Edinburgh; danach übernahm er eine Stelle als Pfarrer in Leeds (ab 1767) und Birmingham (ab 1779). Von 1773 bis 1779 arbeitete Priestley beim Earl of Shelbourne als Bibliothekar, Hauslehrer und Reisebegleiter. Nachdem sein Haus 1791 von Reaktionären durch Brandstiftung zerstört worden war, siedelte Priestley nach London über und wanderte 1794 in die Vereinigten Staaten aus. Dort schlug er ein Angebot für eine Professur aus und wurde in Northumberland Bauer. Priestley war Ehrenbürger von Paris und Mitglied der französischen Gesetzgebenden Versammlung. Die Royal Society wählte ihn 1766 zu ihrem Mitglied, 1772 wurde er in die Académie des sciences aufgenommen.

Priestleys naturwissenschaftliche Arbeit galt ab 1767 vor allem der Chemie der Gase, für deren Untersuchung er besondere Geräte und Verfahren entwickelte sowie vorhandene Apparaturen verbesserte («Experiments and Observations on Different Kinds of Air», 6 Bände, 1774–1786). Dabei gelang Priestley die Erstbeschreibung von sieben gasförmigen Verbindungen: Ammoniak, Chlorwasserstoff und Sauerstoff (alle 1774) sowie Schwefeldioxid (1775), Siliziumtetrafluorid (1775), Distickstoffmonoxid (Lachgas, 1776) und Kohlenmonoxid

(1779). → Karl Wilhelm Scheele entdeckte den Sauerstoff vermutlich zur selben Zeit wie Priestley, konnte seine Arbeit aber erst später veröffentlichen. Während → Antoine-Laurent Lavoisier aufgrund der Entdeckung des Sauerstoffes durch Priestley die unrichtige Phlogistontheorie ablehnte, blieben Priestley und Scheele von dieser Annahme überzeugt. Sie vermuteten unrichtig, daß bei der Verbrennung eine von Johann Joachim Becher 1669 als «brennliche Erde» und von → Georg Ernst Stahl erstmals 1697 als «Phlogiston» bezeichnete Substanz entweiche.

Priestley erkannte, daß Pflanzen bei Tage Kohlenmonoxid aufnehmen und Sauerstoff abgeben. Seine naturwissenschaftliche Tätigkeit wirkte auch auf die von ihm vertretenen philosophischen Standpunkte ein. So entstand neben Schriften wie «History and Present State of Discoveries Relating to Vision, Light and Colours» (1772) auch eine physiologische Erklärung des Bewußtseins («Hartleys Theory of the Human Mind on the Principle of the Association of Ideas», 1775). Seine politische Einstellung war entschieden von freiheitlichen Idealen geprägt, was ihn zu einem begeisterten Anhänger der Französischen Revolution machte und schließlich aus England vertrieb. Priestley befaßte sich auch mit der Bildungspolitik («The Rudiments of English Grammar», 1761) und bezog gegen die herrschende Lehre stehende theologische Positionen. So faßte er die Kirchengeschichte als Verfälschung des Christentums auf («An History of the Corruption of Christianity», 1782) und lehnte die kirchliche Dreieinigkeits- und Versöhnungslehre ab.

Priestley gilt als einer der Hauptvertreter des englischen Materialismus, der von John Lockes sensualistischer Erkenntnistheorie ausging.

Prigogine, Ilya

*** 25. 1. 1917, Moskau; belgischer Physikochemiker**

Prigogine lebte bis 1921 in Moskau. Gegen Ende des Bürgerkriegs floh er mit seiner Familie nach Europa und fand 1929 in Belgien, wo er Ende der 30er Jahre in Brüssel ein Chemiestudium begann, eine neue Heimat. Er promovierte 1941 und arbeitete ab 1947 als Professor an der Freien Universität Brüssel. Nachdem Prigogine 1959 an die Universität von Texas in Austin gewechselt war, wurde er 1961 Professor in Chicago und nahm 1970 einen Ruf nach Austin an, wo er Vorsitzender des Ilya-Prigogine-Zentrums für Statistische Mechanik wurde. 1977 erhielt Prigogine den Nobelpreis für Chemie.

Das Hauptarbeitsgebiet Prigogines ist die Beschreibung von nicht umkehrbaren physikalischen Vorgängen, wie sie in allen lebenden Systemen, nicht aber in den Annahmen der klassischen Thermodynamik, vorkommen.

Darauf aufbauend entwickelte sich die sogenannte Chaosforschung, die vollends mit dem im 18. und 19. Jahrhundert geprägten Bild der Natur brach.

Prigogine gelang es, auch solche Vorgänge zu fassen, die sich außerhalb der bis dahin betrachteten, umkehrbaren Gleichgewichtszustände abspielten. Wird beispielsweise ein Pendel mit zunehmender Anstoßkraft in Gang gesetzt, so schwingt es ab einer bestimmten Stärke nicht mehr in vorhersagbarer Weise.

Auch lebende Organismen befinden sich ständig außerhalb jeden physikochemischen Gleichgewichts: Sie sind auf dauernde Energiezufuhr (Sonnenlicht, Nahrung) angewiesen, um zu wachsen, sich fortzubewegen und so weiter («Fließgleichgewicht»).

In den 50er Jahren entdeckte Prigogine, daß auch derartige, nichtlineare Prozesse (sogenannte dissipative Strukturen) eine Art selbstorganisierte Ordnung entwikkeln. 1977 faßte er seine Erkenntnisse in dem vielbeachteten Buch «Self-Organization in Non-Equilibrium, from Dissipative Structures to Order through Fluctuations» zusammen.

Prigogines Arbeiten waren von Lars Onsager inspiriert, der die Untersuchung nichtumkehrbarer Prozesse in die Wissenschaft eingeführt hatte. Darauf aufbauend kritisierte Prigogine bereits ab etwa 1950 die klassische Thermodynamik, die davon ausging, daß es für die Grundgesetze der Materie keine Zeitrichtung gäbe.

Die Zusammenfassung aller Arbeiten Prigogines mündet in der Chaostheorie, die er 1984 zusammen mit Isabelle Stengers in dem Buch «Order out of Chaos – Man's New Dialogue with Nature» vorstellte. Chaotische – das heißt hier: vom Gleichgewicht entfernte, aber selbstorganisierte – Zustände finden sich in anorganischen chemischen Reaktionen, die periodisch ablaufen können, ebenso wie bei zoologischen Begebenheiten, zum Beispiel dem Nestbau von Insektenstaaten. Auch die Entstehung von Galaxien, die Evolution der lebenden Organismen sowie soziologische Fragen wurden erfolgreich mittels chaostheoretischer Betrachtungen dargestellt.

Proust, Joseph Louis

*** 26. 9. 1754, Angers, † 5. 7. 1826, Angers; französischer Apotheker und Chemiker**

Als Sohn eines Apothekers wurde Proust früh mit pharmazeutischem Grundlagenwissen vertraut gemacht. Nach Tätigkeiten als Apotheker und Chemiker in Paris wurde ihm 1775 die Leitung der Apotheke des Salpetrière-Hospitals übertragen. Mit Unterstützung des spanischen Königs Karl IV., der ihm ein geeignetes Labor zur Verfügung stellte, erhielt er 1785 einen Lehrauftrag für Chemie in Segovia. Ab 1789 war er in Salamanca als Professor tätig und ging 1791 an die Universität Madrid. Nachdem er 1808 in sein Heimatland zurückgekehrt war, wurde er 1816 aufgrund seiner Verdienste in die Académie des sciences aufgenommen.

Prousts Hauptarbeitsgebiet waren die Eigenschaften und Zusammensetzungen der Metalle. Bei der Untersuchung der Metalloxide und -sulfide erkannte er 1799, daß verschiedene Metalle, unabhängig von den Bedingungen ihrer Synthese, sich mit Sauerstoff oder Schwefel immer in einem genau definierbaren Gewichtsverhältnis verbanden. Aus dieser Entdeckung leitete er 1801 das Gesetz der konstanten Proportionen ab – eins der wichtigsten Gesetze der Chemie, womit erstmals chemische Vorgänge auf eine rechnerische Grundlage gestellt werden konnten.

Andere chemische Arbeiten Prousts betrafen die Zusammensetzung organischer Salze. Nachdem er neue Methoden der chemischen Analyse entwickelt hatte, entdeckte er die Hydrate und konnte 1799 auch Glucose (Traubenzucker) isolieren.

Ptolemäus, Claudius (griech.: Klaudios Ptolemaios)
*** um 100, Ptolemais (Oberägypten), † um 160, Canopus; griechischer Astronom, Mathematiker und Naturwissenschaftler**

Über die Vita des Ptolemäus ist wenig bekannt, außer daß er im zweiten Drittel des 2. Jahrhunderts in Alexandria wirkte. Eigene Beobachtungen (127 bis 141) erwähnt Ptolemäus in seinem Hauptwerk «Großes astronomisches System« (Über das Arabische in Europa als «Almagest» bekannt geworden), in dem er die erste systematische Ausarbeitung der mathematischen Astronomie vorlegte.

Ptolemäus gilt als einer der bedeutendsten Wissenschaftler der Antike, der mit seinen Handbüchern zum Teil bis in die Neuzeit hinein wirkte. Zu seinen frühen Werken gehört das 13bändige Werk «Mathematike syntaxis» («Mathematische Synthese»). Das Werk enthält eine Einführung in das ptolemäische Weltsystem, Theorien der Sonne und des Mondes, Berechnungen von Mond- und Sonnenfinsternissen sowie Abhandlungen über Fixsterne und die Planeten Saturn, Jupiter, Mars, Venus und Merkur (Bücher 9 bis 13).

In seiner Schrift «Hypotheses planetarium» versuchte Ptolemäus, eine Sphärenkosmologie aufzubauen, die aus mehreren Teilspähren bestand; mit dem «Tetrabiblos» («Vierebuch») schuf er ein Regelwerk der Astrologie, in dem er die Planetenastrologie der Babylonier mit der Tierkreis- und Dekanastrologie der Ägypter verknüpfte. Die acht Bücher der «Geographia» enthielten eine Anleitung zur Konstruktion von Gradnetzen sowie eine Länderaufteilung. In ihnen war die astronomische Lagebestimmung von über 8000 Orten der antiken Welt verzeichnet. Das Werk wurde ergänzt durch Handtafeln, Kalender und Schriften über Sternphasen. Neben kleineren philosophischen Schriften zur Erkenntnistheorie («Kriterion») verfaßte Ptolemäus ein Werk über die mathematischen Musiktheorien seiner Zeit («Harmonik») und die «Optik», in der er die geometrische Optik einschließlich der Reflexion darstellte und sich erstmals der Brechung des Lichts an der Grenze von Medien unterschiedlicher Dichte (wie Wasser oder Glas) widmete.

Ptolemäisches Weltsystem
Geozentrisches Weltsystem, bei dem sich die Planeten Merkur, Venus, Mars, Jupiter und Saturn um Sonne, Mond und Erde als Mittelpunkt bewegen. Das ptolemäische Weltsystem wurde vom heliozentrischen, kopernikanischen Weltsystem verdrängt.

Pythagoras (Pythagoras von Samos)
*** um 570 v. Chr., Samos, † um 490 v. Chr., Metapont (Süditalien); griechischer Philosoph**

Über die Vita des Pythagoras ist wenig Gesichertes bekannt. Vermutlich unternahm er ausführliche Reisen nach Ägypten, Babylonien und in den Osten; bei Anaximander oder → Thales soll er studiert haben. 532/31 v. Chr. ging er wegen der politischen Verhältnisse unter dem Tyrannen Polykrates nach Süditalien, wo er in Kroton einen konservativ-aristokratischen und philosophischen Bund gründete. Politische Gegner sollten ihn und seine Schüler gegen Ende des 6. Jahrhunderts aus Kroton vertrieben

Satz des Pythagoras
Er besagt, daß das Quadrat der Hypothenuse eines rechtwinkligen Dreiecks gleich der Summe der Kathetenquadrate ist. Bereits auf babylonischen Keilschrifttafeln aus der Zeit um 2000 bis 1500 v. Chr. finden sich «pythagoreische» Berechnungen, die wahrscheinlich der Konstruktion rechter Winkel dienten. Pythagoras' Verdienst besteht vermutlich in der mathematischen Ausarbeitung des Lehrsatzes, von dem mittlerweile über 100 Beweise bekannt sind.

Pythagoreer
Anhänger eines von Pythagoras geführten Bundes, dessen Kennzeichen neben Geheimhaltung, Askese und Mystik eine besondere Ausrichtung auf Astronomie und Mathematik war. Auf dem Weg zum Transzendenten sollte es notwendig sein, die Zahlengeheimnisse als Nachvollzug der göttlichen Weltordnung zu ergründen.

haben. Seinen Anhängern galt Pythagoras als Verkörperung des Gottes Apollon. Aus den damit verbundenen Untersuchungen leiteten sie wertvolle mathematische Erkenntnisse ab, vor allem in der Musiktheorie und der Geometrie, sowie astronomische Beobachtungen.
Die bekannteste Untersuchung des Pythagoras beziehungsweise der Pythagoreer war die streng mathematische Herleitung eines Lehrsatzes am rechtwinkligen Dreieck. Als ähnlich bedeutsame Leistung gilt die Entdeckung, daß die Tonhöhe von Saiten in mathematisch einfach ausdrückbaren Zahlenverhältnissen zu deren Länge steht. Nach der Lehre der Pythagoreer war die Zahl der Urgrund des Seienden, und Zahlenverhältnisse bestimmten den Kosmos. Tonsysteme konnten auf diese Weise mittels «konsonanter Intervalle» berechnet und beschrieben werden. Bekannte einfache Proportionen herrschen zum Beispiel in den Intervallen Oktave (2:1), Quinte (3:2) und Quart (4:3); Ganztonsysteme verhalten sich wie 9:8 und Terzen wie 81:64. Die pythagoreischen Arbeiten über Tonphänomene haben als einzige der griechischen Ansichten bis heute Platz in der modernen Physik.
Die Entdeckung, daß die Quadratwurzel von zwei nicht als Verhältnis ganzer Zahlen dargestellt werden kann, sondern eine «irrationale Zahl» ist, soll von den Pythagoreern (erfolglos) geheimgehalten worden sein.
Vor diesen bedeutenden Entdeckungen arbeiteten die Pythagoreer in erster Linie empirisch und ohne höhere Abstraktion. So unterschieden sie Dreieck- (1, 3, 6 usf.), Rechteck- (1, 2, 6 usf.) und Quadratzahlen (1, 4, 9 usf.) gemäß der Anordnung ihrer in Punkten ausgedrückten Größe. Zugleich grenzten sie ungerade von geraden Zahlen ab. Die mystische Bedeutung der Zahlen sollte auch im Kosmos gelten. Die dazugehörigen Himmelsbeobachtungen führten Pythagoras zu der Feststellung, daß Morgen- und Abendstern identisch seien – Pythagoras nannte den heute als Venus bekannten Planeten Aphrodite – sowie zur Entdeckung, daß die Mondumlaufbahn um einen bestimmten Winkel gegen den Erdäquator geneigt ist.

Raman, Sir Chandrasekhara Venkata

*** 7. 11. 1888, Trichinopoli (heute Tiruchiropalli), † 21. 11. 1970, Bangalore; indischer Physiker**

Nach seinem Studium an der Universität Madras arbeitete Raman von 1907 bis 1917 als Finanzbeamter in Kalkutta. 1918 wechselte er an die Hindu-Universität in Kalkutta, wo er den Lehrstuhl für Physik erhielt. 1926 rief er die «Indische Zeitschrift für Physik» ins Leben, 1929 wurde er für die Entdeckung des Raman-Effektes von der britischen Regierung geadelt, ein Jahr später erhielt er den Nobelpreis für Physik. Ab 1933 war Raman als Professor an der Universität Bangalore tätig. 1934 begründete er die Indische Akademie der Wissenschaften und richtete 1947 das Raman Research Institut ein.

Raman-Effekt
1923 von Adolf Gustav Stephan Smekal theoretisch vorausgesagte physikalische Erscheinung, die Raman sowie die russischen Physiker Grigori Samuilowitsch Landsberg und Leonid Isaakowitsch Mandelschtam 1928 gleichzeitig nachweisen konnten. Der Raman-Effekt besagt, daß bei der Diffusion von Licht einheitlicher Wellenlänge an einer flüssigen, festen oder gasförmigen Verbindung neben der Spektrallinie des einfallenden Lichts schwache Raman-Linien entstehen. Infolge der Aufnahme bzw. Abgabe von Bewegungsenergie des streuenden Moleküls kommt es zu Frequenzverschiebungen.

Ramans Forschungsschwerpunkt war die Streuung von Licht und Röntgenstrahlung. Ausgehend von der Theorie der Opaleszenz von → Albert Einstein und Marian Smouluchowski untersuchte er die Ausbreitung von Licht in Flüssigkeiten. 1928 konnte er beweisen, daß durch Energieaustausch mit dem Medium neben den Spektrallinien des einfallenden Lichts eine Sekundärstrahlung auftritt, die durch die Schwingung und Rotation der Lichtquanten mit Molekülen hervorgerufen wird. Dieser nach ihm benannte Effekt wurde zu einem schlagenden Beweis der Quantentheorie des Lichts und ermöglichte die Entwicklung eines besonderen Analyseverfahrens, der «Raman-Spektroskopie», mit deren Hilfe die Struktur komplizierter organischer Moleküle aufgeklärt werden kann.
Neben der Erforschung optischer Effekte in Edelsteinen und Mineralen dehnte Raman seine Forschungen auch auf die Akustik aus. 1935/36 untersuchte er die Streuung von Ultraschallwellen in Flüssigkeiten, womit er das Auftreten bestimmter monochromatischer Linien im Raman-Spektrum aufklären konnte.

Ramón y Cajal, Santiago

*** 1. 5. 1852, Petilla de Aragón, † 17. 10. 1934, Madrid; spanischer Neurobiologe**

Ramón y Cajal war Sohn eines Chirurgen und versuchte zunächst eine Ausbildung als Barbier und dann als Schuster, bis er 1869 das Medizinstudium an der Universtiät Saragossa begann. Als er 1873 sein Studium beendete, leistete Ramón y Cajal seinen Wehrdienst bis 1874 als Militärarzt in Kuba. 1877 übernahm er den Lehrstuhl für Anatomie der Universitäten Saragossa (bis 1883) und Valencia (bis 1887). Von dort aus ging er bis 1892 an die Universität Barcelona, bevor er die Berufung auf einen Lehrstuhl für Histologie an der Universität Madrid annahm, den er bis an sein Lebensende innehatte. 1906 wurde ihm zusammen mit → Camillo Golgi der Nobelpreis für Medizin verliehen.

Ramón y Cajal ist der Begründer der Neuronentheorie (von griechisch neuron = Nerv), die besagt, daß das gesamte Nervensystem aus einzelnen, miteinander verbundenen Nervenzellen aufgebaut ist. Ramón y Cajal übernahm ab etwa 1880 die Färbetechniken Golgis und entwickelte sie mit großem Erfolg für die Anfärbung von Nerven fort. Dabei stellte er 1898 erstmals präzise den Verlauf der Nervenbahnen in der grauen Substanz des Gehirns und des Rückenmarks dar. (Die graue Substanz besteht aus nicht von Schwannschen Scheiden ummantelten Nervenzellen.) Darüber hinaus klärte Ramón y Cajal, ebenfalls durch Anfärbung von Nerven, die Struktur der Netzhaut des Auges. Obwohl Golgi der Neuronentheorie widersprach, hatte er durch die Entwicklung histologischer Färbemethoden den Grundstein für Ramón y Cajals Arbeiten gelegt.

Vor der Aufstellung der Neuronentheorie, die neben Ramón y Cajal auch unabhängig voneinander der Schweizer Neuroanatom August Forel und der deutsche Anatom Wilhelm His entwickelt hatten, herrschte die Vorstellung eines den ganzen Körper durchspannenden, ununterbrochenen Nervennetzes. Mit Ramón y Cajal begann sich die Idee durchzusetzen, daß einzelne, voneinander getrennte Nervenzellen durch chemische Signalübetragung an Synapsen verschaltet (und nicht miteinander verwachsen) sind. Die Neuronentheorie legte die theoretische Grundlage zur Erforschung des Gehirns mit seinen hochorganisiert verzweigten Nerven und deren charakteristischen Übertragungseigenschaften.

Ramsay, Sir William

*** 2. 10. 1852, Glasgow, † 23. 7. 1916, High Wycombe (Buckinghamshire); britischer Chemiker**

Ramsay, Sohn eines Ingenieurs, begann 1866 ein Studium der Chemie an der Universität Glasgow, wo er Vorlesungen von → Sir William Thomson (Lord Kelvin) hörte. 1870 ging er zu → Robert Bunsen an die Universität Heidelberg, 1872 wechselte er zu Rudolf Fittig an die Universität Tübingen, wo er 1872 promovierte. Von 1872 bis 1880 arbeitete Ramsay als Assistent an der Universität Glasgow, 1880 folgte er einem Ruf des University College zu Bristol, wo er eine Professur für Chemie übernahm. 1887 trat er die Nachfolge von Alexander William Williamson am University College in London an.

Ramsay war Mitglied zahlreicher wissenschaftlicher Gremien und Gesellschaften. 1902 wurde er in den Adelsstand erhoben. Für die Entdeckung der Edelgase und deren Einordnung in das Periodensystem der Elemente erhielt er 1904 den Nobelpreis für Chemie.

Seine Bedeutung als Wissenschaftler stellte Ramsay bereits 1876 durch die Entdeckung der Pyridinsynthese unter Beweis sowie 1883 durch die zusammen mit Sydney Young ausgeführten Untersuchungen über thermische Eigenschaften fester und flüssiger Materie. Mit der «Regel nach Ramsay-Young» formulierten beide Wissenschaftler eine empirische Beziehung zwischen dem Verhältnis der absoluten Siedepunkte zweier chemisch ähnlicher Flüssigkeiten bei unterschiedlichem Druck.

1887 konnte Ramsay durch geeignete Experimente die Theorie osmotischer Lösungen von → Jacobus Hendricus van't Hoff bestätigen. Ebenfalls 1887 entdeckte er die katalytische Wirkung von Wasserdampf bei der Darstellung von Aluminiumchlorid. 1892 begann Ramsay mit der Untersuchung über die verschiedenen Dichten des in Verbindungen enthaltenen Stickstoffs und dem in der Luft gebundenen Stickstoff. Seine Arbeit führte 1894 zur Entdeckung des Edelgases Argon. Im Verlauf weiterer Forschungen erkannte er die terrestrische Existenz des Edelgases Helium (1895), außerdem entdeckte er Krypton, Neon und Xenon (1898, gemeinsam mit Morris William Travers). Darüber hinaus gelang Ramsay die Einordnung der neuen Elemente in das Periodensystem von → Dmitri Iwanowitsch Mendelejew und → Julius Lothar Meyer. Ramsay erweiterte die von Loránd Baron von Eötvös aufgestellte Beziehung zwischen Oberflächenenergie und Temperatur (1892). Mit «Gases of the Atmosphere. The History of their Discovery» erschien 1896 sein erstes Hauptwerk. Ab 1903 widmete sich Ramsay der Radioaktivität. Zusammen mit → Fredrick Soddy untersuchte er die beim radioaktiven Zerfall des Radiums entstehenden gasförmigen Produkte (Radium-Emanation), wobei beide Wissenschaftler die Bildung von Helium nachweisen konnten. 1910 ermittelte Ramsay die relative Atommasse der Radium-Emanation. Mit der «Desintegrationsmethode» stellte er eine Theorie des radioaktiven Zerfalls auf. Nach der Entdeckung des Edelgases Radon bestimmte Ramsay dessen Atomgewicht. Zu Beginn des 20. Jahrhunderts erschienen mit «Modern Chemistry» (1901) und «Vergangenes und Künftiges aus der Chemie» (1908) weitere Hauptwerke Ramsays.

Rayleigh, John William Strutt

*** 12. 11. 1842, Langford Grove (Essex), † 30. 6. 1919, Witham (Essex); britischer Physiker**

Nach einem Studium der Physik wurde Rayleigh 1873 zum 3. Baron Rayleigh erhoben und war von 1879 bis 1884 als Professor am Cavendish Laboratory in Cambridge tätig. 1887 verlegte er seinen Wohnsitz nach London, wo er einen Lehrauftrag an der Royal Institution of Great Britain bekam. Bereits 1873 war er in die Royal Society gewählt worden, deren Leitung er von 1905 bis 1908 übernahm. Für die zusammen mit → William Ramsay gemachte Entdeckung des Edelgases Argon erhielt er 1904 den Nobelpreis für Physik.

Obowohl Rayleigh auf allen Gebieten der klassischen Physik arbeitete, lag sein Forschungsschwerpunkt in der Untersuchung von verschiedenen Wellen. Dabei fand er eine Reihe von neuen Gesetzmäßigkeiten. 1877/78 veröffentlichte er

Rayl
Nach Rayleigh benannte, nicht gesetzliche Einheit für die spezifische Schallimpedanz.
1 Rayl = 10 Pa · s/m = 1 g/cm² · s

Rayleighsche Scheibe
Die an einem Torsionsfaden aufgehängte dünne Scheibe mit einem Radius von 1 mm erlaubt die Messung der Geschwindigkeit von Schallwellen. Trifft eine Schallwelle auf die Scheibe, ist diese bestrebt, sich senkrecht zur Schallausbreitungsrichtung einzustellen.
Zwischen dem vom Schall ausgeübten, dem Quadrat der Schallwelle proportionalen Drehmoment und dem durch die Torsionskraft bewirkten rücktreibenden Drehmoment kann die Schallschnelle berechnet werden.

Rayleigh-Streuung
Bezeichnung für die Streuung von Licht an regellos verteilten kugelförmigen Teilchen wie etwa Staubpartikeln oder kleinen Flüssigkeitstropfen, deren Radius sehr klein im Verhältnis zur Wellenlänge des gestreuten Lichts ist. Die mittleren Abstände gegen diese sind hingegen groß.

«The Theory of Sound», worin er unter anderem die Messung von Schallwellen mittels der nach ihm benannten Rayleighschen Scheibe darstellte. Die Blaufärbung des Himmels deutete er ebenso mittels der Rayleigh-Streuung wie die Rotfärbung beim Sonnenauf- bzw. Sonnenuntergang. 1900 formulierte er eine Gleichung, die die Strahlung eines schwarzen Körpers in Abhängigkeit von der Wellenlänge beschrieb, von James Hopwood Jeans zum «Rayleigh-Jeansschen-Strahlungsgesetz» erweitert.
Bei der Messung der Dichte von Gasen machte er seine wichtigste Entdeckung. In Zusammenarbeit mit Ramsay fand er das Edelgas Argon.

Réaumur, René-Antoine Ferchault de

*** 28. 2. 1683, La Rochelle,**
† 18. 10. 1757, Schloß Bermondière (bei Saint-Julien-du-Terroux); französischer Naturforscher

Als Sohn eines Richters studierte Réaumur Jura, beschäftigte sich aber auch intensiv mit Technik und Naturwissenschaften. 1703 ging er nach Paris, wo er 1708 mit einer mathematischen Arbeit in die französische Akademie der Wissenschaften aufgenommen wurde.
Populär wurde Réaumur durch die Einführung einer Temperaturmeßmethode (1730), die heute nur noch in Frankreich benutzt wird. Er griff dabei auf Arbeiten Guillaume Amontons zurück, kannte aber nicht die Temperaturskala, die → Daniel Gabriel Fahrenheit um 1715 entwickelt hatte.
Réaumur erforschte zahlreiche biologische Detailprobleme seiner Zeit. So zeigte er 1752, daß die Verdauung ein chemischer und kein mechanischer Vorgang ist, indem er Nahrung in Metallhülsen füllte, diese mit Drahtnetzen verschloß und an eine Möwe verfütterte. In der von dem Vogel anschließend ausgewürgten, unverdauten Metallhülse befand sich teils aufgelöste Nahrung, die nur durch die chemische Einwirkung des Magensaftes zersetzt sein konnte. Dies bestätigte die Auffassung Franciscus Sylvius', nach der die Verdauung (wie alle körperlichen Vorgänge) auf Fermentationsprozessen beruhen sollte. 1750 baute Réaumur eine Brutmaschine und vertrat in einer bis Ende des 18. Jahrhunderts vieldiskutierten Frage die richtige Meinung, daß Korallen Tiere und keine Pflanzen sind. Auch als Insektenkundler

Réaumur-Skala
Mittels der Ausdehnung von Alkohol maß Réaumur die Temperatur auf einer in 80 Teile zerlegten Skala. Der Eispunkt lag bei 0, der Siedepunkt bei 80 °C. Ein Temperaturunterschied von einem Grad Celsius entsprach vier fünftel Grad Réaumur (Einheit: R), umgekehrt entspricht ein Grad Réaumur fünf viertel Grad Celsius.

machte sich Réaumur einen Namen; unter anderem beschrieb er als erster den Aufbau des Bienestaates aus Königin, Arbeiterinnen und Drohnen.
Als Naturwissenschaftler arbeitete er zudem ab 1711 im Auftrag der französischen Akademie der Wissenschaften als Herausgeber einer Enzyklopädie – das Werk erschien von 1761 bis 1783 als «Descriptions des arts et métiers» und umfaßte 121 Lieferungen.

Redi, Francesco

*** 18. 2. 1626, Arezzo, † 1. 3. 1698, Pisa; italienischer Arzt und Gelehrter**

Francesco Redi wuchs auf als Sohn eines Arztes, der am Hof der Medici arbeitete. Sein Studium der Medizin und Philosophie an der Universität Pisa beendete er 1647 mit der Promotion. Er wurde danach Leibarzt der Großherzöge von Toscana und Oberaufseher der Apotheke von Ferdinand II. Medici. 1655 wurde er als Sprachforscher in die Academia della Crusca aufgenommen.
Redis bekannteste zoologische Arbeiten galten dem Leberegel Fasciola hepatica, der im Körper von Schnecken einen Generationswechsel durchmacht. 1684 beschrieb Redi, daß sich im Verlauf dieses Vorganges eine Larvenform des Leberegels und verwandter Arten (die Sporozyste), eine bewegliche Larve mit einer Mundöffnung, einem Darmkanal und einem einfachen Nervensystem, bildet. Diese nach ihrem Erstbeschreiber «Redien» genannten, ungeschlechtlichen Jungtiere wandern im Körper des befallenen Weichieres in dessen Verdauungstrakt oder Geschlechtsorgane. Dort bringen die Redien geschlechtliche, freischwimmende Schwanzlarven (Zerkarien) hervor, die auch Wirbeltiere befallen können. In der Leber von Wirbeltieren entwickeln sich die Zerkarien dann zu erwachsenen Saugwürmern.
Als weitere bedeutende Arbeit Redis gelten seine Untersuchungen zur Urzeugung. Um zu überprüfen, ob aus fauliger Luft oder faulender Substanz spontan Leben entstehen kann, überdeckte er 1668 einige fleischgefüllte Gefäße mit Gaze, andere nicht. Nur auf den offen daliegenden und damit den Fliegen zugänglichen Proben entwickelten sich Fliegenmaden; Redi veröffentlichte diesen Befund in seiner Schrift «Esperienze intorno alla generazzione degli insetti». Trotzdem glaubte Redi in bestimmten Fällen an Urzeugung; erst → Lazzaro Spallanzani widerlegte 1767 die Idee der Urzeugung schlüssig.
Redi bemühte sich im Einklang mit dem damaligen Zeitgeist um dic Überprüfung zahlreicher weiterer vermeintlicher Tatsachen. In einer 1664 veröffentlichten Abhandlung («Osservazioni intorno alle vipere») zeigte er zum Beispiel, daß das Schlangengift aus zwei Drüsen im Oberkiefer der Schlange und nicht aus ihrer Gallenblase stammt und daß Schlangengifte nur im Blut, nicht aber bei Verschlucken wirken. Andere Versuche Redis galten dem Skorpiongift, dem

Weiterleben von enthirnten Schildkröten sowie von Chamäleons, die unter Luftabschluß gehalten wurden, dem elektrischen Organ des Zitterrochens und dem Öl des Tabaks. Redi entdeckte, daß Chinin Fieber senkt und daß das Einspritzen von Luft in die Adern beim Menschen zum Tod (Luftembolie) führt. Als Sprachkundler arbeitete Redi an einem Wörterbuch der Accademia della Crusca mit.

Regiomontanus

*** 6. 6. 1436, Königsberg (Franken), † 6. 7. 1476, Rom; deutscher Astronom und Mathematiker**

Regiomontanus, eigentlich Johannes Müller, war der Sohn eines Müllers. Sein Pseudonym wählte er nach der lateinischen Übersetzung seines Geburtsortes Königsberg. Regiomontanus begann 1447 ein Studium der Astronomie und Mathematik an der Universität Leipzig. 1450 wechselte er an die Universität Wien, wo er von Georg Peurbach gefördert wurde. 1452 erwarb er den Titel des Baccalaureus, 1457 erhielt er den Magistertitel. 1461 folgte Regiomontanus Kardinal Bessarion nach Italien, von 1467 bis 1471 weilte er auf Einladung König Matthias' I. Corvinus in Ungarn. 1471 kehrte Regiomontanus nach Deutschland zurück, wo er in Nürnberg die erste deutsche Sternwarte und eine Druckerei errichten ließ. 1475 wurde er Bischof von Regensburg. Im selben Jahr reiste er nach Rom, um an einer Kalenderreform unter Papst Sixtus IV. mitzuwirken.

Regiomontanus gilt als einer der bedeutendsten Mathematiker und Astronomen des 15. Jahrhunderts. 1461 begann er mit der Überarbeitung und Korrektur des «Almagest» des → Claudius Ptolemäus, dem ein Handbuch der Astronomie und die Konzipierung astronomischer Meßinstrumente wie Astrolabium, Instrumentum amussis, Torquetum und Sonnenuhr folgten. Von 1462 bis 1464 arbeitete er an einer Systematisierung der ebenen und sphärischen Trigonometrie, in deren Verlauf er den Cosinussatz entwickelte sowie Sinus- und Tangens-Werte berechnete. Mit seinem Werk «De triangulis omnimodis libri quinque» stellte er die Trigonometrie als selbständige mathematische Disziplin dar, womit er die Grundlage der modernen Trigonometrie schuf. Außerdem befaßte er sich mit Gleichungssystemen; so berechnete er Lösungen kubischer Gleichungen. Als erster Mathematiker seiner Zeit verwendete er eine Formelsprache und arabisch-indische Ziffernformen. Von 1467 bis 1471 arbeitete Regiomontanus an der Erstellung astronomischer Tafeln. 1472 widmete er sich der Kometenforschung und stellte die erste Datensammlung dieser Art auf. 1474 publizierte er Ephemeriden (Angaben der täglichen Stellung der Himmelskörper) für den Zeitraum von 1475 bis 1506. Sie fanden Eingang in die Nautik.

Reis, Johann Philipp

*** 7. 1. 1834, Gelnhausen, † 14. 1. 1874, Friedrichsdorf (Taunus); deutscher Physiker und Privatschullehrer**

Reis machte nach dem Besuch zweier Privatschulen in Friedrichsdorf und Frankfurt a. M. eine Lehre als Kaufmann und arbeitete als Angestellter in einem Farbengeschäft. Als Autodidakt beschäftigte er sich mit Mathematik und Physik, so daß er 1858 Lehrer an einer Privatschule in Friedrichsdorf werden konnte. Bekannt geworden ist Reis für seine experimentellen Vorarbeiten zur Tonübertragung durch Strom. Im Oktober 1861 stellte er dem Physikalischen Verein in Frankfurt a. M. und 1864 der Naturforscherversammlung in Gießen ein von ihm so genanntes «Telephon» vor. Oberhalb einer bestimmten Lautstärke wurde der angelegte Stromfluß abhängig von der Sprachfrequenz unterbrochen und weitergeleitet. Empfangen wurden diese Signale von einer Stromspule, die einen in ihr liegenden Eisenkern und eine Membran zum Schwingen brachte.

Das Reissche Telefon funktionierte nur über kurze Entfernungen (etwa 50 bis 100 Meter) und lieferte kaum verständliche Satzbruchstücke. Immerhin soll Reis von dem berühmten ersten ferngesprochenen Satz, den Reis' Partner in den Schalltrichter gesprochen hatte («Das Pferd frißt keinen Gurkensalat»), die ersten drei Worte verstanden haben.

Reis' Zeitgenossen erkannten das Potential, das die elektrische Sprachübertragung bot, jedoch nicht, so daß ihm die Anerkennung für seine Erfindung versagt blieb. Ohnehin bedurfte es zunächst der Weiterentwicklung der Sendeeinheit zu einem Mikrofon mit veränderlichem Widerstand ohne Unterbrechung des Stromes.

Reis arbeitete bis zuletzt an seiner Konstruktion. Vermutlich durch giftige Gase, die einer für seine Versuche benötigten Batterie entstiegen, starb Reis bereits mit 40 Jahren. So erlebte er die Vorführung der ersten brauchbaren Mikrofone und Telefone durch → Alexander Graham Bell, → Thomas Alva Edison und andere nicht mehr.

Ressel, Joseph

*** 29. 6. 1793, Chrudim, † 9. 10. 1857, Ljubljana (Laibach); österreichischer Techniker**

Ressel besuchte von 1806 bis 1809 das Gymnasium in Linz und von 1809 bis 1811 die Artillerieschule in Čescé Budejovice. 1812 begann er in Wien ein naturwissenschafltiches Studium, das er aus finanziellen Gründen jedoch nach dem zweiten Studienjahr abbrechen mußte. 1817 nahm er in Kranj eine Stelle als Förster an. Neben seinem Beruf machte er zahlreiche Erfindungen.

Ressel erfand unter anderem eine Preßwalzenmaschine (1826), eine Walzmühle für Hohlwalzen (1827), eine Methode zum Auslaufen von Farbstoffen aus Bäumen (1828) und eine Wasserpumpe, die in Ägypten zum Einsatz kam (1843). Ressels bedeutendste Erfindung war jedoch die Entwicklung einer Schiffsschraube, die er anfangs vor dem Schiffsbug anbrachte, später ans Heck und zuletzt drehbar um eine vertikale Achse anordnete, so daß ein Schiff dadurch auch gesteuert werden konnte. 1827 erhielt er für seine Erfindung das österreichische Privileg.

Rhazes (Rhases, Rasi) (eigentlich Abu Bakr Muhammad ibn Zakariya, gen. ar-Razi)

*** 865 (?), Raj (bei Teheran), † 925, Raj; persischer Arzt**

In seiner Geburtsstadt Raj beschäftigte sich Rhazes vor allem mit Astronomie, Mathematik, Alchimie und Musik. Etwa ab seinem 30. Lebensjahr wurde er Arzt an einem Krankenhaus in Bagdad. Im Anschluß an ausgedehnte Reisen kehrte er vermutlich nach Raj zurück.

Rhazes gilt als bedeutendster mittelalterlicher Autor der arabisch-islamischen Periode. Seine Texte befassen sich mit Medizin, Naturwissenschaften und Philosophie. Berühmt sind Rhazes' zahlreichen klinischen Beobachtungen, darunter die (vermutliche) Erstbeschreibung der Pocken und Masern als zwei getrennte Krankheiten in «Kitab al-gudari wa-l-hasba» und die Beschreibung der allergischen, chronischen Nasenentzündung.

Rhazes' Ruhm als Arzt gründet sich vor allem auf eines seiner großen Sammelwerke, das postum von seinen Schülern herausgegebene «Kitab al-hawi» (lateinisch: «Liber continens» oder kurz «Continens» – Inhalt der Medizin). Ein anderes wichtiges Buch war das neunte Buch der «al-Kitab al-Mansuri fi t-tibb», das seinen Anhängern als Lehrbuch diente.

Klinische Anwendungen wie der Gipsverband waren Rhazes bekannt und wurden von ihm nicht nur beschrieben, sondern auch eingesetzt. Insgesamt soll Rhazes 237 Abhandlungen – davon 165 Bücher – verfaßt haben.

Auf philosophischem Gebiet verknüpft Rhazes seine Anschauung von Wesen und Struktur der Materie mit einer Atomlehre, die im Widerspruch zu derjenigen der Vertreter des orthodoxen Islam stand. Dabei hebt Rhazes die Materie als Grundbedingung des realen Seins auf dieselbe Stufe wie vier andere Seinsvoraussetzungen: den absoluten Raum, die absolute Zeit, den Schöpfergott und die Weltseele.

Als Alchimist arbeitete Rhazes erstmalig streng methodisch und systematisierte alle Substanzen, indem er sie in tierisch, pflanzlich und mineralisch unterteilte. Seine chemischen Versuchsprotokolle sind so gut, daß man sie noch heute wiederholen kann.

Die Lehren Rhazes', besonders die alchimistischen Schriften, wirkten bis ins 17. Jahrhundert auch auf die europäische Wissenschaft ein.

Richet, Charles Robert

*** 26. 8. 1850, Paris, † 4. 12. 1935, Paris; französischer Physiologe**

Richet wuchs als Sohn eines Chirurgen auf und studierte Medizin trotz seines großen Interesses für Literatur. 1877 beendete er seine Ausbildung an der Pariser Sorbonne, wo er von 1887 bis 1927 Professor für Physiologie war. 1913 wurde Richet für seine Untersuchungen zur Anaphylaxe der Nobelpreis für Medizin verliehen.

Richet entdeckte im Jahr 1902 die Überempfindlichkeitsreaktion des tierischen und menschlichen Körpers gegen Fremdstoffe, sogenannte Antigene. Während eine einmalige Einspritzung von körperfremden Substanzen – vor allem von Krankheitserregern – den Organismus vor einer Erkrankung schützen kann, beobachtete Richet, daß nach einer zweiten Injektion ein lebensbedrohlicher Schockzustand auftreten kann, die Anaphylaxe (aus dem griechischen; etwa «überschießende Schutzreaktion»). Da auch die Übertragung von Blut anaphylaktischer Tiere das Empfängertier anaphylaktisch machte, vermutete Richet, daß die von der körpereigenen Immunabwehr gebildeten Antikörper Ursache der Anaphylaxe waren («L'Anaphylaxie», 1909).

Dies erklärte zugleich das Krankheitsbild der damals bei Mehrfachimpfungen mit derselben Substanz auftretenden «Serumkrankheit». Entdeckt hatte Richet die Anaphylaxe bei Versuchshunden, welche die Einspritzung eines Quallengiftes zunächst überlebten, jedoch nach einer Tage später verabreichten weiteren Dosis des Toxins starben, selbst wenn die zweite Dosis wesentlich niedriger war als die erste.

Die Versuche Richets standen im Zusammenhang mit der Entdeckung von Impfstoffen, von denen er 1887 gehört hatte. Während → Emil Adolph von Behring ein Antidiphterieserum herstellen konnte, gelang es Richet nicht, ein Serum gegen Tuberkulose zu produzieren.

Durch die Entdeckung der möglichen Überreaktion auf Impfseren leistete Richet aber einen wesentlichen Beitrag zum vernünftigen Umgang mit der Impftechnik. Auch die heutigen allergischen Reaktionen lassen sich mit der von Richet entdeckten Überempfindlichkeit des Immunsystemes auf Substanzen, denen der Körper zuvor bereits ausgesetzt war, erklären.

Richet hatte zeitlebens ein großes Interesse für Psychologie. Bereits seine ersten Experimente widmete er unter anderem der Hypnose und ihrem therapeutischen Einsatz («Du somnambulisme provoqué», 1875) und zeigte, daß diese Phänomene real sind; später veröffentlichte er einen «Grundriß der Parapsychologie» (1923).

Darüber hinaus war Richet ein aktiver Pazifist und betonte in seinen Werken «Die Vergangenheit des Krieges und die Zukunft des Friedens» (1909) sowie «Allgemeine Kulturgeschichte» (1917) die Sinnlosigkeit von Kriegen und die Notwendigkeit dauerhaften Friedens.

Ries, Adam (fälschlich auch: Riese, Adam)

*** 1492, Staffelstein (Franken), † 30. 3. 1559, Annaberg (Sachsen); deutscher Rechenmeister und Bergbaubeamter**

Ries arbeitete als Rechenmeister und Rechenlehrer in Zwickau, Erfurt und ab 1522/23 in Annaberg. Dort gründete er etwa 1525 eine Rechenschule und wurde 1528 auch Beamter. Von 1529 bis 1537 arbeitete Ries auch für die Stadt Marienberg. 1532 ernannte man Ries zum herzoglichen Gegenschreiber, 1539 wurde Ries der Titel des Kurfürstlich-Sächsischen Hofarithmetikus zuteil.

Die sprichwörtliche Bezeichnung «nach Adam Riese» geht auf die populären Rechenbücher von Ries zurück, die sich vor allem mit dem praktischen Rechnen befaßten. Sein berühmtestes Buch, bereits 1518 konzipiert, erschien von 1522 bis ins 17. Jahrhundert in über 100 Auflagen: Die «Rechenung nach der lenge auff den Linihen und Federn». Die Linienrechnung, das heißt das Rechnen mit dem Abakus (Rechenbrett), wurde – einer Tradition der Frührenaissance folgend – noch gelehrt, während das Federrechnen (schriftliches Rechnen mit der Feder als Schreibwerkzeug) sich erst langsam ausbreitete. Ries' Buch behandelt die Grundrechenarten, den Dreisatz, kaufmännisches Rechnen (mit Gewinnkalkulation), die Umrechnung verschiedener Münz- und Maßeinheiten, die Berechnung von Hohlräumen usw.

Die Beispiele entstammten oft dem täglichen Leben und wurden von Übungsaufgaben begleitet. Dabei führte Ries auch mehrere Vereinfachungen und Vereinheitlichungen in den Rechenformeln ein; zum Beispiel soll das Wurzelzeichen seine Erfindung sein. Auch andere Bücher von Ries, etwa eine Zusammenstellung von Tabellen für Kaufleute (1536) fanden weite Verbreitung. Ries' anspruchsvollere Einführung in die Algebra wurde nicht gedruckt, ist aber als Handschrift erhalten.

Bei seiner Tätigkeit für die Städte Annaberg und Marienberg prüfte Ries unter anderem die Abrechnungen der erzfördernden Zechen, wirkte an der Regelung des Münzprägewesens mit und arbeitete an der Leipziger und Zwickauer Brotordnung, die gerechte Brotpreise festsetzte.

Ritter, Carl

*** 7. 8. 1779, Quedlinburg, † 28. 9. 1859, Berlin; deutscher Geograph**

Ritter, Sohn eines Arztes, besuchte von 1785 bis 1796 die von dem Pädagogen Christoph Gotthilf Salzmann gegründete Schule in Schnepfenthal und studierte Kameralistik und Pädagogik in Halle. Von 1798 bis 1813 war er Hauslehrer in Frankfurt a. M., zwischen 1807 bis 1811 traf er dreimal mit dem Pädagogen Johann Heinrich Pestalozzi zusammen, den er sehr verehrte. Von 1813 bis 1819 betrieb er in Göttingen neben seiner Tätigkeit als Erzieher Bibliotheksstudien. Ende 1819 erhielt er in Frankfurt a. M. ein Stelle als Gymnasiallehrer. Ritter wurde 1820 Statistikprofessor an der Allgemeinen Kriegsschule in Berlin sowie außerordentlicher Professor an der Berliner Universität, die ihn 1825 zum ordentlichen Professor für Geographie ernannte. Von 1826 bis 1831 war er Leiter der königlichen Kadettenanstalt. Seit 1822 war er Mitglied der preußischen Akademie der Wissenschaften und führte über mehrere Jahre den Vorsitz der 1828 gegründeten Gesellschaft für Erdkunde. Zwischen 1824 und 1841 unternahm er Reisen in mehrere europäische Länder, erhielt Ehrenmitgliedschaften in wissenschaftlichen Gesellschaften (etwa der Kaiserlichen Akademie der Wissenschaften in St. Petersburg und der Royal Geographical Society in London) und staatliche Auszeichnungen (u.a. die Goldmedaille der Royal Geographical Society).

Ritter entwickelte ein zusammenhängendes Konzept der Geographie, in dem topographische, kulturgeographische sowie ökonomische Merkmale in einer globalen Gesamtschau ihre Wertigkeit erhielten. Der von ihm geprägte Begriff der «Kulturlandschaft» gab die gesetzmäßigen Wechselwirkungen von Mensch und Natur wieder, die Ritter mit empirischen Mitteln zu erfassen suchte. Dabei beeinflußte ihn sowohl der Entwicklungs- und Systemgedanke des Naturphilosophen Friedrich Wilhelm Joseph von Schelling als auch die auf einer tiefen Gläubigkeit beruhende Vorstellung einer inhärenten göttlichen Ordnung. Ritter gab zwischen 1804 und 1807 zwei Bände mit einer europäischen Staatenkunde heraus und begann 1817 mit der Veröffentlichung seines Hauptwerks «Die Erdkunde im Verhältnis zur Natur und zur Geschichte des Menschen», das bis 1859 auf 21 Bände anwuchs, allerdings auf Afrika und Asien beschränkt blieb. In Ergänzung entwickelte er neue inhaltliche Konzepte für Atlanten und Karten, so zum Beispiel die ersten Wirtschaftskarten Europas und von 1833 bis

1852 einen «Atlas von Asien». Weitere wichtige methodische Impulse gab er 1852 mit der «Einleitung zur allgemeinen vergleichenden Geographie». Neben → Alexander von Humboldt wird Ritter als Begründer der modernen Geographie angesehen.

Ritter, Johann Wilhelm

*** 16. 12. 1776, Samitz, (Schlesien), † 23. 1. 1810, München; deutscher Physiker und Chemiker**

Nach einer Apothekerlehre (ab 1790) begann Ritter 1796 ein Studium der Chemie in Jena, bildete sich dann aber vorwiegend durch eigene chemische Experimente weiter. Nachdem er 1803/04 für kurze Zeit als Privatgelehrter in Jena tätig gewesen war, wurde er ab 1805 an die Bayerische Akademie der Wissenschaften in München berufen.

Ritter versuchte vergeblich, die Phlogistontheorie wiederzubeleben, die → Antoine-Laurent Lavoisier bereits durch seine Deutung der Oxidation als Sauerstoffaufnahme widerlegt hatte. Ab 1797 widmete Ritter sich dem Galvanismus und erkannte, daß galvanische Ketten aus bloß anorganischen Körpern möglich sind. Mit Entdeckung des Zusammenhangs zwischen galvanischen und chemischen Prozessen 1799 wies er sich als Begründer der Elektrochemie aus. Ritter, der auch die Gleichartigkeit von galvanischer Elektrizität und Reibungselektrizität erkannte, gelang 1800 die erste quantitative elektrolytische Wasserzersetzung. 1802 formulierte er ein Spannungsgesetz der galvanischen Elemente, konstruierte eine Trocken- und 1803 eine Ladungssäule, die als Vorform eines Akkumulators zu werten ist. Darüber hinaus beschäftigte sich Ritter mit der fotochemischen Wirkung der unsichtbaren UV-Strahlen, die er 1802 bei Untersuchungen des Lichts am kurzwelligen Ende des Spektrums entdeckte.

Rømer, Ole (Olaf, Olaus)

*** 25. 9. 1644, Århus, † 19. 9. 1710, Kopenhagen; dänischer Astronom**

Rømer studierte ab 1662 an der Universität Kopenhagen Mathematik und Astronomie. 1671 begleitete er Jean Picard an das Observatorium Tycho Brahes. Er wurde 1672 an die Pariser Akademie berufen, wo er bis 1681 blieb. Im selben Jahr übernahm Römer die Leitung der Sternwarte in Kopenhagen, dort wurde er auch Bürgermeister und Vorsitzender des parlamentarischen Rates.

Rømer war ein einfallsreicher Instrumentenbauer. Fast alle wichtigen astronomischen Instrumente, die vor allem im 19. Jahrhundert eingesetzt wurden, gehen auf ihn zurück. 1689 entwickelte er zum Beispiel die «machina domestica», ein in Meridianrichtung orientiertes, höhenverstellbares Fernrohr. Dies erlaubte die Ermittlung von Gestirnpositionen anhand deren Durchgangszeit durch den Meridian (Längengrad). 1704 wurde dieses Meßgerät zur «rota meridiana» weiterentwickelt, die bis in unser Jahrhundert hinein (verändert) Anwendung fand.

Heute ist Rømer besonders dafür bekannt, in den Jahren 1675/76 die Lichtgeschwindigkeit berechnet zu haben. Rømer hatte beobachtet, daß der Planet Jupiter die vier Jupitermonde entgegen der berechneten Vorhersage früher verfinstert, wenn sich die Erde dem Jupiter nähert. Umgekehrt werden die Monde später dunkel als berechnet, wenn sich die Erde von Jupiter entfernt. Dies erklärte Rømer durch seine Hypothese, daß das Licht eine endliche Geschwindigkeit habe: Das Licht läuft dann länger, wenn Jupiter und Erde weit voneinander entfernt sind, und weniger lang, wenn sie auf ihrer Umlaufbahn einander näher kommen. Eine solche Erklärung stand im Gegensatz zur damals herrschenden Ansicht von → Aristoteles und → René Descartes und wurde von Rømers Zeitgenossen zunächst nur zögernd anerkannt. Mit 220 000 km/sec hatte Rømer die Lichtgeschwindigkeit recht genau bestimmt – die tatsächliche Geschwindigkeit beträgt 300 000 km/sek.

Im Jahr 1728 verbrannten fast alle unveröffentlichten Protokolle Rømers; → Johann Gottfried Galle bearbeitete später einige der wenigen erhaltenen Aufzeichnungen.

Röntgen, Wilhelm Conrad

*** 27. 3. 1845, Lennep (heute zu Remscheid), † 10. 2. 1923, München; deutscher Physiker**

Röntgen besuchte als Sohn eines Fabrikanten in Apeldoorn (Holland) die Schule; 1862 ging er an die Technische Schule in Utrecht, von der er jedoch aufgrund zu tadelnden Benehmens verwiesen wurde. Röntgen wurde daraufhin – ohne Abitur beziehungsweise Aufnahmeprüfung – von der Eidgenössischen Technischen Hochschule in Zürich aufgenommen, wo er 1868 Diplom-Maschinenbauingenieur wurde. Röntgen promovierte 1869 an der Universität Zürich und habilitierte sich 1874 in Straßburg. 1875 erhielt er eine Professur an der Landwirtschaftlichen Akademie zu Hohenheim in Württemberg (Mathematik und Physik), von 1876 bis 1879 lehrte er in Straßburg und Gießen theoretische Physik, 1888 lehrte er in Würzburg und 1890 in München. Ab 1920 arbeitete Röntgen in der Staatlichen Physikalisch-Metronomischen Sammlung in München. Neben zahlreichen anderen Aus-

Röntgenstrahlen

Die wichtigste Anwendung der Röntgenstrahlen war und ist die Durchleuchtung lebender Körper. Weichteile erscheinen schwach auf dem Röntgenfilm oder -schirm, harte Teile wie Knochen und Metall sind dagegen deutlich sichtbar. Durch röntgendichte Kontrastmittel, die in den Körper eingebracht werden, können auch sonst röntgendurchlässige Gewebe dargestellt werden.

Die unsichtbaren Röntgenstrahlen werden in der Praxis auch zur Krankheitsbehandlung (zum Beispiel bei Krebs), zur Materialprüfung, bei der Strukturaufklärung auch komplizierter organischer Kristalle sowie der Echtheitsprüfung von Gemälden verwendet. Als elektromagnetische Strahlen zeigen Röntgenstrahlen Reflexion, Brechung, Interferenz und Polarisation; sie haben insbesondre dieselben physikalischen Eigenschaften wie die kurzwelligere radioaktive Strahlung.

Röntgenastronomie

1962 wurde die erste kosmische Röntgenstrahlenquelle entdeckt – Scorpius X-1 im Sternbild Skorpion. Seither durchforschen Röntgensatelliten – etwa Uhuru (1979), Einstein-Observatorium (HEAO-2, 1978), ROSAT (1990) – das All nach weiteren Röntgensternen, Röntgendopplersternen usw., die als «Schwarze Strahler» extrem hohe Temperaturstrahlung aussenden. Es stellt sich zunehmend heraus, daß fast alle Sterne Röntgenstrahlung erzeugen; dies macht die Röntgenastronomie zu einem Bestandteil der astrophysikalischen Forschung.

zeichnungen verlieh man Röntgen 1901 den ersten Nobelpreis für Physik.
Röntgen entdeckte die im deutschsprachigen Raum nach ihm benannten elektromagnetischen Strahlen. 1895 hatte er Versuche von → Philipp Lenard und → William Crookes wiederholt, die das schwache Leuchten (Lumineszenz) von Substanzen beschrieben, wenn man diese mit Kathodenstrahlen bestrahlte. Obwohl Röntgen seinen Funkeninduktor mit lichtundurchlässiger Pappe abdunkelte, durchdrangen bestimmte Strahlen – von Röntgen «X-Strahlen» genannt – die Verdunklung und brachten Bariumplatincyanürkristalle zum Fluoreszieren. Auch in einen Nachbarraum oder hinter eine dünne Metallplatte gelegte Kristalle leuchteten unter dem Einfluß der X-Strahlen.
Fieberhaft an seiner Entdeckung arbeitend, veröffentlichte Röntgen – sechs Tage nach der erfolgreichen Durchleuchtung einer Hand am 22. 12. 1895 – die erste wissenschaftliche Mitteilung zum Thema («Über eine neue Art von Strahlen»). Da Röntgen seine Untersuchungen zügig fortsetzte und keine Patente für seine Entdeckung anmeldete, konnten bereits 1896 erste medizinische und technische Anwendungen verwirklicht werden.
Röntgen selbst nahm zunächst an, daß die X-Strahlen longitudinale Ätherwellen seien, bis man herausfand, daß es sich um kurzwellige elektromagnetische Strahlen handeln müsse. Vor der Entdeckung der X-Strahlen hatte sich Röntgen sehr erfolgreich mit der spezifischen Wärme von Gasen und der Drehung der Polarisationsebene von Licht in Gasen beschäftigt. 1888 gelang ihm zusammen mit A. Eichenwald der Nachweis, daß bewegte Ladungen in einem Dielektrikum ebenso magnetisch wirken wie ein gewöhnlicher Leitungsstrom; Hendrik Antoon Lorenz nannte diesen Strom später «Röntgenstrom».

Rous, Francis Peyton

*** 5. 10. 1879, Baltimore, † 16. 2. 1970, New York; amerikanischer Pathologe und Virologe**

Rous studierte bis 1905 an der Johns-Hopkins-Universität Medizin und wechselte 1909 als Professor an das Rockefeller-Institut für medizinische Forschung in New York. 1966 wurde ihm der Nobelpreis für Medizin zugesprochen.
Schon zu Beginn seiner Forschungsarbeit untersuchte Rous Krebsgeschwulste von Hühnern; es sollte dabei überprüft werden, wodurch die Tumoren – Sarkome – verursacht wurden. Rous ging dabei von Erregern aus, die kleiner als die eigentlichen (ansteckenden) Krebszellen sein könnten. So filterte er eine Aufschwemmung von Krebszellen durch ein Sieb, das nur winzige Partikel, aber keine Zellen durchließ. Das entstandene

Rous-Sarkom-Virus
Dieses krebserregende Partikel, das – biologisch gesehen – weder lebt noch tot ist, speichert die Erbinformation nicht wie normale Zellen durch das Biomolekül Desoxyribonukleinsäure (DNS), sondern in der ähnlich gebauten Ribonukleinsäure (RNS). Erst 1970 wurde das Enzym gefunden, welches in befallenen Zellen die Virus-Erbinformation in DNS übersetzt. Diese DNS wird dann in die Chromosomen der sogenannten Wirtszellen eingebaut und verändert sie so, daß daraus Krebsgeschwüre entstehen.

zellfreie Filtrat konnte immer noch Krebs erzeugen. 1911 veröffentlichte Rous diese Beobachtung, allerdings noch ohne die Erreger Viren zu nennen. Erst 25 Jahre später wurde das «Rous-Sarkom-Virus» im Rahmen der aufblühenden Virusforschung als krebserregendes Partikel berühmt.

Rous arbeitete er noch aktiv in seinem Labor, als er im Alter von 87 Jahren zusammen mit Charles Brenton Huggins für die Forschungen über die Entstehung von Krebsgeschwüren den Nobelpreis erhielt.

Roux, Wilhelm

*** 9. 6. 1850, Jena, † 15. 9. 1924, Halle; deutscher Anatom und Biologe**

Als Sohn eines Fechtlehrers studierte Roux in Berlin, Jena und Straßburg Medizin und promovierte 1878 in Jena. Danach arbeitete er als Hochschulassistent zunächst in Leipzig und ab 1879 in Breslau, wo er sich 1880 habilitierte. 1886 erhielt Roux in Breslau eine außerordentliche Professor und wurde ab 1888 Direktor des dortigen, eigens für ihn gegründeten Universitätsinstitutes für Entwicklungsgeschichte und Entwicklungsmechanik. Schon 1889 wechselte er als Professor für Anatomie und Leiter des Anatomischen Institutes an die Universität Innsbruck; 1895 nahm Roux eine Professur für Anatomie in Halle an, die er bis 1921 ausübte.

Roux ist der Begründer der experimentellen zoologischen Entwicklungsbiologie. Dieses Teilgebiet der Biologie versucht zu klären, auf welche Art sich Tiere von der befruchteten (oder unbefruchteten) Eizelle zum Embryo und schließlich zum erwachsenen Tier entwickeln. Der berühmteste Versuch Roux' war die mit einer heißen Nadel ausgeführte Abtötung einer Zelle eines Froscheies, das sich im Zweizellstadium befand (1888). Die verbleibende Zelle entwickelte sich eine Zeitlang weiter, bis ein halber Embryo (im Neurulastadium) entstand. Roux sah darin seine Theorie bestätigt, nach der sich die Erbinformation in den Chromosomen befindet und bei jeder Zellteilung schrittweise so aufgeteilt wird, daß letzlich jede Zelle nur die für ihre Entwicklung benötigte Information erhält.

Aufgrund seiner Experimente nannte Roux seine Forschungen «Entwicklungsmechanik» und leitete daraus einen naturwissenschaftlichen Materialismus ab, den er gegen die vitalistische Sichtweise des Lebendigen verteidigte. → Hans Drieschs Versuche, die zeigten, daß eine einzelne abgetrennte Zelle aus einem Zweizellstadium von Seeigeln sich zu einem ganzen Tier entwickelte (1892), sprachen hingegen für die Annahme eines vitalistischen «ganzmachenden Faktors» (Entelechie). Erst später wurde klar, daß in jeder Zelle dieselbe Erbinformation enthalten ist und daß verschiedene Arten von Keimentwicklung bei verschiedenen Tierarten vorliegen.

Obwohl die frühen entwicklungsbiologischen Annahmen heute unter anderem durch die Entdeckung von Substanzkonzentrationsgefällen im Gewebe wesentlich verändert wurden, gelingt der von Roux und August Friedrich Leopold Weismann begründeten Entwicklungsbiologie zusammen mit den Fächern Genetik und Biochemie heute zunehmend die Klärung zentraler Fragen zum biologischen Leben (zum Beispiel Nobelpreis für Medizin an Christiane Nüsslein-Vol-

hard 1995). 1895 stellte Roux seine entwicklungsbiologischen Arbeiten als «Gesammelte Abhandlungen über Entwicklungsmechanik der Organismen» vor. Die von ihm 1894 gegründete Zeitschrift «Archiv für Entwicklungsmechanik» wird bis heute fortgeführt (ab 1996 als «Development, Genes and Evolution»).
Zu Roux' ersten Untersuchungen zählen Arbeiten zur funktionellen Orthopädie. Dabei betrachtete er vor allem die Auswirkung von Belastungsreizen wie Druck und Zug auf Knochen und Bindegewebe, die sich an die Reize angepaßt ausbilden können.
Trotz der deutlich materialistischen Weltanschauung, die Roux in vielen Schriften verbreitete, glaubte er nicht, daß sich das Leben ausschließlich durch rein physikalische und chemische Deutungen darstellen ließe.

Rumford, Sir Benjamin Thompson, Graf von

*** 26. 3. 1753, North Woburn (Massachusetts), † 21. 8. 1814, Auteuil (heute zu Paris); britisch-amerikanischer Physiker**

Rumford war Sohn eines Kleinbauern und besuchte nur kurz die Schule. Er bildete sich jedoch als Autodidakt fort und wurde schließlich Lehrer in Bradford und später in Concord, dem früheren Rumford (New Hampshire). Während des amerikanischen Unabhängigkeitskrieges floh Rumford 1776 nach England, wo er geadelter britischer Offizier und Kolonialbeamter wurde; 1784 wechselte er in den bayerischen Staatsdienst. Als er 1793 vom bayerischen Kurfürsten Karl Theodor zum Grafen Rumford ernannt wurde, wählte Rumford die amerikanische Stadt Thompson als Namensbestandteil. Nach dem Tod des Kurfürsten (1798) kehrte Rumford nach London zurück, wo er in die Royal Society aufgenommen wurde und 1800 die Royal Institution mitgründete. Seine 1802 geschlossene Ehe mit der Witwe Antoine Lavoisiers wurde (wie Rumfords erste Ehe, die er im Alter von 19 Jahren mit einer alten reichen Witwe eingegangen war) bald wieder geschieden. Er hinterließ sein Vermögen der Universität Harvard, die damit die bis heute bestehende Rumford-Professur einrichtete.
Rumfords physikalische Entdeckungen stehen in engem Zusammenhang mit seiner militärischen Tätigkeit. So begann er seine wissenschaftliche Arbeit 1781 mit Untersuchungen über die Wirkung verschiedener Schießpulver auf die Geschwindigkeit von Kanonengeschossen. Der physikalisch bedeutende Nachweis, das Wärme kein wägbarer Stoff (Phlogiston) ist, gelang Rumford 1798, indem er unter Wasser Kanonenrohre bohrte. Stumpfe Bohrer setzten mehr Wärme frei als neue Bohrer; zudem entstand insgesamt mehr Wärme, als nach der alten Vorstellung überhaupt (als «Wärmestoff») im Metall enthalten sein konnte. Selbst feinste Waagen konnten keine Zunahme des Gewichtes erwärmter Flüssigkeiten feststellen. Obwohl vor Rumford schon → Antoine Laurent Lavoisier und später → Sir Humphrey Davy die Phlogistontheorie abgelehnt hatten, setzte sich erst 50 Jahre später durch James Clerk Maxwell die richtige Vorstellung von Wärme als sich bewegende Teilchen durch.
Weitere Versuche Rumfords galten etwa der Wärmeisolierung durch Kleidung

oder der Entwicklung neuer Lichtquellen. So konstruierte er eine neuartige Öllampe sowie ein Schattenphotometer zur Auswertung seiner Experimente mit Licht. Rumford konstruierte Dampfheizungen und beschäftige sich dabei zugleich mit dem Verhalten fließender heißer Flüssigkeiten. Um die Heizwerte verschiedener Brennstoffe zu bestimmen, baute er ein Kalorimeter. Um die Brennstoffe optimal zu nutzen, entwarf er neue Formen von Sparöfen sowie Spezialtöpfe.

Wie → Benjamin Franklin patentierte Rumford keine seiner Erfindungen. Sein soziales Engagement führte zu Gründungen von militärischen Arbeitshäusern in München und zur Anlage eines Englischen Gartens als Schauanlage zur Eigenversorgung mit Lebensmitteln. Darüber hinaus richtete er öffentliche Suppenküchen, für die er eigens eine Suppe aus getrockneten gelben Erbsen, Gewürzen und durchwachsenem Speck kreierte – die «Rumfordsuppe». Als Kriegsminister reformierte Rumford das bayerische Heer.

Runge, Friedlieb Ferdinand

*** 8. 2. 1795, Billwärder (heute zu Hamburg), † 25. 3. 1867, Oranienburg bei Berlin; deutscher Chemiker**

Als Sohn eines Geistlichen studierte Runge in Berlin und Göttingen Medizin und Naturwissenschaften. Er promovierte in Jena bei → Johann Wolfgang Döbereiner über das Gift der Tollkirsche und habilitierte sich 1822 in Berlin. 1823 ging er nach Breslau. Bevor er dort 1828 Professor für Technische Chemie wurde, unternahm er Studienreisen nach England, in die Niederlande und nach Paris. Dort arbeitete er eine Zeitlang zusammen mit → Alexander von Humboldt und → Justus Liebig in einem Labor. 1832 wurde Runge Leiter einer chemischen Fabrik (Preußische Seehandlung) in Oranienburg und machte dort seine bedeutendsten Entdeckungen.

Runge gilt als vielseitiger Chemiker, der durch zahlreiche Naturstoffuntersuchungen bekannt wurde. Schon während seines Studiums beschäftigte er sich mit der Chemie pflanzlicher Naturstoffe, zum Beispiel mit der drogenhaltigen Tollkirsche, dem Stechapfel, Kaffee, Chinarinde und Bilsenkraut. Runge gelang es, die darin wirksamen Substanzen zu finden, während ihm deren chemische Struktur unbekannt blieb. Die Entdeckung von Atropin, Koffein (und Chinin) sowie die Beobachtung der Wirkung dieser Stoffe auf den Organismus begründeten wesentlich die Alkaloidchemie.

Runges zweites großes Forschungsgebiet war die Herstellung von Farben. 1833/ 34 gelang es Runge, aus Steinkohleteer, der in vielen Leuchtgasfabriken als Abfallstoff anfiel, Anilin, Chinolin, Pyrrol und Phenol zu gewinnen. Durch Umsetzung dieser Chemikalien konnte er sogenannte Teerfarben herstellen, mit denen sich viele Materialien gut anfärben ließen. Die von Runge eingeschlagenen Produktionswege setzten sich zwar nicht durch, dennoch ist seine Pionierleistung auf diesem Gebiet unangefochten.

1835 stellte Runge erstmals in Deutschland Stearinsäure aus Olivenöl her; Paraffin gewann er bei der Kohleverkokung. Aus diesen Substanzen wurden – wie heute noch – unter anderem Kerzen hergestellt. Für chemische Analysen, aber auch unter spielerisch-ästhetischen Ge-

sichtspunkten, entwickelte Runge die Kapillarchromatographie, deren Prinzip auch heute noch angewendet wird («Der Bildungstrieb der Stoffe», 1855).
Auf landwirtschaftlichem Gebiet arbeitete Runge an der Kunstdüngerherstellung und versuchte sogenannten Düngergips herzustellen, indem er Haldenmaterial umsetzte, das die pflanzenwachstumsfördernden Karbonate, Sulfate und Phosphate enthielt. So kam 1855 auch ein düngender Guano-Ersatz auf den Markt, den Runge durch die Umsetzung von Schwefelsäure mit Tierkadavern und Knochenmehl erhielt.

Ruska, Ernst August Friedrich

*** 25. 12. 1906, Heidelberg, † 27. 5. 1988, Berlin; deutscher Elektrotechniker**

Ruska studierte in Berlin und promovierte 1934. Von 1933 bis 1955 übte er verschiedene Tätigkeiten in der Industrie aus, 1949 wurde er zum Professor an der FU Berlin ernannt, ab 1959 lehrte er auch an der TU Berlin. 1955 wurde er Direktor am Fritz-Haber-Institut der Max-Planck-Gesellschaft.
Ruska gilt als einer der Wegbereiter der Elektronenmikroskopie. 1931 baute er zusammen mit Max Knoll das erste Versuchsmodell mit magnetischen Linsen. Es beruhte auf der Tatsache, daß magnetische Felder Elektronen wegen ihrer Ladung ablenken können und sich Elektronenstrahlen in gleicher Weise bündeln und fokussieren lassen wie Lichtstrahlen durch Linsen. Da die Wellenlängen der Elektronen beträchtlich kürzer sind als diejenigen des Lichts, war das Elektronenmikroskop wesentlich wirksamer als ein optisches Mikroskop herkömmlicher Art. Ruska vervollkommnete seine Erfindung mit dem Ingenieur Bodo von Borries, so daß es 1938/39 serienmäßig hergestellt werden konnte. 1986 erhielt Ruska mit Gerd Binnig und Heinrich Rohrer (Erfinder des Rastertunnelmikroskops) den Nobelpreis für Physik.

Russell, Bertrand Arthur William, 3. Earl of

*** 18. 5. 1872, Trelleck (Wales), † 2. 2. 1970, Plas Penrhyn bei Penrhyndeudraeth (Wales); britischer Mathematiker und Philosoph**

Russell studierte von 1890 bis 1894 Mathematik und Philosophie am Trinity College in Cambridge, wo er anschließend über die Grundlagen der Geometrie promovierte. Ab 1910 war er als Dozent in Cambridge tätig, wurde aber 1916 wegen seines Aufrufs zur Kriegsdienstverweigerung zu einer Haftstrafe verurteilt und mußte die Hochschule verlassen. 1922 wurde er dann als Professor an das Trinity College berufen. Von 1927 bis 1932 leitete er zusammen mit seiner zweiten Frau eine von ihm gegründete antiautoritäre Privatschule. Für sein Buch «Ehe und Moral» wurde er 1950 mit dem Nobelpreis für Literatur ausgezeichnet. 1955 setzte sich Russell politisch für Frieden und atomare Abrüstung ein. Unter anderem rief er 1957 mit → Albert Einstein die Pugwash-Bewegung ins Leben und gründete 1963 in London das Bertrand-Russell-Friedensinstitut.
Russell, der in einer präzisen, oft witzigprägnanten Sprache zahlreiche populärwissenschaftliche Bücher (etwa «Warum ich kein Christ bin», 1927, oder «Die Eroberung des Glücks», 1930) schrieb, ver-

suchte die Mathematik auf Grundlage der formalen Logik zu interpretieren. Von 1902 bis 1910 arbeitete er gemeinsam mit Alfred North Whitehead an der dreibändigen «Principia Mathematica». In dem 1910 bis 1913 veröffentlichten Werk stellte Russell seine Analyse der Antinomien dar. Aus der Entdeckung der Antinomien, der Menge aller Mengen, die sich nicht selbst als Element enthalten, leitete er sein «Vicious Circle Principle» ab. Mit der Typentheorie, die eine Formalisierung der klassischen Arithmetik und Analysis darstellt, konnte er alle bekannten logischen und semantischen Antinomien ausschließen. Sein Ansatz hatte großen Einfluß auf die mathematische Grundlagenforschung, die Typentheorie wurde vereinfacht zur Grundlage der Mengenlehre.
Nachdem 1925 die zweite Auflage seiner «Principia» veröffentlicht worden war, verfaßte Russell noch zwei Bücher über Quantentheorie, Atombau und die Relativitätstheorie Einsteins, verlagerte den Schwerpunkt seiner Arbeit dann jedoch auf die Erkenntnistheorie. Dabei kam er vorübergehend zu einem logischen Atomismus und versuchte, das Weltbild der Erfahrung mit dem der Physik in Verbindung zu bringen. Russells philosophische Beiträge galten darüber hinaus erkenntnistheoretischen und sprachphilosophischen Fragen.

Russell, Henry Norris

*** 25. 10. 1877, Oyster Bay (New York), † 18. 2. 1957, Princeton (New Yersey); amerikanischer Astrophysiker**

Russell promovierte 1900 über planetarische Bahnstörungen. Anschließend ging er an die Universität Cambridge (England), wo er bis 1902 am dortigen Observatorium wirkte. 1911 übernahm Russell eine Professur für Astronomie an der Universität Princeton, 1912 wurde er Direktor des dortigen Observatoriums. 1921 begann die Zusammenarbeit mit dem Mount-Wilson-Observatorium, wo er als Research Associate tätig war. Ab 1947 wirkte er an der Lick-Sternwarte und am Harvard-Observatorium.
Russell gilt als einer der wichtigsten Astrophysiker des 20. Jahrhunderts, dem bedeutende Leistungen auf dem Gebiet der Sternevolution und der Astrospektroskopie gelangen. Seine wissenschaftliche Laufbahn begann um 1900 mit der Forschung über bedeckungsveränderliche Sterne vom Typ Algol (Doppelstern im Perseus). Nach der Analyse von 17 Doppelsternsystemen konnte Russell zeigen, daß sie über eine geringere Dichte verfügen als die Sonne. In einem nachfolgenden Projekt arbeitete Russell zusammen mit Arthur Robert Hinks an einer fotografischen Methode zur Parallaxenbestimmung. Im Zuge dieser Arbeiten entdeckte Russell 1913 neben dem Zusammenhang zwischen absoluter (wirklicher) Sternhelligkeit und Spektraltyp zwei unterschiedliche Gruppen roter Sterne. Damit bestätigte er die Forschungsergebnisse von → Ejnar Hertzsprung. Russell gelang außerdem die Ergründung der Ursachen der unterschiedlichen absoluten Helligkeit der roten Sterne.
Als Konsequenz seiner Arbeit vertrat Russell die stellare Evolutionstheorie des Mathematikers Robert Ritter und des Astronomen → Joseph Norman Lockyer. In seiner Veröffentlichung zur Entstehungstheorie der Sterne (1913) publi-

zierte Russell mit dem Hertzsprung-Russell-Diagramm, in dem Sterne entsprechend ihrer Leuchtkraft und Oberflächentemperatur eingeordnet werden, ein fundamentales Klassifizierungsschema für Fixsterne. In den folgenden Jahren konnten aufgrund der Russellschen Forschungen viele stellare Dichtebestimmungen durchgeführt werden. Ab 1921 beschäftigte sich Russell mit der Anwendung der Ionisationstheorie von Megh Nad Saha auf die Sonne. Diese Arbeit führte neben der quantitativen stellaren Spektralanalyse zur Theorie der Atomspektren. Spektroskopische Analysen der Erdalkalimetalle führten ihn gemeinsam mit Frederick Albert Saunders zur Entdeckung anomaler Terme, die Russell atomtheoretisch begründete. Damit leistete er einen wichtigen Beitrag zur Identifikation stellarer spektraler Linien. 1929 bestimmte er mit Albrecht Otto Johannes Unsölds Methode der Messungen der Linienprofile die Anzahl der Atome, die zur Genese einer Absorptionslinie führt, und entwickelte eine absolute Kalibration für die Linienintensitäten. Ebenfalls 1929 ermittelte Russell die chemische Zusammensetzung der Sonne. Mit der Feststellung, daß ein Stern durch die Angabe seiner Masse und der chemischen Zusammensetzung ausreichend charakterisiert ist, leistete Russell einen weiteren fundamentalen Beitrag zur Astrophysik (Vogt-Russell-Theorem). Außerdem arbeitete Russell über innerstellare Massenverteilung und über die Energiefreisetzung von Sternen. Neben Lehrbüchern verfaßte Russell ungefähr 500 populärwissenschaftliche Beiträge, die in dem renommierten Magazin «Scientific American» erschienen.

Rutherford, Ernest, Lord Rutherford of Nelson

*** 30. 8. 1871, Brightwater (bei Nelson; Neuseeland), † 19. 10. 1937, Cambridge; britischer Physiker neuseeländischer Herkunft**

Rutherford wuchs in einer kinderreichen Familie als Sohn einer Lehrerin und eines Farmers auf. 1893 schloß er seine Studien ab und erhielt 1895 ein Stipendium für die Universität Cambridge, wo er unter anderem bei Sir Joseph John Thompson arbeitete. 1898 wurde Rutherford als Professor an die Universität Montreal berufen, bis er 1907 als Physikprofessor nach Manchester wechselte. 1919 übernahm er die Leitung des Cambridger Cavendish-Laboratoriums und zugleich eine Professur für Naturphilosophie an der Royal Institution. Die Royal Society, deren Präsident Rutherford von 1925 bis 1930 war, verlieh ihm 1903 die Rumfordmedaille. Bei seiner Adelung im Jahr 1931 wählte Rutherford seinen Geburtsort Nelson als Namensbestandteil. 1908 wurde er mit dem Nobelpreis für Chemie ausgezeichnet.

Rutherford gilt als Wegbereiter oder «Vater» der modernen Atomphysik. Am Uran beobachtete er Strahlen, die Gase elektrisch aufluden (ionisierten). 1898 unterschied er dabei nach Durchdringungsvermögen (Energiegehalt) und Ladung sogenannte positive Alpha- und negative Betastrahlen; 1900 entdeckte er die neutralen Gammastrahlen. (Heute spricht man auch von Alpha,- Beta- und Gammateilchen.)

Durch Vorarbeiten unter anderem von → Frederick Soddy wurde deutlich, daß sich radioaktive Elemente beim Zerfall umwandeln. Dies führte Soddy und Ru-

Rutherfordsches Atommodell
Nach dieser veralteten Atombeschreibung – gelegentlich auch anschaulich als «planetarisches» Atommodell bezeichnet – umkreisen nahezu masselose Elektronen (die Atomhülle) einen winzigen, schweren Atomkern aus Protonen und Neutronen. Jedes positiv geladene Proton hat dabei die 1836fache Masse eines negativ geladenen Elektrons. Die Umlaufgeschwindigkeit der Elektronen ist gerade so groß, daß sich deren elektrostatische Anziehung zum Kern gegen ihre Fliehkraft aufhebt; dadurch ist das kugelrunde Rutherfordsche Atom stabil.

Rutherfordsches Zerfallsgesetz
Der Zerfall (radioaktiver) Elemente erfolgt über atomare Zwischenstufen. Nach einer bestimmten Zeit ist die Hälfte des Ausgangsmaterials in eine solche Zwischenstufe übergegangen; diese Zeit nannte Rutherford die «Halbwertszeit». Obwohl sie auf atomarer Ebene nur eine Zerfallswahrscheinlichkeit angibt, ist die Halbwertszeit von wiegbaren Mengen radioaktiver Substanzen immer gleich und damit vorhersagbar.

therford 1902 zur Formulierung des Zerfallsgesetzes. → Otto Hahn arbeitete ab 1905 in Rutherfords Labor an der Identifikation von Elementen aus den Zerfallszwischenstufen. Der radioaktive Zerfall zeigte, daß das Atom nicht die unzerstörbare Grundeinheit der Materie ist, wie es seit → Demokrit angenommen wurde.
Ab 1907 arbeitete Rutherford unter anderem mit Radium, das ihm die Wiener Akademie der Wissenschaften lieh. → Hans Geiger und Ernest Marsden entdeckten 1911 in Rutherfords Labor in Manchester, daß einige Alphateilchen beim Durchstrahlen einer sehr dünnen (etwa 2000 Atome dicken) Goldfolie stark abgelenkt wurden. Daraus entwickelte Rutherford 1911 eine Streuformel sowie ein Atommodell, das auch heute noch gelehrt wird. → Niels Bohr verbesserte das Rutherfordsche Atommodell 1913 unter Berücksichtigung der klassischen Elektrodynamik; Henry Moseley schloß aus den Frequenzen radioaktiver Strahlen auf die Kernladungszahl der sie aussendenden Substanzen und ordnete sie demgemäß in das Periodensystem der Elemente ein.
Rutherfords Ansehen gründet sich auch auf die Erfolge seiner zahlreichen berühmten Mitarbeiter, die er individuell förderte und zu gemeinsamer Arbeit anspornte. So hatte Marsden ursprünglich Wasserstoff mit Alphateilchen beschossen, 1919 wiederholte Rutherford diese Versuche mit Stickstoffgas. Die dabei entstehenden Protonen interpretierte Rutherford richtig als Produkte einer künstlichen Kernumwandlung des Stickstoffes in Sauerstoff – die «Transmutation» der Alchimisten (die Elementumwandlung) war damit gelungen.
Obwohl Rutherford ein Pionier der Kernphysik war und auch die Errichtung von Teilchenbeschleunigern betrieb, glaubte er nicht an die kontrollierte Nutzung der Kernenergie, die erst ein Jahr nach seinem Tod durch Otto Hahn nachgewiesen werden konnte.

S

Sabin, Albert Bruce

*** 26. 8. 1906, Białystok; amerikanischer Kinderarzt und Virologe russischer Herkunft**

Sabin kam 1921 nach Amerika und wurde 1939 amerikanischer Staatsbürger. Er studierte zunächst an der Universität New York Zahnmedizin, wechselte aber bald zum Studium der Humanmedizin über, das er 1931 beendete. 1939 wurde Sabin Professor für Kinderheilkunde an der Universität Cincinnati; in Zweiten Weltkrieg arbeitete er als Stabsarzt in der Armee. Das Weizmann-Institut in Rehovot ernannte Sabin von 1970 bis 1972 zu dessen Präsidenten, 1973/74 war er Berater des Nationalen Krebsinstitutes der Vereinigten Staaten, bevor er von 1974 bis 1982 eine Professor an der Columbia-Universität übernahm.

Sabin entwickelte die Schluckimpfung gegen Kinderlähmung, bei der lebende, abgeschwächte Polioviren mit einem Stück Zucker geschluckt werden. Während → Jonas Edward Salk zur Impfung abgetötete Poliomyelitisviren einsetzte und diese in den Körper spritzte, verwendete Sabin abgeschwächte lebende Virusstämme, welche die Krankheit nicht auslösten. Sabin erprobte um 1957 im Tierexperiment und im Selbstversuch geeignete Virusstämme der drei Poliotypen 1 bis 3; die Impfung war langanhaltend (sicherer Impfschutz für 6 bis 10 Jahre), aber streng auf denjenigen Poliotyp beschränkt, der eingenommen worden war. Die Impfung mit Lebendwirkstoffen war so eingerichtet, daß im Wirtskörper etwa gleichviele Viren entstanden wie gegen diese gerichtete Antikörper.

Fünf Jahre nach Einführung der ersten Injektionsimpfstoffe gegen Kinderlähmung waren 1959 Sabins Schluckimpfstoffe praxisreif und kamen in den Vereinigten Staaten ab 1960 zur breiten Anwendung. Seitdem verschwand die bis dahin weltweit verbreitete Kinderlähmung in den Ländern, in denen die Sabin-Impfung flächendeckend durchgeführt wurde.

Zusammen mit einem Kollegen entwickelte Sabin darüber hinaus einen Farbtest, der den einzelligen Parasiten Toxoplasma gondii im Serumanteil des Blutes befallener Menschen nachweist: Der Farbstoff Methylenblau färbt nur frische, nicht aber von der Körperimmunabwehr erkannte Toxoplasmen. Aktive Toxoplasmaerkrankungen erkennt man mit dem Sabin-Feldman-Test in Blutausstrichen unter dem Mikroskop an einer zunehmenden Farbdichte.

Sachs, Julius

*** 2. 10. 1832, Breslau, † 29. 5. 1897, Würzburg; deutscher Pflanzenphysiologe und Botaniker**

Sachs wuchs in einer kinderreichen Familie auf und wurde nach dem Besuch des Breslauer Elisabeth-Gymnasiums ab 1851 Assistent des Physiologen Johannes Evangelista Purkinje in Prag. Während seiner Assistentenzeit legte Sachs die gymnasiale Abschlußprüfung ab und begann das Studium der Naturwissenschaften, bildete sich aber zugleich autodidaktisch fort; 1856 promovierte er in Prag und habilitierte sich anschließend in Botanik. Erste eigene Versuche führte Sachs in seiner Prager Wohnung durch, bis er 1859 Assistent an der Forstakademie in Tharandt wurde. Nach einem kurzen Aufenthalt in Leipzig als Leiter der geplanten Abteilung für Landwirtschaft des Polytechnikums übernahm Sachs von 1861 bis 1866 die Professur für Botanik, Zoologie und Mineralogie an der Landwirtschaftlichen Akademie in Poppelsdorf (heute Bonn). 1867 wechselte er zunächst an die Universität Freiburg i. Br. und ging zuletzt von 1868 bis 1897 an die Universität Würzburg.

Sachs war einer der Begründer der wissenschaftlichen, nichtspekulativen Pflanzenphysiologie in der zweiten Hälfte des 19. Jahrhunderts. Dabei beschäftigte er sich sowohl mit ernährungs- als auch entwicklungs- und reizphysiologischen Fragen. Herausragend ist Sachs' Entdekkung, daß Stärke ein direktes Produkt derjenigen Gewebeteile bzw. Zellorganellen ist, die den grünen Blattfarbstoff Chlorophyll enthalten, und daß Stärkeeinlagerungen im Dunkeln wieder verschwinden. Dies fügte 1865 den letzten Mosaikstein in die von → Johan Baptista van Helmont, → Joseph Priestley und → Jan Ingenhousz aufgestellte Theorie der Ernährung von Pflanzen: Mit Hilfe von Sonnenlicht, das von dem in den Chloroplasten befindlichen Chlorophyll eingefangen wird, wandeln Pflanzen Kohlendioxid und Wasser in organische Stoffe um – die Photosynthese. Sachs beschrieb auch den umgekehrten Vorgang, die insgesamt seltenere pflanzliche Atmung, bei der die Pflanze Sauerstoff verbraucht und Kohlendioxid erzeugt.

In weiteren grundlegenden Experimenten stellte Sachs innere und äußere Einflüsse auf die Entwicklung von Pflanzen dar. Zwischen 1857 und 1859 bestimmte er die höchsten und niedrigsten Temperaturen, bei denen ausgewählte Pflanzen noch keimen konnten, und bei welcher Temperatur sie sich am besten entwikkelten (Begriff des Optimums), 1863/64 zeigte Sachs experimentell, daß nicht alle Pflanzen im Dunkeln normal blühen und daß Kapuzinerkresse insbesondere das im Sonnenlicht enthaltene UV-Licht benötigt, um zu blühen. Daß nicht nur die Umwelt auf das Pflanzenwachstum einwirkt, bewies Sachs unter anderem durch Beobachtungen zur umweltunabhängigen Sproßverzweigung und führte 1887 die Begriffe «orthotrop» und «plagiotrop» ein (aufrechte und waagerechte Wachstumsrichtung). Auch die Rektion von Pflanzenteilen auf die Schwerkraft sowie die pflanzliche Transpiration (Aufnahme von Wasser über die Wurzeln, Transport in Leitungsbahnen und Abgabe als Dampf aus den Blättern) beschrieb Sachs ausführlich.

Durch Experimente zur Frage, wodurch in einem Keimling beziehungsweise dessen Teilen die Bildung bestimmter Pflanzenorgane festgelegt werde (1882–1887), griff Sachs der Entwicklungsbiologie vor. Sachs' Theorie von «organbildenden Substanzen» der Pflanze, die im Zusammenspiel mit Lichteinflüssen den Blühtermin festlegten, lassen sich heute – wie viele andere seiner Untersuchungen – molekulargenetisch deuten und bestätigen. Neben den weitverbreiteten Werken «Handbuch der Experimental-Physiologie der Pflanzen» (1865) und dem «Lehrbuch der Botanik» (1868) verfaßte Sachs auch eine «Geschichte der Botanik vom 16. Jahrhundert bis 1860» (1875).

Sacks, Oliver Wolf

*** 9. 7. 1933, London; britischer Neurologe**

Sacks, der aus einer Ärztefamilie stammt, ging nach dem Abschluß der St. Paul's School 1951 ans Queen's College in Oxford, wo er ein Medizinstudium aufnahm. 1958 legte er am Middlessex Hospital in London sein Examen ab und spezialisierte sich dort auf Chirurgie und Neurologie. 1960 wechselte Sacks zunächst an die Abteilung für Parkinsonkranke des Mount-Zion-Krankenhauses in San Francisco und arbeitete von 1962 bis 1965 an der Neurologischen Klinik der University of California in Los Angeles. Seit 1966 ist Sacks Professor für Klinische Neurologie am Albert Einstein College of Medicine im New Yorker Stadtteil Bronx sowie Berater mehrerer New Yorker Altenheime und Krankenhäuser.

Berühmt wurde Sacks durch seine Arbeit mit Parkinsonkranken und sich daraus ergebenden Fallschilderungen. Sacks behandelte eine Gruppe von Parkinson-Patienten, die sich diese Krankheit bei einer 1916/17 ausgebrochenen Epidemie zugezogen hatten, mit einer Vorstufe des für die Signalübertragung zwischen Nerven nötigen Moleküls Dopamin – 1960 war der Nachweis gelungen, daß es dem Körper von Parkinson-Kranken an diesem Neurotransmitter mangelt. Hohe Dosen der Substanz bewirkten, daß die Patienten vorübergehend aus ihrer Erstarrung, Sprachunfähigkeit und «Bewußtseinsgerinnung» erwachten.

Der teilweise nur Stunden oder Tage dauernde Zustand des «Erwachens» erweiterte das Allgemeinwissen über Gehirnkrankheiten sowie das Verständnis des Zusammenspiels von Körper und Geist erheblich.

Neben aufsehenerregeneden Berichten über Parkinson-Patienten («Awakenings», 1973; deutsch: «Awakenings. Zeit des Erwachens», 1991) fand Sacks durch weitere neurologische Fallgeschichten – beispielsweise «Der Mann, der seine Frau mit einem Hut verwechselte» (1987 und 1995), «Eine Anthropologin auf dem Mars» (1995) – sowie Bücher zur Kopfschmerzkrankheit Migräne («Migraine: The evolution of a common disorder», 1970; «Migräne. Evolution eines häufigen Leidens», 1985), zu Taubheit und anderen Erkrankungen viele Leser. Das Thema des Weckens unter Dopamineinfluß setzten Film («Zeit des Erwachens»), Theater («L'homme qui» von Peter Brook) und Kammeroper um.

Im Mittelpunkt der Sacksschen Schilderungen stehen – im Gegensatz zu der in der heutigen Wissenschaft herrschenden, quantitativen Betrachtungsweise – stets Einzelpersonen. Da seine Fallgeschichten nicht nur wissenschaftlich-analytisch, sondern zugleich erzählend sind, ermöglichte Sacks auch Nichtmedizinern einen Einblick in nervliche Erkrankungen und damit zusammenhängende Probleme wie die Farb- und Bewegungswahrnehmung.

Salk, Jonas Edward

*** 28. 10. 1914, New York,**
† 24. 6. 1995, La Jolla; amerikanischer Mikrobiologe

Als Sohn eines Textilarbeiters beendete Salk 1939 erfolgreich sein Medizinstudium an der Universität New York. Danach wurde er zunächst Dozent an der School of Public Health der Universität Michigan; 1947 folgte er einer Berufung der Universität Pittsburgh zum Direktor an das Institut für Virenforschung der dortigen School of Medicine. 1963 gründete Salk in La Jolla das Salk-Institut für Biologische Studien, das sich vor allem mit der multiplen Sklerose und Krebs beschäftigte. Obwohl er 1984 in den selbstgewählten Ruhestand ging, eröffnete Salk bereits 1986 zusammen mit anderen Wissenschaftlern im amerikanischen Carlsbad ein Forschungsinstitut zur Entwicklung eines Impfstoffes gegen Aids. Zu seinen Auszeichnungen gehören die Robert-Koch-Medaille, der Nehru-Preis und die Aufnahme in die französische Ehrenlegion.

Salk besiegte durch die Entwicklung eines Impfstoffes die Kinderlähmung (Poliomyelitis). Dieser Krankheit fielen bis etwa 1960 Millionen von Menschen zum Opfer; noch 1950 brach eine Polioepidemie in Amerika und 1952 in Europa aus. Im Gegensatz zur Impfmethode → Albert Bruce Sabins mit abgeschwächten, lebenden Polioviren (Schluckimpfung), verwendete Salk abgetötete Viren, deren Zelltrümmer immer noch eine Immunreaktion, aber keine Infektion bewirkten. Seine Methode erprobte Salk 1952 zuerst an Kindern, die bereits eine Polioinfektion überstanden hatten und daher gegen eine weitere Erkrankung immun waren; das Immunsystem dieser Kinder entwickelte daraufhin vermehrt Antikörper gegen Polioviren. Nach einem weiteren Test an sich und seiner Famile war der Impfstoff praxisreif und wurde 1955 zugelassen – die größte medizinische Sensation seit der Pockenschutzimpfung → Edward Jenners. Trotz einiger durch Fehler bei der Herstellung des Impfstoffes bedingter Infektionen und Todesfälle in den ersten Jahren der Polioimpfung verschwand die Kinderlähmung in Gebieten flächendeckender Impfungen fast vollständig. Noch 1961 entwickelte Salk einen verbesserten Lebendimpfstoff, dennoch setzte sich die einfacher zu handhabende Schluckimpfung seines Kollegen Sabin als Methode durch. Salk zog sich enttäuscht nach Kalifornien zurück und beschäftigte sich mit anderen weitverbreiteten Krankheiten.

Sanger, Frederick

*** 13. 8. 1918, Rendcomb; britischer Biochemiker**

Als Sohn eines Mediziners wuchs Sanger in einer Quäkerfamilie auf und studierte von 1939 bis 1942 am St. John's College der Universität Cambridge. Er promovierte dort 1943 und erhielt 1944 ein Forschungsstipendium, mit dem er sieben Jahre lang in Cambridge weiterarbeiten konnte – den Wehrdienst brauchte Sanger wegen seiner Religion nicht abzuleisten. Nach einem Aufenthalt am Biochemischen Institut der Universität Uppsala ging er ab 1951 an das Medical Research Council des Labors für Molekularbiologie der Universität Cambridge; 1962 übernahm Sanger die Leitung der Abteilung für Protein- und Nukleinsäurechemie desselben Labors.

Sanger entwickelte je eine Routinemethode, mit der die genaue Position von Aminosäuren (den Bausteinen von Eiweißen) beziehungsweise Nukleotiden (den Bausteinen der Erbsubstanz) innerhalb ihrer natürlichen, kettenförmigen Anordnung bestimmt werden konnte. 1952 gelang ihm nach zwölfjähriger Arbeit die Entschlüsselung der Aminosäurenabfolge (Primärstruktur) des Insulins. → Sir Frederick Grant Banting und Charles Herbert hatten das Insulin bereits 1921 aus den «Langerhansschen Inseln» der Bachspeicheldrüse gewonnen, so daß es bei der Behandlung von Zukkerkranken eingesetzt werden konnte. Sanger zerlegte das 51 Aminosäuren lange Insulinmolekül in kleinere Einheiten, deren Enden er spezifisch radioaktiv markierte und danach mit einer von → Archer John Porter Martin und Richard Synge entwickelten Chromatographiemethode auftrennte und darstellte. Diese Untersuchungen erlaubten 1965 mehreren Arbeitsgruppen die Synthese, das heißt die künstliche Herstellung, des Insulins. Für seine Arbeiten zur Strukturaufklärung von Proteinen wurde Sanger 1958 der Nobelpreis für Chemie verliehen.

Ebenso wichtig wie Sangers Arbeiten zur Proteinstruktur ist die von ihm entwickelte Methode zur Bestimmung der Abfolge der Nukleotide in Nukleinsäureketten (DNS und RNS). Auch diese Pionierarbeit macht sich die Idee der radioaktiven Endmarkierung zerkleinerter Moleküle und deren anschließende Darstellung zunutze (Endgruppenbestimmung). 1977 veröffentlichte Sangers Arbeitsgruppe die 5375 Nukleotide lange Sequenz des Virus Phi × 174. Heute sind bereits die ersten deutlich größeren Genome (die komplette Nukleotidsequenz von Organismen) entschlüsselt; weitere, darunter das menschliche Genom mit 2,9 Milliarden Nukleotiden Länge, werden gegenwärtig bearbeitet.

Da die Proteine in der Zelle anhand einer Vorlage aus Nukleotidsequenzen gebildet werden, hat Sanger indirekt doppeltes Verdienst an der Entwicklung gentechnisch hergestellten Insulins (welches das heute in der Medizin gebräuchliche Insulin ist): Die Kenntnis der Aminosäureabfolge ermöglichte die Entdeckung und Entschlüsselung des Insulingens. Das Insulingen konnte dann in lebende Bakterien eingebaut werden, die das für sie nutzlose Insulin im Überschuß herstellten und abgaben.

Mit seinen Kollegen Walter Gilbert und Paul Berg, die eine andere Methode zur Sequenzierung von Nukleinsäuren erfunden hatten, teilte sich Sanger 1980 seinen zweiten Nobelpreis für Chemie.

Sauerbruch, Ernst Ferdinand

*** 3. 7. 1875 Barmen (heute zu Wuppertal), † 2. 7. 1951, Berlin; deutscher Chirurg**

Da sein Vater früh starb, wuchs Sauerbruch bei seinem Großvater auf, einem Schuhfabrikanten. 1895 begann Sauerbruch ein Studium der Naturwissenschaften an der Universität Marburg. Er wechselte dann an die Medizinische Fakultät der Universität Leipzig. Nach einem Studienaufenthalt in Jena wurde er 1901 Arzt in Leipzig und in der Nähe von Erfurt. Danach Erster Assistenzarzt an der Chirurgie des Erfurter Krankenhauses. Ab 1903 arbeitete er kurz im Krankenhaus Berlin-Moabit und ging

Sauerbruchhand
Sauerbruch machte Prothesen amputierter Glieder beweglich, indem er über Züge die Muskelreste am Amputationsstumpf mit weiter entfernt liegenden Körperteilen verband – bei der Sauerbruchhand zum Beispiel die Oberarmmuskulatur mit künstlichen Fingergliedern. Bewegungen der Muskelreste wurden über die Züge weitergeleitet und erlaubten nach einem Training sinnvolle, willkürliche Bewegungen der künstlichen Glieder. Die Idee der Sauerbruchhand wurde auch bei anderen Prothesentypen (Beinprothesen etc.) angewendet.

noch im selben Jahr an die Chirurgische Universitätsklinik in Breslau. Dort habilitierte er sich 1905 als Chirurg und wechselte anschließend an das Klinikum Greifswald. Sauerbruch wurde 1908 Professor und Oberarzt in Marburg, ab 1910 am Kantonsspital in Zürich. Von 1918 bis 1928 war er an der Universität München tätig, danach an der Charité in Berlin.
Berühmt wurde Sauerbruch durch die Einführung eines Verfahrens, das die operative Öffnung des Brustkorbes erlaubte. Normalerweise bedingt eine Öffnung der Brustraumes, daß sich Luft im Brustfellraum ansammelt und dadurch den dort herrschenden Unterdruck aufhebt – die Lunge fällt zusammen (Pneumothorax). Sauerbruch konstruierte 1904 eine große Kammer, in der ein Unterdruck von etwa 0,9 Kilopascal herrschte; darin konnten Brustoperationen – was die Druckverhältnisse betrifft – gefahrlos stattfinden. Wenig später wurde das «Druckdifferenzverfahren» dahingehend verändert, daß nicht außen ein Unterdruck erzeugt, sondern die Lunge mit etwa 0,1 Kilopascal Überdruck von innen stabilisiert wurde. Dieses Verfahren, meist kombiniert mit einer vorübergehenden Stillegung der Atemmuskulatur, wird bis heute angewendet.
Um die Lunge von Tuberkolosekranken zu heilen, lähmte Sauerbruch deren Zwerchfell; waren die Lungen schon zu stark verwachsen, entfernte er Teile der Rippen, um so einen therapeutischen (künstlichen) Pneumothorax erzeugen zu können.
Auch in die Herz-, Magen- und Speiseröhrenchirurgie brachte Sauerbruch bedeutende Verbesserungen ein. Nicht zuletzt durch den Ersten Weltkrieg fanden die von ihm entwickelten bewegbaren Prothesen weite Verbreitung.
1911 erschien Sauerbruchs «Technik der Thoraxchirurgie», die in den folgenden Auflagen «Chirurgie der Brustorgane» hieß (1920–1925, zweibändig) und 1937 als «Thoracic surgery» auch in englischer Sprache verlegt wurde. Im Jahr seines Todes erschienen Sauerbruchs melancholische Lebenserinnerungen («Das war mein Leben»), die sehr hohe Auflagen erzielten und 1954 verfilmt wurden.

Scaliger, Joseph Justus

*** 5. 8. 1540, Agen (Lot-et-Garonne), † 21. 1. 1609, Leiden; französischer Gelehrter italienischer Herkunft**

Scaliger, Sohn eines Gelehrten, war mehrmals in französische Religionskriege verwickelt und konvertierte 1562 zum Protestantismus. Von 1572 bis 1574 war er als Professor an der Akademie in Genf tätig. Danach wirkte Scaliger als Privatgelehrter, ehe er 1593 einen Ruf an die Universität Leiden erhielt, wo er Nachfolger des Philologen Justus Lipsius wurde.

Scaliger widmete sich in seinen Arbeiten nicht nur der römischen und griechischen Geschichte, sondern studierte auch Quellen über die verschiedenen orientalischen Reiche. Durch seine mit Akribie durchgeführten Vergleichsstudien hoffte er eine einzige geschichtliche Grundlinie herausarbeiten zu können und begründete damit die moderne wissenschaftliche Chronologie. Am Zusammenhang mit astronomischen Daten interessiert, führte Scaliger in Anlehnung an den Vornamen seines Vaters den bis heute angewandten Julianischen Kalender ein. Sein System, in dem der erste Tag (Julianischer Tag) dem 1. Januar 4713 vor Christus entspricht, erlaubt eine einfache Berechnung von Zeitabschnitten. Über seine Forschungen, die auch die Numismatik und die Epigraphik einschlossen, hinaus nahm er als Herausgeber und Textkritiker wesentlichen Einfluß auf die klassische Philologie.

Schaefer, Vincent Joseph

*** 4. 7. 1906, Schenectady (New York); amerikanischer Meteorologe und Chemiker**

Nach Tätigkeiten in der Maschinenbauabteilung eines Elektrounternehmens arbeitete Schaefer eine Zeitlang als Baumchirurg, ging dann aber zurück in die Industrie und wurde Assistent des Chemikers → Irving Langmuir. 1960 folgte Schaefer einem Ruf nach Albany an die State University of New York.

In gemeinsamen Experimenten mit Langmuir erforschte Schaefer im Rahmen einer experimentellen Meteorologie das Problem der Vereisung von Flugzeugtragflächen. In einem auf –23 °C abgekühlten Kasten versuchte er eine Kondensation von Wasserdampf zu Eiskristallen unter Verwendung von Staubpartikeln zu erwirken. Doch erst durch Hinzunahme von Trockeneis (festes Kohlendioxid), womit er die Temperatur senken wollte, erreichte er im November 1946 sein Ziel.

Sein Verfahren testete er noch im selben Jahr in einem Freiland-Experiment. Nach Ausstreuung von Trockeneis aus einem Flugzeug setzte aus der betroffenen Wolke heraus ein Schneesturm ein, womit Schaefer den ersten künstlichen Niederschlag erzeugt hatte.

Schaudinn, Fritz Richard

*** 19. 9. 1871, Roeseningken, † 22. 6. 1906, Hamburg; deutscher Zoologe**

Schaudinn war Sohn eines Gutsverwalters und ging in Insterburg und Gumbinnen zur Schule. 1890 begann er in Berlin ein naturwissenschaftliches Studium mit dem Schwerpunkt Zoologie, das er 1894 mit der Promotion beendete. Im gleichen Jahr reiste er nach Norwegen, wo er in Bergen marine Wurzelfüßler (Rhizopoden) untersuchte. Seit 1894 war er am Berliner Zoologischen Institut der Universität als Assistent beschäftigt; 1898 habilitierte er sich für Zoologie und arbeitete anschließend als Dozent für Parasitologie und Zoologie. Eine Expeditionsreise mit dem Schiff «Helgoland» führte ihn zusammen mit Fritz Römer und dem Tiermaler Friese ein Jahr lang in das nördliche Eismeer; die umfangreichen biologischen Forschungsergebnisse dieser Reise erschienen später als «Fauna arctica». Nach seiner Rückkehr nach Berlin untersuchte Schaudinn im Auftrag des deutschen

Reichsgesundheitsamtes von 1901 bis 1904 im italienischen Rovigno die Malaria, bis er 1904 die Leitung des Labors für Einzeller (Protisten) des Reichsgesundheitsamtes in Berlin übernahm. Kurz vor seinem frühen Tod wechselte Schaudinn 1906 an das Institut für Schiffs- und Tropenkrankheiten in Hamburg.

Schaudinns Ruhm gründet sich auf die Entdeckung des Syphiliserregers Treponema pallidum (damals Spirochaeta pallida). Der Hautarzt Erich Hoffmann hatte 1905 an der Berliner Charité Präparate aus dem Sekret nässender Papeln (später auch aus geschwollenen Lymphknoten) von Syphiliskranken hergestellt, in denen Schaudinn spiralförmige (spirochäte) Bakterien entdeckte.

Trotz seiner Erfahrung – Schaudinns Labor überprüfte routinemäßig aktuelle Forschungsergebnisse – wurde die Entdeckung der Syphilisbakterien erst nach einer Bestätigung des Biologen Iljy Iljitsch Metschnikoff aus dem Pariser Pasteurinstitut anerkannt: Man hatte zunächst geglaubt, daß ein Organismus namens «Cytorrhyctes» neben der Syphilis auch Scharlach, Pocken und die Maul- und Klauenseuche auslösen sollte. Obwohl die Züchtung der Syphiliserreger in Kultur sowie die Ansteckung von Tieren zu Versuchszwecken erst später gelang, legte Schaudinns und Hoffmanns Entdeckung 1909 die Grundlage für die von → Paul Ehrlich entwickelte Krankheitsbehandlung mit dem Medikament Salvarsan (heute verwendet man Penicillin und ähnliche Antibiotika).

Eine weitere medizinisch bedeutsame Entdeckung Schaudinns war der Nachweis, daß von den im Dickdarm lebenden Amöben nur die Entamoeba hystolytica die Amöbenruhr auslöst, während die nahverwandte Entamoeba coli harmlos ist. Schaudinn brachte die Einzellerkunde (Protozoologie) durch Untersuchungen über die einzelnen Erscheinungformen, die Einzeller im Laufe ihrer Individualentwicklung annehmen können, wesentlich voran. So zeigte er den Wirts- und Generationswechsel zweier im Blut von Eulen schmarotzender Protisten sowie deren spiröchäten- und trypanosomenartige Stadien. Schaudinns Entsendung nach Italien zur Untersuchung der Malaria stand im Zusammenhang mit der von ihm richtig vermuteten Übereinstimmung in der Entwicklung von bestimmten «Sporentieren» (Coccidien) mit Malariaplasmodien. Er erkannte, daß der Malariaerreger einzellig ist, beschäftigte sich mit dessen Bekämpfung und untersuchte weitere einzellige Krankheitserreger, darunter auch Trypanosomen, die Erreger der Schlafkrankheit. Durch mikroskopische Beobachtungen von unbeschalten und beschalten Amöben (insbesondere Foraminiferen) zeigte Schaudinn, daß sich diese Organismen durch Sporogonie geschlechtlich und durch Schizogonie ungeschlechtlich fortpflanzen können. Zusammen mit weiteren Arbeiten zur Gestalt und der systematischen Einordnung von Einzellern bewirkte Schaudinns Werk, daß die Protozoologie eine eigene biologische Spezialdisziplin wurde.

Scheele, Carl (Karl) Wilhelm

*** 9. 12. 1742, Stralsund, † 21. 5. 1786, Köping (Schweden); schwedischer Chemiker**

Scheele begann 1757 eine Apothekerlehre in Göteborg (bis 1765) und arbeitete dann als Apothekergehilfe nacheinander in Malmö (1765–68), Stockholm (1768–70) und Uppsala (1770–75). 1775 wurde er Mitglied der schwedischen Akademie der Wissenschaften; im gleichen Jahr pachtete er eine Apotheke in Köping, die er bis zu seinem Tod betrieb. Zeitlebens schlug Scheele Angebote aus, Hofchemiker oder Professor zu werden – er widmete sich ausschließlich seiner Forschertätigkeit, an deren Folgen (vermutlich einer Quecksilbervergiftung) er schließlich starb.

Den Großteil seines Wissens erwarb sich Scheele autodidaktisch. Bei seinen Experimenten entdeckte er zahlreiche neue Substanzen, besonders organische, die er rein darstellte beziehungsweise kristallisierte. So isolierte Scheele erstmals die in Tieren und Pflanzen vorkommende Zitronen-, Wein-, Äpfel-, Oxal-, Milch- und Harnsäure, Molybdän- und Arsensäure aus Mineralien und das Glyzerin. Obwohl er auch an der Entdeckung der wichtigen Elemente Sauerstoff (1771/72) und Chlor (ca. 1774) sowie von Mangan, Barium, Molybdän, Wolfram, Stickstoff und anderen beteiligt war oder die Elemente de facto entdeckte, wird ihm keine der Entdeckungen zugeschrieben. Entweder hatten andere Chemiker das betreffende Element kurz zuvor entdeckt oder Scheele kümmerte sich nicht weiter um die Anerkennung. Im Fall des Sauerstoffs (den Scheele durch das Erhitzen von Verbindungen erhalten hatte, die diesen in leicht gebundener Form enthalten), sollen die Verleger des dazugehörenden Buches «Chemische Abhandlungen von der Luft und vom Feuer» die Veröffentlichung bis 1777 versäumt haben. Daher gelten → Joseph Priestley und → Sir Humphrey Davy als Entdecker beziehungsweise die ersten Beschreiber dieses Elements. Scheele faßte den Sauerstoff als «Feuerluft» auf und war ein überzeugter Verfechter der Phlogistontheorie. (Das Phlogiston wurde als bei der Verbrennung entweichende Substanz betrachtet.)

Scheele beobachtete auch die schwärzende Wirkung von Licht auf Silbersalze, die später von → Louis Jacques Mandé Daguerre bei der Entwicklung der Fotografie benutzt wurde, entdeckte das pflanzliche Eiweiß und fand heraus, daß bei der Verbrennung (von Holzkohle) Gase entstehen.

Scheeles Grün
Wegen seiner Giftigkeit nur noch selten verwendeter Farbstoff aus grünem Kupferpigment, der Kupferarsenit und basische Kupferkarbonate enthält.

Scheelit
Auch: Tungstein, Schwerstein. Scheelit ist ein Kalzium-Wolfram-Oxid, das fettig glänzt, von grauweißer, gelblicher oder brauner Farbe ist und muschelig bricht. Abgebaut wird es, oft in wohlgestalten Einzelkristallen, in Brasilien, Südwestafrika, Hinterindien und Südkorea. Nach Wolframit ist Scheelit das wichtigste wolframhaltige Mineral.

Scheiner, Christoph

*** 25. 7. 1575, Wald (bei Mindelheim), † 18. 6. 1650, Neisse; deutscher Mathematiker, Physiker und Astronom**

Scheiner besuchte die jesuitische Lateinschule in Augsburg und dann das Jesuitenkolleg in Landsberg; 1595 wurde er Mitglied des Ordens. Ab 1600 studierte Scheiner Naturwissenschaften und Philosophie in Ingolstadt, wo er – nach einem Aufenthalt in Freiburg i. Br. – von 1610 bis 1616 als Professor für Hebräisch und Naturwissenschaften beziehungsweise Mathematik arbeitete. Danach ging er nach Rom, wirkte von 1633 bis 1639 in Wien und wurde 1642 Vorsteher des Jesuitenkollegs in Neisse.

Mittels eines nach → Johannes Keplers Angaben gebauten Fernrohres (ab 1613 mit zwei Konvexlinsen) entdeckte Scheiner 1611 die Sonnenflecke. Dazu projizierte er das Bild der Sonne auf einen weißen Schirm – dieses Verfahren wird auch heute noch eingesetzt – und konnte so größere Sonnenflecke mit dem bloßen Auge sehen. Scheiners Ordensvorsteher lehnte die Beobachtung der Sonnenflecke heftig ab, da → Aristoteles diese nicht beschrieben hatte. Überdies stand die Interpretation der Sonnenflecke als «mit verschiedener Geschwindigkeit um die Sonne laufende Körper» im krassen Gegensatz zur damaliger Lehrmeinung, die besagte, daß nur die Erde das Zentrum von astronomischen Kreisbewegungen sein könne. Ein Augsburger Ratsherr ließ Scheiners Beobachtungen dennoch unter Pseudonym drucken.

Zuletzt kam Scheiner zur Auffassung, daß die beobachteten Flecke Vertiefungen in der Sonne seien. Er bestimmte an ihnen unter anderem die ungefähre Umdrehungszeit der Sonne und die Lage des Sonnenäquators. Um die Erstentdekkung der Sonnenflecke entspann sich ein Prioritätsstreit, der besonders von → Galileo Galilei mit erheblicher Polemik geführt wurde. In der Tat hatten sowohl Galilei als auch Johannes Fabricius einige Monate vor Scheiner Sonnenflecke beobachtet, was Scheiner aber vermutlich nicht bekannt gewesen war.

Seine die Sonne betreffenden Untersuchungen veröffentlichte Scheiner in dem umfangreichen Werk «Rosa ursina»; 1617 erschienen seine «Refractiones coelestes», in denen er darlegte, daß die scheinbare Vergrößerung von Sonne und Mond bei deren Auf- und Untergehen von der Lichtbrechung herrühre.

1603 hatte Scheiner den Storchenschnabel (Pantographen) erfunden, der bis in die Neuzeit als mechanisches Zeicheninstrument zur maßstäblichen Vergrößerung und Verkleinerung von Bildern diente. 1631 beschrieb er seine Erfindung ausführlich in dem Werk «Pantographice, seu ars delineandi res quaslibet ...». Nach 1616 arbeitete Scheiner intensiv an der Funktionsweise des Tier- und Menschenauges. Er entdeckte dabei, daß auf der Netzhaut ein auf dem Kopf stehendes Bild der Außenwelt entsteht und daß der Sehnerv seitlich aus dem Augapfel austritt. Der «Scheinersche Versuch» (1615) erlaubt eine Brechkraftbestimmung der Augenlinse. Das Auge stellt seine Brechkraft ein, indem es die Linse verschieden stark krümmt (Akkomodation). Die Akkomodation ist notwendig, um Objekte unabhängig von ihrer Entfernung zum Auge scharf auf die Netzhaut abzubilden.

Schiaparelli, Giovanni Virginio

*** 14. 3. 1835, Savigliano, † 4. 7. 1910, Mailand; italienischer Astronom**

Schiaparelli absolvierte sein Studium an der Universität Turin. 1854 reiste er zu Johann Franz Encke nach Deutschland und Otto Wilhelm von Struve nach Rußland, wo er seine Kenntnisse und Fähigkeiten vervollkommnete. Nach seiner Rückkehr ging Schiaparelli an das Brera-

Observatorium in Mailand, dessen Leitung er 1860 übernahm.
Schiaparelli konzentrierte sich in seinen Forschungen auf Doppelsterne und Meteorite. Anfang der 80er Jahre des 19. Jahrhunderts erkannte er gemeinsam mit John Couch Adams den Zusammenhang zwischen dem Kometen 1862 III und dem Meteoritenstrom der Perseiden. 1861 entdeckte er den Planetoiden (Kleinplanet) Hesperia. Neben der Bestimmung der Rotationszeit von Merkur und Venus widmete Schiaparelli sich eingehenden Untersuchungen der Mars-Oberfläche. Bei diesen Forschungen entdeckte er 1877 Linien auf dem Mars («Mars-Kanäle»). 1880 erkannte er ähnliche Strukturen auf der Oberfläche des Merkurs. (Zu jener Zeit sorgten diese Beobachtungen für Furore, heute ist man der Ansicht, daß Schiaparelli einer optischen Täuschung erlegen ist.) Außerdem lieferte Schiaparelli bedeutende Beiträge zur Frühgeschichte der Astronomie.

Schlack, Paul

*** 22. 12. 1897, Stuttgart, † 19. 8. 1987, Leinfelden-Echterdingen; deutscher Chemiker**

Schlack studierte von 1915 bis 1921 (mit Unterbrechung durch den Ersten Weltkrieg) an der TH Stuttgart. Anschließend arbeitete er in einem Privatlaboratorium in Kopenhagen und trat 1924 in die Kunstseidenfabrik der Filmfabrik Wolfen ein, wo er Arbeiten zur Herstellung von Celluloseacetatfasern durchführte. Ab 1926 arbeitete er in einer Farbenfirma. 1945 promovierte Schlack an der Universität Jena und arbeitete in Bobingen in der Polyamidseidenproduktion. 1952 übernahm er die Leitung der Faserstofforschung des Hoechst-Konzerns, 1961 wurde er Honorarprofessor an der TH Stuttgart und arbeitete nebenbei am Institut für Textilchemie in Stuttgart-Wangen, wo er Untersuchungen auf dem Gebiet der Chemiefaserherstellung durchführte.
Schlack forschte hauptsächlich auf dem Gebiet der makromolekularen Stoffe, insbesondere der Kunstfasern. 1938 gelang ihm die Polymerisation des Caprolactams, die bis dahin bestritten worden war. Schlack entwickelte grundlegende Verfahrensstufen für die großtechnische Herstellung von Caprolactam und konnte mit dem «Perlon» ein Erzeugnis anbieten, das dem Nylon (entwickelt vom amerikanischen Konzern Du Pont) gleichwertig war.

Schleiden, Matthias Jakob

*** 5. 4. 1804, Hamburg, † 23. 6. 1881, Frankfurt a. M.; deutscher Botaniker**

Schleiden, Sohn eines Arztes, studierte nach dem Besuch des Hamburger Johanneums von 1824 bis 1827 Jura in Heidelberg. Er promovierte 1826 und arbeitete bis 1831 als niedergelassener Anwalt in Hamburg. 1833 begann Schleiden ein Medizinstudium in Göttingen, setzte es ab 1835 in Berlin fort und promovierte in Jena 1839 mit botanischen Untersuchungen. Ab 1839 arbeitete Schleiden in Jena als außerordentlicher Professor, bis er dort 1846 zum ordentlichen Honorarprofessor und 1850 zum Universitätsprofessor an der medizinischen Fakultät sowie zum Leiter des Botanischen Gartens berufen wurde. Von 1862 bis 1872 lebte Schleiden als Privatgelehrter in Dresden, unterbrochen von einer Berufung an die Universität Dorpat (1863), die er aber bereits 1864 wieder aufgab. Nach einem kurzen Aufenthalt in Frankfurt a. M. übersiedelte Schleiden 1872 nach Darmstadt und 1877 nach Wiesbaden, bis er 1881 wieder nach Frankfurt a. M. zurückkehrte.

Schleiden reformierte die Botanik von Grund auf, indem er vor allem physikalische und chemische Prozesse sowie die Entwicklung vom Keim zur Pflanze in den Mittelpunkt der Forschung stellte. Herausragend war dabei 1838 die Entwicklung der Zelltheorie der Pflanzen, die → Theodor Schwann 1839 auch für tierische Körper aufstellte. In seiner viele Irrtümer enthaltenden Schrift «Beiträge zur Phytogenesis» (1838) legte Schleiden erstmals die Zellbildungstheorie dar und betonte besonders die zentrale Bedeutung des Zellkerns. Ausgehend von Beobachtungen an pflanzlichen Embryonen vermutete Schleiden unrichtig, daß sich eine neue Zelle durch eine Art Kristallisation in der unbelebten Zellflüssigkeit um den Zellkern herum bilde. Dennoch wurde mit dieser Arbeit die Vorstellung von der Zelle als Grundeinheit des Lebens manifest: Zellen sind sowohl für sich funktionierende Einheiten als auch in das Zusammenspiel aller übrigen Elemente des Gesamtorganismus eingebunden.

Die Bücher «Die Botanik als induktive Wissenschaft» (1846) sowie das zweibändige Werk «Grundzüge der Botanik nebst einer methodologischen Anleitung zum Studium der Pflanze» (1842/43) markierten Schleidens scharfe Gegenposition zur spekulativen Naturphilosophie, dem Vitalismus und einer rein taxonomisch-klassifizierenden Botanik; statt dessen führte er die induktive, das heißt vom Besonderen auf das Allgemeine schließende, Methode in die Botanik ein.

Schleiden veränderte aber nicht nur die Denkweise der botanischen Forschung, sondern auch den botanischen Lehrbetrieb. So führte er 1843 erstmals ein physiologisches Praktikum durch und gründete 1845 mit den Medizinern Heinrich Haeser und Ottomar Domrich ein physiologisches Institut, in das er die mikroskopische Technik einbrachte. Trotz der Betonung der Physiologie argumentierte Schleiden nicht streng materialistisch – neben Aberglauben und Kirchendogmen lehnte er zum Beispiel auch die Zellularpathologie Rudolf Virchows ab.

Schmidt, Bernhard Voldemar

*** 30. 3. 1897, Nargen (Estland), † 1. 12. 1935, Hamburg; russisch-deutscher Optiker**

Schmidt, der aus einer Fischerfamilie stammte, ging 1901 an das Technikum nach Mittweida und schloß dort 1904 sein Studium ab. In Mittweida baute er sich eine Werkstatt, wo er astronomische Spiegelobjektive mit Durchmessern bis zu 40 cm herstellte. Hier führte er auch Korrekturen an größeren Objektiven durch, die andere Firmen bei ihm in Auftrag gaben. 1926 wurde er Mitarbeiter des Bergedorfer Observatoriums in Hamburg.

Nachdem sich Schmidt bei der Korrektur eines 50-cm-Objektivs für den Refraktor des Astrophysikalischen Observatoriums Potsdam einen Namen gemacht hatte, entwickelte er weitere leistungsfähige optische Instrumente. Sein Hauptaugenmerk richtete er auf Lösungsmöglichkeiten für Abbildungsfeh-

Schmidt-Spiegelteleskop
Von Schmidt 1930/31 entwickeltes Spiegelteleskop mit großem Gesichtsfeld und hoher Abbildungsgüte. Ein sphärischer Hauptspiegel wird auf eine ebenfalls sphärische Bildfläche (Fokalfläche) einer von Koma und Astigmatismus freien Abbildung erzielt. Die sphärische Aberration des Spiegels wird durch eine spezielle Korrektionsplatte (Schmidt-Platte) kompensiert.

ler, die meist bei Fernrohren mit großer Lichtstärke und großen Bildfeldern entstanden. 1930/31 konstruierte er eine speziell geschliffene Korrektionslinse, die er vor den Hauptspiegel eines Teleskops setzte. Damit erfand er das nach ihm benannte Schmidt-Spiegelteleskop, das bis heute in der Astronomie angewandt wird. Vor seinem Tod leistete er wesentliche Vorarbeiten für einen 60-cm-Astrographen für die Hamburger Sternwarte.

Schönbein, Christian Friedrich

*** 18. 10. 1799, Metzingen,**
† 29. 8. 1868, Baden-Baden; deutscher Chemiker

Schönbein, Sohn eines Färbers, bildete sich nach der Volksschule autodidaktisch in Chemie, Physik und Sprachen. Er studierte von 1821 bis 1823 an den Universitäten Tübingen und Erlangen und arbeitete bereits ab 1823 als Lehrer in Keilhau und ab 1825 im englischen Epsom. In London bildete er sich darüber hinaus naturwissenschaftlich fort; 1827 studierte er ein Jahr an der Pariser Sorbonne. Die Universität Basel, an die Schönbein 1828 gewechselt hatte, ernannte ihn 1830 zum Doktor h.c. und berief ihn 1835 zum Professor für Physik und Chemie. 1840 wurde Schönbein Baseler Ehrenbürger, ab 1848 war er Mitglied des Stadtrates. Unter anderen wählten die wissenschaftlichen Akademien in Berlin, Paris und London Schönbein zu ihrem Mitglied. Schönbein war unter anderem mit → Michael Faraday, Friedrich Wöhler, → Justus von Liebig und → Jöns Jacob Berzelius gut befreundet und pflegte ab 1821 engen Kontakt zum Philosophen Friedrich Wilhelm Joseph von Schelling. Neben zahlreichen Briefdokumenten zeugen über 300 wissenschaftliche Originalarbeiten von Schönbeins Wirken.

Zu Beginn seiner Forschertätigkeit beschäftigte sich Schönbein mit elektrochemischen Fragen und entdeckte dabei, daß Metalle wie Eisen von einer schützenden Oxidhaut umgeben, d.h. für chemische Reaktionen «passiviert» werden. Den an seinen elektrischen Apparaten auftretenden Geruch führte Schönbein 1839 auf ein bei der elektrischen Zerlegung von Wasser entstehendes Gas zurück. Auch die Oxidation von Phosphor brachte dieses – aus drei statt zwei Sauerstoffatomen pro Molekül bestehende – Gas hervor, welches Schönbein fortan «Ozon» nannte (nach dem griechischen Wort für Geruch). Er versuchte auch, bei langsamen Oxidationen die Zwischenstufen zu fixieren, und stellte fest, daß sauerstoffhaltige Verbindungen besser reagieren – der «aktivierte Sauerstoff». Das von ihm selbst vermutete Antozon konnte Schönbein nicht finden.

Die Schießbaumwolle soll Schönbein beim Experimentieren in der häuslichen Küche gefunden haben, als ihm eine Lösung aus Salpeter- und Schwefelsäure über die Schürze seiner Frau lief. Über dem Ofen zum Trocknen aufgehängt, soll die zu Nitrozellulose umgewandelte Schürze verpufft sein. Schönbein verkaufte zwar das Rezept für dieses rauchlose Schießpulver, es wurde aber wegen seiner überleichter Explosivität nur bis etwa 1860 hergestellt. Erst → Sir James Dewar und Sir Frederick August Abel stellten mit dem Cordit ein brauchbares rauchloses Schießpulver her.

Schönbein formulierte 1849 eine Theorie galvanischer Prozesse und beschrieb als erster die sich ändernde Verteilung von chemischen Verbindungen in der Erdkruste. Daher gilt er heute als Mitbegründer der Geochemie.

Bei seinen Versuchen ging Schönbein qualitativ vor und betrieb kaum quantitative Auswertungsmethoden. Er untersuchte Biooxidationen und brachte die Papierchromatographie vorwärts. Inhaltlich näherte er sich dem Energieerhaltungssatz sowie dem elektrischen Potentialbegriff.

Einigen neueren chemischen Ansichten hingegen verschloß sich Schönbein; zum Beispiel glaubte er weder an die Elementnatur des Chlors (wie → Sir Humphrey Davy sie nachgewiesen hatte) noch an die Atomtheorie.

Schrödinger, Erwin

*** 12. 8. 1887, Wien, † 4. 1. 1961, Wien; österreichischer Physiker**

Schrödinger, der aus einer Wiener Tuchfabrikantenfamilie stammte, studierte von 1906 bis 1910 Physik in Wien. Nach seiner Promotion (1910) arbeitete er als Assistent von Franz Exner. 1914 habilitierte er sich. Nach Ende des Ersten Weltkriegs, in dem Schrödinger in der Artillerie diente, ging er nach Jena und hörte Vorlesungen über moderne theoretische Physik. 1920 wurde er zum außerplanmäßigen Professor an die TH Stuttgart und wenige Monate später als ordentlicher Professor an die Universität Breslau berufen. 1921 übernahm er den Lehrstuhl für Theoretische Physik an der Universität Zürich und wurde 1927 als Nachfolger von → Max Planck an die Universität Berlin berufen. Nach der Machtergreifung durch die Nationalsozialisten ging Schrödinger 1933 ans Magdalena College in Oxford. 1936 übernahm er in Graz den Lehrstuhl für Theoretische Physik, wurde aber nach der Annexion Österreichs 1938 entlassen. Über einen Aufenthalt in Gent gelangte er nach Dublin, wo er am Institute for Advanced Studies arbeitete, ehe er 1956 nach Österreich zurückkehrte (Emeritierung 1958).

Schrödinger leistete wesentliche Beiträge zum Aufbau der Quantenmechanik, zur statistischen Physik und zur allgemeinen Relativitätstheorie. In seinen ersten Arbeiten (ab 1910) beschäftigte er sich mit radioaktiven Erscheinungen und verschiedenen Aspekten der kinetischen Theorie der Materie sowie mit der Theorie des Farbsehens. 1926 begann er mit der Ausarbeitung der Wellenmechanik, die weitreichende Folgen für die Entwicklung der Quantentheorie hatte. Schrödinger übertrug die Vorstellung von Materiewellen, die → Louis Victor de Broglie 1924 vorhergesagt hatte, zunächst auf die Gastheorie und anschließend auf das Atommodell von → Niels Bohr. Anders als bei Bohr gibt es in Schrödingers Atommodell keinen Kern mehr, den die Elektronen auf bestimmten Bahnen umlaufen, sondern einen Kern, der den Mittelpunkt eines Feldes stehender Wellen bildet. Die Ladungswolke nimmt dabei unterschiedliche geometrische Formen an, je nachdem, welchen Energiegehalt sie hat. In einer speziellen Differentialgleichung («Schrödinger-Gleichung») der nichtrelativistischen Wellenmechnik faßte er das Verhalten der dreidimensionalen Elektronenwellen zusammen. 1927 konnte Schrödinger die mathematische Äquivalenz seines Ansatzes zu der von → Werner Heisenberg entwickelten Matrizenmechanik nachweisen. Für seine Beiträge zum Aufbau der Quantenmechanik erhielt Schrödinger 1933 – zusammen mit → Paul Adrien Maurice Dirac – den Nobelpreis für Physik. In den 40er Jahren beschäftigte sich Schrödinger mit Problemen der Molekularbiologie («Was ist Leben?», 1945) sowie mit den Grundlagen der Physik und ihren philosophischen Konsequenzen («Meine Weltansicht», 1961). Darüber hinaus bearbeitete er Probleme der Gravitationstheorie und der einheitlichen Feldthorie.

Schubert, Johann Andreas

*** 19. 3. 1808, Wernesgrün (Kreis Auerbach), † 6. 10. 1870, Dresden; deutscher Ingenieur**

Schubert wuchs in einer kinderreichen Familie auf, bis er im Alter von neun Jahren vom Leipziger Polizeipräsidenten adoptiert wurde. 1823 zog er mit der Witwe seines Pflegevaters nach Dresden, wo er das von eine Loge betriebene «Freimaurer-Institut» besuchte.

Von 1824 bis 1827 studierte er an der Dresdner Bauschule der Akademie für bildende Künste und ging 1827/28 an Rudolf Sigismund Blochmanns Mechanische Werkstatt. Mit Gründung der Technischen Bildungsanstalt in Dresden begann Schubert 1828 seine Tätigkeit als Lehrer, wurde dort 1832 Professor und von 1849 bis 1869 kommissarischer Direktor. Von 1846 bis 1849 war Schubert zudem Verwaltungsratsvorsitzender des Sächsischen Ingenieurvereins.

Trotz eines erheblichen Rückstandes der deutschen gegenüber der englischen Industrie, die damals als «Werkstatt der Welt» galt, gelang Schubert zwischen 1837 und 1839 der Bau der ersten deutschen Lokomotive «Saxonia». Auf seinen Studienreisen nach Schottland und England (1834) sowie einer Reise durch Frankreich 1836 hatte Schubert zuvor den Stand des industriellen Fortschrittes, besonders im Verkehrswesen, erkundet. In Deutschland bezweifelte man nun allgemein die Leistungsfähigkeit der «Saxonia», und so durfte sie 1839 bei der Eröffnungsfahrt der Leipzig-Dresdener Bahn nur hinter den englischen Lokomotiven herfahren.

1837 wurde das von Schubert erbaute erste Oberelbe-Dampfschiff «Königin Maria» in Betrieb genommen; 1840/41 wurde dieses und weitere Schiffe mit leichteren Dampfmaschinen ausgerüstet, um den schwankenden Wasserständen durch einen geringeren Tiefgang zu trotzen. 1846 wurde eine zweite, neue «Königin Maria» fertiggestellt, die von einer weiter verbesserten Maschine, der Hochdruckdampfmaschine, angetrieben wurde.

Schuberts Konstruktionsfähigkeiten ist es zu verdanken, daß – basierend auf seinen Untersuchungen «Über die Theorie der Konstruktion steinerner Brückenbögen» und «Die Stützung und Konstruktion gerader und schiefer Wölbbögen», beide 1845 – innerhalb von fünf Jahren die Göltzschtalbrücke und Elstertalbrücke fertiggestellt wurden. Es ist unter anderem Schuberts Verdienst, daß Deutschland zur Zeit der industriellen Revolution genügend Ingenieure wissenschaftlich ausbildete. Nicht zuletzt mit der Dresdener Maschinenbauanstalt, die 1851 den treffenderen Namen «Polytechnische Schule» erhielt, schuf Scheiner die technischen und organisatorischen Voraussetzungen, um dem neu aufblühenden Zweig des Maschinenbaus gerecht zu werden.

Schwann, Theodor

*** 7. 12. 1810, Neuss, † 11. 1. 1882, Köln; deutscher Biologe**

Schwann wuchs als Sohn eines Buchhändlers auf; er besuchte eine Schule in Köln und begann 1829 an der Universität Bonn das Medizinstudium. Ab 1831 setzte er sein Studium zunächst in Würzburg und ab 1833 in Berlin fort. Dort promovierte er 1834, legte im selben Jahr das Staatsexamen ab und arbeitete von 1834 bis 1839 als Assistent bei → Johannes Peter Müller am Berliner Anatomischen Museum. 1839 nahm Schwann eine Professur für allgemeine und beschreibende Anatomie in Löwen an und wechselte 1848 in gleicher Eigenschaft an die Universität Lüttich, wo er von 1858 bis 1879 auch als Professor für Physiologie arbeitete.

Die bekannteste Arbeit Schwanns ist die Formulierung der Zelltheorie für tierische Körper («Mikroskopische Untersuchungen über die Übereinstimmung in der Struktur und dem Wachstum der Tiere und der Pflanzen», 1839), nachdem → Matthias Jakob Schleiden diese Theorie bereits 1838 für Pflanzen aufgestellt hatte. Damit wurde endgültig bewiesen, daß Zellen die funktionellen Einheiten aller Organismen sind, während Johannes Müller (Beschreibung von Chordazellen, 1839), → Friedrich Gustav Jakob Henle (Hautzellen) und Johannes Evangelista Purkinje (Nervenzellen) diese Wesensgleichheit noch nicht erkannt hatten. Wie Schleiden ging auch Schwann von der falschen Vorstellung aus, daß sich Zellen aus unbelebter «Zellsubstanz» um den Zellkern herum bildeten. Insgesamt führte die zuletzt von → Rudolf Virchow zusammengefaßte Zelltheorie dazu, daß sich das Forschungsinteresse zunehmend von der pflanzlichen Zellwand zur Untersuchung des Inhalts der Zellen wandte.

Nachdem Schwann in einer frühen Arbeit (1834) gezeigt hatte, daß Magenschleimhautdrüsenextrakte Fleisch besser verdauten als reine Salzsäure – deren Vorhandensein im Magen war bereits bekannt –, entdeckte er 1836 das Verdauungsenzym Pepsin («Ueber das Wesen des Verdauungsprocesses»). Das von ihm als «verdauendes Princip des Eiweisses»

Schwannsche Zellen

Von Schwann im peripheren (im Gegensatz zum zentralen) Nervensystem entdeckte Gliazellen, die sich nebeneinander um Nervenzellfortsätze winden und die sogenannte Schwann-Scheide oder Markscheide bilden. Neben der mechanischen Stabilisierung dienen die Schwann-Zellen der elektrischen Isolierung sowie der Ernährung der Nervenfasern.

Da die Schwannschen Zellen lichtreflektierendes Myelin enthalten, sehen die von ihnen ummantelten Nerven weiß aus, während das weniger stark eingehüllte Zentralnervensystem grau erscheint.

beschriebene Pepsin war das erste der vielen Enzyme, die aus Tierorganismen gewonnen wurden; auf diese Weise begründete Schwann eine ganze Forschungsrichtung der Biochemie. Eine weitere ernährungsphysiologische Arbeit Schwanns war der 1844 an Hunden geführte Nachweis, daß Gallenflüssigkeit kein Abfallprodukt des Körpers, sondern zur Nahrungsaufbereitung notwendig ist. Die 1838 von Schwann aufgestellte Theorie, nach der sowohl Gärung als auch Fäulnis von mikroskopisch kleinen Organismen verursacht würden, fand trotz deren experimenteller Bestätigung an abgekochtem Fleisch zunächst keine Anerkennung und wurde von → Jöns Jakob Freiherr von Berzelius, Friedrich Wöhler und Justus von Liebig zugunsten einer rein chemischen Gärungstheorie abgelehnt. Bis sich → Louis Pasteurs Untersuchungsergebnisse über Einzeller durchsetzten, blieb auch Schwanns Vorstellung von Hefe als einer Ansammlung winziger Organismen ohne Anerkennung. Zu den wichtigsten Werken Schwanns zählt neben seinen Aufsätzen der zweibändige «Traité d'anatomie du corps humaine», der in der Brüsseler «Encyclopédie populaire» erschien. Direkte Nutzanwendung fand eine Modellkonstruktion Schwanns zur Rettung von Bergarbeitern.

Secchi, Angelo

*** 29. 6. 1818, Reggio nell'Emilia, † 26. 2. 1878, Rom; italienischer Astrophysiker**

Secchi war Jesuit. Nach dem Studium der Physik und Mathematik am Collegium Romanum unterrichtete er einige Jahre am Jesuitenkolleg zu Loreto. In den Jahren 1844 bis 1848 setzte er seine astronomischen und theologischen Studien fort. 1848 lehrte er am englischen Stonyhurst-College und an der Georgetown-Universität in Washington (USA). 1849 wurde Secchi zum Direktor des Observatoriums des Collegium Romanum berufen. Als 1870 die Jesuiten aus Italien vertrieben wurden, konnte Secchi aufgrund seines Ansehens seine Arbeit am Collegium Romanum fortsetzen.

Secchi arbeitete auf den Gebieten der klassischen Astronomie und der Astrophysik, deren Mitbegründer er ist. Er begann sein fundamentales Werk um 1850 mit physikalischen Untersuchungen der Himmelskörper, besonders der Sonne. Temperaturmessungen der Sonne und ihrer Flecken führten Secchi zu dem Ergebnis, daß die Strahlungsintensität im Sonnenzentrum mehr als doppelt so groß ist wie an den Rändern. Seine fotografischen Sonnenbilder waren von seltener Qualität, so konnte er 1851 die verschiedenen Phasen einer Sonnenfinsternis erstmals dokumentieren. Diese Arbeiten veröffentlichte er 1870 in seinem fundamentalen Werk «Le Soleil« («Die Sonne»). Seine Publikation «Les Etoiles» (1878; «Die Sterne») gehört ebenfalls zu den Standardwerken der Astrophysik. Sie enthält die Ergebnisse der Forschungen, die er 1864 bis 1868 an Sternen betrieb. In dieser Zeit führte Secchi Spektraluntersuchungen von nahezu 4000 Sternen durch, mit deren Daten er eine erste Einteilung der Sterne in fünf unterschiedliche Spektralklassen vornahm. Als Kriterium diente ihm dabei die Existenz und Struktur der Spektrallinien. Diese Arbeit wurde in modifizierter Form in die heute noch gebräuchliche Harvard-Klassifikation der Sternspektren aufgenommen. Außerdem gelang Secchi mit spektroskopischen Methoden die Analyse der Atmosphären von Jupiter und Saturn sowie die Identifikation kosmischer Gasnebel. Die klassische Astronomie bereicherte Secchi durch Doppelsternmessungen und Durchmesserbestimmungen der Planeten und ihrer Monde. In seinem Werk «Die Einheit der Naturkräfte. Ein Beitrag zur Naturphilosophie» (1892) beschrieb Secchi physikalische Phänomene und setzte sie in Beziehung zueinander.

Semjonow, Nikolaj Nikolajewitsch

*** 15. 4. 1896, Saratow, † 25. 9. 1986, Moskau; sowjetischer Chemiker**

Semjonow, Sohn eines Beamten, studierte von 1913 bis 1917 an der Universität St. Petersburg und arbeitete bis 1921 an Forschungsinstituten in Tomsk, Leningrad und Moskau. 1921 wurde er Assistent am physikalisch-technischen Institut der Universität Leningrad, 1928 Professor am Leningrader Polytechnischen Institut und 1931 wissenschaftlicher Leiter des neugegründeten Instituts für chemische Physik der Akademie der Wissenschaften der Sowjetunion. Von 1963 bis 1971 wirkte er dort als Vizepräsident. Er war Mitglied der Chemical Society (London) sowie der Akademie der Wissenschaften der USA, Ungarns, Indiens und der ehemaligen DDR.
Semjonow leistete bedeutende Beiträge auf dem Gebiet der chemischen Physik. Nach frühen Arbeiten über Probleme der Molekularphysik und des thermischen Verhaltens von Gasgemischen erkannte er 1924, daß sich Phosphordämpfe nur bei einem bestimmten Sauerstoffdruck entzünden. Durch Zugabe inerten (reaktionsträchtigen) Gases konnte er die Verbrennungsprozesse besser beobachten und gelangte zwischen 1926 und 1934 zu einer umfassenden Theorie über den Mechanismus der Kettenreaktion.
In den folgenden Jahren erwirkte Semjonow den Nachweis von drei neuartigen Typen von Reaktionen mit unverzweigter Kette: Reaktionen mit ununterbrochener Verzweigung, Reaktionen mit selten verzweigter Kette und Reaktionen mit degeneriert verzweigter Kette. Seine Arbeiten hatten große Bedeutung für die Konstruktion von Verbrennungsmotoren und die Entwicklung der Sprengstofftechnik. 1956 wurde Semjonow für die Aufklärung des Reaktionsmechanismus bei verschiedenen chemischen Prozessen zusammen mit Cyril Norman Hinshelwood der Nobelpreis für Chemie verliehen.

Semmelweis, Ignaz Philipp

*** 1. 7. 1818, Ofen (heute als Pest zu Budapest), † 13. 8. 1865, Döbling (heute zu Wien); ungarischer Geburtshelfer und Gynäkologe**

Semmelweis, ursprünglich Jurastudent, wechselte nach dem Besuch einer Anatomievorlesung sein Fach und studierte bis 1844 in Wien und Pest (Budapest) Medizin. Von 1846 bis 1849 war er Assistent an der ersten Gebärklinik in Wien. Er wurde 1849 aus Österreich ausgewiesen und arbeitete ab 1850 als unbezahlter Primar-Arzt am Pester Rochuskrankenhaus sowie als Privatdozent an der dortigen Universität, an die er 1855 als Professor der Geburtshilfe berufen wurde. 1865

wurde er in eine Nervenheilanstalt eingewiesen, wo er starb.
Semmelweis entdeckte die Kontaktinfektion als Ursache des oft tödlichen Kindbettfiebers (Puerperalfieber). Da diese Krankheit vorwiegend in Hospitälern, aber nur selten bei Hausgeburten auftrat, folgerte Semmelweis, daß die Ärzte selber die Ansteckungsquelle sein mußten. Die Erreger wurden vermutlich aus dem im Keller gelegenen Sektionssaal eingeschleppt. Daher ordnete Semmelweis im Jahr 1847 an, daß alle Assistenzärzte ihre Hände in stark desinfizierender Chlorkalklösung waschen mußten. Die chemische Händedesinfektion gilt als die wichtigste medizinische Entdekkung des 19. Jahrhunderts. 1861 erschien Semmelweis' berühmtes Werk «Die Aetiologie, der Begriff und die Prophylaxis des Kinderbettfiebers».
Durch das Unverständnis und den Widerstand vor allem der Wiener Ärzte setzte sich die antiseptische Behandlungweise erst später durch, nachdem → Joseph Lister in England und Pasteur in Frankreich die Semmelweissche Idee aufgegriffen hatten.
Neben der gezielten Infektionsvorbeugung führte Semmelweis als einer der ersten das exakte, logische und experimentelle Vorgehen in die moderne medizinische Forschung ein.

Senefelder, Alois

*** 6. 11. 1771, Prag, † 26. 2. 1834, München; österreichischer Erfinder**

Senefelder arbeitete zunächst als Schauspieler und Theaterschriftsteller. Bei Versuchen, Musiknoten kostengünstig herzustellen, beschrieb er zwischen 1796 und 1798 geschliffene Solnhofener Plattenkalke mit Fettkreide und Fettinte und behandelte sie mit säurehaltiger Gummiarabikumlösung. Dabei stellte er fest, daß die Druckfarbe nur an den fetthaltigen Stellen haftenblieb, während die nicht beschriebenen Partien die Farbe abstießen. Diese als Lithographie (griech. lithos = Stein; graphein = schreiben) beziehungsweise «Steindruck» bekannt gewordene Technik ist das grundlegende und in der Graphik am meisten verbreitete Verfahren des Flachdrucks. 1797 baute Senefelder eine Steindruckpresse, 1817 entwickelte er eine Handpresse, bei der Aluminium- beziehungsweise Zinkplatten anstelle des Steins eingesetzt wurden. Senefelder beschrieb seine Erfindung 1817/18 in seinem Standardwerk «Vollständiges Lehrbuch der Steindrukkerey».

Sertürner, Friedrich Wilhelm Adam

*** 19. 6. 1783, Schloß Neuhaus (heute zu Paderborn), † 20. 2. 1841, Hameln; deutscher Pharmazeut**

Sertürner wurde von seinem Vater, der Ingenieur und Landvermesser war, auf dessen Beruf vorbereitet und – neben dem normalen Schulunterricht – naturwissenschaftlich fortgebildet. Nach dem Tod seines Vaters begann Sertürner 1799 eine Ausbildung in einer Paderborner Apotheke, wo er 1803 die Gehilfenprüfung ablegte. 1806 nahm er eine Stelle als Apothekergehilfe in Einbeck an. Seine eigene Apotheke, die Sertürner 1809 in Einbeck gründete, mußte er aus verwaltungstechnischen Gründen 1820 verkaufen; er erwarb daraufhin die Hamelner Ratsapotheke, die er bis zu seinem Tod betrieb.

Die Universität Jena verlieh Sertürner 1817 die Ehrendoktorwürde, nachdem er zuvor in die von → Johann Wolfgang von Goethe geleitete «Societät für die gesamte Mineralogie» aufgenommen worden war.

Berühmt wurde Sertürner durch die Entdeckung des Morphins, das er als wirksamen Bestandteil des Opiums erkannte. Die schmerzstillende Wirkung des Opiums war seit jeher bekannt, es gelang aber nicht, das Opium zuverlässig zu dosieren. So machte sich Sertürner – der Tradition von → Galen, → Paracelsus und → Johann Rudolph Glauber folgend – daran, den wirksamen Stoff oder «Träger der schmerzstillenden Wirkung» zu finden. 1805 wurde die Beobachtung Sertürners in Form eines Briefes veröffentlicht, nach der er eine freie Säure im Opium gefunden hatte. Nach weiteren Untersuchungen fand Sertürner als das «schlafmachende Prinzip» des Opiums eine alkalische Substanz, die er 1817 Morphium nannte. Seine Entdeckung wurde zwar 1806 veröffentlicht («Darstellung der reinen Mohnsäure [Opiumsäure] nebst einer chemischen Untersuchung des Opiums mit vorzüglicher Hinsicht auf einen darin neu entdeckten Stoff und die dahin gehörenden Bemerkungen»), fand aber keine Beachtung. Erst die 1817 erschienene Arbeit «Ueber das Morphium, eine neue salzfähige Grundlage, und die Mekonsäure, als Hauptbestandteil des Opiums» brachte Sertürner den Durchbruch. Die Wirkung des Morphiums erforschte er in Tier- und Selbstversuchen. Insgesamt gilt Sertürner als Wegbereiter der Alkaloidchemie.

Sertürners frühe Untersuchungen galten der Benzoesäure und dem Kaliumnitrat, das in Runkelrüben gefunden wurde. Seine weitgespannten Interessen schlossen Galvanismus, Kaliumhydroxid, Ether und Bleiverbindungen sowie Geschosse und Geschütze ein.

In einer von ihm gegründeten Zeitschrift entwickelte Sertürner zuletzt haltlose, spekulative Theorien zu naturwissenschaftlichen Themen. Die Idee, daß die ab 1831 in Europa wütende Cholera «ein giftiges, belebtes, also sich selbst fortpflanzendes oder erzeugendes Wesen» sei, erwies sich indes entgegen der damals herrschenden Auffassung als vollkommen richtig.

Shapley, Harlow

*** 2. 11. 1885, Nashville (Missouri), † 20. 10. 1972, Boulder (Colorado); amerikanischer Astronom**

Shapley studierte bis 1910 an der Universität Missouri Astronomie. 1911 ging er nach Princeton (Kanada), wo er 1913 promovierte. Ab 1914 wirkte er am Mount-Wilson-Observatorium in Pasadena, Kalifornien. 1921 löste er → Edward Charles Pickering als Direktor des Harvard College Observatory in Cambridge (Massachusetts) ab, wo er bis 1952 tätig war. In den 40er Jahren war er an der Entstehung der UNESCO beteiligt.

Shapleys Hauptgebiet war die Erforschung des Weltalls; seine breitgefächerten Untersuchungen übten erheblichen Einfluß auf die Astronomie im 20. Jahrhundert aus. Zwischen 1915 und 1920 beobachtete er kugelförmige Sternhaufen, die in Richtung des Sternbilds Schütze lagen. Mit einer von ihm entwickelten Meßtechnik, bei der er die Perioden-Helligkeits-Beziehung als Entfernungsindikator einsetzte, konnte er die

Cepheiden eichen und die Entfernung der Kugelsternhaufen bestimmen. Obwohl er den Einfluß der interstellaren Absorption und den der galaktischen Rotation auf die Eigenbewegungen und die Radialgeschwindigkeiten der Sterne noch nicht erkannte, trugen seine Ausführungen über die Verteilung der Kugelsternhaufen zu einer neuen Vorstellung über die Dimensionen des Sternsystems bei.

1918 entdeckte Shapley, daß die Kugelsternhaufen sich über ein Areal von 100 000 pc (Parsec) Durchmesser verteilen und daß deren Zentrum mit dem Mittelpunkt unserer Galaxis übereinstimmt. Nach einer wissenschaftlich geführten Auseinandersetzung, «The Great Debate», mit → Jacobus Cornelius Kapteyn setzte sich Shapleys Schlußfolgerung durch, daß die Größe der Kugelsternhaufen der Dimension des Sternsystems entspricht und daß die Sonne weit vom galaktischen Zentrum entfernt ist. Er errechnete den Wert von 50 000 Lichtjahren, heute auf 30 000 Lichtjahre korrigiert. Seine Annahme, das helle Zentrum der Milchstraße sei von interstellaren Staubwolken überdeckt, wurde in den 40er Jahren radioastronomisch bestätigt.

Am Observatorium der Harvard-Universität arbeitete Shapley unter anderem an der Erweiterung und Vollendung des «Henry Draper Cataloque» der Sternspektren. Daneben galt sein Interesse der Verteilung von Sternen unterschiedlicher Spektralklassen. 1924 gelang ihm die Messung der Entfernung der Kleinen Magellanschen Wolke mit einem Wert von 100 000 Lichtjahren (heute: 180 000 Lichtjahre), 1937 konnte er einige heiße Zentralsterne innerhalb des Emissionsnebels der Großen Magellanschen Wolke dokumentieren. Shapley erforschte zahlreiche Galaxien und stellte ein eigenes Verzeichnis, den «Shapley-Ames Catalogue», auf, der 1249 Galaxien auflistet.

Sherrington, Sir Charles Scott

*** 27. 11. 1857, London, † 4. 3. 1952, Eastbourne (Sussex); britischer Neurophysiologe und Neuroanatom**

Sherrington, dessen Vater Zahnarzt war, studierte von 1875 bis 1885 in London, Edinburgh und Cambridge Medizin und Physiologie. Studienreisen führten ihn 1884 und 1886 nach Spanien und Italien, wo er das Krankheitsbild der Cholera untersuchte. Anschließend ging er nach Deutschland, um sein Wissen bei → Rudolf Virchow und → Robert Koch in Berlin zu vervollständigen. 1887 nahm er eine Dozentenstelle am St.-Thomas-Hospital in London an, ehe er 1891 als Professor für Physiologie und als Ärztlicher Direktor an der Londoner Brown-Tierklinik tätig wurde. Von 1895 bis 1913 lehrte er an der Universität Liverpool, von 1913 bis 1935 in Oxford Physiologie. 1932 erhielt er zusammen mit Edgar Douglas Adrian den Nobelpreis für seine neurologischen Forschungen über das Zentralnervensystem. Sherrington, der 1922 geadelt wurde, erhielt von 22 Universitäten die Ehrendoktorwürde und war Mitglied von 40 Akademien.

Sherrington widmete sich in seinen Arbeiten überwiegend der Physiologie des Nervensystems und gilt aufgrund seiner Modellvorstellung über die ordnende Wirkung des Zentralnervensystems, die er in seinem 1906 erschienenen Buch «The Integrative Action of the Nervous

System» beschreibt, als Begründer der heutigen Neurophysiologie. Er gliederte die Sinnesorgane in Extero-, Intero- und Propriorezeptoren und fand bei Rückenmarksuntersuchungen an Versuchstieren heraus, daß die Steuerung von Muskeln nicht generell motorisch verläuft. Sensorisch arbeitende Nerven sorgen über ein Rückkopplungssystem in Zusammenarbeit mit dem Gehirn für eine optimale Koordination der Muskelbewegungen. Auf dieser Grundlage konnte Sherrington nervöse Dysfunktionen in Zusammenhang mit einer fehlerhaften Bewegungskoordination erklären und die Auswirkungen einer Durchtrennung des Rückenmarks beziehungsweise der Entfernung des Gehirns darstellen.

Neben einigen neuen Bezeichnungen führte Sherrington auch den Begriff der Synapse ein als wichtigstes Kontaktglied sowohl zwischen den Nervenzellen als auch zwischen Nervenfaser und Muskel (neuromuskuläre Synapse). An der Universität Oxford forschte Sherrington um 1913 vor allem auf dem Gebiet der Reflexe. Er analysierte insbesondere Reflexbögen, die für das Aufrechtstehen des Menschen sorgen, ohne daß dieser sich dessen bewußt werden muß. Ab 1920 legte er eine detaillierte Gehirnkarte an, in der er einzelnen Bewegungszentren der Großhirnrinde die von ihnen abhängigen Körperregionen zuordnete.

Shockley, William Bradford

*** 13. 2. 1910, London, † 12. 8. 1989, Stanford (Kalifonien); britisch-amerikanischer Physiker**

Nach seinem Studium am Massachusetts Institute of Technology promovierte Shockley 1936 in Physik. Im Anschluß daran arbeitete er für verschiedene Industrieunternehmen, unter anderem bis 1963 in den Forschungsinstituten der Bell Telephone Laboratories. 1963 wurde er als Professor an die Stanford University berufen. 1956 erhielt er zusammen mit → John Bardeen und Walter Houses Brattain den Physik-Nobelpreis.

Shockley, der ab 1946 nach einem Verstärker für Halbleiter suchte, entdeckte während seiner Forschungsarbeit, daß kleine Mengen von Verunreinigungen die Leistungsfähigkeit von Germaniumkristallen erhöhten. In Kooperation mit Bardeen und Brittain setzte er gezielt solche Schmutzpartikel ein und entwickelte damit ab 1948 Ströme gleicher Richtung, die er gleichzeitig verstärken konnte. Der über den Einbau von Widerständen entstandene Gleichstrom (current *trans*fer across res*istor*), kurz «Transistor» genannt, war zwar genauso effektiv wie Elektronenröhren, ermöglichte aber aufgrund geringerer Ausmaße den Bau von kleinen Radiogeräten, die ohne Aufwärmphase sofort betriebsbereit waren. Seine Forschungsergebnisse legte Shockley in dem 1950 erschienenen Buch «Electrons and Holes in Semiconductors» nieder. Auf der Grundlage der Germaniumkristalle entwickelte Shockley auch den sogenannten Spitzen- sowie den Flächentransistor. Nachdem er mit seinen Kollegen die technischen Grundlagen für die industrielle Fabrikation erarbeitet hatte, konnten in den 50er Jahren Transistoren in großer Zahl hergestellt werden. Vor allem die Raumfahrt zeigte großes Interesse Interesse an «transistorisiert» produzierten Kleinanlagen. Weitere Arbeiten Shockleys beschäftigten sich mit dem Ferromagnetismus.

Sholes, Christopher Latham

*** 14. 2. 1819, Mooresburg (Pennsylvania), † 17. 2. 1890, Milwaukee (Wisconsin); amerikanischer Drucker, Journalist und Erfinder**

Aus ärmlichen Verhältnissen stammend, verließ Sholes 1837 seine Heimatstadt Mooresburg, um in Wisconsin Arbeit zu suchen. Hier beteiligte er sich aktiv an der Lokalpolitik und wurde für kurze Zeit Parlamentsmitglied. 1845 wurde er in Southporth als Postmeister angestellt, ab 1862 arbeitete er als Zolleinnehmer im Hafen von Milwaukee. Als Herausgeber (und Drucker) von Zeitungen in Milwaukee und Southporth betätigte er sich schon ab etwa 1840.
Sholes' Versuch, in der Druckbranche technische Verbesserungen zu erarbeiten, führte zur Erteilung mehrerer Patente. So wurden ihm und seinen Mitarbeitern 1864 für eine Paginier- und 1867 für eine verbesserte Numeriermaschine die Schutzrechte zugesprochen. Sein Hauptinteresse galt jedoch der Weiterentwicklung einer Schreibmaschine, vor allem um Frauen in Schreibberufen die Arbeit zu erleichtern. Im Gegensatz zu der 1864 von Peter Mitterhofer entwickelten hölzernen Schreibmaschine war Sholes' Maschine aus Metall gefertigt, was ihre Leistungsfähigkeit und Präzision deutlich steigerte. Das Papier wurde nicht mehr allein mit Nadelspitzen perforiert, sondern ein mit Farbe durchtränktes Stück Stoff, das zwischen Papier und Typenhebel angeordnet wurde, erzeugte ein farbiges Schriftbild. Diese Schreibmaschine, für die er 1868 zusammen mit dem Mechaniker Carlos Glidden ein Patent erhielt, besaß jedoch nur Großbuchstaben und hatte keine Rücktaste für Korrekturen. 1872 wurde diese Maschine zur Serienreife entwickelt. Ein Jahr später verkaufte Sholes die Rechte an die Firma Remington Arms Co., die bessere Fertigungsmöglichkeiten besaß. Sholes arbeitete bis 1878 an weiteren Verbesserungen und trat die Rechte ebenfalls an Remington ab.

Siemens, Ernst Werner von

*** 13. 12. 1816, Lenthe bei Hannover, † 6. 12. 1892, Berlin; deutscher Physiker, Techniker und Unternehmer**

Da ihm die finanzielle Grundlage für ein Studium fehlte, ging Siemens an die preußische Artillerie- und Ingenierschule nach Berlin. Von 1834 bis 1844 war er in Magdeburg, von 1845 bis 1849 in Berlin Artillerieoffizier. In Zusammenarbeit mit dem Feinmechaniker Johann Georg Halske gründete er 1847 die Telegraphen-Bauanstalt Siemens & Halske in Berlin auf, die 1903 in die Siemens-Schuckertwerke GmbH und 1966 in die Weltfirma Siemens AG aufging. Ab 1853 baute er Telegrafenlinien unter anderem von St. Petersburg zur Krim und von London nach Wien und Paris; seine Brüder Wilhelm und Carl leiteten Niederlassungen im Ausland. 1860 erhielt er die Ehrendoktorwürde der Berliner Universität und wurde 1873 Mitglied der Preußischen Akademie der Wissenschaften. Siemens engagierte sich 1877 für ein allgemeines deutsches Patentgesetz, setzte sich ab 1882 für die Einrichtung des Fachs Elektrotechnik an Technischen Hochschulen ein und unterstützte den Aufbau der Physikalisch-Technischen Reichsanstalt. Ab 1889 übernahmen seine Söhne und Verwandten die Führung der Siemens AG.

Siemens
Das nach Werner von Siemens benannte Einheitszeichen für den elektrischen Leitwert. Es ist der Kehrwert der Widerstandseinheit Ohm. In den englischsprachigen Ländern wird allerdings statt S meist mho als Einheitenzeichen verwendet.
1 S = 1 Ω–1 = 1 A/V

Siemens-Wärme
Bezeichnung von Wärme, die durch Umwandlung von elektrischer Energie bei periodischer Polarisationsänderung eines Dielektrikums in einem elektrischen Wechselfeld frei wird. In der Technik findet die Siemens-Wärme bei der Hochfrequenzerwärmung Verwendung.

Siemens' erste Erfindung, die er 1842 zum Patent anmeldete, war die Galvanisierung zum Vergolden und Versilbern. 1846 entwickelte er den von → Charles Wheatstone entwickelten Zeigertelegrafen mit elektromagnetischer Selbstunterbrechung weiter, erfand einen Dampfregulator und die Isolierung von Kabeln durch eine Verkleidung aus Guttapercha (Isomer des Naturkautschuks) – richtungweisend für die Produktion von Seekabeln. 1857 war er maßgeblich an der Verlegung von unterseeischen Kabeln durch das Mittelmeer und zwischen 1867 und 1870 von Suez nach Indien beteiligt. Die Indo-Europäische Telegrafenlinie von London nach Kalkutta mit über 11000 km gilt als technisches Meisterwerk seiner Firma Siemens & Halske. Die Entdeckung der kapazitiven Aufladung und deren Gesetzmäßigkeiten (zwischen 1850 und 1857) versetzte Siemens zudem in die Lage, Defekte an Tiefseekabeln ablesen zu können.
Weitere Erfindungen waren Mitte der 50er Jahre der Kurbelinduktor, der Induktions-Schreibtelegraf, der polarisierte Morsetelegraf, der Alkoholometer sowie der erste moderne Anker (Doppel-T-Anker), der aufgrund des hohen magnetischen Flusses wichtig für die Induktortelegrafie wurde. Siemens verschaffte sich weitere Anerkennung als Elektrotechniker durch die Festlegung einer Widerstandseinheit (Quecksilbereinheit) sowie durch seine Veröffentlichungen über die Veränderung der elektrischen Leitfähigkeit des chemischen Elements Selen durch Licht.
Seine wichtigste Entdeckung gelang Siemens 1866, als er einen Generator mit einem Elektromagneten erfand. Er verknüpfte die Anker- mit der Feldwicklung und entdeckte damit das dynamoelektrische Prinzip. Die Dynamomaschine ermöglichte der Siemens AG den Einstieg in die Starkstromtechnik. 1879 wurde hier die erste elektrisch betriebene Lokomotive gebaut, 1880 der erste elektrische Fahrstuhl und 1881 der erste elektrische Straßenbahntriebwagen.

Sikorsky, Igor Iwanowitsch

*** 25. 5. 1889, Kiew, † 26. 10. 1972, Easton (Connecticut); amerikanischer Flugzeugkonstrukteur ukrainischer Herkunft**

Über die Vita von Sikorsky ist wenig bekannt. Er arbeitete als Flugzeugbauer in St. Petersburg, ehe er 1919 in die USA emigrierte. 1923 gründete er die Flugzeugfirma Sikorski Aero Engineering Corporation.
Sikorsky spezialisierte sich auf die Entwicklung und den Bau von viermotorigen Flugbooten. 1913 entwickelte er im Auftrag der russischen Armee das erste viermotorige Flugzeug mit einer Spann-

weite von 30 m. «Le Grand» wurde das Vorbild für spätere Flugzeuge – Bomber und Verkehrsmaschinen. Ihn interessierte jedoch vor allem die Möglichkeit des Senkrechtflugs, worin er die Zukunft von Flugzeugen begründet sah. Ab Mitte der 30er Jahre beschäftigte er sich mit der Konstruktion von Hubschraubern. Ab 1937 entstanden unter seiner Leitung viele leistungsfähige Helikopter; sein ursprüngliches Modell gilt noch heute als Vorbild bei der Konstruktion von Luftfahrzeugen dieser Machart. Neben dem Hubschraubertyp VS-300 gehen auch der Amphibienhubschrauber S-61 und der Lasthubschrauber S-64 auf Sikorsky zurück.

Snell, George Davis

*** 19. 12. 1903, Haverhill (Massachusetts); amerikanischer Genetiker und Immunologe**

Snell besuchte ab 1922 das Dartmouth College. Nach dem Studium der Biologie an der Harvard University promovierte er 1930 über die genetischen Zusammenhänge der Fellfarbe bei Mäusen. 1931 wurde er Dozent für Zoologie an der Universität Brown. Als Stipendiat der Nationalen Forschungsgesellschaft war es ihm möglich, im Labor von → Hermann Joseph Muller an der Universität Austin, Texas, genetische Experimente durchzuführen. Da seine Forschungen nicht sehr erfolgreich waren, ging er an die Washington University nach St. Louis. Von 1935 bis 1968 forschte er am neuerrichteten Roscoe B. Jackson Memorial Laboratory in Bar Harbor, Maine. 1980 erhielt er zusammen mit Barju Benaceraf und Jean Baptiste Gabriel Dausset den Nobelpreis für Medizin.

Ab 1941 stellte Snell am Laboratorium von Bar Harbor ein Forschungsprojekt, um die von ihm vermuteten genetischen Ursachen für die Abstoßung körperfremden Gewebes bei Organverpflanzungen nachzuweisen. Seine Annahme stützte sich auf Untersuchungen von Clerance Little, dem Begründer des Roscoe B. Jackson Memorial Laboratory, der eine erfolgreiche Transplantation von der genetischen Verwandtschaft zwischen Empfängergewebe und übertragenem Gewebe abhängig machte.
Nachdem Snells späterer Arbeitskollege Peter Gorer 1937 das H-2-Antigen identifiziert hatte, das für den Abstoßungsprozeß verantwortlich ist, versuchte Snell durch Kreuzung eines Individuums der Elterngeneration mit einem Mitglied der ersten Folgegeneration (sogenannte Rückkreuzungsexperimente) Inzuchtlinien aufzubauen, die als einzigen Unterschied den für die Bildung des H-2-Antigens zuständigen Genort aufwiesen. Obwohl seine Arbeit 1946 durch ein Feuer zunichte gemacht wurde, konnte er später im Immunsystem der untersuchten Mäuse diejenigen genetischen Teilchen identifizieren, die über Annahme beziehungsweise Abstoßung einer körperfremden Zellsubstanz bestimmen. Er konnte darüber hinaus die Position der verantwortlichen Antigene lokalisieren – die Histokompatibilitätsantigene.

Soddy, Frederick

*** 2. 9. 1877, Eastbourne (Sussex), † 22. 9. 1956, Brighton (Sussex); britischer Chemiker**

Nach seinem Studium der Chemie in Oxford, das er 1898 abschloß, ging Frederick Soddy 1900 für drei Jahre nach

Kanada an die McGill-Universität in Montreal und arbeitete im Labor von → Ernest Rutherford an der Theorie des radioaktiven Zerfalls mit. Von 1904 bis 1914 war er in Glasgow, danach in Aberdeen als Professor tätig. 1919 folgte er einem Ruf an die Universität Oxford. Für seine Untersuchungen über die Radioaktivität und die Formulierung des Isotopiekonzeptes erhielt er 1921 den Nobelpreis für Chemie. Nach seiner Emeritierung im Jahr 1936 engagierte er sich in der Politik und setzte sich für eine kritische Beurteilung der freien Forschung, besonders im Hinblick auf ihre militärische Nutzung, ein.

Gemeinsam mit → William Ramsay führte Soddy ab etwa 1902 den Beweis für die Bildung von Helium beim Zerfall von Radium, was Rutherford 1908 durch Messung der freiwerdenden «Alphastrahlen» bestätigte. Mit diesem hatte Soddy bereits zuvor die natürliche Radioaktivität von Thorium festgestellt; für die radioaktive Zerfallsreihe von Uran und Thorium waren mehr als 40 Elemente mit radioaktiven Eigenschaften ausgemacht worden. Im Periodischen System nach → Dmitri Mendelejew waren jedoch nur noch etwa zwölf Platzhalter vorhanden. Zwischen 1910 und 1913 konnte Soddy nachweisen, daß eine Position im Periodensystem von mehreren Elementen belegt werden kann, und führte dafür den Begriff Isotop ein. Er fand heraus, daß die Isotope verschiedene Versionen eines einzigen Elementes sind, zwar unterschiedliche radioaktive Eigenschaften haben und sich hinsichtlich der Masse ihrer Atomkerne unterscheiden, aber die gleiche Anzahl von Elektronen aufweisen.

1914 konnte Soddy für seine Theorie weiteres Beweismaterial anführen. Er entdeckte, daß das Endprodukt der radioaktiven Zerfallsreihe von Uran und Thorium Blei ist. Auch hier differierte das Atomgewicht, während die chemischen Eigenschaften der verschiedenen Typen des Bleis erhalten blieben. Ergänzend dazu gelang es ihm, die Stelle anzugeben, an der die Isotope im Periodensystem einzubauen seien. Sein Vorschlag, die Ordnungszahl des zerfallenden Elements bei der Emission von Alphastrahlen um zwei zu verringern, die Ordnungszahl bei der Emission von Betastrahlen jedoch um eins zu erhöhen, ermöglichte die Identifizierung und genaue Plazierung im Periodensystem.

Solvay, Ernest

*** 16. 4. 1838, Rebecq-Rognon,**
† 26. 5. 1922, Brüssel; belgischer Chemiker und Unternehmer

Solvay, der wie sein Vater den Beruf des Salzsieders erlernte, erhielt 1859 eine Stelle in der Leuchtgasfabrik seines Onkels, wo er Möglichkeiten der Gasreinigung einführte. Nachdem er 1861 das Patent für das nach ihm benannte Solvay-Verfahren bekommen hatte, gründete er noch im selben Jahr mit Hilfe seines Bruders und eines Bankiers eine kleine Versuchsstätte, die sich zur größten belgischen Chemiefabrik, der Solvay & Cie. S. A., entwickelte. Ab 1863 baute er in mehreren Ländern Sodafabriken auf, ließ 1894 das Solvay-Institut für Chemie, Physik und Soziologie errichten und half durch Spenden 1902 bei der Gründung des Instituts für Sozialwissenschaften in Brüssel. Ernest Solvay war zeitweilig sowohl Mitglied des belgischen Senats wie

Solvay-Verfahren
Auch: Ammoniak-Soda-Verfahren. Technisch wichtigstes Verfahren zur Gewinnung von Soda. Durch Einleitung von Ammoniak und Kohlendioxid in eine Kochsalzlösung entstehen Ammoniumchlorid und Natriumhydrogencarbonat.
Das $NaHCO_3$ geht durch anschließendes Erhitzen auf eine Temperatur von 170 bis 180 °C in kalziniertes Soda Na_2CO_3 über.

Staatsminister, organisierte im Ersten Weltkrieg die Beschaffung und Verteilung von Lebensmitteln und entwarf eine Theorie über ein bargeldloses Kreditsystem.
Solvays erste Arbeiten als Chemiker betrafen Methoden zur Gasreinigung. So fand er heraus, daß das zur Gasreinigung benutzte Wasser Ammoniak und Kohlendioxid aufgenommen hatte, und versuchte, es zu konzentrieren, um vielleicht ein neues Nebenprodukt zu erhalten. Mit dem von ihm entwickelten Solvay-Verfahren konnte er ab Ende der 60er Jahre die Produktion von Soda kostengünstig und umweltfreundlich anbieten. Solvay, der sich jede weitere Verbesserung seines Verfahrens patentieren ließ, verkaufte ab Ende des 19. Jahrhunderts Lizenzen nach England, Rußland und in die USA. Ab 1913 deckte Solvay mit seiner Produktion fast allein den Weltbedarf an Soda.

Sommerfeld, Arnold

*** 5. 12. 1868, Königsberg, † 26. 4. 1951, München; deutscher Mathematiker und Physiker**

Sommerfeld, der aus einer Arztfamilie stammte, studierte ab 1886 in Königsberg Mathematik bei David Hilbert, Adolf Hurwitz und Ferdinand Lindemann. 1891 schrieb er seine Dissertation über spezielle Funktionen in der mathematischen Physik. Ein Jahr später absolvierte er das zweite Staatsexamen in Mathematik, Physik, Chemie und Mineralogie. Nach seiner Militärzeit wurde er 1893 in Göttingen Assistent am Mineralogischen Institut, 1896 habilitierte er sich dort. Zwischen 1897 und 1900 lehrte Sommerfeld als Professor für elementare Mathematik an der Bergakademie Clausthal-Zellerfeld und ging 1910 an die Technische Hochschule Aachen, wo er die Mathematik mit den Ingenieurwissenschaften verband. 1906 erhielt er einen Ruf an die Universität München, dort löste er den Physiker → Ludwig Boltzmann ab. Als «Agent des Judentums» diffamiert, konnte Sommerfeld von 1935 bis 1939 sein Amt kommissarisch weiterleiten, ehe er endgültig entlassen wurde. Den Stoff seiner «Vorlesungen über theoretische Physik» legte er ab 1942 als sechsbändiges Werk vor. 1951 starb Sommerfeld an den Folgen eines Verkehrsunfalls.
Mit Felix Klein, den er als seinen «eigentlichen Lehrer» bezeichnete, arbeitete Sommerfeld zwischen 1897 und 1910 an einer Theorie des Kreisels und an der Enzyklopädie der mathematischen Wissenschaften. Sommerfeld, der in Anknüpfung an Klein die Disziplinen Mathematik und Physik in einer effektiven Synthese verband, vertrat in seiner Lehre die Relativitätstheorie → Albert Einsteins und übertrug diese unter anderem auf die Röntgenbremsstrahlung. Durch Einstein, den er 1910 in Zürich traf, kam er in Kontakt mit der Quantentheorie Max Plancks, die er revidierte. Sein auf

Sommerfeld-Feinstrukturkonstante
Physikalische Bezeichnung für die Stärke der elektromagnetischen Wechselwirkung. Die Feinstrukturkonstante wird aus der elektrischen Elementarladung, dem reduziertes Wirkungsquantum und der Vakuum-Lichtgeschwindigkeit gebildet.

der Mathematik basierender Ansatz bewies die Existenz der Moleküle als eine Funktion und Folge der Existenz eines elementaren Wirkungsquantums. → Max Planck hatte genau umgekehrt das Wirkungsquantum auf Grundlage des Atomaufbaus analysiert.
In den Jahren 1915/16 ergänzte Sommerfeld das Bohrsche Atommodell – der dänische Physiker → Niels Bohr hatte 1913 die Arbeit Sommerfelds in sein Atommodell einbezogen –, indem er ellipsenförmige Elektronenbahnen anstelle der angenommenen Kreisbahnen einsetzte. Damit erhielt er einen Erklärungsansatz für die Feinstruktur der Wasserstofflinien sowie für die Röntgenspektren und entwickelte mit seinem Schüler → Peter Joseph Wilhelm Debye die Theorie des normalen Zeeman-Effektes (von Pieter Zeemann nachgewiesener Effekt, nach dem Energieniveaus der Elektronenhüllen und Kerne von Atomen und Molekülen in einem äußeren statischen homogenen Magnetfeld in mehrere Komponenten aufgespaltet werden). 1919 zog er in seiner einflußreichen Publikation «Atombau und Spektrallinien», wo er eine Reihe von Gesetzen über Zahl, Wellenlänge und Intensität der Spektrallinien angab, ein Resümee des «Bohr-Sommerfeld-Atommodells».
Ab 1926 wandte sich Sommerfeld der Wellenmechanik Erwin Schrödingers zu. Seine Forschungsergebnisse über die Wellenausbreitung in der Telegrafie und Akustik sowie seine Berechnungen der Atomhülle ließ er in den 1929 erschienenen «Wellenmechanischen Ergänzungsband» einfließen. Im selben Jahr untersuchte er die Wirkung der Metallelektronen im Hinblick auf die Quantentheorie und konnte bisherige Unstimmigkeiten aufklären.

Spallanzani, Lazzaro

*** 12. 1. 1729, Scandiano (bei Reggio nell'Emilia), † 11. 2. 1799, Pavia; italienischer Biologe**

Spallanzani besuchte das Jesuitenseminar in Reggio nell'Emilia, ehe er 1749 mit dem Jurastudium an der Universität Bologna begann. Nach seiner Promotion im Jahr 1753 nahm er in Reggio eine Stelle als katholischer Geistlicher an und wurde ab 1756 Dozent für Naturgeschichte an Gymnasien in Reggio und Modena. 1769 ging er an die Universität Pavia, wo er bis 1799 Naturgeschichte lehrte. Ab 1781 war er hier durch Vermittlung von Maria Theresia von Österreich auch als Direktor des angegliederten Museums tätig. Durch Fundstücke, die er von seinen Forschungsreisen entlang der Mittelmeerküsten und 1785 in die Türkei mitbrachte, komplettierte er die naturwissenschaftliche Sammlung des Museums.
Dank zahlreicher Versuchsanordnungen, wodurch er zum Begründer der experimentellen Biologie wurde, war Spallanzani in der Lage, die Urzeugungstheorie bei Mikroorganismen ad absurdum zu führen. Er erhitzte organische Lösungen unterschiedlich lang in einem verschlossenen Kolben und erreichte durch langes

Abkochen die Sterilisation der ursprünglich organischen Materie, aus der sich kein Leben mehr bilden konnte.
In einem weiteren Schritt konzentrierte sich Spallanzani auf die Keimentwicklung bei befruchteten und unbefruchteten Froscheiern. Da der äußere Eindruck beider gleich schien, schlußfolgerte er, daß die sich entwickelnden Kaulquappen bereits in den nicht befruchteten Eiern präformiert seien, und erwies sich damit vorübergehend als Repräsentant des im 17. Jahrhundert entstandenen Ovulismus. Bei tierphysiologischen Experimenten erforschte er neben den Atmungs-, Blutzirkulations- und Verdauungsvorgängen auch das Phänomen der Befruchtung von Eiern durch Spermien und erreichte durch Samenübertragung 1785 die erste künstliche Befruchtung eines Hundes.
Ab Ende der 80er Jahre erforschte Spallanzani, wie Fledermäuse sich im Dunkeln zurechtfinden. Er erkannte, daß ihre Ohren maßgeblich an der Orientierung in der Dunkelheit beteiligt sein müßten, konnte das angebliche «Sehen der Ohren» jedoch noch nicht deuten.

Spemann, Hans

*** 27. 6. 1869, Stuttgart, † 12. 9. 1941, Freiburg i. Br.; deutscher Zoologe**

1891 nahm Hans Spemann das Studium der Zoologie, Botanik und Physik in Heidelberg auf. Er wechselte nach München und promovierte 1894 in Würzburg bei → Theodor Boveri. Im selben Jahr wurde er Dozent am Zoologischen Institut der Universität und nahm 1898 eine außerordentliche Professur an. Als Ordinarius für Zoologie ging er 1908 nach Rostock und avancierte 1914 zum Leiter des Kaiser-Wilhelm-Instituts für Biologie in Berlin. Von 1919 bis 1937 lehrte er an der Universität Freiburg i. Br. 1935 erhielt er für die Entdeckung der «Organisatoren» den Medizin-Nobelpreis. 1936 erschien sein wissenschaftliches Hauptwerk «Experimentelle Beiträge zu einer Theorie der Entwicklung».
Spemanns Arbeitsgebiet umfaßte insbesondere Fragen der Embryonalentwicklung. Ausgangspunkt seiner Forschungen war die Auseinandersetzung mit den Arbeiten → August Weismanns zur Keimplasmatheorie.
Spemann konzipierte eigene mikrochirurgische Hilfstechniken und wurde vor allem durch seine Schnürungsoperationen (mit Schlingen aus dem Haar von Kleinkindern) an Amphibienkeimen bekannt. Hier konnte er beweisen, daß sich aus einer halbierten befruchteten Eizelle zwei vollständige Organismen entwikkeln können, daß also jede Zelle die gesamte genetische Information enthält.
Indem er nachwies, daß eine Furchungszelle durch ihre Nachbarzelle beeinflußbar war, konnte Spemann die damals wieder neu diskutierte Präformationstheorie widerlegen. Durch sogenannte Kreuztransplantationen konnte er die Position beispielweise eines Auges verlagern und entdeckte dabei, daß sich das übertragene Gewebe je nach Entwicklungsstadium entweder herkunftsspezifisch oder ortsgebunden entwickelte. Spemann zog daraus die Schlußfolgerung, daß im Laufe der Entwicklung das Regulationsvermögen eines Keimes zugunsten der Determination seiner Teile abnimmt. Die Entdeckung der dorsalen Urmundlippe als Determinationszentrum führte zu weiteren Experimenten.

Da die aus diesem Zentrum stammenden Keimteile in der Lage waren, in einem Wirtskeim eine sekundäre Medullarplatte zu induzieren, nannte Spemann sie «Organisatoren». Die Formulierung des Organisatoreffektes regte weltweit Forscher an, auf diesem Gebiet weiter zu experimentieren.

Stahl, Georg Ernst

*** 21. 10. 1660, Ansbach, † 14. 5. 1734, Berlin; deutscher Arzt und Chemiker**

1679 nahm Stahl ein Medizinstudium in Jena auf, wo er 1684 promovierte und nach seiner Habilitation Privatdozent für Medizin und Chemie wurde. Einige Jahre übte er erfolgreich den Arztberuf aus, wurde 1687 Leibarzt des Herzogs von Sachsen-Weimar, ehe er 1694 einen Ruf als 2. Professor für Medizin in Halle annahm. 1715 ließ er sich in Berlin nieder, wo er als Leibarzt von Friedrich Wilhelm I. tätig wurde. Am preußischen Königshof unterstand ihm außerdem die oberste Gesundheitsbehörde.

Bei seinen Untersuchungen zur Physiologie des Menschen erkannte Stahl, daß die Gesetzmäßigkeiten des menschlichen Organismus nicht allein durch chemische und physikalische Abläufe zu erklären sind. Er glaubte, daß darüber hinaus die Seele als immaterielles System miteinbezogen werden müßte, und begründete damit den Animismus.

Seinen wichtigsten Beitrag leistete Stahl jedoch auf dem Gebiet der Chemie. Robert Boyles atomistische Betrachtungsweise und Johann Joachim Bechers Lehrmeinung regten Stahl zu eigenen Experimenten, insbesondere der Analyse von Verbrennungsprozessen, an. Er führte die Bezeichnung «Phlogiston» als Kennzeichen der Brennbarkeit ein und nahm an, daß Phlogiston in den Abfallprodukten einer Verbrennung nicht mehr vorhanden sei. Holz enthalte demnach reichlich Phlogiston, Asche hingegen keins. Einen unterschiedlich hohen Anteil an Phlogiston machte er für die unterschiedliche Löslichkeit von Metallen in Säuren und die unterschiedliche Färbung verantwortlich. Die Phlogistontheorie übertrug er auf den Lebenszyklus zwischen Tier-, Pflanzen- und Mineralreich und zog sie vor allem zur Erklärung von Oxidations-Reduktions-Reaktionen heran.

Obwohl er in seiner Lehre nicht berücksichtigte, daß es beim Verbrennen zu Gewichtsveränderungen kommt, hatte seine Theorie dennoch über ein Jahrhundert lang Gültigkeit und wurde erst durch → Antoine-Laurent Lavoisiers Erklärung des Oxidations-Reduktions-Prozesses abgelöst.

Stanley, Wendell Meredith

*** 16. 8. 1904, Ridgeville (Indiana), † 15. 6. 1971, Salamanca (Spanien); amerikanischer Biochemiker**

Stanley studierte ab 1925 Chemie an der Universität Illinois, wo er 1929 promovierte. 1930 hielt er sich für Forschungszwecke bei dem Biochemiker Heinrich Otto Wieland in München auf und arbeitete von 1931 bis 1946 am Rockefeller Institute for Medical Research in Princeton (New Jersey). Zusammen mit dem dortigen Biochemiker John Howard Northrop und mit James Batcheller Sumner, denen die Kristallisation von Enzymen gelungen war, erhielt er 1946 den Nobelpreis für Chemie. Von 1948 bis zu seinem Tod war Stanley an der Universität Berkeley Professor für Biochemie und Leiter des Labors für Virusforschung.

Stanley arbeitete vor allem auf dem Gebiet der Virusforschung. In seinen frühen Forschungsarbeiten am Rockefeller Institute ging er davon aus, daß Viren – ähnlich wie Enzyme – Eiweißmoleküle sind und sich ebenfalls kristallisieren ließen. Nach dreijährigen Bemühungen gelang ihm 1935 die Isolation kristalliner Tabakmosaikviren, deren infektiöse Eigenschaften sich in Tabakblättern weiterhin zeigten. Als Kristalle konnten sie elektronenmikroskopisch untersucht und chemisch analysiert werden. Allerdings waren viele Wissenschaftler zunächst skeptisch, da die bei Viren bislang vorausgesetzten Lebensmerkmale fehlten. Stanleys Annahmen wurden durch weitere Versuche bestätigt; als Virusbausteine erkannte man Nukleoproteine. Stanley sah in Viren die Ursache von Krebs und untersuchte während des Zweiten Weltkrieges Grippeviren, gegen die er erfolgreich Impfstoffe entwickelte. Darüber hinaus beschäftigte er sich mit Medikamenten gegen Lepra und mit der Chemie der Sterole.

Staudinger, Hermann

*** 23. 3. 1881, Worms, † 8. 9. 1965, Freiburg i. Br.; deutscher Chemiker**

Staudinger, dessen Vater Gymnasiallehrer war, verdiente sich nach dem Abitur 1899 sein Botanikstudium in Halle mit chemischen Analysen und Synthesen in einem Chemie-Institut. Er studierte anschließend Chemie in Darmstadt, München und Halle, wo er 1903 promovierte. In Straßburg habilierte er sich 1907 nach einer Assistenzzeit bei dem Chemiker Johannes Thiele. Als Chemieprofessor war Staudinger ab 1907 an der TH Karlsruhe, ab 1912 als Fachbereichsleiter an der ETH Zürich und von 1926 bis 1951 an der Universität Freiburg i. Br. tätig. Danach leitete er bis 1956 ein staatliches Forschungsinstitut für makromolekulare Chemie in Freiburg i. Br., das aus seiner Forschungsabteilung an der Universität hervorgegangen war. 1953 wurde Staudinger für seine Entdeckungen auf dem Gebiet der Makromoleküle der Nobelpreis für Chemie verliehen.

Staudinger erforschte insbesondere die makromolekularen Stoffe. In Straßburg synthetisierte er das erste Keton und untersuchte eingehend die von ihm entdeckte neue Stoffklasse. Danach beschäftigte er sich mit der Polymerisation ungesättigter Kohlenwasserstoffe, was ihn seit 1910 zur Frage der Struktur hochmolekularer organischer Verbindungen (etwa Cellulose, Stärke, Kautschuk) führte. 1917 beschrieb Staudinger Kautschuk als langkettigen Kohlenwasserstoff, der aus einigen Hundert Isoprenmolekülen besteht, die über ihre Kohlenstoffatome direkt verbunden sind. Er weitete dieses Strukturmodell ab 1920 auf alle hochpolymeren, hochmolekularen organischen Verbindungen aus und prägte 1922 den Begriff «Makromolekül» für eine Verbindung, die sich aus kleineren Moleküleinheiten (Monomere) zusammensetzt. Das Modell stieß bei Chemikern zunächst auf heftige Ablehnung und fand erst später Anerkennung, nicht zuletzt durch Arbeiten Staudingers selbst, in denen synthetische Hochpolymere im Mittelpunkt standen. Von ihm entwickelte Untersuchungsmethoden ermöglichten es Staudinger, auch an Naturstoffen wie Kautschuk und Cellulose, Derivaten, polymerhomologen Reihen und einem neuen Verfahren zur Bestimmung der Molekülmasse (Staudinger-Index) die einheitlichen Struktureigenschaften von Makromolekülen nachzuweisen. Seine Erkenntnisse lieferten eine theoretische Basis für die Kunststoffproduktion und deren Weiterentwicklung.

Steno → Stensen, Niels

Stensen, Niels (Nicolaus Stenonis, Nicolaus Steno)
*** 11. 1. 1638, Kopenhagen, † 5. 12. 1686, Schwerin; dänischer Arzt, Naturforscher und Theologe**

Stensen, der in seiner Heimatstadt Kopenhagen Medizin studierte, ging 1660 nach Amsterdam und Leiden, um sich anatomischen Forschungen zu widmen. 1664 legte er in Leiden seine Dissertation vor. Während seines Italienaufenthalts, seit 1665 als Leibarzt des Großherzogs Ferdinand II. Hof zu Florenz, arbeitete er auf embryologischem, paläontologischem, geologischem und mineralogischem Gebiet. Von 1672 bis 1674 lehrte er Anatomie an der Universität Kopenhagen. Ein Jahr später wurde Stensen, der 1667 zum Katholizismus konvertiert war, in Florenz zum Priester geweiht und 1677 zum Bischof ernannt. Obwohl er als königlicher Anatom in Kopenhagen wirkte, widmete er sich bis zum Tod auch geistlichen Pflichten und war als Apostolischer Vikar in Hannover, Münster und Schwerin tätig. Am 25. 11. 1988 wurde Stensen seliggespochen.

Stensen trieb zahlreiche anatomische Studien an Muskeln und Drüsen und zeigte, daß Fibrillen für den Aufbau der Muskeln zuständig sind. 1664 entdeckte er, daß die Ohrspeicheldrüse in der Mundhöhle endet (Ductus Stenonianus), und fand heraus, daß auch Tiere eine Zirbeldrüse (Epiphyse) ausbilden. Entscheidende Ergebnisse zur Gehirnforschung versammelte er in dem 1669 veröffentlichten «Discours sur l'anatomie du cerveau».

Über seine medizinische Arbeit hinaus zählt Stensen zu den Begründern der Fachrichtungen Geologie und Paläontologie. Bei seinen Untersuchung erkannte er die Analogie von Haizähnen und den Glossopetrae, als Zungensteine bekannte Fossilien, und folgerte, daß die Überreste von Tieren früherer Zeiten für das Zustandekommen von Versteinerungen verantwortlich seien. 1669 analysierte er in seiner Abhandlung «De solido intra solidum naturaliter contento dissertationis prodromus» (dt.: «Das Feste im Festen») die Bildung der Gesteinsformationen durch Sedimentation und wies nach, daß spätere Faltungen die ursprünglich horizontalen Ablagerungen umschichten und verändern können. Er erkannte als einer der ersten, daß die unteren Schichten erdgeschichtlich älter sind, und stellte damit das Gesetz der Stratigraphie auf. Auch das Gesetz der Winkelkonstanz der Kristallflächen, bekannt als «Steno-Regel», geht auf Stensen zurück. Nachdem er Messungen an Mineralen vorgenommen hatte, konnte er beweisen, daß die Winkel analoger Flächen einer Kristallart konstant sind, obwohl Achsenlängen und Flächengrößen einer bestimmten Kristallklasse weit auseinandergehen können.

Von seinen Zeitgenossen verkannt, knüpften erst hundert Jahre später Forscher wie Johann Gottlieb Lehmann und Georg Christian Füchsel an seine Forschungsergebnisse an.

Stephenson, George

*** 9. 6. 1781, Wylam (Northumberland), † 12. 8. 1848, Chesterfield; britischer Ingenieur**

Stephenson arbeitete wie sein Vater im Kohlenbergbau (ab 1796), bildete sich jedoch autodidaktisch auf technischem Gebiet weiter. 1802 wurde er Maschinenführer in einer Kohlengrube bei Newcastle, 1814 konstruierte er die erste Dampflokomotive «Blucher». Von 1821 bis 1825 wurde unter seiner Leitung die 39 km lange, erste öffentliche Eisenbahnstrecke von Stockton nach Darlington gebaut. Auch am Bau der Linie Liverpool–Manchester war er von 1826 bis 1830 maßgeblich beteiligt. Auf der 48 km langen Strecke kamen mehrere seiner Lokomotiven zum Einsatz. 1823 gründete Stephenson in Newcastle die erste Lokomotivenfabrik der Welt, die ab 1848 unter der Leitung seines Sohnes Robert weitergeführt wurde.

Stephenson erfand 1815 eine Sicherheitslampe für Grubenarbeiter, in der kleine Röhren für eine überprüfbare Ableitung von Verbrennungsluft wie Verbrennungserzeugnis sorgten. Stephensons Interesse galt jedoch der Entwicklung von fahrbaren Dampfmaschinen. Seine erste Dampflokomotive wurde 1814 erstmals zur Kohlenbeförderung verwendet und konnte eine Fracht von 30 t ziehen. Bei der «Locomotion No 1», die 1825 ihre erste öffentliche Fahrt absolvierte, setzte Stephenson eine Kuppelstange ein, die die Treibräder miteinander verband. Während diese Maschine nur eine Geschwindigkeit von 25 Stundenkilometern erreichte, baute Stephenson 1826 bereits Lokomotiven für Personenzüge mit einer vergrößerten Heizfläche, die ungefähr doppelt so schnell fahren konnten. Die aus der firmeneigenen Produktion stammende Lokomotive «Rocket» ging siegreich aus einem Wettstreit zwischen unterschiedlichen Lokomotiventypen hervor.

Stephenson war beim Bau wichtiger Eisenbahnstrecken sowohl im In- wie im Ausland als Ratgeber sehr geschätzt, entwarf auch die erforderlichen Nebenanlagen und arbeitete an der Verbesserung der Maschinen.

Stevin, Simon (genannt Simon von Brügge)

*** 1548, Brügge, † zwischen 20. 2. und 18. 4. 1620, Den Haag; flämischer Ingenieur und Mathematiker**

Stevin, wahrscheinlich unehelicher Sohn aus einer reichen Brügger Familie, arbeitete als Kassierer und Buchhalter in Antwerpen, ehe er 1577 in die Finanzverwaltung von Brügge wechselte. 1581 zog er nach Leiden, wo er ab 1583 studierte. Spätestens 1593 wurde er im Heer von Moritz von Nassau-Oranien als Ingenieur und Quartiermeister angestellt und war wesentlich an der Befreiung aus spanischer Herrschaft beteiligt. Dem Prinzen stand er auch als Vertrauter und Hauslehrer nahe. Für diese Aufgabe fertigte er zwischen 1605 und 1608 verschiedene Lehrbücher an. Daneben engagierte er sich für den Aufschwung der nordniederländischen Städte auf ökonomischem und kulturellem Gebiet und setzte sich für die Gründung einer Ingenieurschule als Teil der Universität ein.

Ab 1604 stand er den Land- und Wasserbauwerken als Aufseher vor, konstruierte Windmühlen für den Antrieb von Wasserpumpen und ein Deichschleusensystem, damit die Niederlande im Kriegsfall schnell überflutet werden konnten.
Von zentraler Bedeutung für die Mathematik waren verschiedene Aufsätze Stevins. In «La disme», das 1585 als Anhang zu «La pratique d'arithmetique» veröffentlicht wurde, führte er die Dezimalbrüche und das dezimale System für die Einteilung von Münzen, Maßen und Gewichten ein. Außerdem arbeitete er an der Berechnung von Dreiecken und publizierte 1582 eine Liste für Rabatt- und Zinssätze.
Eine Weiterentwicklung der Arbeiten → Archimedes' stellen seine Hauptschrift «De beghinselen der weeghconst» dar, worin er sich auf statische Fragestellungen konzentrierte, sowie seine 1586 verfaßte Schrift «De beghinselen des watersichts», die die mathematische Begrifflichkeit weiterentwickelte. Darüber hinaus gab Stevin Erläuterungen zum Hebelgesetz, zu den Problemen der Schwerkraft sowie zur geneigten Ebene, womit er die Nichtdurchführbarkeit eines Perpetuum mobile bewies. Ebenfalls 1586 formulierte er das hydrostatische Paradoxon auf der Grundlage seiner Entdeckung, daß die Bodenkraft von Flüssigkeiten in Gefäßen verschiedener Form gleichblieb, wenn die Grundfläche gleich war und die Gefäße mit derselben Flüssigkeit gleich hoch gefüllt wurden.
Stevin, der sich als Anhänger des kopernikanischen Weltbildes sowie als Mitglied einer seefahrenden Nation auch mit Astronomie, Nautik und Geographie befaßte, bestimmte 1599 an verschiedenen Orten den Erdmagnetismus, konnte hieraus jedoch keine weiteren Erkenntnisse für die Bestimmung der geographischen Länge auf See gewinnen.

Struve, Friedrich Georg Wilhelm von (russ. Wassili Jakowlewitsch)

*** 15. 4. 1793, Altona (Hamburg), † 23. 11. 1864, Pulkowo (bei St. Petersburg); deutsch-russischer Astronom und Geodät**

Struve, dessen Vater Lehrer war, studierte zunächst Philologie an der Universität Dorpat. Er schloß ein Studium der Mathematik, Astronomie und Geodäsie an und arbeitete an der Universitäts-Sternwarte. Nach der Promotion war er von 1817 bis 1839 Direktor der Sternwarte und ab 1819 auch Professor für Mathematik und Astronomie. Im Auftrag der russischen Akademie der Wissenschaften in St. Petersburg gründete er 1839 in Pulkowo eine Sternwarte, deren Direktor er bis 1862 blieb. Struve war Mitglied zahlreicher wissenschaftlicher Gesellschaften, der Petersburger Akademie der Wissenschaften und der Russischen Geographischen Gesellschaft, die er mitbegründete. Sowohl sein Sohn Otto Wilhelm als auch dessen zwei Söhne und ein Urenkel wurden bedeutende Astronomen.
Ab 1814 widmete sich Struve vor allem der Beobachtung von Doppelsternen. In Dorpat standen ihm dazu beste Präzisionsinstrumente zur Verfügung, seit 1824 auch das zu seiner Zeit größte Teleskop der Welt, erbaut von → Joseph von Fraunhofer. 1827 und 1837 konnte Struve Kataloge mit über 3000 Doppelsternen vorlegen. Im selben Jahr veröffent-

lichte er die durch Messungen gewonnene Entfernung des Fixsterns Wega im Sternbild Leier, womit ihm die erste trigonometrische Fixsternparallaxe gelang. In der ebenfalls hervorragend ausgerüsteten Sternwarte von Pulkowo beschäftigte sich Struve mit der räumlichen Verteilung von Sternen sowie der Interstellarmaterie, für die er einen Absorptionskoeffizienten zu ermitteln suchte. Als Geodät arbeitete er an der russisch-skandinavischen Gradmessung mit, berichtigte Karten des Ostseegebietes und bestimmte von 1836 bis 1837 den Höhenunterschied des Kaspischen und des Schwarzen Meeres sowie von 1843 bis 1844 den Längenunterschied zwischen Pulkowo und Greenwich.

Swammerdam, Jan

*** 12. 2. 1637, Amsterdam,**
† 17. 2. 1680, Amsterdam; niederländischer Mediziner und Mikroskopiker

Jan Swammerdam, dessen Vater Apotheker war, studierte ab 1661 unter Franciscus Sylvius in Leiden Medizin. Weitere Studien führten ihn an die Universität Saumur und nach Paris, ehe er für kurze Zeit in Amsterdam als Arzt tätig wurde. Ab 1665 arbeitete er in Zusammenarbeit mit G. Blaes an anatomischen Sektionen. 1666 ging er zurück nach Leiden, wo er sich der Humananatomie widmete und 1667 promovierte. Ab 1670 ließ er sich endgültig in Amsterdam nieder.

Aufgrund seiner präzisen Insektenstudien, vor allem seiner Klassifikation der Insekten auf individualgeschichtlicher Basis, gilt Swammerdam als Begründer der modernen Entomologie (Insektenkunde). Seine Sammlung von fast 3000 Insektenarten diente ihm als Grundlage für die Analyse der Morphologie und Anatomie der Insekten. Er konnte beweisen, daß diese nicht durch Urzeugung entstanden, und beschrieb neben den verschiedenen Larvenstadien ihre Fortpflanzungsorgane sowie Tracheen- und Nervenaufbau. Mittels feinster Glaskanülen verfeinerte er die Präparations- und Injektionstechniken und wandte diese auch für makro- und mikroskopische Experimente an menschlichen Organismen an.

Bereits 1658 hatte Swammerdam seine bedeutende Entdeckung der roten Blutkörperchen publiziert. Nachdem er 1664 die Lymphgefäßklappen ausgemacht hatte, veranschaulichte er Anfang der 70er Jahre das Urogenitalsystem der Frösche, ihre Entwicklung aus Kaulquappen und ihren Verdauungsprozeß.

Trotz wiederholter Malaria-Anfälle arbeitete Swammerdam ab etwa 1665 an der Herausgabe seiner wissenschaftlichen Werke, die allerdings erst auf Veranlassung von → Herman Boerhaave 1737 postum als «Biblia naturae» in lateinischer und niederländischer Sprache erschienen.

Swan, Sir Joseph Wilson

*** 31. 10. 1828, Sunderland (Durham),**
† 27. 5. 1914, Warlingham (Surrey); britischer Physiker und Chemiker

Über die Vita von Swan ist wenig bekannt. Er machte eine Drogistenlehre, ehe er als Angestellter für eine Firma in Newcastle an der Herstellung fotografischer Naßplatten mitarbeitete. Hier erfand er 1871 die Trockenplatte und verschiedene fotografische Kopierverfahren. 1879 erhielt er für das ein Jahr zuvor entwickelte Bromsilberpapier ein Patent und baute eine Fabrik auf, die Bromsilber-Gelatine-Trockenplatten herstellte. 1883 gründete er zusammen mit → Thomas Alva Edison, der zur selben Zeit an der Entwicklung der Glühbirne arbeitete, ein Elektrizitätswerk in London. 1904 erhielt er den Adelstitel.

Neben den Weiterentwicklungen auf dem Gebiet der Fotografie beschäftigte sich Swan insbesondere mit den Produktionsmöglichkeiten von elektrischem Licht. Ab 1848 experimentierte er mit Papierstreifen, die er mit Kohlenstoff überzog, und entwickelte 1860 eine erste, allerdings nur kurzlebige Glühbirne. Erst 1878 gelang ihm die Anfertigung einer langlebigeren elektrischen Glühbirne mit schlingenförmig gewundenem Kohlefaden in einem vakuumerzeugenden Kolben. Sein Versuch, die Glühleistung der Kohlefadenbirne durch Nitratcellulose zu verbessern, schlug fehl. Andererseits gelang ihm jedoch während dieser Arbeit 1883 die Produktion von Kunstseide, indem er Nitratcellulose in Essig löste und mittels Düsen zu feinen Fäden auszog.

Szent-Györgyi, Albert (eigentlich: Albert Szent-Györgyi von Nagyrapolt)

*** 16. 9. 1893, Budapest, † 22. 10. 1986, Woods Hole (Massachusetts); amerikanischer Biochemiker ungarischer Herkunft**

Szent-Györgyi studierte ab 1911 Medizin in Budapest. Sein Vater war adeliger Großgrundbesitzer und sein Onkel Anatomieprofessor, so daß er schon als Student die Erlaubnis für eigene Forschungen erhielt. Nach einer Verwundung im Ersten Weltkrieg beendete Szent-Györgyi sein Studium 1917. Er beschäftigte sich an der Universität Preßburg mit Pharmazie, studierte Elektrophysiologie in Prag und war wissenschaftlicher Mitarbeiter von Instituten in Berlin, Hamburg, Leiden und Groningen. 1927 wurde er Rockefeller-Stipendiat, ging nach Cambridge und promovierte dort. 1930 berief man ihn auf den Lehrstuhl für medizinische Chemie der Universität Szeged in Ungarn, wo er ab 1935 auch als Professor für organische Chemie lehrte. Mit der Besetzung Ungarns durch die Sowjetunion emigrierte Szent-Györgyi 1945 in die USA und nahm 1955 deren Staatsbürgerschaft an. 1947 gründete und leitete er das Institut für Muskelforschung am biologischen Laboratorium der US-Marine in Woods Hole. Er wurde Professor an der Dartmouth Medical School (1962–1966) und der Brandeis-Universität Waltham, Massachusetts. Von 1975 bis zu seinem Tod wirkte er als Direktor der amerikanischen Stiftung für Krebsforschung. 1937 erhielt Szent-Györgyi den Nobelpreis für Medizin.

Szent-Györgyis größte wissenschaftliche Leistung war die Entdeckung der Ascorbinsäure, die als Vitamin C identifiziert wurde. Er isolierte sie erstmals 1928 aus den Nebennieren von Ochsen. In Ungarn standen die Vitamine und der Vitaminhaushalt des Körpers weiterhin im Mittelpunkt seiner Forschung. Er stellte 1932 fest, daß Paprika einen sehr hohen Vitamin-C-Gehalt hat, und isolierte 1936 Flavone, die man als Vitamin P einstufte. Zusätzlich befaßte er sich mit der biologischen Oxidation. Er experimentierte mit Muskelgewebe-Suspensionen, deren Sauerstoffumsetzung er mit vier chemisch ähnlichen Dicarboxylsäuren anre-

gen konnte, und schloß 1935 daraus, daß der Körper diese Verbindungen untereinander austauscht und sie in den Reaktionsweg einbaut. Diese Entdeckung bildete die Grundlage für die Formulierung des Zitronensäurezyklus («Krebs-Zyklus») durch → Hans Adolf Krebs.
Szent-Györgyi identifizierte auch die der Muskelkontraktion zugrundeliegenden Proteine Aktin und Myosin sowie die Beteiligung des Adenosintriphosphats (ATP). In den USA erforschte er die Immunabwehr und die Rolle der Thymusdrüse sowie Herzmuskelerkrankungen, Muskelschwund und schließlich auch Krebserkrankungen.

Szilard, Leo

*** 11. 2. 1898, Budapest, † 30. 5. 1964, San Diego (Kalifornien); amerikanischer Physiker ungarischer Herkunft**

Szilard promovierte 1922 an der Universität Berlin, wo er von 1925 bis 1932 als Dozent tätig war. Nach der Machtübernahme Adolf Hitlers 1933 emigrierte Szilard zunächst nach Großbritannien, dann in die USA (1937). Nach der Entdeckung der Kernspaltung durch → Otto Hahn und → Lise Meitner machte Szilard amerikanische Wissenschaftler auf die Gefahr einer deutschen Kernwaffe aufmerksam. Zusammen mit → Eugene Paul Wigner und → Edward Teller konnte Szilard → Albert Einstein 1939 dazu bewegen, dem amerikanischen Präsidenten Franklin Delano Roosevelt einen Brief zu übergeben, in dem Szilard zum Bau einer Nuklearwaffe riet. Daraufhin gründete Roosevelt das «Manhattan Project». Nach dem ersten geglückten Atomtest 1945 gehörte Szilard zu der Gruppe von Wissenschaftlern, die einen Abwurf über Japan ablehnte. 1946 übernahm Szilard eine Professur für Biophysik an der Universität Chicago. Seine pazifistische Haltung unterstrich er mit dem Einsatz für eine ausschließlich friedliche Nutzung der Kernenergie.
Szilard forschte hauptsächlich auf dem Gebiet der Kernphysik. Seine Arbeiten über Neutroneneinfänge führten 1934 zur Formulierung des Szilard-Chalmers-Effekts. Ebenfalls 1934 erkannte Szilard die waffentechnische Bedeutung der nuklearen Kettenreaktion. Erst 1938 jedoch wies er auf die militärische Relevanz der Kernenergie hin. Zu Beginn der 40er Jahre arbeitete Szilard in Chicago an der Entwicklung des ersten Atomreaktors, der 1942 in Betrieb genommen werden konnte. Als Professor für Biophysik (ab 1946) beschäftigte sich Szilard mit Problemen der theoretischen Biologie und der Genetik.

T

Talbot, William Henry Fox

*** 11. 2. 1800, Melbury House (Dorset), † 17. 9. 1877, Lacock Abbey (Wiltshire); britischer Mathematiker, Fotochemiker, Astronom und Archäologe**

Talbot wurde zunächst in Harrow, dann am Trinity College in Cambridge ausgebildet, wo er 1825 mit dem Master of Arts graduierte. Als Privatgelehrter veröffentlichte er in den folgenden 50 Jahren in wissenschaftlichen Fachzeitschriften unzählige Artikel über Mathematik, Physik, Astronomie, Literatur und Archäologie. Er wurde 1822 Mitglied der Royal Astronomical Society und 1831 der Royal Society, die ihm 1838 und 1842 hohe Auszeichnungen verlieh. Von 1833 bis 1834 war er Parlamentsabgeordneter, gab danach aber sein politisches Engagement zugunsten der Forschung auf.

Talbot leistete Pionierarbeit auf dem Gebiet der frühen Fotografie. Von 1833 bis 1838 verfolgte er das Ziel, die Bilder der Camera obscura dauerhaft zu fixieren, und baute dabei auf den experimentellen Ergebnissen seines Landsmanns Thomas Wedgewood aus dem Jahr 1802 auf. 1839 beschrieb Talbot der Royal Society die von ihm gefundene «Kunst der fotogenischen Malerei», die es ermöglichte in der Camera obscura auf chemisch behandeltem Papier ein Negativ-Bild festzuhalten. Hiervon konnten Positive und damit Vervielfältigungen und Vergrößerungen gewonnen werden. Das Verfahren wurde 1840 unter der Bezeichnung «Calotypie» von ihm noch einmal verbessert, so daß es 1841 als «Talbotypie» patentiert wurde. Talbot konnte 1851 die Belichtungszeiten für Standaufnahmen verkürzen, entwickelte 1852 außerdem ein fotografisches Gravierverfahren und 1854 einen glänzenden Überzug aus Eiweißen für die fertigen Bilder.

Die Talbotypie verdrängte schnell die gleichzeitig entwickelte Daguerreotypie, von der Talbot erst kurz vor Beendigung seiner eigenen Entwicklung erfahren hatte. Talbot entdeckte auch, daß eine schnelle Abfolge von Lichtblitzen als andauerndes Licht wahrgenommen wird, was den entscheidenden Impuls für Bewegungsaufnahmen gab. Zwischen 1844 und 1846 veröffentlichte er in sechs Teilen «The Pencil of Nature», das als erstes Buch ausschließlich mit Fotografien illustriert war.

Die mathematischen Arbeiten Talbots behandelten unter anderem Integrale, seine astronomischen Arbeiten beschäftigten sich mit einer neuen Methode zur

Talbotypie

Auf einem mit Silbernitrat und -bromid behandelten Papier entsteht in der Camera obscura ein Bild, das als Negativ mit Gallussäure entwickelt, in Natriumthiosulfat fixiert und mit Wachs durchscheinend gemacht wird. Das Positiv wird auf gleichartig behandeltem Papier hergestellt.

Entfernungsmessung von Fixsternen und einer Verbesserung des Teleskops. Als Archäologe war Talbot einer der ersten Wissenschaftler, denen die Entzifferung von Keilschriften aus Ninive gelang.

Teller, Edward

*** 15. 1. 1908, Budapest; ungarisch-amerikanischer Physiker**

Der in Budapest aufgewachsene Teller übersiedelte 1926 nach Deutschland. Sein Studium der Physik und Chemie absolvierte er an den Universitäten Karlsruhe (1926–28), München (1928/29) und Leipzig, wo er 1930 bei → Werner Karl Heisenberg und Friedrich Hund promovierte. Von 1931 bis 1933 wirkte Teller als Assistent Arnold Thomas Euckens an der Universität Göttingen. Nach der Machtübernahme Adolf Hitlers 1933 emigrierte der aus jüdischem Elternhaus stammende Teller nach England. 1934 ging er als Stipendiat der Rockefeller-Stiftung zu → Niels Bohr nach Kopenhagen. 1935 verlegte Teller seinen Wohnsitz in die USA, wo er an der Universität Washington eine Professur für Molekular- und Atomphysik erhielt. 1941/42 übernahm er eine Professur an der Columbia-Universität in New York, 1942 wurde er Mitarbeiter beim amerikanischen Atombombenprojekt («Manhattan Project»). 1945 gehörte Teller zu den Wissenschaftlern, die den Abwurf der Atombombe über Japan befürworteten. Von 1946 bis 1952 lehrte er an der Universität von Kalifornien in Berkeley, außerdem übernahm er die Leitung des Lawrence Radiation Laboratory in Kalifornien. In diesen Zeitraum fällt die Konzeption seiner Wasserstoffbombe. Wissenschaftler, die sich diesem Projekt verweigerten, bezichtigte Teller «unamerikanischen Verhaltens». (Vor allem in dem Verfahren gegen → Robert Julius Oppenheimer spielte Teller eine unrühmliche Rolle.) 1962 wurde Teller mit dem Fermi-Preis geehrt. Im Gegensatz zu anderen Mitarbeitern des «Manhattan Project» blieb Teller ein Befürworter der atomaren Aufrüstung, so lehnte er 1968 den Atomwaffensperrvertrag ab. In den 80er Jahren unterstützte Teller, der Anteile an einem waffentechnischen Laserunternehmen besaß, den Plan Ronald Reagans, im All ein mit Lasern ausgestattetes Satellitensystem zur Abwehr russischer Raketen (SDI) zu installieren.

Teller arbeitete vornehmlich auf den Gebieten der Kernphysik und der thermonuklearen Raktion. Seine ersten wissenschaftlichen Arbeiten galten Problemen der physikalischen Chemie. 1936 formulierte er zusammen mit George Gamow neue Auswahlregeln beim Beta-Zerfall. 1937 folgte eine Arbeit über die Wechselwirkung zwischen Protonen und Neutronen. 1941 entwickelte Teller gemeinsam mit → Enrico Fermi den ersten amerikanischen Versuchsreaktor in Chicago, der 1942 in Betrieb genommen werden konnte. Von 1942 bis 1945 arbeitete Teller unter der Leitung Oppenheimers am Bau der Atombombe. 1947 erforschte Teller gemeinsam mit Fermi und Victor Frederick Weisskopf den Zerfall von Mesonen, zusammen mit Maurice Goldhaber klärte er 1948 die Resonanzstreuung an Atomkernen. 1949 publizierte Teller mit F.O. Rice «The Structure of Matter». 1949 begann Teller mit der Entwicklung der amerikanischen Wasserstoffbombe, die 1952 erfolgreich getestet werden konnte. In den

50er und 60er Jahren arbeitete Teller über thermonukleare Reaktionen und über die damit verbundene Gewinnung von Energie. In diesem Zusammenhang lieferte er wichtige Beiträge zur Reaktorsicherheit.

Tesla, Nicola

*** 10. 7. 1856, Smiljan (bei Zadar; Kroatien), † 7. 1. 1943, New York; amerikanischer Physiker und Elektrotechniker kroatischer Herkunft**

Tesla studierte von 1875 bis 1879 Technik und Naturwissenschaften an der Universität Graz und ging 1880 an die Prager Universität. Als sein Vater starb, brach er das Studium vorzeitig ab. Nachdem er als Assistent in einem Budapester Telegrafenbüro und als Ingenieur bei der Edison-Gesellschaft in Paris gearbeitet hatte, emigrierte Tesla 1884 in die USA, wo er Mitarbeiter von → Thomas Alva Edison wurde. 1885 machte er sich selbständig und gründete ab 1887 mehrere eigene Laboratorien, unter anderem in Denver und New York. Den Nobelpreis für Physik, der ihm 1912 zusammen mit Edison verliehen werden sollte, lehnte er aus unüberbrückbaren Differenzen mit Edison ab. Tesla erhielt für seine Erfindungen über 100 Patente.

Unabhängig von Galileo Ferraris und Friedrich August Haselwander erfand Tesla einen kommutarlosen Drehstrommotor – ein mit rotierendem Magnetfeld ausgestatteter Elektromotor. 1887 integrierte Tesla diesen Motor in das eigens von ihm entwickelte Drehstrom-Kraftübertragungs-System, das vom Generator über den Transformator bis zum Motor alle wichtigen Elemente der modernen Drehstromtechnik enthielt. 1888 erhielt er das Patent für sein Mehrphasensystem, das 1891 erfolgreich für das Kraftwerk an den Niagara-Fällen eingesetzt wurde und auch in Europa Anwendung fand. Weiterentwicklungen auf dem Gebiet hochfrequenter Wechselströme führten ihn 1891 zur Konstruktion des Tesla-Transformators. Er stimmte Primär- und Sekundärkreis in einer aus vielen Windungen einlagig gewickelten Spule (Tesla-Spule) auf Resonanz ab und konnte dadurch eine Spannung bis zu mehreren Millionen Volt erzeugen.

Tesla
Einheit der magnetischen Flußdichte (Induktion). 1 T = 1 Wb/m².

Tesla-Ströme
Hochfrequente elektrische Ströme, die eine hohe Spannung, aber nur geringe Stromstärke aufweisen. Sie werden in der Diathermie zur Wärmeerzeugung eingesetzt, weil sie aufgrund der hohen Frequenz physiologisch ungefährlich sind.

Tesla-Transformator
Ein besonderer Transformator, der hochfrequente Wechselströme hoher Spannung (Tesla-Ströme) oder hochfrequenter elektrischer Schwingungen (Tesla-Schwingungen) erzeugt.

Thales von Milet

*** um 625 v. Chr., Milet, † um 547 v. Chr., Milet (?); griechischer Philosoph und Mathematiker**

Hinweise zu Thales' Vita gibt es kaum. Auch seine Schriften sind nur indirekt überliefert. Es wird angenommen, daß er aus einer wohlhabenden Familie stammte und als Kaufmann tätig war. Wahrscheinlich hat er sich Kenntnisse über geometrische und astronomische Fra-

Thales-Kreis
Bezeichnung für einen Kreisbogen (oder einen Halbkreis über der Hypotenuse) in einem rechtwinkligen Dreieck, der die Spitzen der Basiswinkel umfaßt. Der Kreismittelpunkt fällt mit dem Mittelpunkt der Hypotenuse zusammen.

Satz des Thales
Alle Winkel, deren Scheitel auf einem Halbkreis liegen und deren Schenkel durch die Endpunkte eines Kreisdurchmessers gehen, sind 90-Grad-Winkel.

gestellungen auf Reisen nach Babylonien und Ägypten erworben.
Thales von Milet steht seit dem 5. Jahrhundert in der von den Griechen aufgestellten Liste der Sieben Weisen an erster Stelle. → Aristoteles überliefert, daß er die Sonnenfinsternis im Jahr 585 v. Chr. prophezeit haben soll. Auch soll er Erklärungen für Phänomene wie Erdbeben, die jährliche Nilüberflutung sowie des Magnetismus gefunden haben. Seine Forschungen über Naturerscheinungen weisen ihn als Begründer der milesischen Naturphilosophie aus, wobei er das Wasser als Urquell allen Seins, insbesondere des beseelten Lebens, ansah. Die Erde stellte seiner Meinung nach eine auf dem Ozean schwimmende flache Scheibe dar.
Bedeutende Verdienste hat Thales sich vor allem dadurch erworben, daß er die Mathematik zur abstrakten Wissenschaft erhob. Auf ihn gehen verschiedene Gesetze der Geometrie, besonders der nach ihm benannte «Satz des Thales», zurück. In der heutigen Wissenschaft sind viele der ihm zugeschriebenen mathematischen Erkenntnisse umstritten und teilweise widerlegt.

Theiler, Max

*** 30. 1. 1899, Pretoria, † 11. 8. 1972, New Haven (Connecticut); amerikanischer Mikrobiologe südafrikanischer Herkunft**

Theiler absolvierte keine konventionelle akademische Ausbildung, sondern arbeitete nach einem abgebrochenen Medizinstudium an der Universität Kapstadt vier Jahre lang in einem Krankenhaus. 1922 wechselte er als Mitarbeiter an die medizinische Fakultät der Harvard-Universität in Princeton (USA). Ab 1930 arbeitete er in der Rockefeller Foundation und wurde dort 1951 Laborleiter der Abteilung für Medizin und öffentliches Gesundheitswesen. Im selben Jahr erhielt er für die Entwicklung eines Impfstoffs gegen Gelbfieber den Nobelpreis für Medizin. 1964 übertrug man ihm eine Professur an der Universität Yale.
In den 20er Jahren begann Theiler mit Untersuchungen über das Gelbfieber. Er züchtete zur Herstellung eines Impfstoffs das Gelbfiebervirus und schwächte es durch Übertragung auf Affen und Mäuse bis zur Immunisierung ab. Der Impfstoff fand in den 30er und 40er Jahren in Afrika Verwendung, während in Südamerika eine noch inaktivere, zuverlässigere Form eingesetzt wurde, die ab 1937 vorlag. Diese hatte man durch annähernd 200 Virusübertragungen bei Hühnerembryos erhalten.

Theorell, Hugo Axel Theodor

*** 6. 7. 1903, Linköping (Ostgotland), † 15. 8. 1982, Stockholm; schwedischer Biochemiker**

Als Sohn eines Militärarztes studierte Theorell von 1921 bis 1924 Medizin am Karolinska Institut in Stockholm, wo er

1930 promovierte. Nach Tätigkeiten in der biologischen Forschung erhielt er von 1932 bis 1936 eine Professur für medizinische und physiologische Chemie an der Universität Uppsala und 1933/34 ein Rockefeller-Stipendium, durch das er Mitarbeiter Otto Heinrich Warburgs am Berliner Institut für Zellphysiologie wurde. 1935 kehrte Theorell an das Karolinska Institut zurück und wurde 1937 in Stockholm Professor und Leiter der biochemischen Abteilung des medizinischen Nobel-Instituts. 1955 erhielt er für die Erforschung der an Oxidationsreaktionen beteiligten Enzyme den Nobelpreis für Medizin.

In seinen ersten Forschungsjahren beschäftigte sich Theorell unter anderem mit dem Einfluß von Lipoiden auf die Sedimentation von Blutkörperchen und der Bestimmung der Molekularmasse von Myoglobin. Am Institut für Zellphysiologie in Berlin analysierten er und → Otto Heinrich Warburg Enzyme der Zellatmung, die Oxidationsreaktionen katalysieren. Das «gelbe Atmungsferment» wurde von ihm in reiner Form gewonnen und in das Coenzym und Apoenzym zerlegt. Die folgende Strukturaufklärung zeigte, daß es sich beim Coenzym um Vitamin B_2 handelte, während der Proteinanteil das Apoenzym bildete. In den folgenden Jahren klärte Theorell die Struktur von Häminproteiden, Cytochrom c und Peroxidase auf.

Thomas, Sidney Gilchrist

*** 16. 4. 1850, Canonbury (heute zu London), † 1. 2. 1885, Paris; britischer Metallurg**

Thomas, Sohn eines Justizbeamten, arbeitete ab 1866 für kurze Zeit als Lehrer und war von 1867 bis 1879 in London Sekretär an verschiedenen Polizeigerichten. Seine gesamte Freizeit widmete er ab 1869 chemischen Studien und Experimenten. Ab 1870 besuchte er Vorlesungen am Birkbeck Institute, ab 1874 schrieb er regelmäßig für die Fachzeitschrift «Iron». Ab 1877 arbeitete Thomas in den Bleanavon-Eisenwerken, wo er sich erste Patente sichern konnte. 1882 wurde er Vorstandsmitglied des Iron and Steel Institute.

Seit 1870 beschäftigte sich Thomas mit den Möglichkeiten, phosphorhaltigem Eisen, das nur zu minderwertigem Stahl verarbeitet werden konnte, den Phosphoranteil zu entziehen. Das von → Henry Bessemer entwickelte Verfahren zum Frischen von Roheisen setzte für Qualitätsstahl nur phosphorarmes Eisen aus entsprechenden Erzen ein, weshalb die Hauptmenge britischen, französischen, deutschen und belgischen Eisens nicht genutzt werden konnte. Thomas erkannte, daß im Bessemerverfahren die Ausfütterung des Konverters mit hauptsächlich Siliziumoxid zu einem sauren Reaktionsmilieu führte, das keinen Entzug von Phosphor zuließ. Unter Beibehaltung der Grundzüge des Bessemerkonverters sowie -verfahrens entwickelte

Thomas-Verfahren

In einem Thomaskonverter wird Luft durch glühend-flüssiges Roheisen gepreßt, so daß Kohlenstoff zu Kohlendioxid und Phosphor zu Phosphat oxidiert. Die Ausfütterung des Konverters aus basisch reagierenden kalk- und magnesiumhaltigen Mineralen bindet den Phosphor. Das Thomasverfahren sowie die Düngung mit Thomasmehl wird heute nur noch in geringem Umfang verwendet.

er das Thomas-Verfahren, das 1877 patentiert wurde. In ihm wurde der Phosphor in Form der Thomasschlacke gebunden, die zermahlen und als landwirtschaftlicher Dünger (Thomasmehl) eingesetzt werden konnte. Mit der Unterstützung seines Vetters Percy Carlyle Gilchrist, der in einem Eisenwerk als Chemiker tätig war, fanden ab 1878 in Stahlwerken erfolgreiche Großversuche statt. In kürzester Zeit verbreitete sich das Verfahren daraufhin überall in der Welt.

Thompson → Rumford, Sir Benjamin Thompson

Thomson, Sir Joseph John

*** 18. 12. 1856, Cheetham Hill (bei Manchester), † 30. 8. 1940, Cambridge; britischer Physiker**

Thomson, Sohn eines Buchhändlers, begann zunächst am Owens College in Manchester ein Studium der Ingenieurwissenschaften, das er jedoch zugunsten eines Mathematik- und Physikstudiums abbrach. Mit einem Stipendium ausgestattet, studierte er ab 1876 am naturwissenschaftlich ausgerichteten Trinity College der Universität Cambridge. 1881 wurde er Mitglied des Trinity College, 1884 übernahm er als Nachfolger → John William Strutt Rayleighs eine Professur für Experimentalphysik am Cavendish-Laboratorium in Cambridge. 1906 erhielt Thomson für die Entdekkung des Elektrons den Nobelpreis für Physik. 1908 wurde er vom britischen König geadelt, 1915 wählte ihn die Royal Society zu ihrem Präsidenten. 1918 übernahm Thomson die Leitung des Trinity-College.

Die ersten Arbeiten Thomsons galten der Elektrodynamik bewegter Ladungen (1881) sowie der Wirbelströmungen (1883). 1888 forschte er auf dem Gebiet der angewandten Dynamik, um sich danach der Elektrizitätsleitung in Gasen zuzuwenden. Bei diesen Forschungen wies er 1896/97 die elektrische Leitfähigkeit der Gase bei der Absorption von Röntgenstrahlen nach. Außerdem gelang ihm der Beweis, daß Kathodenstrahlen (Elektronenstrahlen) durch ein Magnetfeld und ein elektrisches Feld abgelenkt werden können.

Im Zuge dieser Arbeiten konnte er auch das Ladung-Masse-Verhältnis der Kathodenstrahlteilchen bestimmen. Aus seinen Forschungsergebnissen schloß Thomson, daß die Teilchen Träger der Elektrizität und Bestandteil der Materie sind, womit er die Existenz der Elektronen postulierte. 1898 stellte er zusammen mit Sir William Thomson (Lord Kelvin of Large) ein erstes modernes Atommodell vor (Thomsonsches Atommodell), das → Ernest Rutherford beim Entwurf seines Modells als Vorlage diente. 1899 wies Thomson unabhängig von → Philipp Lenard nach, daß sowohl beim Photoeffekt als auch beim glühelektrischen Effekt Elektronen emittiert werden. 1903 publizierte Thomson seine Forschungsergebnisse in seinem Werk «Elektrizitätsdurchgang in Gasen». Forschungen über Kanalstrahlen führten ihn zusammen mit → Francis William Aston 1912 zur Entdeckung der Isotope des Edelgases Neon. Damit konnte Thomson das Isotopiekonzept → Frederick Soddys belegen. Mit seinem Werk leistete Thomson einen wesentlichen Beitrag zur Etablierung der Atomphysik.

Thomson, Sir William (Lord Kelvin of Largs)

*** 26. 6. 1824, Belfast, † 17. 12. 1907, Nethergall bei Largs (Schottland); britischer Physiker und Mathematiker**

Thomson wurde als Schüler zum Teil von seinem Vater unterrichtet, der Lehrer und später Mathematikprofessor an der Universität Glasgow war. Er entwickelte sich zum «Wunderkind», das mit acht Jahren Universitätsvorlesungen hörte und zehnjährig an der Universität Glasgow immatrikuliert wurde. Ab 1841 studierte Thomson am Petershouse College in Cambridge und promovierte 1845 über ein mathematisch-physikalisches Thema. Nach einem Studienaufenthalt in Paris und wissenschaftlicher Mitarbeit in Cambridge trat er 1846 eine Professur für theoretische Physik in Glasgow an, die er bis zu seinem Lebensende ausübte. Zusätzlich wurde er Teilhaber einer Fabrik, die von ihm mitentwickelte elektrische Instrumente und Apparate herstellte, und übernahm einen Direktorenposten in einem Atlantikkabelunternehmen. Für seine Verdienste in der Unterwasser-Telegrafie erhielt er 1866 den Adelstitel und für seine gesamten wissenschaftlichen Leistungen 1892 den von ihm gewählten Lord-Titel «Kelvin of Largs» (nach einem kleinen Fluß, der seinen Wohnort durchfloß). Zusammen mit dem Physiker Peter Guthrie Tait gab Thomson in England und Amerika den «Treatise on Natural Philosophy» heraus, in dem Ingenieuren die theoretische Physik verständlich gemacht wurde. Thomson leistete bedeutende Beiträge zur Elastizitätslehre, Hydrodynamik und Geophysik, insbesondere aber zur Elektrophysik und Thermodynamik. 1845 verband er die Theorien der elektrischen und magnetischen Fernwirkungen mit → Michael Faradays Konzept der Kraftlinien. Seine Arbeiten im Bereich des Elektromagnetismus brachten 1847 neue Begriffe und Erkenntnisse, die einen wesentlichen Einfluß auf die elektromagnetische Feldtheorie James Clerk Maxwells ausübten.

1848 folgerte Thomson aus der Carnotschen Funktion, daß der von der gemessenen Substanz unabhängige absolute Nullpunkt der Temperatur –273 °C beträgt. Hierzu führte er eine neue, absolute Temperaturskala (Kelvinskala) ein, die sich sehr schnell in vielen Bereichen der Wärmelehre bewährte. Etwa zeitgleich zur dynamischen Wärmetheorie von → Rudolf Julius Emanuel Clausius fand er 1851 eine eigene Formulierung der beiden Hauptsätze der Thermodynamik. Er folgerte ähnlich wie Clausius, daß im gesamten Universum die Dissipation von Energie zu einem Temperaturausgleich und dem Endzustand eines «Wärmetods» führt. Zusammen mit → James Prescott Joule, dessen Arbeiten er unterstützte, stellte er 1853 eine Temperaturänderung von Gasen bei Expansion fest, die als Joule-Thomson-Effekt (Drosseleffekt) in der Gasverflüssigung praktische Anwendung fand.

Neben der Thermodynamik war die Elektrophysik Thomsons zweites Hauptarbeitsgebiet. Im Rahmen einer Theorie der elektrischen Schwingungen stellte er 1853 die Thomsonsche Schwingungsgleichung (Thomson-Formel) auf. Eine Vorform der Telegrafengleichung, die er 1855 für die Unterwasser-Telegrafie entwickelte, war grundlegend für die Elektrizitätstheorie instationärer Leitungsvorgänge. 1856 entdeckte er mit Joules Unterstützung bei der Wärmebildung stromdurchflossener Leiter den thermoelektrischen Thomson-Effekt.

Thomson erfand und verbesserte im Laufe seiner Forschungstätigkeit zahlreiche physikalische Meßverfahren und Geräte, so unter anderem 1860 und 1867 zwei verschiedene Elektrometer, eine Waage zur genauen Messung der Stromstärke, die Thomson-Brücke und das Kelvin-Thermometer, das die Druckänderungen einer definierten Gasmenge als Temperaturmaß benutzt. An der Universität Glasgow unterhielt er ein richtungweisendes physikalisches Labor und veranstaltete erstmals in Großbritannien physikalische Praktika für Studenten.

Die Einführung der Unterwasser-Telegrafie über den Atlantik wurde von 1850 bis 1870 wesentlich von Thomson vorangetrieben. Hierzu entwickelte er spezielle Galvanometer, einen neuen Schreibtelegrafen und bessere Kabel, deren Verlegung er von 1857 bis 1858 und 1866 leitete. Weitere Erfindungen, die sich aus seiner Beschäftigung mit der Hydrodynamik und Geophysik ergaben, waren Verbesserungen des Kompasses, des Echolotungsverfahrens sowie Instrumente zur Gezeiten-Vorhersage. Aus dem Abkühlungsverhalten der Sonne schätzte Thomson 1862 das Alter der Erde, die nach seiner Ansicht aus der Sonne hervorgegangen war, auf 20 bis 400 Millionen Jahre. Er widersprach damit der Geologie, die ein wesentlich höheres Erdalter annahm, und veranlaßte einige Biologen nach den Möglichkeiten einer kürzeren Evolutionsspanne zu suchen, was später auf Hugo de Vries' Mutationstheorie hinauslief.

Kelvin (K)
Physikalische SI-Einheit der thermodynamischen absoluten Temperatur, deren Nullwert in der Kelvinskala –273,16 °C beträgt. Eine Temperaturdifferenz (-intervall) von 1 K entspricht 1 °C.

Kelvin-Welle
Oberflächenwelle (Amplitude bis 0,5 m) beziehungsweise interne Welle (Amplitude bis 50 m) in Gewässern. Als lange Welle tritt sie an den Rändern der Ozeane sowie am Äquator auf und kann die Energetik vor allem tropischer Ozeane über mehrere tausend Kilometer beeinflussen.

Thomson-Effekt
1. Galvanomagnetischer Effekt, in dem eine Widerstandsänderung eines Leiters auftritt, wenn dieser in ein senkrecht zur Stromrichtung liegendes Magnetfeld gebracht wird.
2. Thermoelektrischer Effekt in Form eines Wärmestroms, wenn in einem Stoff ein Temperaturgefälle besteht, das parallel zur Stromrichtung liegt.

Thomson-Brücke
Brückenschaltung zum Messen kleiner Widerstände von 10^{-7} bis 10 Ohm.

Torricelli, Evangelista

*** 15. 10. 1608, Faenza, † 25. 10. 1647, Florenz; italienischer Mathematiker und Physiker**

Der früh verwaiste Torricelli wurde von einem Onkel, einem gelehrten Mönch, erzogen, bevor er in einer Jesuitenschule unterrichtet wurde. 1626 schrieb er sich für ein Mathematikstudium an der Universität Rom ein und ging auf Anraten seines Professors Benedetto Castelli 1641 nach Florenz, wo er Sekretär und Gefährte von → Galileo Galilei wurde. Torricelli wirkte bei der Fertigstellung von Galileis «Discorsi e demonstrazioni ma-

Torr
Spezielle Maßeinheit für den Luftdruck. Ein Torr ist der hydrostatische Druck einer Quecksilbersäule von 1 mm Höhe bei 0 °C und 45° geographischer Breite. Die physikalische Atmosphäre entspricht einem Druck von 760 Torr.

thematiche» mit und übernahm nach dessen Tod 1642 seine Stelle als Hofmathematiker des Großherzogs der Toskana. Im selben Jahr folgte er zudem einem Ruf an die Universität Florenz für das Lehramt der Mathematik und Physik.

In seiner etwa 1643 geschriebenen Abhandlung «De motu gravium» übertrug Torricelli in Weiterentwicklung der Galileischen Lehre dessen Fallgesetze auf ausfließende Flüssigkeiten («Torricellische Ausflußformel») und stellte die Flugbahn von Geschossen dar. Im Bereich der Mathematik, die er zur Lösung physikalischer Fragen heranzog, beschäftigte sich Torricelli vor allem mit Problemen der Zykloide und der Kegelschnitte.

Seine bedeutendste Erfindung machte Torricelli 1643/44: Während seiner Bemühungen, ein Thermometer zu entwickeln, experimentierte er mit Quecksilber und erzeugte in Zusammenarbeit mit Vincenco Viviani zum ersten Mal künstlich ein Vakuum (Torricellische Leere bzw. Torricellisches Vakuum). Auf der Grundlage seines Experiments war es ihm möglich, das erste Quecksilberbarometer zu konsturieren.

Townes, Charles Hard

*** 28. 7. 1915, Greenville (South Carolina); amerikanischer Physiker**

Townes studierte am California Institute of Technology Physik, wo er 1939 promovierte. Von 1939 bis 1947 war er bei den Bell Telephone Laboratories angestellt und arbeitete an der Entwicklung von Radarsystemen zur militärischen Nutzung. 1948 wurde er Professor an der Columbia University in New York und erhielt 1950 einen Lehrstuhl am Physik-Department. Ab 1961 war er am Massachusetts Institute of Technology in Cambridge tätig, wechselte aber 1967 an die Universität von Kalifornien in Berkeley. 1964 wurde ihm neben Aleksandr Michailowitsch Prochorow und → Nikolai Gennadijewitsch Bassow der Nobelpreis für Physik zugesprochen.

Townes' Forschungsschwerpunkt lag auf der Radartechnik. Bei seiner Arbeit im Bereich der Mikrowellenspektroskopie versuchte er 1951 besondere Eigenschaften von Molekülen für die Mikrowellenerzeugung zu verwenden und erfand das Prinzip der induzierten Emission, das er zur Verstärkung elektromagnetischer Strahlung einsetzte. 1954 konnte er ein in Zusammenarbeit mit J. Zeiger und James Power Gordon entwickeltes Gerät vorstellen, das nach diesem Prinzip Mikrowellen hoher Intensität und konstanter Frequenz erzeugte. Für diesen Vorgang wurde das Wort «Maser» (Microwave Amplification by Stimulated Emission of Radiation) eingeführt. Bei der Verbesserung der Apparatur gelang es Townes und anderen Forschern Ende der 50er Jahre, das bisher verwendete gasförmige Ammoniak durch einen Festkörper zu ersetzen. 1957 unternahm Townes zudem den Versuch, einen Maser zu konzipieren, der statt Mikrowellen infrarotes oder sichtbares Licht aussandte. 1958 publizierte er zusammen mit seinem Schwager Arthur Leonard Schawlow

Projektberichte zur Entwicklung eines optischen Masers, der die Bezeichnung «Laser» (Light Amplification by Stimulated Emission of Radiation) erhielt.

Trevithick, Richard

*** 13. 4. 1771, Illogan (Cornwall), † 23. 4. 1833, Dartford (Kent); britischer Ingenieur**

Trevithick war als Ingenieur in verschiedenen Bergbaubetrieben tätig, wo er sich vor allem um den Einsatz von Dampfmaschinen verdient machte. 1814 ging er nach Südamerika, um bis 1824 die Silbergruben Perus mit seinen Erfindungen auszustatten. Nachdem er im Befreiungskrieg sein Geld verloren hatte, arbeitete er in Costa Rica an Eisenbahnprojekten, konnte jedoch erst durch finanzielle Unterstützung Robert Stephensons nach England zurückkehren, wo er verarmt starb.
Trevithick projektierte zahlreiche Modelle für Dampfmaschinen und gilt als «Vater der Lokomotive». 1796/97 baute er → James Watts Niederdruckdampfmaschine zur doppeltwirkenden Hochdruckmaschine um, die er unter anderem 1805 zum Antrieb eines Raddampfers einsetzte. Nachdem er als erster bewiesen hatte, daß auch auf gerader Strecke die Reibung von glatten Metallrädern auf glatten Metallschienen für den Antrieb von Zügen ausreichte, entwarf er um 1800 einen Straßendampfwagen und erhielt hierfür 1802 ein Patent. In Weiterentwicklung seiner mit dem leistungsfähigeren Hochdruckprinzip ausgestatteten Maschinen konnte er 1803/04 auch die erste Dampflokomotive konstruieren. Obwohl seine Maschinen funktionsfähig waren, gab es immer wieder technische Probleme. Auch sein Versuch, die Maschinen für den Straßenverkehr nutzbar zu machen, schlug fehl.

Tscherenkow, Pawel Alexejewitsch

*** 28. 7. 1904, Nowaja Tschigla (Woronesch); russischer Physiker**

Tscherenkow studierte bis 1928 an der Staatlichen Universität Woronesch. 1930 wurde er Mitarbeiter am Physikalischen Institut der Sowjetischen Akademie der Wissenschaften. Außerdem übernahm er eine Professur am Ingenieurphysikalischen Institut der Universität Moskau und die Leitung des Labors für Neutronenphysik am Institut für Kernforschung in Dubna. 1958 erhielt er zusammen mit Igor Jewgenjewitsch Tamm und Ilja Michailowitsch Frank für die Entdeckung und Erforschung der «Tscherenkow-Strahlung» den Nobelpreis für Physik. 1964 wurde Tscherenkow von der Sowjetischen Akademie der Wissenschaften zum korrespondierenden Mitglied gewählt, 1970 zum ordentlichen Mitglied. Tscherenkow engagierte sich in der russischen Friedensbewegung. Unter anderem gehört er der Pugwash-Bewegung an, die 1995 mit dem Friedensnobelpreis ausgezeichnet wurde.
Tscherenkow arbeitete hauptsächlich auf dem Gebiet der Teilchenphysik. 1932 begann er auf Anregung von Sergej Iwanowitsch Wawilow mit der Untersuchung von Uranylsalzlösungen unter dem Einfluß von Gammastrahlung, die ihn 1934 zur Entdeckung eines bläulichen Leuchtens in durchsichtigen Medien («Tscherenkow-Strahlung») führte.
1937 formulierten Tamm und Frank eine Theorie, nach der das Leuchten durch

Tscherenkow-Zähler
Gerät zum Nachweis schneller geladener Teilchen, das auf der Erscheinung der elektromagnetischen Strahlung beruht, die von Tscherenkow nachgewiesen wurde. Die Strahlung wird dabei auf die Photokathode eines Sekundärelektronenvervielfachers gelenkt, dessen Ausgangsimpuls zur Registrierung des Teilchens dient.

hochenergetische Teilchen zustande kommt, deren Geschwindigkeit in transparenten Medien höher ist als die Ausbreitungsgeschwindigkeit des Lichts. Die Energiedifferenz wird als Proton abgestrahlt, dessen Wellenlänge der bläulichen Farbe entspricht. Ebenfalls 1937 lieferte Tscherenkow den experimentellen Nachweis der Theorie von Tamm und Frank. Auf der Grundlage dieser Arbeiten wurde der Tscherenkow-Zähler zur massenunabhängigen Geschwindigkeitsmessung geladener Teilchen konzipiert; unter anderem benutzte ihn Emilio Segré bei der Entdeckung des Antiprotons. Während des Zweiten Weltkriegs arbeitete Tscherenkow an kernphysikalischen Projekten, nach 1945 widmete er sich der Analyse der kosmischen Strahlung und der Hochenergiephysik. Er untersuchte die elektromagnetischen Wechselwirkungen zwischen Elementarteilchen und beteiligte sich an der Konzipierung eines Synchrotons (Teilchenbeschleuniger).

Tyndall, John

*** 2. 8. 1820, Leighlinbridge (Irland), † 4. 12. 1893, Hindhead (England); irischer Physiker**

Tyndall arbeitete zunächst im Vermessungswesen (1839–44) und im Eisenbahnbau (1844–47). 1847 unterrichtete er am Queenwood College in Hampshire Mathematik und Zeichnen. Nach einem autodidaktischen Grundstudium der Physik ging er 1848 an die Universitäten Marburg und Berlin, wo er bei → Robert Bunsen und Gustav Heinrich Magnus ein akademisches Physikstudium absolvierte. 1851 promovierte er, 1852 wurde er Mitglied der Royal Society. 1854 erhielt Tyndall eine Professur für Naturphilosophie an der Royal Institution. 1869 wurde Tyndall aufgrund seiner wissenschaftlichen Leistungen mit der Rumford-Medaille ausgezeichnet.

Tyndall begann seine wissenschaftliche Laufbahn mit kristallographischen Arbeiten. Zunächst untersuchte er das magnetische Verhalten verschiedener Kristalle, dem Forschungen über die druckinduzierte Spaltbarkeit von Kristallen folgten (1850–56). Zum Abschluß dieser Arbeiten konzentrierte er sich auf das Eis, die kristalline Form des Wassers. In seinem Werk «Die Gletscher der Alpen» (1860) formulierte er eine Hypothese der Gletscherbewegung.

Mit seinen kristallographischen Arbeiten lieferte Tyndall wertvolle Grundlagen für die Festkörperphysik. 1860 widmete sich Tyndall Problemen aus der Physik; so forschte er über Thermoelektrizität und über die Absorption von Licht- und Wärmestrahlen in trüben Medien. 1863 berücksichtigte er in seinem Buch «Die Wärme betrachtet als eine Art der Bewegung» erstmals sowohl die Wärmetheorie von James Clerk Maxwell als auch der Energieerhaltungssatz von → Hermann von Helmholtz. Im Zuge der Forschungen über die Absorption in trüben Medien beobachtete Tyndall 1868, daß das hindurchgehende

Licht durch die kolloidalen Teilchen gestreut wird («Tyndall-Effekt»). Auf dieser Grundlage entwickelte Tyndall das Tyndallometer, mit dem auf fotometrischem Wege der Staubgehalt der Luft gemessen werden konnte. Mit dem Wissen über Lichtstreuung gelang Tyndall die Erklärung des Himmelsblaus als Folge der Lichtstreuung an atmosphärischen Staubteilchen. Seine Forschungsergebnisse publizierte er 1870 in den Werken «Das Licht» und «Elektrische Erscheinungen und Theorien». 1872 folgte eine Publikation über die verschiedenen Phasen des Wassers («Das Wasser in seinen Formen als Wolken und Flüsse, Eis und Gletscher»), 1876 erschien die Sammlung der «Vorträge über Elektrizität». 1877 stellte Tyndall mit der «Tyndallisation» ein Sterilisationsverfahren vor, mit dem auch hitzeresistente Bakterien getötet werden können. Neben seiner wissenschaftlichen Tätigkeit engagierte sich Tyndall in der Verbreitung naturwissenschaftlicher Erkenntnisse. In diesem Zusammenhang setzte er sich für die Anerkennung der wissenschaftlichen Leistung → Julius Robert Mayers ein.

U

Uexküll, Jakob Johann Baron von

*** 8. 9. 1864, Gut Keblas (Estland), † 25. 7. 1944, Capri; deutscher Biologe**

Uexküll, der aus einem alten baltischen Adelsgeschlecht stammte, studierte von 1884 bis 1890 Zoologie an der Universität Dorpat. Ohne daß er einen akademischen Abschluß erlangte, arbeitete er von 1891 bis 1909 als wissenschaftlicher Mitarbeiter Wilhelm Kühnes am Physiologischen Institut in Freiburg i. Br. In den Wintermonaten führte er zwischen 1892 und 1903 Forschungen an der Zoologischen Station in Neapel durch. Nach Forschungs- und Studienreisen (unter anderem nach Afrika) erhielt er 1929 eine Honorarprofessur an der Universität Hamburg, wo er das Institut für Umweltforschung gründete und bis 1940 leitete. Uexküll wurden 1907 in Heidelberg, 1934 in Kiel und 1936 in Utrecht Ehrendoktortitel verliehen.

Uexküll führte muskel- und nervenphysiologische Untersuchungen an Wirbeltieren, Fröschen und besonders Meerestieren durch. Hierdurch gewann er Aufschlüsse über das artspezifische Verhalten in einer bestimmten Umwelt. Er entwickelte das Modell eines Funktionskreises, in dem durch Rezeptoren aufgenommene Reize aus der «Merkwelt» des Tieres über Nervenerregungen dem Gehirn zugeleitet werden und dort von dem «Merkorgan» zu einem «Wirkorgan» gelangen, das eine Reaktion auslöst, die über «Effektoren» wieder in die Umwelt («Wirkwelt») eingreift.

Mit seiner Theorie, daß ein Tier sich in einer sinnvollen biologischen Einheit mit der Umwelt befindet, die sich in Bau-Leistungs-Korrelationen und spezifischen Verhaltenstypen ausdrückt, wurde Uexküll zum Begründer der Umweltforschung und beeinflußte nachhaltig die Verhaltensforschung.

Seine Ergebnisse veröffentlichte er 1909 in dem Band «Umwelt und Innenwelt der Tiere» und 1920 in «Theoretische Biologie».

V

Van Allen, James Alfred

*** 7. 9. 1914, Mount Pleasant (Iowa); amerikanischer Physiker**

Van Allen, Sohn eines Juristen, besuchte das Iowa Wesleyan College in Mount Pleasant. Nach seiner Abschlußprüfung ging er an die Staatsuniversität von Iowa, wo er Physik studierte und 1939 promovierte. 1951 erhielt er einen Lehrstuhl für Physik an der Universität Iowa City, wo er bis zu seiner Emeritierung lehrte.

Van Allen gilt als Pionier der aeronomischen Forschung. Bereits am Iowa Wesleyan College konnte er die Intensitäten kosmischer Strahlung durch Messungen belegen. Nachdem er während des Zweiten Weltkriegs einen Annäherungszünder für Projektile konstruiert hatte, arbeitete er ab 1949 an der Weiterentwicklung von Raketen mit. 1952 konnten aufgrund seiner Kenntnisse Höhenforschungsraketen sowie künstliche Satelliten gestartet werden. Ab 1958 leitete Van Allen im Rahmen des Internationalen Geophysikalischen Jahres mehrere aeronomische Experimente – die eingesetzten Trägerraketen ließ er nach der von ihm entwickelten miniaturisierten Technik mit einem Beschleunigungselement sowie mit komplizierten Meßinstrumenten ausstatten. Bei der Mission der ersten Erdsatelliten des Typs Explorer konnte Van Allen zwei konzentrisch angelegte Gürtel («Van-Allen-Gürtel») mit hoher Strahlungsintensität in unmittelbarer Erdumgebung nachweisen.

Van-Allen-Gürtel
Bezeichnung für den die Erde ringförmig umgebenden äußeren und inneren Strahlungsgürtel. Die beiden Gürtel sind Zonen ionisierender Strahlung hoher Intensität und liegen rotationssymmetrisch zur magnetischen Erdachse sowie spiegelsymmetrisch zur magnetischen Äquitorialebene.

Vesalius, Andreas (eigentlich: Andries van Wesel)

*** 31. 12. 1514, Brüssel, † 15. 10. 1564, Zakynthos (Griechenland); flämischer Mediziner**

Vesalius' Vorfahren waren viele Generationen lang Ärzte in Wesel, was seinen latinisierten Namen begründete. Sein Vater, Hofapotheker Kaiser Karls V., ermöglichte seinem Sohn ein Medizinstudium in Paris und Löwen. Nach einer Zeit als Militärarzt setzte Vesalius seine Studien in Venedig und Padua fort, wo er 1537 promovierte und zum Professor für Chirurgie berufen wurde. In Padua sowie an den Universitäten von Bologna und Pisa hielt er Lehrveranstaltungen in Anatomie ab. Vesalius beendete seine Lehrtätigkeit, als seine Veröffentlichung «Sieben Bücher über den Bau des menschlichen Körpers» (1543) bei scholastischen Professoren auf große Ablehnung stieß. 1544 wurde er Leibarzt Karls V. und später auch von Philipp II. von

Spanien. 1564 unternahm er eine Pilgerfahrt nach Jerusalem, auf der Rückreise starb er.

Vesalius führte bereits als Student in Paris Sektionen für seinen Anatomielehrer Franciscus Sylvius durch. Hier sowie in Löwen, wo er weiterhin öffentliche anatomische Demonstrationen gab, wurde er im Sinne der überkommenen Medizin des antiken Arztes → Galen ausgebildet. Seine ersten, 1538 herausgebrachten anatomischen Tafeln standen ganz in dessen Einfluß – und enthielten noch zahlreiche Fehler. Durch die eigenen vergeichenden anatomischen Studien an Leichen und Tierkörpern stieß er jedoch auf immer mehr Widersprüche, so daß er 1541 bei der Bearbeitung anatomischer Kapitel einer Galen-Gesamtausgabe erkannte, daß dessen Tieranatomie ungerechtfertigt auf Menschen übertragen worden war. 1543 veröffentlichte er sein als «Fabrica» berühmt gewordenes Hauptwerk «De humani corporis fabrica libri septem», in dem er erstmals die gesamte menschliche Anatomie behandelte und über 200 Fehler Galens korrigierte. Wesentlicher Bestandteil waren detailgetreue anatomische Zeichnungen, die der Tizian-Schüler Jan Steven van Calcar anfertigte; sie gaben den menschlichen Körper erstmals in natürlichen Haltungen wieder. Das Buch begründete die neuzeitliche Anatomie.

Viète, François (lateinisch: Franciscus Vieta)

*** 1540, Fontenay-le-Comte,**
† 23. 2. 1603, Paris; französischer Jurist und Mathematiker

Viète studierte von 1555 bis 1569 in Poitiers Jura. Nach seinem Examen war er als Erzieher und Rechtsberater tätig, bevor er 1573 Parlamentsmitglied in Rennes wurde. Ab 1579 ging er nach Paris und übernahm das Amt des königlichen Kronjuristen. Zwischen 1584 und 1589 durfte sich Viète aus politischen Gründen nicht am königlichen Hof aufhalten. Nachdem ihn Heinrich III. zurückbeordert hatte, entschlüsselte Viète 1589/90 für Heinrich IV. die spanische Geheimkorrespondenz und arbeitete ab 1594 erneut für den Staatsdienst, bis er sich 1599 aus gesundheitlichen Gründen aus dem Berufsleben zurückzog.

Viètes Hauptberuf war zwar die Rechtswissenschaft, seine Forschungen lieferten der Mathematik jedoch bedeutende Einsichten. 1579 publizierte er den «Canon mathematicus», in dem er genaue Tabellen für die Dreiecksberechnung angab und auch die sphärische Trigonometrie methodisch vereinfachte. Seine wichtigste Leistung ist die Einführung von Buchstabensymbolen für Unbekannte und Konstanten in algebraischen Gleichungen, womit er erstmals Gleichungen beliebigen Grades veranschaulichen konnte. In seinem Werk «In artem analyticem isagoge» (1591) verwendete er außerdem feste Zeichen für die Operationssymbole. Im selben Jahr entdeckte er den Zusammenhang zwischen den Koeffizienten und Wurzeln von Gleichungen («Vietascher Wurzelsatz»), wandte ihn jedoch nur auf positive Wurzeln an. Neben weiteren Untersuchungen, etwa zum Siebeneck, zu unendlichen geometrischen Reihen und zum Problem der Kreisquadratur, konnte er durch Einsatz von → Archimedes' Methode der vielseitigen Polygone die Zahl π auf zehn Dezimalstellen genau berechnen.

Virchow, Rudolf Ludwig Carl
*** 13. 10. 1821, Schivelbein (Pommern), † 5. 9. 1902, Berlin; deutscher Mediziner und Anthropologe**

Virchow war der Sohn eines Stadtkämmerers und absolvierte von 1839 bis 1843 ein Medizinstudium an der Militärärztlichen Akademie in Berlin. 1844 erhielt er eine Assistentenstelle und 1846 eine leitende Funktion in der Berliner Charité. Da er die Ideen der Märzrevolution 1848 aktiv unterstützte, wurde er jedoch seines Amtes enthoben und übernahm 1849 eine Professur für Pathologie in Würzburg. 1856 holte ihn eine Berufung auf den Lehrstuhl für Pathologie wieder nach Berlin, wo er später das Pathologische Institut der Charité gründete. Virchow war Mitbegründer und seit 1870 mehrmals Präsident der Deutschen Gesellschaft für Anthropologie und des Berliner Völkerkundemuseums. Er zählte 1861 zu den Gründern der bürgerlich-liberalen Fortschrittspartei und wandte sich 1862 als Mitglied des preußischen Parlaments und von 1880 bis 1893 als Reichtagsabgeordneter ganz der Politik zu. 1893 wurde er Rektor der Universität Berlin und engagierte sich in den folgenden Jahren als Stadtratsmitglied in der Gesundheitspolitik.

Virchow gilt als Begründer der Zellularpathologie und als Pionier der wissenschaftlichen Sozialhygiene. Mitte des 19. Jahrhunderts begann er erstmals, pathologische Erscheinungen mikroskopisch auf der Ebene der Zellen zu untersuchen. Er entwickelte die Vorstellung, daß die Grundlage einer Krankheit in zellulären Anpassungsprozessen an veränderte physiologische Bedingungen besteht. Er stellte allmähliche Übergänge von der gesunden zur kranken Körperzelle fest und formulierte unter Einbeziehung der biologischen Zellenlehre 1860 den allgemeinen Lehrsatz «omnis cellula e cellula» («Jede Zelle entsteht aus einer anderen Zelle»). Zellpathologische Untersuchungen gaben ihm neue Einsichten in zahlreiche Krankheiten wie zum Beispiel Leukämie, Rachitis, Gicht und Mykosen. In Ergänzung dieser Arbeiten beschäftigte er sich mit der Struktur des Bindegewebes.

Virchows Forschungsergebnisse leiteten eine systematische Entwicklung der wissenschaftlichen Medizin ein und fanden entsprechend starke Beachtung. Als Begründer der Zellpathologie blieb er allerdings auf eine endogene Krankheitsentstehung fixiert und lehnte die Verursachung durch Mikroorganismen, die → Louis Pasteur untersuchte, ab. Hierdurch entfernte er sich vom Hauptstrom wissenschaftlicher Forschung und gab aus Resignation später seine eigenen Untersuchungen auf. Er wandte sich jedoch der Anthropologie zu, deren Erweiterung um die Bereiche Vorgeschichte, Archäologie, Volkskunde und Ethnologie er in struktureller wie in organisatorischer Hinsicht förderte.

Virchows soziale Grundhaltung zeigte sich zum einen in einer Ablehnung der Kolonialpolitik, da er alle menschlichen Rassen als gleichberechtigt ansah, zum anderen in seinen sozialhygienischen Forderungen. 1848 hatte er in einer im Regierungsauftrag durchgeführten Untersuchung über die oberschlesische Typhusepidemie desselben Jahres aufgezeigt, daß der Krankheitsausbruch wesentlich mit den sozialen Lebensumständen verbunden war. Später kam er bei einer Untersuchung im Spessart zu gleichen Ergebnissen und bewirkte in Berlin eine verbesserte medizinische Versorgung und Kommunalhygiene. Virchow trat auch als Publizist von Fachzeitschriften und Sammelwerken hervor; seit 1847 veröffentlichte er das «Archiv für pathologische Anatomie und Physiologie» und von 1854 bis 1876 das sechsbändige «Handbuch der speziellen Pathologie».

Vogel, Hermann Karl

*** 3. 4. 1841, Leipzig, † 13. 8. 1907, Potsdam; deutscher Astrophysiker**

Vogel begann nach dem Besuch des Polytechnikums in Dresden 1863 ein Studium der Naturwissenschaften in Leipzig; an der Universitätssternwarte war er während dieser Zeit als Assistent tätig. Nach seiner Promotion übernahm Vogel die Leitung einer Privatsternwarte in Bothkamp bei Kiel. 1874 wechselte er als Observator an das Astrophysikalische Observatorium in Potsdam, dessen Direktor er 1882 wurde. 1879 wurde Vogel zum Professor ernannt.

Vogel trug durch seine Arbeit wesentlich zur Entwicklung der Astrophysik bei. Er rüstete die Observatorien in Bothkamp und Potsdam mit neuen Geräten aus und spezialisierte sich früh auf die Untersuchung von Fixsternspektren. Ein nächster Schritt war die Anwendung der Fotografie, für die er 1888 erstmals einen Sternspektrographen baute. Im selben Jahr gelangen ihm Messungen der Radialgeschwindigkeiten sehr heller Fixsterne auf der Basis der spektralen Doppler-Verschiebungen. In Zusammenarbeit mit Julius Schneider konnte er zwischen 1888 und 1891 mit Hilfe der Spektroskopie und Spektrographie einen Doppelstern nachweisen. Während ein optisches Teleskop bei diesem Stern Algol nur periodische Helligkeitsschwankungen zeigte, ergab Vogels Analyse der periodischen Verschiebungen der Spektrallinien, daß zwei Sterne umeinander kreisen und sich gegenseitig verdunkeln. Vogel legte 1889 erste astrophysikalische Daten über diesen spektroskopischen Doppelstern vor und veröffentlichte 1892 sein grundlegendes Werk «Untersuchung über die Eigenbewegung der Sterne im Visionsradius auf spektrographischem Wege».

Volta, Alessandro Giuseppe Antonio Anastasio Graf (Conte)

*** 18. 2. 1745, Como, † 5. 3. 1827, Como; italienischer Physiker**

Volta, Sohn eines Geistlichen, absolvierte von 1757 bis 1761 ein Jesuitenkolleg und anschließend ein Seminar. Er begann 1765 mit elektrophysikalischen Experimenten, wurde 1774 Physiklehrer an einem Gymnasium in Como und 1779 Professor für Experimentalphysik an der Universität Pavia. Napoleon ernannte ihn 1800 zum Grafen und 1810 zum Senator des Königreiches Lombardei. Volta war Mitglied aller wichtigen europäischen Wissenschaftsakademien und pflegte auch auf Auslandreisen zahlreiche wissenschaftliche Kontakte.

Voltas Verdienste liegen vor allem auf dem Gebiet der Elektrophysik. 1775 erfand er den Elektrophor zur Erzeugung einer Influenzladung, der anstelle der «Leydener Flasche» gebräuchlich wurde. Ein Jahr später entwickelte er ein «Funkeneudiometer» und eine «elektrische Pistole», die er bei der Analyse von Was-

Volt
Nach Volta benanntes Einheitszeichen V; abgeleitete SI-Einheit des elektrischen Potentials und der elektrischen Spannung. 1 V = 1 J/C = 1 W/A.

Volta-Element
Ältestes galvanisches Element mit Kupfer- und Zinkelektroden und verdünnter Schwefelsäure als Elektrolyt. Es lieferte eine Spannung von 1 Volt.

serstoff und Methan (Sumpfgas) einsetzte. Beide Vorichtungen ermöglichten ihm 1777 die Synthese von Wasser aus Wasserstoff und Sauerstoff. In Untersuchungen über die Wärmeausdehnung von Gasen ermittelte Volta auch deren Ausdehnungskoeffizienten. 1783 erweiterte er den Elektrophor zu einem Plattenkondensator, für dessen Spannungsmessung er ein empfindliches «Strohhalmelektrometer» konstruierte. Er konnte damit nachweisen, daß die Ladungszunahme des Kondensators proportional zum Produkt aus Kapazität und Spannung war. Ab 1792 führte Volta Experimente zum neu entdeckten Galvanismus durch und widerlegte → Luigi Galvanis Theorie der animalischen Elektrizität. In seiner «Kontakttheorie» stellte Volta fest, daß allein der Kontakt unterschiedlicher Metalle die elektrische Spannung erzeugt, wobei ein Elektrolyt die Funktion eines Leiters haben kann. Dies war die Grundlage für seine nach 1798 entwickelte «Tassenkrone», die aus mit Elektrolyten gefüllten Schalen und Verbindungsdrähten bestand, deren Enden unterschiedliche Metalle bildeten. 1800 entwickelte er diese Konstruktionsidee zur «Voltaschen Säule» weiter, die erstmals stationären Strom erzeugen konnte. Abwechselnd übereinanderliegende Kupfer- und Zinkbleche sowie dazwischenliegende und mit einem Elektrolyt getränkte Papp- und Lederstücke ergaben eine Reihenschaltung von Volta-Elementen, die eine Spannung von über 100 Volt erzielte. Metalle und einige Halbmetalle ordnete Volta 1801 in einer kontaktelektrischen Spannungsreihe.

Vries, Hugo de

*** 16. 2. 1848, Haarlem, † 21. 5. 1935, Lunteren (Gelderland); niederländischer Botaniker und Genetiker**

Hugo de Vries, der einer Baptistenfamilie entstammte, studierte ab 1866 an der Universität Leiden Botanik. Nach seiner Dissertation ging er 1870 nach Deutschland, um sich an der Universität Heidelberg bei Wilhelm Hofmeister weiterzubilden. 1871 wechselte er nach Würzburg zu → Julius Sachs und widmete sich auch eigenen botanischen Studien. Im Auftrag des Königlich-preußischen Ministeriums für Landwirtschaft publizierte de Vries 1875 in den «Landwirtschaftlichen Jahrbüchern» Monographien über Kulturpflanzen. 1877 erwarb er an der Universität Halle/Saale den deutschen Doktorgrad und habilitierte sich gleichzeitig. Einige Monate blieb er als Privatdozent in Halle, ehe er eine Stelle als Lektor für Pflanzenphysiologie an der Universität Amsterdam annahm, wo er von 1878 bis 1918 auch als Professor tätig wurde.

Die ersten Untersuchungen de Vries' richteten sich auf Lebens- und Wachstumsprozesse von Pflanzen. 1883 erforschte er, welchen Einfluß ein unterschiedlich starker Salzgehalt auf Pflanzenzellen hat, und führte die Begriffe

«Turgor» (Zelldruck) und «Plasmolyse» in die Pflanzenphysiologie ein.

In den 80er Jahren des 19. Jahrhunderts führte de Vries auch umfangreiche Experimente zur Abstammungslehre durch und stellte 1889 die Theorie der «intracellularen Pangenesis» auf. Mit Hilfe der Pangene (Vererbungseinheiten) versuchte er die unabhängige Variabilität von Einzelmerkmalen darzustellen, die er bereits 1887 in einer Kultur amerikanischer Nachtkerzengewächse ausgemacht hatte. Er züchtete die sich von der Gesamtheit stark unterscheidenden Individuen weiter und fand in siebenjähriger Arbeit unter circa 50 000 Individuen 800 Abweichungen – eine sprunghaft verlaufende Evolution, die er durch Mutationen zu erklären versuchte. Damit wurde er zum Begründer der Mutationstheorie, die er 1901 und 1903 in einem zweibändigen Werk («Die Mutationstheorie») niederlegte. Im Rahmen seiner Untersuchungen entdeckte er außerdem um 1900 neben Carl Erich Correns und Erich Tschermak die Mendelschen Vererbungsregeln wieder und entwickelte in Zusammenhang mit seiner Mutationstheorie das Fundament für die klassische Genetik.

W

Waals, Johannes Diderik van der

*** 23. 11. 1837, Leiden, † 8. 3. 1923, Amsterdam; niederländischer Physiker**

Van der Waals studierte ab 1862 in Leiden Physik und schrieb 1872 eine vielbeachtete Dissertation über die Natur der gasförmigen und flüssigen Phase. 1877 erhielt er einen Ruf an die Universität Amsterdam, wo er bis 1908 Physik lehrte. 1910 wurde seine Arbeit über die Zustandsgleichung der Gase, Dämpfe und Flüssigkeiten mit dem Nobelpreis für Physik ausgezeichnet.

Bekannt wurde van der Waals vor allem mit seinen Forschungen über gasförmige und flüssige Aggregatzustände der Materie, womit er die klassischen Gesetze über die Zustandsänderung der Gase von → Robert Boyle und Jacques Alexandre Charles weiter ausführte. 1873 entwickelte er die «thermodynamische Zustandsgleichung für reale Gase» (Van-der-Waalssche Zustandsgleichung), die Faktoren, die das Gas bestimmen (Druck, Temperatur und Volumen), miteinander verbindet. Aus dieser Gleichung leitete er 1881 das Theorem der korrespondierenden Zustände («Van-der-Waalssche Kräfte») her und entwickelte 1889 die Theorie der binären Gemische. Es folgten 1894 die Theorie der Thermodynamik der Oberflächenspannung sowie deren Kapillarität.

Van-der-Waalssche Kräfte
Bezeichnung für die schwachen Bindungskräfte, die zwischen abgesättigten Molekülen wirken. Von diesen Kräften, die durch Wechselwirkung zwischen Elektronen und Atomkernen entstehen, hängen physikalische Eigenschaften der Materie wie etwa Viskosität, Oberflächenspannung, Löslichkeit, Schmelz- und Siedepunkt ab.

Van-der-Waalssche Zustandsgleichung
Der Zustand eines Systems in einem thermodynamischen Gleichgewicht wird durch zwei der drei thermischen Zustandsgrößen Druck, Temperatur und Volumen festgelegt. Die jeweils dritte Größe paßt sich entsprechend der für den betrachteten Stoff charakteristischen Zustandsgleichung von selbst an.

Wallace, Alfred Russel

*** 8. 1. 1823, Usk (Monmouthshire, Wales), † 7. 11. 1913, Broadstone (Dorset); britischer Zoologe**

Nach dem Schulbesuch arbeitete Wallace als Uhrmacher und Landvermesser. Als Autodidakt studierte er die geistes- und naturwissenschaftliche Literatur seiner Zeit, insbesondere Werke berühmter Naturforscher. Er wurde 1844 Lehrer an einer Privatschule in Leicester und lernte den Zoologen Henry Walter Bates kennen, den er 1848 auf einer Forschungsreise in das Amazonasgebiet begleitete. Nach der Rückkehr 1852 bereiste er von 1854 bis 1862 den Malaiischen Archipel

und lebte längere Zeit unter den Einwohnern der Aru-Inseln. Bis zur Jahrhundertwende veröffentlichte er als Privatgelehrter in England mehrere Bücher (unter anderem «Der Darwinismus», 1891) und Abhandlungen, die auch sozialen und gesellschaftlichen Themen galten.
Auf seinen Forschungsreisen zum Amazonas (ab 1848) und Rio Negro untersuchte Wallace die geographische Verbreitung von Tieren und die Bedeutung großer Flußläufe für die Trennung verwandter Arten und die Entstehung eigener Variationsformen. Die damals neu aufgekommene Idee einer natürlichen Evolution unterstützte Wallace mit weiteren Argumenten, die er 1855 unter dem Titel «On the Law, which has Regulated the Introduction of New Species» veröffentlichte. Ab 1856 korrespondierte er mit → Charles Robert Darwin. Im Malaiischen Archipel (Forschungsreise von 1854 bis 1862) erkannte Wallace die starken Unterschiede zwischen der asiatischen und australischen Tierwelt, die er auf eine evolutionsgeschichtliche Abtrennung Australiens zurückführte. Er sandte Darwin 1858 einen Aufsatz «Über die Tendenz der Varietäten, unbegrenzt von dem Originaltypus abzuweichen», der die Selektion als Evolutionsmechanismus herausstellte. Darwin veröffentlichte daraufhin unverzüglich seine eigenen umfangreichen Arbeiten. Wallace unterstützte ihn auch weiterhin, lieferte neue Fakten für die Evolutionstheorie und prägte den Begriff des «Darwinismus». Zusammen mit Bates entwickelte er den Gedanken der «tierischen Mimikry». 1876 faßte er in einem Buch «Die geographische Verbreitung der Thiere ...» die Tierarten der Kontinente in geographischen Gruppen zusammen, wobei er auf seine Entdeckung der tiergeographischen Trennungslinie (Wallace-Linie) im Malaiischen Archipel zurückgriff.

Wallach, Otto Hermann Theodor

*** 27. 3. 1847, Königsberg,
† 26. 2. 1931, Göttingen; deutscher Chemiker**

Wallach entstammte einer Beamtenfamilie. Nach dem Schulabschluß 1867 studierte Wallach Chemie, zunächst bei Friedrich Wöhler in Göttingen, dann bei August Wilhelm von Hofmann in Berlin. 1868 kehrte Wallach nach Göttingen zurück, um 1869 bei Wöhler zu promovieren. Ebenfalls 1869 ging Wallach zu Carl Hermann Wichelhaus nach Berlin, wo er seine Kenntnisse erweiterte. 1870 trat Wallach eine Assistentenstelle bei → Friedrich August Kekulé von Stradonitz an der Universität Bonn an, 1871 wechselte er nach Berlin, um einer Tätigkeit als Industriechemiker nachzugehen. 1872 kehrte Wallach nach Bonn zurück, wo er zunächst als Assistent, dann als außerordentlicher Professor wirkte. 1889 trat er die Nachfolge Victor Meyers an der Universität Göttingen an. 1910 erhielt Wallach für seine Forschungen über alicyclische Verbindungen (ringförmige Verbindungen des Kohlenstoffs) den Nobelpreis für Chemie.
Wallach widmete sich in seinen Arbeiten vor allem der organischen Chemie. Ab 1880 untersuchte er Reaktionen von Chloral, Amid- und Imidchloriden, von Amidinen sowie von Azo- und Diazoverbindungen. 1884 begann er mit der Analyse der Terpene (Inhaltsstoffe der äthe-

rischen Öle). Im Zuge dieser Arbeit isolierte er die einzelnen Terpenkomponenten, die er dann charakterisierte und deren Struktur er darstellte. 1890 konnte Wallach acht Terpenverbindungen vorstellen: Pinen, Campher, Limonen, Dipenten, Sylvestren, Terpineol, Terpinen und Phellandren. Weitere Forschungen über Terpene führten zu Abhandlungen («Zur Kenntnis der Terpene und der ätherischen Öle»), die Wallach in zahlreichen Ausgaben von «Liebigs Annalen der Chemie» publizierte. 1909 erschien die Abhandlung «Terpene und Campher». Durch diese Arbeiten wurde Wallach zum Pionier der Terpenchemie, die sich zu einem wichtigen Zweig der organischen Chemie entwickelte.

Warburg, Otto Heinrich

*** 8. 10. 1883, Freiburg i. Br.,**
† 1. 8. 1970, Berlin; deutscher Biochemiker und Mediziner

Warburgs Vater, Emil Warburg, war Physiker in Berlin, von 1905 bis 1922 Präsident der Physikalisch-Technischen Reichsanstalt und persönlich bekannt mit → Albert Einstein und → Max Planck. Sein Sohn nahm 1901 das Chemiestudium an der Universität Freiburg i. Br. auf, das er 1903 in Berlin fortsetzte, wo er 1906 promovierte. An den Universitäten Berlin, München und Heidelberg schloß er ein Medizinstudium an, 1911 beendete er es mit der Promotion. Von 1909 bis 1913 arbeitete Warburg in Heidelberg als Assistent der medizinischen Universitätsklinik; nach seiner Habilitation war er von 1912 bis 1914 Privatdozent für Physiologie. An der Universität Berlin erhielt er daraufhin einen Lehrauftrag für physikalische Chemie und Biologie. Von 1921 bis 1923 war er an der medizinischen Fakultät Professor für Physiologie und ab 1931 Direktor des neu gegründeten Kaiser-Wilhelm-Instituts für Zellphysiologie, das 1952 unter seiner Leitung der Max-Planck-Gesellschaft angeschlossen wurde. 1931 erhielt Warburg für seine Arbeiten zur Zellatmung den Nobelpreis für Medizin.

Mit einem interdisziplinären Ansatz, der physikalische, chemische und medizinische Kenntnisse vereinigte, erweiterte Warburg die Biochemie um grundlegende neue experimentelle Methoden und Meßverfahren. Sein 1919 entwickeltes «Warburg-Manometer» bestimmte die Austauschgeschwindigkeit und den Umsatz von Gasen bei biochemischen Prozessen. Daraus wurden später über 100 Analysemethoden abgeleitet. Mit Hilfe der Spektrophotometrie entwarf er nach 1920 optische Verfahren zur Analyse von Enzymen und Zellbestandteilen, die er bereits ab 1913 durch Differentialzentrifugation trennen konnte. 1923 gelang es ihm, von noch stoffwechselaktivem Gewebe Dünnschnitte anzufertigen. Er führte 1927 die Mikroanalyse und 1942 den Enzymtest ein.

Warburg machte vor allem auf dem Gebiet der Zellatmung und ihrer Katalysatoren sowie der Photosynthese wichtige Entdeckungen. 1919 begann er, den Quantenbedarf der Photosynthese zu untersuchen. Er entwarf 1922 eine Hypothese ihrer Primärreaktion und entdeckte 1920 die Nitratreduktion von Pflanzen. Die am Sauerstoffumsatz der Zellen beteiligten Cytochrome untersuchte er ab 1925, wobei er 1928 das Enzym Cytochrom-Oxidase entdeckte. Weitere Entdeckungen waren 1931 das

Nikotinamid NADP und bis 1938 Flavo- und Kupferproteine sowie Pyridinnukleotide. Zwischen 1939 und 1944 konnte er acht glykolytische und sieben Gärungsenzyme isolieren.
Warburg beschäftigte sich auch mit der Entstehung und Bekämpfung von Krebs, nachdem er 1923 erstmals die gegenüber gesunden Zellen erhöhte aerobe Glykolyse von Krebszellen (Warburg-Effekt) festgestellt hatte. Mit über 500 veröffentlichten Arbeiten gilt er heute als Wegbereiter der modernen Biochemie.

Watson, James Dewey

*** 6. 4. 1928, Chicago; amerikanischer Biochemiker**

Bereits 1943 begann Watson ein Zoologiestudium an der Universität Chicago und wechselte 1947 an die Universität Bloomington in Indiana, wo er unter anderem bei dem Genetiker → Hermann Joseph Muller studierte und 1950 promovierte. 1950/51 war er in Kopenhagen in einem bedeutenden mikrobiologischen Forschungsinstitut tätig. Ab Herbst 1951 wirkte er mit zweijähriger Unterbrechung am Cavendish Laboratory in Cambridge (England). 1956 ging er an die Havard University in Cambridge (USA), wo er, ab 1961 als ordentlicher Professor, Biologie lehrte. 1962 erhielt Watson neben → Francis Harry Crick und Maurice Hugh Wilkins den Nobelpreis für Medizin. 1968 wurde er Direktor des Gold Spring Harbour Laboratory auf Long Island (New York).
Watsons Arbeitsgebiet erstreckte sich auf die Molekularbiologie. Er machte Untersuchungen zu Phagen und Tumorviren, zur Struktur von Nukleinsäuren und zur genetischen Codierung. Seine Hauptleistung ist das zusammen mit Crick aufgestellte Modell der DNS-Struktur («Watson-Crick-Modell»), womit er zum Begründer der Molekulargenetik wurde. Seine Forschungsergebnisse legte Watson in dem 1965 veröffentlichten Hauptwerk «Molecular Biology of the Gene» nieder. Eingehend erforschte er auch den zweiten Nukleinsäuretyp, die RNS (Ribonukleinsäure), und ihre Funktion bei der Proteinsynthese. Der Öffentlichkeit bekannt wurde Watson vor allem mit seinem 1968 publizierten Buch «Die Doppelhelix».

Watson-Crick-Modell
Die Modellvorstellung vom Molekülaufbau der Vererbungssubstanz Desoxyribonukleinsäure wurde von Watson und Crick 1953 entwickelt und zeigt die DNS als Doppelspirale. Die beiden Einzelstränge verbinden sich über Wasserstoffbrükken zwischen NH2- und CO-Gruppen einander gegenüberliegender Basen, wobei durch die spezifische Basenpaarung die Stränge gegenseitig determiniert werden.

Watson-Watt, Sir Robert Alexander

*** 13. 4. 1892, Brechin (Region Tayside; Schottland), † 5. 12. 1973, Inverness; britischer Physiker**

Watson-Watt wuchs in einer kinderreichen Handwerkerfamilie auf. Nach dem Besuch der Brechin High School und des University College in Dundee studierte er an der Universität St. Andrews Physik und Elektrotechnik. Nach dem Abschluß des Studiums wirkte er als Assistent am Institut für Naturphilosophie des University College. Von 1912 bis 1921 lehrte Watson-Watt an der Universität St. Andrews. Während des Ersten Weltkriegs arbeitete Watson-Watt als Chefmeteorologe mit Offiziersrang bei der Royal Aircraft in Farnborough. Von 1921 bis 1933 war er Abteilungsleiter im britischen Department für wissenschaftliche und industrielle Forschung, von 1933 bis 1936 hatte er die Leitung einer Fachabteilung des Nationalen Physikalischen Laboratoriums inne. 1936 übernahm Watson-Watt beim Ministerium für Luftfahrt die Leitung eines funktechnischen Entwicklungsprojekts. Ab 1940 wirkte er im Luftfahrtministerium als wissenschaftlicher Berater. Aufgrund seiner wissenschaftlichen Verdienste, besonders auf dem Gebiet der Radartechnik, erhielt Watson-Watt zahlreiche Auszeichnungen und Ehrungen. 1942 wurde er geadelt. Zu Beginn der 50er Jahre richtete Watson-Watt in mehreren amerikanischen und europäischen Städten Büros ein, die politischen und industriellen Einrichtungen als Beratungsstellen für die Anwendung der Radartechnik dienten.

Watson-Watt arbeitete auf dem Gebiet der Meteorologie und beschäftigte sich mit der Funk- und Radartechnik. 1919 ließ er ein Verfahren patentieren, mit dem mittels Radiowellen Objektortungen möglich waren. Bei diesem unter dem Namen «Radar» (engl.: *Ra*dio *d*etection *a*nd *r*anging) bekannten Verfahren wird ein Impuls elektromagnetischer Wellen mit großer Wellenlänge ausgesandt und am Objekt reflektiert. Dieses «Echo» wird in der Radarstation empfangen. Aus der Laufzeit zwischen Impuls und Echo wird die Entfernung des Objekts berechnet, die Richtung der reflektierten Welle entspricht der Richtung des Objekts. 1935 konnte Watson-Watt ein verbessertes Verfahren vorstellen (Watson-Watt-Peiler). Bereits 1938 wurden die ersten Radarstationen in Betrieb genommen, die bei den Angriffen der deutschen Luftwaffe auf englische Städte zum Einsatz kamen. 1941 war Watson-Watt an der Entwicklung eines Radarsystems in den USA beteiligt. 1959 beschrieb er seine Forschungen in seiner Autobiographie «Pulse of Radar».

Watt, James

*** 19. 1. 1736, Greenock (bei Glasgow), † 19. 8. 1819, Heathfield (Birmingham); britischer Ingenieur**

Watts Vater, der als Schiffsbauer arbeitete und in seiner Werkstatt nautische Geräte herstellte, vermittelte seinem Sohn früh praktische Konstruktions- und technische Zeichenkenntnisse. 1755 arbeitete Watt ein Jahr bei einem Feinmechaniker und Instrumentenbauer in London. 1756 versuchte er vergeblich, eine Werkstatt für Präzisionsinstrumente in Glasgow zu eröffnen. Da er keine siebenjährige Lehrzeit vorweisen konnte, betrieb er auf dem Gelände der Universität Glasgow, die von den Bestimmungen der Handwerkerzunft ausgenommen war, von 1757 bis 1766 eine Werkstatt, in der er Instrumente für den Universitätsbedarf und private Kunden herstellte. Danach arbeitete er als freier Ingenieur mit dem Arzt und Besitzer eines Eisenwerks, John Roebuck, zusammen und ab 1772 mit Mathew Boulton, der große Eisen- und Metallwarenwerke in Soho bei Birmingham besaß. Dort gründeten beide 1775 die Dampfmaschinenfabrik Boulton & Watt, aus der sich Watt erst 1800 zurückzog. Watt war Mitglied der Royal Society und Ehrendoktor der Universität Glasgow.

Seit 1762 beschäftigte sich Watt mit der Dampfkraft. Als die Universität ihm 1764 eine von Thomas Newcomen erfundene atmosphärische Dampfmaschine zur Reparatur überließ, untersuchte er eingehend ihr Funktionsprinzip und widmete sich ausgiebigen Studien zur Wärmelehre und über Druck- und Volumenverhältnisse. 1765 führte er zwei wesentliche Konstruktionsänderungen ein: Er ließ den Wasserdampf außerhalb des permanent erhitzten Arbeitszylinders in einem Kondensator abkühlen, wodurch die wechselnde Kühlung und Dampferhitzung des Zylinders entfiel. Darüber hinaus benutzte er Dampf anstelle des atmosphärischen Drucks der Luft, um eine Druckkraft auf den Zylinderkolben auszuüben. Die erste direktwirkende Niederdruck-Dampfmaschine wurde 1769 patentiert und fand, wie Newcomens Maschine, Verwendung als Antrieb für eine Pumpe. Nach 1778 ließ Watt den Dampf abwechselnd auf beide Seiten des Kolbens wirken, was zu einem regelmäßigeren Lauf führte. 1781 konnte er bei dieser doppelt wirkenden Maschine die Hin- und Herbewegung des Kolbens mittels eines Hebelmechanismus (Parallelogramm) und Planetengetriebes in die Drehbewegung eines Schwungrades übersetzen. Ein Fliehkraftregler steuerte über eine Drosselklappe automatisch die Dampfzufuhr und sorgte damit für eine konstante Umdrehungszahl. Der neue Maschinentyp wurde ab 1782 in verschiedensten Produktionszweigen eingesetzt, verdrängte alle Dampfmaschinen älteren Typs und trieb die industrielle Revolution voran.

1783 bestimmte Watt experimentell die «Pferdestärke» (PS) als Maß der Arbeitsleistung, indem er ein Pferd in einer Sekunde ein bestimmtes Gewicht hochziehen ließ. Neben anderen Erfindungen entwickelte er 1784 eine Dampfheizung mit Röhrensystem, die er in seinem Büro einbaute, und einen Schiffsantrieb mit Dampfkraft. Ihm zu Ehren wurde später die elektrische Leistungseinheit mit Watt (W) bezeichnet.

Watt

Nach James Watt benanntes Einheitszeichen (W); abgeleitete SI-Einheit der Leistung: 1 W = 1 J/s = 1 Nm/s = 1 V · A.

Weber, Wilhelm Eduard

*** 24. 10. 1804, Wittenberg, † 23. 6. 1891, Göttingen; deutscher Physiker**

Weber, Sohn eines Theologieprofessors, ließ sich durch Christian August Langguth und → Ernst Chladni für die Naturwissenschaften begeistern. Nach Beendigung der Schulausbildung an den Franckeschen Stiftungen in Halle studierte Weber ab 1822 bei Johann Salomo Christoph Schweigger und Johann Friedrich Pfaff an der Universität Halle Physik. 1826 promovierte Weber über stehende Wellen, 1827 habilitierte er sich über gekoppelte Schwingungen. Im selben Jahr erhielt er eine außerordentliche Professur an der Universität Halle. Durch → Alexander von Humboldt lernte Weber → Carl Friedrich Gauß kennen, der ihm 1831 einen Lehrstuhl für Physik an der Universität Göttingen vermittelte. 1837 wurde Weber aufgrund seiner politischen Haltung gemeinsam mit sechs anderen Professoren aus dem Universitätsdienst entlassen (Göttinger Sieben). 1843 trat Weber die Nachfolge

→ Gustav Theodor Fechners an der Universität Leipzig an, 1849 nahm er seine Lehrtätigkeit in Göttingen wieder auf, die die Leitung des Physikalischen Kabinetts der Universität einschloß. Von 1855 bis 1868 leitete Weber als Nachfolger von Gauß die Göttinger Sternwarte. Mitte der 70er Jahre des 19. Jahrhunderts ging er für mehrere Jahre nach Leipzig, um sich dann in Göttingen zur Ruhe zu setzen.
Weber begann seine wissenschaftliche Laufbahn mit Untersuchungen zur Wellenlehre. 1825 konnte er gemeinsam mit seinem Bruder Ernst Heinrich Weber die Existenz stehender Wellen nachweisen. 1827 gelang Weber bei seinen Forschungen über gekoppelte Schwingungen erstmals die Fixierung von Schallschwingungen. Ab 1831 betrieb er zusammen mit Gauß Forschungen auf dem Gebiet der Elektrodynamik. Weber konzentrierte sich zunächst auf den Entwurf und die Anfertigung elektrischer und magnetischer Meßgeräte für die Gaußschen Untersuchungen des Erdmagnetismus. 1833 konstruierte Weber zusammen mit Gauß einen Telegrafen. Als Intermezzo veröffentlichte Weber zusammen mit seinem Bruder Eduard Friedrich Weber 1836 das Werk «Mechanik der menschlichen Gehwerkzeuge», in dem in beispielhafter Form physiologische Vorgänge physikalisch dargestellt wurden. Ab 1841 widmete sich Weber erneut der Entwicklung präziser Meßgeräte (Elektrodynamometer), 1846 stellte er ein Maßsystem für die Elektrizität vor, das auf die grundlegenden Maßeinheiten der Masse, der Länge und der Zeit zurückgriff. 1856 bestimmte Weber zusammen mit Friedrich Wilhelm Georg Kohlrausch anhand elektrischer Messungen die Geschwindigkeit des Lichts. Damit schuf er die empirische Grundlage für die Entwicklung der Theorie von James Clerk Maxwell, der Licht als elektromagnetische Welle definierte. Als einer der ersten Physiker vertrat Weber ein atomistisches Modell der elektrischen Ladung. 1881 wurde Webers Maßsystem der Elektrizität international anerkannt. Ihm zu Ehren wird die Einheit des magnetisches Flusses in der Einheit «Weber» gemessen.

Weber
Einheitszeichen: WB; das Weber, eine abgeleitete SI-Einheit des magnetischen Flusses (1 Wb = 1 V · s) ersetzte die veraltete Einheit Maxwell (1 M = 10^{-8} Wb).

Wegener, Alfred Lothar

*** 1. 11. 1880, Berlin,**
† Mitte Nov. 1930, Grönland; deutscher Geophysiker und Meteorologe

Wegener studierte von 1900 bis 1904 Astronomie, Meteorologie und Geophysik an den Universitäten von Heidelberg, Innsbruck und Berlin. Nach seiner Promotion im Jahr 1904 ging er als technischer Assistent an das Aeronautische Observatorium Lindenberg. 1906 nahm er unter Leitung von Ludvig Mylius-Erichsen an einer zweijährigen Grönlandexpedition teil. Ab 1909 arbeitete er als Privatdozent für Meteorologie und praktische Astronomie an der Universität Marburg und leitete 1912/13 eine zweite Grönlanddurchquerung. Von 1919 bis 1924 war Wegener Abteilungsvorstand in der Deutschen Seewarte und Professor in Hamburg; 1924 erhielt er einen Ruf an die Universität Graz. Bei seiner Hauptexpedition in die Arktis (1930) starb er.

Wegener war ein außerordentlich vielseitiger Naturwissenschaftler, der Arbeiten zur Astronomie, Meteoritenforschung und Klimatologie verfaßte. Sein bevorzugtes Interesse galt der Meteorologie sowie der Erforschung Grönlands. Während Wegeners Untersuchungen zur «Thermodynamik der Atmosphäre» (1911) großen Einfluß auf die Meteorologie ausübten, war seine Hauptleistung die 1912 veröffentlichte Hypothese von der Kontinentalverschiebung, die er auch zur Erklärung der Vorzeitklimate heranzog. Er gründete seine Annahme, daß die Kontinente sich aus einem Urkontinent, der «Pangäa», durch Driftbewegungen aufgrund von Polfluchtkraft, Gezeitenwirkung und Erdrotation entwickelt haben, auf geographische, geologische, paläontologische sowie geophysikalische Untersuchungsergebnisse.

Auf seinen Arktisexpeditionen sammelte Wegener weiteres Beweismaterial für seine Theorie. Unter Einsatz von Propellerschlitten und technisch hochentwikkelten Meßinstrumenten sowie mit einem interdisziplinären Forscherteam trug Wegener maßgebend zu der Erforschung Grönlands bei und lieferte nachfolgenden Expeditionen wichtige Voraussetzungen.

Weismann, August Friedrich Leopold

*** 17. 1. 1834, Frankfurt a. M., † 5. 11. 1914, Freiburg i. Br.; deutscher Zoologe und Arzt**

Der Sohn eines Gymnasiallehrers besuchte bis 1852 in Frankfurt a. M. das Gymnasium und studierte von 1852 bis 1856 an der Universität Göttingen Medizin. 1857 folgten die Promotion und eine Tätigkeit als Assistenzarzt an der Universität Rostock. 1858 ließ sich Weismann in Frankfurt a. M. als praktischer Arzt nieder und war 1859 Militärarzt der badischen Truppen im Krieg zwischen Österreich und Piemont. Im selben Jahr berief ihn der habsburgische Erzherzog Stephan als Leibarzt nach Schaumburg an der Lahn, wo Weismann Zeit für zoologische Studien fand. Dieses Interesse verfolgte er nach 1859 weiter durch Studien in Paris und an der Universität Gießen bei Rudolf Karl Georg Friedrich Leuckart. Er habilitierte sich 1863 an der Universität Freiburg i. Br., wurde dort 1867 außerordentlicher Professor für Zoologie und war von 1873 bis 1912 Inhaber des ersten Lehrstuhls für Zoologie sowie Direktor des Zoologischen Instituts.

Weismann machte Ende des 19. Jahrhunderts vor allem durch seine Theorien über Evolution und Vererbung auf sich aufmerksam. Um 1860 beobachtete er die Metamorphose der Zweiflügler und wies die Organumbildung von der Larve zum fertigen Insekt nach. Bedingt durch eine Augenkrankheit, die ihm für mehrere Jahre das Mikroskopieren unmöglich machte, begann er erst 1870, sich in theoretischen Studien mit Darwins Evolutionstheorie auseinanderzusetzen. Aus der fortwährenden Teilung einzelliger Lebewesen und der Weitergabe männlicher und weiblicher Keimzellen bei höheren Organismen folgerte er die prinzipielle Unsterblichkeit des Lebens.

Diese Sicht trug er in seinem Werk «Die Kontinuität des Keimplasmas als Grundlage einer Theorie der Vererbung» von 1885 vor. Die grundlegenden Eigenschaften des Lebendigen, zum Beispiel

Lebensdauer und Sexualität, die er von 1880 bis 1885 in seiner «Merkmalsphylogenie» erforschte, hatten in den Tierarten unterschiedliche Ausprägungen erfahren und wurden durch das Keimplasma unverändert weitervererbt.
Weismann lehnte die vom Lamarckismus (→ Jean-Baptiste Pierre Antoine de Lamarck) vertretene Vererbung erworbener Eigenschaften ab, da sie seiner Keimplasmatheorie widersprach, die er 1892 unter dem Titel «Das Keimplasma – eine Theorie der Vererbung» zusammenfaßte. Äußere Bedingungen konnten keinen Einfluß auf die Keimzellen ausüben, in deren Zellkern Weismann das Keimplasma mit den Erbfaktoren, die er wiederum mit dem Chromatin verbunden sah, lokalisierte. Die Erbfaktoren seien in zahllosen Varianten vorhanden, deren jeweilige Kombination zu individuellen Unterschieden führe. Weismann formulierte die theoretisch notwendige Halbierung des Keimplasmas in zwei Teilungsvorgängen (Äquatorial- und Reduktionsteilung) und die Vereinigung bei der Befruchtung. Als richtunggebende Kraft der Evolution beschrieb er die Selektion, die die Vermehrung überlegener Tiere begünstigte und so zur Anpassung der Arten führt. Seine als «Neodarwinismus» bezeichnete Theorie bildete den Ausgangspunkt der modernen Evolutionstheorie.

Werner, Alfred

*** 12. 12. 1866, Mülhausen (Elsaß), † 15. 11. 1919, Zürich; Schweizer Chemiker**

Werner begann 1885 an der Technischen Hochschule in Karlsruhe mit einem Studium der Chemie. 1886 wechselte er an das Eidgenössische Polytechnikum in Zürich, wo er 1889 sein Diplom als technischer Chemiker machte und eine Assistentenstelle annahm. 1892 habilitierte er sich mit den «Beiträgen zur Theorie der Affinität und Valenz», die bereits wesentliche Ideen seiner Koordinationslehre vortrugen. Ab 1893 war er als Professor in Zürich tätig, mußte jedoch aufgrund einer Arteriosklerose-Erkrankung 1915 vorzeitig aus dem Hochschuldienst ausscheiden. 1913 wurde ihm der Nobelpreis für Chemie zuerkannt.
Die Theorie der tetraedrischen Anordnung der Kohlenwasserstoffbindungen von → Jacobus Henricus van't Hoff und Joseph Achille Le Bel diente Werner als Ausgangspunkt für seine Forschungen. Er kam zu grundlegenden Erkenntnissen über Bindungen von Atomen in Molekülen und erkannte, daß bestimmte Elemente über ihre Hauptvalenzen hinaus auch weitere Nebenvalenzen bilden können. Mit seinen Einsichten in die räumliche Anordnung der Atome begründete er 1893 die Koordationstheorie molekularer Strukturen (Wernersche Theorie) und löste damit das bisherige Kettenmodell ab. Gleichzeitig entwikkelte er die Stereochemie der komplex aufgebauten anorganischen Verbindungen und führte entscheidende Begriffe wie «Zentralatom», «Koordinationszahl» und «Ligand» in die Komplexchemie ein. Außerdem entdeckte Werner, daß einige Metalle durch bestimmte Koordinationszahlen definiert sind und daß die durch Komplexbildung entstehenden Polyeder eine charakteristische Symmetrie aufweisen. Auch seine anderen Arbeiten, etwa über die Isomerie der Oxime, zum Verhalten von Dimethylsulfat

und zur Chemie der natürlichen und synthetischen Farbstoffe, hatten großen Einfluß auf die weitere Forschung.

Westinghouse, George

*** 6. 10. 1846, Central Bridge (New York), † 12. 3. 1914, New York; amerikanischer Ingenieur und Industrieller**

Westinghouse diente von 1863 bis 1865 in der Armee, wo er sich Ingenieurskenntnisse aneignete. Nach einem dreimonatigen Collegeaufenthalt arbeitete er dann in der Werkstatt seines Vaters, der landwirtschaftliche Geräte herstellte. Mit Patenten im Eisenbahnwesen gründete er 1869 die Westinghouse Air Brake Company in Allegheny und 1882 die Union Switch & Signal Company in Pittsburgh. Seine Erfindungen im Bereich von Erdgas- und Stromversorgungsleitungen führten von 1880 bis 1890 zu weiteren Firmengründungen: Philadelphia Company (Erdgas), Westinghouse Machine Company und Westinghouse Electric Company (1886), dazu kamen noch Unternehmen in Europa. 1889 verlegte er seine Hauptfirmen nach Turtle Creek Valley bei Pittsburgh und ließ dort nach europäischen Vorbildern einen Modellkomplex von Wohnsiedlungen und Fabriken errichten. Die finanziellen Schwierigkeiten einer Wirtschaftskrise konnte er zwischen 1907 und 1911 überwinden, schied aber als Präsident aus den Unternehmen aus und widmete sich in den letzten Lebensjahren wieder seiner Erfindertätigkeit. Die Westinghouse Electric Corporation (seit 1945) ist heute das zweitgrößte Elektrotechnikunternehmen der USA.

Ab 1865 beschäftigte sich Westinghouse mit Eisenbahntechnik. Er entwickelte eine Luftdruckbremse, die in jedem Waggon die sonst einzeln zu bedienende Handbremse ersetzte und vom Lokomotivführer über einen Druckluftschlauch in allen Waggons gleichzeitig ausgelöst wurde. Dies ermöglichte ein sicheres, gezieltes Bremsen und höhere Fahrgeschwindigkeiten. Die 1867 erstmals patentierte Bremse automatisierte er in den folgenden Jahren bis zur selbsttätigen Bremse (1872) und einer Schnellbremse (1887). Westinghouse erkannte, daß seine Verbesserungen in der Eisenbahntechnik effiziente Signalanlagen notwendig machten, so daß er nach 1880 ein auf Druckluft basierendes komplettes Anlagensystem entwarf. Von 1883 bis 1885 wandte er sich dem Transport von Erdgas in Leitungen zu und entwickelte ein Druckleitungssystem auf der Basis unterschiedlicher Rohrdurchmesser. 1885 stieß sein Interesse auf Transformatoren, die in Frankreich hergestellt wurden und Wechselstrom aus Hochspannungsleitungen auf niedrigere Spannungen für lokale Versorgungsnetze brachten. Drei seiner Ingenieure entwickelten daraufhin den amerikanischen Verhältnissen angepaßte Transformatoren, die 1886 einsatzbereit waren. Nach erfolgreichen Versuchen mit der Wechselstromversorgung über Hochspannungsleitungen baute man zusätzlich ein Strommeßgerät für den Endverbrauch. Westinghouse erwarb weiterhin die Patente eines von → Nikola Tesla erfundenen Wechselstrommotors und beauftragte Tesla, Verbesserungen zu entwickeln, aus denen ein Zweiphasen-Strom-System für Elektromotoren und Straßenlampen entstand. Die Westinghouse Electric Company betrieb 1893 zehn Zweiphasenstromerzeuger an den Wasserkraftwerken der Niagarafälle und baute unter anderem Generatoren und Turbinen für hochgespannten Wechselstrom. Westinghouse verhalf so in den USA der Versorgung mit Wechselstrom zum Durchbruch und erhielt für seine Erfindungen über 400 Patente.

Wheatstone, Sir Charles

*** 6. 2. 1802, Gloucester, † 19. 10. 1875, Paris; britischer Physiker**

Nach dem Besuch einer Privatschule arbeitete sich Wheatstone in das Handwerk seines Vaters, den Instrumentenbau, ein. Diese Tätigkeit übte er ab 1823 in London aus. 1834 wurde Wheatstone Professor für Experimentalphysik am King's College und 1836 Mitglied der Royal Society. Nach Auszeichnungen in verschiedenen Ländern folgte 1868 seine Erhebung in den Adelsstand.

Wheatstone begann früh mit physikalisch-akustischen Experimenten, in denen er die Schallübertragung, stehende Wellen und Musikinstrumente untersuchte. 1828 erfand er die akkordeonähnliche Konzertina und entwarf 1833 in einer der Royal Society vorgelegten Abhandlung das Prinzip der «Überlagerung kleiner Bewegungen» für die Chladnischen Klangfiguren. Er wandte sich dann der Optik und Elektrotechnik zu und erkannte 1833 die Bedeutung der von Samuel Hunter Christie erfundenen Brückenschaltung für die exakte Messung elektrischer Widerstände, die später als Wheatstone-Brücke bekannt wurde. 1840 erfand er einen stufenlosen Regelwiderstand (Rheostat) und 1833 das Spiegelstereoskop, mit dem er die Spektrallinien von Funkenentladungen bestimmte. 1834 ermittelte Wheatstone erstmals die Fortpflanzungsgeschwindigkeit des elektrischen Stroms in metallischen Leitern. Im folgenden entwickelte er zusammen mit dem Elektrotechniker William Fothergill Anton Cooke zwei Telegrafiegeräte – den Nadeltelegrafen (1836, 1845) und den Zeigertelegrafen (1840). Dieser fand verbreitete Anwendung und wurde später durch das Telegrafiesystem von → Samuel Finley Breese Morse verdrängt. Die Sende- und Empfangsvorrichtung des Zeigertelegrafen bestand aus der Bewegung eines Zeigers zu einzelnen Buchstaben und Ziffern, die eine jeweils unterschiedliche Anzahl von Stromstößen hervorrief. Wheatstone beschäftigte sich ebenfalls mit der Unterwassertelegrafie, führte 1841 Verbesserungen des elektrischen Generators ein, die dessen Stromschwankungen verringerten, und entwickelte 1867 grundlegende Gedanken zur dynamoelektrischen Maschine. Seine große Begabung, theoretische Kenntnisse technisch umzusetzen, zeigte sich in der Zeitmessung. Er erfand eine «Poluhr», die die Polarisationsebene des Tageslichts ausnutzte, und verband elektromagnetische Uhren über einen Stromkreis, so daß sie räumlich getrennt dieselbe Zeit anzeigten.

Whitworth, Sir Joseph

*** 21. 12. 1803, Stockport (Cheshire), † 22. 1. 1887, Monte Carlo; britischer Maschinenbauer**

Whitworth, dessen Vater Lehrer war, besuchte bis 1817 die Schule. Mit der Aussicht auf eine Geschäftsbeteiligung arbeitete er anschließend in der Baumwollspinnerei eines Onkels, ging aber 1821 aus Interesse am Maschinenbau nach Manchester und fand eine Anstellung als Mechaniker. 1833 gründete er dort eine eigene Werkzeugmaschinenfabrik, die Präzisionsmaschinen (Drehbänke, Bohr-, Fräs-, Hobelmaschinen) herstellte. 1854 produzierte Whitworth im Auftrag Maschinen zur Gewehrproduktion; 1857 begann er die Herstellung eines sehr zuverlässigen und präzisen Gewehrs, das das französische Militär als Scharfschützengewehr einsetzte. Später wurden auch Geschütze gebaut, nach Withworth' Tod fusionierte die Firma 1897 mit einem namhaften Waffenproduzenten, den Armstrong-Werken. 1856 wurde Whitworth Präsident der Institution of Mechanical Engineers; 1869 erhielt er neben zahlreichen Ehrungen den Adelstitel. Er vergab 1868 Stipendien zur Förderung der Mechanik und vermachte einen Teil seines Erbes an wissenschaftliche Einrichtungen und Krankenhäuser.

Whitworth strebte in seiner Firma eine größtmögliche Präzision in Fertigung und Meßtechnik an.

Er entwickelte ein Verfahren für die Erzielung absolut ebener Flächen und verbesserte die Meßempfindlichkeit der von Henry Maudsley erfundenen Mikrometerschraube erst auf 1/10 000 Zoll und bis 1859 auf 1/200 000 Zoll (ca. 0,000012 mm). Beides erhöhte die mechanische Genauigkeit von Maschinenteilen um ein Vielfaches. Gleichzeitig entwickelte er ein System von Standardabmessungen und deren Eichung. 1841 führte er ein Standardsystem für Schraubengewinde ein (Whitworth-Gewinde), nach dem bis 1860 die unterschiedlichen Maße in der Produktion der verschiedenen Maschinenfabriken Englands verheinheitlicht wurden.

Wiechert, Johann Emil

*** 26. 12. 1861, Tilsit, † 19. 3. 1928, Göttingen; deutscher Geophysiker**

Nach dem Schulbesuch in Tilsit und Königsberg studierte Wiechert Mathematik, Physik und naturwissenschaftliche Fächer an der Universität Königsberg, wo er 1889 promovierte und ein Jahr später mit der Habilitation eine Privatdozentur antrat. 1896 erhielt er eine Professur, ging aber 1897 an die Universität Göttingen, an der er 1898 außerordentlicher und 1904 ordentlicher Professor für Geophysik wurde. Sein Wirken begründete dort die international bekannte «Göttinger geophysikalische Schule».

Wiechert war 1922 Mitbegründer und 1925 Ehrenvorsitzender der Deutschen Geophysikalischen Gesellschaft und an der Gründung der Internationalen Seismologischen Vereinigung beteiligt. In seinem Andenken vergibt die Deutsche Geographische Gesellschaft die Wiechert-Medaille.

Wiechert leistete bedeutende Beiträge auf den Gebieten der Seismologie und Geophysik. Seine frühesten Arbeitsgebiete (ab 1890) waren die Massenverteilung im Erdinneren, atmosphärische Elektrizität, Elektrodynamik und Kathodenstrahlen. Ab 1897 konzentrierte er sich auf Seismologie und Seismik, wobei er Grundlagenforschung mit praktischer Anwendung verband. Er entwickelte ein Verfahren zur Geschwindigkeitsberechnung seismischer Wellen und konnte nachweisen, daß die Laufzeitkurven künstlicher Erdbeben Aufschlüsse über den geologischen Bau des Erdinneren geben. In einem ersten gesicherten Modell über den Aufbau des Erdinneren berechnete Wiechert die Größe des als dicht angenommenen Erdkerns. Nachdem er 1898 die Luftdämpfung in die Seismometrie eingeführt hatte, entwickelte er zahlreiche nach ihm benannte Seismographen, die weltweit Anwendung fanden. Horizontale und vertikale seismische Erdbewegungen konnte er mit einem 1900 konstruierten Seismographen feststellen. Weiterhin organisierte er die Erdbebenbeobachtung innerhalb und außerhalb Deutschlands. In seinem letzten Lebensjahrzehnt wandte er sich der «experimentellen Seismik» zu sowie der durch Sprengungen ausgelösten Schallausbreitung in der Atmosphäre (Luftseismik).

Wiener, Norbert

*** 26. 11. 1894, Columbia (Missouri), † 18. 3. 1964, Stockholm; amerikanischer Mathematiker**

Wiener, Sohn des Slawisten Leo Wiener, schloß bereits 1909 das College ab und studierte danach an der Harvard University Biologie und Philosophie, ehe er zur Mathematik und formalen Logik wechselte. 1912 promovierte Wiener. Ein einjähriges Stipendium ermöglichte ihm, sich in Cambridge (England) aufzuhalten, wo er bei → Bertrand Russell weiterstudierte. Um 1913/14 hörte er Vorlesungen bei den Physikern David Hilbert und → Lew Dawidowitsch Landau in Göttingen, kehrte jedoch bei Ausbruch des Ersten Weltkriegs in die USA zurück und wurde Privatdozent. 1919 ging er an das Massachusetts Institute of Technology, wo er 1932 zum Professor ernannt wurde. Zahlreiche Studienreisen und Gastprofessuren führten in nach Europa, Mexiko (1945), Indien (1953) und in die Sowjetunion (1960).

Anfang des 20. Jahrhunderts beschäftigte sich Wiener mit der formalen und synthetischen Logik, mit der Maß- sowie mit der Potentialtheorie und lieferte einen wichtigen Beitrag zur Theorie der Fourierentwicklung. In den 30er Jahren widmete er sich vor allem der mathematischen Grundlagenforschung und der Theorie der Brownschen Bewegung. Darüber hinaus erarbeitete er grundlegende Voraussetzungen für die Einordnung der Theorie der stochastischen Prozesse in die Wahrscheinlichkeitsrechnung. Er entwickelte Anfang der 40er Jahre zusammen mit seinem Studenten Claude Shannon die Grundlagen der Informationstheorie und war im Zweiten Weltkrieg als Mathematiker auch mit der Radartechnik und mit Fragen der Flugzeugabwehr betraut. Ab 1947 lehnte er jedoch jegliche Arbeit für militärische Zwecke ab und wandte sich verstärkt der gesellschaftlichen Bedeutung seiner diversen Erfindungen – sowohl medizintherapeutische Instrumente wie vollautomatische Fabrikationsanlagen – zu. 1948 faßte er seine Forschungsergebnisse in dem Buch «Cybernetics» («Kybernetik. Regelung und Nachrichtenübertragung im Lebewesen und in der Maschine») zusammen und begründete damit die Kybernetik als neuen Wissenschaftszweig.

Wigner, Eugene Paul

*** 17. 11. 1902, Budapest, † 1. 1. 1995, Princeton (New Jersey); amerikanischer Physiker ungarischer Herkunft**

Wigner entstammte einer deutschsprachigen Budapester Familie. Nachdem er 1925 sein Chemiestudium an der TH Berlin-Charlottenburg mit der Promotion abgeschlossenen hatte, arbeitete er kurze Zeit als Industriechemiker, um dann zur Forschung an die TH Berlin zurückzukehren. 1933 emigrierte Wigner in die USA, wo er an der Universität Princeton einen Lehrauftrag erhielt. Während des Zweiten Weltkriegs beteiligte er sich am amerikanischen Atombombenprogramm, zu dessen Initiatoren er gehörte. 1958 wurde Wigner mit dem Enrico-Fermi-Preis ausgezeichnet, 1961 folgte mit der Verleihung der Max-Planck-Medaille eine weitere Auszeichnung. 1963 erhielt Wigner zusammen mit Maria Goeppert-Mayer und Hans Daniel Jensen für die Formulierung der Symmetrietheorie in der Quantenmechanik den Nobelpreis für Chemie.

Wigner arbeitete auf den Gebieten der Festkörper-, Atom- und Kernphysik. Er war einer der ersten Physiker, die die Gruppentheorie in die Quantentheorie einführten und so zur Lösung quantenphysikalischer Probleme beitrugen. Auf diesem Wege erklärte er die Gesetzmäßigkeit der Atomspektren (1926/27). 1931 formulierte er diese Zusammenhänge in seinem Werk «Gruppentheorie und ihre Anwendung auf die Quantenmechanik der Atomspektren». Diesen Forschungen schlossen sich 1933/34 Arbeiten über die Theorie des metallischen Zustandes an; so entwickelte er zusammen mit F. Seitz eine Methode zur Berechnung von Quantenzuständen in einem Metallgitter («Wigner-Seitz-Methode»). 1934 erforschte Wigner Wechselwirkungen der Elektronen und die Kohäsion in Metallen, 1935 arbeitete er an einer Theorie der Kernkräfte (Wigner-Kraft), der 1936 eine Theorie des Neutroneneinfangs folgte. Gemeinsam mit dem Physiker Gregory A. Breit entwickelte er unabhängig von → Niels Bohr das Konzept des «Zwischenkerns», das zu einem wichtigen Hilfsmittel bei der Deutung von Kernreaktionen wurde. Die mathematische Ausarbeitung führte zur grundlegenden «Wigner-Breitschen-Resonanzformel». Neben Arbeiten zur Reaktionskinetik widmete sich Wigner ab 1937 der Analyse der Kernstruktur, von 1941 bis 1942 forschte er über Kernbindungsenergien und Kernniveaus.

Wigner gehörte zu der Gruppe von Wissenschaftlern um → Enrico Fermi, die mit der Konstruktion des ersten Kernreaktors in Chicago betraut war. 1946/47 war er am Bau des Reaktors in Oak Ridge beteiligt. In diesen Zeitraum fallen seine Forschungen zur Resonanzabsorption. Ab 1949 forschte Wigner über die Bedeutung der Invarianz und der Symmetrieprinzipien in der Mikrophysik.

Grundlegend waren seine Ausführungen über die Symmetrien, von denen er annahm, daß sich aus ihnen Gesetzmäßigkeiten von der Relevanz der Naturgesetze ableiten lassen. Diese fundamentalen Überlegungen publizierte er 1967 in seinem Werk «Symmetries and Reflections».

Willstätter, Richard

*** 13. 8. 1872, Karlsruhe, † 3. 8. 1942, Muralto (bei Locarno); deutscher Chemiker**

Willstätter besuchte in Nürnberg ein Gymnasium und studierte ab 1890 Chemie an der Universität München. Dort promovierte er 1894 und habilitierte sich zwei Jahre später. Von 1897 an war er als Privatdozent tätig und leitete ab 1901 die organische Abteilung der Universität

München. 1905 erhielt er eine Berufung als Professor für organische und anorganische Chemie an die ETH Zürich. Er wechselte 1912 an die Universität Berlin, wo er gleichzeitig Direktor des neugegründeten Kaiser-Wilhelm-Instituts für Chemie wurde. Ab 1915 lehrte er dann wieder in München und leitete dort das Chemische Laboratorium der Bayerischen Akademie der Wissenschaften. Für die Erforschung der Pflanzenfarbstoffe erhielt er im selben Jahr den Nobelpreis für Chemie. 1925 verließ Willstätter aus Protest gegen den wachsenden Antisemitismus in Deutschland die Universität und setzte seine Forschungen als Privatgelehrter und freier Mitarbeiter der chemischen Industrie fort. Nach seiner Emigration in die Schweiz 1939 betrieb er kunstwissenschaftliche Studien.

Willstätter gehört zu den Pionieren der modernen Biochemie. 1898 gelang ihm als erstem die Strukturaufklärung und die Synthese der Tropine Atropin und Kokain. Die von ihm entwickelten speziellen Untersuchungsmethoden erlaubten ihm erfolgreiche Analysen und Isolierungen von Pflanzenstoffen. Ab 1905 galt sein Interesse vor allem den Farbstoffen der Pflanzen, im besonderen dem Chlorophyll, das eine wesentliche Aufgabe bei der Photosynthese erfüllt. Willstätters Analyse des komplex aufgebauten Moleküls, die er 1913 veröffentlichte, zeigte erstmals, daß Chlorophyll in allen Pflanzen dieselbe Struktur aufweist, chemisch dem roten Blutfarbstoff Hämoglobin sehr ähnlich ist und in seinem Zentrum ein Magnesiumatom trägt. Ähnlich grundlegende Ergebnisse erzielte er bei den Carotinoiden und seit 1912 bei den Anthocyanen (Blütenfarbstoffe). In seiner Analysemethodik entwickelte Willstätter zur Konservierung ein Gefriervakuumverfahren und die Gewinnung von Chlorophyllderivaten durch Alkaliverseifung. Weiterhin bediente er sich verstärkt der 1906 von dem Russen Mikhail Tsvett entwickelten Chromatographie, die nur wenig bekannt war. Zu Beginn des Ersten Weltkriegs entwarf er einen speziellen Filtereinsatz für Gasmasken und ein synthetisches Kokain, das als Betäubungsmittel Verwendung fand. Nach dem Kriegsende wandte sich Willstätter der Erforschung der Enzyme zu. Nachdem ihm bei einigen die Isolierung und erste Analysen gelungen waren, beschrieb er 1922 in der «Enzym-Träger-Theorie» die Enzymmoleküle als aus einem kolloiden Träger und zusätzlichem Wirkstoff bestehend.

Wilson, Charles Thomson Rees

*** 14. 2. 1869, Glencorse, † 15. 11. 1959, Edinburgh; britischer Physiker**

Über das Leben Wilsons ist nur wenig bekannt. Er studierte Meteorologie und lehrte ab 1900 an der Universität Cambridge. 1925 erhielt er dort eine Professur. 1927 wurde ihm zusammen mit → Arthur Holly Compton für die Entwicklung der Nebelkammer der Nobelpreis für Physik zugesprochen. Im Zuge meteorologischer Forschungen analysierte Wilson die Kondensation und die Wolkenbildung. Bei Laborversuchen zur Wolkengenese beobachtete Wilson, daß sich Nebel stets an Staubteilchen bildet. Er schloß daraus, daß beim Fehlen von Stäuben Ionen als Kondensationskeime für die Nebel- beziehungsweise Wolkenbildung fungieren. Zum Beweis seiner Theorie provozierte er die Nebelbildung

Wilsonsche Nebelkammer
1912 von Wilson entwickeltes Gerät zum Nachweis und zur Sichtbarmachung der Bahnen ionisierender Teilchen. Eine staubfreie Kammer ist mit übersättigtem Dampf gefüllt. Gelangt ein Teilchen hoher Energie in diese Kammer, so bilden die von diesem Teilchen erzeugten Ionen Kondensationskeime für Flüssigkeitströpfchen (Nebel). Bei seitlicher Beleuchtung wird die Teilchenbahn als feine Nebelspur sichtbar. Diese Bahnspur wird fotografisch dokumentiert und mikroskopisch ausgewertet.

mit Röntgenstrahlen und radioaktiver Strahlung. Mit diesen erfolgreich verlaufenen Experimenten konnte Wilson die Theorie der Ionen als Kondensationskeime verifizieren. Auf der Grundlage dieser Arbeit entwickelte er 1911 die «Wilsonsche Nebelkammer», mit der er erstmals Spuren von Alphateilchen (ionisierende Teilchenstrahlen) sichtbar machen konnte. Die Nebelkammer wurde ein unerläßliches Hilfsmittel der Kernforschung, außerdem bildete sie die Grundlage der Arbeiten von Patrick Maynard Stuart Blackett und → Donald Arthur Glaser. Wilson erforschte außerdem die atmosphärische Elektrizität. Bei Messungen der elektrischen Leitfähigkeit von Luft schloß er auf eine extraterrestrische, ionisierende Strahlung (Höhenstrahlung). 1956 formulierte Wilson eine Theorie der Gewitterelektrizität.

Windaus, Adolf Otto Reinhold

*** 25. 12. 1876, Berlin, † 9. 6. 1959, Göttingen; deutscher Chemiker**

Windaus begann 1875 in Berlin ein Medizinstudium, fühlte sich aber duch die Vorlesungen → Emil Fischers zur physiologischen Chemie hingezogen, die ab 1879 zu seinem Studieninhalt an der Universität Freiburg i. Br. wurde. Er promovierte dort 1899, verfaßte seine Habilitationsschrift «Über Cholesterin» und war seit 1903 als Privatdozent tätig. Die Universität Innsbruck berief ihn 1913 zum Professor für angewandte medizinische Chemie. Von 1915 bis 1944 war Windaus Professor und Direktor des Allgemeinen Chemischen Instituts an der Universität Göttingen.

Nachdem Windaus 1907 die Synthese des Hormons Histamin gelungen war, konnte er auf seinem zentralen Forschungsgebiet, dem der Steroide, 1919 die chemische Verwandtschaft von Cholesterin und Gallensäuren nachweisen. Er stellte ein Strukturmodell des Cholesterins auf und fand damit Zugang zu der seit 1913 weltweit durchgeführten Vitaminforschung. Ausgehend von den Sterinen gelang ihm die Strukturaufklärung und Herstellung des Vitamins D. Hierzu bestrahlte er Ergosterin mit ultraviolettem Licht, was einen fotochemischen Reaktionsablauf in Gang setzte, den er stufenweise nachverfolgte. Er beschrieb dann die Struktur der Vitamine D_2 und D_3 sowie ihrer Provitamine und synthetisierte kristallines Vitamin D in größeren Mengen. Als Bestandteil von «Vigantol» wurde es zur erfolgreichen Bekämpfung von Rachitis weltweit eingesetzt. 1928 erhielt Windaus für seine Verdienste um die Erforschung der Sterine und ihres Zusammenhangs mit den Vitaminen den Nobelpreis für Chemie. Bei seiner Analyse des seit 1926 bekannten Vitamins B konnte er 1932 einen geringen Anteil Schwefel nachweisen, womit er der Forschung die Entdeckung weiterer B-Vitamine ermöglichte.

Winkler, Clemens Alexander

*** 26. 12. 1838, Freiberg (Sachsen), † 8. 10. 1904, Dresden; deutscher Chemiker**

Winkler besuchte ab 1851 das Gymnasium in Freiberg sowie die Gewerbeschule in Chemnitz und studierte von 1857 bis 1859 Bergbau an der Bergakademie Freiberg. 1864 promovierte er an der Universität Leipzig. Im Erzgebirge arbeitete er bis 1873 als Hüttenmeister in verschiedenen Blaufarbenwerken. Von 1873 bis 1902 besaß er eine Professur für anorganische Chemie an der Bergakademie Freiberg.

Winkler gilt als Spezialist für die Analyse von Mineralen, Erzen und Hüttenprodukten sowie von Gas. Er beschäftigte sich intensiv mit dem Aluminium, das er 1873 als Münzmetall vorschlug, und entwickelte Analysemethoden für Industriegase, die eine kontinuierliche Überwachung und Optimierung der Produktionsabläufe ermöglichten. Er entwickelte verschiedene Geräte und Verfahren für die chemische Analytik, unter anderem das Acetatverfahren und den Freiberger Aufschluß. Ab 1875 führte Winkler das Kontaktverfahren zur Produktion von Schwefelsäure zur technischen Reife. Dabei wurde niederkonzentrierte Schwefelsäure neben Wasserdampf in Schwefeldioxid und Sauerstoff zerlegt, die an einem Platinkontakt katalytisch miteinander reagierten. Das Bleikammerverfahren verlor dadurch an Bedeutung, und die Verwendung von Röstgasen senkte den Schadstoffgehalt des Hüttenrauchs. 1886 führte Winklers Annahme, daß in dem neu aufgefundenem Mineral Argorydit ein unbekanntes Element enthalten sei, zur Entdeckung des Elements Germanium. Es stimmte mit dem hypothetischen Element «Eka-Silizium» überein, das → Dmitri Iwanowitsch Mendelejew aufgrund des von ihm aufgestellten Periodizitätsgesetzes der Elemente vorhergesagt hatte, womit Mendelejews Theorie bestätigt wurde.

Wöhler, Friedrich

*** 31. 7. 1800, Eschersheim (Frankfurt a.M.), † 23. 9. 1882, Göttingen; deutscher Chemiker**

Nach einem Medizinstudium an den Universitäten Marburg und Heidelberg promovierte Wöhler 1823 an der Universität Heidelberg. Auf Anraten des Chemiker Leopold Gmelin absolvierte er ab 1823/24 ein zusätzliches Chemiestudium bei → Jöns Jakob Freiherr von Berzelius in Stockholm. An der neu gegründeten Gewerbeschule von Berlin wurde er 1825 Chemielehrer, 1828 dann Professor. Seit 1831 lehrte er an der Staatlichen Gewerbeschule in Kassel. 1836 berief ihn die Universität Göttingen auf den Lehrstuhl für Chemie und Pharmazie. Zeit seines Lebens war Wöhler mit Berzelius und → Justus von Liebig befreundet, an deren chemischen Jahresberichten er mitarbeitete.

Erste chemische Studien betrieb Wöhler mit Cyanverbindungen. Er synthetisierte 1822 Cyansäure, entdeckte ihre Isomerie mit Knallsäure und konnte 1824 Oxalsäure aus anorganischen Ausgangsstoffen herstellen. Die Aufdeckung der Isomerie bestätigte chemische Theorien von Berzelius. 1828 gelang Wöhler die Gewinnung von Harnstoff aus anorganischem Ammoniumcyanat. Mit Liebig führte Wöhler 1832 «Untersuchungen über das Radikal der Benzoesäure»

durch und trug damit wesentlich zur damaligen Radikaltheorie bei. Ebenso gab er den Anstoß zur chemischen Untersuchung des körperlichen Stoffwechsels, indem er feststellte, daß die Einnahme von Benzoesäure im Harn die Ausscheidung von Hippursäure hervorrief. In Berlin entwickelte er außerdem Verfahren zur Gewinnung von Aluminium (1827), Beryllium (1828) und Phosphor (1829) und stellte erstmals Calciumcarbid her. Seine in Göttingen durchgeführten Arbeiten galten der Isolierung von Silicium (1855), Bor (1856) und Kokain (1860), den Opiumalkaloiden, der katalytischen Zerlegung von Amygdalin und der Gewinnung von Ethin aus Calciumcarbid (1863).
Wöhler untersuchte darüber hinaus Siliciumverbindungen, wobei er deren Ähnlichkeit mit Kohlenstoff feststellte und erstmals Silan gewann, die Verwendung von Metalloxiden bei katalytischen Reaktionen und die Bedeutung hoher Temperaturen und Druckverhältnisse für chemische Prozesse. Durch seine Lehrwerke über organische Chemie (1840), Übungen der chemischen Analytik (1849, 1853, 1861) und die seit 1838 zusammen mit Liebig herausgegebenen «Annalen für Chemie und Pharmacie» wurde Wöhler zu einem Begründer der klassischen Chemie.

Wolff, Caspar Friedrich

*** 18. 1. 1734, Berlin, † 22. 2. 1794, St. Petersburg; deutscher Biologe und Mediziner**

Wolff, dessen Vater Schneidermeister war, belegte 1753 einen Kurs in Anatomie am Collegium medico-chirurgicum in Berlin und begann 1755 ein Medizinstudium an der Universität Halle. Er promovierte 1759, wurde Militärarzt im Siebenjährigen Krieg und bildete ab 1761 in einem Feldlazarett in Breslau junge Ärzte aus, denen er auch Anatomie-Vorlesungen gab. Nach Kriegsende bewarb er sich 1763 erfolglos am Collegium medico-chirurgicum, erhielt jedoch eine Genehmigung für Privatvorlesungen in Anatomie, die regen Zuspruch fanden. Mißgunst und Intrigen von Fachkollegen behinderten jedoch seine Forschungstätigkeit, so daß er 1767 mit einer Berufung als Professor für Anatomie und Physiologie an die russische Akademie der Wissenschaften in St. Petersburg ging und dort bis zu seinem Lebensende blieb.
In der medizinischen Dissertationsschrift «Theoria generationis» legte Wolff 1759 sein wesentliches Forschungsthema fest: die pflanzliche und tierische Embryonalentwicklung. Er kritisierte darin die herrschende Lehrmeinung der «Präformationstheorie», die davon ausging, daß der voll entwickelte Organismus bereits im Ei oder Samen vorhanden wäre, und stellte ihr seine Epigenesistheorie entgegen. Zwischen 1759 und 1764 untersuchte Wolff junge Pflanzenkeimlinge sowie Blatt- und Blütenknospen und beobachtete ihre schrittweise Entwicklung von einer «glasigen Substanz» bis hin zu differenzierten Gewebestrukturen und Gefäßen. Er erkannte die Entwicklung der Blüte aus anfänglichen Blattanlagen und erklärte 1768 alle Pflanzenteile als eine Modifikation des Blattes. Ab 1770 machte er ähnliche Beobachtungen an bebrühteten Hühnereiern, so daß er die Epigenesistheorie auf tierische Organismen ausweitete. Er beschrieb die «Urniere» (corpora Wolffii) und 1768 die

«Bildung des Darmkanals», wobei er die Gewebeschichten analog als «Blätter» bezeichnete. Wolff sah den Ablauf des Wachstums in Entsprechung zum Ernährungsprozeß und durch eine «vis essentialis» (wesentliche Kraft) geregelt. In St. Petersburg diente ihm die Sammlung von Mißbildungen im Anatomischen Kabinett als Anschauungsmaterial für die Variabilität durch Vererbung, die er an eine Erbsubstanz gebunden sah. Daraus folgten Überlegungen, die ihn die Schöpfungstheorie in Frage stellen ließen. Seine revolutionären Theorien wurden teilweise heftig angefeindet und erst von folgenden Forschergenerationen aufgegriffen.

Woodward, Robert Burns

*** 10. 4. 1917, Boston, † 8. 7. 1979, Cambridge (Massachusetts); amerikanischer Chemiker**

Woodward studierte von 1933 bis 1937 am Massachusetts Institute of Technology (MIT). Die Harvard University übernahm ihn 1938 in ihren Lehrkörper und übertrug ihm 1946 eine Professur. Ab 1963 war Woodward Leiter eines nach ihm benannten Forschungsinstituts für Naturstoffe in Basel. Er wurde 1965 in Anerkennung seiner praktischen und theoretischen Arbeiten mit dem Nobelpreis für Chemie ausgezeichnet.

Woodward gelangen zahlreiche aufsehenerregende Synthesen komplexer Naturstoffe, die grundlegende Anregungen für die pharmazeutische Forschung und organische Chemie des 20. Jahrhunderts gaben. Im analytischen Bereich erarbeitete er 1940 einen Zusammenhang zwischen Ultraviolettspektren und der Molekülstruktur (Woodward-Regeln). Bis 1947 konnte er die Struktur des Penicillins aufklären, gefolgt von der Strukturaufklärung des Strychnins, eines Alkaloids. 1951 synthetisierte Woodward die zur Gruppe der Steroide gehörigen Hormone Cholesterol und Cortison und legte damit die Grundlage zur Synthese fast aller bekannter Steroide. Eine weitere Totalsynthese führte 1954 zur Gewinnung von Strychnin. Ein weiteres Alkaloid sowie die Grundsubstanz des LSD, Lysergsäure, synthetisierte er im selben Jahr. 1956 konnte Woodward das Alkaloid Reserpin, das als Tranquilizer verwendet wird, in elf Reaktionsstufen herstellen. Zusätzlich beschrieb er die Struktur der Antibiotika Terramycin und Magnamycin. Das Chlorophyll, als grüner Pflanzenfarbstoff Grundlage der Photosynthese, gewann er 1960 in 55 Zwischenschritten, womit erstmals ein äußerst komplexer Naturstoff künstlich hergestellt werden konnte. 1962 gelang einer Arbeitsgruppe unter seiner Leitung die Synthese von Tetrazyklinen (Breitbandantibiotika).

Zusammen mit dem Chemiker Roald Hoffmann erarbeitete er Ende der 60er Jahre die Woodward-Hoffmann-Regeln, die 1970 in seiner Publikation «Die Erhaltung der Orbitalsymmetrie» ihren Niederschlag fanden. Sie behandeln den synchronen Ablauf von Reaktionen, die der gleichartigen symmetrischen Anordnung der Atome von Ausgangs- und Endstoffen gehorchen. Mit ihrer Hilfe konnten zahlreiche spezielle Reaktionsabläufe erklärt und vorausgesagt werden. 1972 gelang Woodward die Synthese und Strukturaufklärung von Vitamin B_{12} und 1973 dann die Synthese des Prostaglandin F_2A.

Wright, Orville
* 19. 8. 1871, Dayton (Ohio),
† 30. 1. 1948, Dayton;

Wright, Wilbur
* 16. 4. 1867, Millville (Indiana),
† 30. 5. 1912, Dayton; amerikanische Flugingenieure

Der Vater der Gebrüder Wright war Bischof und publizierte eine kirchliche Zeitschrift, für die Wilbur Wright journalistisch tätig war. Er schrieb außerdem Artikel für eine Wochenzeitung, die er zusammen mit seinem Bruder Orville auf einer selbstgebauten Druckerpresse herstellte. Die beiden Brüder konstruierten und verkauften Ende des 19. Jahrhunderts auch mechanisches Spielzeug und gründeten 1889 in Dayton eine Fahrradwerkstatt. Sie begeisterten sich für das durch → Otto Lilienthal populär gewordene Gleitfliegen und begannen 1900 mit eigenen Flugversuchen und Flugzeugkonstruktionen. Bis 1905 entwickelten sie ein für Streckenflüge taugliches Motorflugzeug, das 1906 patentiert wurde. 1908 erhielten die Gebrüder Wright vom amerikanischen Kriegsministerium einen Auftrag über 25 000 Dollar für den Bau eines Flugzeugs. Wilbur, der sich auch um publizistische und geschäftliche Fragen kümmerte, veranstaltete im selben Jahr Schauflüge in Frankreich, anschließend in Großbritannien und Deutschland. Nachdem Wilbur 1912 an Typhus gestorben war, führte Orville Wright zuvor begonnene Patentrechtsprozesse bis 1917 zu Ende, war 1920 Berater beim Bau eines «Rennflugzeugs» und widmete sich bis zu seinem Lebensende wissenschaftlichen Arbeiten.

Im Sinne Lilienthals unternahmen die Brüder Wright ab 1896 systematische Flugversuche und theoretische Studien. In Kitty Hawk an der Atlantikküste von North Carolina testeten sie 1900 Gleitflüge im Fesselflug, die sie vom Boden aus mit Schnüren steuerten. 1901 bauten sie einen Doppeldecker für einen liegenden Piloten. Das Höhenleitwerk befand sich dabei vor den Tragflügeln («Entenbauart»).

Diese Bauweise brachte eine verbesserte Flugstabilität, der sie durch ein Verwinden der Tragflächen zusätzliche Seitenstabilität gaben. Mit einem selbstgebauten Windkanal ermittelten die Gebrüder Wright die beste Flügelform und eine Steuerung durch bewegliche Ruder. Den Auftrieb und Widerstand maßen sie mit einer eigens dafür konstruierten Zweikomponentenwaage.

Nachdem sie 1901 Gleitflüge bis zu 100 Metern durchgeführt hatten, wandten sie sich der Motorisierung ihres Doppeldeckers zu und bauten einen 110 Kilogramm leichten 12-PS-Vierzylinder-Viertaktmotor, der über Ketten zwei Druckpropeller antrieb. Hierfür konstruierten sie Luftschrauben mit einem Wirkungsgrad von 66 Prozent. 1903 gelangen den Gebrüdern Wright mit ihrem 355 Kilogramm schweren «Flyer I» mehrere geradlinige Motorflüge, deren weitester über 255 Meter und 59 Sekunden verlief. Mit dem «Flyer II» flogen sie 1904 in der Nähe von Dayton erstmals Kurven. Ein Patent auf die Kombination von Seitenruder und Tragflächen-Verwindung für den Kurvenflug beantragten sie im selben Jahr. 1905 unternahmen sie mit dem «Flyer III» längere Flüge bis zu 45 Kilometern und 39 Minuten Flugdauer. Damit war die Möglichkeit des Motorflugs endgültig bewiesen.

Young, Thomas

*** 13. 6. 1773, Milverton (Somerset), † 10. 5. 1829, London; britischer Physiker und Arzt**

Young wuchs als Sohn eines Bankiers und Seidenhändlers in wohlhabenden Verhältnissen auf. 1792 begann er ein Medizinstudium in London, das er nach einem Wechsel an die Universität Edinburgh 1796 in Göttingen mit der Promotion abschloß. Weitere Studien führten ihn von 1797 bis 1799 an die Universität Cambridge. 1800 ließ Young sich in London als Arzt nieder und hielt dort von 1801 bis 1804 als Professor an der Royal Institution naturwissenschaftliche Vorlesungen. 1804 wurde er Foreign Secretary der Royal Society, der er seit 1794 angehörte. Im Londoner St. Georges Hospital war er seit 1811 als Internist und ab 1815 als Chefarzt tätig. Zusätzlich wirkte er seit 1818 als Sekretär des Board of Longitude und Herausgeber des «Nautical Almanac».

Young leistete Bedeutendes auf dem Gebiet der Physiologie und klinischen Medizin sowie der Optik. In seiner ersten wissenschaftlichen Arbeit zeigte er 1793, daß die Akkomodation des Auges durch eine veränderte Krümmung der Augenlinse hervorgerufen wird und dadurch unterschiedlich entfernte Objekte gleich scharf wahrgenommen werden. 1801 stellte er die Hypothese auf, daß das Farbensehen sich aus der Kombination der drei Farben Rot, Grün und Blau ergibt, die von drei entsprechend farbempfindlichen Elementen des Auges wahrgenommen werden (Dreifarbentheorie). Im selben Jahr übertrug er die Ergebnisse seiner Untersuchungen zur Überlagerung von Schallwellen auf die Wellentheorie des Lichts und formulierte das Youngsche Interferenzprinzip. Danach können sich wellenförmig ausbreitende Lichtwellen, wenn es zu ihrer Überlagerung kommt, gegenseitig verstärken, schwächen oder auslöschen. Hiermit erklärte Young verschiedene Erscheinungen der Lichtbeugung, wie zum Beispiel die Farben dünner Plättchen oder die Newtonschen Ringe (→ Isaac Newton), für deren einzelne Farben er erstmals die Wellenlänge des Lichts ermittelte. Seine Ergebnisse, die insgesamt die Wellentheorie des Lichts bestätigten, faßte er 1802 in der Schrift «On the Theory of Light and Colours» zusammen. Das Interferenzprinzip erklärte auch Lichtbänder und Streifenmuster, die er 1803 beobachtete, als er Licht durch einen einfa-

Youngscher Doppelspalt
Interferenzanordnung aus zwei schmalen, parallel angeordneten Spalten, die mit kohärantem Licht beleuchtet werden. Nach dem Durchtritt entstehen durch die Beugung des Lichts zwei keilförmige Lichtstrahlenbüschel, die sich überlappen und dabei Interferenzen bilden.

chen sowie doppelte schmale Spalten (Youngscher Doppelspalt) fallen ließ. Zur Erklärung der Doppelbrechung des Lichts stellte er 1817 die Hypothese auf, daß Licht in Form einer transversalen Welle senkrecht zu seiner Ausbreitungsrichtung schwingt. Young beschäftigte sich in anderen Forschungsbereichen mit der Oberflächenspannung von Flüssigkeiten, der Elastizität, einer Theorie der Gezeiten und zwischen 1815 und 1818 mit der Entzifferung altägyptischer Hieroglyphen. Weil seine Auffassungen über das Licht der Korpuskulartheorie denen Isaac Newtons widersprachen, fanden seine Arbeiten nur wenig Zustimmung und konnten erst nach seinem Tod bleibenden Einfluß ausüben.

Z

Zeppelin, Ferdinand Graf von

*** 8. 7. 1838, Konstanz, † 8. 3. 1917, Berlin; deutscher Luftschiffkonstrukteur**

Zeppelin, der aus einer württembergischen Adelsfamilie stammte, absolvierte ein kurzes polytechnisches Studium, schlug dann aber eine militärische Laufbahn ein und wurde 1858 Offizier. Als Militärbeobachter bei den Truppen der Nordstaaten nahm er am amerikanischen Bürgerkrieg (1861–65) teil, wo er sich besonders für die zu Aufklärungszwecken eingesetzten Ballons interessierte. 1891 quittierte er, inzwischen Generalleutnant, den Armeedienst und beschäftigte sich mit luftfahrttechnischen Experimenten.

In Zusammenarbeit mit Theodor Kober entwickelte Zeppelin 1892/93 ein lenkbares Luftschiff. Da dessen Anfertigung jedoch von einer Militärkommission abgelehnt wurde, gründete er 1898, zur Hälfte mit eigenem Kapital, eine Aktiengesellschaft zur Förderung der Luftschifffahrt. Zur Ausführung des 1895 patentierten, manövrierfähigen, aber starren «Schleppzugs der Lüfte», der mit einem Gerippe aus Querringen und Längsträgern ausgestattet werden sollte, errichtete er eine schwimmende Werkstatt auf dem Bodensee bei Friedrichshafen. In Zusammenarbeit mit Kober und Ludwig Dürr baute er hier das gasgefüllte, mit einem Benzinmotor angetriebene Modell LZ 1 (Luftschiff Zeppelin 1), das er im Juli 1900 zu einem Jungfernflug startete. Obwohl 1908 der vierte Prototyp (es folgten mehr als 100 Modelle) bei Stuttgart explodierte, konnte Zeppelin mit Hilfe einer Spendenaktion die Luftschiffbau Zeppelin GmbH in Friedrichshafen aufbauen. In dieser Fabrik fertigte er unter Mitwirkung von Hugo Eckener ab 1905 weitere Luftfahrzeuge, die ab 1910 zum ersten Mal auch Passagiere beförderten. 1928 wurde sein erfolgreichstes Luftschiff «Graf Zeppelin» in Betrieb genommen, das ein Jahr später als erstes Luftfahrzeug die Erde umflog.

Ziegler, Karl Waldemar

*** 26. 11. 1898, Helsa (bei Kassel), † 11. 8. 1973, Mülheim/Ruhr; deutscher Chemiker**

Ziegler studierte von 1916 bis 1920 Chemie an der Universität Marburg. 1923 habilitierte er sich und arbeitete als Privatdozent in Frankfurt a. M. (ab 1925) und Heidelberg (1926). 1928 erhielt er in Heidelberg eine Berufung zum Professor. Von 1936 bis 1945 lehrte er an der Universität Halle/Saale, war dort Direktor des Chemischen Instituts und übernahm von 1943 bis 1969 die Leitung des Kaiser-Wilhelm-Instituts für Kohleforschung (ab 1946 Max-Planck-Institut) in Mülheim/Ruhr. Seit 1947 hatte er zusätzlich eine Honorarprofessur an der TH Aachen inne. Ziegler erhielt zahlreiche Ehrungen und zusammen mit Giulio

Natta 1963 den Nobelpreis für Chemie. In seinen frühen Forschungsarbeiten (ab 1928) widmete sich Ziegler der Bedeutung des Natriums in der Polymerisationsreaktion von Butadien in einem katalytischen Verfahren zur Herstellung von Kunststoff. Er erhielt aus der Synthese von Halogenkohlenwasserstoffen und metallischem Lithium Lithiumalkyle, die als Reaktionsauslöser (Reagens) in der Chemie Bedeutung gewannen. Auf der Grundlage des 1912 von Paul Ruggli entwickelten Verdünnungsprinzips erarbeitete Ziegler 1933 eine Synthesemethode zur Gewinnung großer Kohlenstoffringsysteme («Ruggli-Ziegler-Verdünnungsmethode»), deren Reaktionsausbeute von 60 bis 80 Prozent die anderer Verfahren bei weitem übertraf. Ein neues Mittel für die Bromierung ungesättigter Kohlenwasserstoffe fand er 1942 im N-Bromsuccinimid.

Zieglers weitere Forschungen konzentrierten sich auf organische Verbindungen des Aluminiums. Er synthetisierte mit Hilfe ungesättigter Kohlenwasserstoffe Aluminiumalkyle, deren Kohlenwasserstoffkette er durch Äthylen-Zugabe beständig verlängern konnte und die als geignete Ausgangsstoffe in der Waschmittelproduktion Verwendung fanden. In der Gegenwart von Nickel als Katalysator lieferten sie ebenfalls langkettige ungesättigte Kohlenwasserstoffe. 1953 entdeckte Ziegler, daß Nickelspuren und Aluminiumalkyle die Polymerisation von Äthylen katalysieren. Mit diesem metallorganischen Mischkatalysator («Ziegler-Katalysator») konnte die Reaktion bei niedrigerem Druck erfolgen. Das entstandene Polyäthylen wies keine Kettenverzweigung auf und besaß daher einen höheren Schmelzpunkt sowie größere Widerstandsfähigkeit. Diese Vorteile führten zu einer raschen Verbreitung des Verfahrens in der Kunststoffindustrie. Auf der Grundlage von Zieglers Entdeckung konnte der Chemiker Giulio Natta kurz darauf durch die Erweiterung zum Ziegler-Natta-Katalysator isotaktische Polymere herstellen, womit der Kuststoffproduktion neue Entwicklungsmöglichkeiten eröffnet wurden.

Ziolkowski, Konstantin Eduardowitsch

*** 17. 9. 1857, Ischewskoje (Gebiet Rjasan), † 19. 9. 1935, Kaluga; russischer Luft- und Raumfahrttheoretiker**

Ziolkowski bildete sich aufgrund einer schweren Infektionskrankheit ab 1867 als Autodidakt weiter. Erst 1878 konnte er in Moskau für drei Jahre ein Studium aufnehmen und 1879 sein Examen als Volksschullehrer machen. Ziolkowski arbeitete danach als Mathematiklehrer in Borowsk bei Kaluga und ab 1892 in Kaluga selbst. Da Ziolkowski weit entfernt von den Wissenschaftszentren Europas lebte, arbeitete er über lange Zeit eigenständig und weitgehend ohne Kenntnis des aktuellen Forschungsstands.

Ziolkowskis erste unabhängige und umfangreiche Untersuchung galt 1881 der kinetischen Gastheorie. Ab 1885 entwickelte er das Konzept eines steuerbaren Luftschiffs aus Metall und ab 1892 eines Ganzmetallflugzeugs, dessen Zeichnungen und Berechnungen er 1894 veröffentlichte. Das Flugzeug besaß einen stromlinienförmigen Rumpf, eine geschlossene Kabine und dicke Flügelprofile. Zur Messung von Luftwiderständen baute er 1897 Rußlands ersten Windkanal und beschäftigte sich weiterhin experimentell mit der Aerodynamik. Die 1895 anhand der Newtonschen Mechanik (→ Isaac Newton) begonnene theoretische Auseinandersetzung um die Bewegung von Raketen lieferte bis 1903 grundlegende Ergebnisse. In seiner Arbeit «Erforschung des Weltraums mittels Reaktionsapparaten» stellte Ziolkowski die Raketengrundgleichung (Ziolkowski-Formel) für die Endgeschwindigkeit einer Rakete auf, berechnete ihre geradlinige Bewegung und entwarf eine bemannte Langstreckenrakete. Seine Untersuchungen in den folgenden Jahren thematisierten die Verwendung von Flüssigkeitstriebwerken, die Steuerungs- und Lenktechnik (Kreiselsteuerung) und die Lageorientierung mittels Photozellen. Hinsichtlich der Möglichkeit einer interplanetaren Raumfahrt machte Ziolkowski Ausführungen über mehrstufige Raketen, die Trägerraketentechnik sowie Raumstationen und Raumanzüge für bemannte Flüge.

Zsigmondy, Richard

*** 1. 4. 1865, Wien, † 23. 9. 1929, Göttingen; österreichischer Chemiker**

Zsigmondy begann an der Universität Wien ein Chemiestudium, das er 1887 in München fortsetzte und 1890 mit der Promotion abschloß. Ab 1891 arbeitete er als Privatdozent sowie Assistent des Physikers → August Kundt in Berlin und lehrte nach 1893 in Graz. Von 1897 bis 1900 arbeitete er im Labor des Glaswerks Schott & Gen. in Jena und widmete sich danach als Privatgelehrter ganz seiner Forschungsarbeit. Seit 1907 besaß er den Lehrstuhl für anorganische Chemie an der Universität Göttingen. 1925 wurde er für seine grundlegenden Arbeiten im Bereich der Kolloide mit dem Nobelpreis für Chemie ausgezeichnet.

Zsigmondy untersuchte als Assistent in Berlin die für das Färben von Glas und Porzellan verwendeten organischen Lösungen von Gold. Von diesem Zeitpunkt an wurden die kolloidale Verteilung von Metallen, die Schutzkolloide und Gallerte seine Hauptarbeitsgebiete. Seit 1897 konnte er mehrere kolloidale Lösungen in Feststoffen gewinnen, darunter unterschiedliche Farbgläser und Milchglas sowie reproduzierbare Goldhydrosole. Da die Größe der Kolloidpartikel unter dem Auflösungsvermögen der gebräuchlichen Mikroskope lag, entwickelte Zsigmondy seit 1900 zusammen mit dem Physiker Henry Friedrich Wilhelm Siedentopf ein Mikroskop, das die Lichtstreuung (Tyndall-Effekt) der Teilchen ausnutzte. 1902 stellten beide Wissenschaftler das «Ultramikroskop» mit einer um das Hundertfache verbesserten Auflösung vor, das Teilchen bis zu einem Millionstel Millimeter Größe sichtbar machte und noch heute in der Kolloidchemie Verwendung findet. Weitere Verbesserungen gelangen ihm 1918 mit einem Membranfilter und 1922 mit einem Ultrafeinfilter. Seine Arbeiten erschlossen bisher unzugängliche chemische Forschungsbereiche, die auch in der Biologie erweiterte Anschauungen über das kolloidale Zellplasma ermöglichten.

Zuse, Konrad Ernst Otto

*** 22. 6. 1910, Berlin, † 18. 12. 1995, Hünfeld; deutscher Ingenieur und Unternehmer**

Nach seinem Abitur 1927 studierte Zuse an der TH Berlin-Charlottenburg zunächst Maschinenbau, wechselte dann aber die Fakultät und studierte bis 1935 Ingenieurwissenschaften. 1936 fand er eine Anstellung als Statiker bei den Berliner Henschel-Flugzeugwerken. Als seine nebenher betriebenen Konstruktionen von Rechenautomaten Erfolg hatten, gründete er 1940 die Firma Zuse-Apparatebau und 1946 ein Ingenieurbüro in Hopferau, Allgäu.

Die 1949 in Neukirchen ansässige und danach in das nahe gelegene Bad Hersfeld verlegte Zuse KG produzierte seitdem Rechenautomaten, konnte jedoch Mitte der 60er Jahre die notwendigen Entwicklungskosten nicht mehr tragen und ging 1967 an die Siemens AG über. Zuse schied als Gesellschafter aus und übernahm 1966 eine Honorarprofessur an der Universität Göttingen.

Zuse konstruierte von 1936 bis 1938 aus einfachen Bauteilen einen rein mechanischen, vier Quadratmeter großen Rechenautomaten (Z1), der eine Programmsteuerung durch einen Lochstreifen besaß und auf der Grundlage des binären Zahlensystems und der Gleitkomma-Rechnung operierte. Als er die unbefriedigenden mechanischen Schaltungen gegen Telefonrelais austauschte (Z2), konnte er das Interesse der Deutschen Versuchsanstalt für Luftfahrt gewinnen, die seine Arbeiten ab 1940 förderte. In der Wohnung seiner Eltern baute Zuse 1941 mit dem Z3 den ersten voll funktionsfähigen elektromechanischen Rechner der Welt. 2600 Relais und eine Speicherkapazität von 64 Wörtern ermöglichten Grundrechenvorgänge in wenigen Sekunden sowie die Lösung komplexer Gleichungssysteme. Die Beibehaltung der Funktionsprinzipien des Z1 sowie die Entwicklung einer Schaltalgebra, die in die mathematische Aussagenlogik und den späteren Begriff der «künstlichen Intelligenz» hineinreichte, waren grundlegend für die zukünftige Computertechnik. Gleiches gilt für das 1943 von Zuse entwickelte Prinzip eines assoziativ arbeitenden Speichers. Bis 1945 folgte der Bau mehrerer Spezialgeräte, die auch Meßwerte automatisch erfassen und verarbeiten konnten, womit die Prozeßsteuerung durch den Computer realisierbar wurde. Darunter befand sich der Z4 mit elektromechanischer Relaistechnik und mechanischem Speicherwerk, der von der Deutschen Versuchsanstalt für Luftfahrt im Flugzeugbau für Messungen des «Flügelflatterns» und von 1950 bis 1959 von der ETH Zürich verwendet wurde. Zuse entwickelte darüber hinaus 1945 eine erste Programmiersprache («Plankalkül») und stellte 1956 seinen ersten elektronischen Rechner vor (Z11). In den folgenden Jahren verwendete er die Röhren- und Transistortechnik (unter anderem Z22, Z23, Z25) und entwickelte einen automatischen Zeichentisch (Z46 «Graphomat», 1959). 1970 veröffentlichte Zuse seine Biographie «Der Computer, mein Lebenswerk». Ab 1980 widmete er er sich unter dem Pseudonym Kuno See der Ölmalerei. 1995 vollendete Zuse den Prototyp eines sich automatisch aus- und einfahrenden Turms für Windgeneratoren.

Zworykin, Wladimir Kosma

*** 30. 7. 1889, Mourom, † 29. 7. 1982, Princeton (New Jersey); amerikanischer Physiker russischer Herkunft**

Zworykin absolvierte ein Studium der Elektrotechnik am Institut für Technologie in St. Petersburg, das er 1912 abschloß. Während des Ersten Weltkriegs diente er als Funkoffizier in der russischen Armee. 1919 emigrierte er in die USA, wo er für die Westinghouse Electric Corporation arbeitete. 1926 promovierte Zworykin an der Universität Pittsburgh, 1929 wurde er Direktor der Forschungsabteilung der Radio Corporation of America (RCA).

Zworykins Forschungen betrafen vor allem die Technik der Elektronenstrahlröhren. In den 20er Jahren gelang ihm mit der Ablenkung von Elektronen durch ein Magnetfeld die Erzeugung von Bildpunkten, die auf einem Schirm aufgefangen wurden. 1930 publizierte er zusammen mit E. D. Wilson ein Werk über Fotozellen («Photocells and their Applications»), 1938 entwickelte er mit dem Ikonoskop die erste einsatzfähige Fernsehkamera. Zusammen mit dem Kineskop als Wiedergaberöhre schuf Zworykin das erste vollelektronische Fernsehsystem. Im Anschluß an die Forschungen über bildgebende Verfahren beschäftigte sich Zworykin mit der Fokussierung von Elektronenstrahlen. 1939 konnte er das erste Elektronenmikroskop vorstellen, das aufgrund seines hohen Auflösungsvermögens Moleküle sichtbar machen konnte («Electron Optics and the Electron Microscope», 1945). 1958 veröffentlichte er gemeinsam mit E. G. Ramberg und L. E. Flory mit «Television in Science and Industry» ein Werk, in dem die Anwendung fernsehelektronischer Methoden auf die Elektronenmikroskopie beschrieben wurde. Zu Zworykins Erfindungen gehören auch eine für Nachtsichtgeräte grundlegende Bildwandlerröhre sowie elektronische Lenksysteme.

Register

Kursive Einträge verweisen auf eigenständige Sacheinträge im Haupttext. Die Stichwörter sind dort jeweils durch einen grauen Kasten hervorgehoben.

D

E

H

L

M

N

O

P

Q

R

S

T

U

V